Topographie opérationnelle

AF325831

Chez le même éditeur (extrait du catalogue)

Construction

Léonard Hamburger, *Maître d'œuvre bâtiment. Guide pratique, technique et juridique*, 5ᵉ éd., 556 p., 2018

Jean-Paul Roy & Jean-Luc Blin-Lacroix, *Le dictionnaire professionnel du BTP*, 3ᵉ éd., 828 p., 2011

Brice Fèvre & Sébastien Fourage, *Mémento du conducteur de travaux. Préparation et suivi de chantier*, 4ᵉ éd., 160 p., 2017

Claude Prêcheur, *Manuel technique du maçon*
– *Organisation, conception, applications*, 288 p., 2017
– *Matériaux, outils, techniques*, 288 p., 2017

Jean-Pierre Gousset, *Avant-métré. Terrassement, VRD & gros-œuvre : principes, ouvrages élémentaires ; études de cas, applications*, 264 p., 2016
– avec le concours de Jean-Claude Capdebielle et de René Pralat, *Le Métré. CAO & DAO avec Autocad. Étude de prix*, 2ᵉ éd., 312 p., 2011

Série « Technique des dessins du bâtiment »
– *Dessin technique et lecture de plan. Principes ; exercices*, 2ᵉ éd., 288 p., 2013
– *Plans topographiques, plans d'architecte, permis de construire et RT 2012. Détails de construction*, 280 p., 2014

Gérard Calvat, *Initiation au dessin de bâtiment, avec 23 exercices d'application corrigés*, 186 p., 2015

Gérard Karsenty, *Guide pratique des VRD et des aménagements extérieurs. Des études à la réalisation des travaux*, 632 p., 2004, 7ᵉ tirage 2015

René Bayon, *VRD : voirie, réseaux divers, terrassements, espaces verts. Aide-mémoire du concepteur*, 6ᵉ éd., 528 p., 1998, 9ᵉ tirage 2015

Architecture

Isabelle Chesneau (dir.), *Profession Architecte. Identité, responsabilité, contrats, règles, agence, économie, chantier*, 576 p., 2018

Xavier Bezançon & Daniel Devillebichot, *Histoire de la construction*
– *de la Gaule romaine à la Révolution française*, 392 p. en couleurs, 2013
– *moderne et contemporaine en France*, 480 p. en couleurs, 2014

Alain Billard, *De la construction à l'architecture*
– *Les structures-poids*, 604 p., 2015
– *Les structures en portiques*, 252 p., 2016
– *Les structures de hautes performances*, 400 p., 2016

Grégoire Bignier, *Architecture & écologie : comment partager le monde habité*, 2ᵉ éd., 216 p., 2015
– *Architecture & économie : ce que l'architecture fait à l'économie circulaire*, 160 p., 2018

et des dizaines d'autres livres de construction, d'architecture, de BTP et de génie civil sur www.editions-eyrolles.com

Michel Brabant

avec le concours de Béatrice Patizel, Armelle Piègle et Hélène Müller

Topographie opérationnelle

Mesures - Calculs - Dessins - Implantations

Deuxième tirage 2014

EYROLLES

Photos de couverture © Arnaud Rostand & Sébastien Paulin, ESGT.
En première page de couverture à gauche et à droite : station totale Trimble 5600 robotisée ; au centre : récepteur fixe GPS/
GNSS Trimble R6, liaison par radio UHF au mobile (mode de levé en temps réel).
En quatrième page de couverture de haut en bas : récepteur mobile GPS/GNSS Trimble R6 couplé au carnet de terrain
Trimble TSC2 (levé de détails) ; extraits d'un nuage de points réalisé avec un laser scanner 3D (détails, Château d'Allinge
Haute-Savoie) ; laser scanner 3D Leica HDS 6100 à mesure de phase.

Le code de la propriété intellectuelle du 1er juillet 1992 interdit en effet expressément la photocopie à usage collectif sans
autorisation des ayants droit. Or, cette pratique s'est généralisée notamment dans les établissements d'enseignement,
provoquant une baisse brutale des achats de livres, au point que la possibilité même pour les auteurs de créer des œuvres
nouvelles et de les faire éditer correctement est aujourd'hui menacée.
En application de la loi du 11 mars 1957, il est interdit de reproduire intégralement ou partiellement le présent ouvrage, sur
quelque support que ce soit, sans l'autorisation de l'Éditeur ou du Centre Français d'exploitation du droit de copie, 20, rue
des Grands Augustins, 75006 Paris.

© Groupe Eyrolles, 2012, ISBN : 978-2-212-12847-5

Table des matières

Chapitre 2. Mesures des angles 57

2.1 Le théodolite 57

2.2 Précision des mesures d'angles 66

Chapitre 3. Mesures des distances 81

Chapitre 7. Levé des détails et implantations 199

Chapitre 8. Travaux topographiques spécifiques 241

Chapitre 9. Calculs topométriques 267

Cet ouvrage comporte un cahier en couleur folioté de A à H, inséré entre les pages 366 et 367.

Chapitre 1

Connaissances de base

1.1 Travaux topographiques

La *topographie* est la technique qui a pour objet l'exécution, l'exploitation et le contrôle des observations concernant la position planimétrique et altimétrique, la forme, les dimensions et l'identification des éléments concrets, fixes et durables, existant à la surface du sol à un moment donné ; elle fait appel à l'électronique, à l'informatique et aux constellations de satellites.

La *planimétrie* est la représentation en projection plane de l'ensemble des détails à deux dimensions du plan topographique ; par extension, c'est aussi l'exécution des observations correspondantes et leur exploitation.

L'*altimétrie* est la représentation du relief sur un plan ou une carte ; par extension, c'est aussi l'exécution des observations correspondantes et leur exploitation.

Les travaux topographiques peuvent être classés en six grandes catégories suivant l'ordre chronologique de leur exécution.

1.1.1 Le levé topographique

C'est l'ensemble des opérations destinées à recueillir sur le terrain les éléments nécessaires à l'établissement d'un plan ou d'une carte.

Un levé est réalisé à partir d'*observations* : actions d'observer au moyen d'un instrument permettant des mesures ; par extension, « les observations » désignent souvent les résultats de ces mesures.

La phase d'un levé topographique, ou d'une implantation (§ 1.1.5), qui fournit ou utilise les valeurs numériques de tous les éléments planimétriques et altimétriques est appelée *topométrie* ; généralement, la topométrie est la technique de levé ou d'implantation mise en œuvre aux grandes et très grandes échelles (§ 1.1.3).

1.1.2 Les calculs topométriques

Ils traitent numériquement les observations d'angles, de distances et de dénivelées, pour fournir les *coordonnées rectangulaires* planes : abscisse E, ordonnée N et les *altitudes* H des points du terrain, ainsi que les *superficies* ; en retour, les calculs topométriques exploitent ces valeurs pour déterminer les angles, distances, dénivelées non mesurées, afin de permettre notamment les implantations.

1.1.3 Les dessins topographiques

L'*échelle* (E) d'un plan ou d'une carte est le rapport constant entre une distance mesurée sur le papier (P) et la distance homologue du terrain (T) : $\dfrac{P}{T} = \dfrac{1}{E}$.

On distingue trois types d'échelles :

— petite échelle : 100 000 ≤ E ;

— moyenne échelle : 10 000 ≤ E ≤ 100 000 ;

— grande échelle : E < 10 000, en général $\dfrac{1}{5\,000}$, $\dfrac{1}{2\,000}$, $\dfrac{1}{1\,000}$, l'appellation « très grande échelle » s'appliquant plutôt au $\dfrac{1}{500}$, $\dfrac{1}{200}$, $\dfrac{1}{100}$, $\dfrac{1}{50}$.

Un dessin topographique est la représentation conventionnelle du terrain à grande échelle. Selon le mode de saisie des données et le mode de traitement numérique et graphique mis en œuvre, on peut distinguer trois types de plans :

— le *plan graphique,* représentation obtenue en reportant les divers éléments descriptifs du terrain sur un support approprié quel que soit le mode d'établissement. Établi par « dessin au trait », sa précision d'exploitation est au mieux de 0,1 mm, valeur qui conditionne en amont la précision des observations (à l'échelle 1/1 000, les dimensions du terrain inférieures à 10 cm ne peuvent être représentées) et en aval leur exploitation (à l'échelle 1/1 000, il est illusoire d'espérer évaluer une distance terrain à mieux que le décimètre) ;

— le *plan numérique* est le fichier informatique des coordonnées des points et des éléments descriptifs du terrain, quel que soit le mode d'établissement ; ce fichier autorise le dessin du plan à différentes échelles à l'aide de traceurs de dessin assisté par ordinateur (DAO), la précision, *indépendante de l'échelle,* étant au mieux celle de la saisie des données ;

— le *plan numérisé* est un plan numérique dont une partie des données provient d'un plan graphique.

L'appellation *plan topographique* s'applique généralement au plan qui représente les éléments planimétriques apparents, naturels ou artificiels, du terrain et porte la représentation conventionnelle de l'altimétrie.

1.1.4 Projets d'aménagement

Ce sont les projets qui modifient la planimétrie et l'altimétrie d'un terrain : aménagements fonciers comme le remembrement avec les travaux connexes, lotissements avec l'étude de voirie et réseaux divers (VRD), tracés routiers et ferroviaires, gestion des eaux : drainage, irrigation, canaux, fossés, etc.

1.1.5 Implantations

Les projets d'aménagement sont des « produits intellectuels », établis généralement à partir de données topographiques, qui doivent être réalisés sur le terrain. Pour ce faire, le topographe implante, autrement dit met en place sur le terrain, les éléments planimétriques et altimétriques nécessaires à cette réalisation.

1.1.6 Suivi et contrôle des ouvrages

Les ouvrages d'art une fois construits demandent souvent un suivi, c'est-à-dire une *auscultation*, à intervalles de temps plus ou moins réguliers suivant leur destination : digues, ponts, affaissements, etc. Les travaux topographiques correspondants débouchent généralement sur les mesures des variations des coordonnées ENH de points rigoureusement définis, suivies de traitements numériques divers constatant un état et éventuellement prévoyant une évolution.

Les travaux topographiques sont très informatisés, à la fois par des *progiciels*, programmes standards répondant à des besoins prédéfinis auxquels l'utilisateur doit s'adapter, et par des *logiciels* programmes spécifiques adaptés aux besoins propres de l'utilisateur.

1.2 Les systèmes de coordonnées

1.2.1 Coordonnées cartésiennes géocentriques X, Y, Z

La géodésie tridimensionnelle résout les problèmes de la représentation de la Terre, sans intervention d'hypothèse concernant sa forme, en utilisant un système à trois dimensions défini par un trièdre trirectangle, à coordonnées cartésiennes appelées *géocentriques*.

Le référentiel terrestre est un référentiel orthonormé direct dont l'origine est le centre d'inertie O de la Terre (figure 1.1), le plan OXY le plan de l'équateur, le plan OXZ le plan du méridien de Greenwich ; l'axe OZ est confondu avec l'axe de rotation de la Terre.

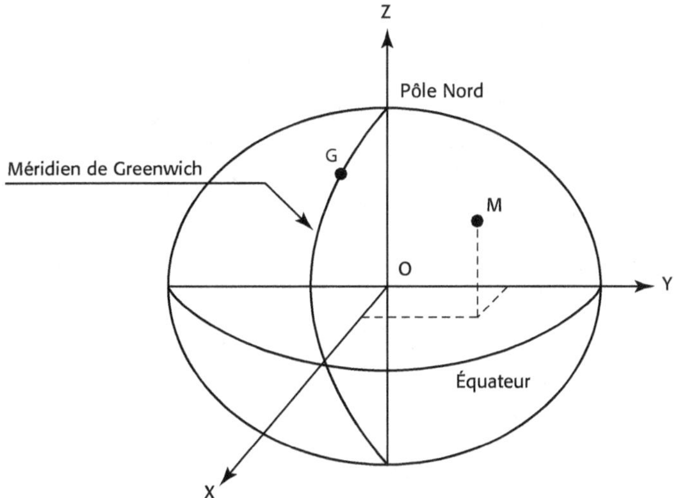

Figure 1.1. Coordonnées géocentriques.

1.2.2 Coordonnées géographiques λ, φ, h

La *surface topographique*, limite entre la terre solide et l'atmosphère ou les océans, est, à une dizaine de kilomètres près, proche d'un volume mathématique connu : l'*ellipsoïde* de révolution, volume engendré par une ellipse tournant autour de son petit axe (figure 1.2).

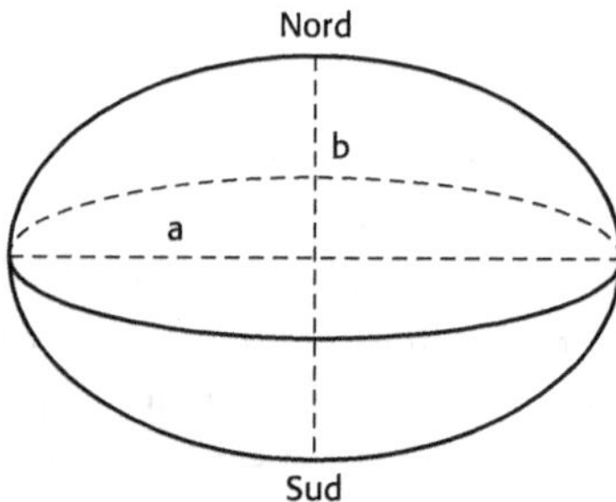

Figure 1.2. Ellipsoïde.

Il est défini par la valeur du demi-grand axe a et du demi-petit axe b ou l'inverse de l'aplatissement valant $\dfrac{1}{f} = \dfrac{a-b}{a}$.

Plusieurs ellipsoïdes existent, suivant le système géodésique auquel ils sont associés. Le RGF93 (Réseau géodésique français, commencé en 1993), réseau légal de référence depuis le 1er février 2001 (décret du 26 décembre 2000) pour les superficies supérieures à 10 000 m² ou dont la plus grande longueur excède 500 m, s'appuie sur l'ellipsoïde international *AIG-GRS 80* (Association internationale de géodésie, *Geodetic Reference System*, adopté en 1980).

La Nouvelle Triangulation de la France (NTF), en vigueur jusqu'au 31 janvier 2001, utilisait comme ellipsoïde de référence l'ellipsoïde de Clarke 1880 de l'Institut géographique national. Le *méridien* géodésique d'un point est le plan contenant le lieu et le petit axe de l'ellipsoïde de référence ; par extension, c'est son intersection avec l'ellipsoïde (figure 1.3).

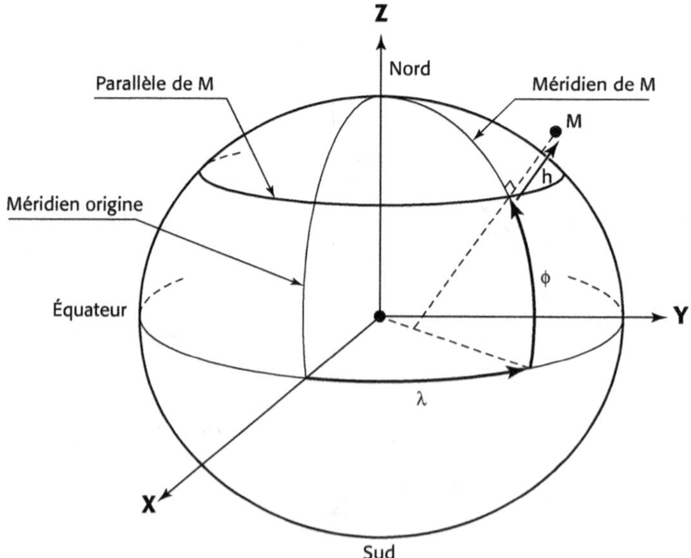

Figure 1.3. Coordonnées géographiques.

Le *parallèle* d'un point est le cercle intersection de l'ellipsoïde avec le plan perpendiculaire à l'axe des pôles contenant le point.

Les *coordonnées géographiques* d'un point M, qui permettent de le positionner, sont :

– la *longitude géodésique* λ, angle du méridien du lieu avec le méridien origine ;
– la *latitude géodésique* φ est l'angle que fait la normale en un point à l'ellipsoïde avec le plan de *l'équateur*, ce dernier étant le plus grand cercle de l'ellipsoïde dont le plan est perpendiculaire à la ligne des pôles ;
– la *hauteur ellipsoïdale h*, hauteur entre le point et le pied de la normale à l'ellipsoïde.

Les longitudes sont comptées en degrés sexagésimaux ou en grades, à l'est ou à l'ouest du méridien origine, lequel dépend du système géodésique utilisé. Il s'agit du méridien international de Greenwich pour le RGF93 et de celui de l'Observatoire de Paris pour l'ancienne NTF. La longitude de ce dernier par rapport au méridien international est de 2°20'14.02500".

Réseau géodésique	Ellipsoïde	a (m)	b (m)	1/f	Méridien origine	Unités
RGF93	AIG-GRS 80	6 378 137	6 356 752.314	298.257222101	Greenwich	° ' "
NTF	Clarke 1880	6 378 249.2	6 356 515.0	293.4660208	Paris	gon

1.2.3 Coordonnées planes E, N

1.2.3.1 Systèmes de projection

Pour pallier l'inconvénient de coordonnées en unités d'angle, on utilise les coordonnées planes ou rectangulaires en mètres. Elles sont obtenues par un système de projection, établissant une correspondance entre un point de l'ellipsoïde et ses coordonnées géographiques λ et φ avec les coordonnées planes rectangulaires E, N de ce même point dans le repère orthonormé de la projection. Les principaux systèmes sont coniques ou cylindriques : l'ellipsoïde est projeté sur un cône ou un cylindre tangent à l'ellipsoïde le long d'un méridien ou d'un parallèle (figure 1.4).

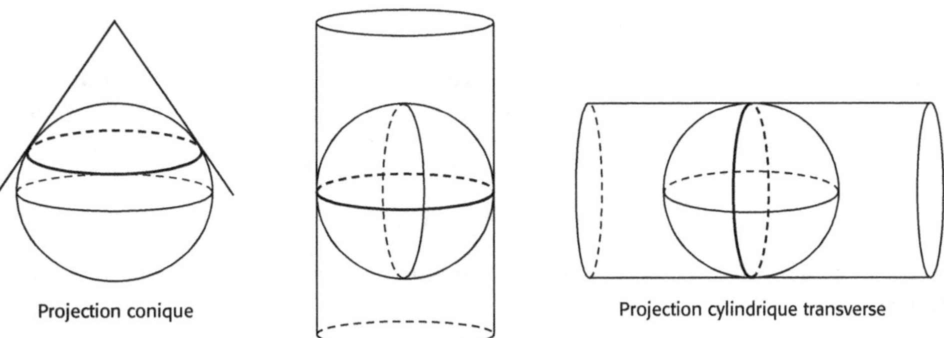

Figure 1.4. Projections conique et cylindrique.

L'ellipsoïde n'étant pas développable sur un plan, aucun système de projection ne peut se faire sans déformation.

Les quelque 200 systèmes de projection peuvent être classés en 3 groupes :

– les *systèmes conformes* qui conservent les angles, ce sont les plus utilisés ; l'image d'un cercle reste un cercle dans le plan de projection ;

– les *systèmes équivalents* qui conservent les superficies mais pas les angles ; l'image d'un cercle devient une ellipse de même aire ;

– les autres systèmes, encore appelés *projections aphylactiques*, qui ne sont ni conformes ni équivalents.

1.2.3.2   Lambert Zone

En 1772, le Mulhousien J.-H. Lambert publia les bases mathématiques d'une projection conique conforme tangente que l'on peut schématiser par le développement en plan d'un cône de sommet S tangent à l'ellipsoïde le long d'un parallèle origine de latitude géodésique φ_0 (figure 1.5).

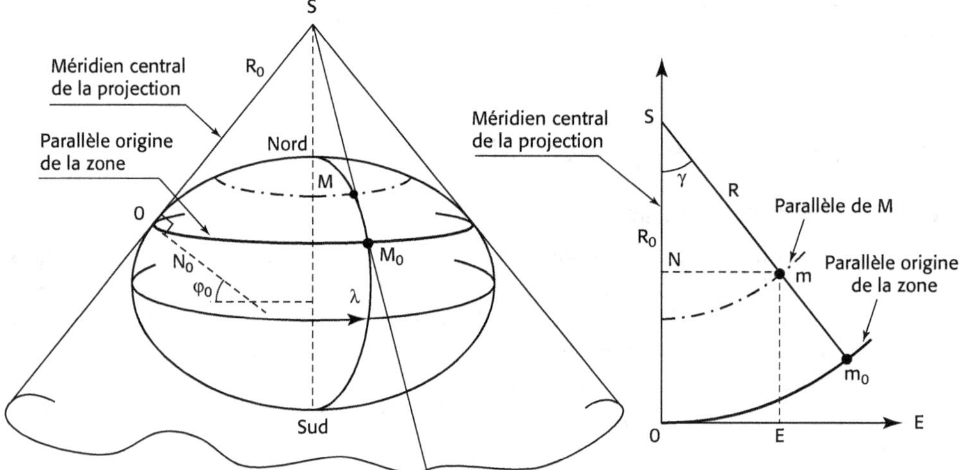

Figure 1.5. Projection Lambert Zone.

Les images des méridiens sont des droites concourantes en S, sommet du cône et image du pôle ; les parallèles sont représentés par des cercles concentriques de centre S et de rayons R, ces derniers étant *calculés de sorte que la représentation soit conforme*.

L'angle γ du méridien de longitude λ est appelé *convergence des méridiens* et vaut :

$$\gamma = (\lambda - \lambda_0) \cdot \sin \varphi_0,$$

avec λ_0 longitude du méridien central de la projection, soit Paris, et φ_0 latitude du parallèle origine.

On appelle *module linéaire* le rapport entre une longueur en projection plane D_L et cette même longueur sur l'ellipsoïde D_0, soit $m = \dfrac{D_L}{D_0}$. L'altération linéaire correspond à la variation des longueurs dans la représentation : $c_L = \dfrac{D_L - D_0}{D_0}$ souvent exprimée en parties par million (ppm) ou millimètres par kilomètre (mm/km).

Afin de limiter l'altération linéaire pour les zones éloignées du parallèle origine, on utilise trois systèmes : Lambert I ou Nord, II ou Centre, III ou Sud pour l'Hexagone (figure 1.6) et un quatrième pour la Corse, ayant comme parallèles origines respectifs ceux de latitudes 55 gon, 52 gon, 49 gon et 46,85 gon ; en outre, pour limiter encore plus les déformations, on applique un facteur d'échelle à ces projections tangentes : chaque zone a donc deux parallèles d'échelle conservée ϕ_1 et ϕ_2, ou parallèles de déformation linéaire nulle (comme si le cône était sécant à l'ellipsoïde). L'altération linéaire maximum est ainsi de 25 cm/km soit 250 ppm.

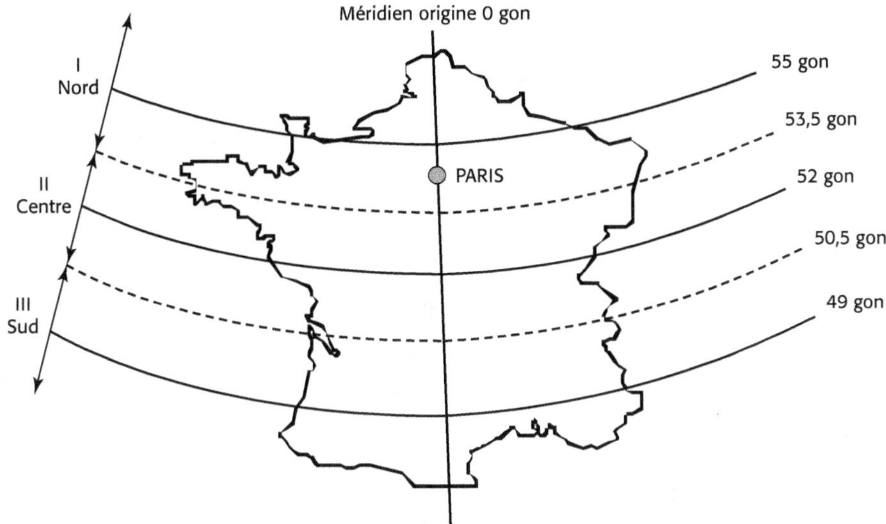

Figure 1.6. Lambert I, II, III.

Pour le territoire métropolitain, les intersections du méridien de Paris avec les parallèles centraux sont les origines des quadrillages respectifs I, II, III ; de manière à supprimer les coordonnées négatives et à identifier clairement le Lambert concerné, ces origines ont été affectées des coordonnées suivantes :

Lambert I	$E_0 = 600\ 000$ m	$N_0 = 1\ 200\ 000$ m
Lambert II	$E_0 = 600\ 000$ m	$N_0 = 2\ 200\ 000$ m
Lambert III	$E_0 = 600\ 000$ m	$N_0 = 3\ 200\ 000$ m

Afin de pallier, pour certains usages, les inconvénients indéniables de la division du territoire en quatre zones Lambert, il a été décidé en 1973 d'adopter un quadrillage unique qui ne se substitue pas aux autres mais s'y ajoute. Le système Lambert II étendu est l'extension du Lambert II à l'ensemble du territoire métropolitain et à la Corse. Dans les zones I, III, IV, il coexiste avec le système local, car seul le quadrillage est étendu, chaque zone conservant sa projection ; les altérations linéaires sont évidemment importantes aux extrêmes Nord et Sud, de l'ordre du mètre par kilomètre.

Exemple

Le point du RBF (Réseau de base français) de Villers-lès-Nancy 5457802 a pour coordonnées (transformées) Lambert 1 : E = 878 960,80 m et N = 1 113 287,34 m.

1.2.3.3 Lambert 93

C'est une projection unique pour tout le territoire métropolitain, associée au RGF93, de type Lambert, dont les paramètres n'ont rien de commun avec les Lambert I, II, III et IV.

Développée à partir de l'ellipsoïde AIG-GRS 80, c'est une projection conique conforme sécante dont les caractéristiques essentielles sont :

– méridien central λ_0 = 3° Est Greenwich ;
– latitude du parallèle origine φ_0 = 46° 30' N ;
– parallèles d'échelle conservée φ_1 = 44° N, φ_2 = 49° N ;
– origine des coordonnées E_0 = 700 000 m, N_0 = 6 600 000 m.

Si l'avantage de la projection unique est évident, notamment pour les Systèmes d'information géographique (SIG) lors des échanges de données numériques, l'inconvénient principal réside dans l'importance de l'altération linéaire aux limites de la projection et en particulier la variation kilométrique dans le sens Nord-Sud, pouvant atteindre plus de 3,5 m/km.

Exemple

Le point précédent 5457802 a pour coordonnées Lambert 93 E = 930 082,65 m et N = 6 844 209,75 m.

1.2.3.4 Conique conforme 9 zones (CC 9 zones)

Afin de pallier l'inconvénient des altérations linéaires importantes du Lambert 93, neuf nouvelles projections (CCxx) ont été créées, suite au décret n° 2006-272 du 3 mars 2006, modifiant le décret du 26 décembre 2000.

Ce sont des projections coniques conformes sécantes de type Lambert, centrées sur un parallèle de latitude ronde, de 42° Nord (CC42 – 1re zone) à 50° Nord (CC50 – 9e zone) et ayant une emprise de 1° de latitude de part et d'autre du parallèle origine (figure 1.7). Chaque zone est ainsi recouverte par la moitié de la précédente et la moitié de la suivante.

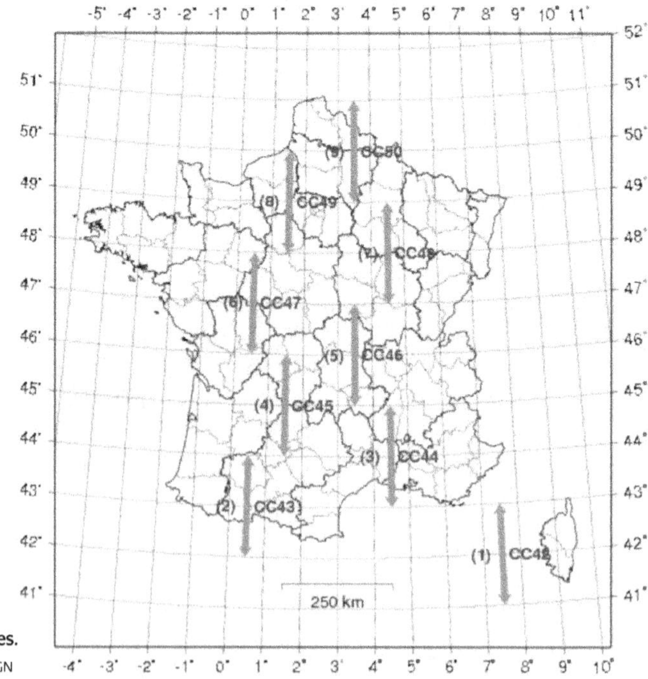

Figure 1.7.

Projections CC 9 zones.

Document IGN

Les altérations linéaires sont ainsi fortement réduites, de -80 à $+70$ ppm environ. Le méridien central est le même que le Lambert 93. Les coordonnées affectées à l'origine valent 1 700 km et N° zone $+200$ km.

Exemple

Le point 5457802 a pour coordonnées CC49 : E = 1 930 118,818 m et N = 8 166 604,798 m.

1.2.3.5   Projection UTM (Universal Transverse Mercator)

La projection de Mercator étant le développement d'un cylindre tangent à l'ellipsoïde le long de l'équateur, la projection de Mercator Transverse est le développement d'un cylindre tangent à l'ellipsoïde le long d'un méridien (figure 1.8). Utilisée en Allemagne sous le nom de Gauss-Krüger, elle est associée au système géodésique *ED50* (European Datum 1950) et s'appuie sur l'ellipsoïde de Hayford 1909.

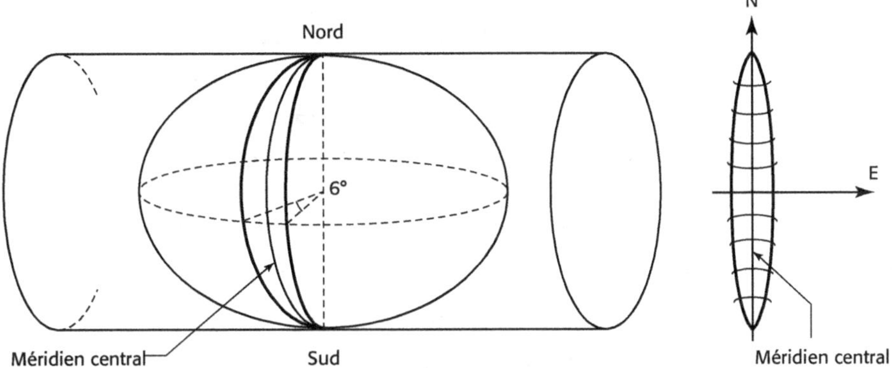

Figure 1.8. Projection UTM.

La Terre est divisée en 60 fuseaux identiques, d'où le qualificatif « *Universal* », de 6° de longitude soit 3° de part et d'autre du méridien central représenté par une droite perpendiculaire à l'équateur rectiligne ; la projection étant conforme, l'aspect des méridiens et des parallèles est celui de la figure 1.8.

La numérotation des fuseaux croît d'ouest en est, de 1 à 60 en partant de $\lambda = 180°$; le méridien de Greenwich forme la limite entre les fuseaux 30 et 31, ce qui fait que la France est concernée par les fuseaux 30, 31, 32.

Le méridien origine d'un fuseau est pris comme axe Nord du quadrillage, l'équateur comme axe Est ; les coordonnées de leur intersection valent E = 500 000 m, N = 0 m pour l'hémisphère Nord, N = 10 000 000 m pour l'hémisphère Sud, de manière à supprimer les coordonnées négatives.

La projection UTM est également utilisée par le système WGS84, avec l'ellipsoïde international.

1.2.3.6 Paramètres des différents systèmes

Système géodésique	Projection	Ellipsoïde associé	Méridien central de la projection λ_0	Parallèle origine ϕ_0	Parallèle d'échelle conservée ϕ_1 ϕ_2	Facteur d'échelle k_0	E_0 (km)	N_0 (km)
NTF	Lambert I	Clarke 1880	Paris	55 gon	48°35′54,682″ 50°23′45,282″	0.99987734	600	1 200
NTF	Lambert II	Clarke 1880	Paris	52 gon	45°53′56,108″ 47°41′45,652″	0.99987742	600	2 200
NTF	Lambert III	Clarke 1880	Paris	49 gon	43°11′57,449″ 44°59′45,938″	0.99987750	600	3 200
NTF	Lambert IV	Clarke 1880	Paris	46,85 gon	41°33′37,396″ 42°46′03,588″	0.99994471	234,358	185,862
RGF93	Lambert 93	AIG GRS80	3° Est Greenwich	46°30′ N	44° N 49 °N	0.99905103	700	6 600
RGF93	CCxx zone	AIG GRS80	3° Est Greenwich	xx° N	xx+/- 0,75°		1 700	N°Z+200
ED50	UTM	Hayford	Fuseau 31 3° Est Greenwich	0°	/	0.9996	500	0 (Nord) 10 000 (Sud)

Tous les systèmes de projection déformant les longueurs, les logiciels de traitement numérique corrigent les altérations linéaires correspondantes.

De même, l'orientation observée d'une direction est modifiée par la correction de dV : angle entre la géodésique, courbe image de la visée dans le système de projection et la droite joignant les extrémités.

1.2.4 Transformation de coordonnées

1.2.4.1 Coordonnées géographiques λ, ϕ ⇔ planes E, N

Les formules sont spécifiques à chaque projection. Pour les Lambert Zone par exemple, l'algorithme de transformation directe λ, $\phi \Rightarrow$ E, N est le suivant :

— excentricité :
$$e = \sqrt{\frac{a^2 - b^2}{a^2}} = \sqrt{\frac{a-b}{a}\left(2 - \frac{a-b}{a}\right)} \; ;$$

— grande normale du parallèle origine :
$$N_0 = \frac{a}{\sqrt{1 - (e \cdot \sin\varphi_0)^2}} \; ;$$

avec φ_0 latitude du parallèle origine ;

— rayon du parallèle origine dans la projection : $R_0 = \dfrac{k_0 \cdot N_0}{\tan \varphi_0}$; k_0 facteur d'échelle de la projection ;

— latitude isométrique L_0 du parallèle origine de latitude φ_0 qui traduit la conformité de la projection :
$$L_0 = \ln \tan\left(\frac{\pi}{4} + \frac{\varphi_0}{2}\right) - \frac{e}{2} \cdot \ln \frac{1 + e \cdot \sin \varphi_0}{1 - e \cdot \sin \varphi_0} \; ;$$

— constante : $C = R_0 \cdot \exp (L_0 . \sin \varphi_0)$, avec exp notation de l'exponentielle néperienne ;

— latitude isométrique L pour la latitude φ :
$$L = \ln \tan\left(\frac{\pi}{4} + \frac{\varphi}{2}\right) - \frac{e}{2} \cdot \ln \frac{1 + e \cdot \sin \varphi}{1 - e \cdot \sin \varphi} \; ;$$

- $R = C \cdot \exp(-L \cdot \sin \varphi_0)$;
- coordonnées Lambert : $E = E_0 + R \cdot \sin \gamma, \quad N = N_0 + R_0 - R \cdot \cos \gamma$

Exemple

À Nancy, le point de coordonnées géographiques $\lambda = 6°11'35''$ Est Greenwich et $\phi = 48°41'29''$ Nord a pour coordonnées planes Lambert 1 : E = 883 759,82 m et N = 1 117 342,99 m.

La transformation inverse E, N $\Rightarrow \lambda$, ϕ est calculée par les formules :

$$\gamma = \arctan\left(\frac{E - E_0}{R_0 - (N - N_0)}\right) ;$$

$$\lambda = \lambda_0 + \frac{\gamma}{\sin \varphi_0} ;$$

$$R = \sqrt{(E - E_0)^2 + [R_0 - (N - N_0)]^2} ;$$

$$L = -\frac{1}{\sin \varphi_0} \cdot \ln \frac{R}{C} ;$$

$$L - \ln \tan\left(\frac{\pi}{4} + \frac{\varphi}{2}\right) + \frac{e}{2} \cdot \ln \frac{1 + e \cdot \sin \varphi}{1 - e \cdot \sin \varphi} = 0,$$

équation résolue par calculs itératifs (§ 9.6).

En pratique, ces transformations sont traitées en calcul automatique par logiciels.

1.2.4.2 Changement de système géodésique

Le passage de coordonnées d'un système géodésique à un autre se fait suivant le schéma de la figure 1.9 :

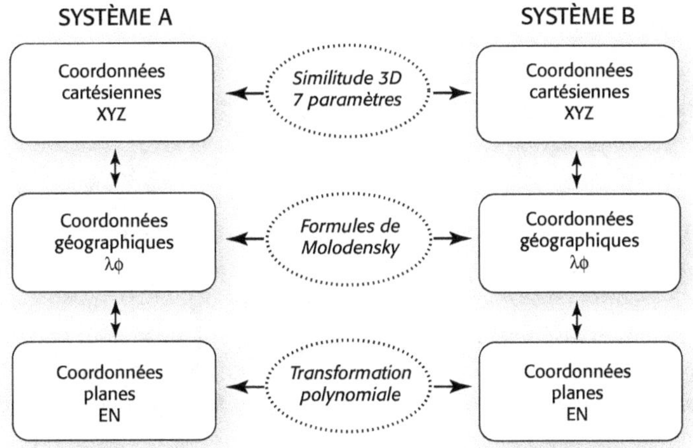

Figure 1.9. Transformation de coordonnées.

Document IGN

Les formules de Molodensky nécessitant des formules différentes pour les deux sens de passage et la transformation polynomiale ne pouvant s'appliquer que sur une zone limitée pour conserver la précision, c'est en pratique la similitude 3D la méthode de transformation de coordonnées la plus utilisée.

Elle est composée d'une translation T (déplacement du centre du premier repère vers le second), d'une rotation, amenant les axes du premier repère parallèles à ceux du second et d'une homothétie, soit 7 paramètres :

– T_X, T_Y, T_Z de translation ;
– ε_X, ε_Y, ε_Z de rotation ;
– k, facteur d'échelle.

Les coordonnées d'un point dans le système B seront alors calculées par la formule suivante :

$$\begin{pmatrix} X_B \\ Y_B \\ Z_B \end{pmatrix} = \begin{pmatrix} X_A \\ Y_A \\ Z_A \end{pmatrix} + \begin{pmatrix} T_X \\ T_Y \\ T_Z \end{pmatrix} + k \cdot \begin{pmatrix} X_A \\ Y_A \\ Z_A \end{pmatrix} + \begin{pmatrix} 0 & \varepsilon_Z & -\varepsilon_Y \\ -\varepsilon_Z & 0 & \varepsilon_X \\ \varepsilon_Y & -\varepsilon_X & 0 \end{pmatrix} \cdot \begin{pmatrix} X_A \\ Y_A \\ Z_A \end{pmatrix}$$

Pour le cas particulier d'un passage de la NTF vers le RGF93, la transformation se fait au moyen d'une grille de paramètres, appelée *GR3D97A*. Cette grille au format ASCII fournit les paramètres de translation T_X, T_Y, T_Z par interpolation à partir d'un semis de points espacés de 0,1° en longitude et en latitude. Aucune rotation ou changement d'échelle n'ont en effet été mis en évidence. Ces 3 valeurs correspondent donc aux coordonnées de l'origine de la NTF dans le RGF93. La précision de cette transformation-grille est en moyenne de 5 cm.

L'IGN met à disposition gratuitement des outils de conversion de coordonnées ; CIRCE est un logiciel permettant de réaliser la plupart des transformations utiles en France : il est possible d'obtenir des coordonnées planes (Lambert Zone, 93, CC 9 zones, UTM…) et des coordonnées géographiques dans les différents systèmes : NTF, RGF93, ED50, WGS84. L'opération est réalisée sur un point ou un fichier de points. IGNMap permet également un changement de système de coordonnées pour des données raster et vecteurs.

1.3 Systèmes géodésiques

Un système géodésique a pour but de localiser un point dans un référentiel géodésique défini par un repère affine dont le centre est proche du centre des masses de la Terre (§ 1.2.1). L'ensemble des points connus (bornes, clochers, antennes…) dans ce système géodésique forme alors un réseau géodésique.

On distingue les systèmes terrestres, obtenus par triangulation, consistant à mesurer les angles des triangles et quelques distances pour la mise à l'échelle et les systèmes spatiaux, tridimensionnels et géocentriques, obtenus par géodésie spatiale. De nombreux systèmes existent suivant les pays, les règlements, l'amélioration des techniques et leur compatibilité.

1.3.1 Les systèmes terrestres

1.3.1.1 La Nouvelle Triangulation de la France

La NTF, achevée en 1991, a matérialisé le système géodésique de référence légal jusqu'au 31 janvier 2001 ; elle a succédé à la Triangulation des ingénieurs géographes datant du XIXe siècle, qui elle-même remplaçait celle des Cassini réalisée au XVIIIe siècle. Compte tenu de la durée de réalisation de la NTF, des techniques d'observation et des moyens de calcul de l'époque, les coordonnées des sommets des triangles qui la composent ont été déterminées selon un ordre chronologique : triangles de chaînes puis triangles complémentaires dits de premier ordre, complétés par des triangles intérieurs fournissant les points de deuxième ordre et ainsi de suite jusqu'au quatrième ordre inclus.

En définitive, la NTF comptait environ 70 000 points répartis sur tout le territoire, soit une densité de l'ordre de 1 point pour 7 km², la précision relative moyenne entre deux points voisins étant égale à 10^{-5}. Des points dits de cinquième ordre, ou de triangulation complémentaire, se sont ajoutés parfois aux précédents, qui amènent le nombre total à plus de 80 000 points.

L'approximation de l'altitude est le décimètre ou le centimètre selon la nature du point et le mode de nivellement.

Les principales caractéristiques de la NTF sont :

- réalisation bidimensionnelle obtenue par triangulation et mise à l'échelle ;
- utilisation de l'ellipsoïde de Clarke 1880 ;
- méridien origine : Paris, unité : grade ;
- projections associées : Lambert I, II, III et IV.

Les fiches signalétiques de certains points de la NTF (figure 1.10) sont diffusées gratuitement par l'IGN sur le géoportail (www.geoportail.fr) en affichant la couche *sites géodésiques* et *réseau de détail*. Elles fournissent les coordonnées géographiques et planes *transformées* dans le RGF93 (§ 1.3.2.1).

1.3.1.2 ED50 (European Datum 1950)

Créé après la Seconde Guerre mondiale, il a été établi grâce aux observations terrestres des premier et deuxième ordres de pays de l'Europe occidentale afin d'éviter les incompatibilités aux frontières entre les systèmes nationaux.

Il utilise l'ellipsoïde de Hayford 1909 et la projection UTM. En 1987, des observations de géodésie spatiale ont été ajoutées pour obtenir l'ED87, aujourd'hui remplacé par l'ETRS89.

1.3.2 Les systèmes spatiaux

1.3.2.1 RGF93 (Réseau géodésique français 1993)

Créé à la suite des recommandations du Conseil national de l'information géographique (CNIG) et du développement du positionnement satellitaire, le système RGF93, géocentrique et tridimensionnel, de précision centimétrique, est la réalisation nationale du système européen ETRS89 (*European Terrestrial Reference System 1989*), lui-même cohérent avec le système mondial ITRS.

C'est un réseau géodésique nouveau par rapport aux réseaux qui l'ont précédé, en ce sens qu'il résulte des révolutions technologiques dans le positionnement satellitaire par GPS (*Global Positioning System*) comme dans les moyens de traitement informatique.

Il comprend trois niveaux hiérarchiques :

- le *Réseau de référence français (RRF)*, constitué de 23 sites répartis sur l'ensemble de la France métropolitaine, déterminés par GPS en 1993, de *précision centimétrique* dans le système de référence mondial ITRF93 (*International Earth Rotation Service Terrestrial Reference Frame*) ; référence nationale primaire aussi bien que réseau scientifique, la stabilité, le rattachement à des repères et les modalités de conservation physique sont particulièrement soignés ;

Réseau Géodésique Français

NANCY B

Département : MEURTHE-ET-MOSELLE (54)	**No du Site** **54395B**
Commune : NANCY	
Lieu-dit : Notre Dame de Bon Secours	**Site** RDF

Azimut de la prise de vue : 201 gr

Carte : 3415 NANCY

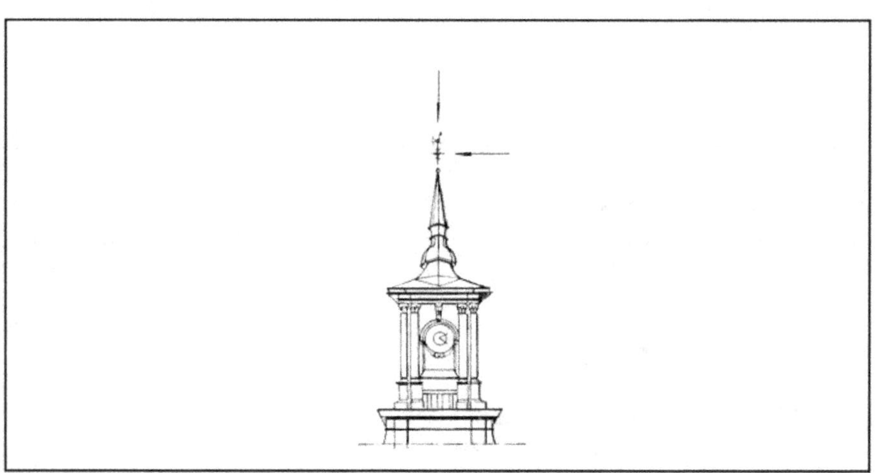

Système : RGF93 - Ellipsoïde : IAG GRS 1980 - Méridien origine : GREENWICH

Point	Longitude (dms)	Latitude (dms)	Hauteur (m)	Précision
1	6° 11' 57.5746" E	48° 40' 36.1993" N	300.61	< 50 cm

Système : RGF93 - Projection : LAMBERT-93 - Système altimétrique : NGF-IGN 1969

Point	e (m)	n (m)	Précision plani	Altitude (m)	Précision alti
1	935492.44	6846611.72	< 10 cm	253.60	< 50 cm

Figure 1.10. Fiche signalétique NTF.

Document IGN

— le *Réseau de base français (RBF)* comprenant un millier de points uniformément répartis tous les 25 km en moyenne, permet l'accès précis au RGF93. Particulièrement destiné aux utilisateurs de GPS qui peuvent se positionner au centimètre près, il comporte environ 60 % de sites nouveaux pour 40 % d'anciens sites NTF réobservés et complétés. Le RBF est diffusé sous forme de fiches (figure 1.11) qui donnent les coordonnées RGF93 : λ, φ, H ou E, N Lambert93. Ses principales caractéristiques sont :

- deux repères au moins par site, de définition millimétrique et de pérennité optimisée (borne, repère laiton, plaque signalétique) ;
- accessibilité tout véhicule, tout temps ;
- adapté à tous types d'observations : angles et GPS ;
- coordonnées RGF93 de précision centimétrique ;

— le *RDF (Réseau de détail français)*, constitué de points de la NTF transformés dans le RGF93 au moyen de grille (§ 1.2.4.2).

Les principales caractéristiques du RGF93 sont :

- système tridimensionnel, géocentrique d'exactitude centimétrique, cohérent avec l'ETRS89 à l'époque 93 ;
- utilisation de l'ellipsoïde AIG-GRS80 ;
- méridien origine : Greenwich, unité : degrés sexagésimaux ;
- projections associées : Lambert 93 ou CC 9 zones ;
- précision relative de l'ordre de 10^{-6}.

1.3.2.2   Autres réseaux

Le système *International Terrestrial Reference System* (ITRS) de l'*International Earth Rotation Service* (IERS) est le plus précis des systèmes mondiaux. Il comprend un réseau de plusieurs centaines de points, de précision centimétrique, déterminés par quatre techniques de géodésie spatiale : *Global Navigation Satellite System* (GNSS), *Lunar Laser Ranging* (LLR) et *Satellite Laser Ranging* (SLR), *Doppler Orbitography Radiopositionning Integrated by Satellite* (DORIS) et enfin *Very Longue Base Interferometry* (VLBI).

Régulièrement depuis 1988, l'IERS fournit une réalisation de l'ITRS appelée *International Terrestrial Reference Frame* (ITRF), chaque année plus précise du fait du nombre croissant de points et d'observations. En raison de la précision du système tenant compte de phénomènes tels que les mouvements tectoniques ou les marées, il est donc nécessaire de préciser l'époque de référence pour un jeu de coordonnées, soit l'année yy. La dernière réalisation est l'ITRF2008.

En Europe, l'ETRS89 coïncide avec l'ITRS à l'époque 89. Il a été adopté en 1990 par la commission EUREF de l'Association internationale de géodésie pour référencer les données géolocalisées. Son utilisation est préconisée par la directive INSPIRE visant à favoriser l'échange de données dans la communauté européenne.

Le *World Geodetic System* (WGS84) est un système de référence terrestre mis en place par le département de la Défense américain et obtenu par géodésie spatiale. Il utilise l'ellipsoïde international AIG-GRS 80 et la projection UTM. Plusieurs réalisations se sont succédé pour arriver aujourd'hui à un système cohérent avec l'ITRS à moins de 5 cm. Pour la plupart des travaux, il n'y a donc pas de différence entre WGS84 et ITRS.

Réseau Géodésique Français

VILLERS-LES-NANCY II

Département : MEURTHE-ET-MOSELLE (54)	**No du Site** **5457802**
Commune : VILLERS-LES-NANCY	**Site RBF**
Lieu-dit :	

<table>
<tr><td>Azimut de la prise de vue : 370 gr</td><td>Carte : 3415 NANCY</td></tr>
</table>

Système : RGF93 - Ellipsoïde : IAG GRS 1980 - Méridien origine : GREENWICH

Point	Longitude (dms)	Latitude (dms)	Hauteur (m)	Précision
a	6° 07' 28.62314" E	48° 39' 25.49628" N	408.160	< 1 cm
b	6° 07' 26.52281" E	48° 39' 28.55824" N	406.908	< 5 cm

Système : RGF93 - Projection : LAMBERT-93 - Système altimétrique : NGF-IGN 1969

Point	e (m)	n (m)	Précision plani	Altitude (m)	Précision alti
a	930082.645	6844209.747	< 1 cm	361.1513	< 5 mm
b	930035.966	6844302.533	< 5 cm	359.9053	< 5 mm

Valeur de pesanteur - Ajustement de mesures gravimétriques absolues et relatives (2000 - 2008)

Point	g (mGal)	Précision (mGal)	g (m.s^{-2})	Précision
b	980847.3	0.1	9.808473	10^{-6}

Figure 1.11. Fiche signalétique RBF.

Document IGN

1.4   Les systèmes d'altitudes

1.4.1   Altitudes

Une surface de niveau est une surface équipotentielle de la pesanteur, normale à toutes les verticales : le travail à effectuer dans le champ de la pesanteur est donc constant (ce n'est pas une surface à g constant). Il serait donc logique de considérer que deux points d'une même équipotentielle ont la même altitude.

La surface équipotentielle choisie comme origine des altitudes est appelée *géoïde*. C'est une surface proche du niveau de la mer, irrégulière, inaccessible à l'observation et dont le modèle mathématique le plus proche est l'ellipsoïde.

L'espacement entre deux surfaces de niveau varie d'un endroit à l'autre selon les variations d'intensité du champ de la pesanteur.

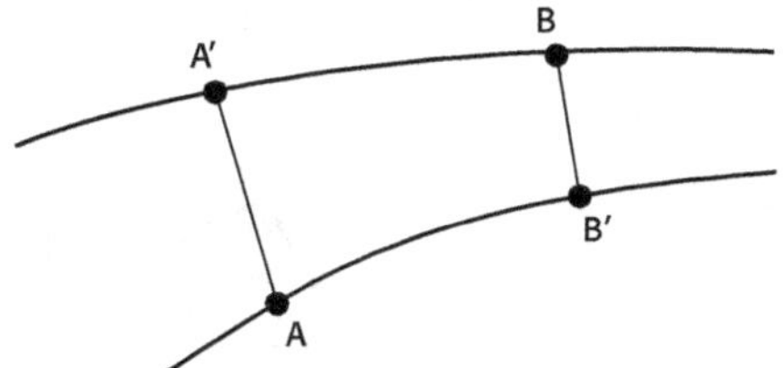

Figure 1.12. Surfaces équipotentielles.

Prenons l'exemple d'un nivellement entre A et B suivant deux itinéraires : A-A'-B et A-B'-B. La dénivelée entre A et B' ou A' et B étant nulle (même équipotentielle), la dénivelée AB vaut AA' dans le premier cas et B'B dans le second. Autrement dit, l'altitude de B dépendrait de l'itinéraire suivi.

Pour pallier cet inconvénient, on utilise la notion de *cote géopotentielle* : c'est le travail W à effectuer dans le champ de la pesanteur pour passer du géoïde (W_0) à la surface de niveau de B. Elle est égale à $W_{AB} = \int_A^B g \cdot d_h$, où dh est la dénivelée élémentaire. Ce travail est indépendant du trajet suivi.

Afin d'exprimer les altitudes sous la forme pratique de distances verticales au géoïde, on divise la cote géopotentielle par une valeur de g. Selon la valeur de g choisie, on obtient plusieurs types d'altitude : *orthométrique* (valeur de g théorique) ou *normale* (valeur de g réelle).

1.4.2   Réseaux de nivellement

Les premiers réseaux de nivellement remontent au xixe siècle. D'abord locaux et limités aux grandes villes, ils deviennent ensuite nationaux pour la réalisation de grands chantiers tels que les routes et canaux. C'est le début du *Nivellement général de la France* (NGF).

Plusieurs réseaux vont se succéder :

— le réseau *Bourdalouë* : créé par Paul Adrien Bourdalouë, le niveau zéro est placé en 1860 à Marseille et sert de point origine (c'est le point fondamental). Les observations auront lieu jusqu'en 1864. Aucune valeur de pesanteur n'est prise en compte dans ce réseau ;

— le réseau *Lallemand* : le service du NGF est créé en 1884 et dirigé par Charles Lallemand. Après une campagne marégraphique de 1885 à 1897, un nouveau point zéro « Lallemand » est créé et se trouve 71 mm en dessous du point zéro « Bourdalouë ». Les repères placés suivent principalement les voies de communication pour couvrir toute la France. Les altitudes du réseau Lallemand sont orthométriques, correspondant à une valeur de g théorique ;

— le réseau actuel *IGN69* et *IGN78* (Corse) : le réseau Lallemand vieillissant a été en partie ré-observé et entièrement recalculé (mais le zéro « Lallemand » est conservé) pour obtenir des *altitudes normales*, résultat de la division de la cote géopotentielle par une valeur réelle de g. La surface de référence devient, avec ce nouveau calcul, le *quasi-géoïde*.

1.4.3   Repères de nivellement

Les points du NGF, gérés par l'Institut géographique national, sont matérialisés par des repères scellés aux parois de bâtiments, murs ou ouvrages d'art, le plus souvent le long des voies de communication ou rivières. Deux types de matérialisation sont possibles : repères *cylindriques* (type M) et plus rarement *consoles* (type C) (figure 1.13).

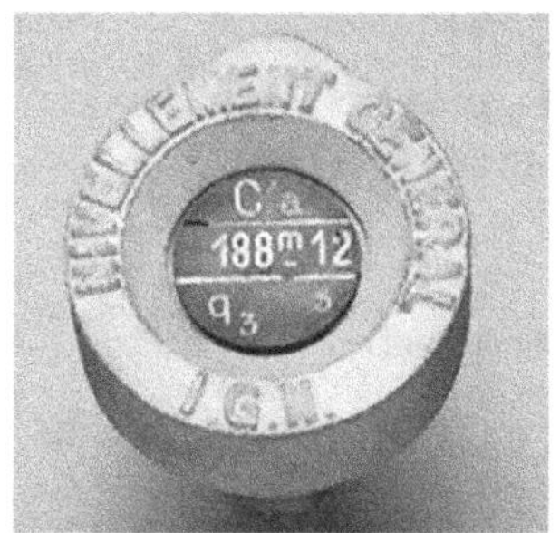

Type Médaillon   Type Console

Figure 1.13. Repères de nivellement.

Document IGN

Un repère de nivellement est désigné par son matricule, composé de lettres et de chiffres :

— *premier ordre* : le territoire français a été découpé en 32 mailles désignées par une lettre majuscule (figure 1.14) ; un repère de premier ordre, situé en limite de polygone a donc un matricule composé de ces deux lettres suivies d'un numéro : AJ4. Par exemple, les « têtes » des mailles sont des repères désignés par les lettres des mailles adjacentes AH'J ;

— *deuxième ordre* : chaque maille de premier ordre est divisée en moyenne en 7 mailles de deuxième ordre identifiées par une lettre du début de l'alphabet ; les repères sont désignés par la lettre de la maille de premier ordre dans laquelle ils se trouvent, suivie des deux lettres des mailles adjacentes, complétées par un numéro d'ordre : H'ab10 ;

— *troisième ordre* : chaque maille de deuxième ordre est divisée en moyenne en 10 mailles de troisième ordre identifiées par une lettre minuscule de la seconde moitié de l'alphabet suivie du chiffre 3 en indice ; la désignation d'un repère de troisième ordre comprend les lettres des mailles de premier et deuxième ordre dans lesquelles il se trouve, suivies des lettres indicées 3 des mailles adjacentes de troisième ordre, complétées par un numéro d'ordre : Abl_3m_350 ;

— le *réseau de quatrième ordre*, constitué de traverses établies selon les besoins à l'intérieur des mailles de troisième ordre ; les repères sont désignés par la maille de troisième ordre qui les contient suivie d'un numéro d'ordre : $Abm_3\,65$.

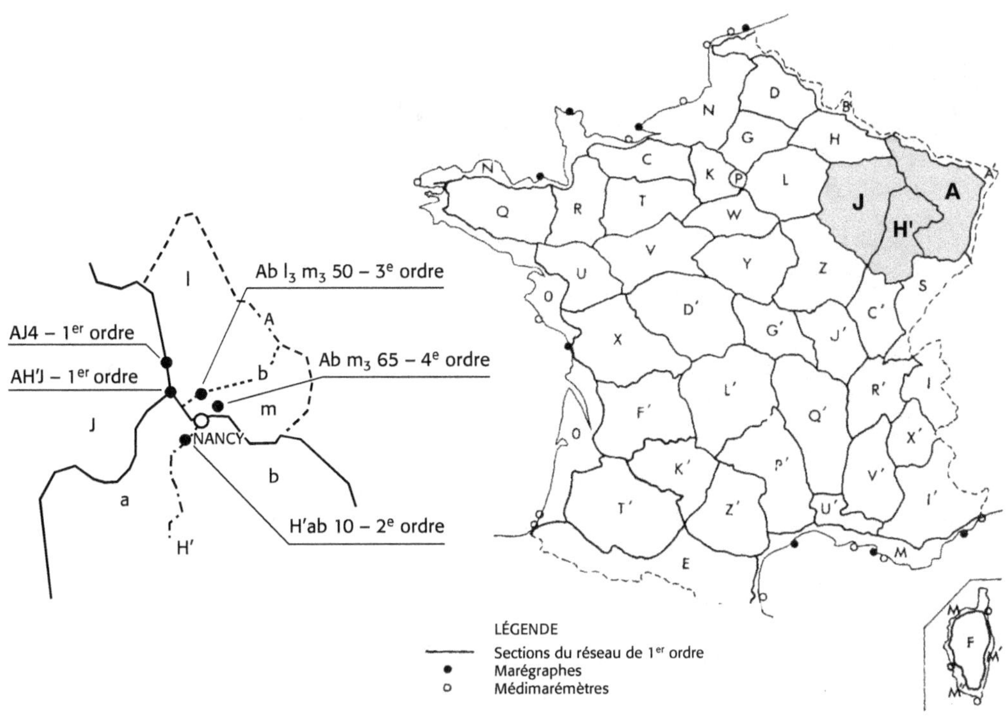

Figure 1.14. Mailles NGF.

Document IGN

Les informations concernant les repères de nivellement sont diffusées gratuitement par l'IGN dans les fiches signalétiques, disponibles sur geodesie.ign.fr ou sur le géoportail (www.geoportail.fr) (figure 1.15).

Le territoire compte un peu moins de 400 000 repères de nivellement, régulièrement entretenus, du premier au quatrième ordre, dont la précision est la suivante :

Ordre	Écart-type (entre 2 repères, au km)
1	2.0 mm
2	2.3 mm
3	3.0 mm
4	3.6 mm

Chaque fois que l'on effectue un nivellement, il est impératif de partir d'un repère donné pour se fermer sur un autre repère connu de manière :

– à vérifier que les repères IGN n'ont pas bougé à la suite de terrassements ou de travaux et que les altitudes sont bien les altitudes normales IGN69 ou IGN78 ;

– contrôler les observations et les calculs ;

– identifier le système d'altitude des nombreux repères posés par les collectivités et services techniques divers.

Nivellement Général de la France

Repère de nivellement

Matricule : **A.B.M3 - 73**

Système d'altitude : NGF-IGN 1969

202,907 m

Année de dernière détermination : 1973

Altitude NORMALE

Repère vu en place en 2001

Type : **M REPERE CYLINDRIQUE DU NIVELLEMENT GENERAL**

Complément :

Système : RGF93 - Ellipsoïde : IAG GRS 1980 - Méridien origine : GREENWICH

Longitude (dms) : **6° 12' 10'' E**   *Latitude (dms) :* **48° 41' 57'' N**

Système : RGF93 - Projection : LAMBERT-93

E (km) : **935.65**   *N (km) :* **6849.11**

Département : **MEURTHE-ET-MOSELLE** *Numéro INSEE :* **54395** *Commune :* **NANCY**

Voie suivie : **N.74**

de : **NANCY** *à :* **SEICHAMPS**

Coté : **Droit**   *PK :* **-**   *Distance :* **0,43** *km du repère* **A.B.M3 - 74**

Localisation :

Support : **PONT SUR LA RIVIERE "LA MEURTHE"**

Partie support : **PARAPET EN RETRAIT SUR MUR EN RETOUR COTE "NANCY", FACE ROUTE**

Repèrements : **A 7.00 M DU BATIMENT ATTENANT VERS NANCY**
A 0.45 M AU-DESSOUS DE L'ARETE SUPERIEURE

Remarques : **Exploitable par GPS depuis une station excentrée**

Le repère est au centre de la photo

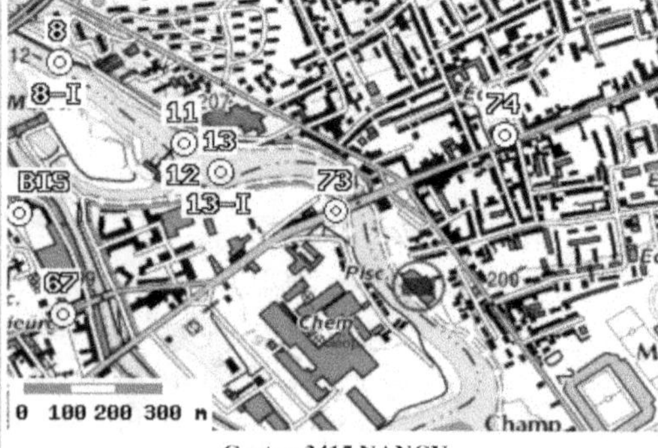

Carte : 3415 NANCY

Figure 1.15. Fiche signalétique d'un repère de nivellement.

Document IGN

1.4.4   Hauteur et altitude

Plusieurs composantes altimétriques sont donc disponibles pour un même point :

– la hauteur ellipsoïdale, h, distance entre le point et le pied de la normale à l'ellipsoïde AIG-GRS 80 (fig. 1.16) ;

– l'altitude normale IGN69 H, distance verticale entre le point et le quasi-géoïde.

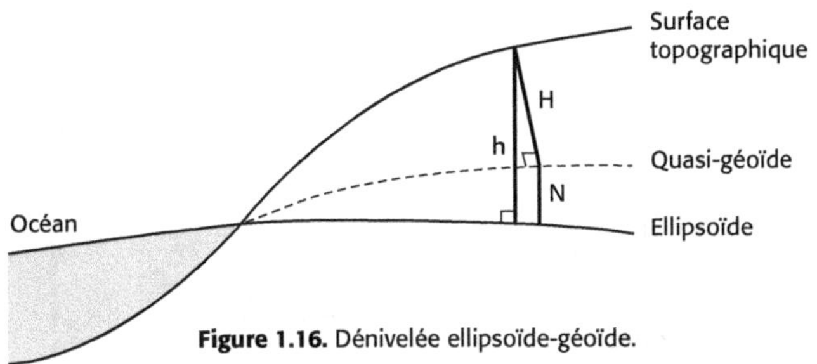

Figure 1.16. Dénivelée ellipsoïde-géoïde.

La hauteur séparant ellipsoïde et quasi-géoïde est appelée *ondulation*, notée N. On obtient donc la relation :

$$h \approx H + N$$

L'ondulation varie d'un endroit à un autre puisque le géoïde est irrégulier. Pour la déterminer, une surface de conversion calculée à partir du modèle de quasi-géoïde français QGF 98 et de points GPS nivelés est mise en place. La plus récente est la *RAF09, Référence des altitudes françaises 2009* (*RAC09* pour la Corse), remplaçant l'ancienne *RAF98* (figure 1.17). La précision de cette « grille », encore perfectible, est en moyenne de 2 à 3 cm.

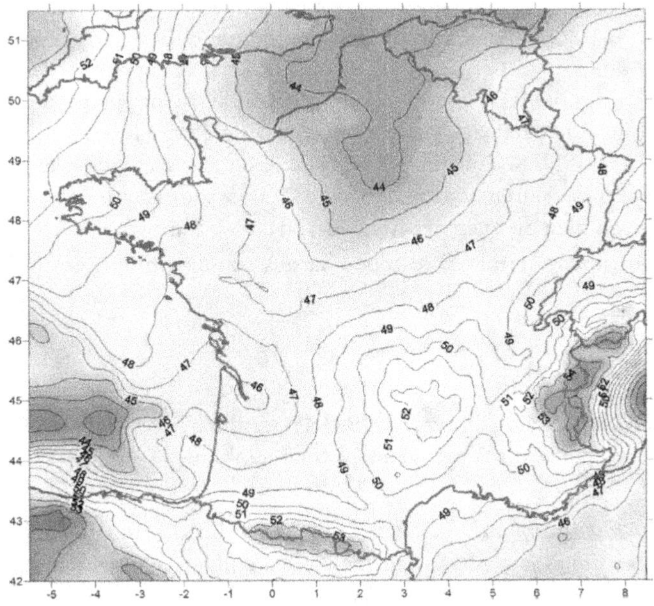

Figure 1.17. Grille RAF09.

Document IGN

1.5   Observations topographiques

En topographie, les observations s'appliquent à des longueurs généralement inférieures à quelques milliers de mètres et par conséquent contenues dans les polygones formés par les points des canevas géodésique et de nivellement. Dans ces limites, les images topographiques des points S, A, B du terrain (figure 1.18) sont les points s, a, b, projections orthogonales suivant des verticales rectilignes et parallèles sur le plan horizontal, ou plan topographique, d'altitude zéro ; un point du plan est donc l'image unique de tous les points situés sur sa verticale.

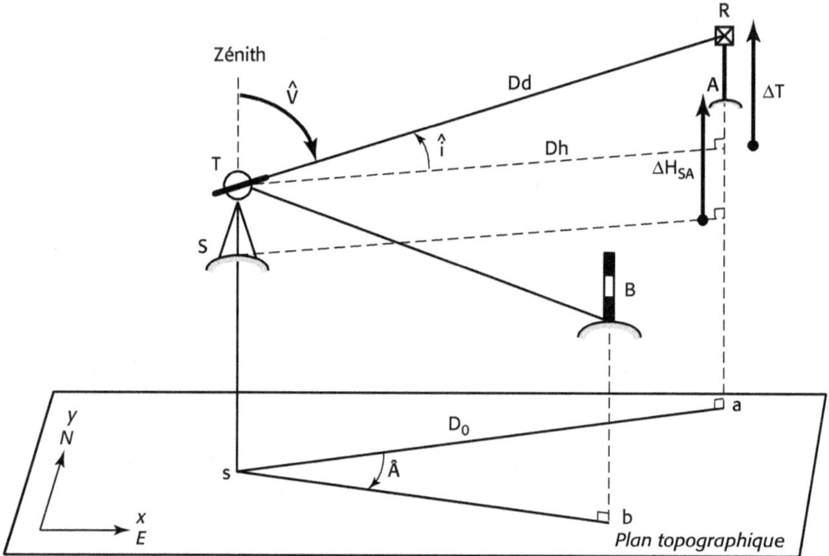

Figure 1.18. Observations topographiques.

Le positionnement des points s, a, b est assuré en planimétrie par leurs coordonnées rectangulaires E et N dans un système de projection et en altimétrie par leurs altitudes H dans les systèmes IGN69 ou IGN78. Pour un chantier isolé de faible étendue, le topographe peut aussi situer les points dans un repère orthonormé local xy sommairement orienté par rapport au nord et choisir un plan de référence horizontal d'altitude arbitraire.

Dans cet environnement simplifié, les observations topographiques sont classées en trois catégories.

1.5.1   Angles (§ 2)

Les angles sont mesurés à l'aide d'un *théodolite* T en station à la verticale de S, toutes les visées d'un même plan vertical ayant la même image topographique.

On distingue :

– *l'angle horizontal, ou azimutal,* Â *de deux visées* $\overrightarrow{TR}$ et $\overrightarrow{TB}$ qui est l'angle de leurs représentations topographiques sa et sb, autrement dit le rectiligne du dièdre des plans verticaux ; l'angle horizontal Â = $(\overrightarrow{sa}, \overrightarrow{sb})$ est mesuré sur le cercle horizontal du théodolite dans le sens des aiguilles d'une montre ;

— l'*angle vertical d'une visée*, $\overrightarrow{TR}$ par exemple, est généralement l'angle zénithal $\hat{V}$ compté de 0 gon à 200 gon à partir du zénith de la station, mesuré sur le cercle vertical ou *éclimètre* du théodolite ; l'angle d'inclinaison $\hat{i}$, encore appelé site, est l'angle de la visée avec l'horizontale, positif pour une visée vers le haut, négatif pour une visée vers le bas, complément à l'angle droit de $\hat{V}$.

Les unités d'angle sont :

— le *radian*, symbole rad, angle plan qui, ayant son sommet au centre d'un cercle, intercepte sur la circonférence un arc d'une longueur égale à celle du rayon ; ce n'est pas une unité de mesure ;

— le *tour*, symbole tr, angle au centre qui intercepte sur la circonférence un arc de longueur égale à celle de cette circonférence ; soit 1 tr = 2π rad ;

— le *grade*, symbole gon (décret n° 82203 du 26 février 1982 et norme Afnor NF X 02-006), angle au centre qui intercepte sur la circonférence un arc d'une longueur égale à 1/400 de celle de cette circonférence : 1 tr = 2π rad = 400 gon ; en topographie, c'est l'unité de mesure d'angle employée de façon quasi exclusive, avec quatre sous-multiples décimaux : décigrade (dgon), centigrade (cgon), milligrade (mgon) sous-multiple privilégié, et décimilligrade (dmgon), lequel est pratiquement le plus petit angle mesurable sur le terrain.

Les conversions grades-radians sont immédiates :

$$400 \text{ gon} = 2\pi \text{ rad} \Rightarrow 1 \text{ gon} = \frac{\pi}{200} \text{ rad} \Rightarrow \hat{A} \text{ rad} = \frac{\pi}{200} \cdot (\hat{A} \text{ gon}) \Rightarrow \hat{A} \text{ gon} = \frac{200}{\pi} \cdot (\hat{A} \text{ rad})$$

De ce fait, un angle de 1 mgon intercepte à 100 m un arc égal en millimètres à :

$$100\,000 \left(0{,}001 \, \frac{\pi}{200} \right) \approx 1{,}57$$

1.5.2 Distances (§ 3)

La distance *directe* Dd, ou distance inclinée, oblique, suivant la pente, etc., est la longueur du segment de droite joignant deux points de l'espace, un distancemètre placé en T et un réflecteur en R à la verticale de A par exemple.

La distance *horizontale* Dh à l'altitude de T, projection orthogonale de la distance directe Dd sur le plan horizontal de T, résulte généralement d'un calcul de réduction des observations.

La distance D_0 *réduite à l'ellipsoïde*, différente de Dh lorsque la précision des mesures oblige à tenir compte du fait que les verticales ne sont pas parallèles mais convergent au centre de la Terre ; D_0 est plus petite que Dh pour les distances mesurées au dessus de la surface zéro, plus grande dans le cas contraire.

La distance D *réduite au système de projection*, obtenue en corrigeant D_0 de l'altération linéaire du système.

L'unité de mesure des distances est le mètre, longueur du trajet parcouru dans le vide par la lumière pendant une durée de 1/299 792 458 s.

1.5.3 Dénivelées (§ 4)

La dénivelée entre deux points S et A par exemple est la différence des altitudes de ces deux points ; c'est une valeur algébrique dont *le signe dépend du sens de parcours* :

$$\Delta H_{SA} = (H_A - H_S) = - (H_S - H_A).$$

Elle est mesurée par *nivellement* direct ou indirect, à l'aide d'un niveau, d'un théodolite ou d'un *tachéomètre* lequel fournit, outre la distance et l'angle horizontal, la *dénivelée instrumentale* ΔT comptée depuis l'axe T de basculement de la lunette jusqu'au point visé, comme le réflecteur R par exemple ; le plus souvent elle est différente de la dénivelée ΔH des points de terrain S et A.

1.5.4 Positionnement satellitaire (§ 6)

L'actuel système américain opérationnel GPS de positionnement et de navigation par satellites est complété par le système russe GLONASS plus modeste, le chinois COMPASS et l'européen GALILEO à l'horizon 2015, avec lesquels il forme une synergie : le GNSS (*Global Navigation Satellite System*) qui permet de mesurer le système « Terre » dans son ensemble, de manière pérenne, continue, uniforme, globale et cohérente.

1.6 Précision des observations

1.6.1 Lexique

Grandeur, attribut d'un phénomène ou d'un corps qui est susceptible d'être distingué et déterminé quantitativement ; une grandeur s'exprime par le produit d'un nombre et d'une unité.

Valeur vraie d'une grandeur, valeur qui caractérise une grandeur parfaitement définie dans les conditions qui existent au moment où cette grandeur est examinée ; notion idéale, elle est en général inconnue et remplacée par une valeur approchée appelée *valeur conventionnellement vraie*.

Observation, action d'observer au moyen d'un instrument permettant des mesures ; par extension, mot utilisé en général au pluriel : résultats des mesures.

Mesurage, ensemble d'opérations ayant pour but de déterminer la valeur d'une grandeur.

Mesurage direct, méthode de mesurage par comparaison de la grandeur à mesurer avec une grandeur de même nature prise comme étalon ; mesurage d'une distance avec un ruban par exemple.

Mesurage indirect, méthode de mesurage d'une grandeur à partir des mesures d'autres grandeurs liées à celle-ci par une ou plusieurs relations connues.

Résultat d'un mesurage, valeur de la grandeur mesurée obtenue, souvent appelé « mesure ».

Le *résultat brut d'un mesurage* est le résultat avant corrections et avant la détermination de l'incertitude de mesurage.

La *correction* est la valeur qu'il faut ajouter algébriquement au résultat brut du mesurage pour obtenir le résultat corrigé : x cor = x brut + correction , soit $x = x_i + c_i \Rightarrow c_i = x - x_i$.

1.6.2 Erreurs parasites ou fautes

Incertitudes souvent grossières provenant de l'inattention ou d'un oubli de l'opérateur ; pour déceler les fautes, que l'on est toujours susceptible de commettre, on pratique des contrôles. Le *contrôle* est l'opération comportant des appréciations, des observations et/ou des calculs destinés à déceler la présence de fautes.

On distingue :

- le *contrôle direct*, contrôle par répétition pure et simple des observations et/ou des calculs initiaux ;
- le *contrôle indirect*, contrôle au moyen d'observations et/ou de calculs différents de ceux effectués initialement.

1.6.3 Erreurs systématiques

Une erreur systématique, parfois appelée *biais*, est une erreur qui, lors de plusieurs mesurages effectués dans les mêmes conditions de la même valeur d'une certaine grandeur, reste constante en valeur absolue et en signe ou qui varie selon une loi définie quand les conditions changent.

1.6.3.1 Erreur de justesse

La *justesse d'un instrument de mesurage* est la qualité qui caractérise son aptitude à donner des indications dépourvues d'erreurs systématiques.

L'*erreur de justesse*, e_j, qui caractérise l'*exactitude* ou *précision externe* d'une mesure, est la somme algébrique des erreurs systématiques entachant l'indication d'un instrument de mesurage dans des conditions déterminées d'emploi. Généralement, les erreurs systématiques sont cumulatives par voie d'addition, d'où leur importance dans les observations topographiques qui s'ajoutent ; ainsi, une distance de 200 m mesurée avec un double-décamètre trop long de 5 mm est entachée d'une erreur résultante correspondante égale à $10 \times 5 = 50$ mm.

De façon générale, le résultat de n mesures enchaînées affectées chacune d'une erreur de justesse e_j est entaché d'une erreur correspondante égale à $n \cdot e_j$.

En topographie, *la correction des erreurs systématiques* s'effectue de trois manières :

- par le *calcul*, dilatation d'un ruban d'acier sous l'effet de la chaleur par exemple ;
- par un *mode opératoire*, observations avec un théodolite dans deux positions de la lunette ;
- par l'utilisation de *matériaux à variation minimum*, support de plan pratiquement insensible aux variations hygrométriques par exemple.

Les erreurs systématiques sont des accroissements bien définis des grandeurs mesurées, suffisamment petits pour être considérés comme des infiniment petits du premier ordre ; on leur applique donc les règles du calcul différentiel, en négligeant les infiniment petits du deuxième ordre que sont leurs carrés ou leurs produits : $y = f(x) \Rightarrow dy = f'(x) \cdot dx$.

1.6.3.2 Évaluation sommaire de l'erreur de justesse

Mesurer n fois, 30 par exemple, une grandeur dont on connaît la valeur conventionnellement vraie x et calculer les erreurs vraies (§ 1.6.4.1) $e_i = x_i - x$.

Si les erreurs sont accidentelles, donc positives et négatives suivant une loi normale (§ 1.6.4.4), leur somme est à peu près nulle, il n'y a pas d'erreur de justesse ; en revanche, si une forte majorité des erreurs est de même signe, chacune d'elles est constituée d'une partie systématique et d'une partie accidentelle.

Une valeur approchée de l'erreur de justesse est donnée par la formule :

$e_j \approx \dfrac{\sum\limits_{i=1}^{n} e_i}{n}$, car dans la somme $\sum\limits_{i=1}^{n} e_i$ la somme probable des erreurs accidentelles est nulle.

Une *population* étant un ensemble de n *éléments*, une *série statistique à une variable* est la correspondance de chaque élément 1, 2, …, n, aux valeurs x_1, x_2, …, x_n, du *caractère* x étudié. L'*effectif total* de la série est le nombre n d'éléments et son *étendue* l'écart entre la plus petite et la plus grande valeur du caractère.

Les *classes* sont des intervalles obtenus en divisant l'étendue de la série par un certain nombre ; les centres des classes correspondent à la moyenne des limites de chaque classe.

Le report sur l'axe des abscisses des limites des classes, puis le tracé des rectangles dont la base est l'intervalle d'une classe et les hauteurs $h_i = k \cdot n_i$ des longueurs proportionnelles aux effectifs des classes considérées, donne l'*histogramme* correspondant (figure 1.19).

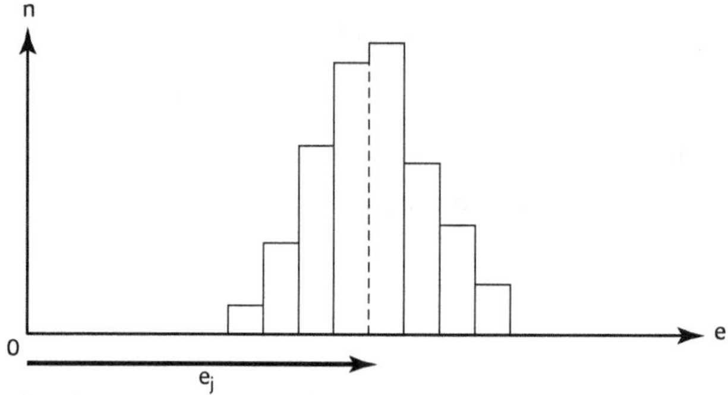

Figure 1.19. Histogramme.

Le tracé de l'histogramme des erreurs de n mesures entachées chacune d'une erreur de justesse e_j fournit – toutes choses égales – une dispersion qui correspond à la dispersion-type, mais centrée sur une valeur différente de zéro.

Le décalage de l'axe de symétrie de l'histogramme par rapport à l'origine des axes représente à peu près la valeur de l'erreur de justesse.

1.6.3.3 Droite moyenne

Soit $e_1 = x_1 - x$, $e_2 = x_2 - x$, …, $e_n = x_n - x$ les erreurs vraies des mesures de grandeurs de même espèce, dont on connaît les valeurs conventionnellement vraies par rapport à l'instrument ou la méthode utilisée, ces mesures ayant été faites dans les mêmes conditions.

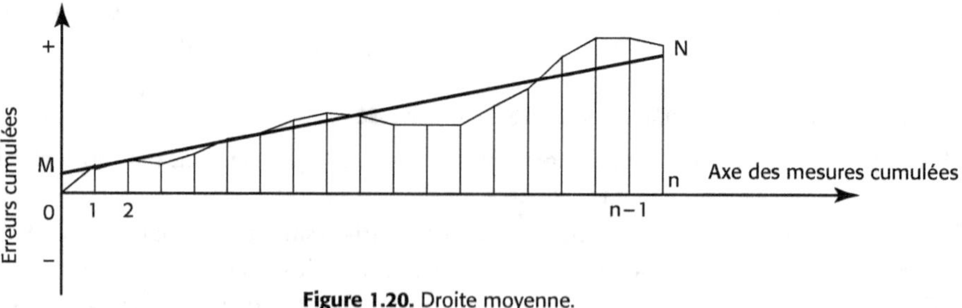

Figure 1.20. Droite moyenne.

Après avoir calculé les « erreurs cumulées » e_1, $e_1 + e_2$, …, $e_1 + e_2 + … + e_n$, qui sont des *caractères discrets* puisque discontinus, porter sur un axe à partir de l'origine 0 (figure 1.20) des longueurs 0 à 1, 1 à 2,…,n−1 à n, égales s'il s'agit de mesures d'angles, proportionnelles pour des mesures de distances ou des dénivelées ; les abscisses des points 1, 2, …, n représentent donc les mesures cumulées.

Au point 1 élever une ordonnée proportionnelle à e_1, au point 2 une ordonnée proportionnelle à $e_1 + e_2$, etc., au point n une ordonnée proportionnelle à $e_1 + e_2 + \ldots + e_n$, autrement dit élever en chaque point de l'axe portant les mesures cumulées une ordonnée représentant la somme des erreurs cumulées en ce point, réalisant ainsi un *diagramme en bâtons*.

La ligne brisée joignant les sommets des bâtons est le polygone des effectifs ou *polygone des erreurs cumulées* ; il chevauche une droite MN, appelée *droite moyenne*, pour laquelle les petits écarts positifs et négatifs du polygone à la droite sont dus aux erreurs accidentelles.

Lorsque les mesures sont exemptes d'erreurs systématiques, la droite moyenne est confondue avec l'axe des mesures cumulées ; en revanche, si les mesures sont entachées d'erreurs systématiques, du fait du cumul de celles-ci, la droite moyenne est inclinée par rapport à l'axe des mesures, la « pente » de cette inclinaison fournissant l'erreur de justesse en grandeur et en signe.

Pour que chaque point de la droite moyenne ne représente que les erreurs systématiques cumulées en ce point, elle doit remplir deux conditions :

– les aires situées entre la droite et le polygone doivent se répartir également au-dessus et en dessous de la droite ;

– parmi toutes les droites remplissant la première condition, la droite moyenne est celle qui détermine des sommes d'aires minima.

Tracer MN à l'estime en laissant de part et d'autre du polygone des aires aussi petites que possible qui s'annulent algébriquement.

Pour les mesures d'angles correspondant à des ordonnées équidistantes, l'erreur de justesse vaut :

$$e_j = \frac{nN - 0M}{n}.$$

Dans le cas de mesures de distances, ou de dénivelées, *l'erreur de justesse de l'unité de longueur* est égale à : $e_j = \dfrac{nN - 0M}{\sum\limits_{i=1}^{n} D_i}$, expression dans laquelle $\sum\limits_{i=1}^{n} D_i$ représente la somme des mesures, autrement dit la longueur 0n.

1.6.4   Erreurs accidentelles des mesures directes

1.6.4.1   Erreur absolue

L'erreur accidentelle, appellation habituelle en topographie de l'erreur aléatoire ou fortuite, est celle qui varie de façon imprévisible en valeur absolue et en signe lorsque l'on effectue un grand nombre de mesurages de la même valeur d'une grandeur, dans des conditions pratiquement identiques. On ne peut pas tenir compte de l'erreur accidentelle sous forme d'une correction apportée au résultat brut du mesurage ; on peut seulement, à la fin d'une série de mesurages exécutés dans des conditions pratiquement identiques (à l'aide du même instrument de mesurage, par le même observateur, dans les mêmes conditions d'ambiance, etc.), fixer les limites dans lesquelles se trouve, avec une probabilité donnée, cette erreur.

L'erreur absolue est la différence algébrique entre le résultat du mesurage et la valeur de comparaison : erreur absolue = résultat du mesurage - valeur de comparaison.

Dans tout ce qui suit, nous entendons par « résultat du mesurage » le résultat corrigé des erreurs systématiques.

Suivant la valeur de comparaison utilisée, on distingue :

1. L'*erreur absolue vraie* e, différence algébrique entre le résultat du mesurage et la valeur vraie ou conventionnellement vraie ; pour un nombre n de mesures de la même grandeur x, on a :

$$
\begin{aligned}
e_1 &= x_1 - x \\
e_2 &= x_2 - x \\
&\vdots \\
e_i &= x_i - x \\
&\vdots \\
e_n &= x_n - x \\
\hline
\sum_{i=1}^{n} e_i &\approx 0
\end{aligned}
$$

Les erreurs vraies étant de signe aléatoire et du même ordre de grandeur ont une somme à peu près nulle.

La correction valant $c_i = x - x_i \Rightarrow c_i = - e_i$, *la correction est l'opposée de l'erreur.*

Pour un grand nombre de mesures d'une quantité connue, exemptes d'erreurs systématiques, les erreurs vraies obéissent à la loi normale.

2. L'*erreur absolue apparente* v, généralement appelée *écart* ou *écart à la moyenne*, est la différence algébrique entre le résultat du mesurage et la moyenne arithmétique des résultats d'une série de mesurages.

La moyenne arithmétique d'une série $(x_i\,,\,n_i)$ avec $1 \leq i \leq p$ est le nombre noté $\overline{x}$ tel que :

$$
\overline{x} = \frac{\displaystyle\sum_{i=1}^{p} n_i \cdot x_i}{\displaystyle\sum_{i=1}^{p} n_i}, \quad n = \sum_{i=1}^{p} n_i \quad \text{étant l'effectif total.}
$$

L'*effectif* n_i de la valeur x_i du caractère est le nombre de fois où l'on rencontre cette valeur.

La *fréquence* de x_i vaut $f_i = \dfrac{n_i}{n}$, elle est comprise entre 0 et 1 ; la somme des fréquences est évidemment égale à l'unité.

Dès lors :
$$
\overline{x} = \frac{\displaystyle\sum_{i=1}^{p} n_i \cdot x_i}{n} = \sum_{i=1}^{p} \frac{n_i}{n} \cdot x_i = \sum_{i=1}^{n} f_i \cdot x_i
$$

Les écarts à la moyenne :

$$
\begin{aligned}
v_1 &= x_1 - \overline{x} \\
v_2 &= x_2 - \overline{x} \\
&\vdots \\
v_i &= x_i - \overline{x} \\
&\vdots \\
v_n &= x_n - \overline{x}
\end{aligned}
$$

ont donc une somme nulle : $\displaystyle\sum_{i=1}^{n} v_i = 0$; de même, la moyenne des écarts est nulle : $\overline{v} = \dfrac{\displaystyle\sum_{i=1}^{n} v_i}{n} = 0$. En pratique, la notation e est souvent utilisée pour l'erreur apparente comme pour l'erreur vraie.

3. L'*erreur relative* est le quotient de l'erreur absolue par la valeur de comparaison utilisée pour le calcul de cette erreur absolue ; c'est une valeur algébrique souvent exprimée en « pour cent ».

1.6.4.2   Répartition expérimentale

Les erreurs de fermeture angulaire des 484 triangles de chaîne de l'ancienne triangulation de la France, placées dans des classes de 5 dmgon d'une série étendue de – 30 dmgon à + 30 dmgon, donnent :

dmgon	0	5	10	15	20	25	30	Total
+	105	84	40	9	3	2		243
–	103	86	34	13	3	2		241

Ce tableau fait apparaître trois propriétés :

– à tout écart positif correspond un écart négatif sensiblement égal ;

– les plus petits écarts, en valeur absolue, sont les plus nombreux ;

– les écarts restent inférieurs à un certain maximum ; on appelle *dispersion des écarts* l'étendue de la série statistique qui correspond aux valeurs extrêmes, soit ici 60 dmgon.

Le *polygone des effectifs* est la ligne brisée qui joint les milieux des bases supérieures des différents rectangles de l'histogramme (figure 1.21).

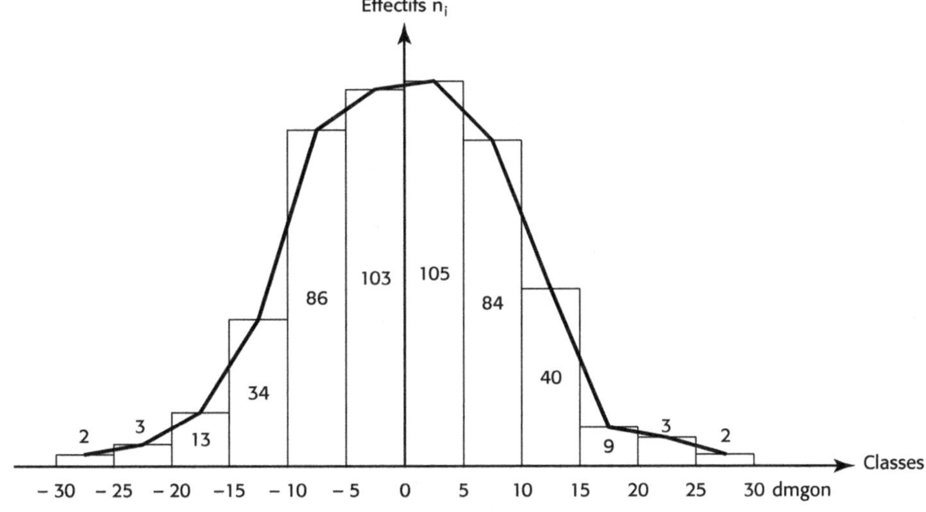

Figure 1.21. Polygone des effectifs.

La *médiane* est la valeur qui se situe au centre d'une série ordonnée par valeurs croissantes et partage donc cette série en deux groupes de même effectif ; ainsi, la médiane des erreurs précédentes est le plus petit écart positif, puisqu'il y a 241 écarts inférieurs et 242 supérieurs.

Les *quartiles* partagent une série en quatre groupes de même effectif. Dans l'exemple, le *quartile supérieur* correspond à un effectif de 484 : 4 = 121, donc à une valeur de l'écart comprise entre 5 dmgon et 10 dmgon du fait que 105 < 121 < (105 + 84) ; de même, le *quartile inférieur* est compris entre – 10 dmgon et – 5 dmgon.

L'*écart-type* σ de l'échantillon de n éléments, encore appelé *écart moyen quadratique*, est la racine carrée de la moyenne arithmétique des carrés des écarts à la moyenne $\overline{x}$ des n éléments de l'échantillon ; par définition, c'est la racine carrée de la *variance*.

$$\sigma = \sqrt{\dfrac{\displaystyle\sum_{i=1}^{n}(x_i - \overline{x})^2}{n}}$$

Si x_i a pour effectif n_i, il vient : $\sigma^2 = \text{var}(x) = \dfrac{\displaystyle\sum_{i=1}^{p} n_i(x_i - \overline{x})^2}{n} = \displaystyle\sum_{i=1}^{p} f_i(x_i - \overline{x})^2$.

La moyenne arithmétique $\overline{x}$ des écarts de l'ancienne triangulation valant 0,0066 dmgon, autrement dit pouvant être considérée comme nulle, permet de dresser le tableau ci dessous.

Centres des classes e_i (dmgon)	Fréquences absolues n_i	$n_i \cdot e_i^2$
−27,5	2	1 512,50
−22,5	3	1 518,75
− 17,5	13	3 981,25
−12,5	34	5 312,50
−7,5	86	4 837,50
−2,5	103	643,75
+2,5	105	656,25
+7,5	84	4 725,00
+12,5	40	6 250,00
+17,5	9	2 756,25
+22,5	3	1 518,75
+27,5	2	1 512,50
Total	484	35 225,00

Soit :
$$\sigma = \sqrt{\dfrac{35\ 225}{484}} = 8,5 \text{ dmgon.}$$

Si l'histogramme est tracé en prenant comme base de rectangle une classe d'intervalle Δx et une hauteur : $y_i = \dfrac{f_i}{\Delta x}$, f_i étant la fréquence relative dans la classe considérée (figure 1.22), l'aire du rectangle vaut : $\Delta x \cdot y_i = f_i$.

La somme des aires des différents rectangles est donc : $\Sigma = f_1 + f_2 + \ldots + f_n = 1$; dans ce cas, l'aire comprise entre le polygone des fréquences et l'axe des abscisses est égale à l'unité.

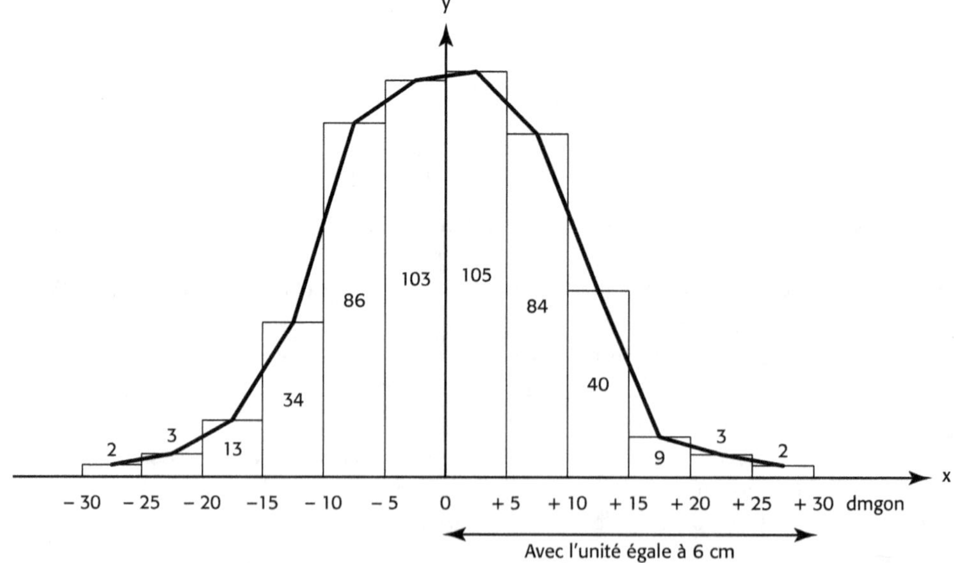

Figure 1.22. Polygone des fréquences.

$$\text{Y première classe } = \frac{\dfrac{105}{484}}{\dfrac{1}{6}} = 1{,}30 \ (7{,}8 \text{ cm}), \ \text{Y}_2 = 1{,}04, \ \text{Y}_3 = 0{,}50, \text{ etc.}$$

Si le nombre des classes augmentait de manière que chacune d'elles tende vers zéro, le polygone des fréquences tendrait vers une courbe continue appelée *courbe de fréquence*.

1.6.4.3   Probabilité - Espérance mathématique

La *probabilité* d'un événement A est la fréquence d'apparition de cet événement, notée P(A) ; c'est un nombre compris entre 0 et 1 (0 si l'événement n'apparaît jamais, 1 s'il apparaît à chaque expérience).

Une *variable aléatoire* X *est dite continue* si elle peut prendre n'importe quelle valeur d'un intervalle.

La *fonction de répartition* de X est la fonction définie par : $F(x) = P(X \le x)$; ainsi, la probabilité pour que X prenne une valeur appartenant à l'intervalle]a, b] est :

$$P(a < X \le b) = F(b) - F(a).$$

Si la fonction F est dérivable, sa dérivée f est appelée *densité de probabilité* : $f(x) = F'(x)$; f est telle que : $f(x) \ge 0$, $\displaystyle\int_{-\infty}^{+\infty} f(x) \cdot dx = 1$, $F(x) = \displaystyle\int_{-\infty}^{x} f(t) \cdot dt$, $P(a < X \le b) = \displaystyle\int_{a}^{b} f(x) \cdot dx$

L'*espérance mathématique*, communément appelée *moyenne*, d'une variable aléatoire continue X est donnée par la formule : $m = E(X) = \displaystyle\int_{-\infty}^{+\infty} x \cdot f(x) \cdot dx$.

Si $E(X) = m = 0$, la variable est dite centrée ; a et b étant deux nombres réels $E(aX + b) = a\,E(X) + b$, ce qui implique $E(X - m) = 0$ pour $E(X) = m$, autrement dit $X - m$ est toujours une variable centrée.

La *variance* d'une variable aléatoire continue est :

$$\text{Var}(X) = E(X - m)^2 = \int_{-\infty}^{+\infty} (x - m)^2 \cdot f(x) \cdot dx,$$

l'*écart-type* étant égal à la racine carrée de la variance.

On démontre les propriétés : $\text{Var}(X) = E(X^2) - m^2$, $\text{Var}(aX + b) = a^2\,\text{Var}(X)$.

On appelle *variable aléatoire centrée réduite* toute variable aléatoire dont la moyenne est 0 et l'écart-type 1. Si X est une variable de moyenne m et d'écart-type σ, la variable aléatoire $U = \dfrac{X - m}{\sigma}$ est une variable centrée réduite ; en effet, d'après les propriétés de la moyenne :

$$E\left(\frac{X - m}{\sigma}\right) = \frac{E(X) - m}{\sigma} = 0$$

et d'après celles de la variance :

$$\text{Var}\left(\frac{X - m}{\sigma}\right) = \frac{1}{\sigma^2}\,\text{Var}(X) = \frac{\sigma^2}{\sigma^2} = 1.$$

1.6.4.4   Loi normale ou loi de Laplace-Gauss

Une variable aléatoire continue X, de moyenne m et d'écart-type σ, suit une loi normale notée $\mathcal{N}(m,\sigma)$ si sa densité de probabilité est définie par :

$$f(x) = \frac{1}{\sigma \sqrt{2\pi}} \cdot e^{-\frac{1}{2}\left(\frac{x - m}{\sigma}\right)^2}$$

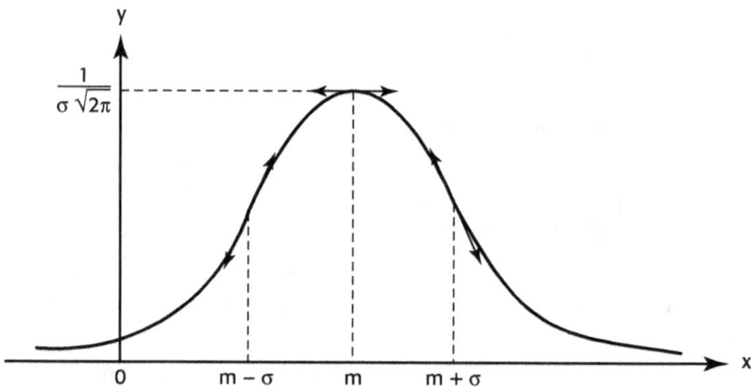

Figure 1.23. Courbe de Gauss.

La courbe représentative de f, ou courbe de Gauss (figure 1.23), a comme caractéristiques :
– la symétrie par rapport à la droite d'équation : x = m ;
– deux points d'inflexion, d'abscisses : m – σ et m + σ ;
– un aplatissement fonction de σ ;
– l'aire de la portion de plan comprise entre la courbe et l'axe des abscisses est toujours égale à l'unité.

Comme, d'une part, la loi normale dépend de deux paramètres m et σ, que d'autre part il n'y a pas de formule permettant le calcul de $F(x) = P(X \leq x) = \int_{-\infty}^{x} f(t) \cdot dt$, on a tabulé la loi normale centrée réduite $\mathcal{N}(0,1)$; pour appliquer les résultats à la loi $\mathcal{N}(m,\sigma)$ on utilise le changement de variable $U = \dfrac{X - m}{\sigma}$. En effet : $P(X \leq x) = P\left(U \leq \dfrac{X - m}{\sigma}\right)$, U suit la loi $\mathcal{N}(0,1)$ dont la densité est $f(u) = \dfrac{1}{\sqrt{2\pi}} \cdot e^{-\frac{u^2}{2}}$.

La courbe représentative admet l'axe des ordonnées comme axe de symétrie et les points d'inflexion ont pour abscisses – 1 et + 1 (figure 1.24).

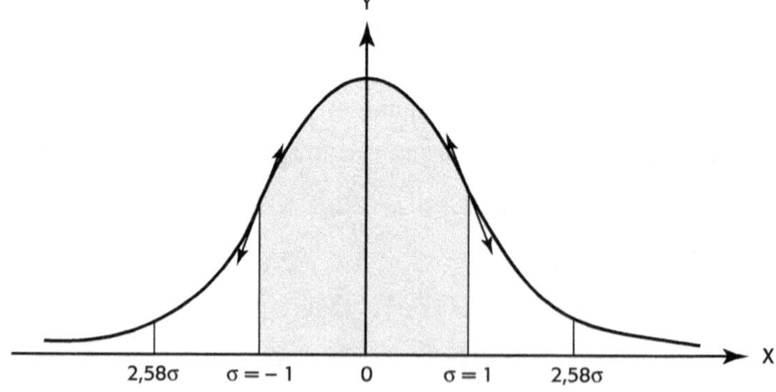

Figure 1.24. Courbe de la loi normale centrée réduite.

La fonction de répartition n'est pas tabulée pour x < 0 en raison de la symétrie de la courbe. La table (fig 1.25) donne :

$$P(0 < U < 1) = 0{,}3413 \quad \Rightarrow \quad P(|U| < 1) = 0{,}6826$$

$$P(0 < U < 2{,}58) = 0{,}4951 \quad \Rightarrow \quad P(|U| < 2{,}58) = 0{,}9902$$

Donc, si X est une variable aléatoire de moyenne 0 et d'écart-type σ, $P(|X| < \sigma) = 0{,}6826$ et $P(|X| < 2{,}58\sigma) = 0{,}9902$.

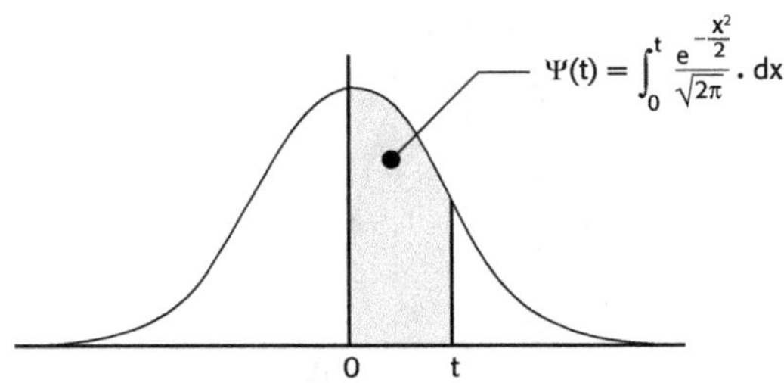

t	0	1	2	3	4	5	6	7	8	9
0,0	0,0000	0,0040	0,0080	0,0120	0,0160	0,0199	0,0239	0,0279	0,0319	0,0359
0,1	0,0398	0,0438	0,0478	0,0517	0,0557	0,0596	0,0636	0,0675	0,0714	0,0754
0,2	0,0793	0,0832	0,0871	0,0910	0,0948	0,0987	0,1026	0,1064	0,1103	0,1141
0,3	0,1179	0,1217	0,1255	0,1293	0,1331	0,1368	0,1406	0,1443	0,1480	0,1517
0,4	0,1554	0,1591	0,1628	0,1664	0,1700	0,1736	0,1772	0,1808	0,1844	0,1879
0,5	0,1915	0,1950	0,1985	0,2019	0,2054	0,2088	0,2123	0,2157	0,2190	0,2224
0,6	0,2258	0,2291	0,2324	0,2357	0,2389	0,2422	0,2454	0,2486	0,2518	0,2549
0,7	0,2580	0,2612	0,2642	0,2673	0,2704	0,2734	0,2764	0,2794	0,2823	0,2852
0,8	0,2881	0,2910	0,2939	0,2967	0,2996	0,3023	0,3051	0,3078	0,3106	0,3133
0,9	0,3159	0,3186	0,3212	0,3238	0,3264	0,3289	0,3315	0,3340	0,3365	0,3389
1,0	0,3413	0,3438	0,3461	0,3485	0,3508	0,3531	0,3554	0,3577	0,3599	0,3621
1,1	0,3643	0,3665	0,3686	0,3708	0,3729	0,3749	0,3770	0,3790	0,3810	0,3830
1,2	0,3849	0,3869	0,3888	0,3907	0,3925	0,3944	0,3962	0,3980	0,3997	0,4015
1,3	0,4032	0,4049	0,4066	0,4082	0,4099	0,4115	0,4131	0,4147	0,4162	0,4177
1,4	0,4192	0,4207	0,4222	0,4236	0,4251	0,4265	0,4279	0,4292	0,4306	0,4319
1,5	0,4332	0,4345	0,4357	0,4370	0,4382	0,4394	0,4406	0,4418	0,4429	0,4441
1,6	0,4452	0,4463	0,4474	0,4484	0,4495	0,4505	0,4515	0,4525	0,4535	0,4545
1,7	0,4554	0,4564	0,4573	0,4582	0,4591	0,4599	0,4608	0,4616	0,4625	0,4633
1,8	0,4641	0,4649	0,4656	0,4664	0,4671	0,4678	0,4686	0,4693	0,4699	0,4706
1,9	0,4713	0,4719	0,4726	0,4732	0,4738	0,4744	0,4750	0,4756	0,4761	0,4767
2,0	0,4772	0,4778	0,4783	0,4788	0,4793	0,4798	0,4803	0,4808	0,4812	0,4817
2,1	0,4821	0,4826	0,4830	0,4834	0,4838	0,4842	0,4846	0,4850	0,4854	0,4857
2,2	0,4861	0,4864	0,4868	0,4871	0,4875	0,4878	0,4881	0,4884	0,4887	0,4890
2,3	0,4893	0,4896	0,4898	0,4901	0,4904	0,4906	0,4909	0,4911	0,4913	0,4916
2,4	0,4918	0,4920	0,4922	0,4925	0,4927	0,4929	0,4931	0,4932	0,4934	0,4936
2,5	0,4938	0,4940	0,4941	0,4943	0,4945	0,4946	0,4948	0,4949	0,4951	0,4952
2,6	0,4953	0,4955	0,4956	0,4957	0,4959	0,4960	0,4961	0,4962	0,4963	0,4964
2,7	0,4965	0,4966	0,4967	0,4968	0,4969	0,4970	0,4971	0,4972	0,4973	0,4974
2,8	0,4974	0,4975	0,4976	0,4977	0,4977	0,4978	0,4979	0,4979	0,4980	0,4981
2,9	0,4981	0,4982	0,4982	0,4983	0,4984	0,4984	0,4985	0,4985	0,4986	0,4986
3,0	0,4987	0,4987	0,4987	0,4988	0,4988	0,4989	0,4989	0,4989	0,4990	0,4990
3,1	0,4990	0,4991	0,4991	0,4991	0,4992	0,4992	0,4992	0,4992	0,4993	0,4993
3,2	0,4993	0,4993	0,4994	0,4994	0,4994	0,4994	0,4994	0,4995	0,4995	0,4995
3,3	0,4995	0,4995	0,4995	0,4996	0,4996	0,4996	0,4996	0,4996	0,4996	0,4997
3,4	0,4997	0,4997	0,4997	0,4997	0,4997	0,4997	0,4997	0,4997	0,4997	0,4998
3,5	0,4998	0,4998	0,4998	0,4998	0,4998	0,4998	0,4998	0,4998	0,4998	0,4998
3,6	0,4998	0,4998	0,4999	0,4999	0,4999	0,4999	0,4999	0,4999	0,4999	0,4999
3,7	0,4999	0,4999	0,4999	0,4999	0,4999	0,4999	0,4999	0,4999	0,4999	0,4999
3,8	0,4999	0,4999	0,4999	0,4999	0,4999	0,4999	0,4999	0,4999	0,4999	0,4999
3,9	0,5000	0,5000	0,5000	0,5000	0,5000	0,5000	0,5000	0,5000	0,5000	0,5000

Figure 1.25. Table de la loi normale

Exemple

Courbe de Gauss superposée à l'histogramme de l'ancienne triangulation (§ 1.6.4.2), avec σ = 8,5 dmgon (figure 1.26).

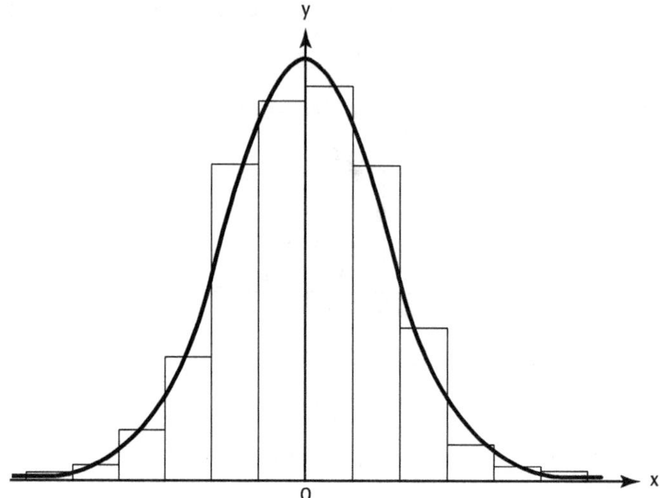

Figure 1.26. Erreurs de l'ancienne triangulation.

1.6.4.5   Indices de dispersion

La *fidélité d'un instrument de mesurage* est la qualité qui caractérise son aptitude à donner, pour une même valeur de la grandeur mesurée, des indications concordant entre elles, les erreurs systématiques des valeurs variables n'étant pas prises en considération.

La *dispersion des indications* est le phénomène présenté par un instrument qui donne, dans une série de mesurages d'une même valeur de la grandeur mesurée, effectués dans des conditions bien déterminées, des indications différentes ; elle est exprimée quantitativement par l'étendue de dispersion ou par un *indice de dispersion* encore appelé erreur de fidélité.

Les trois indices de dispersion : *écart-type* σ, *écart équiprobable* ε_p, *écart moyen arithmétique* ε_a, sont des *unités de mesure des erreurs accidentelles*, sans effet correctif ; en topographie, on adopte généralement l'écart-type, encore appelé « écart moyen quadratique de fidélité », pour caractériser la précision d'un instrument ou celle du résultat d'un mesurage.

La plupart du temps, dans les observations topographiques, la valeur vraie x de la grandeur est inconnue, seule la moyenne $\overline{x}$ est accessible ; par conséquent, on utilise généralement les écarts à la moyenne : $v_i = x_i - \overline{x}$, ou erreurs apparentes, pour calculer l'écart-type de l'échantillon, de la population, de la moyenne, ainsi que l'intervalle de confiance correspondant (§ 1.6.4.6).

L'*écart équiprobable* ε_p est celui qui a la probabilité 0,5 de ne pas être dépassé en valeur absolue ; un écart x ayant par conséquent la probabilité d'être compris entre $-\varepsilon_p$ et ε_p induit la fonction de répartition : $\dfrac{1}{2} = \dfrac{1}{\sqrt{2\pi}} \displaystyle\int_{-\varepsilon_p}^{\varepsilon_p} e^{-\frac{x^2}{2}} \cdot dx$, l'écart équiprobable correspondant au quartile supérieur.

Pour une variable aléatoire d'écart-type σ, la fonction de répartition donne :

$$\varepsilon_p = 0{,}6745\,\sigma \approx \frac{2}{3}\,\sigma\,.$$

La table de la loi normale fournit les pourcentages d'erreurs par tranches d'écarts équiprobables :

$$P(0 < U < \varepsilon_p) = 25\,\%$$
$$P(\varepsilon_p < U < 2\varepsilon_p) = 16,1\,\%$$
$$P(2\varepsilon_p < U < 3\varepsilon_p) = 6,7\,\%$$
$$P(3\varepsilon_p < U < 4\varepsilon_p) = 1,8\,\%$$
$$P(4\varepsilon_p < U) = 0,4\,\%$$

En topographie, on appelle *courbe de fréquence des erreurs accidentelles* la courbe de Gauss établie en prenant la valeur de l'écart équiprobable comme unité de l'axe des abscisses (figure 1.27).

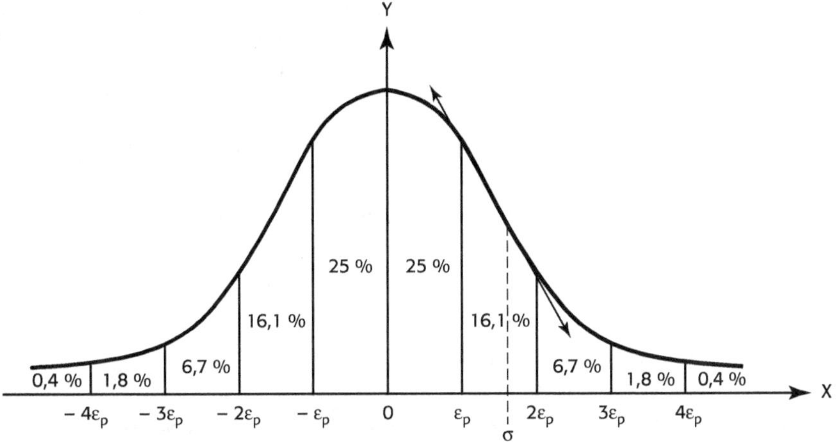

Figure 1.27. Courbe de fréquence des erreurs accidentelles.

L'*écart moyen arithmétique* ε_a, peu utilisé en topographie, est défini par la relation :

$$\varepsilon_a = \frac{\displaystyle\sum_{i=1}^{p} n_i \cdot |e_i|}{n}$$, la fonction de répartition donnant : $\varepsilon_a = 0,7979\,\sigma \approx \frac{4}{5}\,\sigma$.

1.6.4.6 Estimation de la moyenne

Estimation ponctuelle

Soit une population dont on cherche à estimer la moyenne m et l'écart-type σ_p à partir d'échantillons de taille n. Pour un échantillon choisi, dont les résultats observés sont $x_1, \ldots, x_n$, la moyenne vaut :

$$\overline{x} = \frac{\displaystyle\sum_{i=1}^{n} x_i}{n} \quad \text{et l'écart type :} \quad \sigma = \sqrt{\frac{\displaystyle\sum_{i=1}^{n} (x_i - \overline{x})^2}{n}}.$$

Le *meilleur estimateur ponctuel de la moyenne m* de la population est $\overline{x}$, celui de l'écart-type

$$\sigma_p = \sqrt{\frac{n}{n-1}} \cdot \sigma = \sqrt{\frac{\displaystyle\sum_{i=1}^{n} (x_i - \overline{x})^2}{n-1}} = s,$$ symbole de l'appellation anglo-saxonne *standard deviation*.

Écart-type de la moyenne

Soit $\overline{X}$ la variable aléatoire qui, à chaque échantillon de taille n extrait d'une population, associe sa propre moyenne ; quand X suit une loi normale $\mathcal{N}(m,\sigma)$, alors $\overline{X}$ suit une loi $\mathcal{N}\left(m, \dfrac{\sigma_p}{\sqrt{n}}\right)$, d'où $\sigma_{\overline{x}} = \dfrac{\sigma_p}{\sqrt{n}} = \dfrac{\sigma}{\sqrt{n-1}}$.

Si on veut doubler la précision d'une mesure, c'est-à-dire obtenir un écart-type $\sigma'_{\overline{x}}$ moitié du précédent $\sigma_{\overline{x}}$, on a : $\sigma'_{\overline{x}} = \dfrac{\sigma_{\overline{x}}}{2} \Leftrightarrow \dfrac{\sigma_p}{\sqrt{n'}} = \dfrac{\sigma_p}{2\sqrt{n}} \Rightarrow n' = 4n$; il faut donc multiplier par $4 = 2^2$ la taille de l'échantillon. D'une manière générale, *pour obtenir une précision k fois plus grande il faut multiplier par k^2 le nombre des mesures.*

Intervalle de confiance

L'estimation ponctuelle n'est pas vraiment satisfaisante car $\overline{X}$ peut être très éloigné de m selon l'échantillon considéré ; on définit donc un intervalle de confiance limité par *deux bornes entre lesquelles se situe la moyenne avec une probabilité donnée,* l'écart-type de la population étant en général inconnu.

Pour n < 30 et σ_p inconnu cas habituel des observations topographiques : $\dfrac{\overline{X} - m}{\dfrac{\sigma}{\sqrt{n-1}}}$ suit une loi de Student-Fischer à $\upsilon = n - 1$ *degrés de liberté* qui est tabulée (figure 1.28).

L'intervalle de confiance vaut : $\left[\overline{x} - t \cdot \dfrac{\sigma}{\sqrt{n-1}} , \overline{x} + t \cdot \dfrac{\sigma}{\sqrt{n-1}}\right]$.

Exemple

Soit 10 mesures d'une longueur x, corrigées des erreurs de justesse.

x_i	$x_i - \overline{X}$	Indices de dispersion	Intervalle de confiance
117,235 m	– 1 mm	$\sigma = \sqrt{\dfrac{\sum_{i=1}^{n} (x_i - \overline{x})^2}{n}} = 5,4$ mm	L'estimation de la moyenne vraie pour un intervalle de confiance à 99 %, conduit à entrer dans la table de Student avec une probabilité p = 0,01 et un degré de liberté $\upsilon = 10 - 1 = 9$, qui donnent t = 3,250.
117,248	+ 12		
117,229	– 7	$\sigma_p = \sqrt{\dfrac{\sum_{i=1}^{n} (x_i - \overline{x})^2}{n-1}} = 5,7$ mm	
117,233	– 3		
117,241	+ 5		Les limites de l'intervalle valent :
117,236	0	$\sigma_{\overline{x}} = \dfrac{\sigma_p}{\sqrt{n}} = 1,8$ mm	$117,236 \pm (3,250 \times 0,0018)$
117,234	– 2		
117,230	– 6	$\varepsilon_p = \dfrac{2}{3}\,\sigma_p = 3,8$ mm	Il y a 99 chances sur 100 pour que la moyenne vraie m soit telle que :
117,240	+ 4		
117,234	– 2	$\varepsilon_a = \dfrac{4}{5}\,\sigma_p = 4,6$ mm	$117,230$ m $\leq$ m $\leq 117,242$ m
$\overline{X} = 117,236$			

L'intervalle déterminé avec la variable de Student est plus grand que celui qui aurait été trouvé avec la loi normale pour laquelle t = 2,576 ; si on veut le réduire, il faut augmenter le nombre des mesures.

La mesure de l'écart entre la répartition expérimentale et la répartition théorique, qui peut être faite par le test du χ^2, se justifie rarement en topographie, compte tenu de la petite taille des échantillons habituels.

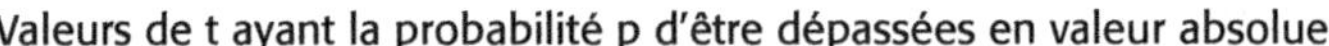

Valeurs de t ayant la probabilité p d'être dépassées en valeur absolue

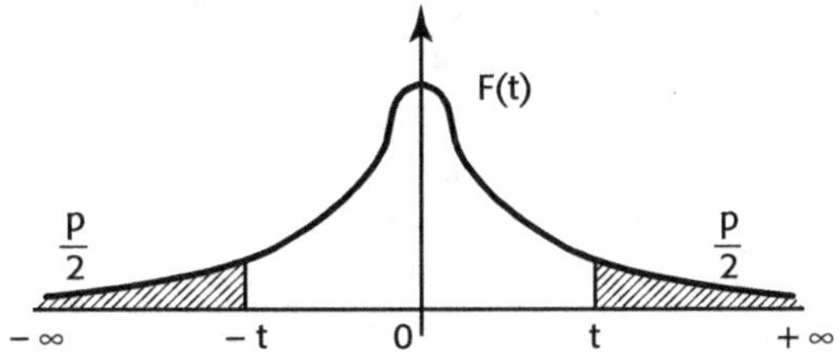

p / ν	0,90	0,80	0,70	0,60	0,50	0,40	0,30	0,20	0,10	0,05	0,02	0,01	0,001
1	0,158	0,325	0,510	0,727	1,000	1,376	1,963	3,078	6,314	12,706	31,821	63,657	636,619
2	0,142	0,289	0,445	0,617	0,816	1,061	1,386	1,886	2,920	4,303	6,965	9,925	31,598
3	0,137	0,277	0,424	0,584	0,765	0,978	1,250	1,638	2,353	3,182	4,541	5,841	12,929
4	0,134	0,271	0,414	0,569	0,741	0,941	1,190	1,533	2,132	2,776	3,747	4,604	8,610
5	0,132	0,267	0,408	0,559	0,727	0,920	1,156	1,476	2,015	2,571	3,365	4,032	6,869
6	0,131	0,265	0,404	0,553	0,718	0,906	1,134	1,440	1,943	2,447	3,143	3,707	5,959
7	0,130	0,263	0,402	0,549	0,711	0,896	1,119	1,415	1,895	2,365	2,998	3,499	5,408
8	0,130	0,262	0,399	0,546	0,706	0,889	1,108	1,397	1,860	2,306	2,896	3,355	5,041
9	0,129	0,261	0,398	0,543	0,703	0,883	1,100	1,383	1,833	2,262	2,821	3,250	4,781
10	0,129	0,260	0,397	0,542	0,700	0,879	1,093	1,372	1,812	2,228	2,764	3,169	4,587
11	0,129	0,260	0,396	0,540	0,697	0,876	1,088	1,363	1,796	2,201	2,718	3,106	4,437
12	0,128	0,259	0,395	0,539	0,695	0,873	1,083	1,356	1,782	2,179	2,681	3,055	4,318
13	0,128	0,259	0,394	0,538	0,694	0,870	1,079	1,350	1,771	2,160	2,650	3,012	4,221
14	0,128	0,258	0,393	0,537	0,692	0,868	1,076	1,345	1,761	2,145	2,624	2,977	4,140
15	0,128	0,258	0,393	0,536	0,691	0,866	1,074	1,341	1,753	2,131	2,602	2,947	4,073
16	0,128	0,258	0,393	0,535	0,690	0,865	1,071	1,337	1,746	2,120	2,583	2,921	4,015
17	0,128	0,257	0,393	0,534	0,689	0,863	1,069	1,333	1,740	2,110	2,567	2,898	3,965
18	0,127	0,257	0,392	0,534	0,688	0,862	1,067	1,330	1,734	2,101	2,552	2,878	3,922
19	0,127	0,257	0,391	0,533	0,688	0,861	1,066	1,328	1,729	2,093	2,539	2,861	3,883
20	0,127	0,257	0,391	0,533	0,687	0,860	1,064	1,325	1,725	2,086	2,528	2,845	3,850
21	0,127	0,257	0,391	0,532	0,686	0,859	1,063	1,323	1,721	2,080	2,518	2,831	3,819
22	0,127	0,256	0,390	0,532	0,686	0,858	1,061	1,321	1,717	2,074	2,508	2,819	3,792
23	0,127	0,256	0,390	0,532	0,685	0,858	1,060	1,319	1,714	2,069	2,500	2,807	3,767
24	0,127	0,256	0,390	0,531	0,685	0,857	1,059	1,318	1,711	2,064	2,492	2,797	3,745
25	0,127	0,256	0,390	0,531	0,684	0,856	1,058	1,316	1,708	2,060	2,485	2,787	3,725
26	0,127	0,256	0,390	0,531	0,684	0,856	1,058	1,315	1,706	2,056	2,479	2,779	3,707
27	0,127	0,256	0,389	0,531	0,684	0,855	1,057	1,314	1,703	2,052	2,473	2,771	3,690
28	0,127	0,256	0,389	0,530	0,683	0,855	1,056	1,313	1,701	2,048	2,467	2,763	3,674
29	0,127	0,256	0,389	0,530	0,683	0,854	1,055	1,311	1,699	2,045	2,462	2,756	3,659
30	0,127	0,256	0,389	0,530	0,683	0,854	1,055	1,310	1,697	2,042	2,457	2,750	3,646
40	0,126	0,255	0,388	0,529	0,681	0,851	1,050	1,303	1,684	2,021	2,423	2,704	3,551
80	0,126	0,254	0,387	0,527	0,679	0,848	1,046	1,296	1,671	2,000	2,390	2,660	3,460
120	0,126	0,254	0,386	0,526	0,677	0,845	1,041	1,289	1,658	1,980	2,358	2,617	3,373
∞	0,126	0,253	0,385	0,524	0,674	0,842	1,036	1,282	1,645	1,960	2,326	2,576	3,291

Figure 1.28. Table de Student-Fischer.

1.6.4.7 Tolérances

Pour un instrument, l'*erreur limite de fidélité* est l'erreur limite d'un seul mesurage d'une valeur donnée de la grandeur à mesurer, effectué dans les conditions déterminées d'emploi de l'instrument, les erreurs de justesse n'étant pas prises en considération.

L'*erreur maximale tolérée de fidélité* est la valeur extrême de l'erreur de fidélité, en plus ou en moins, tolérée par les règlements ; l'instrument est dit « fidèle », dans les limites tolérées, quand les erreurs maximales tolérées de fidélité ne sont pas dépassées.

En topographie, l'erreur maximale tolérée d'un seul mesurage d'une série, appelée *tolérance* T, est l'erreur limite définie comme *la valeur au-delà de laquelle la probabilité d'obtenir un écart en valeur absolue dû à des causes fortuites et non à des fautes opératoires est de 1 %.*

La loi normale donne : $T = 2{,}58\,\sigma_{\overline{x}}$.

D'où : $T = 2{,}58\,\dfrac{\varepsilon_p}{0{,}6745} \approx 3{,}83\,\varepsilon_p$, valeur voisine de $4\,\varepsilon_p$, écart dont la probabilité d'être dépassé en valeur absolue est de 0,8 %.

Cette définition suppose que l'on a corrigé le résultat brut de ses erreurs systématiques dont il subsiste cependant des « résidus ». Toute erreur supérieure à la tolérance doit normalement être considérée comme suspecte et, par conséquent, la mesure rejetée.

L'*autocontrôle* des observations et calculs du topographe consiste à soumettre les écarts aux tolérances prescrites par le maître d'ouvrage ou établies par le maître d'œuvre après études et tests de ses instruments et méthodes. Dans cet ouvrage, les tolérances applicables aux levés à grande échelle sont utilisées pour leur valeur didactique.

1.6.5 Erreurs accidentelles des mesures indirectes

1.6.5.1 Principe de l'indépendance des erreurs

Soit $x = f(a, b, c)$, expression dans laquelle l'inconnue x est fonction des mesures directes a, b, c affectées respectivement d'erreurs systématiques da, db, dc.

Pour une erreur systématique dx, il vient : $x + dx = f(a + da, b + db, c + dc)$.

Soit en développant le second membre par la formule de Taylor :

$$x + dx = f(a, b, c) + \frac{da}{1!}\,f'a + \frac{da^2}{2!}\,f''a + \ldots + \frac{db}{1!}\,f'b + \frac{db^2}{2!}\,f''b + \ldots + \frac{dc}{1!}\,f'c + \frac{dc^2}{2!}\,f''c + \ldots,$$

expression dans laquelle f'a, f'b, f'c sont les dérivées partielles de x par rapport à a, b, c respectivement.

En négligeant les infiniments petits du deuxième ordre, on écrit :

$$dx = f'a \cdot da + f'b \cdot db + f'c \cdot dc.$$

Les différentielles qui font intervenir des angles sont toujours exprimées en radians.

L'erreur systématique sur une fonction de plusieurs variables est la différentielle totale de la fonction, les différentielles des variables représentant les erreurs systématiques de celles-ci.

L'influence de l'erreur systématique da sur dx vaut : $f'a \cdot da$, valeur qui par définition de la différentielle partielle représente la variation de x quand a varie seule $(db = dc = 0)$; par conséquent, *l'influence d'une erreur sur le résultat est indépendante de celles de toutes les autres.*

Exemple

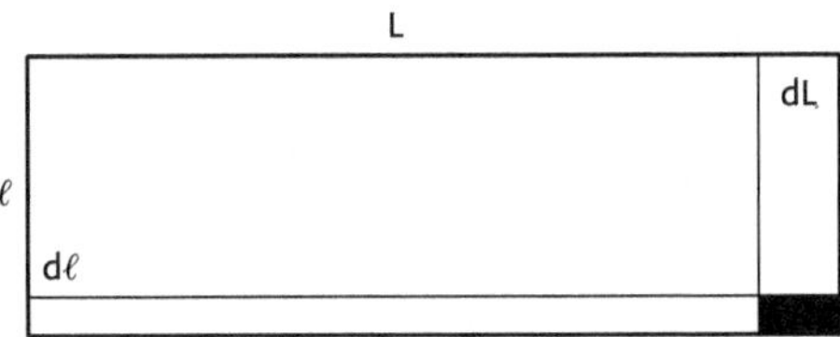

Figure 1.29. Variations de superficies.

Un rectangle de 300 m sur 100 m (figure 1.29) a été mesuré avec un double décamètre trop long de 5 mm, toute autre cause d'erreur étant exclue ; en conséquence, on a trouvé deux côtés respectivement égaux à L = 299,925 m et ℓ = 99,975 m du fait des erreurs systématiques : -15×5 mm et -5×5 mm. D'où la superficie calculée S = L $\cdot$ ℓ = 29985,001880 m², soit une erreur :

$$dS = 29985{,}001880 - 30000 = -14{,}998120 \text{ m}^2$$

L'erreur systématique calculée par la différentielle totale vaut :

$$dS = \ell \cdot dL + L \cdot d\ell = -14{,}996250 \text{ m}^2$$

La différence des deux erreurs 0,001870 m² correspond à l'infiniment petit du deuxième ordre : $dL \cdot d\ell$ = 0,001875 m² noirci sur la figure.

1.6.5.2   Composition des écarts-types d'une mesure indirecte

Soit x = f(a, b, c) une grandeur fonction des quantités mesurées a, b, c.

En supposant toutes les erreurs systématiques éliminées, l'incertitude sur la mesure de a est accidentelle, elle obéit au hasard, elle est tantôt positive, tantôt négative et, après étude de l'instrument qui sert à mesurer, son écart-type σ_a est connu ; de même pour σ_b et σ_c.

En assimilant les écarts à des différentielles, il vient :

$$\begin{aligned}
dx_1 &= f'a \cdot da_1 + f'b \cdot db_1 + f'c \cdot dc_1 \\
dx_2 &= f'a \cdot da_2 + f'b \cdot db_2 + f'c \cdot dc_2 \\
&\vdots \\
dx_n &= f'a \cdot da_n + f'b \cdot db_n + f'c \cdot dc_n
\end{aligned}$$

Or :

$$\sigma_x = \sqrt{\frac{\sum\limits_{i=1}^{n} dx_i^2}{n}} \implies \sigma_x^2 = \frac{1}{n} \sum_{i=1}^{n} (f'a \cdot da_i + f'b \cdot db_i + f'c \cdot dc_i)^2$$

Soit :

$$\sigma_x^2 = \frac{1}{n}\left[\sum_{i=1}^{n} f'^2a \cdot da_i^2 + \sum_{i=1}^{n} f'^2b \cdot db_i^2 + \sum_{i=1}^{n} f'^2c \cdot dc_i^2 \right]$$

$$+ \frac{2}{n}\left[\sum_{i=1}^{n} f'a \cdot f'b \cdot da_i \cdot db_i + \sum_{i=1}^{n} f'a \cdot f'c \cdot da_i \cdot dc_i + \sum_{i=1}^{n} f'b \cdot f'c \cdot db_i \cdot dc_i \right]$$

Dans chaque somme, les produits des dérivées f'^2a ou $f'a \cdot f'b$ peuvent être mis en facteur puisque indépendants de i.

$$\sigma_x^2 = \frac{1}{n}\left[f'^2a \cdot \sum_{i=1}^{n} da_i^2 + f'^2b \cdot \sum_{i=1}^{n} db_i^2 + f'^2c \cdot \sum_{i=1}^{n} dc_i^2 \right]$$

$$+ \frac{2}{n}\left[f'a \cdot f'b \cdot \sum_{i=1}^{n} da_i \cdot db_i + f'a \cdot f'c \cdot \sum_{i=1}^{n} da_i \cdot dc_i + f'b \cdot f'c \cdot \sum_{i=1}^{n} db_i \cdot dc_i \right]$$

Les quantités de la forme $\sum\limits_{i=1}^{n} da_i \cdot db_i$ sont des sommes de termes du deuxième ordre, de signes aléatoires, donc statistiquement nuls.

Dès lors :
$$\sigma_x^2 = f'^2a \cdot \frac{\sum\limits_{i=1}^{n} da_i^2}{n} + f'^2b \cdot \frac{\sum\limits_{i=1}^{n} db_i^2}{n} + f'^2c \cdot \frac{\sum\limits_{i=1}^{n} dc_i^2}{n}$$

Soit :
$$\sigma_x^2 = f'^2a \cdot \sigma_a^2 + f'^2b \cdot \sigma_b^2 + f'^2c \cdot \sigma_c^2$$

Exemple

Dans un triangle de sommets A, B, C et côtés opposés respectifs a, b, c, on connaît :

$$a = 4358,22 \text{ m} \qquad \hat{A} = 58,4167 \text{ gon} \qquad \hat{B} = 69,0635 \text{ gon}$$

$$\sigma_a = 15 \text{ cm} \qquad \sigma_{\hat{A}} = 5 \text{ dmgon} \qquad \sigma_{\hat{B}} = 7 \text{ dmgon}$$

Le côté b, calculé par la formule : $b = \dfrac{a \cdot \sin \hat{B}}{\sin \hat{A}}$, a pour écart-type :

$$\sigma_b^2 = \left(\frac{\sin \hat{B}}{\sin \hat{A}}\right)^2 \sigma_a^2 + \left(\frac{a \cdot \cos \hat{B}}{\sin \hat{A}}\right)^2 \sigma_{\hat{B}}^2 + \left(-\frac{a \cdot \sin \hat{B} \cdot \cos \hat{A}}{\sin^2 \hat{A}}\right)^2 \sigma_{\hat{A}}^2 \Rightarrow \sigma_b = 17,2 \text{ cm},$$

avec $\sigma_{\hat{A}}$ et $\sigma_{\hat{B}}$ en radians.

Écart-type d'une somme algébrique

Soit :
$$x = a + b - c$$

En remarquant que : $f'a = f'b = 1$ et $f'c = -1$, la loi de composition précédente donne immédiatement : $\sigma_x^2 = \sigma_a^2 + \sigma_b^2 + \sigma_c^2$; la variance d'une somme est égale à la somme des variances.

D'où :
$$\sigma_x = \sqrt{\sigma_a^2 + \sigma_b^2 + \sigma_c^2}$$

Quand tous les termes ont même précision, il vient :

$$\sigma_x^2 = \underbrace{\sigma^2 + \sigma^2 + \dots + \sigma^2}_{n \text{ fois}} = n \cdot \sigma^2 \Rightarrow \sigma_x = \sigma \sqrt{n}.$$

Écart-type d'une moyenne arithmétique

$$\bar{x} = \frac{a_1 + a_2 + \dots + a_n}{n} \Rightarrow f'a_1 = f'a_2 = \dots = f'a_n = \frac{1}{n}$$

Toutes les valeurs qui composent la moyenne arithmétique ayant même précision :

$$\sigma_{a_1} = \sigma_{a_2} = \dots\dots = \sigma_{a_n} = \sigma \ ;$$

la loi de composition donne :
$$\sigma_{\bar{x}}^2 = \left[\left(\frac{1}{n}\right)^2 \cdot \sigma^2\right] \cdot n = \frac{\sigma^2}{n}$$

Soit :
$$\sigma_{\bar{x}} = \frac{\sigma}{\sqrt{n}}.$$

1.6.5.3 Observations d'inégales précisions - Moyenne pondérée

Soit une grandeur x dont on détermine p valeurs x', x'' ……, $x^{(p)}$ d'égale précision.

Une première série de p_1 mesures élémentaires donne :

$$x_1 = \frac{x_1' + x_1'' + \dots + x_1^{(p_1)}}{p_1} \Rightarrow x_1' + x_1'' + \dots + x_1^{(p_1)} = p_1 \cdot x_1$$

De même une deuxième, puis une troisième série permettent d'écrire :

$$x_2' + x_2'' + ... + x_2^{(p_2)} = p_2 \cdot x_2$$

$$x_3' + x_3'' + ... + x_3^{(p_3)} = p_3 \cdot x_3$$

Toutes les mesures élémentaires ayant été faites dans les mêmes conditions de précision, la valeur la plus probable de x est leur moyenne arithmétique :

$$x = \frac{\left(x_1' + x_1'' + ... + x_1^{(p_1)}\right) + \left(x_2' + x_2'' + ... + x_2^{(p_2)}\right) + \left(x_3' + x_3'' + ... + x_3^{(p_3)}\right)}{p_1 + p_2 + p_3}.$$

Soit :
$$x = \frac{p_1 \cdot x_1 + p_2 \cdot x_2 + p_3 \cdot x_3}{p_1 + p_2 + p_3} = \frac{\sum_{i=1}^{n} p_i \cdot x_i}{\sum_{i=1}^{n} p_i}$$

x est la *moyenne pondérée*, les nombres p_1, p_2, p_3 étant les *poids* des moyennes partielles x_1, x_2, x_3. Si σ désigne l'écart-type de chaque mesure élémentaire, les écarts-types des moyennes partielles valent respectivement : $\sigma_1 = \dfrac{\sigma}{\sqrt{p_1}}$, $\sigma_2 = \dfrac{\sigma}{\sqrt{p_2}}$, $\sigma_3 = \dfrac{\sigma}{\sqrt{p_3}}$

Soit :
$$p_1 = \frac{\sigma^2}{\sigma_1^2}, \qquad p_2 = \frac{\sigma^2}{\sigma_2^2}, \qquad p_3 = \frac{\sigma^2}{\sigma_3^2}$$

Les poids sont donc inversement proportionnels aux carrés des écarts-types.

D'une manière générale, le poids d'un mesurage est le nombre qui exprime le degré de confiance que l'on a dans le résultat d'un mesurage d'une certaine grandeur, par comparaison avec le résultat d'un autre mesurage de cette même grandeur.

Les tolérances étant proportionnelles aux écarts-types correspondants, le poids p_i de x_i est calculé en pratique par la formule : $p_i = \dfrac{K}{T_i^2}$, dans laquelle K est une constante arbitraire permettant de réduire le nombre de décimales, choisie le plus souvent égale à 1, T_i étant la tolérance relative à la détermination de x_i.

Le poids de la moyenne pondérée valant $\sum\limits_{i=1}^{n} p_i$ donne par conséquent une *tolérance sur la moyenne pondérée* égale à : $T_m^2 = \dfrac{K}{\sum\limits_{i=1}^{n} p_i}$.

Tolérance sur l'écart entre une détermination individuelle d'indice k et la moyenne pondérée :

$T = \sqrt{T_k^2 - T_m^2}$ quand la détermination individuelle est intervenue dans le calcul de la moyenne pondérée ;

$T = \sqrt{T_k^2 + T_m^2}$ quand elle n'est pas intervenue, par exemple pour un mesurage de vérification.

Exemple

L'altitude d'un point a été déterminée par trois cheminements nodaux de nivellement (§ 4.1.5) issus de repères différents, d'où les trois valeurs $H_1 = 220{,}176$ m, $H_2 = 220{,}157$ m, $H_3 = 220{,}162$ m ayant pour tolérances respectives $T_1 = 13$ mm, $T_2 = 19$ mm, $T_3 = 24$ mm.

L'altitude pondérée du point vaut : $H_m = \dfrac{\dfrac{1}{13^2}\,220{,}176 + \dfrac{1}{19^2}\,220{,}157 + \dfrac{1}{24^2}\,220{,}162}{\dfrac{1}{13^2} + \dfrac{1}{19^2} + \dfrac{1}{24^2}} = 220{,}169$ m

$$\text{Tolérance sur la moyenne : } T_m = \sqrt{\dfrac{1}{\frac{1}{13^2} + \frac{1}{19^2} + \frac{1}{24^2}}} = 10 \text{ mm}$$

Écarts et tolérances :

$$e_1 = 220{,}176 - 220{,}169 = 0{,}007 \text{ m} = 7 \text{ mm} \quad \Rightarrow \quad Te_1 = \sqrt{13^2 - 10^2} = 8 \text{ mm}$$

$$e_2 = -12 \text{ mm} \qquad\qquad\qquad\qquad\qquad\qquad\qquad\quad Te_2 = 16 \text{ mm}$$

$$e_3 = -7 \text{ mm} \qquad\qquad\qquad\qquad\qquad\qquad\qquad\quad Te_3 = 22 \text{ mm}$$

1.6.6   Classes de précision

1.6.6.1   Précision

La *précision d'un instrument de mesurage* est la qualité qui caractérise son aptitude à donner des indications proches de la valeur vraie de la grandeur mesurée ; c'est la qualité globale de l'instrument du point de vue des erreurs, la précision étant d'autant plus grande que les indications sont plus proches de la valeur vraie. En topographie, la précision d'un instrument est généralement caractérisée par l'écart-type annoncé par le constructeur ; c'est une précision optimum correspondant à des conditions d'observations bien définies.

L'*erreur de précision* est l'erreur globale d'un instrument de mesurage dans les conditions déterminées d'emploi, comprenant l'erreur de justesse ainsi que l'erreur de fidélité. Pour n mesures affectées chacune d'une erreur de justesse e_j et d'un écart-type σ, l'erreur de précision vaut : $e = n \cdot e_j + \sigma \sqrt{n}$, le terme $n.e_j$ devant être réduit à la valeur minimum. L'erreur finale d'un résultat augmentant avec le nombre des opérations, on établit une succession de canevas de densités croissantes, de manière à y rattacher les détails de la façon la plus indépendante possible, l'erreur commise sur l'un d'eux ne se répercutant pas sur les autres.

L'*incertitude de mesurage* est la caractéristique de la dispersion des résultats définie par les erreurs limites.

L'*imprécision de mesurage* s'exprime par l'ensemble des erreurs globales limites du mesurage, comprenant toutes les erreurs systématiques ainsi que les erreurs accidentelles limites ; quand toutes les erreurs systématiques sont corrigées, l'imprécision est égale à l'incertitude de mesurage.

1.6.6.2   Classes

Les travaux topographiques réalisés par l'État, les collectivités locales ou pour leurs comptes sont soumis à l'arrêté du 16 septembre 2003, qui a remplacé les anciennes tolérances de 1980, devenues caduques du fait de l'évolution technologique en matière de saisie et de traitement des données. Ce nouvel arrêté n'implique que des spécifications de résultats et non de moyens, contrairement aux précédentes tolérances. Le topographe est donc entièrement libre de choisir les méthodes et matériels les mieux adaptés pour la saisie des données.

Le texte repose sur une analyse des écarts avec un levé de contrôle, aboutissant au calcul d'un écart moyen en position. Il n'y a donc plus d'étude d'erreurs moyennes quadratiques.

Ce texte offre en outre la possibilité d'utiliser deux outils statistiques différents :

– un modèle standard, employé « par défaut », qui indique de façon simple ce qui est accepté ou rejeté dans une classe de précision donnée et qui correspondrait pour un modèle gaussien à deux taux de rejet aux seuils de 1 % et 0,01 % ;

– un gabarit d'erreur, permettant de changer les seuils du modèle standard et ainsi de traiter des cas particuliers.

Mise en œuvre

La notion de classe de précision [xx] cm implique l'emploi du modèle standard. Il est possible de créer autant de classes de précision que nécessaire et l'appartenance à une classe donnée passe par le respect simultané de trois critères.

Ceux-ci reposent sur le calcul de l'écart moyen en position $E_{moy\,pos}$, déduit des écarts en position sur des objets caractéristiques, bien identifiés, communément appelés *points durs*. Sur un échantillon dont la taille est définie par contrat, l'écart en position est défini par la distance euclidienne entre le point du levé et celui du contrôle, soit pour un levé planimétrique :

$$E_{pos} = \sqrt{(E_{contrôle} - E_{lever})^2 + (N_{contrôle} - N_{lever})^2}$$

Le calcul de l'écart en position peut porter sur 1, 2 ou 3 coordonnées.

Une mesure de contrôle n'implique pas nécessairement l'emploi d'instruments plus précis : on peut obtenir une meilleure précision avec les mêmes instruments et des méthodes opératoires différentes (observations plus longues en GPS ou réitérations au théodolite par exemple).

L'écart moyen en position, moyenne arithmétique des E_{pos} de N objets testés vaut :

$$E_{moy\,pos} = \frac{\Sigma\,E_{pos}}{N}$$

On dit que la population dont est issu l'échantillon comportant N objets est de classe de précision [xx] cm lorsque *simultanément* les trois conditions *a*, *b*, et *c* ci-après, sont remplies.

a) L'écart moyen en position $E_{moy\,pos}$ de l'échantillon est inférieur à :

$$[xx] \times \left(1 + \frac{1}{2C^2}\right)$$

C est le *coefficient de sécurité*, au moins égal à 2. C'est le rapport entre la classe de précision des points à contrôler et celle des déterminations de contrôle.

b) Le nombre N' d'écarts dépassant le premier seuil :

$$T = k \times [xx] \times \left(1 + \frac{1}{2C^2}\right),$$

n'excède pas l'entier immédiatement supérieur à :

$$0{,}01 \times N + 0{,}232 \times \sqrt{N}$$

La valeur de k dépend du nombre de coordonnées entrant dans le calcul de classe de précision :

n	1	2	3
k	3,23	2,42	2,11

Quelques exemples de N', nombre d'écarts autorisés à dépasser T :

N	1 à 4	5 à 13	14 à 44	45 à 85	86 à 132
N'	0	1	2	3	4

Lorsque N < 5, aucun écart supérieur à T n'est admis.

c) Aucun écart en position dans l'échantillon n'excède le second seuil :

$$T = 1{,}5 \times k \times [xx] \times \left(1 + \frac{1}{2C^2}\right)$$

Catégories de travaux topographiques

Les écarts observés sur les canevas sont issus de trois origines : les erreurs internes, les erreurs de rattachement et les erreurs propres du réseau légal de référence. Le texte propose donc de traiter de façon séparée l'erreur interne et l'erreur de mise en référence en utilisant une classe de précision *interne* ou *totale*. La première correspond au calcul d'écarts dans un système indépendant ou local alors que la seconde s'applique à un levé rattaché au système légal. Cela permet d'une part, de traiter tous les cas de figure, du levé très précis de métrologie au levé de précision métrique pour un SIG et d'autre part, d'éviter au donneur d'ordre d'entrer dans le détail de spécifications de précision de rattachement. Suivant cette définition, quatre critères de calculs sont donc possibles : *classe de précision planimétrique totale, classe de précision planimétrique interne, classe de précision altimétrique totale et classe de précision altimétrique interne.*

Exemple

Un chantier composé d'une dizaine de stations polygonales a été rattaché en Lambert 93 et IGN69 par GPS. Le donneur d'ordre impose une classe de précision altimétrique totale de 3 cm. Un cheminement simple de nivellement direct encadré entre deux repères de nivellement de 4ᵉ ordre est effectué pour contrôler les altitudes. L'écart-type au km de cheminement double du niveau utilisé vaut 2 mm. Le contrôle a été effectué sur 5 stations et a abouti aux valeurs suivantes :

Stations	H_{lever} (m)	$H_{contrôle}$ (m)
6001	201,545	201,556
6002	201,987	201,964
6003	202,216	202,234
6004	202,749	202,771
6005	200,627	202,549

L'arrêté du 16 septembre 2003 n'imposant pas d'obligations de moyens, il revient au topographe d'évaluer ses propres tolérances en fonction de la précision du matériel et des points d'appui. L'écart de fermeture altimétrique du cheminement doit donc être inférieur à :

$$T_H = 2{,}58 \times \sqrt{\left(\sigma_{RN}^2 + (2 \times \sqrt{2} \times \sqrt{L_{km}})^2 + \sigma_{RN}^2\right)}, \quad \text{en mm}$$

où σ_{RN} est l'écart-type des repères de nivellement et L la longueur du cheminement en kilomètres. S'agissant d'un calcul sur une seule coordonnée, l'obtention de l'écart en position est directe :

$$E_{pos} = |H_{contrôle} - H_{lever}|, \text{ soit}$$

Stations	E_{pos}
6001	0,011
6002	0,023
6003	0,018
6004	0,022
6005	0,078

L'écart moyen en position vaut : $\quad E_{moy\,pos} = \dfrac{\sum E_{pos}}{N} = 0{,}031$ m

a) L'écart moyen en position doit être inférieur à : $\quad [0{,}03] \times \left(1 + \dfrac{1}{2 \times 2^2}\right) = 0{,}034$ m

b) N = 5 donc un écart en position est autorisé à dépasser : $T = 3{,}23 \times [0{,}03] \times \left(1 + \dfrac{1}{2 \times 2^2}\right) = 0{,}109$ m

c) Aucun écart ne peut dépasser : $\quad T = 1{,}5 \times 3{,}23 \times [0{,}05] \times \left(1 + \dfrac{1}{2 \times 2^2}\right) = 0{,}163$ m

Les trois conditions sont vérifiées simultanément, la classe de précision est respectée.

1.7   La carte de base

La *cartographie* est l'ensemble des techniques graphiques intervenant à partir de levés originaux ou de documents divers en vue de l'élaboration et de la production des cartes.

Une *carte régulière*, issue d'un *levé régulier*, a un écart-type graphique de 0,1 mm en planimétrie ; après agrandissement, la notion de plan régulier disparaît.

L'ère classique de la cartographie, qui a produit une carte de France par siècle : au XVIIIe carte de Cassini, au XIXe carte d'État-Major, au XXe le type 1972 puis le type 93 diffusé actuellement, s'achève avec l'avènement de la cartographie numérique (§ 1.7.6).

Les différents travaux qui aboutissent à la carte de base sont dans l'ordre chronologique :
– géodésie ;
– nivellement ;
– prise de vue aérienne, couverture photographique de la France au 1/30 000 environ (§ 8.5.1) ;
– restitution des clichés fournissant la stéréominute ;
– complètement topographique de la stéréominute ;
– rédaction de la carte de base ;
– rédaction des cartes dérivées ;
– reproductions et tirages.

1.7.1   Série bleue et TOP 25

Le découpage des feuilles de la carte de base à l'échelle 1/25 000 type 1972 est fait en projections Lambert, suivant des méridiens Ouest et Est convergents et des parallèles Nord et Sud circulaires, tous les 20 cgon, par moitiés Ouest et Est des feuilles de la carte au 1/50 000 ; chaque feuille couvre environ $13 \times 20 = 260$ km^2, est désignée par le nom de la localité la plus importante qui y figure, repérée par un couple de nombres à deux chiffres du tableau d'assemblage, pliée au format 11×22 cm et commercialisée sous le vocable Série bleue (figure 1.30).

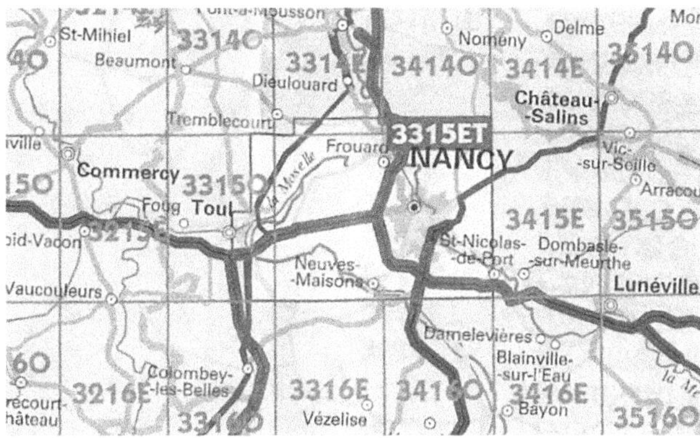

Figure 1.30. TOP 25-3315 ET Nancy-Toul - Forêt de Haye (réduction).

Document IGN

La Série bleue TOP 25, à vocation touristique, dont les feuilles correspondent aux régions les plus fréquentées : littoral, forêts, montagnes, est constituée pour l'essentiel par des feuilles Série bleue *complétées* de renseignements touristiques, itinéraires de randonnées, refuges, bases nautiques, etc. ; les TOP 25 ont des formats adaptés à l'environnement et remplacent les Séries bleues ou les complètent en partie (figure 1.31 : la TOP 25-3315 ET Nancy-Toul Forêt de Haye, remplace les Séries bleues 3315 E et 3315 O en complétant partiellement les 3314 O, 3314 E et 3315 O).

Compte tenu de l'échelle, les détails sont représentés sous forme de *signes conventionnels* ; *la rédaction cartographique* est faite en quatre couleurs :

– le noir pour la planimétrie ;

– le bleu pour *l'hydrographie* c'est-à-dire la représentation des eaux ;

– l'orangé pour les routes et *l'orographie*, expression cartographique du relief qui découle des lois de la *géomorphologie*, laquelle le décrit et l'explique ;

– le vert pour la végétation.

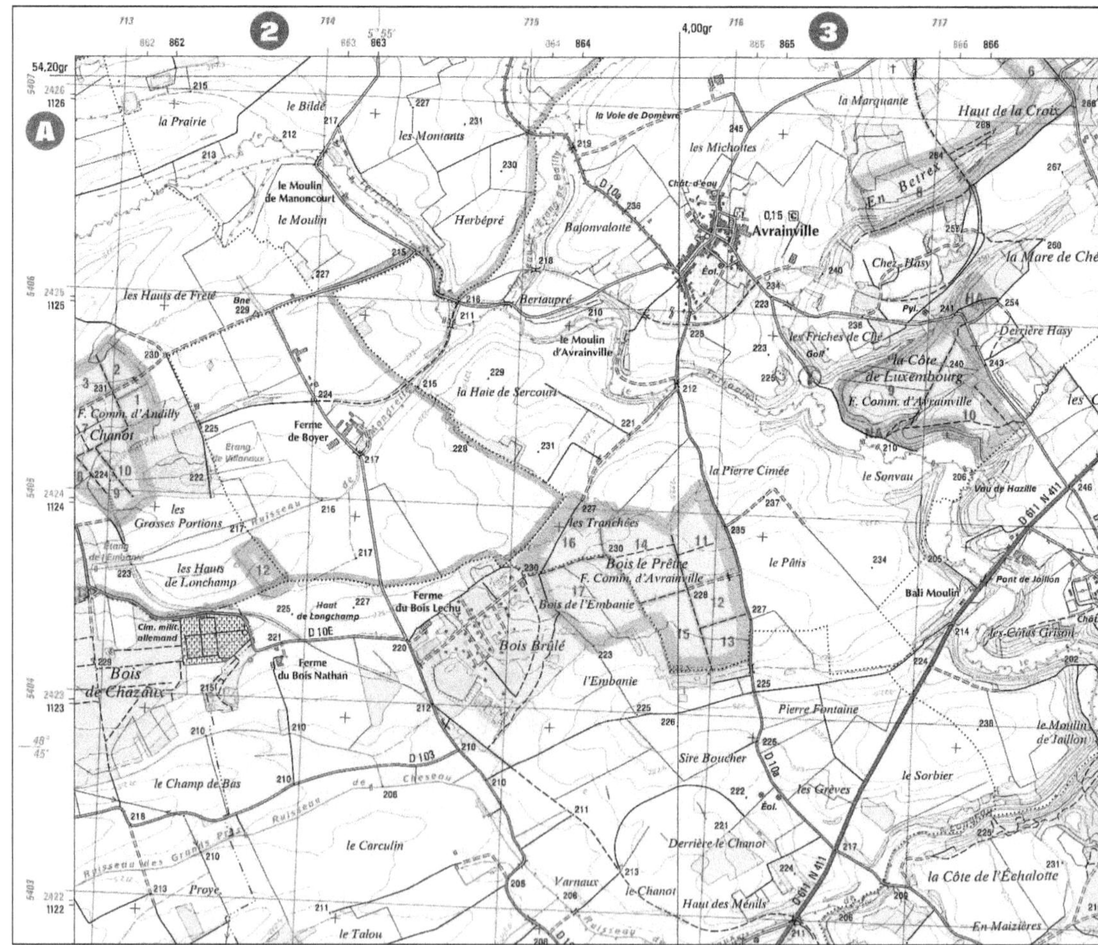

Figure 1.31. TOP 25 – 3315 ET Nancy-Toul - Forêt de Haye (réduction).

Document IGN

La TOP 25 est en six couleurs (figure 1.31 : fragment de la TOP 25 3315 ET), consultation facilitée par le pliage accordéon au format 11×23 cm, chaque pli étant repéré par un numéro de gauche à droite et de haut en bas.

À partir de la carte de base, document cartographique le plus détaillé issu directement des observations géodésiques, photogrammétriques et topographiques, on établit des *cartes dérivées* par *généralisation*, autrement dit par *sélection* et *schématisation* des détails ; la carte dérivée au 1/50 000 Série orange a une rédaction cartographique harmonisée avec celle de la carte de base, seules subsistant les spécifications imposées par la généralisation.

Les *cartes thématiques* montrent sur fond topographique des phénomènes qualitatifs ou quantitatifs : cartes géologiques, de population, etc.

Suivant l'évolution des régions, l'entretien de la carte était prévu tous les six ans, périodicité désormais sans intérêt compte tenu du remplacement de la Série bleue par la carte numérique (§ 1.7.6).

1.7.2   Exactitude

Une carte doit être :

- fidèle, c'est-à-dire représenter le terrain sans confusion ni omission ;
- figurer le relief à l'aide de conventions et artifices ;
- exacte ; image conventionnelle qui ne peut être rigoureusement semblable au terrain, son exactitude est à la fois positionnelle et relationnelle.

L'*exactitude positionnelle* correspond à des centres de signes conventionnels situés à leurs places exactes par rapport au quadrillage de référence, alors que l'*exactitude relationnelle* tient essentiellement compte de la disposition relative des phénomènes les uns par rapport aux autres. Plus l'échelle décroît, plus l'exactitude relationnelle prédomine du fait de l'encombrement des signes conventionnels, ce qui amène un décalage planimétrique inévitable pouvant dépasser le millimètre lorsqu'il y a accumulation. Par conséquent, les mesures sur une carte doivent se référer, dans toute la mesure du possible, aux éléments exactement à leur place par rapport au quadrillage ou tenir compte de la valeur estimée de l'altération, celle-ci étant sensible notamment au cours du processus de généralisation.

Sous ces réserves, la précision d'un point est fonction de celle du système de projection, du canevas géodésique, des données topographiques, de la rédaction cartographique et surtout de l'état des reproductions et tirages.

Pour la carte de base au 1/25 000, l'erreur sur l'altitude d'un point interpolée entre deux courbes de niveau est sensiblement égale au tiers de l'équidistance (§ 1.7.4).

1.7.3   Mesures planimétriques

1.7.3.1   Coordonnées géographiques dans le système géodésique français

La longitude et la latitude d'un point sont obtenues par interpolation entre les méridiens et les parallèles qui l'encadrent, tous les décigrades sur la TOP 25, tous les centigrades sur la Série bleue.

Exemple

Clocher d'Avrainville (figures 1.31 et 1.32) :

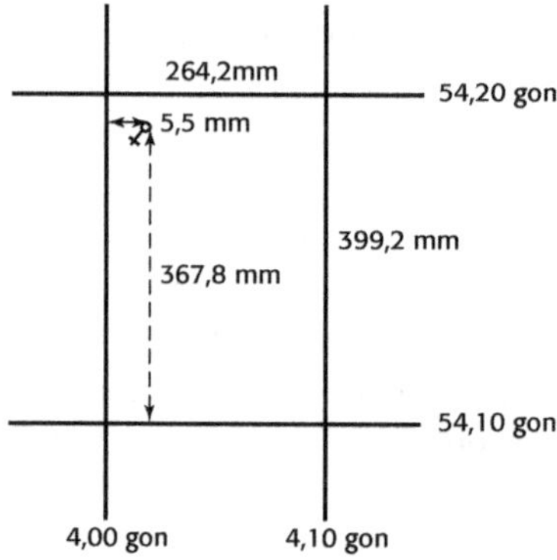

Figure 1.32. Coordonnées géographiques

$$\lambda = 4,00 \text{ gon} + \frac{0,10 \times 5,5}{264,2} = 4,0021 \text{ gon Est Paris}$$

$$\varphi = 54,10 \text{ gon} + \frac{0,10 \times 367,8}{399,2} = 54,1921 \text{ gon Nord}$$

Une différence de latitude de 1 dmgon correspond à une longueur sur le terrain égale à :

$$0,0001 \frac{\pi}{200} \, 6\,367\,000 \approx 10 \text{ m} ;$$

de même, le rayon d'un cercle parallèle de latitude φ valant : $R \cdot \cos\varphi$, une différence de longitude de 1 dmgon à Avrainville vaut : $10 \cdot \cos 54 \text{ gon} \approx 6,6$ m. Les distances mesurées sur la carte ayant une précision pratique de l'ordre de 10 m, les coordonnées géographiques d'un point sont obtenues à quelques décimilligrades près.

1.7.3.2 Système géodésique mondial WGS84 ou RGF93

Les longitudes référées au méridien international et les latitudes sont obtenues de la même manière dans le système sexagésimal.

Exemple

Clocher d'Avrainville : $\lambda = 5°\ 56'\ 19''$ Est Greenwich, $\varphi = 48°\ 46'\ 22''$ Nord

Inversement, un point peut être placé sur une carte à l'aide de ses coordonnées géographiques WGS84, obtenues avec un GPS par exemple.

1.7.3.3 Coordonnées Lambert

Le quadrillage kilométrique de la zone Lambert concernée est matérialisé par des croisillons dans le corps de la carte et des amorces cotées en noir à l'intérieur du cadre.

Mesurer les appoints ΔE et ΔN entre le point et les axes qui le précèdent, en utilisant l'échelle graphique de la carte (figure 1.33) de manière à tenir compte du jeu du papier ; estime du décamètre.

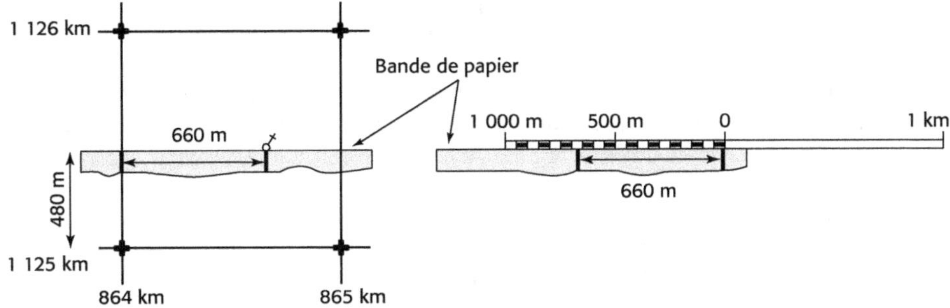

Figure 1.33. Appoints mesurés sur l'échelle graphique de la carte.

Clocher d'Avrainville : E = 864 km + 660 m = 864 660 m, N = 1 125 480 m
Le Lambert II étendu, chiffré en bleu, est exploité de la même manière ;
Clocher d'Avrainville : E = 864 790 m, N = 2 425 450 m.

1.7.3.4   Coordonnées UTM

Le quadrillage kilométrique UTM-WGS84 des TOP 25, imprimé en bleu, permet de se positionner sur la carte à partir des données d'un récepteur GPS.

Exemple

Clocher d'Avrainville : UTM31 GRS80 : E = 715 890 m, N = 5 406 380 m.

Les Séries bleues ont sur le cadre les amorces de l'UTM, noires pour le fuseau concerné, bleues pour l'éventuel recouvrement du fuseau adjacent.

1.7.3.5   Distances

Par nature, les distances mesurées sur une carte sont des distances horizontales.
L'utilisation de l'échelle à traits facilite le travail et permet de tenir compte du jeu du papier. Si la mesure des distances rectilignes est immédiate, pour évaluer les distances curvilignes, enregistrer leur développement sur le bord d'une feuille de papier en l'assimilant à la ligne brisée : 0,1 + 1,2 + … + n−1,n (figure 1.34).

Exemple

Distance du carrefour coté 223 sortie SE d'Avrainville à l'embranchement coté 245 au Nord, lieudit Les Michottes, en passant près de l'église : 970 m.

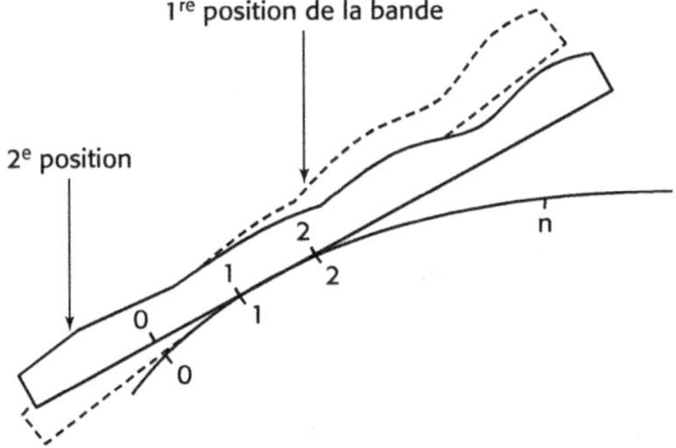

Figure 1.34. Distances curvilignes.

Si Dh est la distance horizontale mesurée, ΔH la dénivelée, la distance Dd suivant la pente considérée comme constante vaut : $Dd = \sqrt{D^2h + \Delta^2 H}$.

Dans l'exemple ci-dessus, Dd = 970,2 m, soit un écart négligeable ; d'une manière générale d'ailleurs, il est illusoire de distinguer sur une carte distance horizontale et distance suivant la pente quand il s'agit d'un relief d'érosion.

1.7.3.6   Gisement

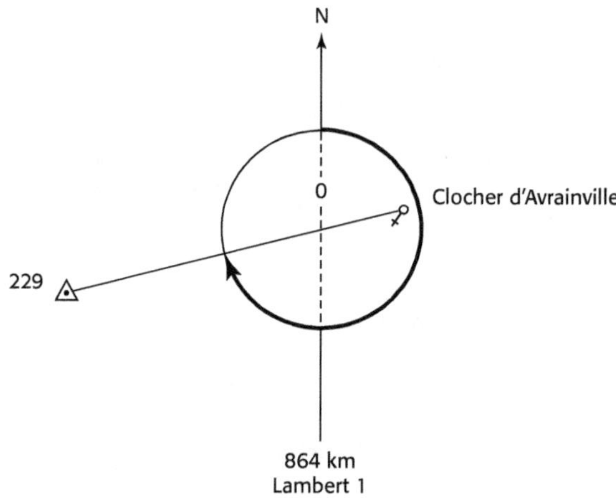

Figure 1.35. Mesure d'un gisement.

Le gisement d'une direction étant l'angle orienté compté depuis l'axe des N positifs du quadrillage, dans le sens des aiguilles d'une montre, borné à 0 gon et 400 gon, tracer un axe des ordonnées qui coupe la direction, centrer un rapporteur circulaire au point d'intersection le zéro origine dirigé vers les N positifs, lire le gisement au droit de la direction (figure 1.35).

Exemple

Gisement de la direction clocher d'Avrainville vers le point géodésique coté 229 : 285,8 gon.

1.7.3.7   Azimut géographique

Angle compté depuis la direction du nord géographique, il est mesuré comme un gisement en utilisant un méridien au lieu d'un axe des ordonnées.

Exemple

Azimut géographique de la direction précédente : 288,8 gon, soit une convergence des méridiens égale à :
γ = 288,8 – 285,8 = 3,0 gon.

1.7.3.8   Azimut magnétique

Compté depuis la direction du nord magnétique (§ 2.5.2), il est obtenu en ajoutant à l'azimut géographique la déclinaison magnétique calculée à partir des indications fournies par l'IGN ; en avril 2011 la déclinaison pour la feuille de Nancy valait : $0,15 \text{ gon} + \left(\dfrac{0,13 \times 64}{12}\right) \approx 0,84$ gon.

D'où l'azimut magnétique de la direction précédente : 288,8 + 0,84 $\approx$ 289,64 gon.

1.7.3.9   Orientation de la carte

Sur le terrain, la carte peut être orientée sommairement :

— au repère identifié, la droite de la carte qui joint le point où l'on se trouve au repère (clocher par exemple) étant confondue avec la ligne de visée ;

— à l'aide d'une boussole ou d'un déclinatoire (§ 2.5.2) qui donnent le nord magnétique du moment et du lieu ;

— avec une montre, retardée de 2 h l'été et 1 h l'hiver pour la mettre à l'heure solaire, en visant le soleil avec la bissectrice de l'angle formé par le 12 et la petite aiguille ; le nord est dans la direction du 6.

1.7.3.10   Angle horizontal de deux directions

Mesuré au rapporteur, il correspond à l'angle qui serait observé sur le terrain du fait que la projection est conforme.

> **Exemple**
>
> L'angle mesuré depuis le point géodésique coté 229, sur le château d'eau et le clocher d'Avrainville vaut 5,6 gon.

1.7.4   Orographie

L'expression cartographique du relief, ou orographie, est faite par l'intermédiaire de points cotés, courbes de niveau, signes conventionnels et estompage :

— *points cotés* : exactitude positionnelle, altitude arrondie au mètre.

— *courbes de niveau* : une courbe de niveau est une ligne qui relie les points consécutifs de même altitude du terrain ; elle est donc contenue toute entière dans un même plan horizontal et par conséquent projetée sans déformation sur le plan topographique (figure 1.36).

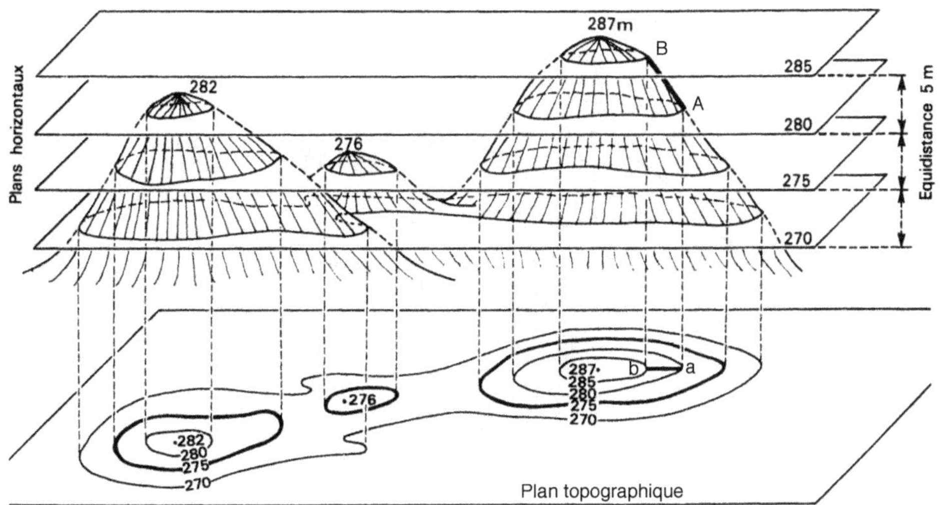

Figure 1.36. Courbes de niveau.

– l'*équidistance* est la différence d'altitude des plans horizontaux de deux courbes consécutives ; constante pour une feuille, elle est fonction de l'échelle et du relief, égale à 5 m le plus souvent pour la carte de base. L'équidistance est une dénivelée calculable, qui ne peut pas être mesurée sur la carte et qui n'a aucun rapport avec la distance horizontale ab projection de la distance AB du terrain entre deux courbes consécutives.

Pour plus de clarté, les courbes sont dessinées en distinguant (figure 1.31) :

  - les courbes maîtresses, en trait continu épais, situées toutes les cinq courbes à partir de l'altitude zéro : …, 250, 275, 300, … ; leurs altitudes sont généralement indiquées, les chiffres étant dirigés vers le haut du terrain ;
  - les courbes ordinaires, en trait continu moyen ;
  - les courbes intercalaires, en trait interrompu fin, qui ne sont en fait que des portions de courbes destinées à préciser un mouvement localisé de terrain que les courbes ordinaires ne font pas apparaître.

– *signes conventionnels de l'orographie* : si les courbes de niveau traduisent assez bien un relief d'érosion adouci, elles sont en revanche beaucoup plus difficiles à interpréter, quand elles peuvent être dessinées, dans les rochers, éboulis, falaises, etc. ; ces reliefs particuliers, souvent localisés, sont figurés par des signes conventionnels ne permettant guère la mesure.

– *estompage* : c'est un artifice qui procure une meilleure perception du relief en faisant ressortir les versants éclairés ou à l'ombre d'une lumière conventionnelle dirigée nord-ouest → sud-est et inclinée de 50 gon.

1.7.5 Exploitation de l'orographie

1.7.5.1 Pente en un point

La *ligne de plus grande pente* est la ligne d'écoulement des eaux ; au point m de la carte situé entre deux courbes de niveau (figure 1.37), c'est donc la plus courte distance limitée aux deux courbes et passant par le point. Elle est tracée sensiblement perpendiculaire aux courbes encadrantes.

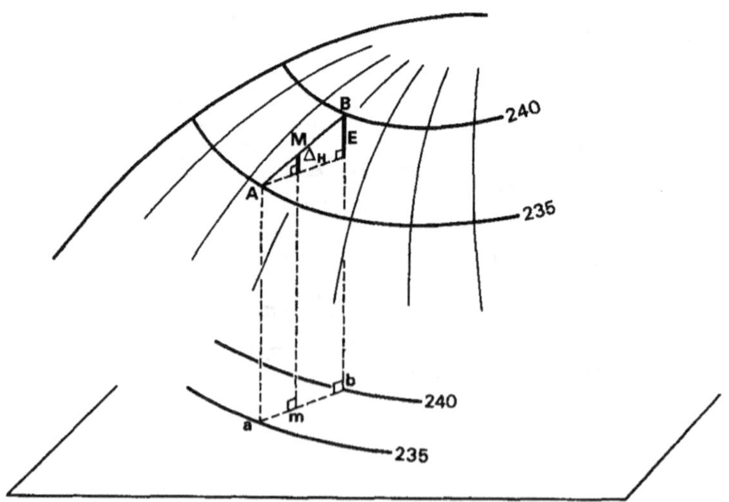

Figure 1.37. Pente et altitude graphiques.

La *pente* de cette ligne de plus grande pente vaut : $p = \dfrac{E}{ab}$, formule dans laquelle E représente l'équidistance calculée et ab la distance mesurée.

Exemple

Pente au croisillon Lambert 864 km et 1 123 km : $p = \dfrac{5}{120} \approx 0{,}04 = 4\ \%$

1.7.5.2   Altitude d'un point

Après avoir tracé la ligne de plus grande pente, mesurer les distances am et ab et interpoler :

$$H_M = H_A + \Delta H_{AM} = H_A + \frac{E \cdot am}{ab}$$

Exemple

Altitude du croisillon précédent : $215 + \dfrac{5 \times 30}{120} \approx 216\ m$

1.7.5.3   Lignes et formes caractéristiques

Les principales, identifiables sur la figure 1.31, sont :
- la *ligne de crête*, ligne de séparation des eaux (crête ouest-est : cim.mili. allemand, Haut de Longchamp, Bois le Prêtre, la Pierre Cimée) ;
- le *thalweg*, ligne de réunion des eaux (ruisseau de Terrouin) ;
- la *ligne de changement de pente*, à partir de laquelle l'écartement des courbes de niveau change (accès à la Côte de Luxembourg depuis le ruisseau de Terrouin) ;
- la *croupe*, abaissement continu d'une ligne de crête (à l'ouest du Moulin de Manoncourt) ;
- le *mamelon* ou *butte* (cote 237, la Pierre Cimée) ;
- le *col*, abaissement ponctuel d'une ligne de crête (cote 225, Haut de Longchamp).

1.7.5.4   Coupes et profils

Une coupe de terrain par un plan vertical est la ligne brisée qui joint les points de changement de pente successifs – au moins les principaux –, lesquels sont reportés en abscisses par leurs distances horizontales relevées sur la carte, en ordonnées par les dénivelées, à plus grande échelle, à partir d'une horizontale de référence.

Exemple

Coupe de la cote 237 la Pierre Cimée à la cote 240 la Côte de Luxembourg (fig. 1.38).

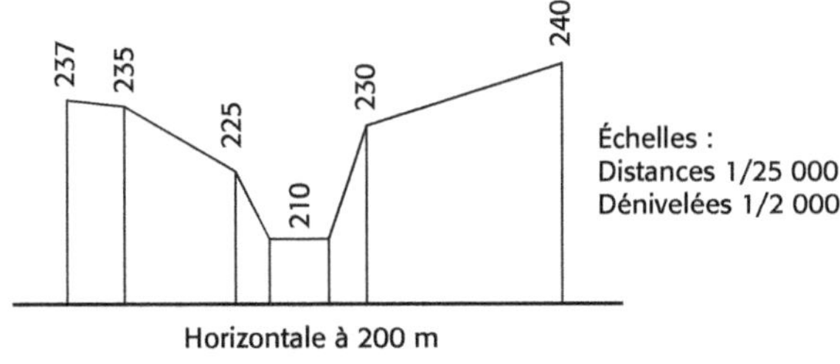

Figure 1.38. Coupe de terrain.

Le profil en long d'un chemin ou d'une route est une coupe suivant l'axe (§ 10.1.5.2).

1.7.5.5   Chevelu

Ensemble des lignes de crête et des lignes de thalwegs ou vallées, sorte de caricature du relief, dessiné sur feuille de papier calque superposée à la carte, les crêtes en rouge et les thalwegs en bleu par exemple (figure 1.39 – chevelu de la carte figure 1.31).

Il est plus facile de commencer par les thalwegs, de l'aval vers l'amont, des plus importants figurés en bleu, aux plus petits caractérisés par des courbes de niveau « pointues » dues au brusque changement de pente d'un versant à un autre.

Entre les thalwegs, dessiner ensuite les lignes de crête, aux courbes de niveau arrondies pour un relief d'érosion, en s'aidant des points hauts cotés et en interprétant les formes caractéristiques.

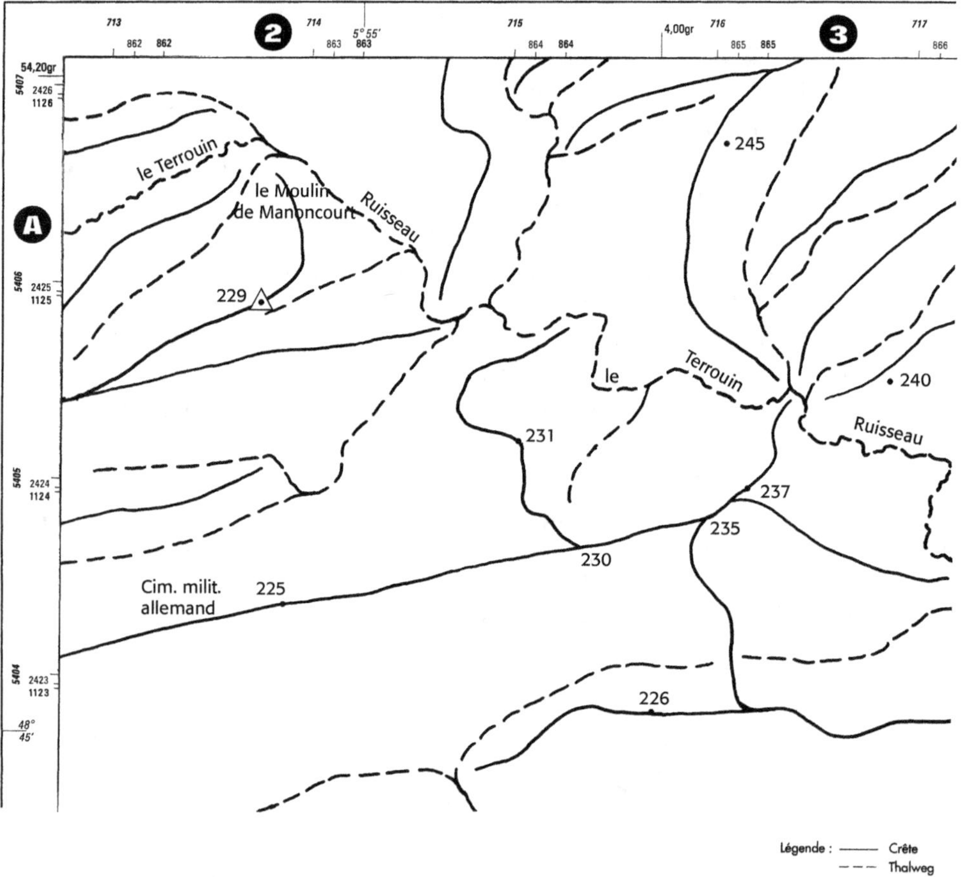

Figure 1.39. Chevelu (réduction).

1.7.5.6   Bassin versant

Ensemble de pentes inclinées vers un même cours d'eau et y déversant leurs eaux de ruissellement ; il est délimité par une suite de lignes de crêtes reliant mamelons, cols et croupes (figure 1.39 – bassin versant du lieudit Bajonvalotte).

1.7.6   La cartographie numérique

1.7.6.1   Le Référentiel à grande échelle (RGE)

L'État a confié à l'IGN le développement du Référentiel à grande échelle (RGE) qui intègre des données issues de ses propres bases ou de celles d'autres producteurs. Le RGE est constitué de 4 composantes : BD Ortho, BD Topo, BD Parcellaire et BD Adresse.

1.7.6.2   La Banque de données topographiques (BD Topo)

Dès la fin des années 1970, l'IGN a entamé une réflexion sur la modernisation de ses outils de production par l'apport de l'informatique qui a conduit, entre autres, à l'avènement de la quatrième génération de la carte, sous forme de bases de données numériques : BD Alti, BD Géodésique, etc. et surtout BD Topo, dont la première feuille est sortie en 1991.

La BD Topo correspond globalement au contenu traditionnel de la 1/25 000 Série bleue, mais avec une précision métrique qui lui permet de servir de fond topographique à tout levé d'étude à partir du 1/5 000. Elle est disponible sur l'ensemble du territoire depuis 2007.

1.7.6.3   Le SCAN 25

C'est un ensemble de données issues de la carte Série bleue au 1/25 000 qui couvre l'ensemble du territoire national en dalles de 10 × 10 km. Il présente de nombreuses informations topographiques pour des usages à grandes et moyennes échelles. Il se décline en SCAN 25 touristique, SCAN 25 topographique, etc.

1.7.6.4   Le Géoportail

C'est un portail web public permettant l'accès à des services de recherche et de visualisation de données géographiques. Il a notamment pour but de publier les données géographiques de référence de l'ensemble du territoire français. Il est mis en œuvre par deux établissements publics, l'IGN *(Institut géographique national)* et le BRGM *(Bureau de recherches géologiques et minières)*.

Depuis son lancement en juin 2006, le Géoportail a progressivement été amélioré (meilleure résolution et fourniture de nouvelles informations comme les parcelles cadastrales et diverses données thématiques). Il permet de trouver et de visualiser de nombreuses données publiques locales concernant les infrastructures de transport, les plans locaux d'urbanisme, les cartes de prévention des risques, les parcellaires (figure 1.40), les réseaux hydrauliques, les photographies aériennes, les différents sites géodésiques (figure 1.41).

Figure 1.40. Parcelles cadastrales.

Documents Géoportail

Figure 1.41. Sites géodésiques.

Documents Géoportail

Chapitre 2

Mesures des angles

2.1 Le théodolite

2.1.1 Conception

Le théodolite est un instrument de mesurage des angles, constitué essentiellement de trois axes concourants et de deux *goniomètres* appelés généralement *cercles* (figure 2.1).

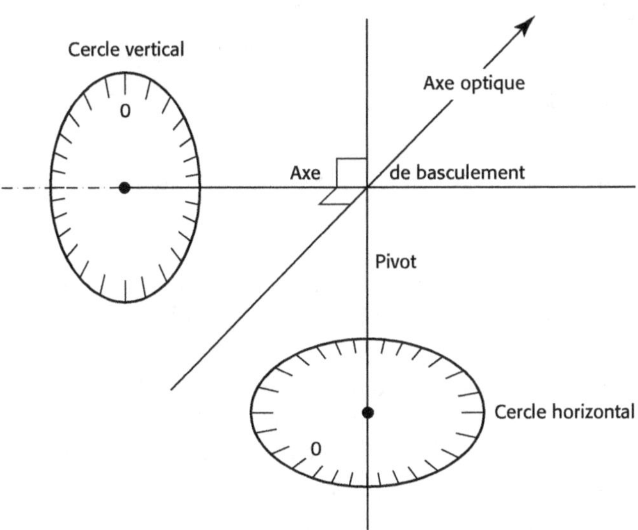

Figure 2.1. Schéma du théodolite.

On distingue :

– le *pivot*, ou axe principal, *calé verticalement* et *centré* c'est-à-dire confondu avec la verticale du point au sol ou au « toit » en travaux souterrains ; le théodolite est alors *en station* c'est-à-dire prêt pour le mesurage des angles horizontaux et verticaux ;

– l'*axe de basculement*, encore appelé axe secondaire ou axe des tourillons, perpendiculaire au précédent, donc horizontal au moment des observations ;

– l'*axe optique* de la lunette, perpendiculaire à l'axe de basculement, balaye un plan de visée vertical ;

– le *cercle horizontal*, centré sur le pivot, permet la mesure des angles horizontaux ;

– le *cercle vertical*, ou éclimètre, centré sur l'axe de basculement, autorise la mesure des angles verticaux.

À l'heure actuelle, deux catégories d'instruments sont utilisés :

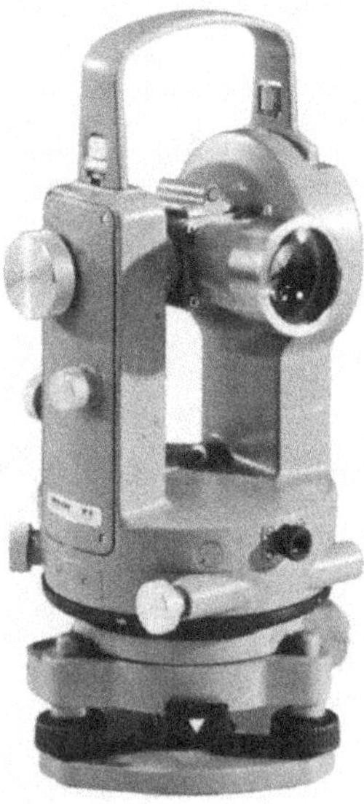

Figure 2.2. Théodolite optique.

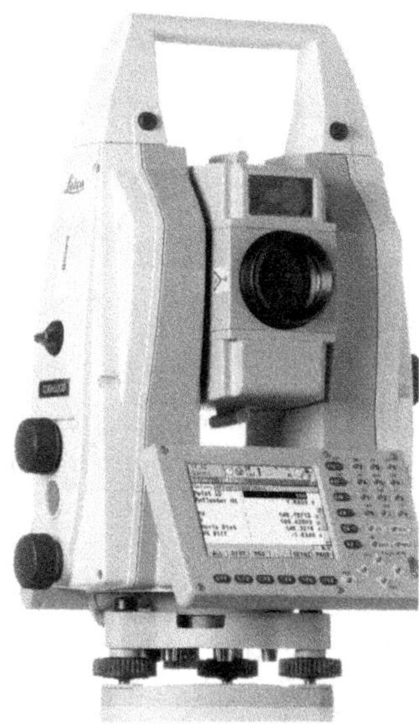

Figure 2.3. Théodolite électronique.

Document Leica

– *les théodolites optiques* (figure 2.2), instruments anciens, avec lesquels l'opérateur procède à une lecture optique en estimant généralement le milligrade pour les théodolites ordinaires, le décimilligrade pour les théodolites de précision ;

– *les théodolites électroniques* (figure 2.3), à lecture automatique, le microprocesseur intégré gérant le déroulement de la mesure et transmettant à l'affichage à cristaux liquides les lectures des cercles horizontal et vertical, avec une résolution pouvant atteindre 0,1 mgon.

Les sociétés européennes Leica et Trimble ont cessé la fabrication des théodolites optiques, désormais supplantés par les théodolites électroniques dans tous les ordres de précision.

2.1.2 Pivot

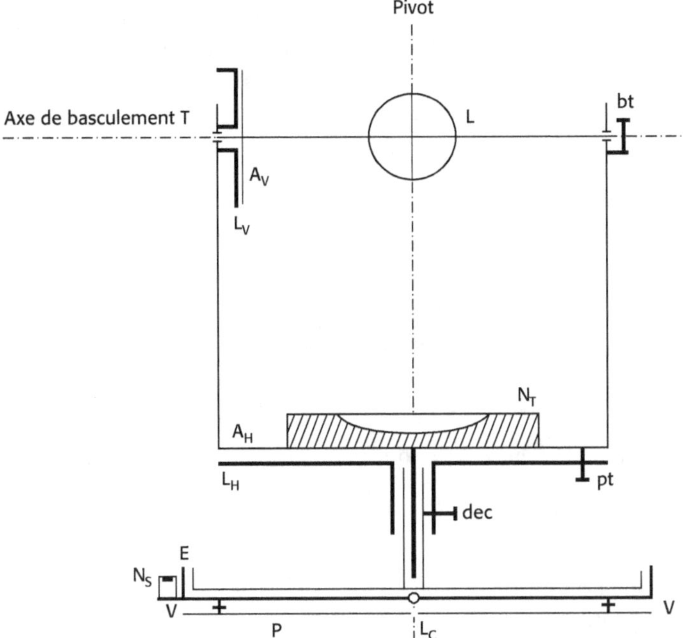

Figure 2.4. Coupe du théodolite.

2.1.2.1 Embase

La *plaque de base* P (figure 2.4), fixée sur la tête du trépied ou sur une console spéciale, porte *l'embase* E *à trois vis calantes* V formant un triangle équilatéral dont le pivot est le centre ; les vis calantes permettent le basculement de l'instrument, mouvement amorti par une plaque ressort.

Le calage sommaire de l'embase est réalisé avec la *nivelle sphérique* Ns, constituée d'une fiole en verre taillée intérieurement dans sa partie utile suivant une calotte sphérique, remplie incomplètement d'alcool ou d'éther très fluide, l'espace occupé par les gaz ayant la forme d'une *bulle circulaire. La nivelle est calée* lorsque la bulle est concentrique au cercle-repère gravé sur la fiole (figure 2.5) ; si tout était parfait, le pivot serait alors vertical.

Figure 2.5. Nivelle sphérique.

La sensibilité s d'une nivelle est la valeur de l'angle de basculement pour un déplacement connu du cercle-repère ou des graduations, la bulle restant immobile à la partie la plus élevée de la cuve ; conventionnellement, cet angle est exprimé en minutes sexagésimales pour un déplacement apparent de la bulle égal à 2 mm, la sensibilité des nivelles sphériques de théodolite variant de 8' à 10'.

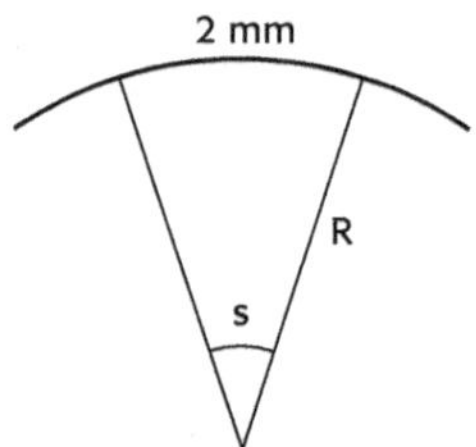

Figure 2.6. Sensibilité d'une nivelle.

Sachant que : $\qquad 360° = 2\pi \text{ rad} \implies 1° = \dfrac{\pi}{180} \text{ rad} \implies 1' = \dfrac{\pi}{60 \times 180} \text{ rad}$,

le calcul du rayon de courbure R (figure 2.6) pour une sensibilité de 8' est immédiat :

$$2 \text{ mm} = R \cdot s_{\text{rad}} \implies R = \dfrac{0{,}002}{8\dfrac{\pi}{60 \times 180}} \approx 0{,}86 \text{ m.}$$

La *précision de calage* est environ quatre fois meilleure que la sensibilité ; elle correspond à un calage de la bulle de l'ordre du demi-millimètre.

Une *lunette de centrage* Lc coudée à angle droit, appelée couramment *plomb optique*, permet de visualiser le prolongement du pivot et par conséquent de *centrer* l'instrument sur un point au sol lorsque le pivot est calé, en confondant leurs verticales. Sur certains instruments électroniques récents, le plomb optique est remplacé par un *plomb laser* dont le rayon marque au sol le prolongement du pivot ; le centrage est facilité par une translation du théodolite dans l'embase qui n'altère pas le calage.

La cuvette de centrage de l'embase peut recevoir indifféremment le théodolite, un prisme réflecteur, etc., ces différents éléments étant centrés mécaniquement à mieux que 0,1 mm ; ce dispositif, appelé *centrage forcé*, est bloqué par un verrou.

2.1.2.2   Calage du pivot

La flasque de centrage du théodolite verrouillé dans l'embase porte le manchon d'axe, lequel pivote avec l'alidade A_H du cercle horizontal. Le calage sommaire du pivot effectué avec la nivelle sphérique est affiné avec la nivelle torique d'alidade N_T, dont la fiole porte des graduations symétriques par rapport à un centre de symétrie non représenté (figure 2.7).

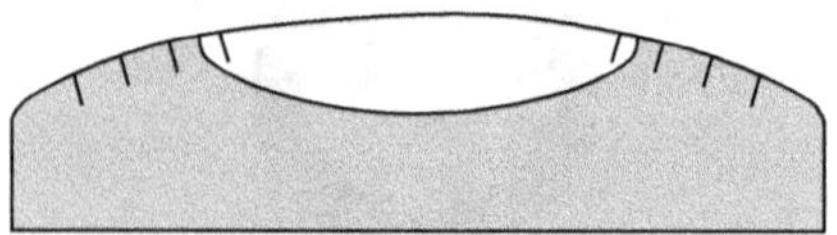

Figure 2.7. Nivelle torique.

La nivelle est calée quand les extrémités de la bulle sont symétriques par rapport au milieu des graduations ; la bulle occupe alors sa *position de calage*, à ne pas confondre avec la *position de réglage* (§ 2.2.2) laquelle correspond seule à un pivot vertical.

Pour une longueur *d'échelon*, autrement dit une longueur entre deux graduations, égale à 2 mm, la sensibilité des nivelles toriques d'alidade varie de 60" à 20"; la précision de calage est environ quatre fois meilleure.

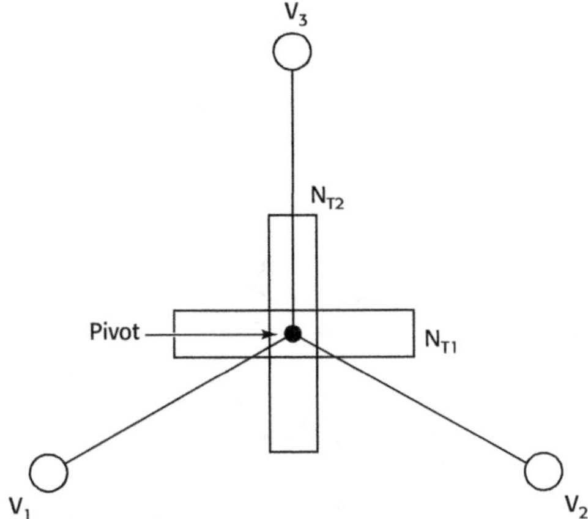

Figure 2.8. Calage du pivot.

Pour caler le pivot vertical (figure 2.8) :

– amener la nivelle à la position N_{T1} parallèle à la direction V_1-V_2 joignant deux vis calantes, puis caler la bulle en jouant simultanément et en sens contraires sur les vis V_1 et V_2 lesquelles basculent le pivot dans le plan vertical V_1-V_2 ;

– tourner l'alidade *d'un quart de tour* pour placer la nivelle dans la position N_{T2} perpendiculaire à la précédente, autrement dit parallèle à la direction Pivot-V_3, puis caler la nivelle en jouant uniquement sur la vis V_3 ; le pivot est alors à l'intersection des deux plans verticaux V_1-V_2 et Pivot-V_3, donc vertical ;

– recommencer une seconde fois la manipulation car la rotation de V_3 influe légèrement sur le calage antérieur de V_1-V_2.

Sur les théodolites électroniques récents, la nivelle torique est remplacée par une nivelle électronique à deux axes orthogonaux, calée à l'affichage (figure 2.9).

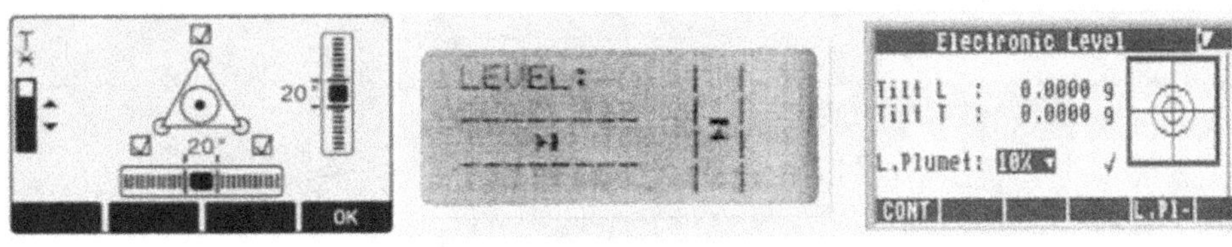

Figure 2.9. Nivelles électroniques.

Document Leica

Certains théodolites n'ont qu'une nivelle sphérique compte tenu :

– soit de la faible précision espérée,

– soit de la correction automatique de la lecture du cercle horizontal par un compensateur électronique bi-axes.

2.1.3 Cercle horizontal

2.1.3.1 Goniomètre

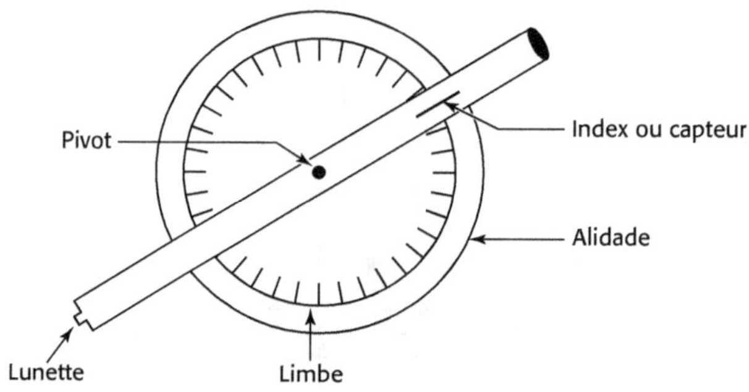

Figure 2.10. Goniomètre.

Un goniomètre est essentiellement constitué d'un *limbe* et d'une *alidade* (figures 2.4 et 2.10) :

– le limbe plan circulaire L_H (figure 2.4) porte l'échelle à traits chiffrée généralement en grades et croissant dans le sens des aiguilles d'une montre pour les théodolites optiques, incrémentée dans un sens ou dans l'autre, en grades ou en degrés, pour les théodolites électroniques ;

– l'alidade A_H est le cercle plan concentrique au limbe, mobile avec le pivot, qui porte la lunette et un index pour les théodolites optiques, un capteur pour les théodolites électroniques.

Sur certains théodolites, le plomb optique est monté sur l'alidade, notamment les instruments démunis de centrage forcé.

2.1.3.2 Lectures

La lecture optique mesure la valeur d'échelle du limbe depuis le zéro origine jusqu'à l'index de l'alidade ; le développement du limbe étant limité, la longueur d'échelon de l'échelle à traits photogravés sur verre l'est aussi et par conséquent, l'index se positionne généralement entre deux traits (figure 2.11).

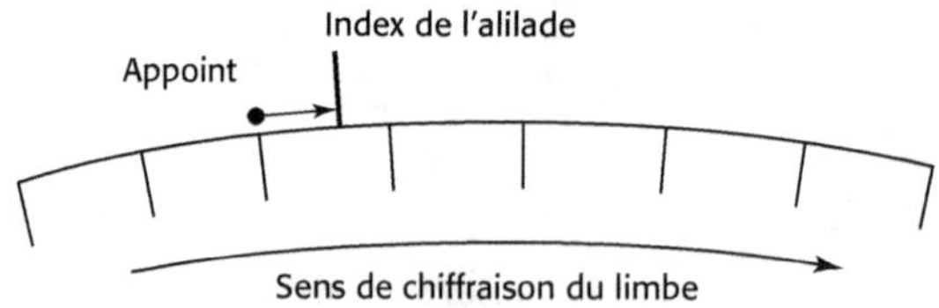

Figure 2.11. Lecture du cercle.

La valeur de la lecture optique est donc la somme de la valeur du trait qui précède l'index et de l'appoint, valeur de la partie d'échelon qui les sépare, obtenu à l'estime ou à l'aide d'un micromètre.

La lecture électronique affiche la valeur d'échelle sous forme numérique (figure 2.12). Les théodolites électroniques permettent l'enregistrement automatique des mesures sur un module ou sur une carte mémoire interchangeable, qui autorise leur transfert automatique ultérieur dans un système de traitement informatique, supprimant ainsi toute erreur de saisie ou de transmission. Les opérateurs doivent être attentifs au fait que toutes les erreurs systématiques du théodolite traditionnel sont présentes dans les théodolites et tachéomètres électroniques, sauf peut-être l'erreur de graduation.

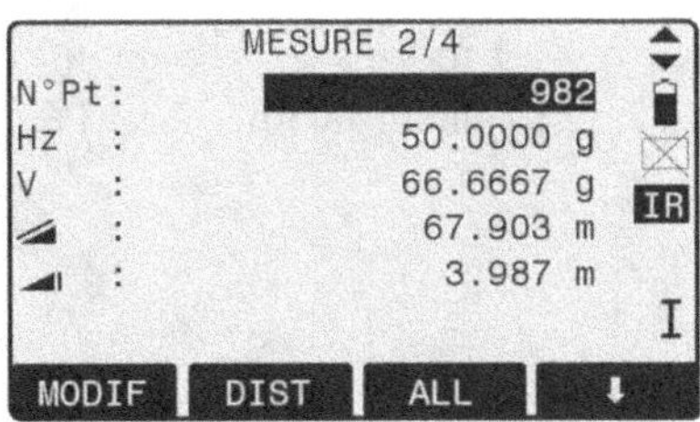

Figure 2.12. Lecture électronique.

2.1.3.3   Mouvements

La vis de *pivotement* pt (figure 2.4) libère la rotation de l'alidade et du pivot, la valeur de cette rotation étant mesurée par le déplacement de l'index devant les graduations du limbe ; la vis de pivotement est toujours complétée par une vis de *fin pointé*, indispensable, coaxiale sur les instruments récents. Certains théodolites ont une vis de pointé à deux vitesses : rapide-pointé grossier, lent-fin.

Sur les théodolites les plus récents, la vis de pivotement est supprimée ; la rotation est à frottement dur avec une vis de fin pointé.

La rotation du cercle-limbe par rapport au pivot est commandée par un bouton de décalage du cercle : dec, avec lequel l'opérateur peut amener une graduation quelconque du limbe 0, 100, etc. aux environs immédiats de l'index.

Les théodolites électroniques peuvent conserver une lecture pendant la rotation de l'alidade, signaler chaque angle de 100 gon mesuré, être motorisés, c'est-à-dire pivoter à l'aide de servomoteurs, ou robotisés – le pointé et la lecture étant alors entièrement automatiques (§ 6.2.1).

2.1.4   Cercle vertical

L'alidade A_H porte deux montants verticaux (figure 2.4) qui soutiennent l'axe T sur lequel est centrée la lunette L. Cette dernière bascule, en balayant un plan vertical de visée, à l'aide de la vis de basculement bt complétée par sa vis de fin pointé ou, sur les instruments les plus récents, avec une unique vis sans fin.

Centré sur l'axe T le goniomètre vertical est constitué schématiquement d'un limbe immobile L_V fixé au montant et d'une alidade A_V solidaire de l'axe, dont l'index bascule dans le plan vertical en suivant l'inclinaison de la lunette ; cette dernière pouvant effectuer un tour complet, l'opérateur observe avec le cercle vertical à sa gauche, position dénommée cercle à gauche CG, ou à sa droite, position cercle à droite CD, ou encore positions 1 et 2 lorsque le montant qui porte le cercle vertical n'est pas apparent, cas fréquent avec les théodolites récents.

La position en *cercle directeur* est celle qui correspond à la manipulation la plus commode de l'instrument, compte tenu de sa configuration générale ; dans cette position ergonomique, le limbe de l'éclimètre fournit l'angle zénithal de la visée, compris entre 0 gon et 200 gon pour la plupart des théodolites optiques, l'angle zénithal l'angle d'inclinaison ou la pente au choix pour les théodolites électroniques.

La mesure des angles zénithaux se référant à la verticale physique du centre de l'éclimètre, le zéro origine doit être situé exactement au zénith du centre ; cette condition est remplie par un *index automatique* basé sur l'équilibre d'un liquide ou d'un pendule, qui peut atteindre une précision de calage supérieure à 0,1 mgon sur les théodolites électroniques de précision.

La mesure d'un angle vertical ne nécessitant qu'une visée, l'éclimètre ne comporte pas de décalage du cercle.

2.1.5 Axe optique

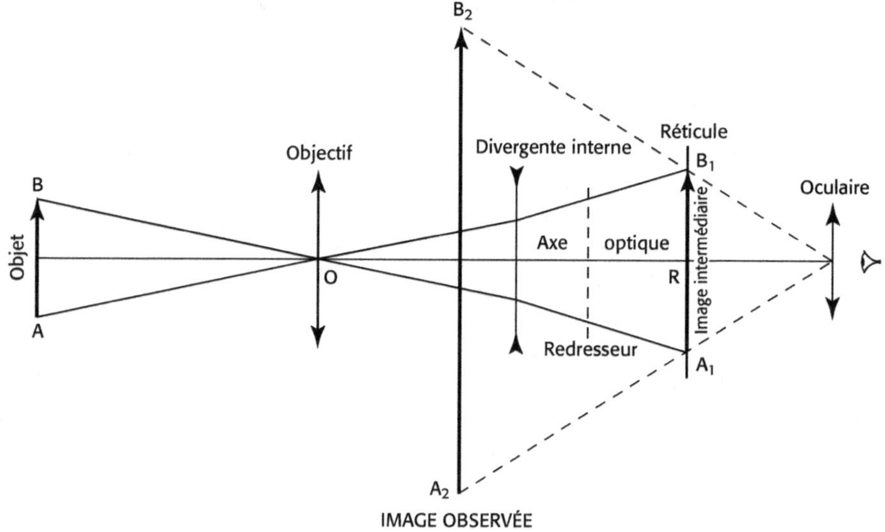

Figure 2.13. Lunette topographique.

2.1.5.1 Lunette

L'*axe optique* d'une lunette (figure 2.13) est la droite joignant le centre de l'objectif O au centre du réticule R.

L'*objectif* est constitué d'un ensemble de lentilles accolées qui se comporte comme une lentille convergente, c'est-à-dire donne d'un objet AB une image réelle renversée.

Un *prisme redresseur* oriente l'image dans le même sens que l'objet vu à l'œil nu.

La *divergente de mise au point*, mobile à l'intérieur de la lunette, forme avec l'objectif un « objectif à foyer variable » et permet à l'opérateur de placer l'image intermédiaire A_1B_1 exactement dans le plan du réticule.

Le *réticule* est un disque de verre à faces parallèles, fixe par rapport à l'objectif, portant entre autres une croix, intersection de deux diamètres perpendiculaires, qui visualise l'axe optique (figure 2.14) ; c'est en somme un écran transparent sur lequel est placée l'image intermédiaire.

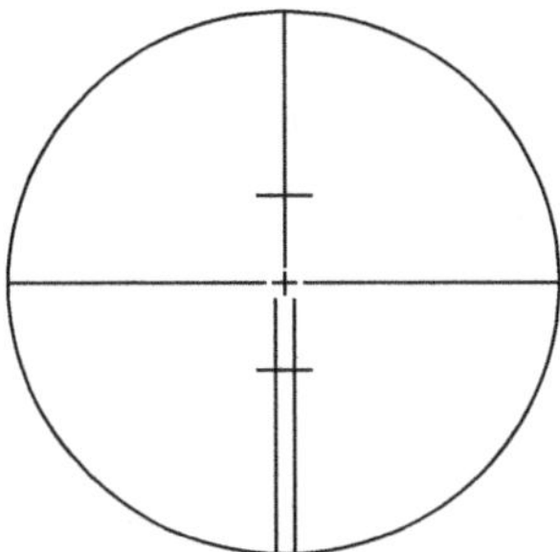

Figure 2.14. Réticule.

L'*oculaire* est un ensemble de lentilles qui se comporte comme une loupe, agrandit l'image intermédiaire et les traits du réticule pour donner l'image A_2B_2 observée par l'opérateur ; les oculaires coudés à angles droits autorisent les visées zénithales.

2.1.5.2   Mise au point

Diriger la lunette vers une surface claire, puis régler l'oculaire pour obtenir la netteté des traits du réticule ; ne jamais viser le soleil sans filtres spéciaux sous peine de lésions.

Amener le signal dans le champ de la lunette à l'aide du viseur-collimateur (figure 2.15).

Figure 2.15. Viseur-collimateur.

Document Leica

Mettre au point la netteté de l'image à l'aide de la bague de mise au point, puis affiner les deux réglages : oculaire et mise au point.

Vérifier l'absence de parallaxe, en déplaçant l'œil devant l'oculaire pour s'assurer que les traits du réticule restent fixes par rapport à l'image observée.

Observer dans une lunette les deux yeux ouverts, ce qui est beaucoup plus facile qu'une première expérience peut le laisser croire.

2.1.5.3   Qualités d'une lunette

Grossissement

C'est le rapport de l'angle α' sous lequel on voit l'objet dans la lunette, à l'angle α sous lequel on le voit à l'œil nu : $G = \dfrac{\alpha'}{\alpha}$; il varie de × 25 à × 35 en général, mais des oculaires interchangeables donnent des grossissements plus importants.

Pouvoir séparateur

Le pouvoir séparateur de l'œil, ou acuité visuelle, est l'angle minimal sous lequel deux points sont vus distinctement. Pour que le cerveau distingue deux taches lumineuses séparées, il faut que deux cônes tapissant la rétine soient atteints par la lumière alors que celui qui les sépare ne l'est pas ; le pouvoir séparateur de l'œil normal est à peu près de 20 mgon. Le pouvoir séparateur d'une lunette est l'angle minimal sous lequel deux points sont vus distinctement dans celle-ci ; pour un grossissement × n il vaut sensiblement : $\dfrac{20}{\times\,n}$ mgon.

Champ

Partie de l'espace visible dans la lunette ; le champ, inversement proportionnel au grossissement, est de l'ordre de : $\dfrac{330}{\times\,n}$ mgon.

Clarté

Rapport d'éclairement de l'image rétinienne observée dans la lunette à celui obtenu à l'œil nu ; plus le grossissement est important, moins la lunette est claire. L'optique des lunettes est spécialement traitée pour obtenir le maximum de clarté.

Absence d'aberrations

Les différentes aberrations : sphéricité, astigmatisme, courbure, volume de champ, chromatisme, distorsion sont corrigées au mieux par la combinaison de plusieurs lentilles convergentes et divergentes en verres différents.

Étanchéité

Une lunette doit être étanche à l'humidité et à la poussière.

2.2   Précision des mesures d'angles

2.2.1   Erreurs parasites

Faute de lecture, décelée par la paire de séquences, qui est une série de lectures indépendantes les unes des autres (§ 2.3.3).

Faute de saisie, notamment pour les lectures écrites sur carnet.

Décalage du limbe, dû à une confusion des vis, un déplacement consécutif à un choc contre le trépied, etc.

Pointé avec un trait stadimétrique (§ 4.1.2.3) au cours de la mesure d'un angle vertical.

2.2.2   Erreurs systématiques

2.2.2.1   Défaut de verticalité du pivot

Cette erreur de signe variable est égale à : e = arcsin (sin $\hat{\imath}$ · cotan $\hat{V}$), formule dans laquelle $\hat{\imath}$ représente l'angle du pivot et de la verticale.

Elle est éliminée uniquement avec les théodolites électroniques munis d'un compensateur à deux axes orthogonaux ; pour tous les autres, elle entache les lectures azimutales et par conséquent *l'opérateur ne soigne jamais assez le calage de la nivelle torique ou électronique*. Le calage doit être corrigé, entre les différentes séquences, si la bulle s'est éloignée de sa position de réglage de plus d'un échelon.

Pour déterminer la *position de réglage* d'une nivelle torique placée en fin de calage dans la position N_{T2} parallèle à Pivot-V_3 (figure 2.8) :

— faire un demi-tour avec l'alidade ;

— si la bulle reste à sa position de calage, autrement dit ne bouge pas, le pivot est vertical, la nivelle réglée, les positions de calage et de réglage confondues ;

— si la bulle se déplace (en réalité c'est la fiole) de plus d'une longueur d'échelon, corriger *la moitié* du déplacement avec la vis calante V_3, ce qui a pour effet de rendre le pivot vertical dans le plan Pivot-V_3 ; la bulle est alors à sa position de réglage, qui serait celle à utiliser pour le calage du théodolite si on ne réglait pas la nivelle.

Le *réglage de la nivelle torique* consiste à corriger l'autre moitié du déplacement initial de la bulle avec la vis de basculement de la fiole, afin de confondre position de calage et position de réglage ; bien entendu, une fois le réglage effectué, il faut caler le théodolite avant les observations.

Le *réglage de la nivelle sphérique* consiste à rendre concentriques le cercle repère et la bulle circulaire en jouant sur les vis de la fiole, le pivot ayant été calé auparavant vertical avec la nivelle torique.

2.2.2.2   Inégalité des échelons du limbe

Pratiquement éliminée par la moyenne de deux mesures à origines décalées de 100 gon, autrement dit de deux réitérations, supprimée par une lecture électronique faite avec un capteur dynamique qui examine à chaque mesure tous les échelons du cercle.

2.2.2.3   Excentricité des cercles

Excentricité des cercles limbe et alidade du fait des jeux nécessaires à la rotation de cette dernière ; erreur de la forme e = arcsin $\left(\dfrac{r \cdot \sin \alpha}{R} \right)$, éliminée par la moyenne des lecture diamétralement opposées. Pour certains instruments, notamment les théodolites ordinaires, cette erreur est négligeable.

2.2.2.4   Défaut d'horizontalité de l'axe de basculement

En désignant par $\hat{\imath}$ l'angle d'inclinaison de l'axe de basculement, encore appelé erreur de tourillonnement, l'erreur résultante sur la lecture azimutale vaut : e = arcsin (sin $\hat{\imath}$ · cotan $\hat{V}$), éliminée par *double-retournement* ou automatiquement par un compensateur sur certains théodolites électroniques. Après avoir pointé le signal CG par exemple et lu l'angle azimutal, le double-retournement consiste à basculer la lunette puis à pivoter le théodolite d'un demi-tour pour pointer à nouveau le signal CD et faire la lecture ; la moyenne des deux lectures CG et CD est affranchie du tourillonnement.

2.2.2.5   Excentricité du viseur

Quand l'axe optique ne coupe pas le pivot ; négligeable en général, éliminée par le double-retournement.

2.2.2.6   Collimation horizontale

Si l'axe optique n'est pas perpendiculaire à l'axe de basculement, le défaut de perpendicularité $\hat{c}$, appelé collimation horizontale, fait décrire à l'axe optique un cône au lieu d'un plan vertical de visée et entraîne sur la lecture du cercle horizontal une erreur de la forme $e = \arcsin\left(\dfrac{\sin \hat{c}}{\sin \hat{V}}\right)$, éliminée par le double-retournement ou automatiquement sur certains théodolites électroniques.

2.2.2.7   Dérive

Déplacement lent et progressif du zéro de l'échelle ou plus généralement de l'indication au cours du temps. Elle provient souvent de la torsion du trépied, mouvement de vrille dû essentiellement aux variations de température ; pour réduire la dérive, travailler à l'ombre d'un parasol, éviter les longues stations, tourner l'alidade alternativement vers la droite et vers la gauche au cours des séquences successives.

2.2.2.8   Correction d'index ou collimation verticale

Elle est due au fait que le zéro origine du limbe vertical n'est pas exactement au zénith du centre ; éliminée par le double-retournement pour les instruments à index automatique ou nivelle de collimation ou encore automatiquement sur certains théodolites électroniques.

2.2.2.9   Erreur de réfraction

Sur une grande longueur, un rayon lumineux qui traverse des couches d'air d'indices de réfraction différents subit des déviations :

– la réfraction verticale, due au fait qu'en atmosphère calme la densité de l'air décroît avec l'altitude ce qui diminue l'indice de réfraction et par conséquent courbe le rayon vers le sol ;
– la réfraction latérale d'une visée proche d'une paroi rocheuse exposée au soleil par exemple est difficile, sinon impossible, à évaluer.

2.2.3   Erreurs accidentelles

2.2.3.1   Erreur de centrage

Le pivot vertical n'étant pas confondu avec la verticale physique du point de station au sol ou au toit ; elle varie de 0,5 mm environ à quelques millimètres selon le dispositif de centrage. L'erreur de centrage peut également affecter le signal, jalon planté « derrière » un piquet par exemple.

2.2.3.2   Erreur de pointé, l'axe optique ne coupant pas la verticale du signal

Le pointé est l'appréciation de l'écart existant le long d'une ligne : jalon, balise, mire, etc. ; le cerveau fait la moyenne des résultats obtenus par tous les cônes rétiniens situés le long de cette ligne, ce qui explique que le pointé ait une précision supérieure au pouvoir séparateur. Avec une lunette de grossissement × n on admet généralement les précisions suivantes : pointé ordinaire $\dfrac{10}{\times\,n}$ mgon, encadrement $\dfrac{5}{\times\,n}$ mgon soit deux fois mieux, coïncidence c'est-à-dire prolongement de droites $\dfrac{2,5}{\times\,n}$ mgon soit quatre fois mieux que le pointé ordinaire.

L'erreur de pointé dépend également des dimensions, de la forme et de l'éclairage du signal ; pointer un jalon près du sol de manière à réduire l'influence de son défaut de verticalité (figure 2.16).

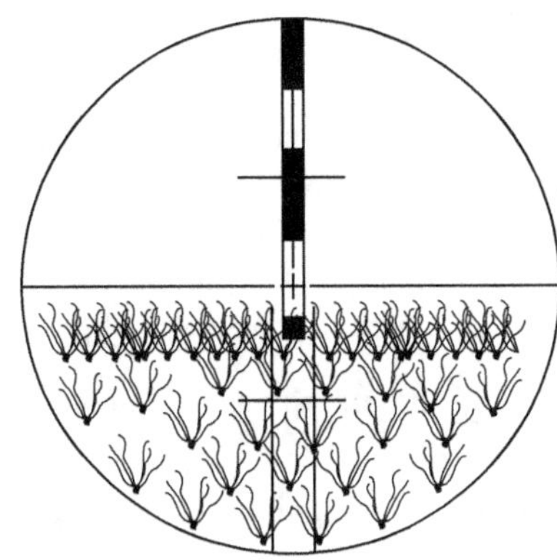

Figure 2.16. Pointé.

2.2.3.3 Erreur de lecture

Essentiellement fonction du dispositif de mesure de l'appoint pour une lecture optique.

2.2.3.4 Flamboiement de l'air

Le brassage des couches d'air de températures et de densités différentes se traduit dans la lunette par des images floues et mouvantes.

2.2.4 Écarts-types

Selon la norme DIN 18723, l'écart-type sur une direction mesurée dans les deux positions de la lunette varie de 2 à 3 mgon pour un théodolite ordinaire de résolution 1 mgon, de 0,2 à 1 mgon pour un théodolite de précision de résolution 1 dmgon, aussi bien pour le cercle horizontal que pour le cercle vertical.

2.3 Mesurage d'un angle horizontal

2.3.1 Mises en station

Mettre un théodolite en station consiste à réaliser simultanément le *calage* vertical du pivot et le *centrage* sur la verticale physique du point de station.

Le théodolite est fixé sur la tête d'un trépied à trois jambes coulissantes dont la tête évidée autorise une petite translation de l'appareil, la lunette étant à hauteur des yeux de l'opérateur debout. Ce dernier, après avoir placé l'instrument sensiblement au centre de la tête et réglé les vis calantes à mi-course, dispose l'ensemble trépied-théodolite au-dessus du point au sol en estimant au mieux l'horizontalité de la tête du trépied et le centrage du point, tout en enfonçant les jambes à refus si le sol est meuble ; il peut aussi mettre seulement le trépied en station à l'estime et y fixer le théodolite après coup. Dans une forte pente, placer deux jambes du trépied sur une même courbe de niveau en aval du point, la troisième en amont. La qualité de cette *mise en station à l'estime* conditionne la réussite des manipulations suivantes réalisées dans l'ordre chronologique :

1. Pointer le plomb optique ou plomb laser sur le point au sol avec les vis calantes.
2. Caler la nivelle sphérique de l'embase en jouant sur les longueurs des jambes du trépied.
3. Caler le pivot vertical à l'aide des vis calantes et de la nivelle torique ou électronique.
4. Centrer le plomb optique ou plomb laser sur le point de station en translatant l'instrument sur la tête du trépied.
5. Terminer par un calage soigné du pivot.
6. Éventuellement, affiner une seconde fois le centrage puis le calage.

En dessous d'un point au « toit » ou au « plafond », après avoir mis le théodolite en station à l'estime :

1. Caler le pivot puis basculer la lunette à l'horizontale pour lire l'angle zénithal : V = 100 gon.
2. Centrer le repère de centrage de la lunette sous la pointe d'un fil à plomb en translatant l'appareil sur la tête du trépied.
3. Terminer par un calage soigné.
4. Éventuellement, affiner une seconde fois le centrage puis le calage.

Un viseur zénithal fixé sur la lunette permet la mise en station sous un point au toit avec une précision de 1 à 2 mm pour une hauteur de 10 m.

Selon les travaux à réaliser, d'autres dispositifs peuvent être mis en œuvre :

- centrage à l'aide d'un fil à plomb suspendu en dessous de la tête du trépied ;
- canne télescopique à nivelle sphérique donnant la hauteur de l'instrument au-dessus du point ;
- trépieds centrants avec ou sans canne ;
- consoles spéciales ;
- plaque de centrage sur pilier ;
- douille et boule de centrage forcé ;
- oculaires coudés à angle droit, plomb optique zénithal de précision, etc.

2.3.2   Séquence

La *séquence* est un ensemble de n + 1 lectures effectuées au théodolite, en une même station, sur n directions différentes, avec une même origine du limbe, une même position du cercle vertical par rapport à la lunette, contrôle de fermeture sur la référence et répartition de l'écart de fermeture sur les diverses composantes de la séquence.

Le résultat est *l'angle compté depuis la référence dans le sens de chiffraison du limbe*, généralement le sens des aiguilles d'une montre.

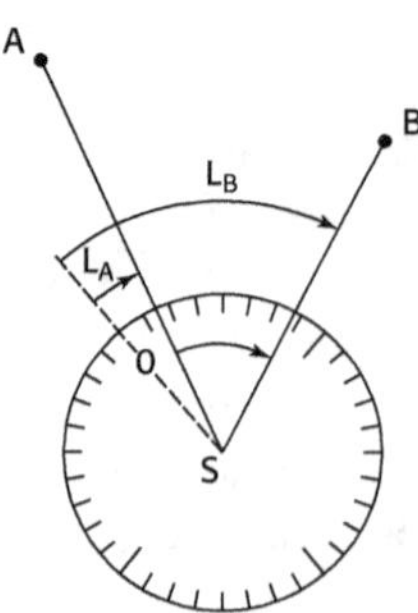

Figure 2.17. Séquence.

Pour observer la séquence la plus simple, sur n = 2 directions (figure 2.17), l'opérateur :

1. Pointe le signal de référence A en cercle directeur et lit la lecture d'ouverture ou lecture de départ Ld.

2. Tourne la lunette dans le sens des aiguilles d'une montre pour pointer le signal B et lire L_B.

3. En continuant à tourner dans le même sens, ferme la séquence en pointant à nouveau la référence A et fait la lecture de fermeture Lf.

4. Calcule immédiatement la fermeture angulaire : Lf − Ld, différence entre les lectures de fermeture et d'ouverture et s'assure qu'elle est inférieure à la tolérance correspondante ; aucun dépassement n'étant admis, les observations doivent le cas échéant être reprises immédiatement.

5. Retient pour lecture sur la référence la moyenne des lectures d'ouverture et de fermeture :
$$L_A = \frac{Ld + Lf}{2}.$$

6. L'angle azimutal de SB par rapport à SA étant égal à : $(\overrightarrow{SA}, \overrightarrow{SB}) = L_B - L_A$ et les lectures devant toujours être réduites à zéro sur la référence, l'opérateur présente la différence : $L_B - L_A$ comme la lecture qui aurait été faite sur B si celle sur la référence avait été rigoureusement nulle, ce qui revient à retrancher L_A à elle-même.

Exemple

Point visé	Hauteur Pointé	Cercle Horizontal	Cercle Vertical	Distance	Lectures Réduites			Ecarts	Remarques
				Traits Stadi.	Séquences	Paires	Tours		
A		217,430 ₉ₒₘ			CG ➜ 0				
B		346,072			128,641				
A		217,432						2 mgm	

Réduction des lectures au fur et mesure des observations, manuellement pour la saisie sur carnet, automatiquement avec certains théodolites électroniques.

La séquence n'offre ni contrôle, ni suppression ou réduction des erreurs systématiques et accidentelles.

2.3.3 Paires de séquences

La *paire de séquences* est une association de deux séquences successives avec retournement de la lunette et inversion du sens de pivotement, ainsi que, pour les anciens instruments, notamment les théodolites optiques, décalage de l'origine ; par extension, la paire est aussi la valeur moyenne des résultats obtenus dans chaque séquence. Le décalage du cercle entre les deux séquences d'une même paire est égal à 100 gon, valeur qui élimine pratiquement l'erreur d'inégalité des échelons du limbe quand elle ne l'est pas par lecture électronique.

En topographie, où les observations angulaires excèdent rarement deux paires, les lectures sur la référence sont voisines de 0 gon et 100 gon pour la première paire, 50 gon et 150 gon pour la seconde, de manière à exploiter au mieux la graduation du limbe. Avec un théodolite dont la position cercle directeur est CG, muni d'un limbe dont la chiffraison croît dans le sens des aiguilles d'une montre, l'opérateur peut utiliser les combinaisons mnémotechniques de séquences suivantes :

– une paire :   CG   CD
                       0   100

– deux paires :   CG   CD   CG   CD
                       0   100   50   150

Pour chaque séquence, la lecture de départ prédéterminée est obtenue de manière approchée par décalage du cercle avec les théodolites optiques, exacte par introduction au clavier avec les théodolites électroniques.

Pour les séquences « tourne à gauche », en saisie manuelle, « remonter » le carnet.

Sous réserve que chaque séquence ferme dans les tolérances, si L_{BG} et L_{BD} représentent respectivement les lectures réduites CG et CD sur le signal B prendre leur moyenne arithmétique comme valeur de la paire : $L_B = \dfrac{L_{BG} + L_{BD}}{2}$; conserver toutes les décimales de calcul au cours des réductions successives pour *n'arrondir à l'approximation des mesures que la moyenne finale de toutes les paires.*

Exemple

Opérateur - Date :			Température :					
STATION : *2 002* Hauteur Instrument : Correction d'index : Altération Lambert :			Pression : ppm atmosph :			Dist → Dd / Dh / D0 / D	Distances : - brute : Dist - directe : Dd - horizontale : Dh - niveau zéro : D0 - Lambert : D	

Point visé	Hauteur Pointé	Cercle Horizontal	Cercle Vertical	Distance	Lectures Réduites			Ecarts	Remarques
				Traits Stadi.	Séquences	Paires	Tours		
2001		0,120 gon			CG 0 → / 0	0			
2003		186,593			186,4725	186,473			
2001		0,121						1 mgon	
2001		100,084			CD 100 ← / 0			0	
2003		286,558			186,474				
2001		100,084							

L'opérateur réduit les lectures, manuellement en carnet, automatiquement selon l'instrument ou le terminal de terrain utilisé, immédiatement après les observations de façon à reprendre sur-le-champ les mesures fausses ou hors tolérances.

Peuvent être soumis à tolérances :

– l'*écart de fermeture* de chaque séquence ;

– l'*écart des lectures* pour une direction, écart entre la valeur d'une paire de séquences et la moyenne générale de toutes les paires ;

– l'*écart sur la référence*, somme algébrique, divisée par n + 1, de tous les écarts de lecture d'une même paire, n étant le nombre de directions y compris la référence.

Si une lecture d'une séquence est fausse ou hors tolérance et que l'opérateur ne puisse pas la reprendre immédiatement, par suite d'une visibilité insuffisante en fin de journée par exemple, il doit abandonner les deux lectures de la paire car seule leur moyenne est affranchie des erreurs systématiques instrumentales.

La paire de séquences contrôle les observations en détectant les erreurs parasites et améliore la précision en supprimant ou en réduisant les erreurs systématiques et accidentelles. *Les théodolites électroniques à capteurs dynamiques, qui intègrent l'ensemble de la graduation du limbe à chaque lecture, s'affranchissent, de ce fait, du décalage du cercle ;* de même, la correction électronique des erreurs de collimation horizontale et de tourillonnement n'implique plus, pour elles, le double-retournement.

2.3.4 Tour d'horizon

Le tour d'horizon est le résultat final de la combinaison des observations azimutales en une même station, rapportées à une même référence et ramenées sur cette référence à une même valeur.

L'opérateur choisit une des directions du tour comme référence compte tenu de la nature du signal, de son éloignement et des conditions de visibilité au moment des observations. La référence est désignée par A, les autres directions par B, C, etc. au fur et à mesure où on les rencontre en tournant dans le sens des aiguilles d'une montre (figure 2.18).

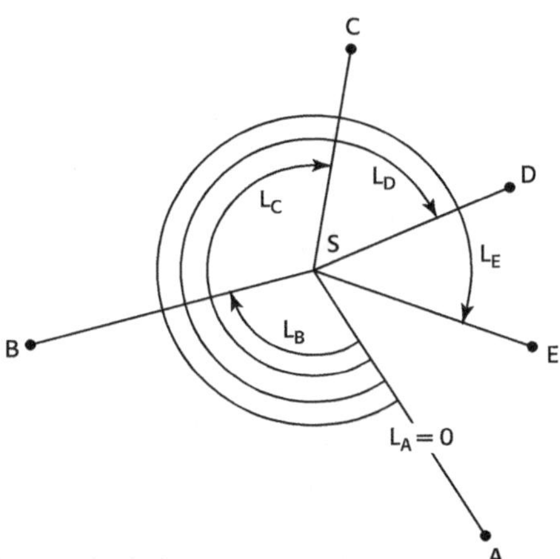

Figure 2.18. Tour d'horizon.

Opérer par paires de séquences, réduire les lectures manuellement ou automatiquement avec un logiciel, en tenant compte des tolérances de fermeture pour les séquences, les écarts de lecture et les écarts sur la référence.

Le résultat du tour réduit se présente comme la liste des lectures que l'opérateur aurait faites sur les différentes directions, si la lecture sur l'une d'elles choisie comme référence avait été rigoureusement nulle ; réduction automatique sur certains théodolites électroniques et terminaux de terrain.

Exemple

<table>
<tr><td colspan="3">Opérateur - Date :

STATION : 500 - Château d'eau de MONDÉTOUR
Hauteur Instrument :

Correction d'index :
Altération Lambert :</td><td colspan="2">Température :
Pression :

ppm atmosph :</td><td colspan="2">Dist → Dd
Dh
Do
D</td><td colspan="3">Distances :
 - brute : Dist
 - directe : Dd
 - horizontale : Dh
 - niveau zéro : Do
 - Lambert : D</td></tr>
<tr><td rowspan="2">Point visé</td><td rowspan="2">Hauteur Pointé</td><td rowspan="2">Cercle Horizontal</td><td rowspan="2">Cercle Vertical</td><td>Distance</td><td colspan="3">Lectures Réduites</td><td rowspan="2">Ecarts</td><td rowspan="2">Remarques</td></tr>
<tr><td>Traits Stadi.</td><td>Séquences</td><td>Paires</td><td>Tours</td></tr>
<tr><td>A MONTHLERY Tour autodrome</td><td></td><td>0,3891 gon</td><td></td><td></td><td>CG 0 →
O</td><td>0</td><td>0</td><td></td><td></td></tr>
<tr><td>B GOMETZ Clocher</td><td></td><td>123,7434</td><td></td><td></td><td>123,35425</td><td>123,35585</td><td>123,3567</td><td>-0,9 mgon
T=1,6</td><td></td></tr>
<tr><td>C CORBEVILLE</td><td></td><td>256,3036</td><td></td><td></td><td>255,91445</td><td>255,91520</td><td>255,9155</td><td>-0,3</td><td></td></tr>
<tr><td>D VILLEJUST</td><td></td><td>331,6436</td><td></td><td></td><td>331,25445</td><td>331,25480</td><td>331,2558</td><td>-1,0</td><td></td></tr>
<tr><td>E NOZAY Clocher</td><td></td><td>362,1364</td><td></td><td></td><td>361,74725</td><td>361,74745</td><td>361,7486</td><td>-1,2</td><td>eref = -0,6 mgon
T=0,6</td></tr>
<tr><td>A</td><td></td><td>0,3892</td><td></td><td></td><td></td><td></td><td></td><td>0,1
T=2,8</td><td></td></tr>
<tr><td>A</td><td></td><td>100,4691</td><td></td><td></td><td>CD 100 ←
O</td><td></td><td></td><td>-0,9
T=3,6</td><td></td></tr>
<tr><td>B</td><td></td><td>223,8270</td><td></td><td></td><td>123,35745</td><td></td><td></td><td></td><td></td></tr>
<tr><td>C</td><td></td><td>356,3855</td><td></td><td></td><td>255,91595</td><td></td><td></td><td></td><td></td></tr>
<tr><td>D</td><td></td><td>31,7247</td><td></td><td></td><td>331,25515</td><td></td><td></td><td></td><td></td></tr>
<tr><td>E</td><td></td><td>62,2172</td><td></td><td></td><td>361,74765</td><td></td><td></td><td></td><td></td></tr>
<tr><td>A</td><td></td><td>100,4700</td><td></td><td></td><td></td><td></td><td></td><td></td><td></td></tr>
<tr><td>A</td><td></td><td>50,3440</td><td></td><td></td><td>CG 50 →
O</td><td>0</td><td></td><td></td><td></td></tr>
<tr><td>B</td><td></td><td>173,7024</td><td></td><td></td><td>123,3584</td><td>123,357525</td><td></td><td>0,8
T=1,6</td><td></td></tr>
<tr><td>C</td><td></td><td>306,2592</td><td></td><td></td><td>255,9152</td><td>255,915775</td><td></td><td>0,3</td><td></td></tr>
<tr><td>D</td><td></td><td>381,6010</td><td></td><td></td><td>331,2570</td><td>331,256825</td><td></td><td>1,0</td><td></td></tr>
<tr><td>E</td><td></td><td>12,0940</td><td></td><td></td><td>361,7500</td><td>361,749725</td><td></td><td>1,1</td><td>eref = 0,6</td></tr>
<tr><td>A</td><td></td><td>50,3440</td><td></td><td></td><td></td><td></td><td></td><td>0</td><td></td></tr>
<tr><td>A</td><td></td><td>150,1188</td><td></td><td></td><td>CD 150 ←
O</td><td></td><td></td><td>0,9
T=3,6</td><td></td></tr>
<tr><td>B</td><td></td><td>273,4750</td><td></td><td></td><td>123,35665</td><td></td><td></td><td></td><td></td></tr>
<tr><td>C</td><td></td><td>6,0347</td><td></td><td></td><td>255,91635</td><td></td><td></td><td></td><td></td></tr>
<tr><td>D</td><td></td><td>81,3750</td><td></td><td></td><td>331,25665</td><td></td><td></td><td></td><td></td></tr>
<tr><td>E</td><td></td><td>111,8678</td><td></td><td></td><td>361,74945</td><td></td><td></td><td></td><td></td></tr>
<tr><td>A</td><td></td><td>150,1179</td><td></td><td></td><td></td><td></td><td></td><td></td><td></td></tr>
</table>

2.4　Mesurage d'un angle zénithal

2.4.1　Observations

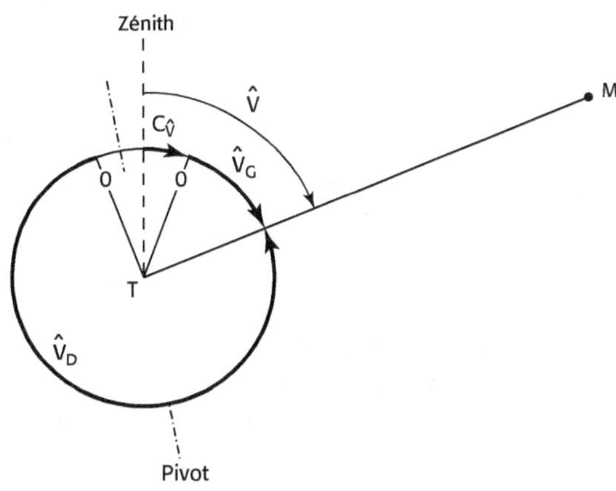

Figure 2.19. Angle zénithal.

Soit à mesurer l'angle zénithal de la visée $\overrightarrow{TM}$ (figure 2.19) avec un éclimètre dont le zéro serait proche du zénith du centre et dont la chiffraison croît de 0 gon à 400 gon en position CG par exemple.

Pointer le signal M avec le grand trait horizontal médian du réticule, lire $\hat{V}_G$; double-retournement, pointer M en position CD, lire $\hat{V}_D$.

Le dispositif de collimation du cercle vertical – qu'il soit manuel comme les nivelles toriques des anciens théodolites ou automatique pour les instruments actuels – ne cale pas le zéro exactement au zénith, mais dans deux positions symétriques faisant l'angle $|c\hat{V}|$ avec la verticale du centre du limbe.

Dès lors : $\qquad \hat{V} = \hat{V}_G + \left|c\hat{V}\right| = 400 - \left(\hat{V}_D + \left|c\hat{V}\right|\right) \Rightarrow \hat{V} = \dfrac{\hat{V}_G + (400 - \hat{V}_D)}{2}$

Cette formule donne l'angle zénithal quel que soit le défaut de verticalité du pivot du théodolite.

2.4.2　Correction d'index

La correction d'index $c\hat{V}$, encore appelée correction de collimation verticale, est l'angle zénithal positif ou négatif du zéro origine des graduations, dans la position CG par exemple si cette dernière est la position cercle directeur ; elle vaut en grandeur et en signe $c\hat{V} = \dfrac{400 - (\hat{V}_G + \hat{V}_D)}{2}$. Dans le cas où une seule visée dans une position donnée de la lunette est faite sur le point M, l'angle zénithal $\hat{V}$ est obtenu, avec une précision réduite, à partir de cette seule lecture à laquelle s'ajoute algébriquement la correction d'index :

$$\hat{V} = \hat{V}_G + c\hat{V} = 400 - (\hat{V}_D + c\hat{V}).$$

Un dispositif de collimation verticale, manuel ou automatique, ne donnant pas des résultats constants dans le temps, la correction d'index doit être déterminée régulièrement.

2.4.3   Application

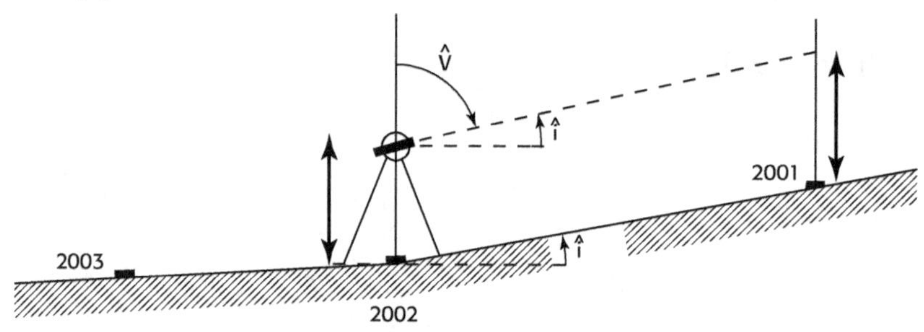

Figure 2.20. Mesure de l'inclinaison du terrain.

Pour mesurer la pente, supposée constante, du côté de cheminement (§5.3.1) 2002-2001 et du côté 2002-2003 (figure 2.20) l'opérateur, en station au sommet 2002, mesure l'angle zénithal $\hat{V}$ de la visée effectuée sur un point placé à la verticale du sommet 2001, trait sur jalon par exemple, à une hauteur égale à celle de l'axe de basculement du théodolite au-dessus de 2002 ; le quadrilatère formé par les deux verticales, la visée et le sol étant un parallélogramme, la visée est parallèle au sol et par conséquent : $\hat{i} = 100 - \hat{V}$.

Opérateur - Date :
Température :
Pression :

STATION : *2002*
Hauteur Instrument :

Distances :
- brute : Dist
- directe : Dd
- horizontale : Dh
- niveau zéro : Do
- Lambert : D

Dist → Dd
Dh
Do
D

Correction d'index :   ppm atmosph :
Altération Lambert :

Point visé	Hauteur Pointé	Cercle Horizontal	Cercle Vertical	Distance Traits Stadi.	Lectures Réduites Séquences	Paires	Tours	Ecarts	Remarques
2001		*0, 120 gon*	*97, 185 gon*		*cg 0* *0*	*0*			
2003		*186, 593*	*106, 406*		*186,4725*	*186,473*			
2001		*0, 121*						*1 mgon*	
2001		*100, 084*	*302, 827*		*cD 100* *0*			*0*	
2003		*286, 558*			*186, 474*				
2001		*100, 084*							

$$\hat{V}_{2002-2001} = \frac{97{,}185 + (400 - 302{,}827)}{2} = 97{,}179 \text{ gon}$$

$$P_{2002-2001} = \tan\left(100 - \hat{V}_{2002-2001}\right) \approx 4{,}4\ \%$$

$$c_{\hat{V}} = \frac{400 + (97{,}185 + 302{,}827)}{2} = -0{,}006 \text{ gon}$$

$$\hat{V}_{2002-2003} = 106{,}406 - 0{,}006 = 106{,}400 \text{ gon}$$

$$P_{2002-2003} = \tan\left(100 - \hat{V}_{2002-2003}\right) \approx -10{,}1\ \%$$

2.5 Orientation

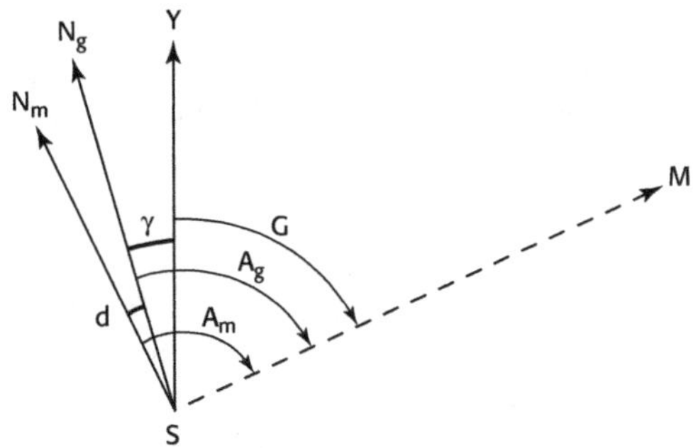

Figure 2.21. Orientation.

La direction $\overrightarrow{SM}$, définie par le point de station S et le signal M (figure 2.21), est orientée dans le plan par rapport au « nord » du point S : nord du quadrillage c'est-à-dire axe des ordonnées positives du système de projection, nord géographique ou nord magnétique.

2.5.1 Orientation dans le système de projection

Le topographe stationne un point connu en coordonnées, observe un tour d'horizon sur des points également connus, puis calcule le G_0 de station (§ 9.2.2) gisement du zéro origine du cercle horizontal du théodolite ; le G_0 est une constante d'orientation de la station par rapport à l'axe des Y positifs du quadrillage (Lambert par exemple), qui induit immédiatement les gisements G de toutes les directions observées sur des points inconnus.

À noter qu'une orientation sur une seule direction de gisement connu est difficile à contrôler et n'offre qu'une précision limitée.

Enfin, l'orientation depuis un point GPS (§ 6) implique l'intervisibilité avec un autre point connu, ce qui peut contraindre à la mise en place d'un second point GPS à seule fin de pouvoir s'orienter.

2.5.2 Orientation magnétique

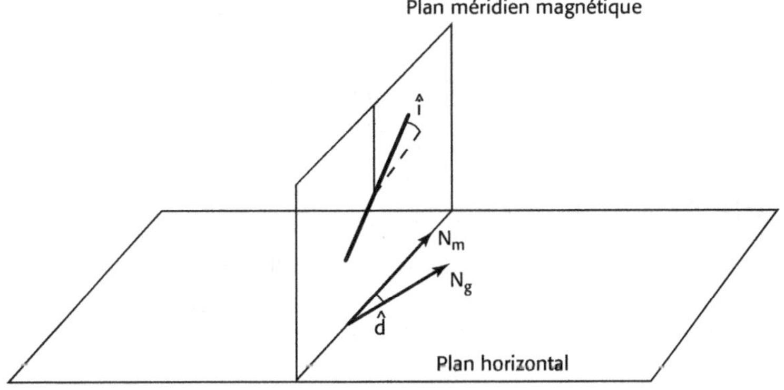

Figure 2.22. Nord magnétique.

Un barreau aimanté suspendu en son centre de gravité prend en chaque point de la surface terrestre une position qui caractérise le champ magnétique terrestre (figure 2.22).

À un instant et en un lieu donnés, le barreau forme avec le plan horizontal un angle $\hat{i}$ appelé inclinaison, variable selon la latitude, supprimé en topographie par l'équilibrage du barreau. *La déclinaison magnétique* $\hat{d}$ est le rectiligne du dièdre formé par le plan vertical contenant le barreau – ou plan méridien magnétique – avec le plan méridien géographique, autrement dit l'angle du nord magnétique et du nord géographique ; elle varie dans le temps et dans l'espace.

Les variations dans le temps sont *annuelles*, diminution de l'ordre de 0,15 gon ces dernières années, et *diurnes*, plus fortes en été qu'en hiver ; les variations dans le temps sont parfois perturbées fortement par des orages magnétiques liés à l'activité solaire.

Les variations dans l'espace sont traduites en isogones, courbes qui joignent les points d'égale déclinaison, reproduites tous les 5 ans environ sur les cartes isogoniques ; en France, les isogones sont le plus souvent orientées nord-sud, la variation moyenne étant de l'ordre de – 0,007 gon/km d'ouest en est.

Enfin, la nature du sous-sol, les lignes à haute tension, certains ouvrages métalliques, etc. perturbent localement la déclinaison.

Les instruments spécifiques de l'orientation par rapport au nord magnétique du moment et du lieu sont :
— le *déclinatoire*, aiguille ou barreau aimanté mobile dans un boîtier fixé sur un des montants de la lunette du théodolite ;
— la *boussole*, en particulier la *boussole circulaire de théodolite* qui pivote avec l'alidade ;
— le *théodolite-boussole*, équipé d'un limbe horizontal porté par un barreau aimanté qui oriente le zéro origine de la chiffraison vers le nord magnétique, les lectures représentant par conséquent les azimuts magnétiques ;
— la *jumelle électronique* (§ 3.3.5).

Du fait surtout de l'incertitude sur la valeur de la déclinaison, *l'écart-type d'un azimut magnétique est de l'ordre de 10 cgon*, ce qui explique que désormais, en topographie, l'orientation magnétique est limitée à la reconnaissance et aux levés expédiés.

2.5.3   Orientation gyroscopique

Le gyroscope de théodolite permet la mesure directe de l'azimut géographique ; fixé sur un pontet au-dessus de l'instrument, il occupe toujours la même position par rapport au plan vertical de visée de la lunette.

Sa fabrication est désormais arrêtée car il n'a guère été utilisé que dans certaines mines souterraines ou organismes militaires.

2.5.4   Orientation astronomique

Le topographe détermine l'azimut géographique d'une direction matérialisée sur le terrain, à partir de l'azimut d'un astre obtenu par des observations faites généralement sur le soleil ou l'étoile polaire, suivies de calculs « astronomiques » largement automatisés.

L'*orientation sur le soleil passe* par la mesure de l'angle zénithal et la mesure de l'heure, suivies de la résolution du triangle de position, triangle sphérique dont les sommets sont l'astre, le pôle géographique et le zénith de la station. Les observations nécessitent que le théodolite soit équipé de prismes oculaires, ou mieux d'oculaires coudés à angle droit, avec filtres ; le prisme solaire d'objectif Roelofs facilite grandement le pointé.

Précision de l'azimut de l'ordre de 0,005 gon.

L'*orientation sur l'étoile polaire* comporte plus de difficultés d'observation mais fournit une meilleure précision qui peut atteindre 0,2 mgon, avec le matériel approprié, pour une soirée d'observation aux latitudes moyennes.

Chapitre 3

Mesures des distances

3.1 Mesurage au ruban

La distance est mesurée en reportant l'étalon bout à bout un certain nombre de fois ; le mesurage au ruban est donc une *mesure directe*.

3.1.1 Jalonnement

Un *jalon* est un tube métallique de 200 × 3 cm environ, constitué de un ou plusieurs éléments, peint en rouge et blanc, enfoncé par percussions successives dans un sol meuble, maintenu par un trépied léger sur une surface dure, comme un trottoir asphalté par exemple (figure 3.1).

Tous les points d'une verticale ayant la même image topographique, la verticalité du jalon est réalisée à l'estime ou en le plaçant à l'intersection de deux plans verticaux perpendiculaires définis par l'œil de l'opérateur et par un fil à plomb tenu à bout de bras.

Le *jalonnement* consiste à aligner plusieurs jalons entre deux autres, afin de disposer de repères intermédiaires au cours du mesurage.

Figure 3.1. Jalon et porte-jalon.

Document Leica

3.1.1.1   Jalonnement sans obstacle

À vue

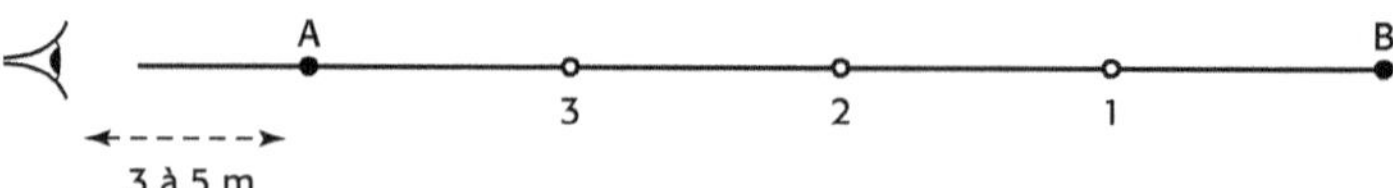

Figure 3.2. Alignement à vue.

L'opérateur se place quelques mètres derrière le jalon A (figure 3.2), vise le bord du jalon en direction de B et fait placer par un aide les jalons intermédiaires 1, 2, 3 en commençant de préférence par le plus éloigné.

Avec un théodolite

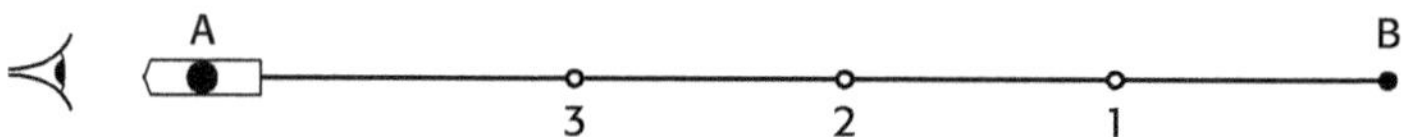

Figure 3.3. Alignement au théodolite.

Après avoir mis le théodolite en station au point A (figure 3.3), viser le jalon B à son axe et le plus près possible du sol de façon à réduire l'influence du défaut de verticalité, puis faire placer par un aide les jalons intermédiaires en commençant par le plus éloigné.

Oculaire laser

Un laser (*Light Amplifier by Stimulated Emission of Radiation*), est un appareil qui fournit un faisceau lumineux monochromatique de très faible divergence : le milliradian. Un oculaire laser verrouillé sur un théodolite (figure 3.4) donne un faisceau lumineux rouge de forte brillance, permanent, qui permet la visualisation sur cible de tout point entre A et B.

Diamètre du point lumineux 4 mm/100 m et 6,5 mm/200 m.

Portées : environ 150 m de jour et 400 m la nuit.

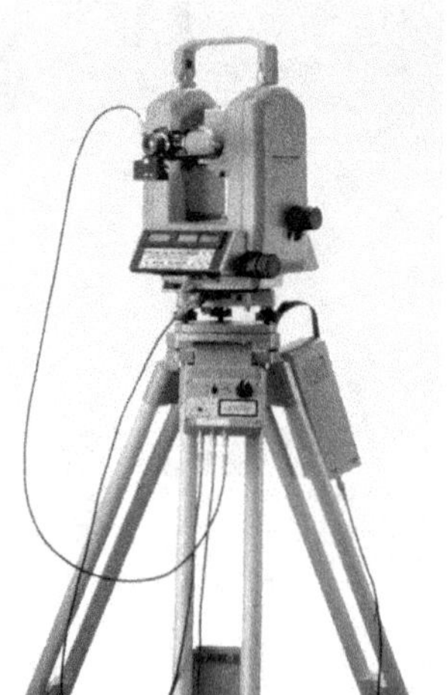

Figure 3.4. Oculaire laser.

Document Leica

3.1.1.2　Franchissement d'une butte

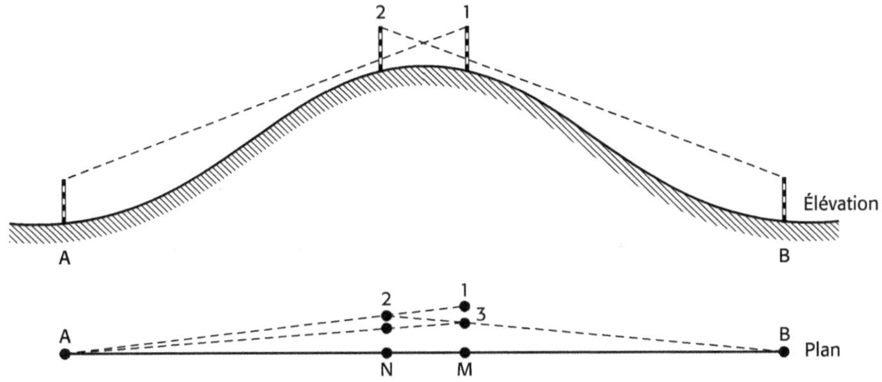

Figure 3.5. Alignement sur une butte.

À vue

L'opérateur se place au point 1 sur la butte de manière à apercevoir A et B (figure 3.5), puis aligne un aide en 2 sur l'alignement 1-A.

À son tour, l'aide aligne l'opérateur sur 2-B le jalon 1 venant en 3 et ainsi de suite, alternativement, les jalons arrivant en M et N sur l'alignement après trois ou quatre approximations.

Avec un théodolite de précision

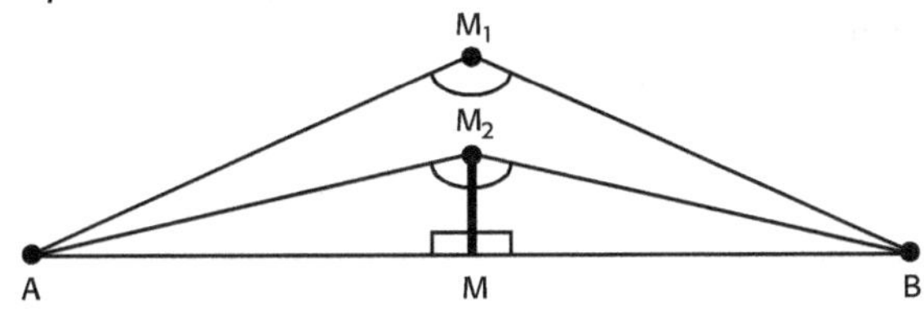

Figure 3.6. Grand alignement.

Depuis un point M_1 proche de l'alignement et situé vers le milieu de AB (figure 3.6), l'opérateur mesure l'angle horizontal $\hat{M}_1$ voisin de 200 gon ; il se déplace ensuite à peu près *perpendiculairement à l'alignement* d'une longueur M_1M_2, puis mesure l'angle $\hat{M}_2$.

La distance M_2M qui le sépare alors du point aligné M est telle que :

$$\frac{M_1M_2 + M_2M}{M_2M} = \frac{AM \cdot \tan\left(\dfrac{200 - \hat{M}_1}{2}\right)}{AM \cdot \tan\left(\dfrac{200 - \hat{M}_2}{2}\right)} \approx \frac{200 - \hat{M}_1}{200 - \hat{M}_2} \Rightarrow \frac{M_1M_2}{M_2M} = \frac{200 - \hat{M}_1}{200 - \hat{M}_2} - 1$$

Soit :
$$M_2M \approx M_1M_2\left(\frac{200 - \hat{M}_2}{\hat{M}_2 - \hat{M}_1}\right)$$

Procédé opérationnel pour les grands alignements comme les lignes électriques, ainsi que pour ceux dont les extrémités sont difficilement accessibles.

3.1.1.3   Obstacle de faible largeur

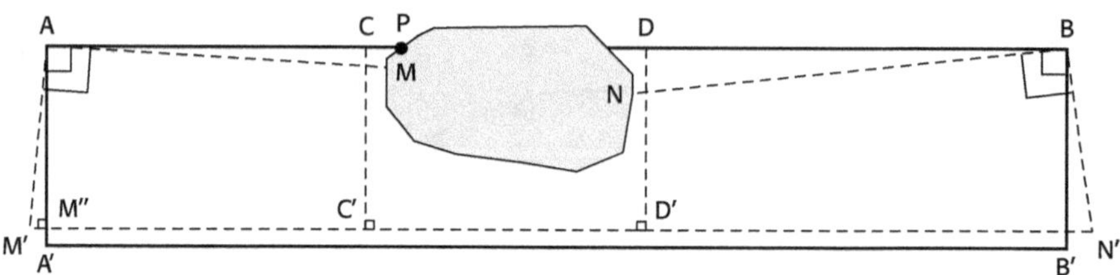

Figure 3.7. Alignement sans intervisibilité, du fait d'un petit obstacle.

En A et B (figure 3.7) élever deux perpendiculaires courtes et égales, AM' = BN', aux directions joignant les points A et B aux milieux M et N estimés de l'obstacle, de telle manière que M' et N' soient en vue directe.

Si P désigne le point de rencontre inconnu de l'alignement et de l'obstacle, la parallèle exacte A'B' à la distance AA' = BB' est décalée de la parallèle approchée M'N' de M''A'.

En admettant que les longueurs soient de l'ordre de : PM = 1 m, AP = 50 m, AM' = 2 m,
il vient : $M'M'' \approx \dfrac{PM \cdot AM'}{AP} = 0{,}04$ m.

Soit : $M''A' = AA' - AM'' = AA' - \sqrt{AM'^2 - M'M''^2} \approx 0{,}4$ mm, négligeable.

Dès lors, il suffit d'aligner sur M'N' deux points C' et D' placés avant et après l'obstacle, puis d'élever les perpendiculaires : C'C = D'D = AM' = BN' qui donnent les points C et D en vue directe de A et B respectivement.

3.1.1.4   Prolongement

Avec un théodolite

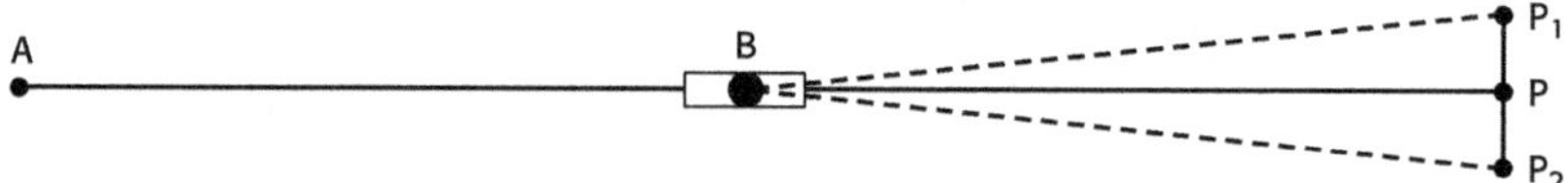

Figure 3.8. Prolongement d'un alignement.

En station au point B (figure 3.8), pointer A cercle à gauche par exemple, basculer la lunette autour de l'axe horizontal, marquer P_1 ; pointer à nouveau A en effectuant un demi-tour avec l'instrument, autrement dit cercle à droite, basculer une seconde fois la lunette et marquer P_2. Le point P situé sur le prolongement de AB est le milieu du segment P_1P_2, dans la mesure où les points P_1 et P_2 ne sont pas confondus.

Ce procédé permet le prolongement *contrôlé* d'un alignement, avec une précision égale à celle du pointé sur A si BP ≈ AB, inférieure si BP > AB.

À vue

Se placer en P de manière que le jalon B cache le jalon A ; éviter dans ce cas de prolonger un alignement de plus du quart de sa longueur : $BP < \dfrac{AB}{4}$.

3.1.2   Méthodes de mesurage

3.1.2.1   À plat

Le mesurage est effectué avec un décamètre ou un double décamètre, ruban d'acier émaillé ou enrobé de nylon polyamide teinté, gradué tous les centimètres, monté dans un boîtier muni d'une manivelle d'enroulement et souvent d'une poignée (figure 3.9) ; les rubans de 30 m et 50 m sont plus fragiles et ne sont pas faciles à manipuler.

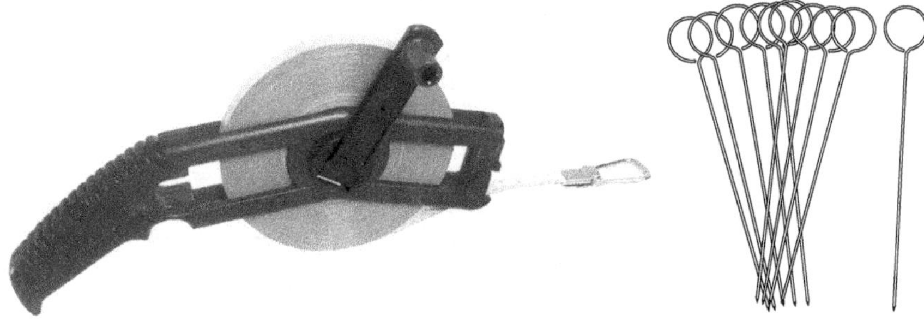

Figure 3.9. Ruban et fiches.

Documents Leica

Le ruban reposant entièrement sur le sol, les portées, autrement dit les longueurs entières de ruban, sont matérialisées par des fiches (figure 3.9), tiges de gros fil de fer de 20 cm environ, épointées à une extrémité, cintrées en forme d'anneau à l'autre.

Avec un ruban de 10 m, utiliser un jeu de 11 fiches de manière que l'échange de fiches s'effectue à 100 m = 10 × 10 m, soit 10 fiches ramassées au fur et à mesure par l'opérateur arrière, la onzième restant bien entendu plantée (figure 3.10).

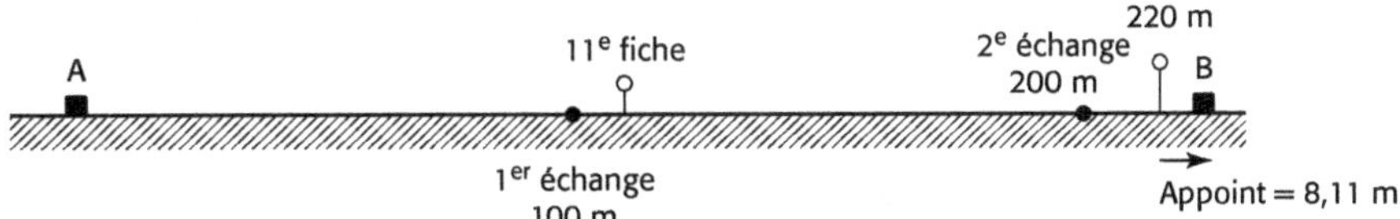

Figure 3.10. Échanges de fiches.

Lorsque les deux opérateurs sont arrivés à l'extrémité B, le décompte de la longueur totale mesurée est très simple :

AB = 2 échanges + 2 fiches + appoint = (2 × 100) + (2 × 10) + 8,11 = 228,11 m.

Avec un ruban de 20 m, utiliser un jeu de six fiches, la sixième permettant le relais des 5 × 20 m.

3.1.2.2   Étalonnage et dilatation

L'étalonnage est l'ensemble des opérations ayant pour but de déterminer les valeurs des erreurs d'un instrument de mesurage.

Pour un ruban, l'étalonnage débouche sur une *correction d'étalonnage à une température de référence*, le plus souvent 0 °C, du fait que la longueur du ruban varie avec celle-ci ; comme en outre la correction évolue avec l'usure du ruban, le fabricant ne la détermine pas, le topographe pouvant le faire aisément en mesurant une longueur connue, par exemple celle d'une base que le service du cadastre a établie dans la plupart des grandes villes.

L'acier des rubans ayant un coefficient de dilatation qui correspond à une variation d'environ 1,1 mm à 100 m pour un changement de température de 1 °C, la longueur mesurée Lt à la température t est donc réduite à celle Lt_E que l'on aurait obtenue à la température d'étalonnage t_E, en appliquant la *correction de température* :

$$ct = \frac{0,0011\,(t - t_E) \cdot Lt}{100} \implies Lt_E = Lt + ct$$

Si L désigne la longueur connue ou longueur vraie, la correction d'étalonnage, généralement calculée pour 100 m, vaut : $c_{E_{100/t_E}} = \dfrac{(L - Lt_E) \cdot 100}{L}$.

Exemple

Deux opérateurs ont mesuré aller et retour, avec un double décamètre à une température moyenne de 12 °C, une base de longueur connue L = 120,037 m ; ils ont trouvé 120,072 m et 120,078 m, d'où :

$$L_{12°} = \frac{120,072 + 120,078}{2} = 120,075 \text{ m.}$$

En admettant que leur température de travail habituelle soit voisine de 20 °C et qu'en conséquence ils veuillent calculer la correction d'étalonnage à cette température, la longueur mesurée avec un ruban plus long aurait été plus courte :

$$L_{20°} = 120,075 + \frac{0,0011\,(12 - 20) \times 120,075}{100} = 120,0644 \text{ m ;}$$

avec un ruban trop long on mesure trop court et inversement.

D'où la correction d'étalonnage à 100 m pour un mesurage à 20 °C :

$$c_{E_{100/20}} = \frac{(120,037 - 120,0644) \times 100}{120,037} = -0,023 \text{ m.}$$

La tolérance commerciale sur la longueur nominale d'un double décamètre ordinaire en acier de classe II est égale à 4,3 mm, celle d'un double décamètre de précision de classe I doté d'un certificat d'étalonnage de 2,1 mm.

3.1.2.3   Ruban suspendu horizontal

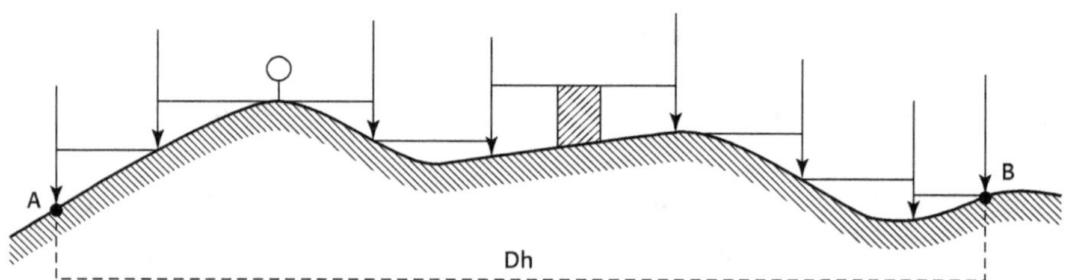

Figure 3.11. Ressauts successifs.

Le ruban est tenu « à l'horizontale estimée », en tout ou partie, partiellement ou totalement suspendu, les extrémités étant « descendues » au sol à l'aide d'un fil à plomb (figure 3.11) ; la somme des ressauts horizontaux successifs est censée représenter la distance horizontale Dh entre A et B.

En pratique, ce mode de mesurage est long, délicat à mettre en œuvre et peu précis ; il ne peut être employé raisonnablement que pour des mesures de détail quand aucune autre méthode n'est immédiatement utilisable ; les opérateurs doivent chercher à avoir toujours le maximum de points d'appui.

3.1.3 Précision

3.1.3.1 Erreurs parasites

Oubli d'un échange de fiches ; éliminé par deux mesurages aller et retour.

Oubli de ramassage d'une fiche ; compter les fiches à chaque échange ainsi qu'à la fin du mesurage.

Faute de lecture de l'appoint ; double mesure, par chaque opérateur successivement.

3.1.3.2 Erreurs systématiques

Étalonnage, différence entre la longueur théorique et la longueur réelle du ruban à une température de référence.

Dilatation, variation de longueur de l'acier suivant la température.

Élasticité, due à l'allongement du ruban trop tendu. La tension d'emploi d'un ruban utilisé *à plat* est le plus souvent de 5 daN (1 daN = 1,02 kgf) ; elle est estimée ou mesurée avec un petit dynamomètre accroché à une extrémité.

Chaînette. Le ruban suspendu à ses extrémités engendre une erreur, différence entre la corde AB et la courbe AB graphe de la fonction cosinus hyperbolique, notée ch, et pour cette raison appelée « chaînette » (figure 3.12) ; l'erreur de chaînette est pratiquement invariable si les extrémités A et B ne sont pas tout à fait à la même altitude.

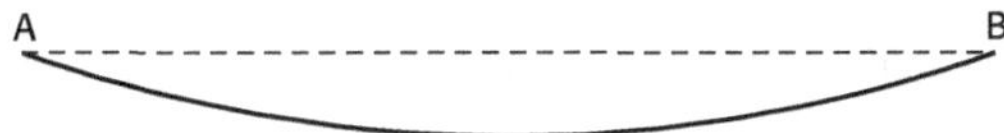

Figure 3.12. Chaînette.

Les erreurs de chaînette et d'élasticité peuvent se compenser partiellement.

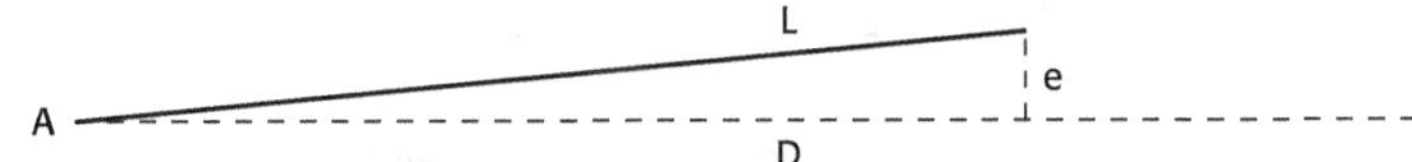

Figure 3.13. Erreur d'alignement.

Alignement. Un ruban AB de longueur L écarté de l'alignement de la valeur e (figure 3.13) engendre une erreur égale à : $L - D = L - L \cdot \cos \hat{A} = L(1 - \cos \hat{A}) = 2L \sin^2 \frac{\hat{A}}{2} \approx 2L\left(\frac{e}{2L}\right)^2 = \frac{e^2}{2L}$, soit 1 mm pour un double décamètre mal aligné de 20 cm, mais 1 cm pour le même écart à une distance de 2 m.

Ainsi, une erreur accidentelle d'alignement (à gauche ou à droite), produit une erreur systématique de mesure de signe constant mais de valeur aléatoire.

Horizontalité. La corde AB du ruban suspendu n'est pas horizontale ; évaluée comme l'erreur d'alignement, mais dans le plan vertical, elle est généralement importante car l'œil apprécie mal l'horizontale.

Le mesurage au ruban cumulant les portées, les erreurs systématiques conditionnent la précision.

3.1.3.3   Erreurs accidentelles

Erreur de matérialisation de l'extrémité d'une portée due, suivant le cas :
- à une fiche plantée non verticale ou à un mauvais tracé avec la pointe sur un sol dur tel qu'un trottoir asphalté ;
- à la « descente au sol » avec un fil à plomb de l'extrémité du ruban suspendu.

Erreur de lecture de l'appoint.

3.1.3.4   Écarts-types

Mesurage à plat : 1 cm ou 2 cm à 100 m sous réserve d'effectuer un aller-retour, de tenir compte de la correction d'étalonnage ainsi que de la correction de température due à la différence entre celle du mesurage et celle de l'étalonnage.

Ruban suspendu horizontal : erreur variable de 5 cm à 10 cm à 100 m suivant la pente, les obstacles, l'habileté et la coordination de mouvements des opérateurs.

3.1.4   Réductions des mesures à plat

La mesure d'une longueur effectuée avec un ruban à plat, corrigée de l'étalonnage et de la température, représente la distance suivant la pente, ou distance inclinée, ou encore distance oblique, ou enfin de manière plus générale *distance directe* AB = Dd.

Dans la plupart des cas le topographe doit réduire cette valeur à sa projection sur la surface de niveau d'une extrémité, A par exemple, autrement dit calculer la *distance horizontale* Dh.

Les longueurs étant généralement limitées à quelques hectomètres, de faible précision le plus souvent, autorisent l'assimilation de la surface de niveau de A à un plan et la verticale de B à une droite orthogonale (figure 3.14).

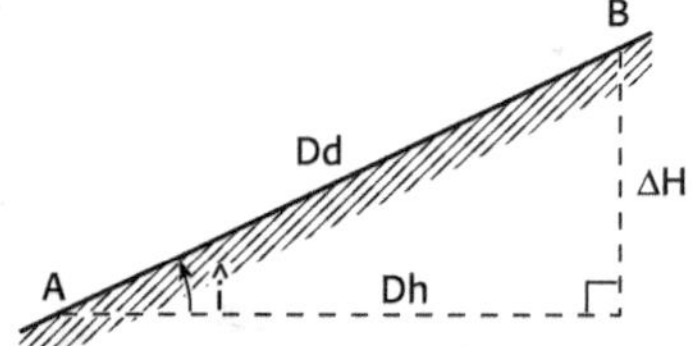

Figure 3.14. Réduction d'une distance courte.

Dès lors, la réduction se limite à calculer Dh en fonction du paramètre utilisé :
- Angle d'inclinaison $\hat{\imath}$: Dh = Dd $\cdot$ cos $\hat{\imath}$;
- Pente $p = \tan \hat{\imath}$: $\mathrm{Dh} = \mathrm{Dd}\sqrt{\dfrac{1}{1+\tan^2 \hat{\imath}}} \;\Rightarrow\; \mathrm{Dh} = \mathrm{Dd}\sqrt{\dfrac{1}{1+p^2}}$;
- Dénivelée : $\Delta H = H_B - H_A$, $\mathrm{Dh} = \sqrt{D_d^2 - \Delta H^2}$.

En revanche, pour les distances longues et précises, la surface de niveau de A (figure 3.15) est assimilée à une sphère de rayon : $R + h_A$, concentrique à la sphère de rayon R = 6380 km et les verticales à des rayons convergents au centre C de la Terre.

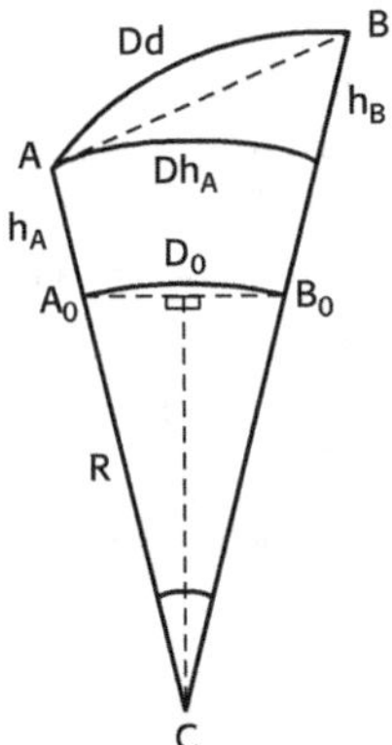

Figure 3.15. Réduction d'une grande distance.

Si h_A et h_B désignent les hauteurs ellipsoïdales au-dessus de la sphère de rayon R, D_0 la projection sur cette dernière de la distance directe Dd suivant les verticales, les deux triangles A_0B_0C et ABC donnent :

$$\cos \hat{C} = \frac{2R^2 - A_0B_0^2}{2R^2} = \frac{(R + h_A)^2 + (R + h_B)^2 - AB^2}{2\,(R + h_A) \cdot (R + h_B)} \Rightarrow A_0B_0^2 = \frac{AB^2 - (h_B - h_A)^2}{\left(1 + \dfrac{h_A}{R}\right) \cdot \left(1 + \dfrac{h_B}{R}\right)}$$

La différence entre la corde A_0B_0 et la distance circulaire D_0 vaut :

$$D_0 - A_0B_0 = D_0 - 2R \cdot \sin \frac{\hat{C}}{2} \approx D_0 - 2R \left(\frac{\hat{C}}{2} - \frac{\hat{C}^3}{48} + ...\right) = D_0 - 2R \left(\frac{D_0}{2R} - \frac{D_0^3}{48\,R^3} + ...\right)$$
$$\approx \frac{D_0^3}{24\,R^2} \, ,$$

soit 0,1 mm pour une distance de 5 km, écart qui autorise la confusion de la corde et de l'arc et donne la formule géodésique :

$$D_0 = \sqrt{\frac{Dd^2 - (h_B - h_A)^2}{\left(1 + \dfrac{h_A}{R}\right) \cdot \left(1 + \dfrac{h_B}{R}\right)}}$$

Les hauteurs ellipsoïdales h_A et h_B sont obtenues en ajoutant aux altitudes H_A et H_B la dénivelée entre l'ellipsoïde et le géoïde (§ 1.4.4).

Exemple

Dd = 624,056 m, H_A = 819,97 m, H_B = 892,44 m

$\lambda \approx$ 7° 20' Est Greenwich, $\varphi \approx$ 47° 50' $\Rightarrow$

valeur de l'ondulation 6,8 m, soit $h_A \approx$ 826,77 m et $h_B \approx$ 899,24 m ; par suite D_0 = 619,750 m.

3.2   Mesurage électronique

3.2.1   Principe

Les ondes électromagnétiques désignent les ondes lumineuses et les ondes radio ; dans un milieu homogène et isotrope, elles se propagent en ligne droite à vitesse finie et constante.

Ces propriétés permettent la mesure des distances, une onde émise qui parcourt aller-retour une distance directe Dd revient au point d'émission en présentant un *retard* fonction de la longueur du trajet. Un instrument de mesure électronique des distances est donc un appareil qui produit un train d'ondes électromagnétiques, le projette sur un réflecteur, analyse l'écho et convertit le retard de l'onde reçue en une distance ; en somme, c'est un émetteur-récepteur complété d'un calculateur qui affiche la distance sous forme numérique.

À partir de ce principe fondamental, les performances et les coûts des différents matériels disponibles sur le marché varient suivant les technologies mises en œuvre par les constructeurs. Dans cet ouvrage, les instruments utilisés en topographie sont appelés distancemètres, appellation retenue parmi beaucoup d'autres, y compris différents sigles.

3.2.2 Onde modulée

L'onde émise, appelée onde porteuse, est modulée, la modulation consistant d'une manière générale à lui superposer une grandeur physique variable dont on peut repérer l'état à l'émission puis à la réception ; c'est en quelque sorte un repère imprimé que la porteuse transporte avec elle, la mesure de la distance consistant essentiellement à comparer la modulation émise avec celle reçue après parcours aller-retour. Les distancemètres à ondes lumineuses mettent en œuvre une modulation d'intensité, qui est une modulation sinusoïdale faisant varier l'intensité comme la projection sur son axe du vecteur tournant $\vec{V}$ (figure 3.16).

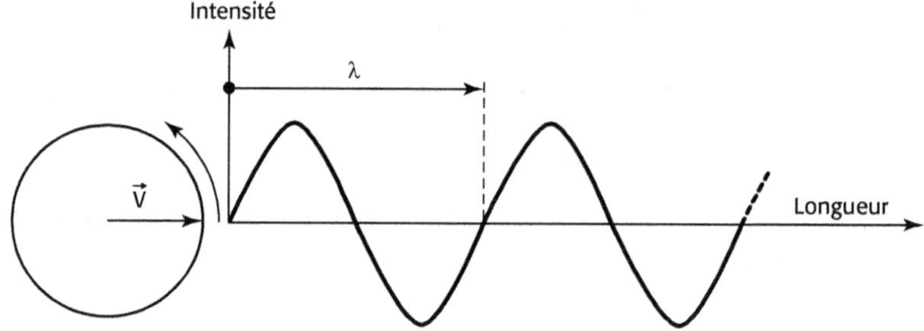

Figure 3.16. Longueur d'onde.

La vitesse de l'onde étant finie et voisine de celle de la lumière, soit $c \approx 3 \cdot 10^8$ m/s, si f est la fréquence du mouvement périodique ainsi créé, *la longueur d'onde* λ sera telle que : $c = f \cdot \lambda \Rightarrow \lambda = \frac{c}{f}$, avec λ en mètres, c en mètres par seconde et f en hertz.

L'unité de fréquence est le *hertz (Hz)*, fréquence d'un phénomène périodique dont la période est une seconde.

Dans l'air à 12 °C de température et 760 mm de mercure (Hg) de pression, une porteuse infrarouge de célérité $2,99708 \cdot 10^8$ m/s, modulée à la fréquence 14,98540 MHz, a une longueur d'onde $\lambda = \dfrac{2,99708 \times 10^8}{14\,985\,400} = 20$ m.

La célérité étant pratiquement constante, le changement de fréquence amène un changement de longueur d'onde correspondant.

La mesure électronique d'une distance est donc une sorte de mesure directe, obtenue en comptant k fois la longueur d'onde λ et en ajoutant l'appoint $\frac{\Delta\varphi}{2\pi}$ mesuré par déphasage :

aller-retour : $2\,\text{Dd} = k\lambda + \dfrac{\Delta\varphi}{2\pi} \cdot \lambda$

Exemple (figure 3.17)

$$2\,\mathrm{Dd} = (5 \times 20) + \left(\frac{\frac{2\pi}{5}}{2\pi} \times 20\right) = 100 + 4 = 104\ \mathrm{m} = 2 \times 52\ \mathrm{m}$$

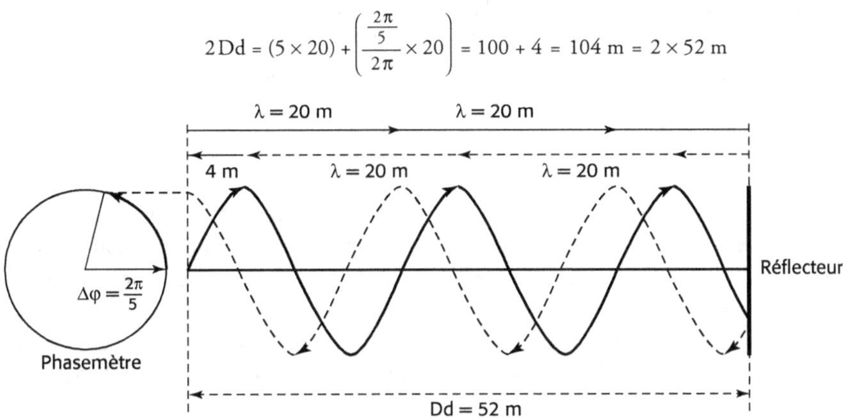

Figure 3.17. Mesure électronique d'une distance.

Les distancemètres de topographie, dont la portée est généralement inférieure à 3 km, sont équipés de phasemètres numériques qui mesurent la différence de phase entre deux signaux sinusoïdaux de même fréquence.

3.2.3   Synoptique

3.2.3.1   Schéma

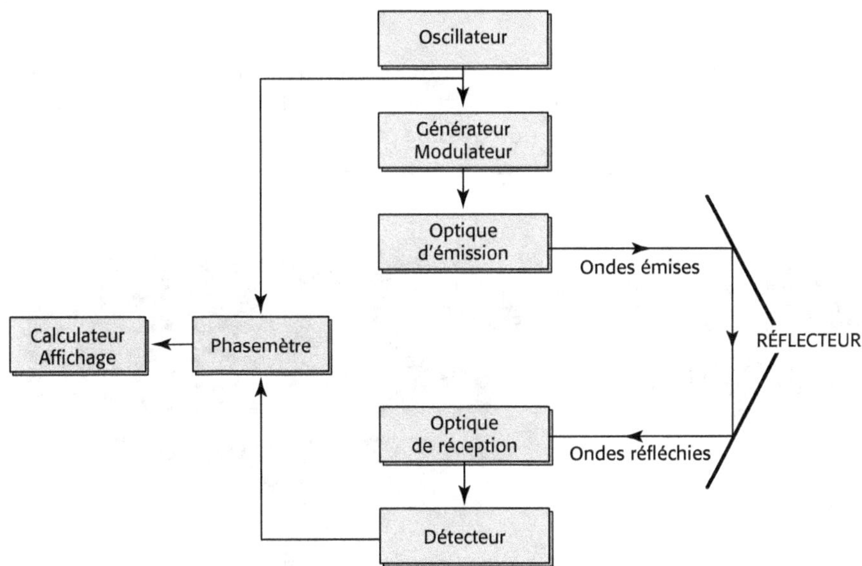

Figure 3.18. Synoptique d'un distancemètre.

L'ensemble « *oscillateur, générateur-modulateur* » émet une onde lumineuse (diode électro-luminescente ou diode laser) dont la source n'est pas ponctuelle ni strictement focalisée par rapport à l'optique d'émission. Le faisceau émergent de l'optique d'émission est donc un faisceau conique ; la « tache lumineuse », visible ou non, engendrée par ce dernier augmente donc de diamètre au fur et à mesure que l'on s'éloigne de l'instrument. Afin de renvoyer une énergie suffisante pour la mesure, il est nécessaire d'augmenter la surface réfléchissante dès que l'on atteint une certaine longueur ; *les portées sont donc fonction du nombre de réflecteurs élémentaires accolés.*

3.2.3.2 Réflecteur

C'est un dispositif inerte dont la nature dépend de la puissance énergétique à renvoyer. Si celle-ci est suffisante, une surface lisse telle une paroi bétonnée, un papier adhésif réfléchissant ou un réflecteur plastique élémentaire peuvent convenir, ce qui facilite les mesures dans certains cas : parois rocheuses et coins de murs par exemple. Toutefois, dès que l'énergie réfléchie est insuffisante, du fait de la distance notamment, le réflecteur est un prisme rhomboédrique, ou *coin de cube*, tronqué pour réduire sa fragilité (figure 3.19).

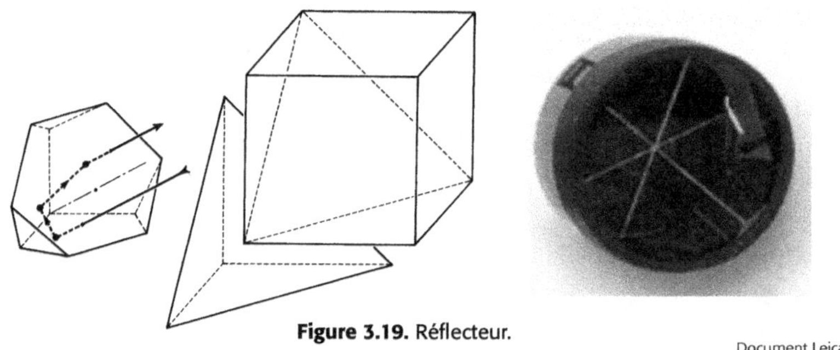

Figure 3.19. Réflecteur.

Document Leica

Un rayon lumineux subit trois réflexions successives sur les trois faces réfléchissantes formant un trièdre trirectangle, avant d'émerger parallèle à lui-même dans la position symétrique par rapport à la droite passant au sommet du trièdre ; cette droite est l'axe de visée lorsque l'axe optique de la lunette et celui du distancemètre sont coaxiaux (figure 3.20).

Figure 3.20. Lunette et distancemètre coaxiaux.

Documents Leica

Le réflecteur est un dispositif inerte, maintenu manuellement à la verticale du point à l'aide d'une canne télescopique munie d'une nivelle sphérique, ou stabilisé avec un trépied léger ; pour les mesures précises, ou les montures lourdes multiprismes, le réflecteur est verrouillé dans une embase à centrage forcé placée sur un trépied.

Une réflexion parasite, grillage à mailles serrées ou pare-brise par exemple, peut fausser le résultat.

La recherche du réflecteur peut être facilitée par un détecteur sonore ou lumineux.

L'optique de réception similaire à celle de l'émission ; les deux optiques sont juxtaposées de la manière la plus compacte possible pour que les champs d'émission et de réception soient proches.

La mesure électronique, qui porte sur une grandeur physique variant de façon continue, est une *mesure analogique* ; le convertisseur analogique-numérique affiche la distance directe en ligne droite entre le distancemètre et le réflecteur, à la température et à la pression atmosphérique ambiantes ; le nombre affiché par cristaux liquides (LCD) sept segments et point décimal, comporte le plus souvent 7 chiffres significatifs, celui des millimètres occupant le rang décimal inférieur et représentant le *seuil de mobilité* ou *résolution* de l'instrument.

3.2.4   Distancemètres de topographie

Ils sont modulaires ou intégrés.

3.2.4.1   Modulaires

Fixés sur la lunette d'un théodolite, ils basculent avec celle-ci (figure 3.21)

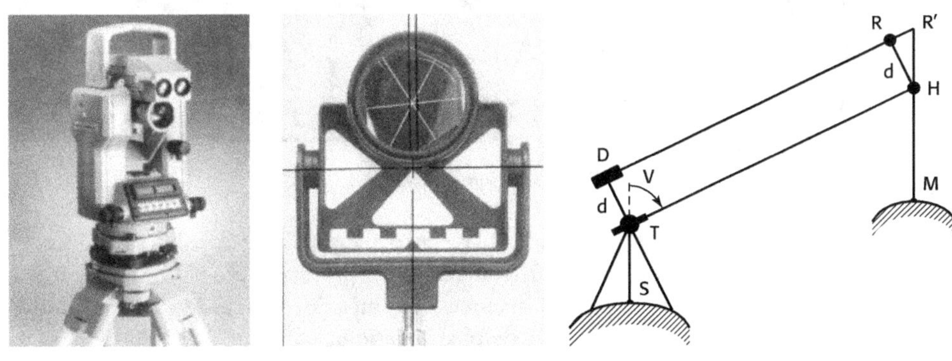

Figure 3.21. Lunette et distancemètre superposés.

Document Leica

Le décalage en hauteur d entre l'axe de l'émission-réception et l'axe optique parallèle, se retrouve entre le réflecteur R et le voyant de pointé H, la distance mesurée DR étant égale à la distance cherchée TH lorsque le prisme est basculé perpendiculairement à la lunette. Si le réflecteur n'est pas basculé, la distance mesurée DR' doit être corrigée quand la visée est nettement inclinée : RR' = − d · cotan $\hat{V}$ (négatif si $\hat{V}$ < 100 gon, positif si $\hat{V}$ > 100 gon).

Les distancemètres modulaires complètent surtout les anciens théodolites optiques ; certains modèles sont coaxiaux avec la lunette.

3.2.4.2   Intégrés

Le distancemètre est dans la lunette du théodolite, l'axe optique étant aussi l'axe de l'émission-réception, ce qui supprime toute correction de décalage.

3.2.4.3   Lasers pulsés sans réflecteur

L'instrument envoie pendant une fraction de seconde des centaines, voire des milliers, d'impulsions laser sur une cible qui en réfléchit une partie vers l'émetteur ; la distance affichée est la moyenne de centaines, voire de milliers, de mesures du temps de parcours aller-retour d'une impulsion. Cette *technologie* : temps de mesure très court, haute précision, mesures sur objets en mouvement et surtout *mesures sans réflecteur*, est actuellement mise en œuvre, en topographie, sur des distancemètres ainsi que sur des matériels spécifiques parmi lesquels :

– *les jumelles laser* de classe 1 norme européenne EN 60825, laquelle définit la plus haute sécurité oculaire : Vector-Leica (figure 3.22), portée maximum 2500 m, précision 2 m environ, équipées d'un compas magnétique et d'un clinomètre à affichage électronique permettant le positionnement dans les trois dimensions de la longueur mesurée ; le Lem 300 Geo, société Jenoptik, portées plus petites ;

Figure 3.22. Jumelles laser.

Document Leica

– le *lasermètre*, laser de classe 2 qui interdit de regarder dans le faisceau visible. Le Disto[TM] de Leica (figure 3.23) par exemple, particulièrement apprécié en levé d'intérieur, porte à plus de 100 m avec une précision de quelques millimètres ; saisie, organisation, traitements et stockage des données par clavier alphanumérique, connectable à tout PC ;

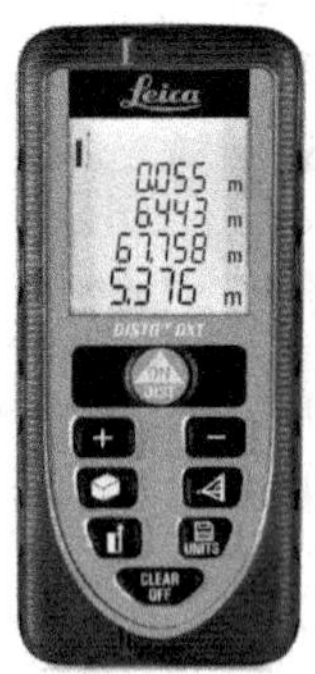
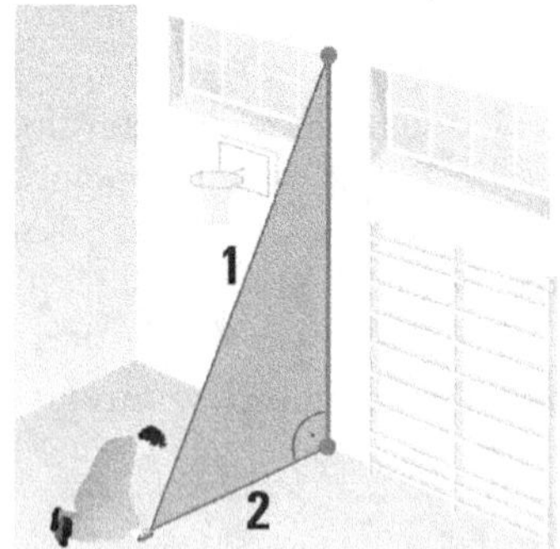

Figure 3.23. Disto^{TM}.

Document Leica

– les *tachéomètres électroniques* à visée laser (§7.3.1)

3.2.5   Précision

3.2.5.1   Erreurs parasites

Non-parallélisme de l'axe optique de la lunette et de l'axe de l'émission-réception d'un distancemètre modulaire ; la procédure de réglage consiste essentiellement à situer la direction où le signal retour est maximum et à la rendre parallèle à l'axe optique par des réglages mécaniques élémentaires.

Réflecteur vertical pour des visées inclinées.

3.2.5.2   Erreurs systématiques

Atmosphérique

L'onde électromagnétique se propage en ligne droite à vitesse constante dans un milieu homogène et isotrope d'indice de réfraction constant. Or, si le degré hygrométrique d'une masse gazeuse est pratiquement sans influence sur son indice de réfraction ce dernier, en revanche, dépend de la température et de la pression ; la vitesse c de l'onde varie donc en fonction de la grandeur d'influence constituée par ces deux paramètres atmosphériques, ce qui implique une modification de la longueur d'onde : $\lambda = \dfrac{c}{f}$, autrement dit de l'unité de mesure $\dfrac{\lambda}{2}$ (figure 3.24).

Pour des mesures précises, faites dans des conditions de température et de pression sensiblement différentes de celles retenues pour choisir la longueur d'onde, il faut donc appliquer une *correction atmosphérique*, proportionnelle à la distance, calculée selon la formule utilisée par le constructeur ou lue sur l'abaque correspondant.

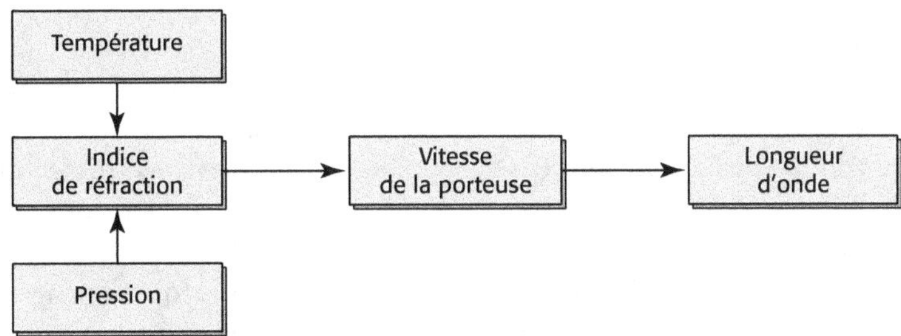

Figure 3.24. Variation de la longueur d'onde.

Une variation de température de 1 °C, ou de pression égale à 3 mm Hg soit à peu près 4 mb ou 4 hPa ou encore 40 m de dénivelée, correspond à une erreur de 1 mm par kilomètre, c'est-à-dire une erreur relative de un millionième (10^{-6}) désignée généralement par 1 ppm (partie par million) ; il est commode d'appliquer cette correction à l'aide d'un coefficient voisin de l'unité : $m = 1 + \dfrac{c}{D} = 1 + ppm \cdot 10^{-6}$.

Exemple

Distance affichée : Dist = 1421,307 m

Température : t = 22 °C

Altitude du distancemètre : H_T = 223,41 m, ce qui correspond à une pression p ≈ 987 mb ou hPa. La formule de Barrel et Sears donne : $282,2 - \dfrac{0,2908\ p}{1 + 0,00366\ t} \approx +17$ ppm, lus par ailleurs sur le diagramme de la figure 3.25.

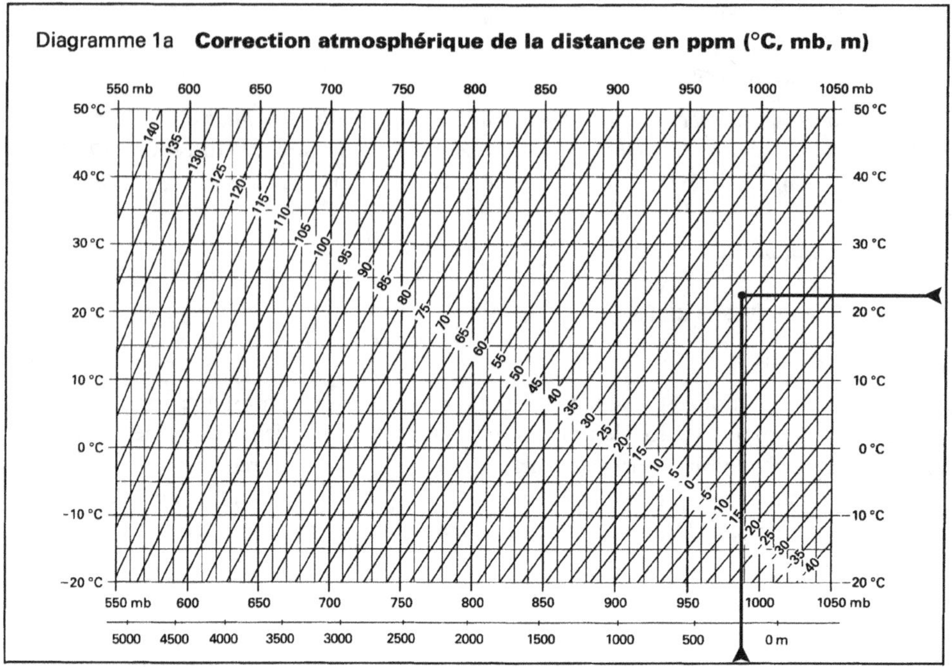

Figure 3.25. ppm atmosphériques.

Document Leica

La distance directe Dd corrigée des paramètres atmosphériques vaut :

$$Dd = m_a \cdot Dist = 1,000017 \times 1421,307 = 1421,331 \text{ m}$$

Étalonnage

La *constante d'addition*, ajoutée à la valeur mesurée pour obtenir la valeur réelle, dépend des caractéristiques optico-mécaniques de l'ensemble : distancemètre + réflecteur ; elle peut varier de manière importante, notamment dans le cas où l'on change de réflecteur, prismes multiples au lieu de prisme unique par exemple.

La meilleure solution pour la déterminer est d'utiliser une base d'étalonnage existante ; toutefois, comme elles sont rarement accessibles, la Fédération internationale des géomètres (FIG) recommande d'aligner très soigneusement dans un même plan horizontal *quatre trépieds distants d'un nombre entier de demi-longueur d'onde* (figure 3.26) : AB = 10 m, BC = 20 m, CD = 30 m par exemple, puis de mesurer en centrage forcé les six distances AB, AC, AD, BC, BD, CD.

Figure 3.26. Étalonnage d'un distancemètre.

Si $\overline{AB}$, $\overline{BD}$, $\overline{AD}$ désignent les vraies longueurs et c la correction d'étalonnage, il vient :

$$\overline{AB} + \overline{BD} - \overline{AD} = 0 = (AB + c) + (BD + c) - (AD + c) \Rightarrow c = AD - (AB + BD)$$

Vérification :
$$c = AD - (AC + CD) = \frac{1}{2}[AD - (AB + BC + CD)]$$

Erreur cyclique

Fonction périodique de la longueur d'onde et de la différence de phase entre les signaux de référence et de mesure ; généralement négligeable sur les distancemètres récents mais pouvant apparaître avec le vieillissement des matériels. On la détermine aisément en mesurant au moins six distances connues avec précision, distribuées dans une demi-longueur d'onde.

À noter que l'erreur cyclique est la même pour les distances AB, BC, etc. du fait que celles-ci sont des multiples de la demi-longueur d'onde.

Erreur de fréquence

Erreur proportionnelle, qui ne peut être mesurée qu'avec un fréquence-mètre de précision ce qui implique le recours au constructeur ou éventuellement à un laboratoire spécialisé.

3.2.5.3 Erreurs accidentelles

Elles proviennent essentiellement des mesures de température et de pression, ainsi que des erreurs de pointé et d'orientation du réflecteur.

3.2.5.4 Écarts-types

Sous réserve d'étalonner le distancemètre régulièrement, tous les trimestres par exemple, et d'appliquer la correction atmosphérique, l'écart-type est de la forme : $\sigma_D^2 = k_1^2 + k_2^2 \cdot D^2$, k_1 étant fonction de la précision du phasemètre et k_2 de la fréquence.

En pratique, l'écart-type est donné en millimètres par la formule simplifiée : $\sigma_D = k_1 + k_2$ avec σ_D en mm, k_1 en mm et k_2 en mm/km.

On peut distinguer les classes de précision :

– distancemètres ordinaires : $\sigma_D = 5 + 5$ ppm, soit 1 cm au kilomètre ;

– distancemètres de précision : $\sigma_D = 3 + 3$ ppm ;

– distancemètres de haute précision : $\sigma_D = 0,2 + 1$ ppm.

3.2.6 Réductions des mesures électroniques des distances

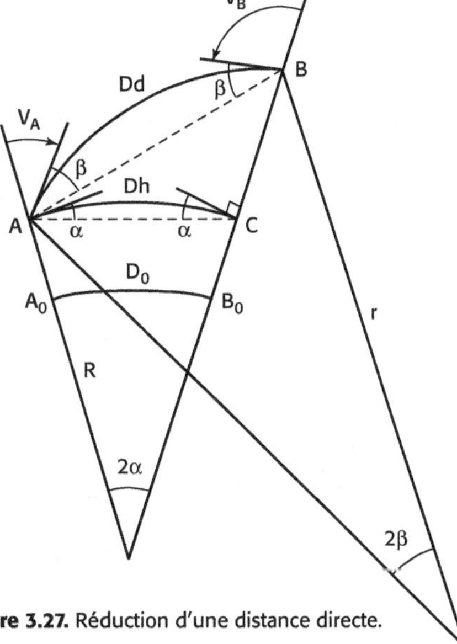

Figure 3.27. Réduction d'une distance directe.

Pour entrer dans les calculs de coordonnées du système de projection, une *distance affichée* Dist mesurée depuis l'axe de basculement A du théodolite en station au point S, jusqu'au réflecteur B (figure 3.27), à la température t et pression p, subit quatre réductions successives :

1. *Correction atmosphérique et constante d'addition éventuelle* (§ 3.2.5.2)

$$Dd = m_a \cdot Dist$$

2. *Réduction à « l'horizontale du distancemètre »* :

Le triangle ABC donne :

$$\hat{A} = \frac{\pi}{2} + \alpha - \hat{V}_A - \beta$$

$$\hat{B} = \pi - \hat{V}_B - \beta$$

$$\hat{C} = \frac{\pi}{2} + \alpha$$

$$\overline{\pi = 2\pi + 2\alpha - 2\beta - \hat{V}_A - \hat{V}_B}$$

$k = \dfrac{R}{r}$ désignant le *coefficient de réfraction*, voisin de 0,13 en France métropolitaine hors région montagneuse, autrement dit tel que r soit à peu près égal à 8 fois R, il vient :

$$\hat{V}_B = \pi - \hat{V}_A + \frac{D_0}{R} - \frac{Dd}{r} \approx \pi - \hat{V}_A + \frac{D_0}{R} - k\frac{D_0}{R}$$

Dès lors :

$$\hat{B} \approx \pi - \pi + \hat{V}_A - \frac{D_0}{R} + k\frac{D_0}{R} - \frac{1}{2}k\frac{D_0}{R} = \hat{V}_A - \left(1 - \frac{k}{2}\right)\frac{D_0}{R}$$

Par ailleurs :

$$\frac{AC}{\sin\hat{B}} = \frac{AB}{\sin\hat{C}} \Rightarrow AC \approx AB \cdot \sin\hat{B}$$

$$= AB \cdot \sin\hat{V}_A \cdot \cos\left[\left(1 - \frac{k}{2}\right)\frac{D_0}{R}\right] - AB \cdot \sin\left[\left(1 - \frac{k}{2}\right)\frac{D_0}{R}\right] \cdot \cos\hat{V}_A$$

Soit :

$$AC \approx AB \cdot \sin\hat{V}_A - AB\left[\left(1 - \frac{k}{2}\right)\frac{AB \cdot \sin\hat{V}_A}{R}\right] \cdot \cos\hat{V}_A = AB \cdot \sin\hat{V}_A - \frac{\left(1 - \frac{k}{2}\right)}{2R} \cdot AB^2 \cdot \sin 2\hat{V}_A$$

La différence entre corde et distance circulaire étant négligeable d'une part, le second terme correctif de cette formule très petit d'autre part, la formule opérationnelle de réduction de la distance directe Dd à sa projection Dh sur la surface horizontale de A s'écrit :

$$Dh = Dd \cdot \sin\hat{V} - \frac{1 - \frac{k}{2}}{2R} \cdot D_d^2 \cdot \sin 2\hat{V}$$

Exemple

$$\left.\begin{array}{l} Dd = 1\,421,331\,m \ (\S\ 3.2.5.2) \\ \hat{V} = 95,9624 \text{ gon} \\ k = 0,13 \end{array}\right\} \Rightarrow Dh = 1\,418,455\,m$$

3. *Réduction à l'ellipsoïde* (§ 3.1.4)

h_A étant la hauteur de l'axe secondaire au dessus de l'ellipsoïde :

$$D_0 = \frac{R}{R + h_A} \cdot Dh = m_0 \cdot Dh$$

Les ppm de : $m_0 = 1 + ppm \cdot 10^{-6}$ peuvent être lus sur abaque (figure 3.28).

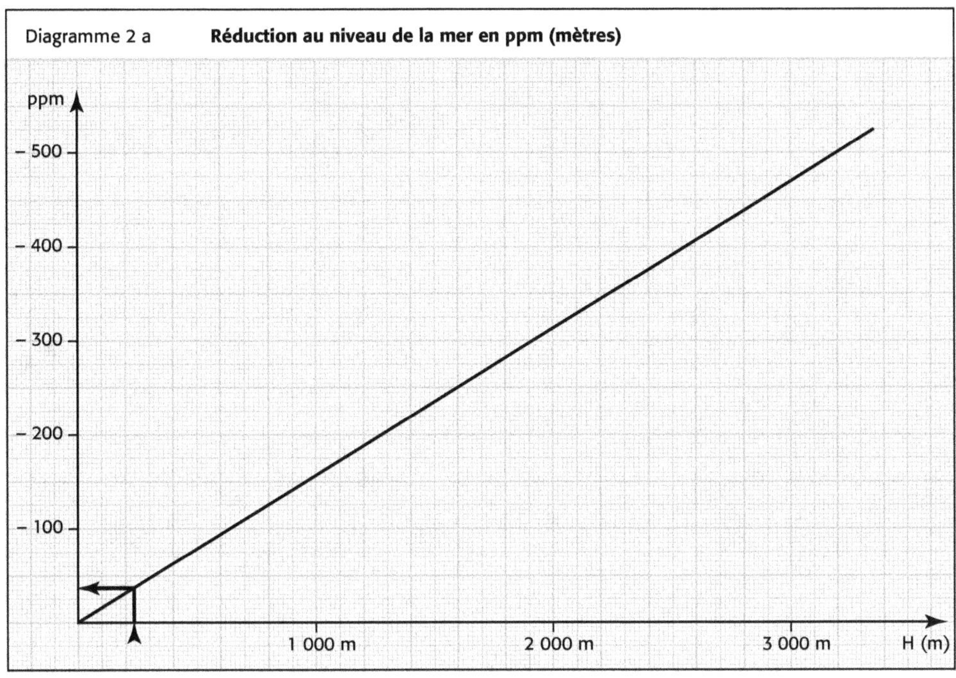

Figure 3.28. ppm de réduction à l'ellipsoïde.

Document Leica

Exemple

Pour des coordonnées géographiques de A : λ = 6° 11' et φ = 48° 40', le géoïde de la NTF (§ 1.2.2) donne une ondulation de 3,6 m, soit : $h_A = H_A + 3,6 = 223,41 + 3,6 \approx 227$ m.

D'où :

$$D_0 = \frac{6\ 380\ 000}{6\ 380\ 227} \times 1\ 418,455 = (1 - 36 \cdot 10^{-6}) \times 1\ 418,455$$

$$= 0,999964 \times 1\ 418,455 = 1\ 418,404 \text{ m}$$

4. *Réduction au système de projection*

Exemple

Projection Lambert, c_L = – 2 cm/km $\Rightarrow m_L = 0,999980 \Rightarrow D = m_L \cdot D_0 = 1418,376$ m

En appliquant la correction atmosphérique c_a à Dh au lieu de Dd, erreur de logique négligeable en topographie, la formule générale qui donne directement D à partir de la distance affichée Dist s'écrit :

$$D = \left(\text{Dist} \cdot \sin \hat{V} - \frac{1 - \frac{k}{2}}{2R} \cdot \text{Dist}^2 \cdot \sin 2\hat{V} \right) \cdot m_a \cdot m_0 \cdot m_L$$

Elle est préprogrammée sur les tachéomètres électroniques, dans lesquels l'opérateur introduit a priori la somme algébrique des ppm : $c_a + c_0 + c_L$.

La distance D obtenue par conversion R → P des coordonnées est « remontée » à l'altitude de travail par la formule : $Dh = \dfrac{D}{m_0 \cdot m_L}$, particulièrement utile lors des implantations (§ 7.4.1).

Chapitre 4

Nivellement

4.1 Nivellement direct ordinaire

4.1.1 Observations

Le nivellement direct, encore appelé *nivellement géométrique*, consiste à déterminer la dénivelée ΔH_{AB} entre les deux points A et B (figure 4.1) à l'aide d'un niveau, instrument définissant un plan horizontal de visée, et d'une *mire* placée successivement sur chaque point.

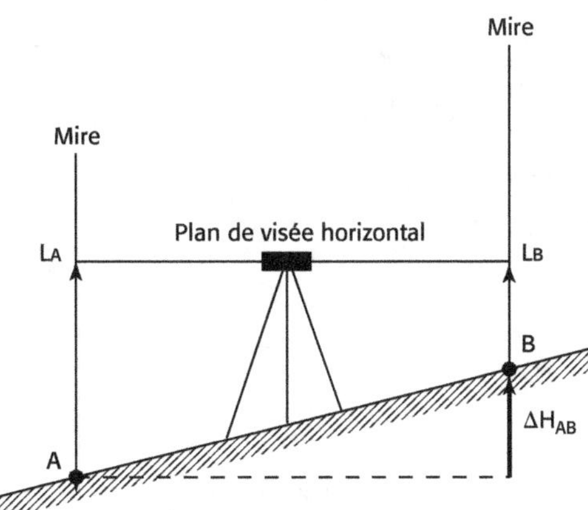

Figure 4.1. Égalité des portées.

Les lectures directes L_A et L_B donnent la mesure directe de la dénivelée : $\Delta H_{AB} = L_A - L_B$.

La *portée*, distance horizontale du niveau à la mire, varie suivant la pente mais n'excède guère 60 m ; dans la mesure du possible l'opérateur place le niveau à peu près à égale distance de A et B, cette *égalité des portées* n'impliquant pas du tout l'alignement en plan sur le segment AB mais seulement le positionnement sur sa médiatrice.

Si la configuration du terrain interdit la station de niveau entre A et B, cours d'eau par exemple, stationner à quelques mètres derrière A dans le prolongement de BA (figure 4.2), puis derrière B et opérer par visées réciproques :

— visée directe : $\Delta H_{AB} = LA_1 - LB_1$;

— visée inverse : $\Delta H_{AB} = LA_2 - LB_2$.

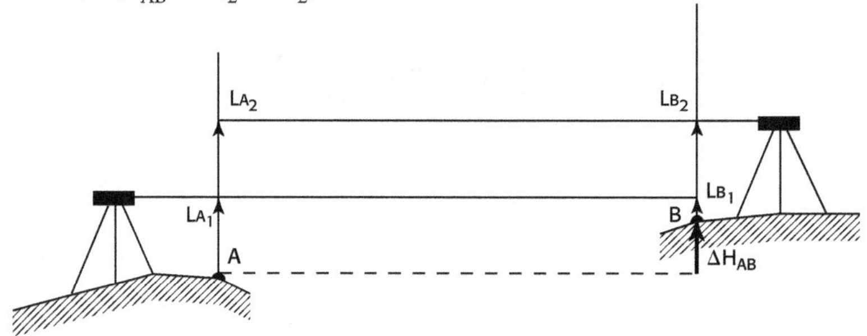

Figure 4.2. Visées réciproques en nivellement direct.

4.1.2 Niveaux et mires

4.1.2.1 Niveaux-blocs à nivelle torique

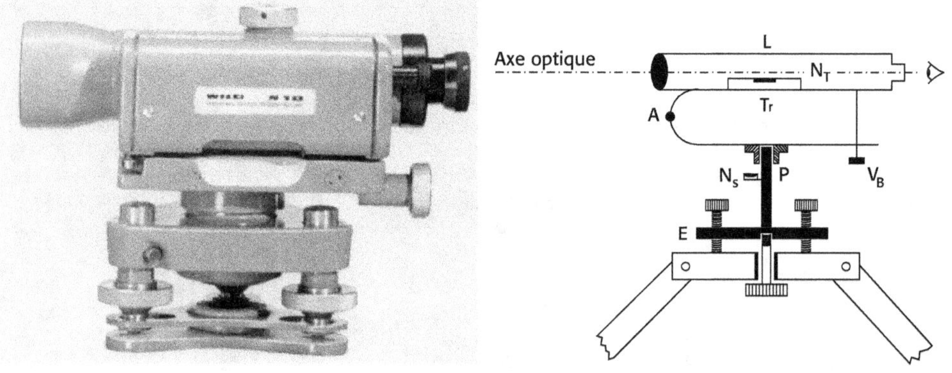

Figure 4.3. Niveau-bloc à nivelle.

Document Leica

Le pivot P (figure 4.3) est calé à peu près vertical à l'aide de la nivelle sphérique N_s, de sensibilité 8'-25'/2 mm, et de l'embase E munie d'un système de calage rapide : triangle à vis calantes à grand débattement, rotule sphérique R, couple de vis orthogonales, disques rotatifs superposés en forme de coins, etc.

La traverse horizontale Tr tourne autour du pivot avec vis de blocage et de fin pointé ; elle peut basculer légèrement à l'aide de l'articulation A et de la *vis de basculement* V_B.

La lunette L, de grossissement × 15 - × 20, est fixée sur la traverse solidairement avec la nivelle torique N_T de sensibilité 40"- 60"/2 mm ; la nivelle est réglée de façon que l'axe optique soit horizontal quand la bulle est calée, le calage étant réalisé par basculement du « bloc » lunette-nivelle.

La précision de calage varie de 8" - 10" à 1" - 2" suivant le dispositif de calage (figure 4.4), fiole graduée ou bulle coupée, c'est-à-dire mise en coïncidence des images des demi-extrémités opposées de la bulle.

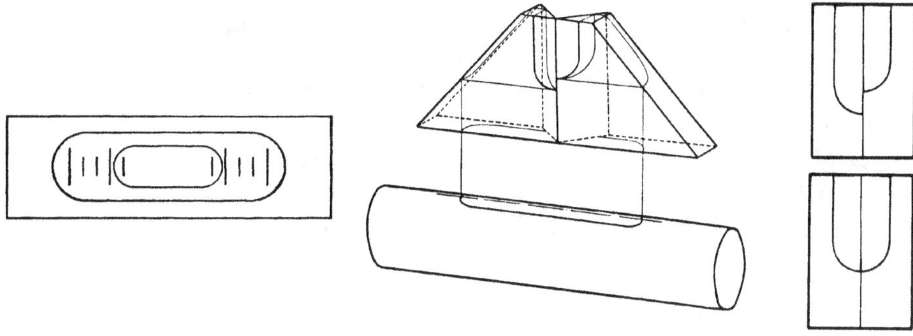

Figure 4.4. Dispositifs de calage.

Document Leica

L'emploi du niveau est simple :

– mettre le trépied en station en estimant l'horizontalité de sa tête, puis caler le pivot vertical à l'aide de la nivelle sphérique et du dispositif de calage ;

– pointer le trait vertical du réticule sur l'axe de la mire avec le pivotement et la vis de fin pointé ;

– caler la bulle de la nivelle torique ;

– faire la lecture sur la mire, estimée au millimètre.

Un niveau-cercle est muni d'un goniomètre horizontal simplifié qui permet de mesurer des angles horizontaux avec une précision réduite.

4.1.2.2 Niveaux automatiques

Après calage sommaire avec la nivelle sphérique, l'axe de la lunette et le rayon horizontal passant par le centre O de l'objectif forment un angle α (figure 4.5).

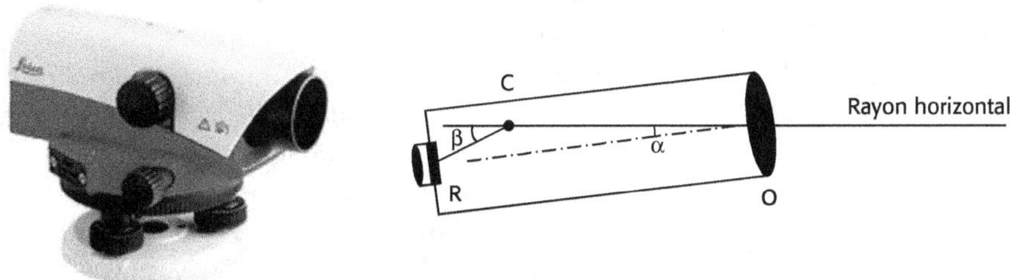

Figure 4.5. Niveau automatique.

Document Leica

Le *compensateur* C, interne à la lunette, amène le rayon horizontal au centre du réticule R suivant la relation : $\beta = k \cdot \alpha$, dans laquelle k est un facteur constant qui dépend à la fois de la distance focale et de la distance compensateur-réticule.

Pour qu'un niveau automatique soit sensible, le compensateur doit être le plus léger possible, soumis aux frictions minimales, tout en restant robuste. Les constructeurs ont réalisé de nombreux systèmes pendulaires à fils ou à rubans, suspension magnétique, équilibre d'un liquide, etc., qui fonctionnent dans les limites de débattement du compensateur, 10' à 30' selon les matériels ; un dispositif mécanique ou optique permet de vérifier le bon fonctionnement du compensateur après la mise en station. La précision de calage varie de 1" à 3".

Pour qu'un niveau automatique soit opérationnel, la durée des oscillations du système pendulaire doit être négligeable. Cette condition est remplie par un amortisseur pneumatique, expulsion de l'air d'un cylindre par un piston, ou un amortisseur magnétique, courant induit entre deux aimants permanents ; le temps de stabilisation du compensateur est le plus souvent inférieur à la seconde.

Fiables, rapides, précis, commodes grâce notamment à la rotation à frottement dur sans vis de blocage mais avec vis de fin pointé, les niveaux automatiques ont supplanté les niveaux à nivelle en nivellement ordinaire comme en nivellement de précision.

4.1.2.3 Lecture sur mire ordinaire

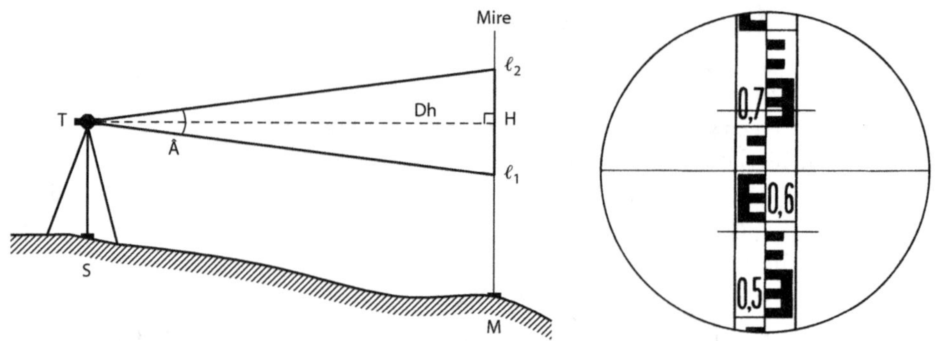

Figure 4.6. Lectures sur mire.

Une *lunette stadimétrique* est une lunette dont le réticule porte deux traits stadimétriques, symétriques par rapport au grand trait horizontal de l'axe optique (figure 4.6), qui déterminent deux lignes de visée formant dans le plan vertical *l'angle stadimétrique* Â.

L'axe optique et les deux rayons stadimétriques du niveau calé rencontrent une règle graduée, appelée *mire*, maintenue verticale au point M.

Pour être opérationnelle dans l'environnement habituel du terrain, une mire ordinaire, en bois ou en aluminium, est constituée par l'assemblage de quatre éléments de 1 m ou mieux deux de 2 m ; elle est calée verticale à l'aide d'une nivelle sphérique, maintenue immobile avec au moins un jalon que le *porte-mire* utilise comme contrefiche ; l'origine zéro de l'échelle est l'extrémité basse, ou *talon*, en contact avec le point M.

La *lecture* est un nombre de 4 chiffres qui donne la hauteur en mètres depuis le point sur lequel repose la mire :

– les chiffres des mètres et décimètres sont peints ; sur la figure 4.6, au trait médian ou *trait niveleur* : 0,6 ;

– le chiffre des centimètres est égal au nombre d'échelons entiers qui précèdent le trait du réticule, ici 5 ; ces échelons, ou cases, de 1 cm, sont peints alternativement en rouge et blanc ou noir et blanc, groupés par cinq, comptés depuis l'origine du décimètre dans lequel se trouve le grand trait horizontal du réticule ;

– le chiffre des millimètres, estimé au 1/10 de l'appoint entre le trait du réticule et l'origine de l'échelon concerné ; ici 4.

La lecture estimée au trait niveleur vaut donc : H = 0,654 m.

Contrôle en effectuant les deux lectures ℓ_1 et ℓ_2 aux traits stadimétriques et en vérifiant que l'égalité :

$\ell_2 - H = H - \ell_1$ est satisfaite *au millimètre près* ; sur la figure : ℓ_1 = 0,590 m, ℓ_2 = 0,717 m $\Rightarrow$ $\ell_2 - H$ = 0,063 m, $H - \ell_1$ = 0,064 m.

Comme l'axe optique du niveau est horizontal (figure 4.6), donc perpendiculaire à la mire, la *distance horizontale* Dh entre les points S et M, ou *portée,* vaut :

$$\text{Dh} = \frac{\ell_2 - \ell_1}{2} \cdot \cotan \frac{\hat{A}}{2} = \frac{1}{2 \tan \frac{\hat{A}}{2}} (\ell_2 - \ell_1).$$

La quasi-totalité des lunettes stadimétriques ont, pour des raisons de commodité, un *rapport stadimétrique* : $\dfrac{1}{2 \tan \frac{\hat{A}}{2}}$ égal à 100, ce qui correspond à un angle stadimétrique $\hat{A}$ = 0,6366 gon ; la *distance stadimétrique* est alors immédiate : D = 100 $(\ell_2 - \ell_1)$, soit 12,7 m avec les valeurs précédentes.

En admettant que le millimètre soit l'écart-type d'une lecture de mire, l'écart-type sur la distance stadimétrique est égal à : $\sigma_D = 100 \cdot 1 \cdot \sqrt{2}$, soit 1 ou 2 décimètres.

4.1.2.4 Niveaux numériques, mires code-barres

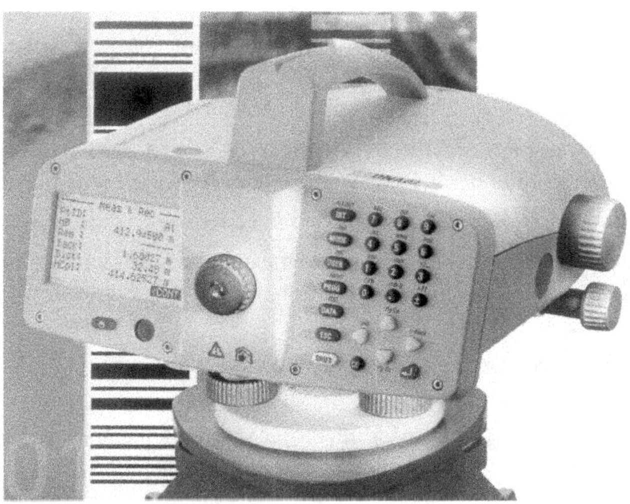

Figure 4.7. Niveau numérique.

Document Leica

Un niveau automatique lit sur la mire un code-barres et affiche la hauteur depuis le point sur lequel repose le base de la mire (zéro) jusqu'à l'axe optique horizontal ; il affiche aussi la distance horizontale : niveau-mire (figure 4.7).

Cette lecture automatique, sûre, rapide, directement enregistrable sur support informatique, ne peut se faire qu'avec un niveau préalablement calé à l'aide de la nivelle sphérique, et suppose un éclairage suffisant de la mire.

Aux erreurs du nivellement direct (§ 4.1.8) peut s'ajouter une erreur parasite affichant une lecture de hauteur alors que l'axe optique passe sous la mire ; en nivellement de très haute précision, l'erreur de réfraction sur le bas de la mire peut entacher la mesure.

Les niveaux numériques, qui peuvent être motorisés, permettent le *nivellement automatique* : saisie suivi du traitement informatique des cheminements (§ 4.1.4), points de détails, implantations, auscultations d'ouvrage.

4.1.3   Dénivelée élémentaire

4.1.3.1   Points en dessous du plan de visée

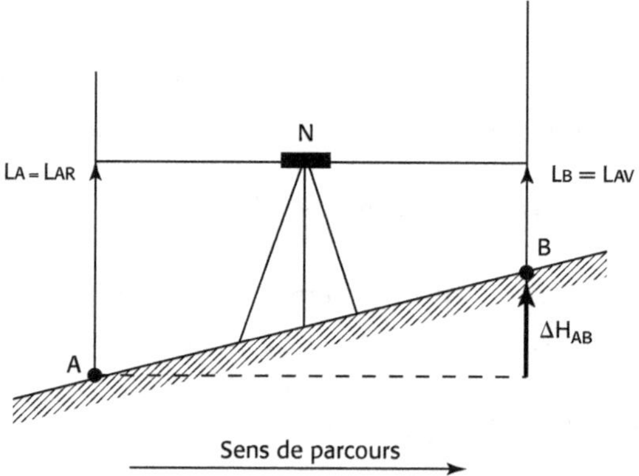

Figure 4.8. Dénivelée.

Le niveau étant en station en N à égalité de portée de A et B (figure 4.8), calé avec la nivelle sphérique, l'opérateur pointe la mire en A par exemple, cale la nivelle torique ou vérifie que le compensateur est en suspension libre, lit la hauteur de mire LA ; les lectures supplémentaires aux deux traits stadimétriques permettent le contrôle et la mesure de la portée.

Après quoi, le porte-mire se déplace au point B et l'opérateur lit LB dans les mêmes conditions.

Comme en nivellement les points de mire sont en général nombreux, rarement matérialisés, sans désignation le plus souvent, l'opérateur les identifie à chaque station par rapport au sens de parcours de l'arrière vers l'avant, ici de A vers B.

La dénivelée dans le sens de parcours est donc la valeur algébrique : ΔH_{AB} = LA − LB, notée de manière générale : ΔH = LAR − LAV.

En cas de visées réciproques (figure 4.2), identifier soigneusement les lectures, LA étant la lecture arrière, LB la lecture avant, indépendamment des positions relatives du niveau et de la mire :

$$\Delta H_{AB} = \frac{(L_{A_1} - L_{B_1}) + (L_{A_2} - L_{B_2})}{2} \quad \Rightarrow \quad \Delta H = \frac{(L_{AR} - L_{AV})_1 + (L_{AR} - L_{AV})_2}{2}$$

Saisie manuelle et réductions des observations dans un carnet, ou saisie et traitement automatiques, selon le matériel utilisé.

Exemple

Points Nivelés	Lectures L_{AR}	Lectures L_{AV}	Dénivelées Δ_H	Portées AR AV	Altitudes H	Observations
Repère	2,149 1,979 m 170 1,808 171				196,251 m	*Repère* A B m₃ - 65
		1,307 164	+ 0,836	34,1 m		
M		1,143 m 164 0,979 164		32,8	197,087	

4.1.3.2 Points au-dessus du plan de visée

Que l'on opère par égalité des portées ou par visées réciproques, la détermination de la dénivelée en grandeur et en signe selon le sens de parcours ne change pas, sous réserve *d'affecter le signe « moins » aux lectures qui correspondent à des points de mire placés au-dessus du plan de visée* (figure 4.9).

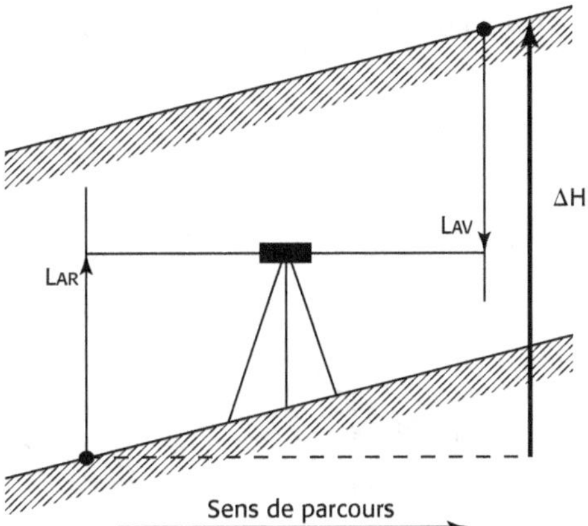

Figure 4.9. Point au-dessus du plan de visée.

$$\Delta H = |L_{AR}| + |L_{AV}| = L_{AR} - L_{AV}, \quad \text{avec } L_{AV} < 0$$

Le signe d'une lecture dépend uniquement de la position du point en-dessous ou au-dessus du plan de visée, pas du fait que la lecture soit arrière ou avant.

La formule générale : $\Delta H = L_{AR} - L_{AV}$ s'applique indifféremment aux altitudes positives et aux altitudes négatives rencontrées notamment en topographie souterraine.

Le niveau laser tournant automatique, avec détecteur laser coulissant sur canne ou sur mire, illustre bien la mesure d'une dénivelée élémentaire sur un chantier de BTP (figure 4.10).

Figure 4.10. Niveau laser rotatif.

Document Spectra Précision

4.1.4 Cheminement encadré

4.1.4.1 Observations

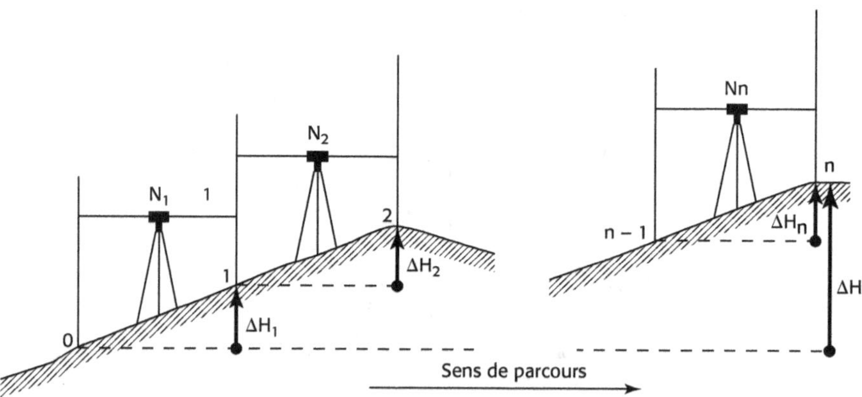

Figure 4.11. Cheminement de nivellement.

Lorsque les points de départ 0 et d'arrivée n sont situés de telle façon qu'une seule station de niveau ne suffise pas pour déterminer la dénivelée ΔH : éloignement, masques, dénivellations importantes, etc., décomposer la dénivelée totale en dénivelées élémentaires en cheminant sur les points intermédiaires : 1, 2, …, n−1 (figure 4.11).

Un cheminement encadré part d'un point 0 connu en altitude, passe sur un certain nombre de points intermédiaires qui seront conservés ou non, aboutit sur un autre point connu n ; *la forme géométrique du cheminement dans le plan horizontal n'a aucune importance.*

Les observations s'effectuent dans l'ordre chronologique :

1. Le porte-mire tient la mire verticale sur le point de départ 0, l'opérateur met le niveau en station en N_1 en estimant l'emplacement approximatif du point de mire suivant 1 de manière à respecter au mieux l'égalité des portées : $N_1 0 \approx N_1 1$; il pointe la mire, cale la nivelle torique ou vérifie le compensateur, fait la lecture au trait niveleur L_{AR0} et éventuellement les lectures ℓ_1 et ℓ_2 aux traits stadimétriques en contrôlant immédiatement l'égalité : $\ell_2 - L_{AR_0} = L_{AR_0} - \ell_1$ à 1 mm près.

2. Le porte-mire compte ses pas de 0 à N_1 de manière à pouvoir matérialiser le point 1 à égalité des portées, autrement dit fait le même nombre de pas de N_1 à 1 ; le point intermédiaire 1 doit être stable, pierre pointue enterrée, socle métallique transportable appelé *crapaud* (figure 4.12), piquet ou pointerolle quand le sol est meuble.

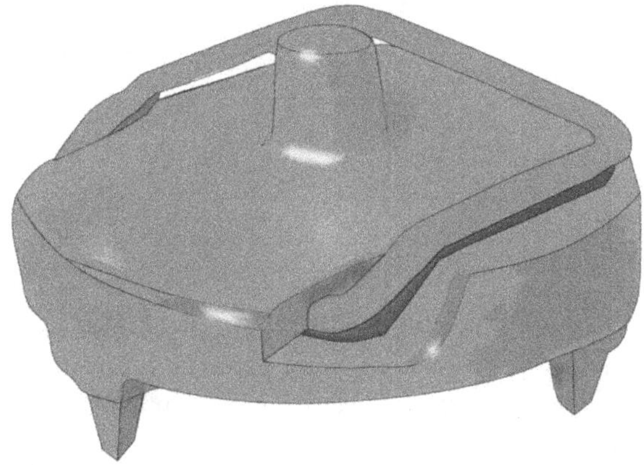

Figure 4.12. Socle de nivellement.

Document Leica

Le caractère ponctuel et la stabilité d'un point de mire sont les conditions essentielles pour effectuer de bonnes mesures.

3. Sur la mire verticale et immobile en 1 l'opérateur lit L_{AV_1} et éventuellement les lectures aux traits stadimétriques.

4. L'opérateur se déplace pour choisir la station N_2 en prévoyant l'emplacement approximatif du point de mire 2 de manière à respecter l'égalité des portées, puis effectue la lecture arrière L_{AR_1} sur la mire en 1 que le porte-mire oriente vers l'instrument sans cesser de la maintenir sur le point.

5. Pendant que le porte-mire se déplace pour aller au point 2, l'opérateur calcule la dénivelée précédente : $\Delta H_1 = L_{AR_0} - L_{AV_1}$, avant de viser 2.

6. L'opérateur et le porte-mire continuent ainsi à mesurer les dénivelées partielles successives, en se déplaçant alternativement, les observations se terminant par la lecture avant L_{AV_n} sur le point n.

4.1.4.2 Calcul des altitudes

Contrôle des dénivelées

$$\mathrm{L_{AR0}} - \mathrm{L_{AV1}} = \Delta\mathrm{H_1}$$
$$\mathrm{L_{AR1}} - \mathrm{L_{AV2}} = \Delta\mathrm{H_2}$$
$$\vdots$$
$$\mathrm{L_{ARi-1}} - \mathrm{L_{AVi}} = \Delta\mathrm{H_i}$$
$$\vdots$$
$$\mathrm{L_{ARn-1}} - \mathrm{L_{AVn}} = \Delta\mathrm{H_n}$$

$$\sum_{i=0}^{n-1} \mathrm{L_{ARi}} - \sum_{i=1}^{n} \mathrm{L_{AVi}} = \sum_{i=1}^{n} \Delta\mathrm{H_i}$$

Fermeture - Tolérance

$$\mathrm{H_1} = \mathrm{H_0} + \Delta\mathrm{H_1}$$
$$\mathrm{H_2} = \mathrm{H_1} + \Delta\mathrm{H_2}$$
$$\vdots$$
$$\mathrm{H_i} = \mathrm{H_{i-1}} + \Delta\mathrm{H_i}$$
$$\vdots$$
$$\mathrm{H_n} = \mathrm{H_{n-1}} + \Delta\mathrm{H_n}$$

$$\mathrm{H_n} = \mathrm{H_0} + \sum_{i=1}^{n} \Delta\mathrm{H_n}$$

Du fait des imprécisions des altitudes imposées $\mathrm{H_0}$ et $\mathrm{H_n}$, comme de celles des dénivelées, l'altitude du point n, ainsi calculée directement à partir de l'altitude de départ $\mathrm{H_0}$ et de la somme algébrique des dénivelées, correspond à l'altitude approchée $\mathrm{H_{n_a}}$ proche de l'altitude connue Hn ; la formule opérationnelle s'écrit donc : $\mathrm{H_{n_a}} = \mathrm{H_0} + \sum_{i=1}^{n} \Delta\mathrm{H_i}$.

D'où *l'écart de fermeture algébrique* : $e_H = \mathrm{H_{n_a}} - \mathrm{Hn}$, dont la valeur absolue doit être strictement inférieure à la tolérance T_H pour autoriser la poursuite des calculs, cette dernière étant fonction de la précision des points d'appui ($\S$ 1.4.3) et des mesures.

Les observations terminées, l'opérateur, sur le terrain, calcule l'écart de fermeture et le soumet à la tolérance ; en cas de dépassement, les observations sont reprises.

À noter que deux erreurs parasites d'observation, ou deux fautes de calculs opposées, + 1 m et – 1 m par exemple, commises sur deux dénivelées de même signe, peuvent passer inaperçues, la probabilité d'un tel événement étant toutefois négligeable.

Ajustement

Les altitudes connues de l'origine 0 et de l'extrémité n étant immuables, bien que probablement imparfaites, le calculateur est contraint d'annuler l'écart de fermeture en appliquant une correction c_H opposée de l'écart : $\mathrm{Hn} = \mathrm{H_{n_a}} + c_H \Rightarrow c_H = \mathrm{Hn} - \mathrm{H_{n_a}} = -e_H$.

En pratique, seule la correction est calculée du fait que sa valeur absolue, identique à celle de l'écart de fermeture, suffit pour vérifier que ce dernier est strictement inférieur à la tolérance.

L'altitude approchée Hn_a provenant de celle de départ H_0 non modifiable et des dénivelées mesurées toutes avec la même précision, l'*ajustement* consiste à répartir la correction c_H sur les différentes dénivelées proportionnellement aux portées, lesquelles conditionnent fortement la précision des hauteurs de mire lues ; en désignant par D_i la somme des portées arrière et avant de la station N_i, la correction c_{H_i} à appliquer en grandeur et en signe à la dénivelée ΔH_i vaut :

$$c_{H_i} = \frac{c_H \cdot D_i}{\sum_{i=1}^{n} D_i}.$$

L'ajustement, mal nécessaire qui n'améliore pas les observations, est surtout une satisfaction de l'esprit, ce qui justifie l'arrondi des corrections partielles au millimètre, sous réserve que leur somme soit rigoureusement égale à la correction totale ; la correction totale peut aussi être répartie sur les différentes dénivelées proportionnellement à leur nombre, à leurs valeurs absolues, etc.

Contrôle des calculs en vérifiant que l'altitude du point d'arrivée, calculée de proche en proche depuis l'origine avec les dénivelées ajustées, est rigoureusement égale à l'altitude connue.

Les calculs sont faits dans le carnet des observations en cas de saisie manuelle des données ou traités par informatique en saisie automatique.

4.1.4.3   Algorithme

$$1) \qquad \ell_2 - L = L - \ell_1 ;$$

$$2) \qquad \Delta H_i = LAR_{i-1} - LAV_i ;$$

$$3) \qquad \sum_{i=0}^{n-1} LAR_i - \sum_{i=1}^{n} LAV_i = \sum_{i=1}^{n} \Delta H_i ;$$

$$4) \qquad Hn_a = H_0 + \sum_{i=1}^{n} \Delta H_i ;$$

$$5) \qquad c_H = Hn - Hn_a ;$$

$$6) \qquad |c_H| < T_H ;$$

$$- -$$

$$7) \qquad c_{H_i} = \frac{c_H \cdot D_i}{\sum_{i=1}^{n} D_i} ;$$

$$8) \qquad H_{i+1} = H_i + \left(\Delta H_{i+1} + c_{H_{i+1}} \right).$$

4.1.4.4 Application

Points Nivelés	Lectures L_AR		Lectures L_AV		Dénivelées Δ_H	Portées AR / AV	Altitudes H	Observations
Repère	2,149 1,979m 1,808	170 171	▨		▨	▨ 34,1m	196,251 m	Repère A B m₃-65 type EST
	1,484 1,341 1,198	143 143	1,307 1,143m 0,979	164 164	+0,836 m −1 mm	32,8 28,6	197,086	
	0,648 0,562 0,475	86 87	1,761 1,608 1,456	153 152	−0,267 −1	30,5 17,3	196,818	
Borne	1,454 1,340 1,226	114 114	1,353 1,261 1,169	92 92	−0,699 −1	18,4 22,8	196,118	Borne hectométrique n° 7
	2,130 1,992 1,855	138 137	0,908 0,796 0,684	112 112	+0,544 −1	22,4 27,5	196,661	
	1,710 1,541 1,372	169 169	1,418 1,291 1,165	127 126	+0,701 −1	25,3 33,8	197,361	
	1,465 1,398 1,331	67 67	1,061 0,904 0,746	157 158	+0,637 −1	31,5 13,4	197,997	
	1,427 1,388 1,349	39 39	1,807 1,743 1,680	64 63	−0,345 −1	12,7 7,8	197,651	
Pylône HT			0,856 0,820 0,784	36 36	+0,568	7,2	198,219	Massif SUD
	$\Sigma = 11,541$ $\Sigma_{AR} - \Sigma_{AV} = 1,975$		$\Sigma = 9,566$		$\Sigma = 1,975$	$\Sigma = 366,1$	$H_{na} = 198,226$ $C_H = -7$ mm $T_H = 14$ mm	

La précision des repères d'arrivée et de départ étant de 3,6 mm (4ᵉ ordre), l'écart-type du niveau 2,5 mm/km de cheminement double, la tolérance du cheminement est donc :

$$T = 2,58 \sqrt{3,6^2 + \left(2,5 \times \sqrt{0,366} \times \sqrt{2}\right)^2 + 3,6^2} = 14 \text{ mm}$$

4.1.5 Point nodal et cheminements nodaux altimétriques

Les cheminements reliant les points connus en altitudes A, B, C (figure 4.13) peuvent être calculés suivant plusieurs filiations :

— cheminement encadré A → N → B, sur lequel se greffe ensuite le cheminement C → N ;
— cheminement encadré A → N → C, sur lequel se greffe ensuite le cheminement B → N ;
— cheminement encadré B → N → C, sur lequel se greffe ensuite le cheminement A → N.

Compte tenu des ajustements, les résultats différeront légèrement selon la filiation choisie, alors que cette dernière est arbitraire et que les données sont strictes.

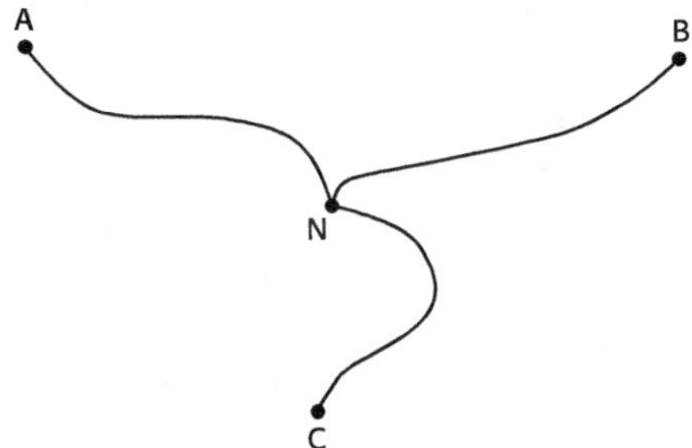

Figure 4.13. Point nodal et cheminements nodaux altimétriques.

De manière à obtenir un résultat unique et à homogénéiser l'ensemble, la filiation est remplacée par le *point nodal* généré par les *cheminements nodaux*. Le point nodal altimétrique N est le point d'aboutissement, inconnu en altitude, de plusieurs cheminements issus d'origines connues différentes, A, B, C par exemple.

Les cheminements $A \to N$, $B \to N$, $C \to N$ fournissent d'abord l'altitude du point nodal et sont ensuite ajustés comme des cheminements encadrés.

Les dénivelées élémentaires donnent les altitudes du point N :

$$H_{N_A} = H_A + \sum_{i=1}^{n} \Delta H_i, \quad H_{N_B} = H_B + \sum_{i=1}^{n_B} \Delta H_i, \quad H_{N_C} = H_C + \sum_{i=1}^{n_C} \Delta H_i.$$

La moyenne pondérée, éventuellement la moyenne arithmétique, de ces valeurs en principe voisines donne l'altitude du point nodal, les poids étant les inverses des carrés des tolérances.

$$H_n = \frac{\dfrac{1}{T_A^2} \cdot H_{n_A} + \dfrac{1}{T_B^2} \cdot H_{n_B} + \dfrac{1}{T_C^2} \cdot H_{n_C}}{\dfrac{1}{T_A^2} + \dfrac{1}{T_B^2} + \dfrac{1}{T_C^2}}$$

L'altitude du point nodal une fois calculée est introduite dans chacun des cheminements, les transformant ainsi en cheminements encadrés, ajustés comme tels.

Le point nodal, nœud de plusieurs cheminements nodaux, est la solution préférentielle à la filiation.

Exemple

§ 1.6.5.3 avec $H_{N_A} = H_1$, $H_{N_B} = H_2$, $H_{N_C} = H_3$

4.1.6   Cheminement fermé

Le cheminement fermé, encore appelé *boucle*, part d'un point connu, passe sur un certain nombre de points intermédiaires qui seront conservés ou non, aboutit sur le point de départ ; c'est donc un seul et même point qui sert de référence au départ comme à l'arrivée.

En pratique, le cheminement fermé est fréquemment employé car :

– il autorise le nivellement quand on ne dispose que d'un seul repère pour le chantier ; toutefois, dans ce cas, *la vérification préalable du repère est impérative* ;

– on peut toujours attribuer une altitude arbitraire à un point fixe et durable, puis calculer tous les autres par rapport à lui ; ultérieurement, si le besoin s'en fait sentir, une simple constante permettra de passer des altitudes de ce système local aux altitudes du réseau de nivellement.

Les observations et les calculs s'effectuent de la même manière que pour un cheminement encadré, remarque faite qu'à nombre de dénivelées égal, la fermeture doit en principe être plus faible car il n'y a aucune erreur entre l'altitude de départ et celle d'arrivée.

En nivellement direct ordinaire, on ne fait *jamais de cheminement ouvert* qui partirait d'un point 0 connu pour arriver sur un point différent n inconnu et donc n'offrirait aucun contrôle ; en effet, si le topographe a pu aller de 0 vers n, il peut revenir de n vers 0, et comme la forme planimétrique d'un cheminement de nivellement direct n'a pas d'importance, il peut traiter les observations en cheminement fermé, voire en cheminement aller-retour qui toutefois est davantage une méthode de nivellement de précision (§ 4.2.2).

Exemple

Cheminement fermé en galerie minière sur des points situés en dessous et au-dessus du plan horizontal de visée ; par souci de simplification, seules les lectures au trait niveleur sont transcrites.

Points Nivelés	Lectures L_{AR}	Lectures L_{AV}	Dénivelées ΔH	Portées AR AV	Altitudes H	Observations
N 148	$+0,628$ m				$-835,644$ m	Repère parement gauche MARIELLE
			$-1,086$ m			
	$+1,506$	$+1,714$ m			$-836,730$	
			$+3,572$			
T 173	$-1,835$	$-2,066$	$+1$ mm		$-833,157$	Point théo
			$+0,274$			
Broche	$-1,917$	$-2,109$			$-832,883$	Travers banc
			$-0,050$			
T 67	$-1,732$	$-1,867$			$-832,933$	Toit coude galerie
			$-3,435$			
Aiguillage	$+1,587$	$+1,703$	$+1$		$-836,367$	Axe – marque rouge
			$+0,723$			
N 148		$+0,864$			$-835,644$	
	$\Sigma = -1,763$ $\Sigma_{AR} - \Sigma_{AV} = -0,002$	$\Sigma = -1,761$	$\Sigma = -0,002$		$Hn_a = -835,646$ $c_H = +2$ mm $T_H = 7$ mm	

4.1.7 Nivellement simultané d'un cheminement et de points de détail

À la station de niveau Ni d'un cheminement (figure 4.14), l'opérateur enregistre tout d'abord la lecture arrière LAR_{i-1} sur le point arrière $i-1$, vise successivement les points de détails a, b, c par exemple pour lire les lectures avant LAV_a, LAV_b, LAV_c, puis termine la station sur le point avant i du cheminement avec la lecture correspondante LAV_i ; aucune lecture arrière ne sera faite ultérieurement sur les points de détail.

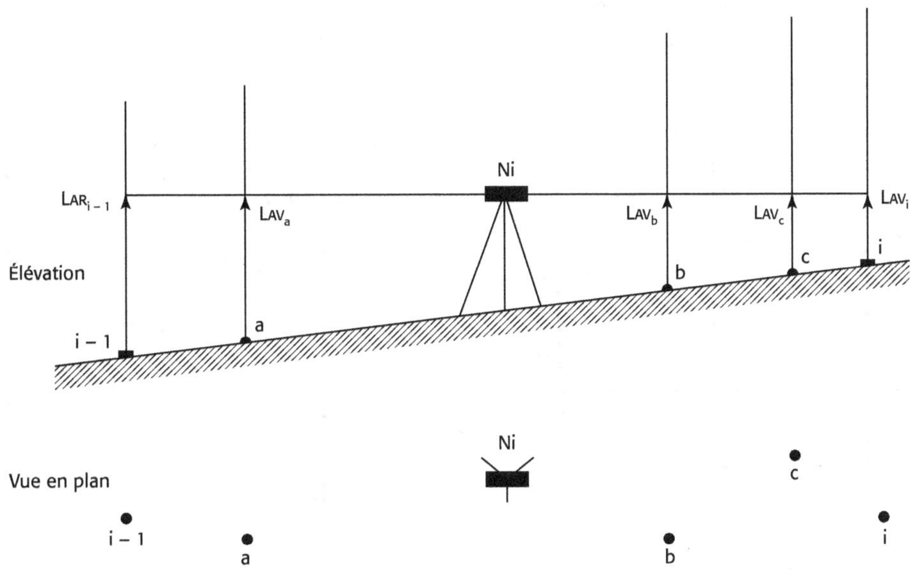

Figure 4.14. Nivellement des détails.

Calcul des altitudes en deux phases :

- d'abord, le calcul du cheminement, en négligeant complètement les points de détail, jusqu'à l'obtention des altitudes … H_{i-1}, H_i, … ajustées ;
- ensuite, station par station pour celles qui comportent des points de détail, calcul des altitudes de ces derniers. Pour ce faire, déterminer l'altitude du plan de visée horizontal de la station, en ajoutant à l'altitude du point arrière de cheminement la lecture arrière correspondante : $HP = H_{i-1} + LAR_{i-1}$; après quoi, retrancher à cette constante altimétrique les lectures faites sur les points de détail : $H_a = HP - LAV_a$, $H_b = HP - LAV_b$, $H_c = HP - LAV_c$.

Exemple

Nivellement de trois points de détail depuis la deuxième station du cheminement fermé précédent (§ 4.1.6).

Points Nivelés	Lectures L_{AR}	Lectures L_{AV}	Dénivelées Δ_H	Portées AR / AV	Altitudes H	Observations
N 148	+0,628 m	//////	//////	//////	-835,644 m	Repère parement gauche MARIELLE
			-1,086 m			
	+1,506	+1,714 m			-836,730	
Haut de bande		+1,436			-836,660	$+\quad \dfrac{-836,730}{+1,506}$
Blindé		-1,602			-833,622	$Z_p = -835,224$
Raccord bande		+0,371			-835,595	
			+3,572 +1mm			
T 173	-1,835	-2,066			-833,157	Point théo
			+0,274			
· · · · ·						

Les résultats ne sont pas contrôlés et par conséquent sont susceptibles d'être faussés par des erreurs parasites d'observation, lectures, saisie, etc., des fautes de calcul, ainsi que des erreurs systématiques parmi lesquelles notamment l'erreur de collimation (§ 4.1.8.2).

C'est pourquoi, avant d'effectuer les observations, l'opérateur doit bien choisir les points, points de cheminement contrôlés et précis pour lesquels la lecture avant est suivie d'une lecture arrière, points de détail sans contrôle ni précision, déterminés uniquement par une lecture avant.

4.1.8 Précision

4.1.8.1 Erreurs parasites

Calage, oubli de caler la nivelle, bulle amenée entre deux traits de la fiole non symétriques, compensateur bloqué.

Lecture, en particulier confusion du trait niveleur avec un trait stadimétrique.

Transcription dans le carnet.

4.1.8.2   Erreurs systématiques

De même signe, elles s'accumulent proportionnellement au nombre de dénivelées et conduisent rapidement à sortir des tolérances.

Erreur d'étalonnage de la mire : les mires de nivellement ordinaire ne sont pas soumises aux tolérances des mesures matérialisées de longueur, alors qu'elles sont souvent maltraitées. Elles peuvent être aisément vérifiées avec un triple décimètre de longueur exacte, en les mesurant 4 fois par exemple ; en effet, pour un écart-type de marquage des extrémités du triple décimètre égal à 0,1 mm, l'écart-type sur la moyenne des quatre mesures vaut $\dfrac{0,1 \cdot \sqrt{2} \cdot \sqrt{14}}{\sqrt{4}} \approx 0,3$ mm très inférieur au millimètre de la lecture estimée.

Défaut de verticalité de la mire, éliminé avec une nivelle sphérique réglée et la mise en œuvre de 1 ou 2 jalons servant de contrefiches. Le réglage de la nivelle consiste, après avoir calé la mire verticale dans deux plans perpendiculaires à l'aide d'un niveau de maçon ou d'un long fil à plomb, à rendre concentriques la bulle circulaire et le cercle repère de la fiole en jouant sur les vis de basculement de la nivelle ; un contrôle efficace et peu coûteux du déréglage d'une nivelle est assuré par l'installation de deux nivelles sphériques sur une même mire.

Collimation, c'est-à-dire inclinaison de l'axe optique par rapport à l'horizontale quand la bulle est calée ou le compensateur en équilibre. L'erreur de collimation est éliminée par l'égalité des portées (figure 4.15) aussi bien que par les visées réciproques (figure 4.16).

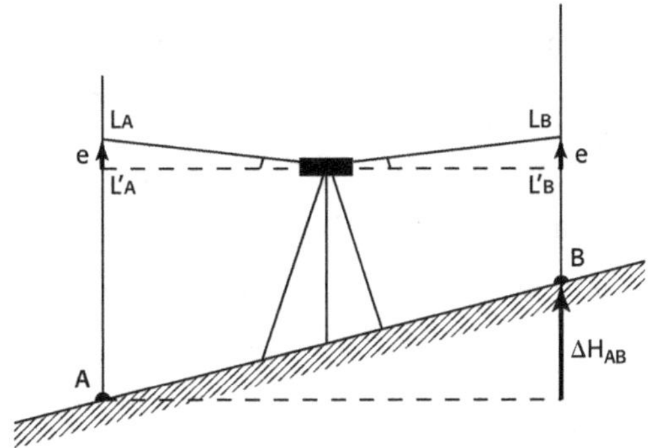

Figure 4.15. Élimination de la collimation par égalité des portées.

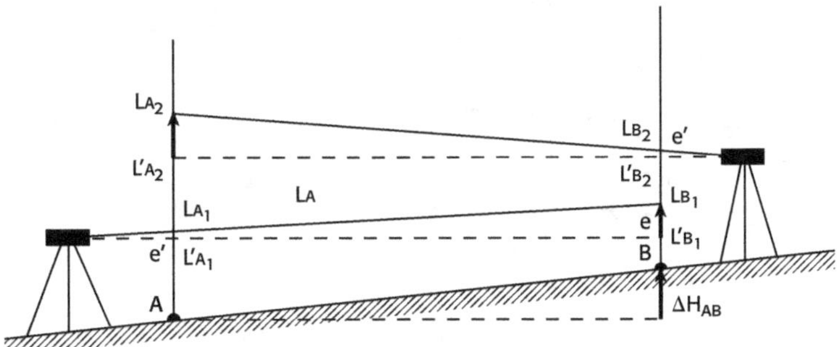

Figure 4.16. Élimination de la collimation par visées réciproques.

Si L_A et L_B sont les lectures entachées par l'erreur de collimation, L'_A et L'_B les lectures fictives sans collimation correspondant à une ligne de visée horizontale, il vient :

$$L_A - L_B = (L'_A + e) - (L'_B + e) = L'_A - L'_B = \Delta H_{AB}$$

Sous réserve que les portées soient sensiblement les mêmes aux deux stations :

$$\frac{(L_{A_1} - L_{B_1}) + (L_{A_2} - L_{B_2})}{2} = \frac{[(L'_{A_1} + e') - (L'_{B_1} + e)] + [(L'_{A_2} + e) - (L'_{B_2} + e')]}{2} = \Delta H_{AB}$$

4.1.8.3   Erreurs accidentelles

Parallaxe : l'image intermédiaire donnée par l'ensemble objectif-mise au point de la lunette n'est pas exactement dans le plan du réticule. L'opérateur voit le trait niveleur « monter ou descendre » le long des graduations de la mire quand il bouge la tête de haut en bas derrière l'oculaire ; la parallaxe doit être éliminée, en soignant la mise au point ;

Calage de la bulle ou du compensateur.

Estime du millimètre.

Flamboiement, mouvements verticaux de l'air chauffé par le soleil au-dessus de certains revêtements comme le bitume par exemple ; éviter les visées proches du sol.

4.1.8.4   Écart-type

L'écart-type au kilomètre de cheminement de nivellement ordinaire varie de 7 à 10 mm selon le matériel, les conditions de mise en œuvre notamment la stabilité des points de mire, la météorologie, en particulier la force du vent, etc.

4.1.8.5   Vérification et réglage de la collimation

Si le topographe n'a pas la possibilité d'utiliser un collimateur dans un atelier spécialisé, il aligne, sur un terrain plat, quatre points tels que : $S_1A = AB = BS_2 = D = 20$ m par exemple (figure 4.17).

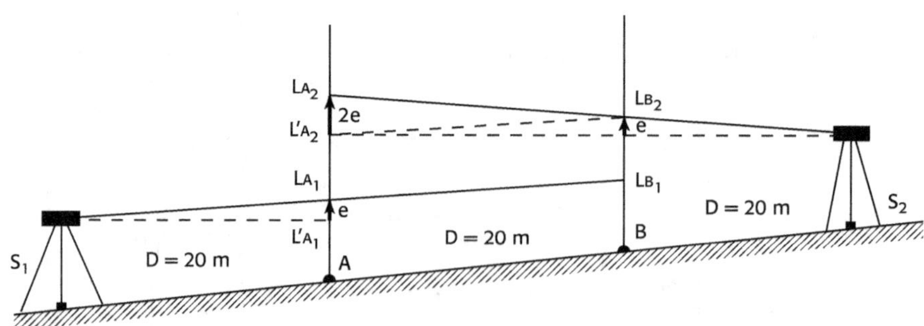

Figure 4.17. Vérification de la collimation.

Stationner S_1, caler, lire L_{A_1} et L_{B_1}, puis stationner S_2, lire L_{A_2} et L_{B_2}. Sans erreur de collimation, les lignes de visée horizontales donneraient les lectures L'_{A_1} et L'_{A_2} ; la collimation générant une dénivelée e à la distance D, les segments : $L_{A_1} - L_{B_1}$ et $L'_{A_2} - L_{B_2}$ sont parallèles.

$$L'_{A_2} - L_{A_1} = L_{B_2} - L_{B_1} \Rightarrow L'_{A_2} = (L_{B_2} - L_{B_1}) + L_{A_1}$$

L'erreur de collimation e à la distance D vaut donc :

$$e = \frac{L_{A_2} - L'_{A_2}}{2} \Rightarrow e = \frac{(L_{A_2} - L_{A_1}) - (L_{B_2} - L_{B_1})}{2}$$

Exemple

$L_{A_1} = 1{,}451$ m, $L_{B_1} = 1{,}326$ m, $L_{A_2} = 1{,}669$ m, $L_{B_2} = 1{,}540$ m

$e = +2$ mm à 20 m

Le réglage de la ligne de visée, effectué à la deuxième station S_2, consiste :
- sur un niveau automatique, à agir sur la vis de réglage du réticule pour lire L'_{A_2} ;
- sur un niveau à nivelle, à basculer le bloc lunette-nivelle pour lire L'_{A_2} puis à régler la nivelle.

Avec un niveau numérique, stationner A, viser S_1 puis S_2, après quoi stationner B, viser S_2 puis S_1 et introduire dans la mémoire les valeurs mesurées en suivant la procédure propre à l'instrument. Le programme calcule la correction de collimation de la mesure électronique, l'opérateur la mémorise, les mesures ultérieures sont corrigées automatiquement ; attention, la collimation de la mesure optique doit être corrigée, *en plus*, par déplacement du réticule.

4.2 Nivellement géométrique de précision

4.2.1 Matériels

4.2.1.1 Niveaux à nivelle

Niveau-bloc à lunette de fort grossissement × 45, sensibilité de la nivelle sphérique 2'/2 mm, sensibilité de la nivelle torique 10"/2 mm pour une précision de calage par coïncidence de 0,25" environ.

Équipés d'un micromètre à lame plans parallèles dont le basculement déplace la ligne de visée parallèlement à elle-même de la valeur de l'appoint (figure 4.18).

L'opérateur pointe par encadrement un trait de la mire avec le coin du réticule (figure 4.19) et estime le centième de millimètre sur l'échelle micrométrique : 55,9 dmm.

Accessoires divers, lampe et miroir d'autocollimation, oculaire laser, oculaires coudés, etc.

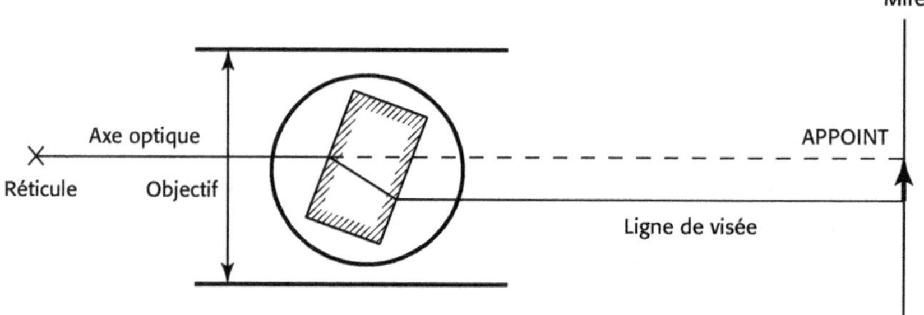

Figure 4.18. Micromètre d'objectif.

Document Leica

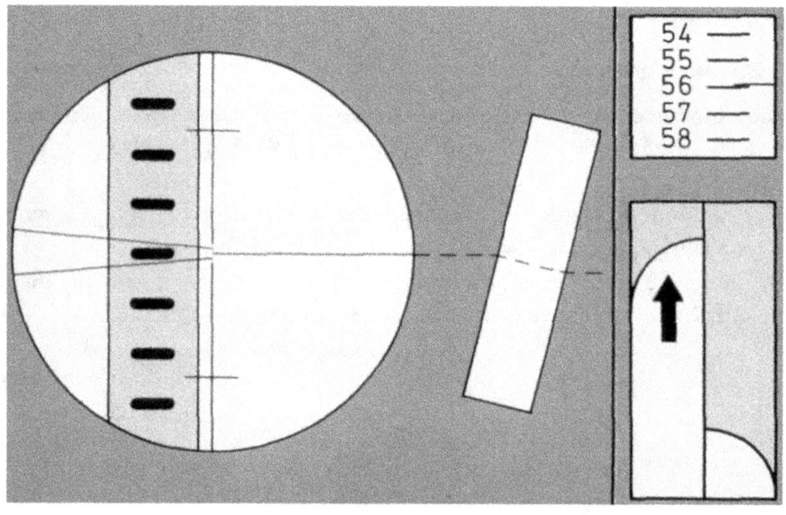

Figure 4.19. Pointé et lecture.

Document Leica

4.2.1.2 Mire invar à double échelle

Le ruban en invar, alliage acier-nickel dont le coefficient de dilatation thermique est extrêmement faible, porte deux échelles à traits dont la valeur d'échelon est égale à 1 cm (figure 4.20).

Figure 4.20. Mire à double échelle.

Document Leica

L'origine de l'échelle de droite est le talon de la mire, celle de l'échelle de gauche étant décalée d'un nombre difficile à additionner mentalement de manière à pouvoir contrôler les lectures. Le ruban est placé dans un profilé d'aluminium rigide, de telle sorte que les variations de ce dernier n'ont aucune influence sur le ruban invar. La mire est utilement équipée de contrefiches télescopiques et posée sur un socle lourd.

4.2.1.3 Niveaux automatiques

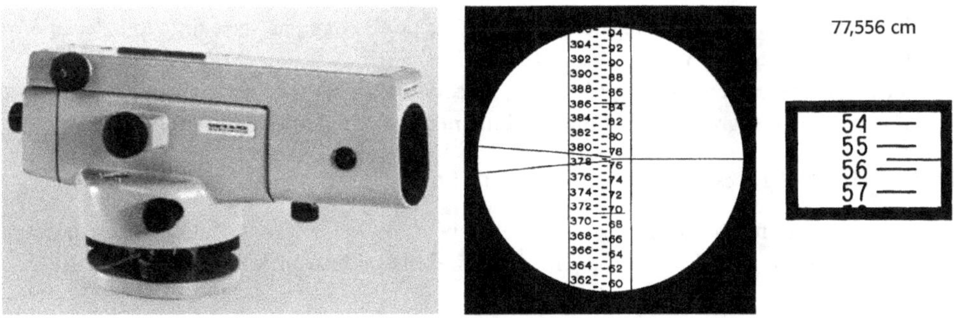

Figure 4.21. Lecture échelle 1.

Document Leica

Lunette de grossissement × 25 - × 30, sensibilité de la nivelle sphérique 8'/2 mm, précision de calage 0,2" - 0,3", micromètre d'objectif fixe ou amovible (figure 4.21), accessoires divers : prisme d'objectif à 90°, oculaires spéciaux, etc.

Les niveaux électroniques lisent avec une résolution de 0,01 mm une mire code-barres de 3 m divisée par interférométrie laser, technique qui, actuellement, offre le maximum de précision en matière de graduation.

4.2.2   Cheminement aller et retour

En général, il sert à mesurer la dénivelée entre le point de départ 0 du cheminement aller et le point d'arrivée n, sans souci des points intermédiaires.

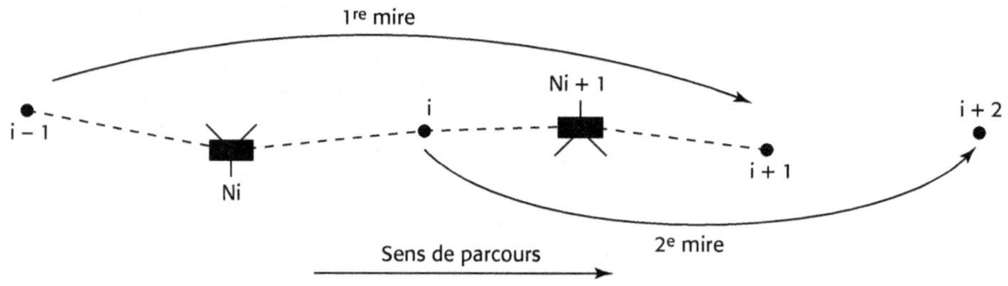

Figure 4.22. Aller et retour.

À la station Ni du cheminement aller (figure 4.22) l'opérateur effectue la lecture arrière sur une mire placée en i − 1 : pointé du coin niveleur et lecture des traits stadimétriques sur l'échelle 1 dont le zéro est au talon de la mire invar à double échelle, suivis du pointé et de la lecture de l'échelle 2 sans lire les traits stadimétriques ; lecture arrière et portée avec un niveau électronique. Après quoi, il vise une seconde mire placée sur le point suivant i, effectue la lecture avant et les lectures complémentaires de la même façon.

À la station suivante Ni + 1, la mire en i pivote sans quitter le point pour tenir lieu de mire arrière, celle située en i − 1 venant en i + 1 comme mire avant ; ainsi, chaque mire tient lieu à tour de rôle de mire arrière et de mire avant.

Portées de 35 m au maximum, égales au mètre près ; opérer au pas, avec un triple décamètre ou une ficelle ou encore en ajustant la portée avant à partir de la portée stadimétrique arrière ; à noter que les niveaux électroniques avec mire code-barres permettent d'assurer l'égalité des portées avec une très grande précision, pratiquement sans perte de temps.

La dénivelée de 0 à n est calculée par la formule : $\Delta H = \sum_{i=0}^{n-1} \mathrm{LAR}_i - \sum_{i=1}^{n} \mathrm{LAV}_i$.

Le cheminement retour de n vers 0 est observé dans les mêmes conditions, en passant éventuellement sur les mêmes points intermédiaires quand ils sont restés en place, « spit » par exemple.

Si T est la tolérance d'un cheminement, la tolérance de l'écart entre les valeurs absolues des dénivelées aller et retour est égale à $T\sqrt{2}$, celle de la moyenne des dénivelées à $\dfrac{T}{\sqrt{2}}$.

4.2.3   Cheminement double à doubles stations

Un seul parcours de 0 vers n, avec deux mires, en respectant l'égalité des portées, fournit deux dénivelées indépendantes.

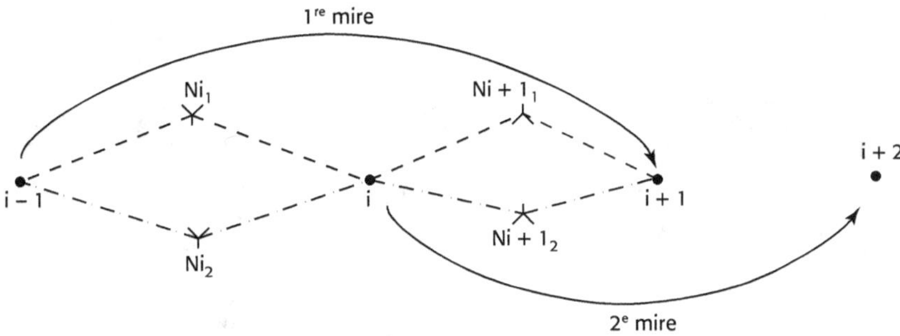

Figure 4.23. Doubles stations.

À la station Ni_1, l'opérateur lit la lecture arrière sur $i-1$ puis la lecture avant sur la mire i, pointé du coin niveleur et lecture des traits stadimétriques sur l'échelle 1 ou lecture et portée avec un niveau numérique (figure 4.23). Il déplace alors légèrement le niveau, met en station en Ni_2 et effectue de nouvelles lectures arrière et avant sur les mires immobiles en $i-1$ et i. Contrôle immédiat des observations en vérifiant que l'égalité $\left(\mathrm{L_{AR}}_{i-1} - \mathrm{L_{AV}}_i\right)_1 = \left(\mathrm{L_{AR}}_{i-1} - \mathrm{L_{AV}}_i\right)_2$ est respectée à 0,3 mm près au maximum.

La dénivelée de 0 à n est ainsi mesurée deux fois, par deux cheminements indépendants 1 et 2 ayant les points de mire en commun ; écart et tolérances calculés comme pour la méthode du cheminement aller et retour.

Exemple

Nivellement de précision avec un niveau électronique et deux mires code-barres.

Points de mire	OBSERVATIONS				Contrôle de marche 1 - 2	Portées	DÉNIVELÉES
	Cheminement 1		Cheminement 2				
	L_{AR}	L_{AV}	L_{AR}	L_{AV}			
148	1,48644 m	▧	1,51298 m	▧	AR	AR 31,62 m	1 = 0,07524 m
					AV	AV 31,69	2 = 0,07513
	1,53017	1,41120 m	1,49634	1,43785 m	AR	AR 33,48	1 = 0,03042
					AV	AV 33,40	2 = 0,03049
	1,46913	1,49975	1,47017	1,46585	AR	AR 29,65	1 = -0,01113
					AV	AV 29,67	2 = -0,01128
	1,51349	1,48026	1,53310	1,48145	AR	AR 32,88	1 = 0,16416
					AV	AV 33,00	2 = 0,16408
	1,50033	1,34933	1,45088	1,36902	AR	AR 34,45	1 = 0,08315
					AV	AV 34,35	2 = 0,08334
	1,52345	1,41718	1,50111	1,36754	AR	AR 25,11	1 = 0,12345
					AV	AV 25,06	2 = 0,12344
	1,50298	1,40000	1,53895	1,37767	AR	AR 19,38	1 = -0,03967
					AV	AV 19,42	2 = -0,03977
	1,49999	1,54265	1,47081	1,57872	AR	AR 15,66	1 = 0,02200
					AV	AV 15,78	2 = 0,02222
149		1,47799		1,44859	AR	AR	1 =
					AV	AV	2 =
					AR	AR	1 =
					AV	AV	2 =
					AR	AR	1 =
					AV	AV	2 =
					AR	AR	1 =
					AV	AV	2 =
					AR	AR	1 =
	▧		▧		AV	AV	2 =

$\Delta_{H_1} = 0,44762\ m$ $\qquad$ $\Delta_{H_2} = 0,44765\ m$ $\qquad$ $T = 6\ mm$

$|\Delta_{H_1}| - |\Delta_{H_2}| = -0,03\ mm$ $\qquad$ $T\sqrt{2} = 8\ mm$

$\Delta_H = 0,44764\ m$ $\qquad$ $T/\sqrt{2} = 4\ mm$

4.2.4 Cheminement double à doubles points de mire

Dérivé de la méthode Cholesky, il consiste à faire *un seul parcours* de 0 vers n, avec 2 mires, 4 crapauds, en observant deux cheminements voisins et indépendants, l'égalité des portées étant bien entendu respectée.

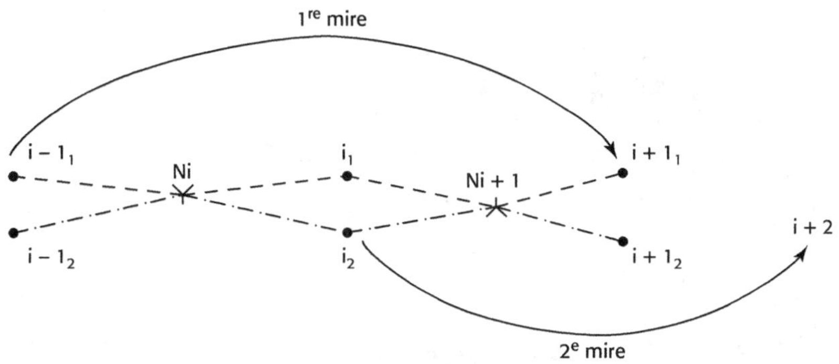

Figure 4.24. Doubles points de mire.

Les doubles points de mire du cheminement 1 ou cheminement de gauche (figure 4.24) et du cheminement 2 ou cheminement de droite sont placés l'un à côté de l'autre, matérialisés par des crapauds 1 et 2 ou de couleurs différentes, ou encore par des piquets ou pointerolles en sol meuble.

À la station Ni, l'opérateur lit successivement :

— $\text{LAR}_{i-1,1}$ sur la mire 1 ;

— $\text{LAV}_{i,1}$ mire 2 ;

— $\text{LAV}_{i,2}$ mire 2 ;

— $\text{LAR}_{i-1,2}$ mire 1.

Cet ordre chronologique, parfois qualifié improprement de « tour d'horizon », a l'avantage de réduire fortement l'erreur due à une variation rapide de la réfraction.

On peut également, à chaque station, débuter les observations sur la même mire, de 0 à n, en inversant une fois sur deux le sens de rotation du niveau ; ce procédé améliore légèrement les résultats mais est moins « organisationnel ».

Le *contrôle de marche*, effectué comme son nom l'indique au fur et à mesure des observations, consiste à calculer deux fois la différence des lectures faites sur chacun des points doubles et à vérifier que l'égalité : $\text{LAV}_{i,1} - \text{LAV}_{i,2} = \text{LAR}_{i,1} - \text{LAR}_{i,2}$ est respectée à 0,3 mm près au plus.

Ces différences représentent la dénivelée de i_1 vers i_2 pour les lectures sur la mire code-barres, la somme des dénivelées et de la constante de décalage des deux échelles pour la mire à double échelle. Le contrôle de marche permet de s'assurer de la stabilité des points de mire d'une station à la suivante.

Écart et tolérances calculés comme dans les méthodes précédentes.

Exemple

Nivellement de précision avec lectures optiques sur mire à double échelle.

Points de mire	OBSERVATIONS				Contrôle de marche 1 - 2	Portées	DENIVELEES
	Cheminement 1		Cheminement 2				
	L_{AR}	L_{AV}	L_{AR}	L_{AV}			
Repère gare	108,9 / 97,728cm / 86,5	/////	399,261cm	/////	AR −301,533 cm	///// AR 22,4m	///// 1 = −40,177 cm
	134,2 / 119,995 / 105,9	147,8 / 137,905cm / 128,1	431,687	449,617cm	AV −311,712 ; AR −311,692	AV 19,7 ; AR 28,3	2 = −50,356 ; 1 = −50,642
	183,3 / 173,266 / 163,2	185,0 / 170,637 / 156,2	471,404	468,806	AV −298,169 ; AR −298,138	AV 28,8 ; AR 20,1	2 = −37,119 ; 1 = −4,883
	157,1 / 141,173 / 125,4	188,3 / 178,149 / 167,8	454,611	491,575	AV −313,426 ; AR −313,438	AV 20,5 ; AR 31,7	2 = −20,171 ; 1 = 10,768
clou ponceau		146,0 / 130,405 / 114,9		431,956	AV −301,551 ; AR	AV 31,1 ; AR	2 = 22,655 ; 1 =
					AV	AV	2 =

$\Delta_{H_1} = -84,934$ cm $\qquad \Delta_{H_2} = -84,991$ cm $\qquad$ T = 5 mm

$|\Delta_{H_1}| - |\Delta_{H_2}| = -0,057$ cm $\qquad$ T$\sqrt{2}$ = 7 mm

$\Delta_H = -84,963$ cm $\qquad$ T/$\sqrt{2}$ = 4 mm

4.2.5 Précision

Les erreurs parasites sont décelées et corrigées par les méthodes mises en œuvre, les erreurs accidentelles étant de même nature que celles étudiées en nivellement direct ordinaire : parallaxe, calage, lecture, flamboiement.

Étalonnage de la mire, qui consiste d'une part à vérifier au comparateur le ruban invar, l'expérience montrant d'ailleurs qu'il reste très stable dans le temps, d'autre part et surtout à régler les talons lorsqu'ils sont rapportés ; l'erreur au talon résiduelle est éliminée pour un nombre pair de stations.

Défaut de verticalité de la mire, qui ne saurait excéder 0,003 rad, d'où la nécessité d'un réglage soigné de la nivelle sphérique et la mise en œuvre de contrefiches.

Collimation ; vérifications fréquentes et réglages.

Par rapport au nivellement ordinaire, trois autres erreurs systématiques doivent être prises en considération :

– *niveau apparent* : la sphéricité de la Terre et la réfraction font que la ligne de visée est incurvée vers le sol, en restant toutefois au-dessus de la surface de niveau de l'axe optique (figure 4.25). L'écart entre la ligne de visée et la surface de niveau représente l'erreur de niveau apparent (§ 4.3.2), dont la valeur dépend de la portée et qui par conséquent est éliminée par l'égalité des portées ;

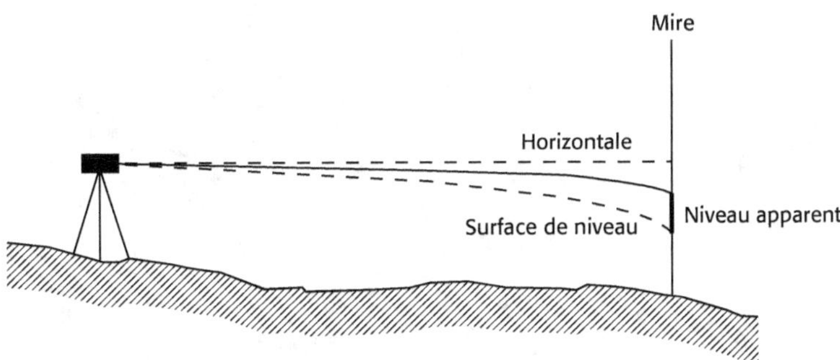

Figure 4.25. Niveau apparent.

— *sens de mise en station* : l'axe de basculement d'un niveau-bloc, ou le point de compensation d'un niveau automatique, n'étant pas sur le pivot, le défaut de verticalité de ce dernier se traduit par un abaissement de l'axe optique pour une des lectures et une élévation équivalente pour l'autre ; d'où une erreur, minime certes mais systématique, égale à la différence de hauteur des deux positions de l'axe optique ; afin d'éliminer cette erreur, diriger la lunette vers la mire arrière aux stations impaires par exemple N_1, N_3, etc. *avant* de caler la nivelle sphérique, vers la mire avant aux stations paires ;

— *sens de marche* : erreur constatée, tout se passant comme si, à chaque station, le niveau avait tendance à monter ou les supports de mire à descendre. L'inversion des branches du trépied par rapport au sens de marche d'une station à la suivante (figure 4.26) semble améliorer quelque peu les résultats.

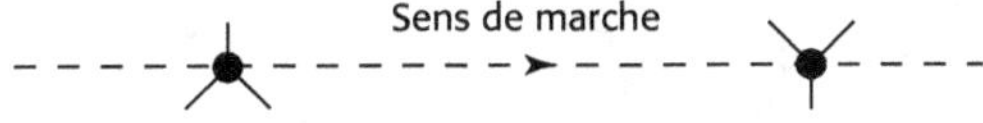

Figure 4.26. Inversion des branches du trépied.

Aujourd'hui encore, la qualité du nivellement géométrique de précision est conditionnée par les erreurs systématiques, dont certaines restent mal expliquées.

L'écart-type du nivellement de précision ne peut guère descendre au-dessous de 0,4 mm/km de cheminement double.

4.2.6 Nivellement géométrique motorisé

Le développement des niveaux automatiques qui réduisent les temps de station a conduit très vite à rechercher également la réduction des temps de parcours, en particulier pour les longs développements comme les autoroutes par exemple.

Les premiers essais ont débuté en 1962 à l'université technique de Dresde (Allemagne), pour déboucher rapidement sur l'adaptation à trois véhicules, un porte-niveau et deux porte-mire, d'un trépied allongé lourd et de mires en invar articulées, le nivellement motorisé étant dans ce cas la transposition de la méthodologie du nivellement pédestre (figure 4.27).

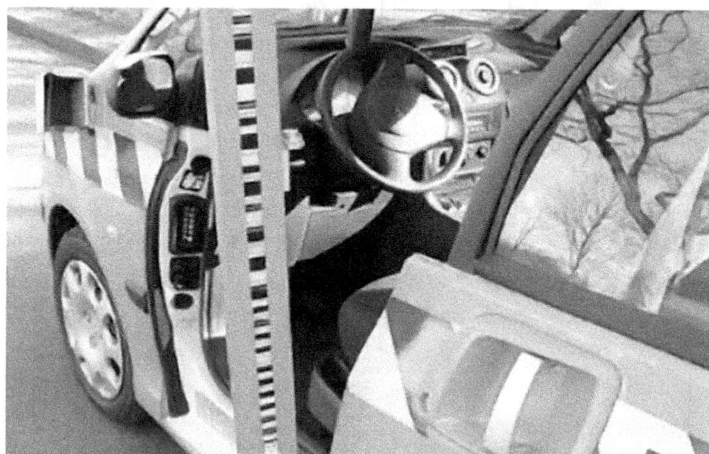

Figure 4.27. Nivellement géométrique motorisé.

Document IGN

Plus rapide et moins cher que le nivellement à pied pour un écart-type au kilomètre variable de 0,45 mm à 3 mm, le nivellement motorisé et automatisé, c'est-à-dire fournissant les résultats en temps réel, est développé à l'IGN sous le sigle Nigemo.

4.3 Nivellement géodésique

4.3.1 Dénivelée instrumentale

Le nivellement géodésique consiste à déterminer l'altitude d'un point connu en coordonnées à partir de celle d'un autre point connu en coordonnées et de la mesure de l'angle zénithal d'une visée faite d'un point sur l'autre ; c'est du nivellement indirect.

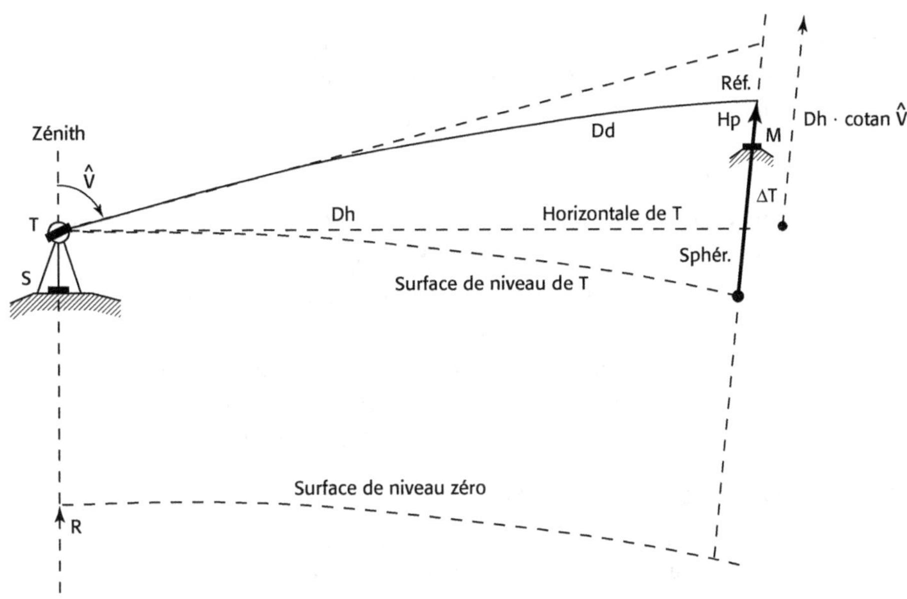

Figure 4.28. Dénivelée instrumentale.

S et M étant les points connus en coordonnées (figure 4.28), la conversion R → P (§ 8.2.1.2) donne la distance D qui les sépare, « remontée » à l'altitude du théodolite T en station au point S par la formule : Dh = $\dfrac{D}{m_0 \cdot m_L}$ (§ 3.2.6).

L'opérateur vise un point situé à la hauteur de pointé Hp sur la verticale de M et mesure l'angle zénithal $\hat{V}$.

La *dénivelée instrumentale* ΔT est la différence d'altitude comptée depuis la surface de niveau de l'axe de basculement T du théodolite jusqu'au point visé. Compte tenu de la sphéricité de la Terre d'une part, de la réfraction d'autre part, elle est donnée par la formule ΔT = Dh · cotan $\hat{V}$ + Sphér. − Réf. ; généralement, elle est différente de la dénivelée ΔH de S à M.

Si σ_V et σ_{Dh} sont les écarts-types respectifs de l'angle zénithal et de la distance, l'écart-type de la dénivelée instrumentale vaut : $\sigma^2_{\Delta T} = D^2h (1 + \text{cotan } \hat{V})^2 \cdot \sigma^2_{\hat{V}} + \text{cotan}^2 \hat{V} \cdot \sigma^2_{Dh}$, avec $\sigma_{\hat{V}}$ en radians, ce qui implique :

— de mesurer $\hat{V}$ avec davantage de précision quand la distance augmente ;

— de connaître la distance avec précision quand la visée est très inclinée.

4.3.2 Niveau apparent

4.3.2.1 Correction de sphéricité

Par rapport au rayon de courbure R de la Terre, les longueurs des visées sont suffisamment petites pour pouvoir assimiler les surfaces de niveau à des calottes sphériques concentriques. La surface de niveau de l'axe de basculement T du théodolite s'abaisse en dessous de l'horizontale au fur et à mesure que Dh augmente, imposant au produit : Dh · cotan $\hat{V}$ une correction de sphéricité : Sphér. $\approx \dfrac{Dh^2}{2R}$; cette correction est positive si $\hat{V} < 100$ gon, mais également si $\hat{V} > 100$ gon car alors le produit $Dh \cdot \cot \hat{V}$ est négatif et doit être diminué en valeur absolue.

4.3.2.2   Correction de réfraction

Du fait de la réfraction, la ligne de visée tourne sa concavité vers le sol et par conséquent s'incurve sous le prolongement rectiligne de l'axe optique du théodolite, d'où la correction de réfraction toujours négative : Réf. $\approx \dfrac{k}{2} \cdot \dfrac{Dh^2}{R}$ à appliquer au produit : $Dh \cdot \cot \hat{V}$. Le coefficient de réfraction k variant selon l'altitude, la pression atmosphérique, la température et le taux d'humidité de l'air, a, entre 10 h et 17 h, une valeur moyenne égale à 0,13 pour la France métropolitaine à l'exception des zones montagneuses ; en cas de nécessité d'ailleurs il est aisé de le mesurer expérimentalement par visées réciproques simultanées.

4.3.2.3   Correction de niveau apparent

Les corrections de sphéricité et de réfraction, toutes deux fonction de la distance, sont réunies en une correction unique appelée *correction de niveau apparent*.

$$c_{na} = + \text{Sphér.} - \text{Réf.} = \dfrac{Dh^2}{2R} - \dfrac{k}{2} \cdot \dfrac{Dh^2}{R} = \dfrac{1-k}{2} \cdot \dfrac{Dh^2}{R}$$

La correction de niveau apparent, toujours positive, à appliquer au produit : $Dh \cdot \cot \hat{V}$, vaut en moyenne : $c_{na} \approx 0{,}068\,Dh^2 \approx \dfrac{1}{15} \cdot Dh^2$, avec c_{na} en mètres et Dh en kilomètres. La dénivelée instrumentale est donc calculée par la formule : $\Delta T = Dh \cdot \cot \hat{V} + c_{na}$.

4.3.3   Visée unilatérale

Connaissant l'altitude H_S du point de station S, la hauteur ST de l'axe de basculement au-dessus du point ainsi que la hauteur de pointé H_p, l'altitude du point M est immédiate : $H_M = H_S + ST + \Delta T - H_p$.

La dénivelée ΔH de S vers M vaut : $\Delta H = H_M - H_S = ST + \Delta T - H_p$, soumise à tolérance.

4.3.4   Visées réciproques non simultanées

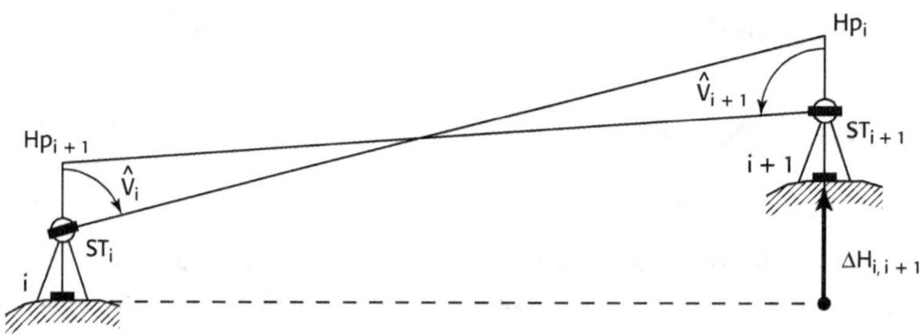

Figure 4.29. Visées réciproques.

Les visées réciproques entre deux points i et i + 1 stationnés successivement, *visée directe* de i vers i + 1 et *visée inverse* de i + 1 vers i (figure 4.29), donnent deux valeurs opposées et indépendantes de la dénivelée.

Les deux dénivelées étant de signes contraires, on peut écrire, en admettant que la réfraction de l'air soit la même aux deux stations :

$$\left|\Delta H_{i,i+1}\right| = \frac{\left|\Delta H_{i,i+1}\right| + \left|\Delta H_{i+1,i}\right|}{2}$$

$$= \frac{\left|(ST_i + Dh \cdot \cotan \hat{V}_i + c_{na} - H_i) - (ST_{i+1} + Dh \cdot \cotan \hat{V}_{i+1} + c_{na} - H_{i+1})\right|}{2}$$

Soit : $\left|\Delta H_{i,i+1}\right| = \dfrac{\left|(ST_i + Dh \cdot \cotan \hat{V}_i - H_i)\right| + \left|(ST_{i+1} + Dh \cdot \cotan \hat{V}_{i+1} - H_{i+1})\right|}{2}$

La correction de niveau apparent est éliminée par les visées réciproques, sous réserve qu'elle soit la même pour les observations aux deux stations.

Si T est la tolérance applicable aux visées réciproques, l'écart entre les valeurs absolues des deux dénivelées directe et inverse a pour tolérance $T\sqrt{2}$, la tolérance sur la moyenne des deux dénivelées valant $\dfrac{T}{\sqrt{2}}$.

4.3.5 Visées réciproques simultanées

Deux instruments en station en i et i + 1 mesurent simultanément, au top radio par exemple, les angles zénithaux $\hat{V}_i$ et $\hat{V}_{i+1}$; la correction de niveau apparent, quelle que soit sa valeur, est alors rigoureusement éliminée par la moyenne des dénivelées réciproques, dans la mesure où la visée reste proche d'un arc de cercle, ce qui peut ne pas être le cas pour des visées longues subissant des réfractions parasites par exemple.

Tolérances plus sévères que pour les visées réciproques non simultanées.

4.4 Nivellement trigonométrique

4.4.1 Visée unilatérale

Le nivellement trigonométrique consiste à déterminer l'altitude d'un point à partir de celle d'un autre point connu en mesurant électroniquement la distance directe, ainsi que l'angle zénithal de la visée faite d'un point sur l'autre ; c'est du nivellement indirect.

Il vient immédiatement (figure 4.28) : $\Delta T = Dd \cdot \cos \hat{V} + c_{na}$, soumis à tolérance.

Si σ_V et σ_{Dd} sont les écarts-types respectifs de l'angle zénithal et de la distance directe Dd, l'écart-type de la dénivelée vaut : $\sigma^2_{\Delta T} = \cos^2 \hat{V} \cdot \sigma^2_{Dd} + Dd^2 \cdot \sin^2 \hat{V} \cdot \sigma^2_{\hat{V}}$, avec $\sigma_{\hat{V}}$ en radians, ce qui implique :

— de mesurer $\hat{V}$ avec davantage de précision quand la distance augmente ;
— de connaître la distance avec précision quand la visée est très inclinée.

Le développement des distancemètres et des théodolites électroniques a entraîné celui du nivellement trigonométrique, dont le rapport qualité-prix est bien meilleur que celui du nivellement géométrique.

4.4.2   Visées réciproques

Les visées réciproques non simultanées fournissent, comme en nivellement géodésique, deux dénivelées indépendantes soumises aux tolérances correspondantes.

La formule : $\Delta H = ST + \Delta T - Hp$ est générale, sous réserve de considérer les hauteurs ST et Hp comme négatives quand les points sont au-dessus de la ligne de visée, comme c'est fréquemment le cas en travaux souterrains.

Exemple

Dénivelée dans une cheminée de déblocage entre le point S au sol et le point M au toit (figure 4.30).

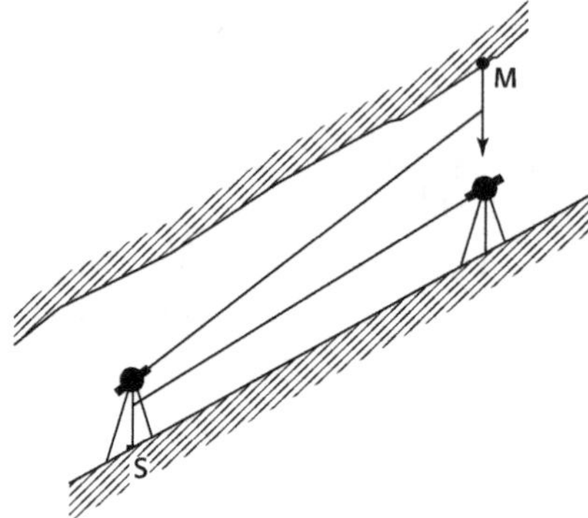

Figure 4.30. Points au sol et au toit.

Opérateur - Date :			Température : Pression :				Distances : - brute : Dist - directe (Dd) - horizontale : Dh - niveau zéro : Do - Lambert : D
STATION : S Hauteur Instrument : + 1,524 m							
Correction d'index : 0 gr Altération Lambert :			ppm atmosph :				

Point visé	Hauteur Pointé	Cercle Horizontal	Cercle Vertical	Distance Dd	Lectures Réduites			Ecarts	Remarques
				~~Traits Stadi.~~	Séquences	Paires	Tours		
M	− 1,039 m		64,725 gr	23,910 m					
			Station M,	ST = − 1,810 m					
S	+ 0,637		135,610	23,920					

Points nivelés	ST	ΔT	Hp	ST + ΔT − Hp	$\dfrac{T}{T\sqrt{2}}$	ΔH	$\dfrac{T}{\sqrt{2}}$	H
S	+ 1,524 m	↓ + 12,581 m	− 1,039 m	+ 15,144 m	8 mm			− 600,371 m
						↓ + 15,142 m	6 mm	
M	− 1,810	↑ − 12,693	+ 0,637	− 15,140	11 mm			− 585,229 m

Comme en nivellement géodésique, seules les visées réciproques simultanées éliminent la correction de niveau apparent.

4.4.3   Cheminements

Comme en nivellement direct ordinaire, ils peuvent être encadrés ou fermés ; les cheminements ouverts, contrôlés par les visées réciproques obligatoires, peuvent être tolérés.

Calculs en deux phases :

— d'abord, les dénivelées moyennes entre stations ;

— ensuite, les altitudes, ajustées comme en nivellement direct mais avec un calcul des tolérances différent ; la tolérance du cheminement vaut : $T = \sqrt{\sum T_i^2}$, T_i désignant les tolérances des dénivelées du point de départ et du point d'arrivée, *en plus* de celles des dénivelées.

Exemple

Calcul des altitudes des sommets du cheminement encadré 505 $\rightarrow$ 2006 (§ 5.3.3.2.) ; ajustement proportionnel aux valeurs absolues des dénivelées.

Points nivelés	ST	ΔT	Hp	ST + ΔT − Hp	T $T\sqrt{2}$	ΔH	$\dfrac{T}{\sqrt{2}}$	H
505	1,529 m	↓− 18,670 m	1,30 m	− 18,441 m	2 cm			68,41 m
						↓− 18,452 m	1,4 cm	
		↑ 18,298	1,30	+ 18,462	2,8	− 5 mm		
6 014	1,464							49,95
		↓− 17,189	1,30	− 17,025	2			
						↓− 17,016	1,4	
		↑ 16,763	1,30	+ 17,007	2,8	− 5		
6 015	1,544							32,93
		↓− 10,887	1,50	− 10,843	1			
						↓− 10,842	0,7	
		↑ 10,835	1,50	+ 10,840	1,4	− 3		
6 016	1,505							22,09
		↓− 7,234	1,30	− 7,029	2			
						↓− 7,038	1,4	
		↑ 6,868	1,30	+ 7,047	2,8	− 2		
6 017	1,479							15,05
		↓− 6,933	1,30	− 6,754	2			
						↓− 6,751	1,4	
		↑ 6,509	1,30	+ 6,747	2,8	− 2		
6 018	1,538							8,29
		↓− 0,215	1,30	+ 0,023	2			
						↓+ 0,012	1,4	
		↑− 0,251	1,30	− 0,001	2,8			
6 019	1,550							8,31
		↓ 18,242	2,15	+ 17,642	1			
						↓+ 17,649	0,7	
		↑− 17,852	1,30	− 17,655	1,4	− 5		
2 006	1,497							25,95
		↓						
						↓		
		↑						
		↓ Tolérances aux extrémité : 5 mm				$C_H = -22$ mm		$H_{n_a} = 25,972$
						$T_H = 3$ cm		

Le nivellement indirect de précision motorisé, développé à l'IGN sous le signe Nipremo, consiste à observer par visées réciproques simultanées des cheminements de 600 m de côté en moyenne, à l'aide de deux véhicules spécialement aménagés ; traitement automatique en temps réel.

Ce mode de nivellement bon marché a un écart-type égal à 4,5 mm/km.

4.5   Canevas de nivellement

CRITERE	INDICATEUR	CLASSES DE QUALITES			
		A	B	C	D
PRECISION	*Nivellement de réseau par méthodes terrestres :* Emq kilométrique (Unité : mm x km$^{-1/2}$)	↔ 1	↔ 2,5	↔ 10	↔
	Autre nivellement par méthodes terrestres : Emq (Unité : mm x n$^{-1/2}$) (n : nombre de nivelés)	↔ 0,3	↔ 0,7	↔ 3	↔
	Nivellement par méthodes spatiales : Emq sur l'altitude en mm:	↔ 5	↔ 10	↔ 50	↔
EXACTITUDE	Modalités de rattachement à un système de référence :	contrainte globale du réseau concerné et du polygone circonscrit du réseau d'appui	au moins deux repères du réseau d'appui, avec stabilités	deux repères cohérents du réseau d'appui	un seul repère du réseau d'appui, ou aucun repère
STABILITÉ	Informations sur les mouvements verticaux :	information B, plus analyse des écarts entre déterminations successives d'un ensemble de plus de 3 repères	information C, plus tests de stabilité locale	information D, plus nature du support	ancienneté de la détermination
PÉRENNITÉ	Nature du support et qualité de la matérialisation	de type point primordial (voir glossaire)	repère mural classique	rivet, clou,...	point naturel ou signalisé
ACCESSIBILITÉ	Degré de difficulté :	accès immédiat et sans autorisation	accès immédiat mais avec autorisation ou accès non immédiat mais sans autorisation		accès non immédiat et avec autorisation
OBSERVABILITÉ	*Méthodes terrestres :* Hauteur libre au-dessus du repère :	↔ 4 m	↔ 3 m	↔ 2 m	↔
	Méthodes spatiales Distance entre repère et station possible :	nulle	< 50 mètres	> 50 mètres	non utilisables par ces méthodes
DOCUMENTATION	Conformité à une liste type des données devant composer la documentation :	complète	suffisante pour un usage courant	incomplète mais exploitable	inexistante ou inexploitable
ACTUALITÉ	Date de la dernière visite :	....../....../......			

Figure 4.31. Qualité du canevas de nivellement.

Document Publi-Topex

Le canevas de nivellement, ou canevas altimétrique, est l'ensemble des repères dont les altitudes ont été déterminées par nivellement direct ou indirect.

Le CNIG (Conseil national de l'information géographique) recommande l'adoption de critères et indicateurs de qualité conformes au tableau de la figure 4.31.

4.5.1   Avant-projet et reconnaissance

Avant de se rendre sur le terrain, le topographe réunit la documentation dont il peut disposer, notamment :

— les fiches des repères du NGF diffusées par l'IGN ;
— les croquis de repérage des repères d'autres origines.

Il étudie ensuite le chantier de manière à :

– fixer le ou les modes de nivellement, direct et/ou indirect ;

– élaborer un avant-projet limité aux points les plus importants.

La reconnaissance sur le terrain, facilitée par l'étude qui précède, a pour but essentiel de vérifier l'état de conservation des bornes et repères existants et d'arrêter les observations à effectuer suivant les difficultés rencontrées.

4.5.2 Projet et matérialisation

Les points et repères connus en altitudes reçoivent un numéro non encore attribué dans les séries fixées pour le canevas d'ensemble (§ 5.1) :

– de 5 à 195 pour le NGF, de 5 en 5 ;

– de 200 à 495 pour les autres canevas altimétriques, de 5 en 5.

Les sommets nouveaux déterminés en ENH conservent le numéro qui leur a été attribué lors des travaux de planimétrie, alors que ceux déterminés uniquement en altimétrie sont numérotés de 2 en 2 à partir de 900, dans l'ordre croissant des calculs.

Le projet de nivellement est en principe rédigé séparément du projet planimétrique, sur calque superposé à la carte de base au 1/25 000 ; cette *mappe de nivellement* porte :

– les repères de nivellement, représentés par un gros point entouré d'un cercle ;

– les points de canevas d'ensemble d'altitudes connues, représentés par un triangle noirci ;

– les points nouveaux, représentés par un cercle noirci quand ils sont déterminés uniquement en altitudes ;

– les cheminements de nivellement direct, représentés par un trait épais indiquant approximativement le parcours emprunté ;

– les visées d'intersection et de relèvement, comme en canevas planimétrique (§ 5.1.1 et § 5.1.2).

Les repères de nivellement proprement dits, calculés uniquement en altitudes, sont le plus souvent matérialisés par des broches métalliques à têtes arrondies, scellées dans les murs des constructions stabilisées.

4.5.3 Observations et calculs

Cheminements simples ou doubles de nivellement direct, encadrés ou nodaux, des canevas ordinaire ou de précision ; éviter les cheminements aller-retour ou fermés appuyés sur un repère unique.

Les points nivelés des cheminements altimétriques peuvent utilement être les sommets des cheminements planimétriques (§ 5.2.1).

Nivellement géodésique des sommets du canevas d'ensemble, calculés point par point ou en bloc *postérieurement au canevas planimétrique.*

Cheminements de nivellement trigonométrique, pouvant être confondus avec les cheminements planimétriques encadrés ou nodaux correspondants.

Un point nodal altimétrique N, déterminé par nivellement indirect, peut être le point de concours de visées d'intersection, de visées de relèvement et de cheminements (figure 4.32).

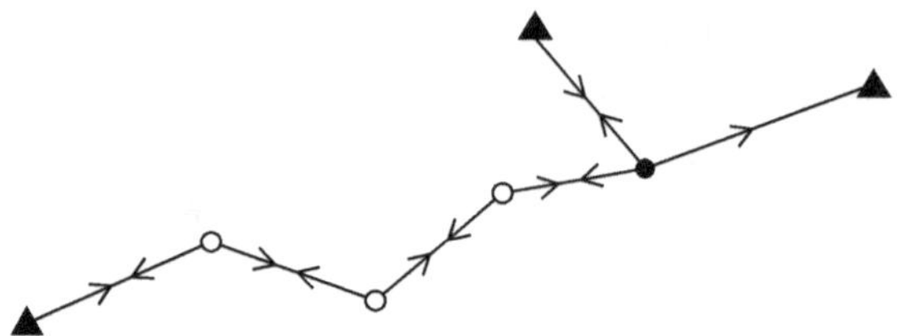

Figure 4.32. Point nodal de nivellement indirect.

Repérer les sommets en dressant ou en complétant les fiches signalétiques utilisées en canevas d'ensemble ou en établissant des fiches particulières (figure 4.33).

**Ville de NANCY
CANEVAS ALTIMÉTRIQUE
DE PRÉCISION - IGN 69
Altitudes normales**

• **N du repère :** 0823

• **Altitude normale :** 200,908

• **Altitude orthométrique (ancienne) :** 200,55

• **Nature du repère :** Repère ancien en fer ø 12 cm

• **Situation et adresse :** 1 Rue Sainte-Catherine
propriété de la ville de Nancy (grand théatre)

• **Référence cadastrale :** Section AO n 133

Travaux exécutés en 1997 par
le Service topographique de la ville
de NANCY, avec le concours des élèves
géomètres-topographes du lycée Loritz

Figure 4.33. Fiche signalétique de repère de nivellement.

Document ville de Nancy

4.5.4 Dossier et vérification

Le dossier doit permettre le déroulement de la vérification dans de bonnes conditions.

Les pièces suivantes sont indispensables :

— les documents contractuels : cahier des charges, notices techniques, marché des travaux, etc., mentionnant en particulier la nature des travaux à effectuer et les tolérances applicables ;

— un rapport sommaire sur le déroulement des opérations, précisant notamment la méthode employée lorsque celle-ci n'est pas imposée par le maître d'ouvrage ;

— les altitudes des points d'appui ;

— le tableau des altitudes de l'ensemble des points du chantier ;

— les fiches signalétiques des points de l'ensemble du chantier ;

— les carnets de terrain ou les documents en tenant lieu ;

— les imprimés de calcul.

La vérification est conduite comme en canevas d'ensemble.

Chapitre 5

Localisation terrestre

5.1 Points de canevas

D'une façon générale, le *canevas* est un ensemble discret de points bien répartis sur la surface à lever, points dont les positions relatives sont déterminées avec une précision au moins égale à celle que l'on attend du levé ; ces points servent d'appui au levé des détails. Le canevas s'exprime par les coordonnées de ces points dans un même système.

Sur le territoire métropolitain, l'établissement de plusieurs points nouveaux sur un même chantier, ou *canevas d'ensemble*, est exceptionnel compte tenu de la densité des points existants.

5.1.1 Intersection

L'intersection consiste à déterminer les coordonnées d'un point en mesurant exclusivement des angles horizontaux à partir des stations faites sur d'autres points de coordonnées connues.

Les visées doivent être réparties aussi uniformément que possible autour du point à déterminer et leur nombre doit être suffisant pour assurer une détermination correcte.

L'intersection dispense de stationner le point à déterminer et par conséquent s'impose pour les points inaccessibles, comme les clochers par exemple.

Les observations débouchent sur les gisements des différentes visées en nombre redondant, le traitement des données (§ 5.2) fournit les coordonnées du point intersecté.

5.1.2 Relèvement

Le relèvement consiste à déterminer les coordonnées d'un point en le stationnant et en effectuant un tour d'horizon sur des points d'appui de coordonnées connues.

Le relèvement ne nécessitant qu'une station est évidemment très économique, notamment si tous les points d'appui sont présignalés, clochers par exemple.

Le traitement des données (§ 5.2) fournit les coordonnées du point cherché.

5.1.3   Recoupement

Le recoupement est le procédé qui utilise simultanément l'intersection et le relèvement pour la détermination d'un point. Sa mise en œuvre est fréquente car on ne dispose pas toujours du nombre minimal de visées d'intersection ou de relèvement nécessaires à la mise en œuvre d'un seul de ces procédés.

Les *visées réciproques* sont constituées d'une visée d'intersection et d'une visée de relèvement, lesquelles génèrent deux lieux géométriques indépendants.

Le traitement des données (§ 5.2) fournit les coordonnées du point cherché.

5.1.4   Insertion

La *trilatération*, ou multilatération, est le procédé qui permet de déterminer les coordonnées d'un point à partir des mesures des distances à des points connus ; les distances, mesurées au distancemètre, sont réduites au système de projection avant d'entrer dans les calculs de coordonnées. En topographie, les distancemètres sont liés aux théodolites, lesquels fournissent les orientations et les inclinaisons des distances mesurées ; par conséquent, la multilatération qui utiliserait exclusivement des distances pour la détermination d'un point n'est pas employée, le topographe n'ayant aucune raison de se priver des visées d'intersection et de relèvement correspondant aux mesures des distances.

L'*insertion* est le procédé qui utilise simultanément l'intersection, le relèvement et la multi-latération pour déterminer les coordonnées d'un point de canevas d'ensemble.

5.1.5   Station libre

Une station libre est la combinaison d'un relèvement et d'une multilatération. Elle consiste à stationner un point inconnu, à viser plusieurs points connus pour saisir les angles horizontaux et les distances inclinées. C'est une méthode fréquemment utilisée en topographie, notamment lors des implantations lorsque des stations préalablement établies ont disparu, cas fréquent sur les chantiers de travaux publics.

Une *résection* est une station libre s'appuyant sur deux points connus seulement.

Les calculs sont faits en temps réel avec un tachéomètre électronique programmé, sur dix points connus au maximum, avec contrôles : en résection par exemple, trois lieux géométriques indépendants (deux arcs de cercle et un arc capable) concourent à la détermination du point.

La station libre est calculable par une transformation d'Helmert ou un calcul en bloc (§ 5.2).

5.2   Traitement des données

5.2.1   Compensation par la méthode des moindres carrés

La compensation par moindres carrés est un outil de calcul entièrement numérique permettant d'évaluer la position d'un point, ainsi que sa précision. Elle est mise en œuvre aussi bien lors du calcul d'un point isolé, station libre par exemple, que dans un canevas polygonal. Elle est intégrée à la plupart des logiciels de calculs topométriques.

En topographie, afin d'obtenir des contrôles et d'améliorer la précision des résultats, on effectue un nombre surabondant de mesures. Du fait des erreurs accidentelles, toutes ces observations ne vont pas aboutir à un même point, mais à une zone délimitée par les lieux géométriques découlant des angles et distances mesurés. Le problème revient donc à déterminer la position la plus probable du point dans cette zone parmi la multitude de possibilités.

Si v_i désigne les *résidus*, c'est-à-dire les écarts résiduels entre les points cherchés et les observations, la compensation par les moindres carrés consiste à *rendre minimale la somme des carrés des résidus*, critère qui fournit une *solution unique*.

Chaque observation génère une *relation d'observation* reliant les inconnues X,Y,Z aux mesures et à des constantes telles que les coordonnées des points d'appui ; la méthode des moindres carrés ne s'applique qu'à des relations d'observation linéaires, condition toujours réalisable si l'on connaît des valeurs approchées des inconnues.

5.2.1.1   Linéarisation des relations d'observation

Soit : $f(X,Y,Z) = 0$ la fonction liant les trois coordonnées inconnues aux données.

Si Xa, Ya, Za sont des valeurs approchées des inconnues il vient : $X = Xa + dX$, $Y = Ya + dY$, $Z = Za + dZ$.

Le développement de Taylor limité aux termes du premier degré donne :

$$f(X,Y,Z) = f(Xa,Ya,Za) + f'(Xa) \cdot dX + f'(Ya) \cdot dY + f'(Za) \cdot dZ,$$

expression dans laquelle $f(Xa,Ya,Za) = k$ est un terme constant, calculable à partir des coordonnées approchées et des observations.

Si : $f'(Xa) = a$, $f'(Ya) = b$, $f'(Za) = c$ sont des coefficients fournis par les observations et les coordonnées approchées, la fonction reliant X, Y, Z aux observations est linéarisée sous la forme $a \cdot dX + b \cdot dY + c \cdot dZ + k = 0$.

Chaque observation génère une équation de cette forme et, comme les mesures sont surabondantes, il en résulte un système qui n'admet pas de solution rigoureuse puisque le nombre d'équations est supérieur au nombre d'inconnues.

Pour résoudre un tel système, on fait intervenir au niveau de chaque équation un résidu v_i qui représente l'écart résiduel entre les valeurs approchées et les valeurs observées :

$$a_1 \cdot dX + b_1 \cdot dY + c_1 \cdot dZ + k_1 = v_1$$
$$\vdots$$
$$a_n \cdot dX + b_n \cdot dY + c_n \cdot dZ + k_n = v_n$$

La meilleure solution, au sens des probabilités, correspond à une somme S des v_i^2 minimale, ce qui conduit à la *normalisation* des relations d'observation.

5.2.1.2   Normalisation des relations d'observation

Elle consiste à se ramener d'un système surabondant de p équations à n inconnues à un système de n équations à n inconnues.

Solution analytique

La condition : $S = \Sigma v_i^2$ minimale, implique que les dérivées partielles : S'_{Xa}, S'_{Ya}, S'_{Za} soient simultanément nulles.

Chaque dérivation donne une équation et une seule ; on se ramène donc à un système de 3 équations à 3 inconnues :

$$\sum aa \cdot dX + \sum ab \cdot dY + \sum ac \cdot dZ + \sum ak = 0$$

$$\sum ab \cdot dX + \sum bb \cdot dY + \sum bc \cdot dZ + \sum bk = 0$$

$$\sum ac \cdot dX + \sum bc \cdot dY + \sum cc \cdot dZ + \sum ck = 0$$

avec : $\displaystyle \sum aa = a_1 \cdot a_1 + a_2 \cdot a_2 + \dots + a_n \cdot a_n = \sum_{i=1}^{n} a_i^2$.

Ce système des équations normalisées, linéaire et symétrique par rapport à la diagonale principale, est extensible en fonction du nombre des inconnues. Mais pour le calcul en bloc de plusieurs points nouveaux, la solution analytique est difficile à mettre en application; il est préférable d'écrire les relations d'observation en utilisant la notation matricielle.

Solution matricielle

Le système des relations d'observation peut s'écrire sous la forme : $[A] \cdot [X] + [K] = [V]$, avec :

$$A = \begin{bmatrix} a_1 & b_1 & c_1 \\ a_2 & b_2 & c_2 \\ & \vdots & \\ a_n & b_n & c_n \end{bmatrix}, \quad X = \begin{bmatrix} dX \\ dY \\ dZ \end{bmatrix}, \quad K = \begin{bmatrix} k_1 \\ k_2 \\ \vdots \\ k_n \end{bmatrix}, \quad V = \begin{bmatrix} v_1 \\ v_2 \\ \vdots \\ v_n \end{bmatrix}$$

Soit S la somme des v_i^2 :

$$S = V^t \cdot V$$

$$V^t = X^t \cdot A^t + K^t$$

$$S = (X^t \cdot A^t + K^t) \cdot (A \cdot X + K)$$

De la même manière que précédemment, S sera minimale lorsque sa dérivée sera nulle.

$$dS = dX^t \cdot (A^t \cdot A \cdot X + A^t \cdot K) + (X^t \cdot A^t \cdot A + K^t \cdot A) \cdot dX$$

Soit : $\qquad\qquad\qquad M = A^t \cdot A \cdot X + A^t K$

Sa transposée s'écrit : $\qquad M^t = X^t \cdot A^t \cdot A + K^t \cdot A$

dS peut donc se mettre sous la forme : $dS = dX^t \cdot M + M^t \cdot dX$

La condition de minimisation : $dS = 0$ conduit donc à annuler M, soit : $A^t \cdot A \cdot X + A^t \cdot K = 0$

Posons : $N = A^t \cdot A$ et $C = A^t \cdot K$, avec :

$$A^t = \begin{bmatrix} a_1 & a_2 & \dots & a_n \\ b_1 & b_2 & \dots & b_n \\ c_1 & c_2 & \dots & c_n \end{bmatrix} \qquad N = \begin{bmatrix} \sum a_i^2 & \sum a_i b_i & \sum a_i c_i \\ \sum b_i a_i & \sum b_i^2 & \sum b_i c_i \\ \sum c_i a_i & \sum c_i b_i & \sum c_i^2 \end{bmatrix} \cdot C \qquad C = \begin{bmatrix} \sum a_i k_i \\ \sum b_i k_i \\ \sum c_i k_i \end{bmatrix}$$

On a donc : $N \cdot X + C = 0$, relation équivalente à celle obtenue en calculant les dérivées partielles.

Cette procédure de calcul, développée dans le cas particulier d'un système de p équations à 3 inconnues avec $p > 3$, se généralise. Ainsi, quel que soit le nombre d'observations et le nombre d'inconnues, la normalisation du système des équations d'observation est aisément mise en œuvre par informatique puisqu'elle est obtenue par deux produits de matrices.

5.2.1.3   Résolution du système d'équations normalisées

La matrice N est symétrique et tous les termes principaux sont situés à proximité de la diagonale principale ; mais comme les autres termes ne sont pas nuls, elle ne peut pas bénéficier des méthodes particulières de résolution réservées à des matrices-bandes. D'autre part, les inconnues dX, dY et dZ rangées dans le vecteur V sont très petites car elles représentent les écarts entre les coordonnées définitives et approchées. Il en résulte que la résolution d'un tel système doit être effectuée avec un algorithme qui garantit la précision des résultats.

Ce système linéaire et symétrique est résolu avec une très grande précision par la méthode de Cholesky, qui substitue à la matrice N le produit d'une matrice triangulaire supérieure H par une matrice triangulaire inférieure, la seconde ayant pour particularité d'être la transposée de la première.

$N \cdot \mathbf{X} = -C$ est remplacé par : $H^t \cdot H \cdot \mathbf{X} = -C$; avec : $Y = H \cdot X$, on déduit d'abord Y avec : $H^t \cdot Y = -C$, puis X avec : $H \cdot X = Y$.

On obtient ainsi les valeurs optimales dX, dY, dZ pour chaque point du réseau, permettant à celui-ci de « coller » au mieux avec les observations.

La détermination des coefficients des relations d'observation est fonction de la nature de la compensation recherchée ; si la relation n'a pas la forme d'une équation linéaire, le développement de Taylor, mis en œuvre avec des valeurs approchées des inconnues, permet la linéarisation.

5.2.2   Transformation d'Helmert

La transformation d'Helmert (géodésien allemand 1843-1917) est une similitude permettant de passer d'un système de coordonnées à un autre. En topographie, elle est généralement utilisée pour passer d'un système local à un système Lambert par exemple.

Elle est composée d'une rotation, d'une translation et d'une homothétie ou changement d'échelle définis à partir de points de calage (deux au minimum), connus dans le système de départ et d'arrivée et calculés de manière à minimiser la somme des carrés des distances Di entre les points connus et ces mêmes points transformés. Elle s'apparente donc à une compensation par moindres carrés.

Soient (X, Y) les coordonnées dans le système d'arrivée et (x, y) celles du système de départ.

Si k est le facteur de mise à l'échelle, généralement proche de 1, θ l'angle de rotation et (P,Q) le vecteur de translation, les coordonnées (X, Y) sont calculées de la manière suivante :

$$X \;=\; k \times \cos\theta \times x + k \times \sin\theta \times y + P$$
$$Y \;=\; -k \times \sin\theta \times x + k \times \cos\theta \times y + Q$$

En posant : $A = k \times \cos\theta$ et $B = k \times \sin\theta$, on obtient :

$$X = A \times x + B \times y + P$$
$$Y = A \times y - B \times x + Q$$

En théorie, les paramètres A, B, P et Q sont calculables à partir de 2 points de calage seulement. En pratique, il est préférable d'en utiliser davantage pour plus de précision et pour l'application des moindres carrés ; les paramètres sont calculés de manière à ce $\sum Di^2$ que soit minimum.

5.2.3   Calcul en bloc

Le calcul en bloc permet un calcul global d'un ensemble de points nouveaux en tenant compte de tous les lieux géométriques déterminatifs. Il offre l'avantage de ne pas privilégier un point par rapport à un autre, en *évitant la filiation* d'un point nouveau au suivant ; en outre, il permet parfois la détermination lorsque la méthode point par point ne peut être mise en œuvre faute d'un nombre suffisant d'observations.

Les données sont d'une part les coordonnées des points déterminés antérieurement, d'autre part les observations azimutales et les mesures des distances. Un premier calcul provisoire fournit un réseau approché dont toutes les observations O donnent des lieux déterminatifs calculés C.

Pour fixer la position définitive des points nouveaux, il convient d'apporter à chaque lieu C une compensation dC. Les lieux déterminatifs n'étant pas rigoureusement concourants compte tenu de l'imprécision des points d'appui et des observations, chaque observation O_i : mesure angulaire ou mesure de distance, donne une relation d'observation de la forme : $(C_i + dC_i) - O_i = v_i$ dans laquelle v_i est le résidu entre les éléments observés et les éléments compensés.

La compensation est calculée par la *méthode des moindres carrés* qui rend $\sum v_i^2$ minimale et par conséquent donne un résultat unique ; ainsi la compensation du réseau est globale, d'où l'appellation compensation en bloc ou *calcul en bloc*.

En pratique, les corrections dC sont exprimées en fonctions des inconnues dE, dN, dG_0 qui représentent les corrections à apporter respectivement aux coordonnées approchées des points nouveaux et aux G_0 provisoires calculés aux points stationnés.

La compensation en bloc en altimétrie est faite après et indépendamment de la compensation planimétrique, avec les relations d'observations correspondantes.

Le calcul en bloc, en planimétrie puis en altimétrie, permet la compensation de figures géométriques complexes, les résultats étant d'autant meilleurs que le nombre des déterminations est plus redondant ; de ce point de vue d'ailleurs, les topographes, généralement fidèles à la hiérarchie des canevas, peuvent sans doute évoluer vers des concepts plus souples et plus généraux.

5.3   Canevas polygonal

5.3.1   Cheminements planimétriques

Le canevas polygonal, ou *polygonation*, est l'ensemble des polygones formés par les *cheminements planimétriques*, qui sont des lignes brisées parcourues en mesurant les angles et les longueurs des côtés pour, ensuite, calculer les coordonnées des sommets.

Un cheminement est *goniométrique* lorsque les gisements de ses côtés sont calculés à partir de gisements de référence et des angles mesurés que font entre eux les côtés successifs.

Un cheminement est *décliné* lorsque les gisements de ses côtés sont mesurés directement sur le terrain avec un théodolite décliné. Étant donné la faible précision de l'écart-type d'un azimut magnétique et le fait que l'erreur commise n'affecte qu'un côté sans répercussion sur les suivants, ce procédé peut éventuellement présenter de l'intérêt pour un cheminement comportant de nombreux côtés courts ; en dehors de rares travaux forestiers, le cheminement décliné n'est plus utilisé.

Le canevas polygonal, constitué de cheminements planimétriques goniométriques, est souvent un canevas intermédiaire de lignes entre les points d'appui connus et le levé des détails.

5.3.2   Cheminement ouvert

5.3.2.1   Observations

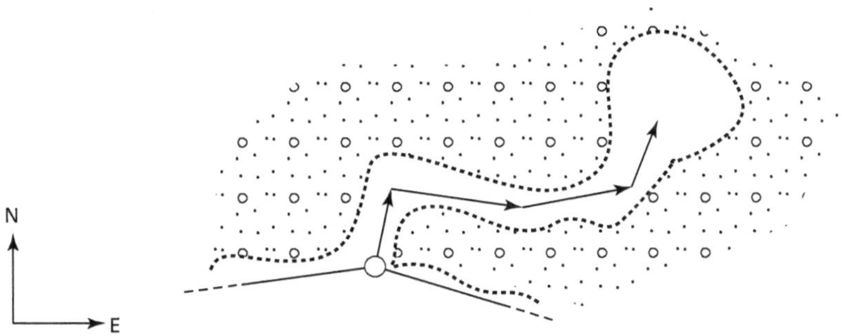

Figure 5.1. Ligne polygonale.

Le cheminement ouvert, ou ligne polygonale ou cheminement en antenne, est une ligne brisée orientée (figure 5.1) définie géométriquement par :

— une origine connue en coordonnées rectangulaires, dans un repère orthonormé local (x,y) ou un système de représentation national (E, N) : Lambert ou UTM par exemple ;

— une direction de référence à l'origine, dont le gisement est connu ;

— les angles azimutaux des côtés successifs, y compris celui à l'origine entre la direction de référence et le premier côté ;

— les longueurs des côtés réduites au système de projection ou au minimum à l'horizontale si le calcul est fait dans un repère orthonormé local.

Les angles sont mesurés avec un théodolite, les distances au distancemètre.

5.3.2.2   Calculs

Les calculs s'effectuent en deux phases.

Première phase : orientation

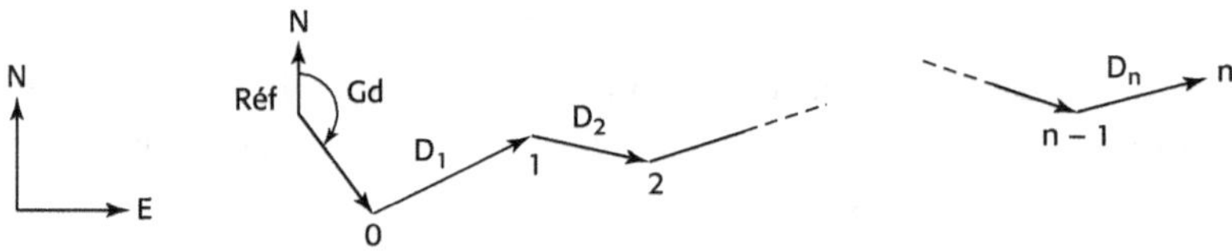

Figure 5.2. Notations d'un cheminement ouvert.

Soit un cheminement ouvert de n côtés, d'origine 0 et d'extrémité n (figure 5.2). L'orientation de référence, ou *gisement de départ* Gd, est le gisement de la direction issue de la référence et aboutissant à l'origine 0 du cheminement ; ainsi, le G_0 de la station (§ 8.2.2) faite au point de départ 0 du cheminement donne comme gisement de départ : Gd = G_0 + 200 (figure 5.3)

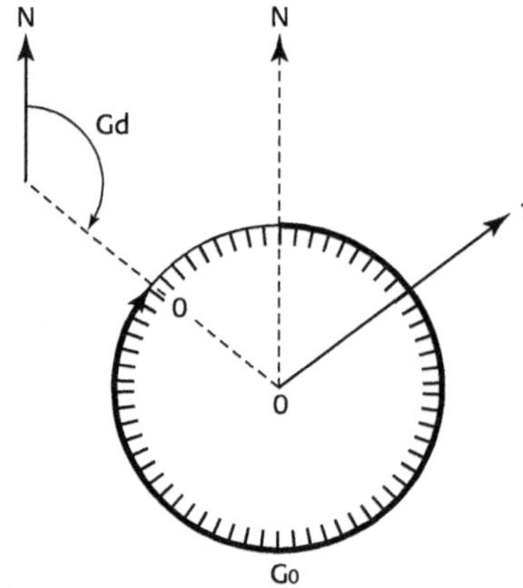

Figure 5.3. Gisement de départ.

L'*angle polygonal* $\hat{A}_i$ de deux côtés successifs (figure 5.4) est l'angle azimutal du côté arrière i et du côté avant i+1, autrement dit l'angle qu'un opérateur laisse à sa gauche en parcourant le cheminement de l'origine vers l'extrémité : $\hat{A}_i = (\overrightarrow{-i}, \overrightarrow{i+1})$.

L'angle polygonal à l'origine vaut donc : $\hat{A}_0 = (\overrightarrow{0.\text{réf}}, \overrightarrow{0.1})$.

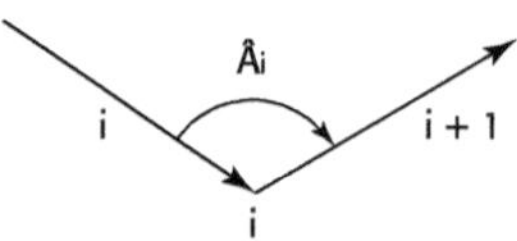

Figure 5.4. Angle polygonal.

La *transmission des gisements* consiste à calculer les gisements des côtés successifs à partir du gisement de départ et des angles polygonaux. (figure 5.5)

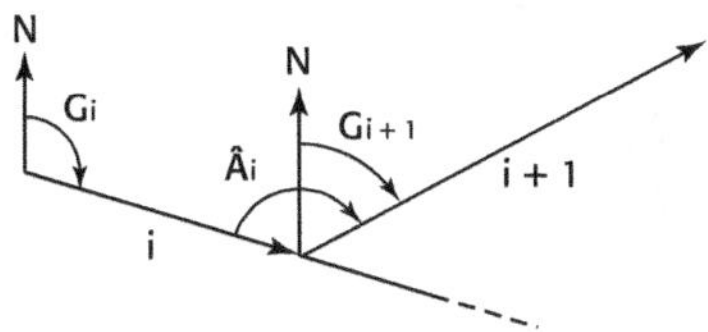

Figure 5.5. Transmission d'un gisement.

$$G_{i+1} = (\vec{N}, \overrightarrow{i+1}) = (\vec{N}, -\vec{i}) + (-\vec{i}, \overrightarrow{i+1}) = G - \vec{i} + \hat{A}_i = G_i + 200 + \hat{A}_i$$

Comme : $0 \leq G_{i+1} < 400 \Rightarrow G_{i+1} = G_i + 200 + \hat{A}_i - 400 = G_{i+1} = G_i + \hat{A}_i - 200$.

Le gisement d'un côté est égal au gisement du côté précédent augmenté de l'angle polygonal puis réduit de 200 grades.

Par suite : $G_1 = G_d + \hat{A}_0 - 200 \Rightarrow G_2 = G_1 + \hat{A}_1 - 200, \ldots, G_n = G_{n-1} + \hat{A}_{n-1} - 200$.

Seconde phase : coordonnées

D désignant les distances réduites à la projection (§ 3), les composantes en abscisses et ordonnées des vecteurs successifs, appelées parfois coordonnées relatives, valent :

$$\Delta E_1 = D_1 \cdot \sin G_1 \qquad \Delta N_1 = D_1 \cdot \cos G_1$$
$$\Delta E_2 = D_2 \cdot \sin G_2 \qquad \Delta N_2 = D_2 \cdot \cos G_2$$
$$\vdots \qquad\qquad \vdots$$
$$\Delta E_i = D_i \cdot \sin G_i \qquad \Delta N_i = D_i \cdot \cos G_i$$
$$\vdots \qquad\qquad \vdots$$
$$\Delta E_n = D_n \cdot \sin G_n \qquad \Delta N_n = D_n \cdot \cos G_n$$

Ces valeurs intermédiaires sont calculées avec un plus grand nombre de chiffres significatifs que celui des coordonnées des sommets ; ces dernières, encore appelées coordonnées absolues, sont obtenues de proche en proche de 0 à n :

$$E_1 = E_0 + \Delta E_1 \qquad N_1 = N_0 + \Delta N_1$$
$$E_2 = E_1 + \Delta E_2 \qquad N_2 = N_1 + \Delta N_2$$
$$\vdots \qquad\qquad \vdots$$
$$E_i = E_{i-1} + \Delta E_i \qquad N_i = N_{i-1} + \Delta N_i$$
$$\vdots \qquad\qquad \vdots$$
$$E_n = E_{n-1} + \Delta E_n \qquad N_n = N_{n-1} + \Delta N_n$$

Exemple

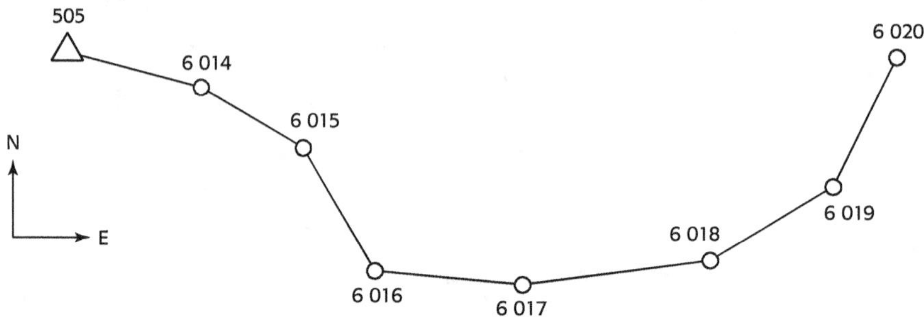

Figure 5.6. Cheminement ouvert.

Cheminement ouvert issu du point connu 505 (figure 5.6), dans le système de projection CC50 ; désignation des sommets (§ 5.3.7.2.)

STATIONS	POINTS VISÉS	ANGLES AZIMUTAUX	DISTANCES RÉDUITES	E	N
505	25	0 gon		1 658 657,48 m	9 315 362,84 m
	6014	243,692	153,827 m		
6014	505	0		1 661 785,74	9 315 813,74
	6015	210,350	170,193		
6015	6016	0	127,710		
	6014	163,919			
6016	6017	0	165,993		
	6015	256,796			
6017	6018	0	187,283		
	6016	237,288			
6018	6017	0			
	6019	154,854			
6019	6020	0	117,772		
	6018	239,426	179,774		

Les calculs, effectués en tableau, conservent aux valeurs intermédiaires G, D, ΔE, ΔN un chiffre significatif supplémentaire par rapport aux données, de manière à ne pas perdre de précision sans pour autant alourdir la transcription ; bien entendu, en calcul programmé, tous les chiffres significatifs des valeurs intermédiaires sont conservés, ce qui peut modifier quelques-uns des résultats d'une unité du dernier ordre conservé.

SÉQUENCES	FIGURES - FORMULES - FONCTIONS		RÉSULTATS
Calculs préparatoires 1- Gisement de départ	Conversion R → P	$\overrightarrow{25,505}$	Gd = 90,8867 gon

SOMMETS	ORIENTATION		COORDONNÉES				
	Â	G	D	ΔE	E	ΔN	N
25 ↓ 505	243,692 gon	90,8867 gon			1 661 785,74 m		9 315 813,74 m
↓ 6014	210,350	134,5787	153,827 m	131,688 m	1 661 917,43	− 79,505 m	9 315 734,24
↓ 6015	236,081	144,9287	170,193	129,539	1 662 046,97	− 110,386	9 315 623,85
↓ 6016	143,204	181,0097	127,710	37,533	1 662 084,50	− 122,070	9 315 501,78
↓ 6017	162,712	124,2137	165,993	154,130	1 662 238,63	− 61,624	9 315 440,16
↓ 6018	154,854	86,9257	187,283	183,347	1 662 421,98	38,193	9 315 478,35
↓ 6019	160,574	41,7797	179,774	109,693	1 662 531,67	142,430	9 315 620,78
↓ 6020		2,3537	117,772	4,353	1 662 536,02	117,692	9 315 738,47

Valeur des résultats

Le calcul en retour, effectué par conversions R → P des côtés avec les coordonnées définitives des sommets arrondies à l'approximation des données, donne les gisements puis, par différences, les angles polygonaux, ainsi que les distances.

Il ne contrôle que les calculs, pas une erreur parasite d'observation ou une faute d'introduction d'une donnée.

Le cheminement ouvert ne fournit donc que des résultats incertains, dont l'exactitude comme la précision sont limitées à celles des données, lesquelles sont réduites au strict minimum nécessaire ; en conséquence, chaque fois que possible, le topographe lui préfère le cheminement encadré.

5.3.3 Cheminement encadré

5.3.3.1 Observations

Le cheminement encadré est défini géométriquement par les mêmes données que celles du cheminement ouvert auxquelles s'ajoutent :

– le gisement d'une direction de référence à l'extrémité n ;
– les coordonnées de cette extrémité ;
– la mesure de l'angle polygonal à l'extrémité entre le dernier côté n et la direction de référence : $\hat{A}n = (\overrightarrow{n.n-1}, \overrightarrow{n.\text{Réf}})$.

5.3.3.2 Calculs

Comme pour le cheminement ouvert, le calcul s'effectue en deux phases.

Première phase : orientation

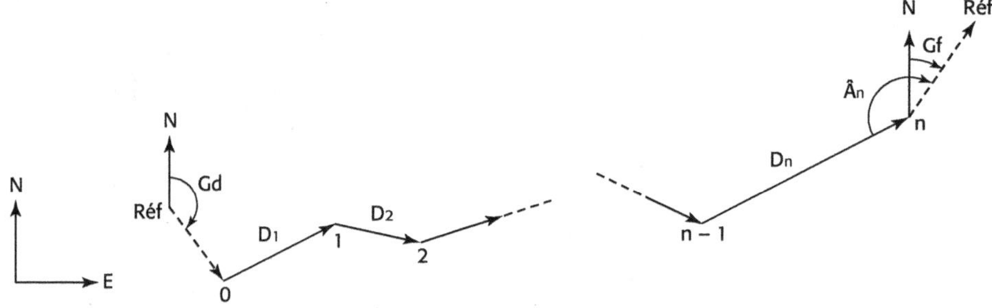

Figure 5.7. Notations d'un cheminement encadré.

L'orientation de référence à l'extrémité n, ou *gisement de fermeture* Gf, est le gisement d'une direction issue de l'extrémité n et aboutissant à la référence correspondante Ref (figure 5.7) ; le G0 de la station peut donc être utilisé comme gisement de fermeture. (figure 5.8).

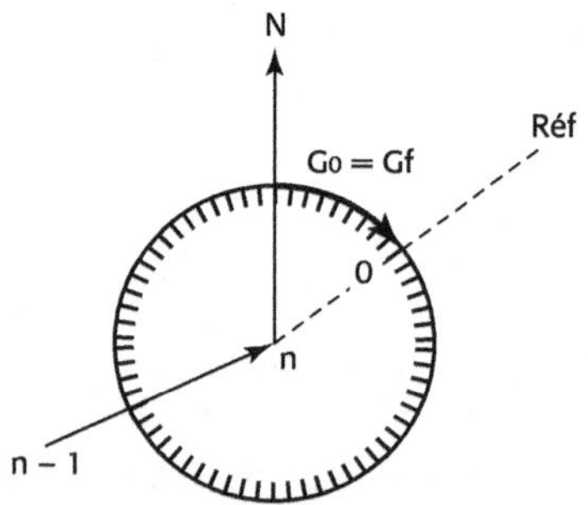

Figure 5.8. Gisement de fermeture égal au G0 de station.

Seconde phase : coordonnées

Les ΔE et ΔN, calculés à l'aide des gisements réversibles et des distances réduites, donnent :

$$
\begin{array}{ll}
E_1 = E_0 + \Delta E_1 & \qquad N_1 = N_0 + \Delta N_1 \\
E_2 = E_1 + \Delta E_2 & \qquad N_2 = N_1 + \Delta N_2 \\
\quad\vdots & \qquad\quad\vdots \\
E_{i+1} = E_i + \Delta E_{i+1} & \qquad N_{i+1} = N_i + \Delta N_{i+1} \\
\quad\vdots & \qquad\quad\vdots \\
E_n = E_{n-1} + \Delta E_n & \qquad N_n = N_{n-1} + \Delta N_n \\
\hline
E_n = E_0 + \displaystyle\sum_{i=1}^{n} \Delta E_i & \qquad N_n = N_0 + \displaystyle\sum_{i=1}^{n} \Delta N_i
\end{array}
$$

Du fait de l'imprécision des coordonnées de 0 et n et de celle des Δ, les coordonnées de n, ainsi calculées directement à partir de celles de l'origine 0 et de la somme algébrique des Δ, correspondent à une extrémité approchée n_a voisine de l'extrémité exacte n ; les formules opérationnelles s'écrivent donc :

$$
E_{n_a} = E_0 + \sum_{i=1}^{n} \Delta E_i
$$

$$
N_{n_a} = N_0 + \sum_{i=1}^{n} \Delta N_i
$$

D'où les écarts de fermeture planimétrique : $e_E = E_{n_a} - E_n$, $e_N = N_{n_a} - N_n$, composantes en abscisse et ordonnée du *vecteur de fermeture planimétrique* (figure 5.11) : $F = \overrightarrow{n, n_a} = \sqrt{e_E^2 + e_N^2}$.

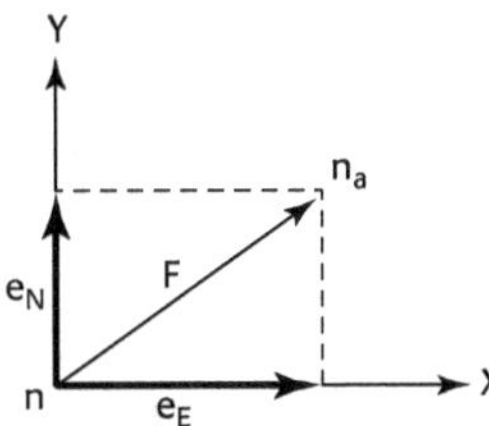

Figure 5.11. Vecteur de fermeture planimétrique.

Le vecteur F doit être strictement inférieur à la tolérance T_F pour autoriser la poursuite du calcul.

La tolérance T_F est fonction de la précision du point de départ, du point d'arrivée et de la longueur du cheminement.

Le point extrémité n étant unique, ses coordonnées En, Nn le sont aussi, ce qui contraint le calculateur à résorber les écarts de fermeture en appliquant des corrections c_E aux abscisses relatives, c_N aux ordonnées relatives, opposées des écarts respectifs.

$$
En = E_{n_a} + c_E \implies c_E = En - E_{n_a} = -e_E
$$

$$
Nn = N_{n_a} + c_N \implies c_N = Nn - N_{n_a} = -e_N
$$

En pratique, seules les corrections sont calculées puisqu'elles suffisent pour déterminer le vecteur de fermeture : $F = \sqrt{c_E^2 + c_N^2}$.

Les coordonnées de l'extrémité approchée n_a provenant des coordonnées de l'origine 0 non modifiables ainsi que des Δ_E et Δ_N, l'ajustement consiste à répartir les corrections c_E et c_N sur les coordonnées relatives, proportionnellement aux longueurs des côtés ; pour le vecteur $\vec{i}$ les corrections partielles à appliquer à ΔEi et ΔNi valent donc :

$$c_{Ei} = \frac{c_E \cdot D_i}{\sum\limits_{i=1}^{n} D_i} \qquad c_{Ni} = \frac{c_N \cdot D_i}{\sum\limits_{i=1}^{n} D_i}$$

L'*ajustement*, mal nécessaire qui n'améliore pas les observations, est surtout une satisfaction de l'esprit, ce qui justifie la simplicité du calcul des corrections partielles proportionnellement aux distances pour la plupart des cheminements du canevas polygonal ; des méthodes de compensation plus élaborées, comme les moindres carrés, présentent surtout de l'intérêt pour les canevas de précision.

Les coordonnées relatives ajustées fournissent les coordonnées des sommets calculées de proche en proche de 0 à n.

$$E_{i+1} = E_i + (\Delta E_{i+1} + c_{Ei+1})$$

$$N_{i+1} = N_i + (\Delta N_{i+1} + c_{Ni+1})$$

Contrôle, en vérifiant qu'en fin de calcul on retrouve exactement les coordonnées connues de l'extrémité n.

Exemple

En admettant que l'extrémité du cheminement ouvert précédent (§ 5.3.2) soit non pas le point 6020 mais le sommet 2006 d'un autre cheminement déjà calculé (figure 5.12), déterminer les coordonnées des sommets du cheminement encadré ordinaire 505 → 2006.

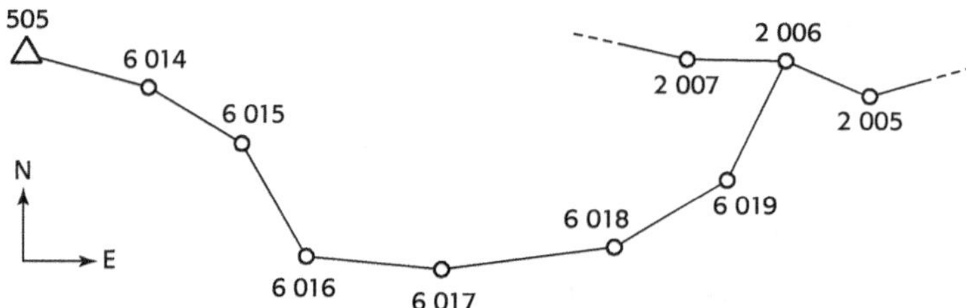

Figure 5.12. Cheminement encadré.

STATIONS	POINTS VISÉS	ANGLES AZIMUTAUX	DISTANCES RÉDUITES	E	N
6019	2006	0 gon	117,772 m	1 662 536,05 m	9 315 738,40 m
	6018	239,426	179,774		
2006	2007	0 gon		1 662 207,37	9 315 739,81
	2005	240,001		1 662 764,84	9 315 570,56
	6019	302,078			

Calcul préliminaire : G0 pondéré de la station 2006.

Gisements arrondis à l'approximation des données, compte tenu de l'ajustement ultérieur des ΔE et ΔN ; une décimale de calcul pour les distances et les coordonnées relatives.

SOMMETS	ORIENTATION		COORDONNÉES				
	$\hat{A}$	G	D	ΔE	E	ΔN	N
25 ↓ 505	243,692 gon	90,887 gon			1 661 785,74 m		9 315 813,74 m
↓ 6014	210,350	134,580	153,827 m	131,686 m + 3 mm	1 661 917,43	− 79,507 − 4 mm	9 315 734,23
↓ 6015	236,081	144,931	170,193	129,535 + 3	1 662 046,97	− 110,391 − 5	9 315 623,83
↓ 6016	143,204	181,013	127,710	37,527 + 3	1 662 084,50	− 122,072 − 3	9 315 501,76
↓ 6017	162,712	124,218	165,993	154,126 + 3	1 662 238,63	− 61,634 − 4	9 315 440,12
↓ 6018	154,854	86,930	187,283	1 83,350 + 4	1 662 421,98	38,180 − 5	9 315 478,30
↓ 6019	160,574	41,784	179,774	109,702 + 3	1 662 531,69	142,422 − 5	9 315 620,71
↓ 2006	97,922	2,359	117,772	4,363 + 2	1 662 536,05	117,691 − 3	9 315 738,40
↓		G_F 300,282					
↓							
↓		G_{f_a} 300,276	1 102,552		1 662 536,029 c_E = 2,1 cm		9 315 738,429 c_N = − 2,9 cm
↓		$c_{\hat{A}}$ 6 mgon					F = 3,6 cm T_F = 7,5 cm
↓		$T_{\hat{A}}$ 11 mgon					

Si σ_{Gd} = 3 mgon, σ_{Gf} = 2 mgon et $\sigma_{\hat{V}}$ = 0.5 mgon, la tolérance angulaire vaut :

$$T_A = 2{,}58 \times \sqrt{\sigma_{Gd}^2 + \sigma_{Gf}^2 + \left(\sigma_{\hat{V}} \times \sqrt{2} \times \sqrt{8}\right)^2} = 11 \text{ mgon}$$

En considérant une précision des points de départ et d'arrivée de 2 cm et un écart-type sur la mesure des côtés de : 2 mm + 2 ppm, la tolérance de fermeture planimétrique vaut :

$$T_F = 2{,}58 \times \sqrt{\sigma_0^2 + \sigma_n^2 + \Sigma\ \sigma_{\text{cotés}}^2} = 7{,}5 \text{ cm}$$

Exploitation des coordonnées

Comme pour le cheminement ouvert, les coordonnées absolues permettent seules les calculs ultérieurs dépendant d'elles, sans préjuger des observations initiales qui ont permis de les déterminer ; ainsi dans l'exemple précédent, le G_0 de la station 2006 sera calculé à partir des coordonnées définitives des sommets 2005, 2007 et 6019.

En cas de besoin, les observations initiales, angles et distances réduites, sont remplacées par les valeurs déduites du calcul en retour : $G \Rightarrow \hat{A}, D$.

Enfin, les écarts entre les angles et distances observés et ceux calculés en retour permettent l'étude critique des différentes méthodes d'ajustement.

5.3.4 Localisation des erreurs parasites

5.3.4.1 Erreur parasite d'observation sur un angle

Graphique

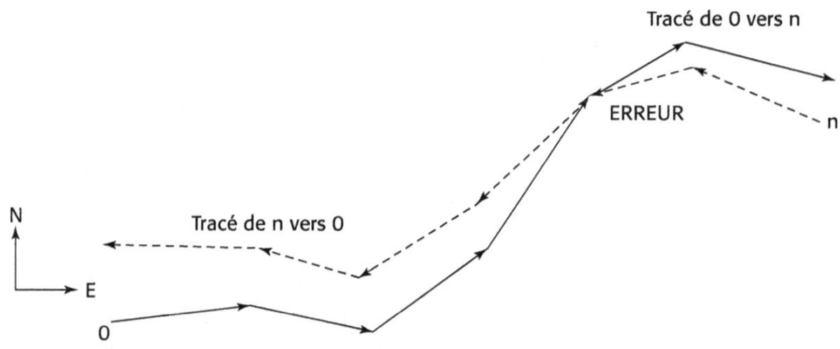

Figure 5.13. Erreur parasite d'angle.

Quand la fermeture angulaire, vérification des calculs faite, dépasse nettement la tolérance, reporter à très grande échelle les côtés successifs selon deux tracés indépendants exécutés en sens inverses (figure 5.13) :

– le premier, en partant du point 0 comme origine mis en place par ses coordonnées rectangulaires, orienté avec le gisement de départ Gd, en plaçant bout à bout les côtés successifs, à l'aide des angles polygonaux et des distances réduites, jusqu'à l'extrémité n ;

– le second, en partant du point n comme origine mis en place par ses coordonnées rectangulaires, avec le gisement de référence au point n, en plaçant bout à bout les côtés successifs à l'aide des angles et distances réduites.

Le sommet où les deux tracés se croisent est affecté par l'erreur parasite d'angle.

Calcul aller-retour

Si la valeur absolue de l'erreur de fermeture angulaire est trop faible pour permettre sa localisation graphique, calculer deux cheminements ouverts indépendants l'un de l'autre :

- le cheminement aller de 0 vers n , à partir du gisement de référence et des coordonnées de 0, en ignorant les données du point n ; d'où les coordonnées des sommets $0...i_A...n_A$;
- le cheminement retour, dans l'autre sens de n vers 0, à partir du gisement de référence et des coordonnées de n, en ignorant les données du point 0 ; d'où les coordonnées n... $i_R...0_R$.

Ensuite, calculer par conversions R $\rightarrow$ P les distances $0-0_R$, ..., i_A-i_R, ..., n_A-n.

L'angle erroné correspond au sommet dont les coordonnées sont les plus voisines dans les deux calculs, autrement dit celles pour lesquelles la distance i_A-i_R est la plus petite.

Coordonnées du sommet d'angle erroné

Calculer d'abord les coordonnées des sommets du cheminement ouvert de 0 vers n comme précédemment, d'où En_a et Nn_a.

Soit $e_{\hat{A}}$ l'erreur de fermeture angulaire : $e_{\hat{A}} = Gf_a - Gf = -c_{\hat{A}}$, considérée comme représentant l'erreur parasite les autres erreurs aléatoires pouvant, en comparaison, être négligées.

i étant le sommet d'angle erroné, on peut écrire :

$$En = E_i + D_{i+1} \cdot \sin G_{i+1} + \ldots + D_n \cdot \sin G_n$$

$$En_a = E_i + D_{i+1} \cdot \sin (G_{i+1} + e_{\hat{A}}) + \ldots + D_n \cdot \sin (G_n + e_{\hat{A}})$$

$$En + En_a = 2E_i + D_{i+1} \cdot [\sin G_{i+1} + \sin (G_{i+1} + e_{\hat{A}})] + \ldots + D_n \cdot [\sin G_n + \sin (G_n + e_{\hat{A}})]$$

$$En + En_a = 2E_i + D_{i+1} \cdot 2 \sin \left(G_{i+1} + \frac{e_{\hat{A}}}{2}\right) \cdot \cos\left(-\frac{e_{\hat{A}}}{2}\right) + \ldots + D_n \cdot 2 \sin\left(G_n + \frac{e_{\hat{A}}}{2}\right) \cdot \cos\left(-\frac{e_{\hat{A}}}{2}\right)$$

$$En + En_a = 2E_i + 2 \cos \frac{e_{\hat{A}}}{2} \left[D_{i+1} \cdot \sin\left(G_{i+1} + \frac{e_{\hat{A}}}{2}\right) + \ldots + D_n \cdot \sin\left(G_n + \frac{e_{\hat{A}}}{2}\right)\right]$$

Soit : $$D_{i+1} \cdot \sin\left(G_{i+1} + \frac{e_{\hat{A}}}{2}\right) + \ldots + D_n \cdot \sin\left(G_n + \frac{e_{\hat{A}}}{2}\right) = \frac{En + En_a - 2E_i}{2 \cos \frac{e_{\hat{A}}}{2}}$$

De manière similaire, on démontre :

$$D_{i+1} \cdot \sin\left(G_{i+1} + \frac{e_{\hat{A}}}{2}\right) + \ldots + D_n \cdot \sin\left(G_n + \frac{e_{\hat{A}}}{2}\right) = \frac{Nn + Nn_a}{2 \sin \frac{e_{\hat{A}}}{2}}$$

En égalant, on obtient, tous calculs faits, les formules de Broennimann :

$$Ei = \frac{En + En_a}{2} - \frac{Nn - Nn_a}{2} \cdot \cotan \frac{e_{\hat{A}}}{2}$$

$$Ni = \frac{Nn + Nn_a}{2} + \frac{En - En_a}{2} \cdot \cotan \frac{e_{\hat{A}}}{2}$$

La comparaison de Ei Ni avec les coordonnées des sommets du cheminement ouvert de 0 vers n, calculé précédemment, permet de localiser le sommet d'angle erroné.

5.3.4.2   Erreur parasite d'observation sur une distance

Graphique

Lorsque le vecteur de fermeture du cheminement réversible est hors tolérance de manière importante, vérification des calculs faite, reporter comme précédemment deux tracés en sens inverses (figure 5.14).

L'erreur parasite de distance affecte le côté commun aux deux tracés.

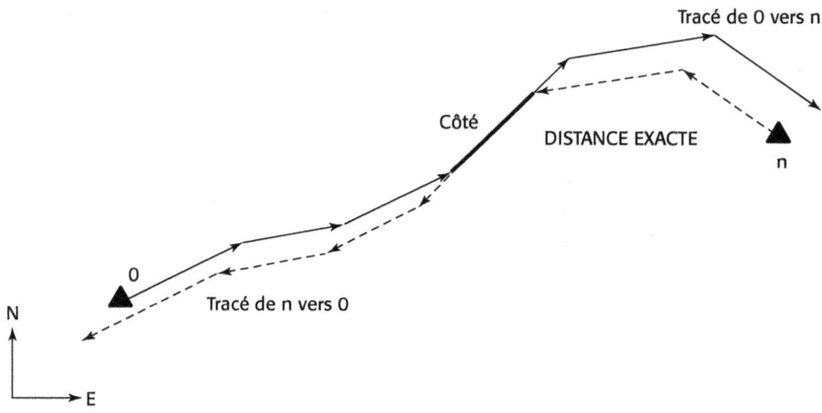

Figure 5.14. Erreur parasite de distance.

Calcul du gisement du côté erroné

Le gisement du vecteur de fermeture : $Gn,na = \arctan \dfrac{e_E}{e_N}$, comparé aux gisements des différents côtés, peut permettre de localiser la distance erronée, sous réserve qu'ils soient sensiblement différents entre eux.

5.3.4.3   Erreurs simultanées d'angles ou de distances

Difficiles à localiser ; les graphiques en sens inverses ou calculs aller-retour sont les procédés les plus efficaces.

À noter que si l'opérateur, lors des observations, a pris la précaution d'intersecter un signal unique depuis la plupart des sommets des cheminements, clocher du village par exemple, l'étude du graphique d'intersection de ce signal peut permettre de localiser une erreur d'angle et une erreur de distance affectant un même cheminement.

5.3.5 Point nodal et cheminements nodaux planimétriques

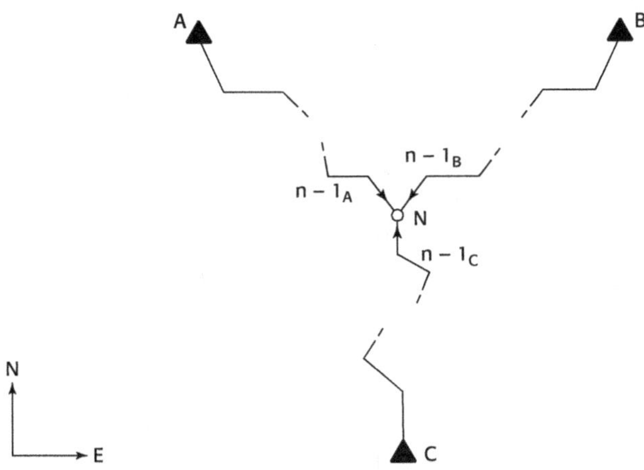

Figure 5.15. Point nodal planimétrique.

5.3.5.1 Observations

Les cheminements polygonaux reliant les points connus A, B, C (figure 5.15) peuvent être calculés suivant plusieurs filiations :

– cheminement encadré A → B, sur lequel se greffe ensuite le cheminement encadré C → N ;

– cheminement encadré A → C, sur lequel se greffe ensuite le cheminement encadré B → N ;

– cheminement encadré B → C, sur lequel se greffe ensuite le cheminement encadré A → N.

Compte tenu des ajustements en angles puis en coordonnées, les résultats différeront légèrement selon la filiation choisie, alors que cette dernière est arbitraire et que les données sont strictes ; de manière à obtenir un résultat unique et à homogénéiser l'ensemble du canevas polygonal, la filiation est remplacée par le *point nodal* généré par les *cheminements nodaux*.

Le point nodal N est le point d'aboutissement de plusieurs cheminements ouverts issus d'origines différentes : A, B, C par exemple ; c'est l'extrémité commune à tous ces cheminements, inconnue en coordonnées et dépourvue de direction d'orientation.

Les observations d'angles et de distances sont les mêmes que celles des cheminements ouverts, auxquelles s'ajoute toutefois le tour d'horizon au point nodal N sur les avant-derniers sommets $n-1$ des cheminements.

Les cheminements nodaux A → N, B → N, C → N sont initialement des cheminements ouverts qui fournissent l'orientation au point nodal et ses coordonnées *avant* d'être calculés comme des cheminements encadrés.

Le point nodal, nœud de plusieurs cheminements nodaux, est une solution préférentielle à la filiation.

5.3.5.2. Calculs

Première phase : orientation

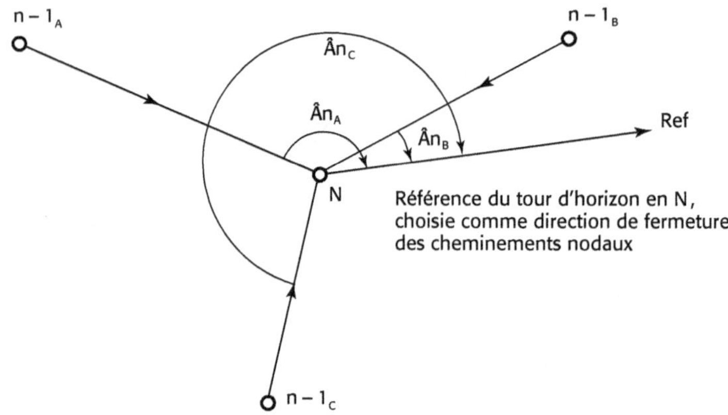

Figure 5.16. Référence quelconque.

Si le tour d'horizon en N sur les avant-derniers sommets n−1 des cheminements est réduit sur une direction autre, choisie lors des observations pour la qualité du pointé par exemple (figure 5.16), dont le gisement est évidemment inconnu, prendre cette direction $\overrightarrow{N\,\text{Ref}}$ comme direction de fermeture en orientation pour chaque cheminement nodal ; les angles polygonaux en N : $\hat{A}n_A, \hat{A}n_B, \hat{A}n_C$ sont déduits du tour d'horizon.

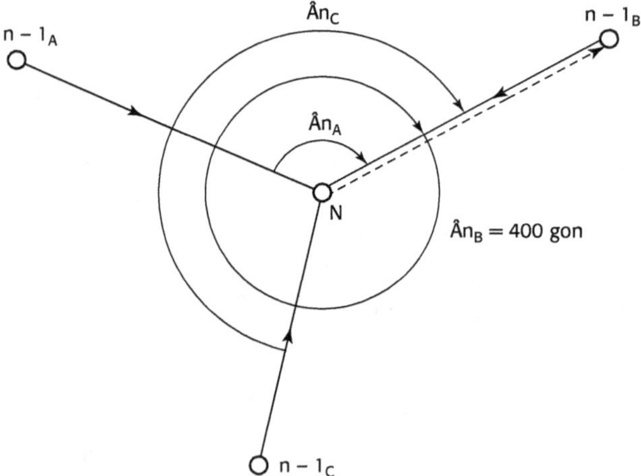

Figure 5.17. Dernier côté le plus long, choisi comme référence.

En revanche, si le tour d'horizon en N est limité aux avant-derniers sommets n−1 des cheminements (figure 5.17), prendre comme direction de fermeture en orientation pour chaque cheminement nodal le côté le plus long, $N, n-1_B$ par exemple, lequel d'ailleurs est en principe le côté de référence du tour ; dans ce cas, l'angle polygonal en N pour le cheminement issu de B est égal à 400 gon.

La transmission des gisements donne :

$$Gf_A = Gd_A + \sum_{i=0}^{n_A} \hat{A}i - (n_A + 1)\,200$$

$$Gf_B = Gd_B + \sum_{i=0}^{n_B} \hat{A}i - (n_B + 1)\,200$$

$$Gf_C = Gd_C + \sum_{i=0}^{n_C} \hat{A}i - (n_C + 1)\,200$$

Le gisement de fermeture au point nodal, commun à tous les cheminements nodaux, est égal à la moyenne pondérée des gisements de fermeture approchés précédents, sous réserve bien entendu qu'ils soient très voisins ; d'ailleurs, si un de ces gisements approchés s'écartait nettement des autres, il faudrait le vérifier.

Les poids étant les inverses des carrés des tolérances angulaires correspondantes, il vient :

$$Gf_N = \frac{\dfrac{1}{T_A^2} \cdot Gf_A + \dfrac{1}{T_B^2} \cdot Gf_B + \dfrac{1}{T_C^2} \cdot Gf_C}{\dfrac{1}{T_A^2} + \dfrac{1}{T_B^2} + \dfrac{1}{T_C^2}}$$

La moyenne arithmétique peut remplacer la moyenne pondérée, notamment lorsque les différents cheminements nodaux ont à peu près le même nombre de côtés. Le gisement de fermeture Gf_N, une fois calculé, est introduit dans chaque cheminement ouvert, les transformant ainsi en cheminements encadrés qui sont alors rendus réversibles, sous réserve bien entendu du respect des tolérances.

Seconde phase : coordonnées

Les gisements réversibles des côtés et les distances réduites permettent le calcul des coordonnées approchées de l'extrémité des cheminements ouverts.

$$E_{N_A} = E_A + \sum_{i=1}^{n_A} \Delta Ei \qquad E_{N_B} = E_B + \sum_{i=1}^{n_B} \Delta Ei \qquad E_{N_C} = E_C + \sum_{i=1}^{n_C} \Delta Ei$$

$$N_{N_A} = N_A + \sum_{i=1}^{n_A} \Delta Ni \qquad N_{N_B} = N_B + \sum_{i=1}^{n_B} \Delta Ni \qquad N_{N_C} = N_C + \sum_{i=1}^{n_C} \Delta Ni$$

La moyenne pondérée, éventuellement la moyenne arithmétique, de ces valeurs approchées en principe voisines, donne les coordonnées définitives du point nodal N, les poids étant ici encore les inverses des carrés des tolérances correspondantes :

$$E_N = \frac{\dfrac{1}{T_A^2} \cdot E_{N_A} + \dfrac{1}{T_B^2} \cdot E_{N_B} + \dfrac{1}{T_C^2} \cdot E_{N_C}}{\dfrac{1}{T_A^2} + \dfrac{1}{T_B^2} + \dfrac{1}{T_C^2}} \qquad N_N = \frac{\dfrac{1}{T_A^2} \cdot N_{N_A} + \dfrac{1}{T_B^2} \cdot N_{N_B} + \dfrac{1}{T_C^2} \cdot N_{N_C}}{\dfrac{1}{T_A^2} + \dfrac{1}{T_B^2} + \dfrac{1}{T_C^2}}$$

Les coordonnées du point nodal une fois déterminées sont introduites dans chaque cheminement ouvert, les transformant ainsi en cheminements nodaux calculés comme des cheminements encadrés, sous réserve du respect des tolérances.

Synoptique

La figure 5.18 schématise la transformation des cheminements ouverts en cheminements nodaux, calculés comme des cheminements encadrés, en deux phases, après détermination du point nodal.

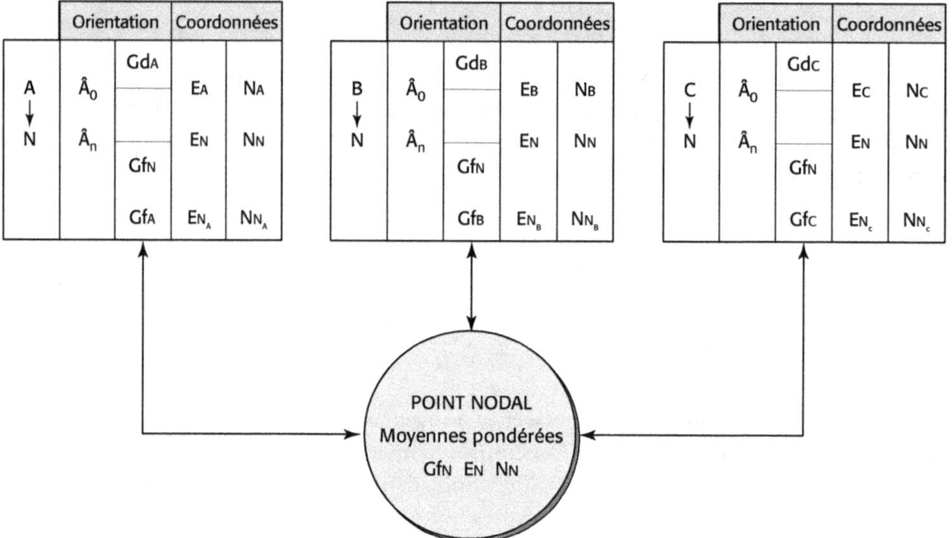

Figure 5.18. Synoptique du calcul d'un point nodal planimétrique.

5.3.5.3 Points nodaux multiples

Ce sont des nœuds de cheminements (figure 5.19) traités par calcul en bloc et compensés par moindres carrés (§5.2).

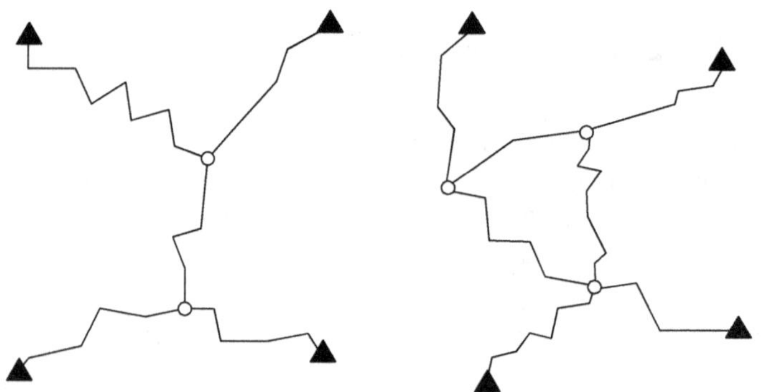

Figure 5.19. Points nodaux multiples.

5.3.6   Cheminement fermé

C'est un polygone, calculé comme un cheminement encadré dont un sommet tient lieu à la fois d'origine 0 et d'extrémité n.

Deux cas sont envisageables.

5.3.6.1   L'orientation et les coordonnées à l'origine sont connues

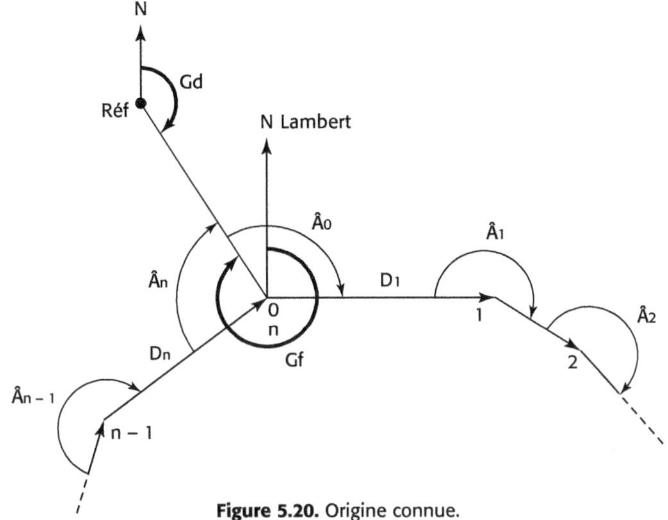

Figure 5.20. Origine connue.

Observations

Le gisement de départ : $Gd = G_{\overrightarrow{\text{Réf, n}}}$ et les coordonnées $E_0 = E_n$, $N_0 = N_n$ étant connus, les observations consistent à effectuer le tour d'horizon en 0 sur Ref, 1, n − 1, à mesurer les angles polygonaux $\hat{A}_1, \hat{A}_2, \dots, \hat{A}_{n-1}$ et à déterminer les distances réduites $D_1, D_2, \dots, D_n$ (figure 5.20).

Calculs

$Gf = Gd + 200$.

$\hat{A}_0$, $\hat{A}_n$ déduits du tour d'horizon en 0.

Algorithme de calcul du cheminement encadré, remarque faite que les tolérances sont réduites du fait que le point de départ et l'orientation sont les mêmes à l'origine et à l'extrémité.

Remarques

Une erreur, même grossière, sur les coordonnées de 0 provoque une translation indétectable de l'ensemble du polygone.

De la même manière, une erreur, même grossière, sur le gisement de départ est indécelable à la fermeture angulaire ; elle génère une rotation de l'ensemble du polygone autour du point 0, sans le déformer. En conséquence, vérifier l'orientation de départ, à l'aide d'un G_0 par exemple.

Enfin, une erreur systématique proportionnelle à la longueur dans les mesures des distances, conduit au calcul d'un polygone homothétique : $0, 1', 2', \dots, n-1', n$, sans que cette déformation soit révélée par le vecteur de fermeture (figure 5.21).

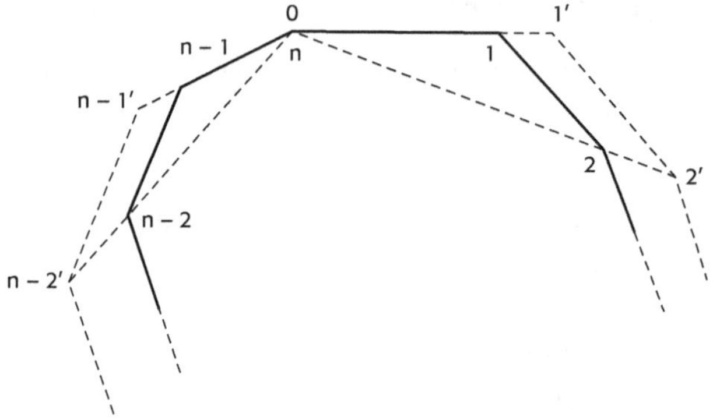

Figure 5.21. Erreur proportionnelle à la longueur.

5.3.6.2 Orientation sommaire, origine inconnue

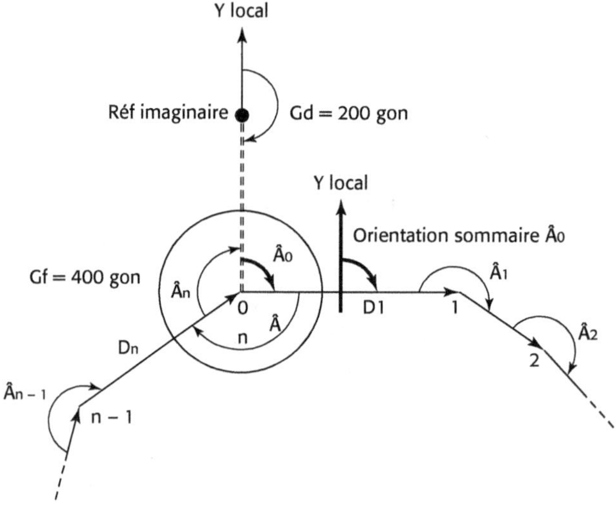

Figure 5.22. Orientation sommaire, absence de repère orthonormé.

Observations

Angles du polygone et distances réduites ; au sommet 0, le seul angle mesuré est l'angle $\hat{A}$ des côtés 1 et n (figure 5.22).

Orientation sommaire du premier côté : mesure sur carte, orientation magnétique, gyroscopique ou astronomique.

Calculs

Repère orthonormé local, orienté par un gisement de référence Gd rigoureusement égal à 200 gon, c'est-à-dire une référence imaginaire située exactement dans la direction des ordonnées à partir de l'origine 0 et faisant avec le premier côté un *angle polygonal $\hat{A}o$ strictement égal à l'orientation sommaire.*

Dès lors :

$$\text{Gf} = \text{G}\,\overrightarrow{\text{n, Réf}} = 400 \text{ gon}$$
$$\hat{A}_n = 400 - (\hat{A}_0 + \hat{A}) \qquad \text{(cas de figure)}$$

$x_0 = x_n$, $y_0 = y_n$ définis arbitrairement de manière à éviter les coordonnées négatives
Algorithme de calcul du cas précédent.

5.3.6.3 Origine inconnue, orientation du premier côté strictement imposée

Observations

Cas précédent, sans l'orientation sommaire remplacée par une valeur rigoureuse.

Calculs

Première phase

Identique au cas précédent avec $\hat{A}_0$ = orientation imposée. Les ajustements successifs des angles et des coordonnées relatives modifient le gisement imposé ; si cette modification est suffisamment petite pour pouvoir être négligée, cas le plus fréquent d'un cheminement fermé servant de canevas planimétrique local pour un levé de détail limité, le calcul s'arrête là ; on est ramené au cas précédent avec un gisement imposé qui tient lieu d'orientation sommaire. En revanche, si le gisement imposé doit être respecté en toute rigueur, passer à la seconde phase.

Seconde phase

Calculer la distance D_1 par conversion $R \to P$ des coordonnées de 0 et 1, puis les coordonnées de 1 par conversion $P \to R$ du vecteur $\overrightarrow{0,1}$ avec G_1 = G imposé.

Changement de repère orthonormé (§ 9.2.5), les points 0 et 1 étant alors connus dans l'ancien repère, qui correspond aux coordonnées ajustées de la première phase, et dans le nouveau repère défini par les coordonnées calculées en dernier lieu ; le changement de repère ne modifie pas la géométrie du polygone ajusté précédemment.

5.3.7 Canevas de polygonation

5.3.7.1 Cheminements principaux et cheminements secondaires

Un cheminement doit posséder trois caractéristiques :

- *proche des détails à lever*, les sommets successifs étant implantés de façon à être visibles l'un de l'autre et permettre de viser le maximum de points de détails ; par conséquent, éviter de placer un sommet près d'un masque qui crée un angle mort ;

- *tendu*, c'est-à-dire proche de la droite qui joint l'origine à l'extrémité et représente la direction générale du cheminement, à l'exclusion évidemment du cheminement fermé ; noter cependant qu'un cheminement peu tendu présente moins d'inconvénients qu'un cheminement à côtés courts, lequel implique des centrages particulièrement soignés ;

- *homogène*, les longueurs des côtés étant voisines, le nombre de côtés n'excédant guère une dizaine.

Pour, d'une part, respecter au mieux des exigences du terrain les caractéristiques souvent contradictoires de proximité, tension et homogénéité, et d'autre part, fixer la filiation ou ordre chronologique des calculs en l'absence de calcul en bloc, le topographe distingue :

— les *cheminements principaux* qui relient deux points de canevas d'ensemble ou encore un point de canevas d'ensemble et un point nodal principal ;

— les *cheminements secondaires*, c'est-à-dire tous les autres, qui s'appuient sur les précédents et sont donc calculés après les cheminements principaux ;

— les *points nodaux et cheminements nodaux*, principaux ou secondaires.

La distinction traditionnelle entre cheminements principaux et secondaires présente l'intérêt de définir clairement l'ordre hiérarchique de calcul des cheminements.

5.3.7.2 Désignation et matérialisation

Le topographe établit un *canevas de polygonation* (figure 5.23), qui figure les cheminements, les points nodaux, les désignations des sommets et le sens de calcul de chaque cheminement ; tracer en rouge les cheminements principaux, en bleu les cheminements secondaires par exemple.

Parmi les multiples possibilités de désignation, la DGI prescrit :

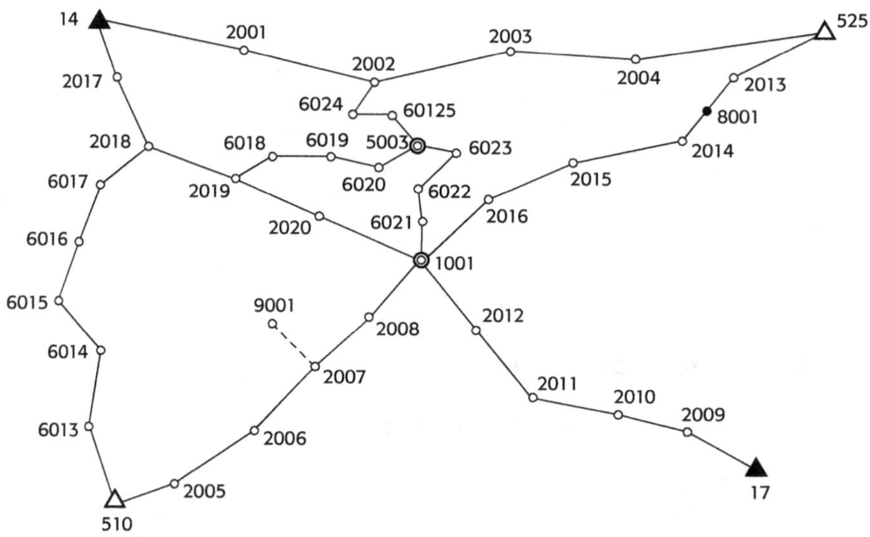

Figure 5.23. Canevas de polygonation.

— stations de polygonation principale :
- points nodaux principaux 1001 à 1999 (Série 1000),
- stations ordinaires 2001 à 4999 (Séries 2000, 3000, 4000) ;

— stations de polygonation secondaire ;
- points nodaux secondaires 5001 à 5999 (Série 5000),
- stations ordinaires 6001 à 7999 (Séries 6000 et 7000) ;

Dans un même cheminement, les numéros se suivent dans l'ordre naturel des nombres dans le sens de calcul ; représentation par un petit cercle pour les stations ordinaires, deux cercles concentriques pour les points nodaux.

– stations auxiliaires ;
  - stations alignées 8001 à 8999 (Série 8000) ; distances mesurées aux deux stations de cheminement qui l'encadrent,
  - stations lancées 9001 à 9999 (Série 9000).

Les sommets de polygonation matérialisés durablement, points naturels et points bornés, doivent être choisis parmi les cheminements principaux et répartis de façon homogène sur le chantier à la densité minimum de 5 points au km^2.

Le mode de matérialisation dépend de la nature du sol :

– terre meuble : borne granit avec croix et repère, scellée dans un massif bétonné de quelques décimètres de côté ;
– sol dur et compact : borne à ancrage à tête granit ou polymérisée ;
– asphalte et bitume : clou d'arpentage, cornière dans un angle de bordure de trottoir ;
– béton : spit, repère chevillé-vissé ;
– rocher : gravure au burin.

Fiche signalétique autorisant un rétablissement éventuel sans observations nouvelles.

Les sommets provisoires sont le plus souvent des piquets bois ou des pointes métalliques.

5.3.8   Observations et calculs

Angles polygonaux mesurés avec une paire de séquences de préférence, distances électroniques, traitements numériques par calculs hiérarchisés : réseau principal puis réseau secondaire, ou calcul en bloc ; ajustement proportionnel aux distances ou par moindres carrés.

5.3.9   Centrage forcé

Le centrage forcé est mis en œuvre par la méthode des trois trépieds qui consiste à mesurer les angles azimutaux d'un cheminement aéroporté sur les têtes de trépieds, véritable ligne polygonale sans commune mesure géométrique avec l'amalgame hétéroclite d'angles recentrés à chaque sommet sur les points au sol (figure 5.24).

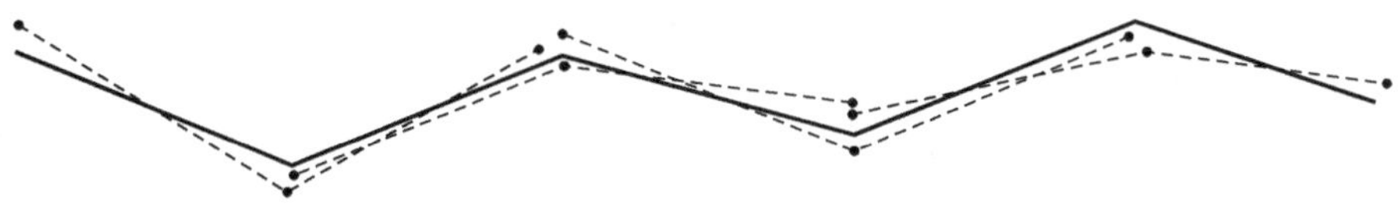

Figure 5.24. Cheminement à centrage forcé.

Mise en œuvre

Après avoir mesuré l'angle horizontal en i et les distances sur les voyants $i-1$ et $i+1$ (figure 5.25), décaler l'instrument et les voyants :

– le théodolite i vient en centrage forcé dans l'embase du trépied $i+1$;
– le voyant $i-1$ se place également en centrage forcé dans l'embase du trépied i ;
– le voyant $i+1$ est centré dans l'embase du trépied $i-1$, lequel rejoint $i+2$.

En toute rigueur, le centrage forcé ne doit pas être interrompu de l'origine 0 à l'extrémité n du cheminement ; il ne peut donc y avoir reprise de mise en station au même sommet, ce qui est loin d'être évident lorsque le travail excède une journée par exemple.

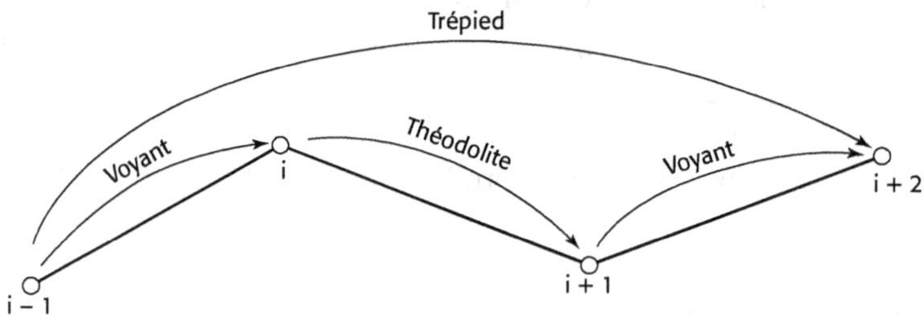

Figure 5.25. Méthode des trois trépieds.

Chapitre 6

Positionnement satellitaire

6.1   Introduction

Le GNSS est un système de radiopositionnement mondial par satellites, qui consiste à mesurer les distances séparant des récepteurs terrestres à 4 satellites au minimum, dont les positions sont connues en coordonnées cartésiennes XYZ dans un repère orthonormé géocentrique ; ces distances permettent de calculer les coordonnées des récepteurs, soit de manière absolue par l'intersection de quatre sphères, soit de manière relative par l'intermédiaire des vecteurs reliant les récepteurs entre eux, avec une précision variable.

Ce système de positionnement est universel, d'où l'appellation *Global*. Il fournit en effet à un nombre illimité d'utilisateurs à travers le monde, dans un système unique, quelles que soient les conditions météo, à tout moment, affranchi de l'obligation d'intervisibilité entre points, une information de position, de vitesse et de temps.

Le GNSS, défini dans les années 1960 par le département de la Défense américain à des fins militaires, a rapidement évolué pour satisfaire les besoins civils, en particulier les travaux géodésiques et topographiques ; la Russie a développé GLONASS, constellation de satellites plus réduite, l'Union européenne le projet GALILEO à l'horizon 2015, les Chinois le système COMPASS.

Le GNSS a apporté une révolution en géodésie et aujourd'hui, l'ensemble des réseaux est réalisé par techniques spatiales. L'avenir est aux réseaux permanents dont les bornes sont remplacées par des récepteurs GNSS qui enregistrent des observations 24h/24h et les retransmettent via des lignes de télécommunications à haut débit vers des centres de données. Ceux-ci les mettent ensuite à disposition des utilisateurs. Rapide, fiable, simple d'emploi, économique, il a d'ores et déjà supplanté les autres méthodes dans l'établissement des canevas et remplacera sans doute la plupart des procédés de levé des détails au fur et à mesure des développements de sa technologie. La localisation avec une précision submétrique est facilitée par le GNSS et de nombreuses applications apparaissent, notamment dans le domaine des systèmes d'information géographique (SIG), de l'agriculture et des transports.

6.2   Rappel sur les réseaux géodésiques

Un système de coordonnées est la définition complète des éléments géodésiques sur lequel s'appuient les coordonnées. Il comprend un système de référence, un ellipsoïde et un méridien origine, une représentation plane, un type de coordonnées, le tout complété par un système altimétrique.

La géodésie tridimensionnelle résout les problèmes de la représentation de la Terre sans intervention d'hypothèse concernant sa forme en utilisant un système de référence à trois dimensions défini par un trièdre trirectangle, à coordonnées cartésiennes appelées *géocentriques* (§ 1.2.1).

La géodésie spatiale utilise non seulement des points géodésiques terrestres mais aussi des points situés au voisinage de la surface terrestre, les satellites artificiels.

Les *systèmes WGS* (*World Geodetic System*) sont des systèmes de référence terrestre à définition spatiale. Ces systèmes, mis en place par le ministère de la Défense américain, comprennent les données de géodésie spatiale les plus récentes afin de mieux modéliser la Terre. Le système actuel s'intitule WGS 84 et s'appuie sur l'ellipsoïde de référence GRS 80.

6.3   Composition du système

6.3.1   Le secteur Espace

Il est composé de l'ensemble des satellites en orbite, qui envoient des signaux de différentes fréquences en direction de la Terre.

6.3.1.1   NAVSTAR GPS

Le programme américain des satellites NAVSTAR (*NAVigation Satellite Timing And Ranging*) est apparu en 1973.

Jusqu'en 1978, plusieurs satellites ont été lancés avec pour but de vérifier le concept du système, d'évaluer les éléments de l'équipement définitif, de définir les coûts.

De 1978 à 1988, la configuration définitive du système a été développée en complétant le développement opérationnel des satellites, le réseau de contrôle au sol et les équipements purement militaires.

Le premier satellite fut lancé en 1978. Il fallut attendre 1985 pour que le onzième satellite soit lancé et que le système soit déclaré semi-opérationnel. Mais ce nombre insuffisant de satellites rendait de nombreuses périodes inobservables pour les déterminations de précision.

La construction et le lancement de tous les satellites du programme ont lieu jusqu'en 1993. En février 1994, le Congrès américain a déclaré le système opérationnel, la visibilité simultanée de 4 à 8 satellites, avec une élévation d'au moins 15° étant assurée en tout point du monde, au moins 23 h/24. L'objectif initial était un positionnement temps réel à 20 m pour les militaires (PPS) et à 100 m pour les civils (SPS).

Chaque satellite est repéré par un numéro. Ils sont placés sur une orbite quasi circulaire, à une altitude d'environ 20 200 km. Chaque satellite effectue une rotation complète en 12 h de temps sidéral, soit 2 rotations en 24 h. La Terre tournant sur elle-même en 24 h, il existe donc une périodicité sidérale de la constellation. En raison du décalage entre le temps sidéral et l'heure solaire, l'instant Temps Universel (TU) auquel un satellite peut être vu d'un point donné est avancé de quatre minutes par rapport au jour précédent.

Les satellites (figure 6.1) sont disposés régulièrement sur 6 plans orbitaux inclinés à 55° par rapport au plan équatorial et développent des traces décalées de 60° sur le globe terrestre ; une telle trajectoire permet au satellite d'être visible 5 h au-dessus de l'horizon.

La durée de vie d'un satellite est au maximum de 10 ans ; ils sont remplacés au fur et à mesure de leur mise hors service. Actuellement, la constellation GPS comporte plus de 30 satellites.

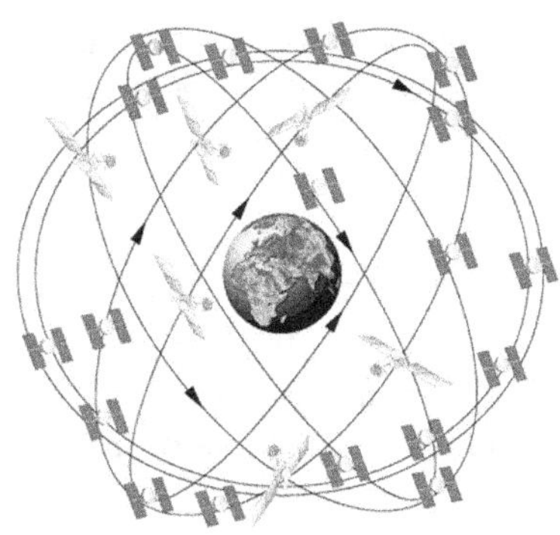

Figure 6.1. Satellite et constellation NAVSTAR.

Documents GPS.GOV

6.3.1.2   GLONASS

GLONASS est la constellation russe. Il a commencé à être développé en 1970, en période de guerre froide et en parallèle au GPS américain. Il comprend 3 plans orbitaux sur chacun desquels 8 satellites tournent à une latitude de 19 000 km. Opérationnel en 1997, le système n'a malheureusement fonctionné que très rarement avec plus de 10 satellites. En 2011, 22 satellites sont en état de fonctionnement. GLONASS constitue une bonne augmentation du GPS NAVSTAR (plus de satellites visibles et donc possibilité d'obtenir une position même en cas de masques importants) mais il ne peut être actuellement utilisé seul.

6.3.1.3   GALILEO

GALILEO est la contribution européenne à la nouvelle infrastructure de navigation par satellite (GNSS-2). Ce système sera constitué de 30 satellites sur 3 orbites circulaires (figure 6.2) à 23 616 km d'altitude, répartis sur 3 plans inclinés. La période de révolution est de 14 h 21 min. Les premiers satellites ont été lancés début 2006. La constellation devrait être complète en 2015.

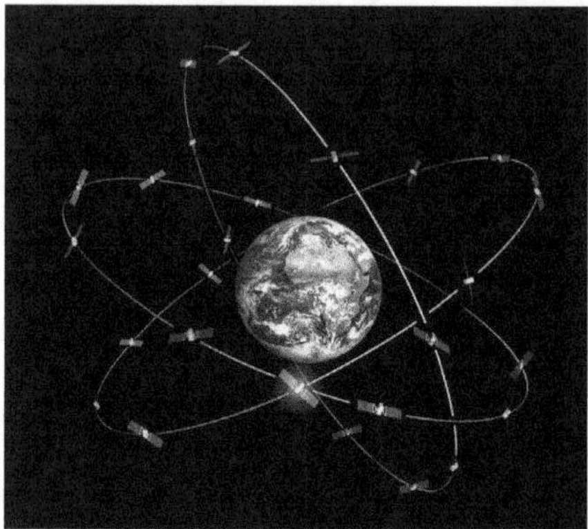

Figure 6.2. Satellite et constellation GALILEO.

Document Agence spatiale européenne

Les satellites ont pour fonction de maintenir une échelle de temps précise, d'émettre des signaux, de recevoir et de stocker les informations provenant du secteur Contrôle, de retransmettre les informations aux utilisateurs terrestres.

6.3.2   Le secteur Contrôle

Le secteur contrôle du GPS dépend de l'armée américaine et doit maintenir en permanence le système GPS opérationnel. Pour cela, les satellites sont suivis en permanence par 5 stations fixes au sol, réparties sur le monde, non loin de l'équateur. Ces stations modifient si besoin leurs trajectoires, et leur transmettent les informations qui seront diffusées par le message de navigation (figure 6.4) (données d'orbites réelles, décalages des temps individuels, éléments de calcul corrigeant les erreurs de propagation et l'état de santé des satellites).

En cas de nécessité militaire, ou sur simple décision des États-Unis, les orbites peuvent être modifiées et les signaux brouillés.

L'*International GNSS Service* (IGS) est aussi un réseau de poursuite des satellites, initié par la communauté scientifique. Il est composé de stations primaires permanentes et de stations régionales, de 3 centres mondiaux de diffusion et de leurs produits (IGN) et de 7 centres de calcul dans le monde. Ses objectifs sont de diffuser aux utilisateurs des produits plus précis que le segment de contrôle (éphémérides, paramètres de rotation de la Terre, modèles ionosphériques, correction d'horloge satellite, modèles troposphériques) et de servir de moteur dans le domaine GNSS.

6.3.3   Le secteur Utilisateur

C'est l'ensemble des récepteurs des utilisateurs en tout point du globe. Actuellement, ces utilisateurs constituent une population très diversifiée, tant dans ses objectifs que dans ses moyens. Plusieurs types de récepteurs existent dans diverses gammes d'application, de prix, de précision et de difficulté de mise en œuvre (figure 6.3).

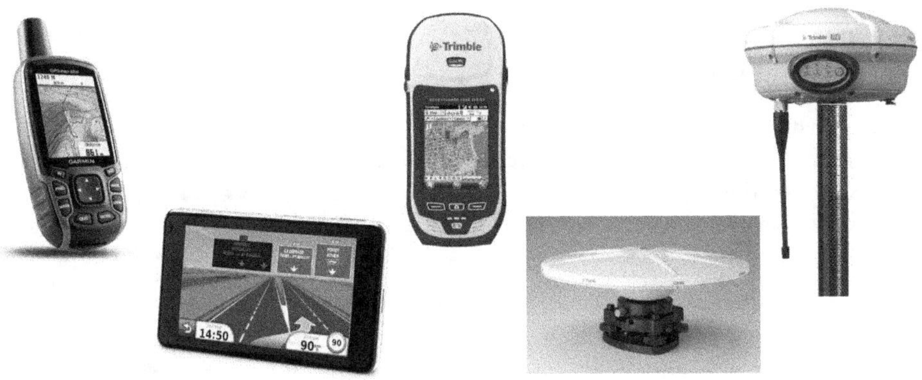

Figure 6.3. Récepteurs GNSS.

Documents Garmin et Trimble

Les récepteurs sont constitués :

– d'une antenne chargée de recevoir le signal satellite et de l'amplifier ;
– d'une ou de plusieurs cartes électroniques chargées du traitement des signaux reçus ;
– d'une carte contrôleur chargée de l'applicatif : navigation et enregistrement.

Tous ces éléments peuvent être plus ou moins intégrés dans un même support selon la technologie du constructeur et la vocation du produit. Dans certains cas, où la précision prime, ces récepteurs ne peuvent être envisagés sans compléments destinés à traiter les données acquises, logiciel de post-traitement pour les déterminations différées cartographiques ou topographiques, ou système de communication (UHF, GPRS) pour les applications en temps réel : navigation, guidage, etc.

L'objectif est de calculer la position en temps réel à partir des données de navigation terrestre et maritime ou d'enregistrer ces données pour un traitement ultérieur en géodésie ou en topographie.

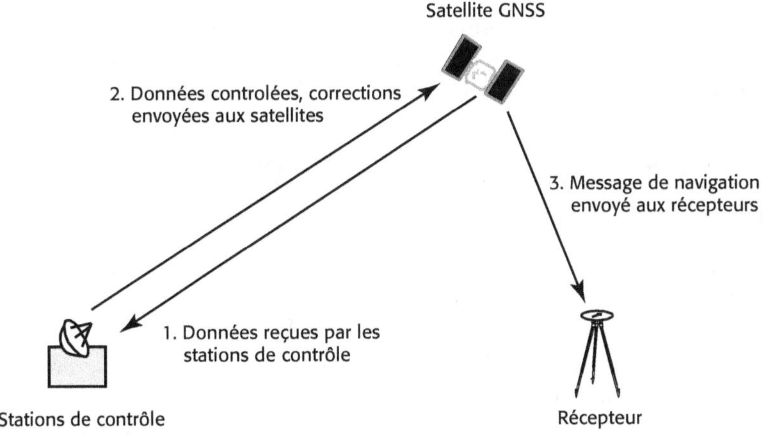

Figure 6.4. Architecture GNSS.

6.4   Mesures GNSS

6.4.1   Principe théorique

La détermination de la position est basée sur le principe de la multilatération. On connaît les positions des satellites dans un référentiel, on mesure les distances entre le récepteur et les satellites. La position du récepteur, *dans le même référentiel que les satellites*, correspond à l'intersection des sphères ayant pour centre les satellites et pour rayon les distances mesurées (figure 6.5).

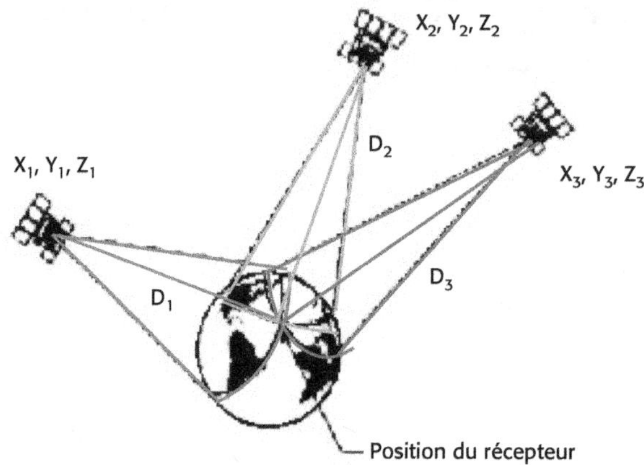

Figure 6.5. Multilatération GNSS.

6.4.2   Principe de la mesure de distance

Les satellites et le récepteur sont équipés d'une horloge permettant de dater l'émission ou la réception du signal. Le signal émis par le satellite contient une information sur sa date d'envoi et le récepteur lit la date d'envoi du signal reçu et la compare à la date de réception.

Il en déduit donc le temps de parcours du signal entre le satellite et le récepteur. La distance satellite-récepteur est alors obtenue en multipliant la vitesse de la lumière par le temps écoulé entre le moment d'émission du signal et le moment de sa réception : $D = c \times (t_e^S - t_r^R)$.

6.4.3   Le signal émis par un satellite GNSS

Les satellites diffusent en permanence des signaux complexes et les informations qu'ils véhiculent permettent de se positionner.

Chaque satellite émet des signaux sur plusieurs fréquences.

Les signaux sont composés :

– d'une onde porteuse sinusoïdale. L'objectif est d'envoyer sur l'onde des informations numériques (codes, message de navigation) ;

– d'un ou plusieurs codes pseudo aléatoires (séquences binaires à caractère aléatoire. Ces codes permettent d'ajouter une information temporelle sur la porteuse ;

– d'un message de navigation, ensemble de données permettant au récepteur de déterminer sa position (indicateur de santé du satellite, position des satellites, modèle ionosphérique, temps GPS, données confidentielles pour les utilisateurs autorisés).

Le récepteur doit extraire de ces porteuses les messages radiodiffusés comprenant :

– les dates d'arrivée des repères de temps inclus dans les signaux ;

– le temps de propagation correspondant ;

– la position du satellite à l'époque de la transmission.

6.4.4 La mesure de distance par le code (pseudo-distance)

La mesure de pseudo-distance nécessite la connaissance des codes générés par le satellite (C/A, P ou Y). Ces codes pseudo-aléatoires permettent de dater le signal au moment de son envoi. Le caractère aléatoire évite que des satellites émettant sur les mêmes fréquences se brouillent mutuellement. La valeur du code envoyé par chaque satellite est parfaitement connue des récepteurs en fonction du temps.

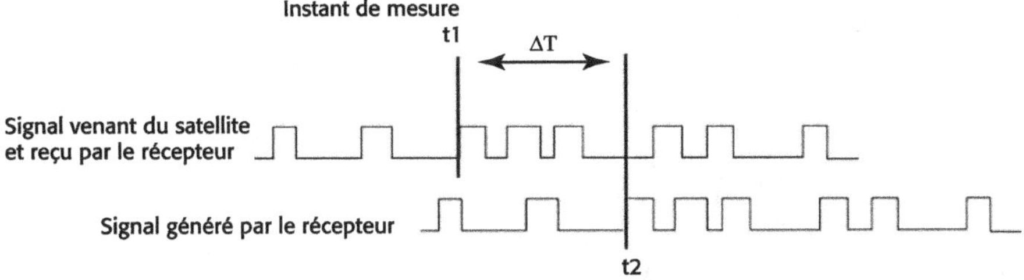

Figure 6.6. Mesures par le code.

En engendrant, puis en synchronisant un code identique à celui du satellite (figure 6.6), le récepteur voit arriver le code qui a été produit à *t1* (*horloge du satellite*). Il le reçoit à *t2* (*horloge du récepteur*). $\Delta t = t2 - t1$ correspond donc au temps de trajet du signal mesuré par l'horloge du récepteur.

La distance fournie par un récepteur GNSS est donc : $D_r^S = c \times \Delta t$.

Cette distance est qualifiée de « pseudo » car le temps de propagation ne tient pas compte du décalage inévitable des horloges du récepteur et du satellite.

Si les horloges du récepteur et du satellite étaient synchronisées : $D_r^S = c \times \Delta t$ serait égal à $\rho = \sqrt{(X_R - X_S)^2 + (Y_R - Y_S)^2 + (Z_R - Z_S)^2}$. En pratique, elles ne le sont pas car l'horloge atomique du satellite dérive dans le temps même si elle est très stable et l'horloge du récepteur à quartz est relativement peu stable.

Le problème vital d'un système de positionnement GNSS est de travailler dans la même échelle de temps, ce qui implique que les horloges des satellites et des récepteurs soient exactement synchronisées ; en effet, un décalage entre deux horloges de 1 µs entraîne un écart en distance de 300 m.

La mesure de pseudo-distance est donc égale $D_r^S = \rho_r^S + c \cdot (dt^S - dt_r)$, cette dernière composante représentant l'écart de synchronisation des horloges. Dans cette expression, il y a 4 inconnues (la dérive de l'horloge du satellite est modélisée), d'où la nécessité de faire des observations sur 4 satellites au minimum.

La précision des mesures des pseudo-distances étant de l'ordre de quelques mètres, cette technique n'est pas assez précise pour des travaux de géodésie ou de topographie, mais est utilisée pour les calculs de positionnement en navigation.

6.4.5   La mesure de distance par la phase

À l'origine, le positionnement GNSS est fondé sur l'utilisation de la mesure de pseudo-distances. Mais, il est impossible d'obtenir une position meilleure que le mètre avec une mesure sur le code. L'idée a alors été d'utiliser l'onde du signal GNSS et d'envoyer sur cette onde porteuse plusieurs informations numériques.

Le principe de la mesure de phase repose sur le calcul du déphasage entre le signal reçu du satellite et le signal engendré par le récepteur (figure 6.7). Ce déphasage est très précis mais se fait sur la partie fractionnaire d'un cycle, donc sur une mesure inférieure à la longueur d'onde des signaux, soit environ 20 cm.

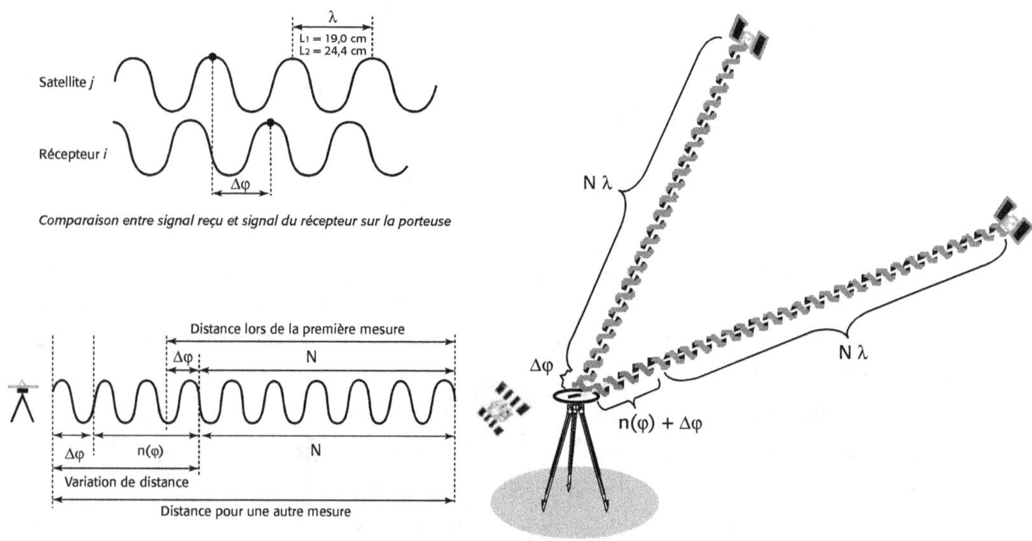

Figure 6.7. Mesure par la phase.

Documents Trimble

Lors de la première mesure, le récepteur mesure, avec un phasemètre, la différence de phase Δφ entre le signal reçu et le signal produit.

Lors de la seconde mesure (sans perte du signal satellite), le récepteur mesure le décalage avec un compteur de cycle, en terme de nombre de longueur d'onde, entre le signal reçu et le signal produit par rapport à celui de la première mesure ; n(φ) représente la partie entière du décalage et $\dfrac{\Delta\varphi}{2\pi}$ la partie fractionnaire du décalage.

La distance récepteur/satellite est alors égale à : $\left(\dfrac{\Delta\varphi}{2\pi} + n(\varphi) + N\right) \cdot \lambda$.

N représente le nombre entier inconnu de cycle de déphasage au moment de la première mesure. On l'appelle l'*ambiguïté entière*. Cette ambiguïté entière pour un couple récepteur/satellite est constante dans le temps tant que le récepteur ne perd pas le signal provenant du satellite. La précision du positionnement GNSS est liée à la détermination de la valeur entière des ambiguïtés.

Comme pour la mesure de la pseudo-distance, il est nécessaire de tenir compte des erreurs d'horloge satellite et récepteur, ainsi que des erreurs troposphériques et ionosphériques. La mesure de phase s'écrit donc :

$$\Phi_r^s = \rho_r^s + c\,(dt^S - dt_r) + T_r^s - I_r^s - \lambda N_r^s$$

La mesure de pseudo-distances donne des résultats rapides, utilisables en topographie bien qu'imprécis, tandis que la mesure de phase donne un résultat précis mais inutilisable tant que les ambiguïtés ne sont pas résolues.

6.5 Erreurs

6.5.1 Erreurs dues aux satellites

Les ***horloges des satellites*** sont amenées à dériver par rapport au temps GPS de référence, elles produisent une *erreur d'horloge* ; leur comportement est étroitement surveillé et leur dérive connue avec précision. Les paramètres correctifs de la dérive sont donnés par le message de navigation.

Les ***orbites réelles*** décrites par les satellites diffèrent de l'orbite képlerienne sous l'effet d'actions perturbatrices telles que la non-sphéricité de la Terre, l'attraction du Soleil et de la Lune, les marées océaniques ; cette *erreur d'orbite* affecte les coordonnées X_S, Y_S, et Z_S du satellite. La qualité de la détermination des orbites radiodiffusées est d'environ 10 m, ce qui ne permet pas de garantir une détermination centimétrique entre deux points éloignés de plus de 50 km. Dans ce cas, il faut donc utiliser les orbites précises diffusées par l'IGS.

6.5.2 Erreurs dues à la propagation du signal

Avant d'arriver au récepteur, les signaux traversent deux couches de l'atmosphère dont les caractéristiques provoquent des perturbations à la propagation.

La *troposphère* est la couche inférieure de l'atmosphère (figure 6.9) comprise entre la Terre et une altitude d'environ 15 km ; elle est le siège des événements météorologiques. La composition de la troposphère, notamment la teneur en vapeur d'eau, entraîne un allongement du trajet radioélectrique suivant les conditions atmosphériques de pression, de température et d'humidité et suivant l'élévation du satellite. L'effet est similaire à la réfraction de la lumière à travers un bloc de verre, le temps de trajet est donc allongé.

L'erreur due à la réfraction troposphérique est de la forme : $\Delta\rho_{\text{tropo}} = \dfrac{A}{\sin\theta} + B$, où A et B sont des valeurs qui dépendent des paramètres atmosphériques et θ l'élévation du satellite au-dessus de l'horizon (figure 6.8).

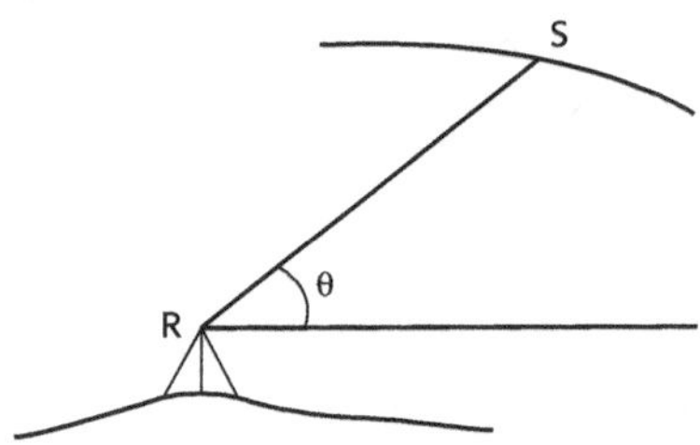

Figure 6.8. Angle de coupure.

Cette erreur est donc maximale pour une élévation du satellite minimale, ce qui explique que, lors des mesures de positionnement, seuls les satellites dont l'élévation est supérieure à 15° sont pris en compte. L'erreur due à la réfraction troposphérique peut varier de quelques centimètres à 20 mètres, à 5°.

L'*ionosphère* est la région de l'atmosphère (figure 6.9) dont l'altitude varie entre 50 et 500 km. Les rayons ultraviolets solaires ionisent une partie des molécules gazeuses en libérant des électrons ; l'onde rencontrant une couche ionisée est ralentie proportionnellement à l'augmentation de densité des électrons du milieu.

L'ionosphère est un milieu dispersif, le retard électronique est inversement proportionnel au carré de la fréquence de l'onde $\Delta\rho_{\text{iono}} = \dfrac{A}{f^2}$. Si l'on compare les heures d'arrivée de deux signaux de fréquences différentes partis en même temps, il est possible de réaliser une estimation précise du retard ionosphérique. L'utilisation de systèmes bifréquences permet donc d'éliminer le retard ionosphérique.

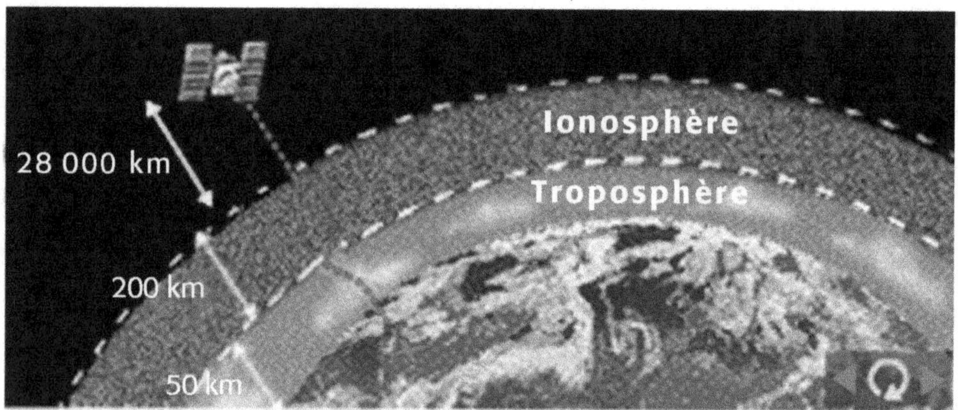

Figure 6.9. Erreurs troposphériques et ionosphériques.

Document Trimble

L'instabilité ionosphérique constitue la principale restriction en matière de précision des mesures de positionnement. Ses influences sont trois à quatre fois plus élevées de jour que de nuit et varient avec la longueur de la ligne de base. Les effets ionosphériques changent également en fonction du temps et de la position géographique des récepteurs, plus agités au pôle qu'à l'équateur ; ils peuvent introduire des erreurs systématiques dans les mesures de phases et conduire à des résultats hors spécifications.

L'erreur due à la réfraction ionosphérique peut varier de quelques mètres à quelques dizaines de mètres.

Les ***trajets multiples*** surviennent lorsque le capteur se trouve à proximité d'une surface réfléchissante de grande dimension telle qu'une étendue d'eau ou un bâtiment.

L'environnement immédiat de l'antenne réceptrice, la présence d'obstacles ou de larges surfaces réfléchissantes provoquent des réflexions et une atténuation du signal suivant le trajet direct.

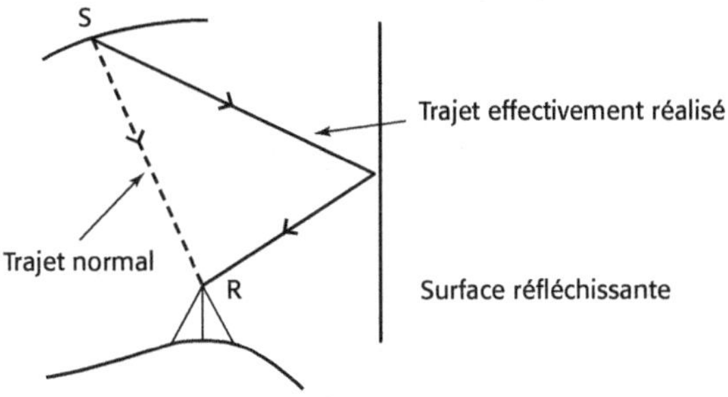

Figure 6.10. Multitrajet.

L'***effet de multitrajet*** (figure 6.10), de nature à provoquer des erreurs pouvant aller de quelques centimètres à 10 mètres, est réduit ou supprimé par l'utilisation d'éléments absorbants et surtout par le dégagement des stations.

6.5.3 Erreurs dues au récepteur

La ***variation de la position du centre de phase*** (figure 6.11) des antennes correspond à la variation du point d'impact du signal GNSS sur l'élément de mesure de l'antenne en fonction de la position du satellite dans le ciel.

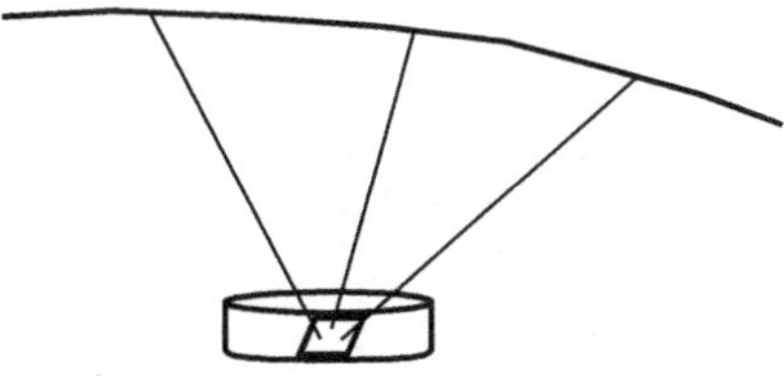

Figure 6.11. Centre de phase du récepteur.

Il faut tenir compte de cette erreur principalement pour des mesures précises post-traitées.

Enfin, l'***erreur d'horloge du récepteur*** peut atteindre et dépasser 100 m.

Mais les erreurs dues au récepteur comprennent aussi toutes celles liées à la qualité apportée par le constructeur à la conception et à la réalisation de l'équipement : forme de l'antenne, algorithme des calculs, puissance des logiciels utilisés, etc.

6.6　Le mode différentiel

Pour deux points proches, le signal radioélectrique émis par un satellite suit quasiment le même trajet. En comparant les mesures réalisées par deux récepteurs proches sur un même satellite, on réduit ou on élimine certains termes. On détermine donc le vecteur, appelé *ligne de base*, WGS84 entre deux points.

6.6.1　Simple différence

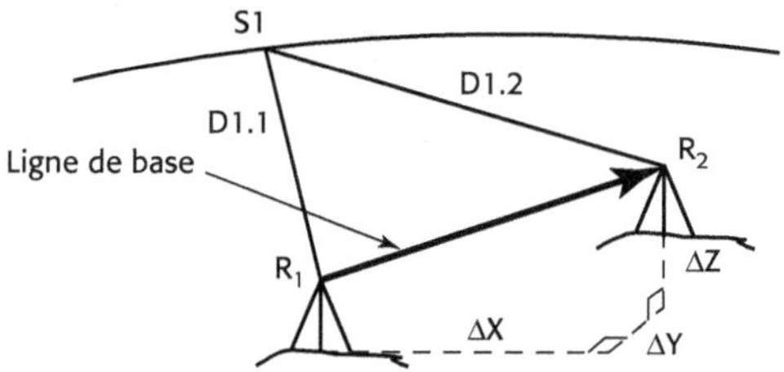

Figure 6.12. Simple différence.

Une mesure par simple différence consiste à former à un instant donné la différence de mesures entre un satellite et deux récepteurs (figure 6.12).

$$
\begin{aligned}
\Phi_{r1}^{s1} &= \rho_{r1}^{s1} + c\,(dt^{s1}-dt_{r1}) + T_{r1}^{s1} - I_{r1}^{s1} - \lambda N_{r1}^{s1} \\
-\quad & \\
\Phi_{r2}^{s1} &= \rho_{r2}^{s1} + c\,(dt^{s1}-dt_{r2}) + T_{r2}^{s1} - I_{r2}^{s1} - \lambda N_{r2}^{s1} \\
\hline
\Delta\Phi_{r12}^{s1} &= \rho_{r12}^{s1} + c\,(\quad -dt_{r12}) + \underbrace{T_{r12}^{s1} - I_{r12}^{s1} - \lambda N_{r12}^{s1}}_{\text{négligeable}}
\end{aligned}
$$

L'erreur d'horloge du satellite est commune aux deux récepteurs et s'élimine dans la différence. Plus la distance entre les récepteurs est faible, plus les termes T_{r12}^{s1} et I_{r12}^{s1} sont négligeables. En effet, pour des distances topographiques, les signaux se propagent dans des lieux assez proches pour admettre que les conditions atmosphériques sont identiques.

6.6.2 Double différence

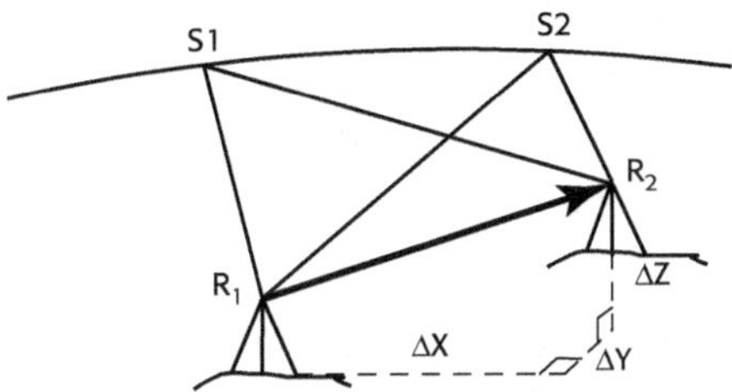

Figure 6.13. Double différence.

Une mesure par double différence est obtenue par différence entre deux simples différences sur deux satellites distincts, à un même instant t (figure 6.13). Deux récepteurs observent simultanément deux satellites.

$$\Phi_{r1}^{s1} = \rho_{r12}^{s1} + c\,dt_{r12} + T_{r12}^{s1} - I_{r12}^{s1} - \lambda N_{r12}^{s1} \qquad \text{Simple différence satellite 1}$$

$$- \Delta\Phi_{r1}^{s2} = \rho_{r12}^{s2} + c\,dt_{r12} + T_{r12}^{s2} - I_{r12}^{s2} - \lambda N_{r12}^{s2} \qquad \text{Simple différence satellite 2}$$

$$\wedge \Delta\Phi_{r12}^{s12} = \rho_{r12}^{s12} + \underbrace{T_{r12}^{s12} - I_{r12}^{s12}}_{\text{négligeable}} - \lambda N_{r12}^{s12} \qquad \text{Double différence satellites 1-2}$$

La double différence élimine donc l'erreur d'horloge du récepteur. Plus la distance entre les récepteurs est faible, plus les termes T_{r12}^{s12} et I_{r12}^{s12} sont négligeables.

6.6.3 Triple différence

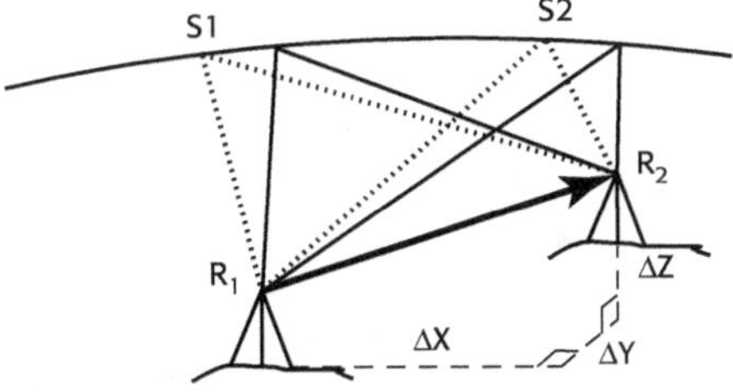

Figure 6.14. Triple différence.

Une mesure par triple différence est obtenue par les mesures de 2 récepteurs sur 2 satellites, prises à 2 instants t0 et t1 différents, sans perte du signal (figure 6.14).

$$\Delta\Phi_{r12}^{s12}(t1) = \rho_{r12}^{s12}(t1) + \left(T_{r12}^{s12} - I_{r12}^{s12}\right)(t1) - \lambda N_{r12}^{s12} \qquad \text{Double différence instant t1}$$

$$\Delta\Phi_{r12}^{s12}(t0) = \rho_{r12}^{s12}(t0) + \left(T_{r12}^{s12} - I_{r12}^{s12}\right)(t0) - \lambda N_{r12}^{s12} \qquad \text{Double différence instant t0}$$

$$\wedge\Delta\Phi_{r12}^{s12}(t0, t1) = \rho_{r12}^{s12}(t0, t1) + \underbrace{\left(T_{r12}^{s12} - I_{r12}^{s12}\right)(t0, t1)}_{\text{négligeable}} \qquad \text{Triple différence}$$

La triple différence élimine donc les ambiguïtés entières. Plus la distance entre les récepteurs est faible, plus les termes T_{r12}^{s12} et I_{r12}^{s12} sont négligeables.

Dans le mode différentiel, on mesure donc des différences de distances et non des distances absolues.

Les coordonnées X_{R1}, Y_{R1} et Z_{R1} étant connues, on détermine à partir de ce point les composantes ΔX_{R2}, ΔY_{R2}, ΔZ_{R2} du vecteur $\overrightarrow{R_1R_2}$. Ce vecteur est donné dans le système WGS84, basé sur l'ellipsoïde AIG-GRS80. Après avoir calculé les coordonnées géocentriques X_{R2}, Y_{R2} et Z_{R2}, il faudra les transformer en coordonnées planes.

Le positionnement différentiel impose des contraintes : nécessité de disposer de ***deux récepteurs*** et de ***faire les mesures en même temps et pendant une durée suffisante*** ; le calcul du vecteur implique de ***connaître les coordonnées d'au moins un point***.

Le positionnement différentiel peut se former par des mesures de codes ou des mesures de phases.

6.7 Positionnement GNSS absolu

Cette méthode consiste à obtenir la position du récepteur, en absolu, par des mesures de pseudo-distances ou de phases, en temps différé ou en temps réel sur au moins 4 satellites (figure 6.15). Le système a été conçu pour obtenir des coordonnées géocentriques cartésiennes (XYZ) ou géographiques (λ, φ, h) dans le système WGS84. Ces coordonnées absolues ont une précision variable selon le matériel. C'est le type de positionnement que donnent les récepteurs de navigation.

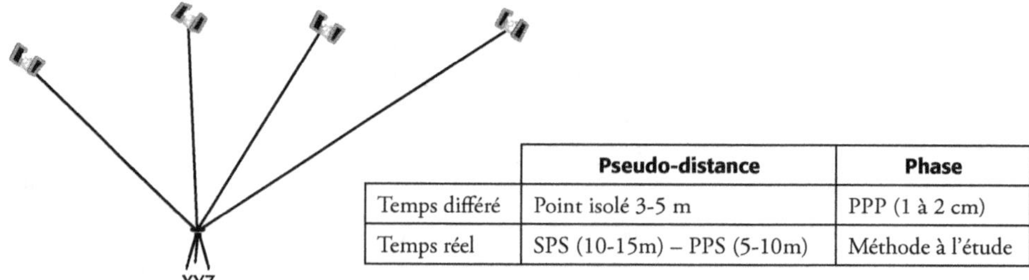

	Pseudo-distance	Phase
Temps différé	Point isolé 3-5 m	PPP (1 à 2 cm)
Temps réel	SPS (10-15m) – PPS (5-10m)	Méthode à l'étude

Figure 6.15. Positionnement absolu.

Le GNSS naturel, encore appelé absolu, autonome ou de navigation est le mode d'utilisation le plus répandu, concernant tous les marchés de masse tel celui de la navigation automobile ou de la randonnée.

Les allongements atmosphériques sont modélisés par des modèles globaux transmis dans le message du satellite, de même que le décalage d'horloge et les éphémérides

La précision que l'on peut obtenir avec un récepteur standard en mode naturel dépend fortement de la situation de l'antenne dans son environnement et de la constellation des satellites à l'époque des mesures, laquelle évolue en fonction du temps.

Des études ont montré que sur une période d'observation de 24 h, les écarts n'excèdent pas 4 m, et qu'à certaines périodes, l'écart peut même être inférieur à 1 m.

Les applications du mode naturel sont extrêmement nombreuses : navigation terrestre, maritime, aérienne, systèmes antivol de voitures, appels de secours, systèmes de suivi des enfants, guidage des malvoyants, étude de migration des animaux…

6.8 Positionnement GNSS différentiel post-traité

Dès que l'on veut obtenir une meilleure précision, il faut faire du positionnement différentiel. Dans ce cas, on détermine les composantes du vecteur compris entre une station connue et une station inconnue.

Ce type de positionnement permet de réduire l'influence des erreurs sur les orbites, les erreurs de propagation et les horloges d'horloges satellites et récepteurs.

On observe les mêmes satellites en même temps sur au moins 2 stations et le calcul se fait sur les différences de mesures. Ici aussi, la position peut être obtenue en temps différé ou en temps réel, par des mesures de code ou de phase.

6.8.1 Positionnement différentiel statique post-traité

En mode statique, les récepteurs, positionnés à chaque extrémité des lignes de base (figure 6.16), effectuent des mesures de phase et restent stationnaires pendant les observations, de façon à enregistrer suffisamment de signaux pour permettre la résolution des ambiguïtés et calculer des coordonnées relatives WGS84.

Les méthodes statiques sont longues et fastidieuses mais ce sont les seules qui fournissent la précision nécessaire à l'établissement d'un canevas.

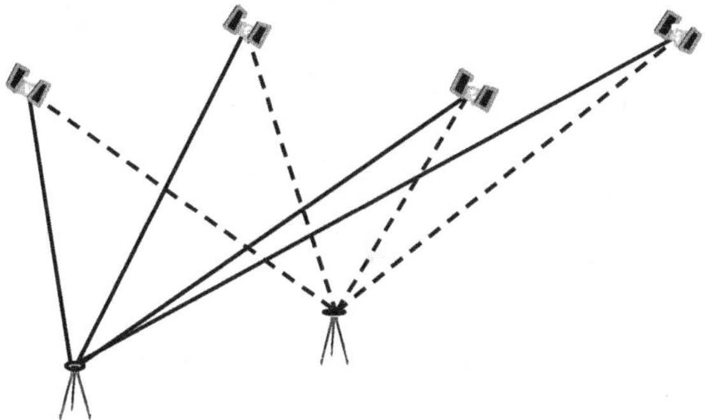

Figure 6.16. Positionnement différentiel.

6.8.1.1   Le statique

Le statique est la méthode GNSS classique pour les mesures de lignes de base supérieures à 20 km, domaine dans lequel l'utilisation de mesures bi-fréquences est indispensable.

Le statique est utilisé pour l'établissement de réseaux géodésiques couvrant de grandes étendues, ainsi que pour des applications plus pointues comme le suivi des mouvements tectoniques. Des temps d'observation d'au moins 10 min/km, répétés si nécessaire, permettent d'obtenir la précision optimale pour ces travaux géodésiques.

Écart-type sur une ligne de base : 2 mm + 1 mm/km

6.8.1.2   Le statique rapide

Le statique rapide est la méthode la plus opérationnelle pour la réalisation d'un canevas de densification, avec des lignes de base limitées à 20 km, pour une précision centimétrique.

Le temps d'observation est d'environ 1 min/km après initialisation. Si les lignes de base sont courtes, cette méthode permet d'obtenir une bonne précision avec un temps d'observation relativement court.

Cette méthode est actuellement la solution GNSS qui remplace les polygonales, utilisable en milieu urbain ou en zone de couvert végétal où les nombreux obstacles rendent impossibles les méthodes cinématiques ; cela suppose quand même un choix judicieux du site et des horaires.

Écart-type sur une ligne de base : quelques mm + 1 à 2 mm/km

6.8.2   Positionnement différentiel cinématique post-traité (PPK)

Plusieurs récepteurs observent en même temps sur plusieurs points les même satellites GNSS (figure 6.17). L'un des récepteurs est en mouvement. En combinant les observations sur plusieurs satellites et à des instants différents, on calcule, par des mesures de phase, les lignes de base en WGS84.

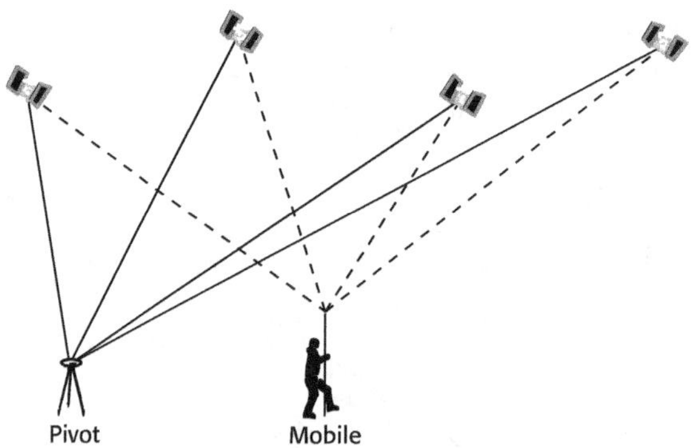

Figure 6.17. Positionnement différentiel temps réel.

Le **Stop and Go** est un positionnement différentiel avec résolution des ambiguïtés.

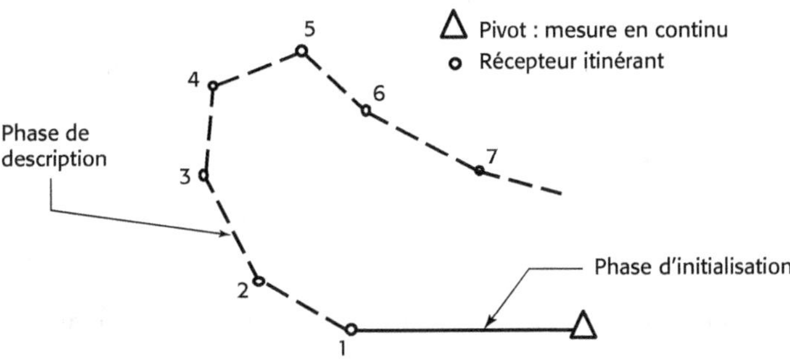

Figure 6.18. Stop and Go.

Le point 1 est déterminé en statique rapide (figure 6.18), c'est la ***phase d'initialisation***. Les ambiguïtés sont fixées sur ce point, puis les autres points sont calculés avec ces ambiguïtés fixes tant que le contact satellite est maintenu.

Le temps d'initialisation dépend de la longueur de la ligne de base (environ 1 min/km). Ensuite, le récepteur itinérant se déplace sur les points 2, 3, 4, 5, 6, 7, etc. sur lesquels les temps d'observation sont minimes (quelques secondes) ; c'est la ***phase de description***.

La principale contrainte de cette méthode est la nécessité de garder le contact satellite pendant le déplacement de point en point du récepteur itinérant ; en cas de coupure du signal, la réinitialisation, c'est-à-dire la résolution de l'ambiguïté, peut se faire en un point quelconque, après l'obstacle.

Le Stop and Go est idéal pour faire du levé précis post-traité. Il faut cependant veiller à ce que le temps d'initialisation soit suffisamment long, à prendre des points de contrôle fréquents, à réoccuper les premiers points.

Écart-type sur une ligne de base : 2 mm + 2 mm/km

La ***trajectographie*** permet la restitution de la trajectoire par l'enregistrement en continu pendant les déplacements du récepteur (figure 6.19) ; le récepteur itinérant est généralement placé sur une plate-forme mobile : voiture ou embarcation quelconque. Les mesures sont similaires à celles du Stop and Go, à la différence près qu'en trajectographie, le récepteur itinérant se déplace de façon continue après initialisation du point de départ 1 en statique rapide.

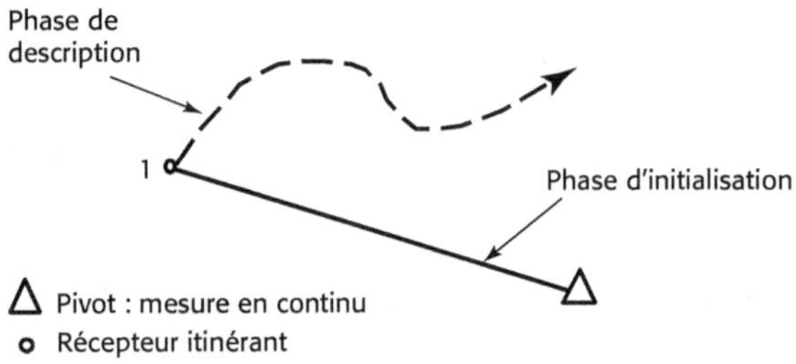

Figure 6.19. Trajectographie.

L'échantillonnage de la trajectoire dépend de la fréquence d'enregistrement, qui peut varier de 1 seconde à 1 minute ; si l'on désire avoir une trajectoire avec un point tous les 10 mètres, l'intervalle d'enregistrement sera de 10 s à pied et de 1 s en voiture à 40 km/h.

De même qu'en Stop and Go, le contact satellite doit être maintenu ; le cas échéant, une réinitialisation se fait en statique rapide.

Écart-type : 1 cm + 2 mm/km

6.9   Positionnement GNSS différentiel temps réel

En post-traitement, les observations sont enregistrées et les calculs sont faits ultérieurement. Le pivot peut être placé sur un point inconnu.

En temps réel, les coordonnées sont immédiatement affichées par le récepteur.

6.9.1   Principe du temps réel

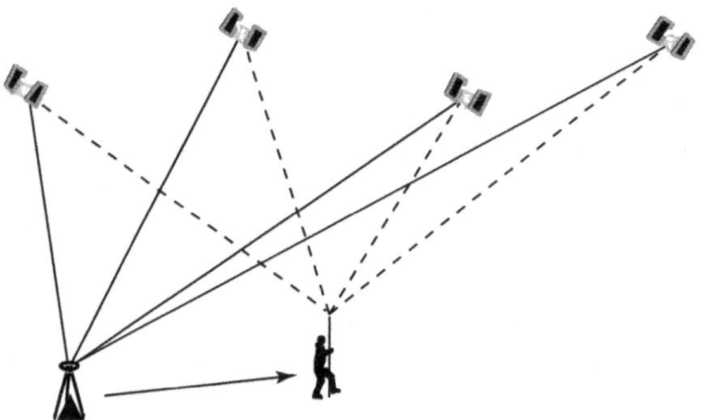

Figure 6.20. Positionnement temps réel.

Le récepteur immobile est stationné sur un point connu en coordonnées, il transmet des messages au mobile (figure 6.20), lequel se déplace sur les points dont on souhaite connaître les coordonnées.

Les informations transmises du pivot au mobile sont les coordonnées du pivot et les observations et corrections du pivot chaque seconde. Il est donc nécessaire d'avoir une communication entre le pivot et le mobile (UHF, GSM, GPRS). Cette transmission est fondamentale car elle doit permettre l'envoi des informations toutes les secondes. Toute interruption dans la transmission interrompt le positionnement. La résolution d'ambiguïtés en vol OTF (*On The Fly*) permet de réduire les temps d'observation.

Le temps réel peut être observé par des mesures de phase (RTK) ou par des mesures de codes (DGPS).

6.9.2   Positionnement différentiel cinématique par la phase (RTK)

Plusieurs récepteurs observent en même temps sur plusieurs points connus les mêmes satellites GNSS. L'un des récepteurs est en mouvement. En combinant les observations sur plusieurs satellites et à des instants différents, on calcule, par des mesures de phase, les lignes de base en WGS84.

Les avantages du RTK sont un contrôle immédiat de la résolution des ambiguïtés. Un point d'initialisation n'est pas nécessaire car la résolution des ambiguïtés se fait en vol, ce qui est un gain de temps par rapport au Stop and Go, d'où l'engouement des topographes pour le mode RTK.

C'est la méthode classique pour *l'implantation et le levé de points de détails*, solution qui remplace le rayonnement, pour des mesures en site dégagé et au maximum à 20 km du pivot. Ces méthodes autorisent facilement la codification du dessin, par l'introduction des codes correspondants lors de la mesure.

Écart-type : 2 mm + 1 mm/km

6.9.3 Positionnement différentiel cinématique par le code (DGPS)

Les récepteurs mesurent les pseudo-distances sur les satellites communs visibles et le mode différentiel revient à calculer le vecteur tridimensionnel joignant les deux récepteurs.

Dans les solutions différentielles, il est intéressant de pouvoir utiliser des corrections provenant de plusieurs stations de référence à la fois.

Les systèmes d'augmentation ont été développés pour pallier les faiblesses des systèmes satellitaires existants GPS et GLONASS, vis-à-vis des besoins de navigation et de guidage. Ils augmentent donc les systèmes existants et améliorent leurs performances de base (précision, intégrité et disponibilité).

L'amélioration de la précision est obtenue par des techniques de GNSS différentiel, l'amélioration de l'intégrité par des systèmes d'observation et de contrôle permanents des signaux satellitaires, l'amélioration de la disponibilité par l'ajout de signaux supplémentaires permettant de se positionner.

Dans ces systèmes appelés SBAS (*Satellite Based Augmentation System*), les stations au sol observent les satellites GNSS et calculent des corrections différentielles et des informations d'intégrité qu'elles transmettent aux utilisateurs (figure 6.21).

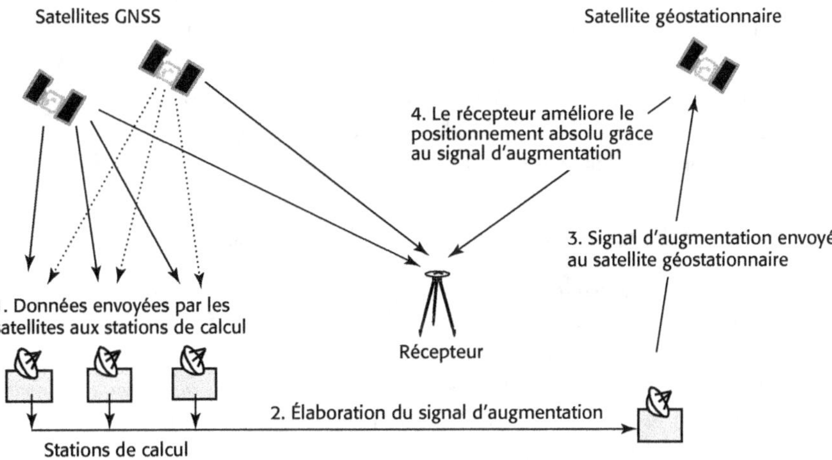

Figure 6.21. Architecture d'un SBAS.

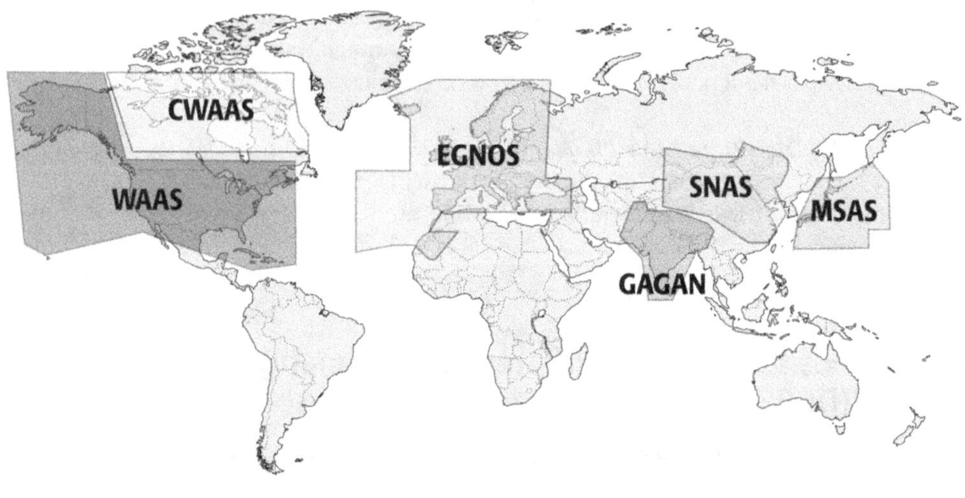

Figure 6.22. EGNOS.

D'après Francis Fustier

EGNOS (figure 6.22) est le SBAS européen, système d'amélioration de NAVSTAR et GLONASS. Il comprend 30 stations au sol, qui reçoivent et analysent en continu les signaux GPS et GLONASS. Ces observations sont envoyées aux centres qui vérifient leur qualité et les traitent. Ils calculent les orbites, les décalages d'horloge, les paramètres ionosphériques, vérifient la cohérence des données et calculent les critères de qualité. Ceci permet de fabriquer un message d'intégrité et de produire des corrections différentielles sur l'Europe. Trois satellites géostationnaires sont utilisés pour cette diffusion. EGNOS complète les systèmes américain WAAS, japonais MSAS et indien GAGAN.

Des études ont montré que sur une période d'observation de 24 h, les écarts en DGPS n'excèdent pas 1,5 m, et que l'écart peut être durablement submétrique. En temps différé, du fait de la possibilité d'utiliser des corrections plus élaborées que celles qui sont calculées et transmises par une seule station de référence, puisqu'on peut les calculer à partir d'observations en provenance de réseaux de stations de référence et à l'aide de logiciels plus performants, la précision peut être encore améliorée jusqu'à atteindre un écart-type de l'ordre de 10 cm.

Les applications temps réel du DGPS concernent toutes les applications de guidage des mobiles nécessitant une précision de l'ordre du mètre : guidage des navires à proximité des côtes et dans les ports, guidage des machines agricoles, navigation précise de certains véhicules routiers professionnels ou relevé cartographique des routes.

Les applications DGPS temps différé sont principalement les applications de type SIG.

Le GNSS permet donc d'atteindre tous les niveaux de précision, les différences résidant dans les types de capteur utilisés et dans les techniques employées. Le positionnement absolu est le plus simple et le moins coûteux ; le positionnement différentiel est plus complexe et nécessite un système de communication pour transmettre les données en temps réel. Même si la méthode différentielle est précise, elle présente une contrainte majeure : les mêmes satellites doivent être observés en même temps par les deux récepteurs.

6.10 Les réseaux permanents

6.10.1 Intérêt

Les réseaux permanents permettent de s'affranchir des contraintes des méthodes différentielles : surveillance par une personne d'un récepteur immobile ou pivot, nécessité de placer le récepteur sur un point connu pour les applications en temps réel, utilisation de deux récepteurs pour un seul qui « effectue les mesures » sur le chantier.

Les réseaux permanents remplacent le pivot que chaque opérateur doit installer pour chaque chantier par des stations fixes, permanentes et utilisables par l'ensemble des opérateurs GNSS. Les données sont mises à disposition, soit en temps réel pour les stations équipées de système de communication GPRS, GSM ou UHF, soit en temps différé sur Internet pour les calculs en post-traitement.

Aujourd'hui, de nombreux États développent des réseaux permanents qui doivent à terme remplacer les réseaux géodésiques actuels. Ils servent au développement du GNSS différentiel et évoluent actuellement pour des possibilités d'utilisation en temps réel centimétrique.

L'IGS (*International GNSS Service*) est un service scientifique international qui soutient les activités de recherche GNSS en géodésie et en géophysique. L'IGS gère, entre autre, un réseau d'environ 38 stations permanentes à travers le monde.

L'EPN (*Euref Permanent Network*) est le réseau européen permanent, mis en place en 1995. Il comporte 150 stations, dont 15 françaises. C'est une densification du réseau de l'IGS. Ses objectifs sont de maintenir le système de référence européen et de permettre des densifications locales pour les pays européens. Il existe au moins un centre d'analyses par pays, qui traite les données d'un groupe de stations.

Ces traitements en continu permettent une surveillance de l'ensemble des points et sont une mine de renseignements pour les géophysiciens à la recherche de mouvements tectoniques.

6.10.2 Le réseau GNSS permanent

En France, l'IGN, en partenariat avec de nombreux organismes, a mis en place un réseau GNSS permanent (RGP). Les stations observent en continu et les observations sont récupérées par les centres de données de Saint-Mandé et de Marne-la-Vallée. Elles sont ensuite contrôlées puis mises à disposition sur Internet via un serveur FTP, au format RINEX, format d'échange standard des données GNSS.

Les objectifs sont de réaliser un réseau de stations formant un canevas régulier sur le territoire et de publier pour chacun de ses points des coordonnées RGF93 rattachées à ETRS89. Le réseau comporte actuellement environ 260 stations.

Ce réseau permet aux intéressés, outre de bénéficier des avantages cités précédemment (§ 6.10.1), de satisfaire aux obligations du décret du 28 décembre 2000, à savoir que les données doivent être rattachées au système national de référence, actuellement le RGF93. En effet, une station du RGP peut toujours être utilisée comme pivot central (§ 6.11.1), ou comme point de rattachement du pivot. Le RGP est donc la solution qui permet, pour n'importe quel utilisateur GNSS post-traité, l'accès au RGF93 (§ 6.13.2.1).

6.10.3   Les réseaux temps réel

Des initiatives privées voient le jour pour mettre en place des réseaux permanents temps réel précis soit sur la France entière comme le réseau Teria, soit sur des zones économiques actives comme les réseaux Orphéon ou Satinfo. L'accès est payant. Ces réseaux permanents matérialisent et donnent l'accès à la référence nationale RGF93 à n'importe quel utilisateur GNSS.

L'objectif est de proposer un positionnement GNSS plus fiable, plus précis et moins coûteux.

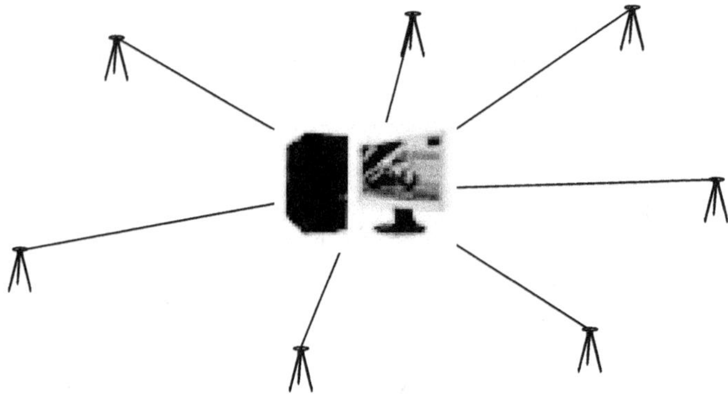

Figure 6.23. Réseau temps réel.

Les observations effectuées en permanence sur les stations du réseau sont rapatriées vers un serveur central (figure 6.23).

Les erreurs d'orbite, troposphérique et ionosphérique sont géographiquement corrélées (elles sont fonction de la distance entre deux récepteurs), on est donc capable de les modéliser.

Ces corrections sont calculées en chaque point du réseau et il est ensuite élaboré une grille de corrections sur l'ensemble du réseau (figure 6.24).

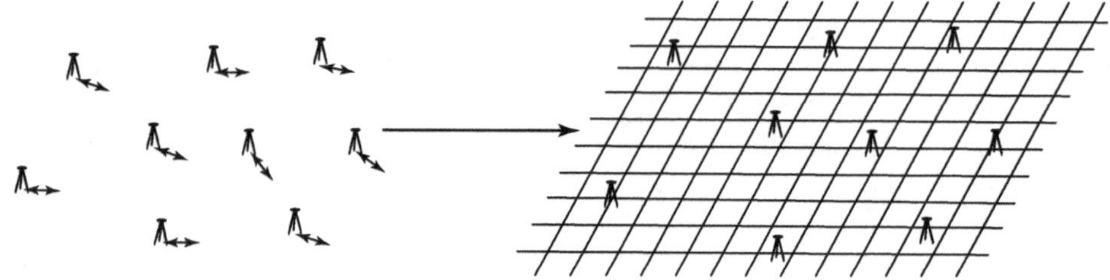

Figure 6.24. Modélisation des corrections GNSS.

Les corrections permettant à chaque utilisateur de se positionner lui seront alors communiquées en fonction de sa position absolue sur la grille.

6.11 Missions pour la création de canevas GNSS

Une mission GNSS ne s'improvise pas ; comme toute opération topographique, elle nécessite une phase de préparation au terme de laquelle une tactique d'observation sera adoptée.

En temps réel, les coordonnées des points sont affichées et mémorisées dans le système de représentation plane, grâce à une transformation de coordonnées, dont les paramètres ont été préalablement déterminés. En post-traitement, la mission se termine par une phase de calcul au bureau, laquelle débouche sur les coordonnées Lambert et les altitudes des points stationnés. Dans ce cas, tout doit être mis en œuvre sur le terrain pour assurer la qualité finale du canevas.

6.11.1 Procédure de création d'un canevas GNSS : le pivot central

6.11.1.1 Principe

La réglementation actuelle oblige à fournir un plan dans le réseau RGF93. Le rattachement au réseau NTF doit désormais être abandonné et les stations de la NTF ne doivent pas être utilisées pour rattacher un chantier GNSS.

En canevas GNSS, ne jamais perdre de vue que plus courtes sont les lignes de base, meilleure sera la qualité du rattachement.

En conséquence, la seule méthode cohérente est celle du *pivot central* (figure 6.25) :

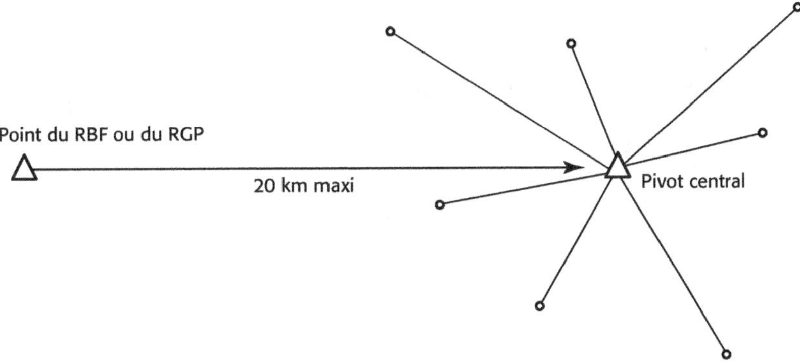

Figure 6.25. Pivot central.

La première étape consiste à rattacher un point au centre du chantier (pivot central) à partir des points du RBF ou du RGP. Ensuite, les autres points du chantier seront déterminés à partir du pivot central. Les avantages sont alors des lignes de base courtes en majorité. L'inconvénient est la mise en place d'un pivot, donc la nécessité d'un second récepteur.

La durée d'observation du pivot central doit être au minimum de 1 à 2 h, celle sur chacun des autres points « rayonnés » est fonction de la distance pivot/mobile (5 min + 1 min/km pour 4 satellites visibles).

L'avantage de cette procédure de rattachement est que les coordonnées sont calculées dans un réseau national unique, fiable et cohérent, ce qui favorise, à terme, l'exploitation des données de toutes origines.

Si le chantier se situe à proximité d'un point du RGP, ce dernier peut servir de pivot central. L'avantage est qu'un seul récepteur mobile est alors nécessaire sur les points à déterminer.

6.11.1.2   Mise en place des points de canevas

Le choix et la situation des points à déterminer en positionnement satellitaire ne sont plus, comme en topographie traditionnelle, assujettis à la nécessité d'intervisibilité entre eux ; il est donc judicieux de les implanter là où ils seront les plus utiles par la suite. Toutefois, on ne peut concevoir la mise en place d'un canevas complémentaire sans se soucier des orientations futures possibles sur ces nouveaux points.

Les nouveaux points sont alors choisis suivant les contraintes traditionnelles de mise en place d'un canevas : points hauts et horizon dégagé d'où il est possible de s'orienter sur des clochers, châteaux d'eau, pylônes, etc.

Une autre solution consiste à prévoir la mise en place de ces nouveaux points par *couples au sein desquels l'intervisibilité est assurée* ; cette méthode présente l'avantage de pouvoir faire abstraction des problèmes d'orientation au moment de la mise en place du canevas et de plus, dans ce cas, le canevas mis en place conserve son homogénéité GNSS.

Pour le choix des nouveaux sites, le dégagement de l'horizon au-dessus de 15° est primordial ; il faut donc éviter de stationner à proximité d'arbres ou de bâtiments, ainsi que d'environnements créant des effets de multi-trajets. Il est en outre recommandé de choisir des points faciles d'accès afin de limiter le temps perdu en déplacements.

6.11.1.3   Choix du pivot central

Afin de garantir des observations au pivot affranchies de tout saut de phase ou d'interruption pendant les enregistrements, l'horizon doit être parfaitement dégagé de toute obstruction sur 360° au-dessus de 15° d'élévation ; toutefois, sous nos latitudes, il est possible de choisir le pivot à proximité d'une obstruction si elle est plein nord.

Si la station pivot doit rester sans surveillance, la placer de préférence sur un site protégé (terrasses d'immeubles, châteaux d'eau, etc.) et stable ; éviter les bords de routes ou d'autoroutes. Il faut de plus veiller à ce que l'environnement ne soit pas propice à des perturbations de la mesure GNSS : perturbations radio-électriques dues à un émetteur ou à un radar à proximité, relais de télévision par exemple, et perturbations dues à des réflexions parasites affectant les signaux du phénomène multi-trajet.

Afin de réduire les longueurs des lignes de base, placer le pivot en position centrale par rapport à l'ensemble du chantier ; si ce n'est pas possible, ne pas hésiter à multiplier les pivots (figure 6.26).

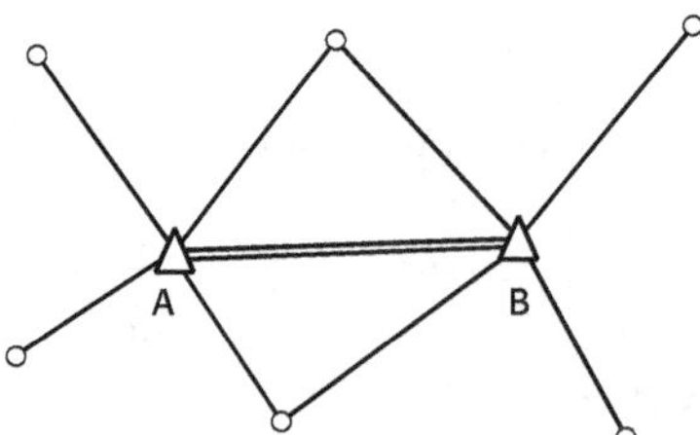

Figure 6.26. Rayonnement sur deux pivots.

En *positionnement avec post-traitement,* il n'est pas nécessaire de placer le pivot sur un point d'appui, cela n'apporte aucun avantage en post-traitement. Il n'est pas non plus indispensable que les pivots soient des points utilisables dans le futur canevas. Ainsi, il peut être avantageux de matérialiser une borne au milieu d'un champ simplement pour les observations, parce qu'elle répond aux critères de dégagement, de sécurité et de raccourcissement des lignes de base, puis de l'ignorer ou de l'enlever après le post-traitement.

En *positionnement temps réel*, le pivot sert de point fondamental pour le calcul différentiel, c'est-à-dire que c'est à partir de lui qu'est déterminée la correction différentielle ; il est donc indispensable de connaître sa position.

Les sites du RBF, espacés de 25 km, réunissent toutes les conditions pour des observations GNSS optimales : repères de pérennité optimisée, horizon dégagé, accessibilité tout véhicule et tout temps, coordonnées RGF93 de précision centimétrique. Des mesures sur les stations du RGP (§ 6.10.2) permettent le contrôle des sites du RBF.

D'autre part, les utilisateurs des réseaux temps réel (Teria, Orphéon, Satinfo par exemple) sont directement rattachés en RGF93 avec leur seul récepteur mobile, mais en contrepartie d'un abonnement. Cette solution présente plusieurs atouts : rattachement centimétrique avec un temps d'observation de quelques secondes par points, simplicité, fiabilité et précision.

6.11.2 Rattachement altimétrique

Le positionnement GNSS détermine la hauteur h au-dessus de l'ellipsoïde (§ 1.4.4). En pratique, on utilise les altitudes H (hauteur au-dessus du géoïde). La grille RAF09 permet de passer des hauteurs ellipsoïdales GRS80 aux altitudes NGF-IGN69 avec une précision de 2 à 3 cm. Cette grille doit donc être intégrée au récepteur pour une utilisation en temps réel ou au logiciel en temps différé.

6.11.3 Rattachement GNSS à un système local

De nombreux travaux sont demandés dans un système local, même s'ils devraient, légalement, être rattachés au RGF93. Il faut alors effectuer une calibration d'un système dans l'autre.

Il est alors nécessaire de mesurer en GNSS des points connus dans le système local et de calculer la transformation entre les points connus GNSS ⇒ local.

L'adaptation tridimensionnelle repose sur une transformation de type similitude : translation + rotation + homothétie. Si l'on part de coordonnées tridimensionnelles XYZ, 7 paramètres au maximum sont à déterminer : 3 translations, 3 rotations et 1 facteur d'échelle (figure 6.27).

Un minimum de 4 points connus en ENH est nécessaire à la bonne détermination des paramètres ainsi qu'au contrôle des points d'appui du système local.

Après avoir déterminé les paramètres, la transformation des points du réseau GNSS vers le système local est faite automatiquement par le terminal de terrain pour tous les autres points.

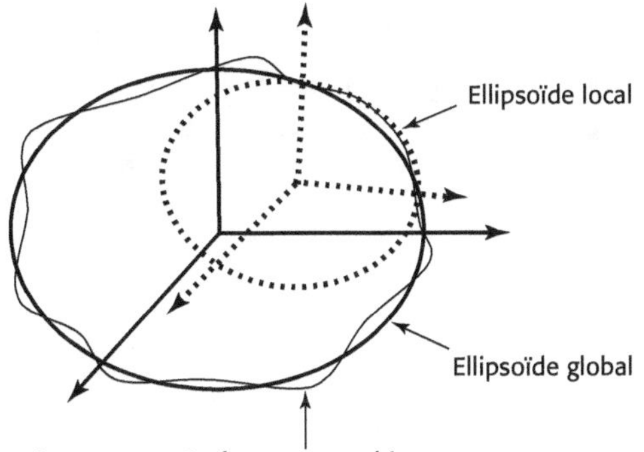

Figure 6.27. Translocation.

6.11.4 **Planification et organisation**

Connaissant la latitude et la longitude approchées du lieu de la mission, il est possible d'obtenir les prévisions de passage des satellites (figure 6.28) ; on en déduit les périodes favorables aux observations GNSS. Une bonne fenêtre statique rapide contient au moins quatre satellites avec un PDOP inférieur à cinq. Les crêtes que présentent les tracés PDOP sont dues à l'apparition ou à la disparition des satellites ; il convient de ne pas faire d'observations pendant ces périodes.

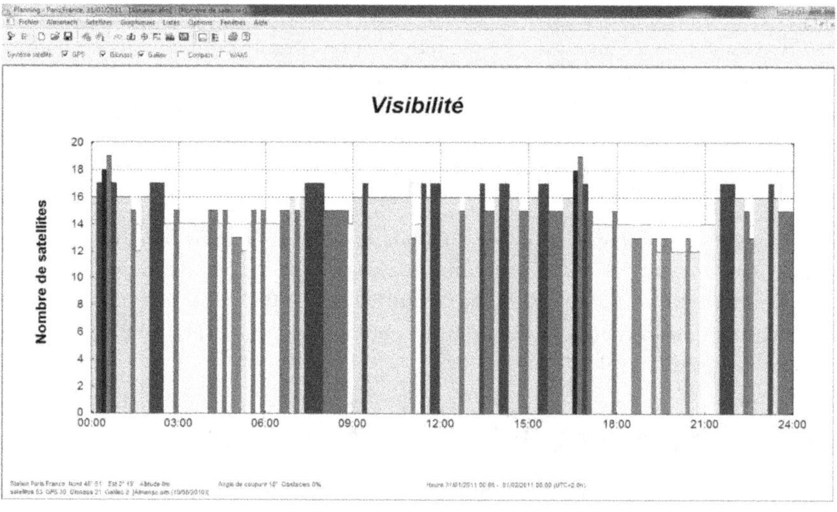

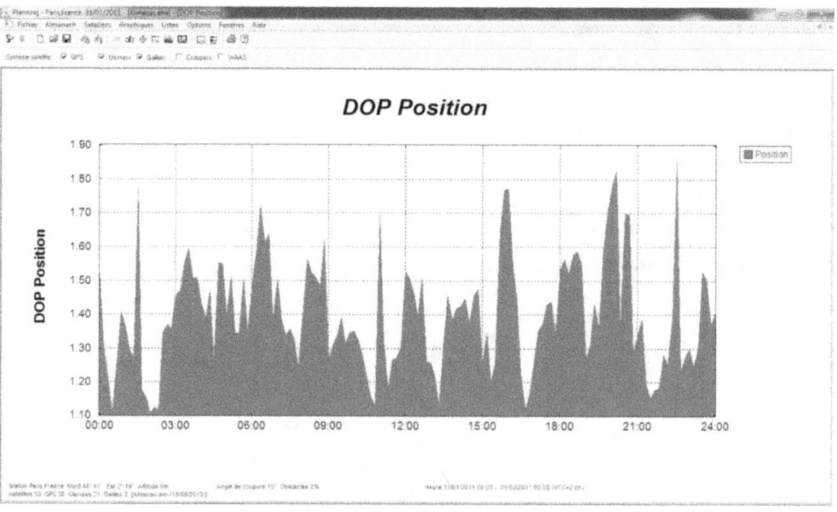

Figure 6.28. Prévisions GNSS.

Documents Trimble

La batterie du pivot doit être complètement chargée et la capacité de la mémoire suffisante. Pour éviter toute surprise désagréable, il peut être utile de brancher deux batteries si les observations durent plus d'une demi-journée.

Un bon rendement pendant les phases d'observation dépend de la rapidité des déplacements entre les points ; en statique rapide, les opérateurs passent plus de temps dans les véhicules qu'en observation. Le choix de l'itinéraire dépend de la répartition des points, il doit être étudié préalablement en fonction de l'organisation retenue en établissant un carnet de route par équipe.

Il est préférable de faire coïncider l'installation ou l'enlèvement du pivot avec la pause de midi ou avec la fin de la journée.

À l'image des autres travaux topographiques, il 'se révèle utile de remplir une fiche de terrain pour chaque point. Cette fiche comprendra, outre les paramètres de mise en station : la hauteur et l'excentrement de l'antenne, l'heure de début et de fin des observations, le nombre de satellites, un PDOP moyen, les sauts de phase éventuels.

6.12 Qualité des mesures

Il faut organiser les missions GNSS en réduisant la longueur des lignes de base. Plutôt que de choisir un seul pivot sur l'ensemble du chantier avec des lignes de base allant jusqu'à 15 km, il est préférable de mettre en place deux pivots permettant de n'avoir que des lignes de base de l'ordre de 5 km (figure 6.26).

Les conditions météorologiques ne sont pas directement un obstacle ; toutefois, des conditions météo assez contrastées entre les deux extrémités d'une ligne de base peuvent altérer les mesures.

Plus le nombre de satellites est important, meilleur le DOP sera, moins vulnérable sera le système aux sauts de phase et plus les temps d'observation seront réduits.

6.12.1 DOP

Il est primordial de définir des indicateurs de la qualité géométrique des figures créées par les satellites et le point au sol ; une mauvaise répartition des satellites entraîne un mauvais positionnement. Le critère pour quantifier la géométrie est le DOP (*Dilution Of Precision*). Il indique le degré d'affaiblissement de la géométrie ; on recherche donc des valeurs DOP les plus faibles possibles. Les différents DOP calculés sont :

– VDOP : composante verticale ;

– HDOP : composante horizontale ;

– PDOP : composante position $(V + H)$;

– TDOP : composante temps ;

– GDOP : composante géométrique $(P + T)$.

Le DOP peut être schématiquement défini comme inversement proportionnel au volume de la pyramide définie par les vecteurs $\overrightarrow{RSi}$ (figure 6.29).

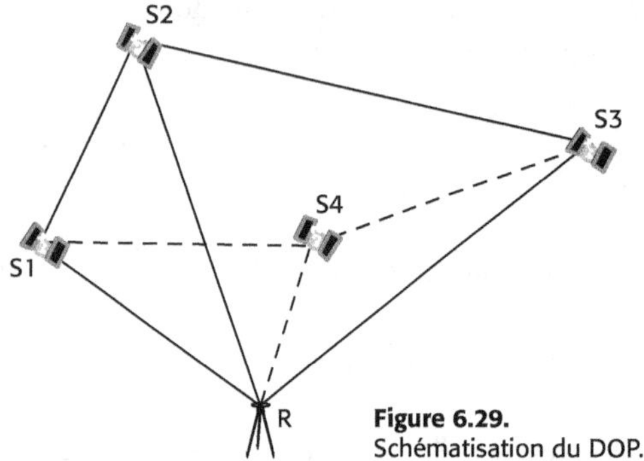

Figure 6.29.
Schématisation du DOP.

Le DOP est une grandeur qui varie de 1 à $+\infty$. Avec des couvertures de 5 à 6 satellites, le PDOP est généralement inférieur à 5, seuil de tolérance fixé dans le cadre d'observations en statique ou cinématique.

6.12.2 Redondance

Comme en topographie traditionnelle, et quelle que soit la méthode utilisée, la redondance des observations est fondamentale.

En rayonnement, la redondance est obtenue par les déterminations multiples d'un point sur lequel convergent plusieurs lignes de base ayant des origines différentes.

La réoccupation permet :

– de contrôler la mise en station afin de détecter les fautes (centrage, lecture de hauteur) ;

– d'améliorer la précision car la géométrie de la constellation varie à chaque occupation. En effet, ces déterminations doivent être indépendantes. Comme la constellation GNSS est la même chaque jour à 4 minutes près, une même ligne de base observée à intervalle d'une journée sera entachée des mêmes erreurs systématiques ; la précision externe de cette ligne de base sera donnée par des sessions d'observation à différents moments de la journée.

On définit le facteur de redondance par la formule empirique : $F = S \times (R-1)/(N-1)$ où S est le nombre de sessions, R le nombre de récepteurs, N le nombre de points stationnés.

D'après cette définition, il ne peut y avoir redondance sur une seule session d'observation, car $S = 1$, $R = N \Rightarrow F = 1$.

Cas d'un rayonnement sur 2 pivots avec 2 récepteurs :

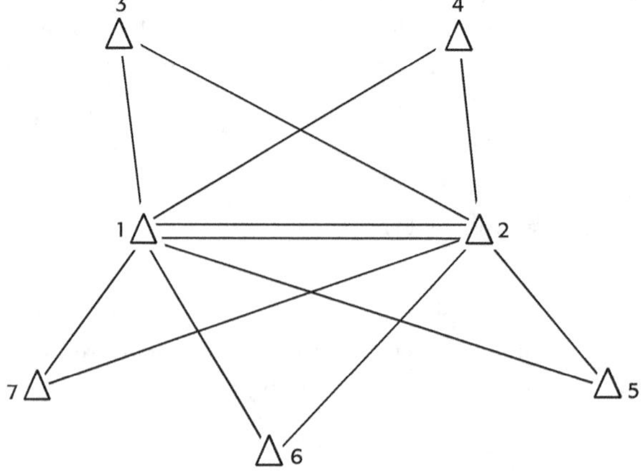

Figure 6.30. Lignes de base d'un rayonnement sur deux pivots.

Dans un premier temps, un pivot a été placé en 1 et le récepteur itinérant a visité les points 2 à 7, puis le pivot a été placé en 2 et le récepteur itinérant a visité les points 1 et 3 à 7 (figure 6.30).

On a donc 6 sessions d'observation pour chaque pivot soit 12 au total ; le facteur de redondance vaut F = 12 × 1/6 = 2.

Tous les points sont stationnés 2 fois, y compris les pivots, d'où le facteur de redondance optimal de 2.

Constatation amère, en positionnement satellitaire comme en topographie traditionnelle, la recherche de précision externe et les contrôles vont à l'encontre des besoins de productivité croissants liés au gain technologique, il faut toujours stationner 2 fois chaque point !

6.12.3 Temps d'observation

La précision des mesures GNSS peut être schématisée par une courbe (figure 6.31).

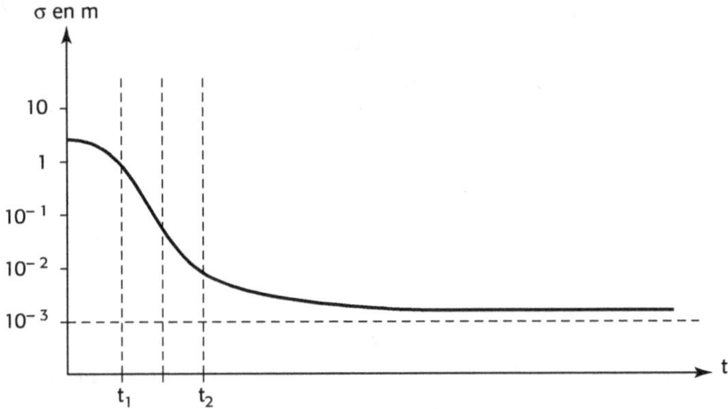

Figure 6.31. Précision suivant le temps d'observation.

Avant t_1, les ambiguïtés ne sont pas résolues. En pratique, il faut éviter le créneau du point d'inflexion et donc se trouver toujours au-delà de t_2.

La durée d'observation peut être réduite en augmentant la qualité du moment d'observation : planification de la mission et étude des fenêtres d'observation, maintien d'une bonne visibilité satellites-récepteur, nombre maximal de satellites, bon PDOP.

Attention, ce n'est pas parce qu'on reste longtemps sur un point que la précision sera meilleure, mieux vaut stationner plusieurs fois le point.

6.13 Post-traitement des observations

6.13.1 Transfert des données

Les observations GNSS sont enregistrées sur le terrain dans le contrôleur ou dans une carte mémoire amovible.

Pour chaque fichier transféré sur un poste de travail, l'opérateur a la possibilité de visualiser son contenu sous la forme d'un tableau facilitant un contrôle rapide des éléments suivants : matricule du point, appartenance du point à une chaîne cinématique, date et heure de saisie du point, hauteur d'antenne. Si l'une des données est erronée, on a la possibilité d'éditer la fiche terrain et de modifier le matricule, la hauteur d'antenne, les coordonnées de navigation issues de la mesure GNSS ; cette phase de vérification doit se faire avec le contrôle systématique des fiches de terrain.

6.13.2 Calcul et validation des lignes de base

6.13.2.1 Choix du point fondamental

Le principe de base des mesures GNSS en topographie est de déterminer des lignes de base, donc de calculer des vecteurs avec leurs ΔX, ΔY et ΔZ. Pour obtenir des coordonnées sur des points stationnés, il est donc absolument nécessaire de définir, arbitrairement ou non, les coordonnées d'au moins un point du projet ; ce point est appelé *point fondamental* du projet.

Pour obtenir un point en WGS84 plusieurs solutions existent :

- la solution de *navigation instantanée*, issue d'une mesure instantanée sur un point avec un récepteur GNSS ; cette solution est la plus simple à obtenir mais c'est aussi la plus médiocre en qualité, une centaine de mètres ; elle est donc à proscrire pour initialiser le point fondamental ;

- la solution de *navigation moyennée* sur plusieurs heures, pivot par exemple. Plus la session d'observation est longue, meilleure sera la précision. Il faut impérativement choisir le pivot stationné le plus longtemps comme point fondamental ;

- *choisir un point connu en* ENH *de la* NTF *et le transformer en* RGF93 à l'aide des paramètres de passage entre NTF et RGF93, calculés par l'IGN ; solution fortement déconseillée ;

- la *mesure de rattachement à un point* RGF93 *de bonne précision* ; cette solution est la plus précise si l'on choisit un point connu en RGF93, ce qui est désormais possible grâce à la mise en place et à la diffusion par l'IGN du RBF (§ 1.3.2.1) et surtout du RGP, qui fournissent un point à moins de 12 ou 13 km quel que soit l'endroit où l'on se trouve sur le territoire métropolitain.

6.13.2.2 Choix et calcul des vecteurs

Une fois le point fondamental choisi, les coordonnées sont obtenues par le calcul des vecteurs sélectionnés.

Avec la méthode des pivots, l'origine d'un vecteur doit coïncider avec un pivot ; son extrémité sera un point stationné en statique rapide.

Le calcul des vecteurs et des chaînes cinématiques est entièrement automatique ; il suffit de sélectionner les origines et extrémités.

À l'issue du calcul, le logiciel de traitement présente un tableau dans lequel sont mentionnés les vecteurs validés et ceux qui ne le sont pas (ambiguïtés non résolues) ; le logiciel met alors à jour les coordonnées dans la base de données.

Un rapport de calcul permet de s'assurer de la qualité des résultats.

6.13.3 Ajustement

À ce niveau du traitement, tous les points du chantier sont déterminés en WGS84 sur la base de vecteurs ; il n'est pas encore tenu compte des qualités de chacun des points.

L'ajustement permet de fixer certains points et le calcul se fait en compensant les points non fixés sur les points fixés, par la méthode des moindres carrés, c'est-à-dire en minimisant les carrés des résidus.

Un rapport de calcul permet de s'assurer de la qualité des résultats.

6.13.4 Adaptation

Après ajustement, les points sont exprimés dans le système WGS84 ; l'intérêt est de pouvoir utiliser ces points dans le système national de coordonnées en vigueur.

Le système va alors opérer une transformation à partir des points connus en RGF93.

Le résultat est un listing ENH de points dans le RGF93. Il est alors possible de les transférer vers n'importe quel logiciel de traitement numérique ou graphique, en vue d'une exploitation ultérieure.

Chapitre 7

Levé des détails et implantations

7.1 Levé des détails planimétriques

7.1.1 Points à lever

Parmi la multitude d'objets susceptibles d'intéresser le topographe, dont la représentation selon les spécifications de détermination constitue le *terrain nominal*, celui-ci peut distinguer les *détails artificiels* : clôtures, bâtiments, etc. généralement bien définis, souvent appelés *points durs*, prioritaires, et les *détails naturels* : cours d'eau, bois, etc., beaucoup moins bien définis.

Le choix des points à lever est essentiellement fonction du plan à établir : *plan foncier* pour lequel la limite prime, *plan topographique* qui dresse l'état des lieux en planimétrie et altimétrie, *plans techniques* : lotissement, drainage, etc., *plans de récolement* qui contrôlent la normalité des travaux, etc.

Le type de plan – graphique, numérique, numérisé (§ 10) –conditionne également le levé des détails, ainsi que la valeur vénale du bien foncier.

Quel que soit le plan il est toujours soigneusement contrôlé, ce qui implique : redondance des observations, vérification des calculs et dessins, respect des tolérances.

Chaque détail est rattaché au canevas par un minimum de mesures, les plus petites et les plus indépendantes possible, afin de conserver une précision homogène optimale à l'ensemble. Tous les levés, y compris ceux de faible envergure, respectent le principe fondamental : *aller de l'ensemble au détail* ; il existe donc toujours une forme de canevas, lequel peut être réduit à quelques alignements repérés entre eux, appelés souvent *lignes d'opération*, ou même, à la limite, à une *base unique* formée par un mur rectiligne dans le cas d'un levé d'intérieur par exemple.

7.1.2   Reconnaissance

La reconnaissance est préparée en recherchant la documentation disponible : points géodésiques et de canevas d'ensemble, repères de nivellement, photographies aériennes et autres cartes, plans divers, archives, etc. L'étude de ces documents permet au topographe de se faire une première idée du chantier, d'imaginer un canevas, d'envisager la ou les techniques de levé des détails à mettre en œuvre.

La reconnaissance *de facto* consiste à choisir et matérialiser le canevas, évaluer la nature et le volume des détails, organiser le levé : période à retenir compte tenu notamment de la demande du client et des conditions météo, nombre et composition des équipes, matériels, choix des techniques à mettre en œuvre. Elle est concrétisée par un *croquis de reconnaissance*, plan visuel sommaire limité au périmètre, aux grandes masses planimétriques entre chemins ou murs par exemple, aux points d'appuis, points de canevas, repères de nivellement, principales lignes de crête, thalwegs et changements de pente.

L'établissement du croquis, à l'échelle estimée, nécessite de mesurer sommairement :

— *les distances :*

- pas et double pas pour les plus courtes en parcours facile ;
- mesureur à fil perdu (figure 7.1) ; fixé à la ceinture, la longueur déroulée du fil biodégradable se lit au décimètre près jusque 1 000 m avec une précision de l'ordre de 0,5 % ;

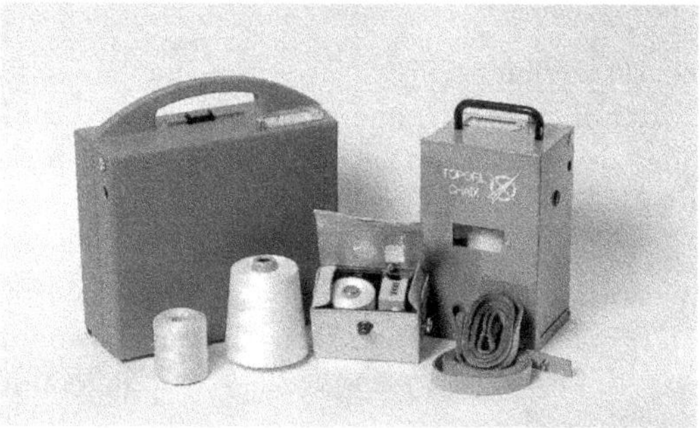

Figure 7.1. Mesureur à fil perdu.

Document Leica

- jumelles électroniques ;

— *les angles horizontaux :*

- boussoles à main, angles déduits des azimuts magnétiques ;
- échelle d'angle d'un clisimètre tenu horizontal ;
- jumelles électroniques, azimut précis à 0,6° ;

— *les dénivelées :*

- équerre optique tenue horizontalement et fil à plomb enroulé autour du manche (figure 7.2) en suspension libre, qui visualise dans un prisme le plan de visée horizontal que l'œil appréhende toujours très mal ;

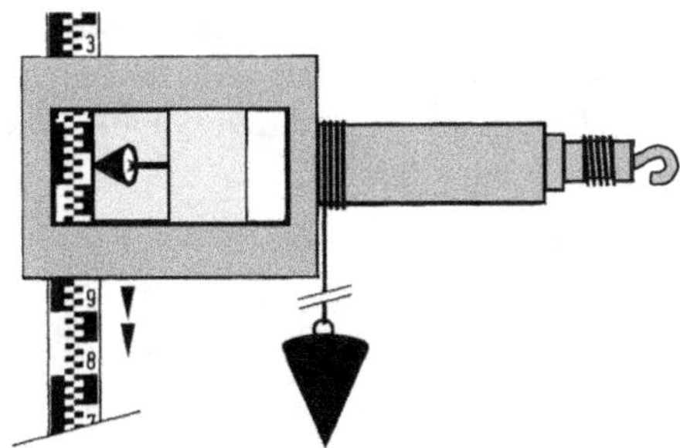

Figure 7.2. Visualisation du plan horizontal de visée.
Document Leica

- clinomètres qui donnent l'angle d'inclinaison et la pente ; calcul ultérieur de la dénivelée avec la distance (figure 7.3) ;

Figure 7.3. Boussole-clinomètre.
Document Leica

- jumelles électroniques, instrument de reconnaissance complet, particulièrement opérationnel.

7.1.3   Techniques de levé

7.1.3.1   Limites et points

La délimitation du domaine public ne peut être faite que par des fonctionnaires habilités, celle du domaine privé par des géomètres-experts membres de l'Ordre.

Dans ce cadre juridique, le technicien, au moment du levé, doit tenir compte :

— du plan d'alignement annexé au Plan local d'urbanisme (PLU) ou de l'arrêté individuel d'alignement, lequel retient généralement la limite de fait ;

— des bords de chemin, clôtures, haies, fossés, murs et d'une manière générale des limites apparentes lesquelles, comme les limites cadastrales, ne sont que des présomptions de propriété.

En dehors du point isolé déterminé par des procédés géométriques élémentaires (§ 9.3) : intersection de deux visées pour un piquet d'angle de clôture en zone inondée, relèvement sur trois points pour situer une station hors canevas sur un chantier encombré de matériaux par exemple, les points de détail sont levés suivant trois techniques, lesquelles peuvent d'ailleurs être éventuellement mises en œuvre conjointement.

7.1.3.2   Abscisses et ordonnées

Équerre optique

Un prisme pentagonal possède deux faces perpendiculaires d'entrée et de sortie des rayons lumineux et deux faces réfléchissantes qui forment entre elles un angle de 50 gon (figure 7.4) ; un rayon lumineux incident normal à la face d'entrée pénètre dans l'équerre sans déviation et donne, après double réflexion, un rayon émergent perpendiculaire, en vertu du théorème de la double réflexion.

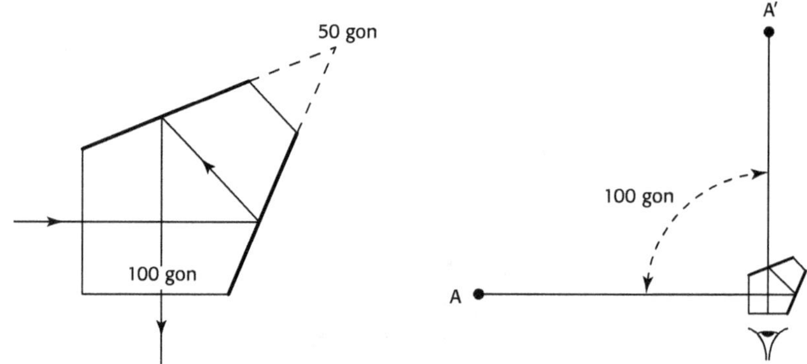

Figure 7.4. Image donnée par un prisme pentagonal.

Généralement, le rayon incident n'est pas perpendiculaire à la face d'entrée et par conséquent, subit une réfraction en pénétrant dans le verre ; cette réfraction étant la même à l'émergence du rayon réfléchi du verre dans l'air, un rayon arrivant et quittant l'équerre après double réflexion est donc toujours coudé à angle droit.

L'opérateur voit *devant lui* l'image A', dans la direction perpendiculaire à celle de l'objet A.

L'équerre à double prisme (figure 7.5), ou équerre optique, est constituée de deux prismes pentagonaux superposés de telle manière que deux de leurs faces perpendiculaires soient dans un même plan vertical ; elle est tenue à la main, son axe vertical étant descendu au sol à l'aide d'un fil à plomb ou mieux d'une canne à plomber télescopique sur laquelle l'équerre est vissée.

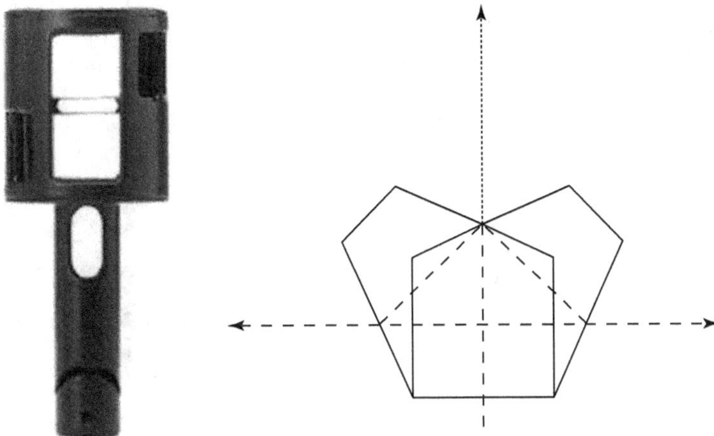

Figure 7.5. Équerre optique.

Document Leica

— Aligner un point entre deux points donnés (figure 7.6), en avançant ou en reculant par rapport à l'alignement jusqu'à ce que les images des deux jalons observées dans les prismes soient en coïncidence.

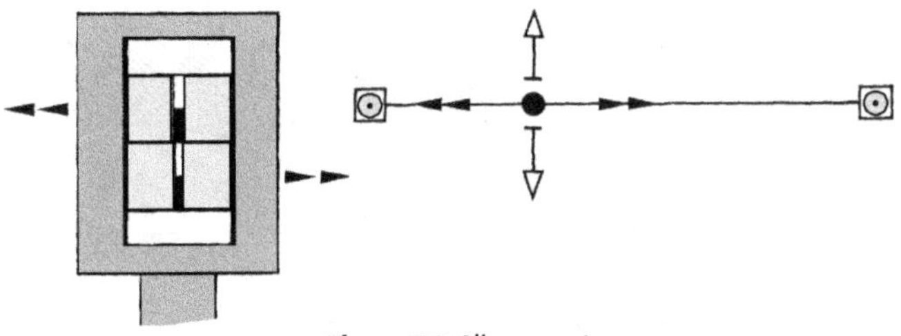

Figure 7.6. Alignement.

Document Leica

— Élever une perpendiculaire à une extrémité d'une ligne donnée (figure 7.7), en maintenant l'équerre à la verticale de ce point et en faisant placer par un aide un jalon, observé en visée directe, dans le prolongement de l'image de l'autre extrémité de la ligne vue dans le prisme ; si le point de station est entre les deux extrémités de l'alignement, l'opérateur bénéficie de l'image en coïncidence dans l'autre prisme, la manipulation étant la même.

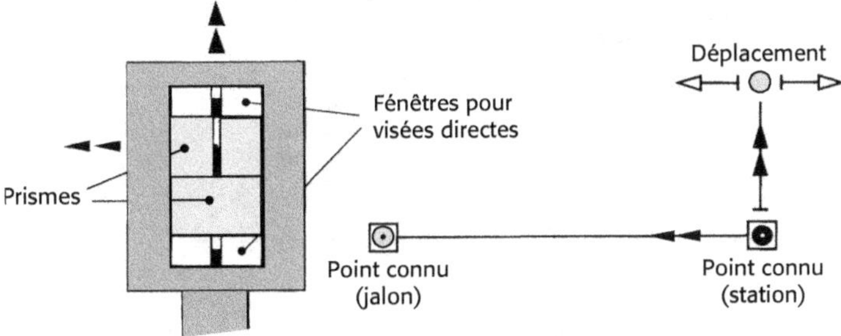

Figure 7.7. Élever une perpendiculaire.

Document Leica

– Abaisser une perpendiculaire sur un alignement depuis un point extérieur (figure 7.8), en alignant d'abord par coïncidence les images dans les prismes, puis en se déplaçant latéralement pour amener le jalon en vue directe dans le prolongement des images.

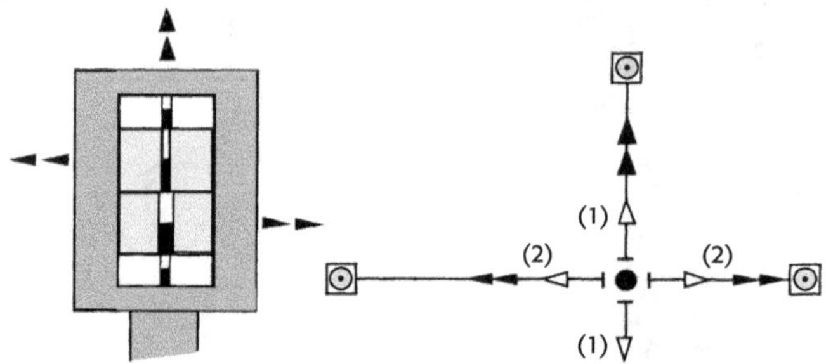

Figure 7.8. Abaisser une perpendiculaire.

Document Leica

Le faible champ des prismes dans le plan vertical limite l'emploi de l'équerre à des surfaces proches du plan horizontal ; précision de 0,5 cm pour des visées de quelques décamètres.

Mesures

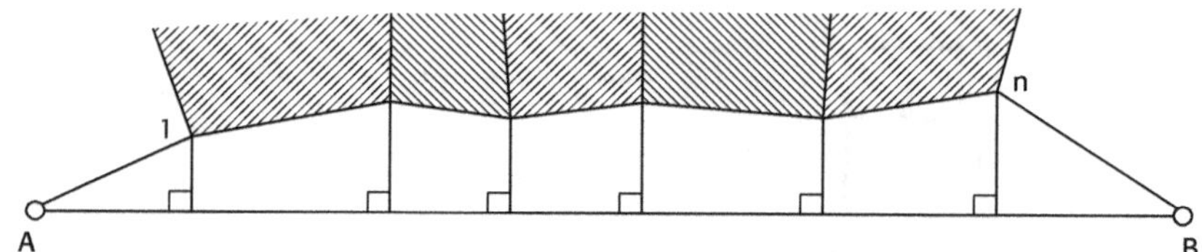

Figure 7.9. Abscisses et ordonnées.

Sur une ligne d'opération AB (figure 7.9), qui est souvent un côté de cheminement polygonal, abaisser avec l'équerre optique les perpendiculaires issues des points de détail 1 à n, puis mesurer au ruban, successivement, les abscisses, les ordonnées et enfin les distances entre points consécutifs : cotes de rattachement A-1, n-B et façades.

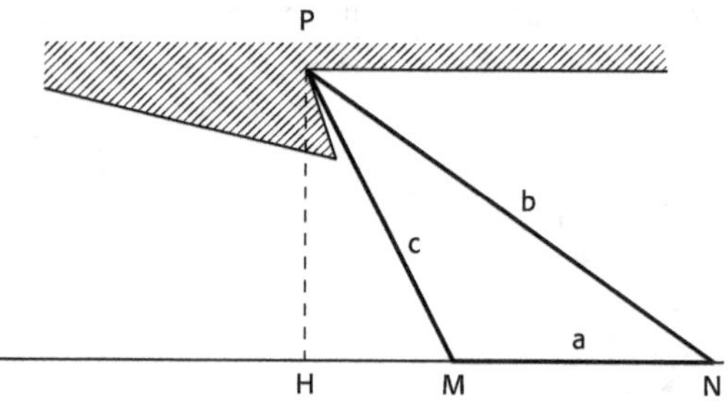

Figure 7.10. Bilatération.

L'abscisse et l'ordonnée d'un « rentrant » P (figure 7.10) sont calculées à partir des cotes mesurées a, b, c.

$$\begin{aligned} NH^2 = b^2 - PH^2 \\ MH^2 = c^2 - PH^2 \end{aligned} \Rightarrow NH^2 - MH^2 = b^2 - c^2 \Rightarrow \frac{NH + MH}{2} = \frac{b^2 - c^2}{2a}$$

D'où : $\quad \dfrac{NH + MH}{2} - \dfrac{NH - MH}{2} = MH = \dfrac{b^2 - c^2}{2a} - \dfrac{a}{2} \Rightarrow PH = \sqrt{c^2 - MH^2}$

En levé de corps de rue, établir des lignes d'opération sur chaque trottoir, reliées par des visées d'intersection par exemple (figure 7.11).

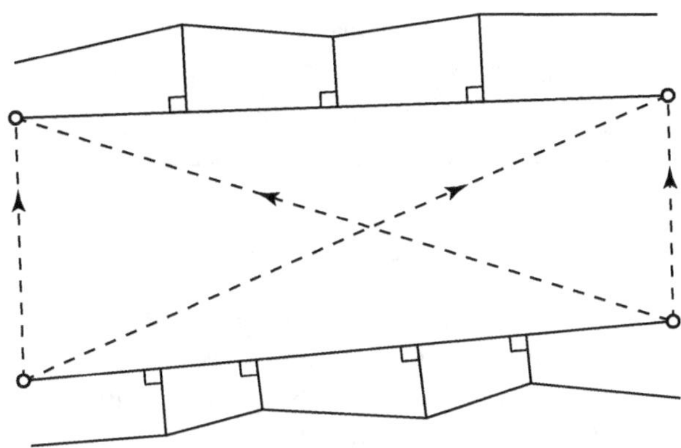

Figure 7.11. Lignes d'opérations reliées par intersection.

La technique des abscisses et ordonnées est celle de l'*arpentage*, qui détermine les superficies des parcelles par décomposition en triangles, trapèzes et quadrilatères (§ 9.4.2) ; mise en œuvre par deux opérateurs, matériel réduit, mesures et contrôles à caractère systématique, saisie des données sur croquis (§ 7.1.4), opérationnelle si les ordonnées sont courtes et le terrain peu accidenté : corps de rue par exemple.

La précision dépend surtout de l'alignement des pieds des perpendiculaires sur la ligne d'opération, que le topographe a tout intérêt à assurer au théodolite.

Calculs et report

Multiples conversions de coordonnées P → R, longues et fastidieuses, sauf si elles sont traitées en calcul automatique par les tachéomètres électroniques ou terminaux de terrain (§ 7.3.2).

Pour des plans graphiques à très grande échelle (§ 10.1), les calculs, le plus souvent, ne sont pas effectués, le report étant dessiné directement à partir du croquis.

7.1.3.3   Multilatération des détails

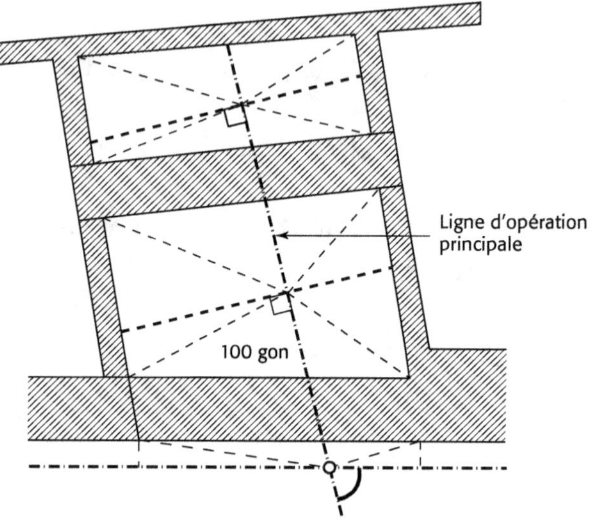

Figure 7.12. Canevas de lignes.

Lignes d'opération obliques ou perpendiculaires à une *ligne d'opération principale* (figure 7.12), angles mesurés ou implantés au théodolite pour ce canevas.

Détails accrochés au canevas par mesures surabondantes de distances courtes ; bonne illustration du principe *aller de l'ensemble au détail.*

Deux opérateurs, matériel réduit : théodolite, ruban ou lasermètre, fil à plomb, fiches, craie ; saisie des données sur croquis.

La multilatération des détails est très employée en levé d'intérieur (§ 8.1.1).

7.1.3.4   Rayonnement

Un point rayonné depuis une station d'instrument est celui dont on a mesuré les coordonnées polaires : angle horizontal et distance horizontale (figure 7.13).

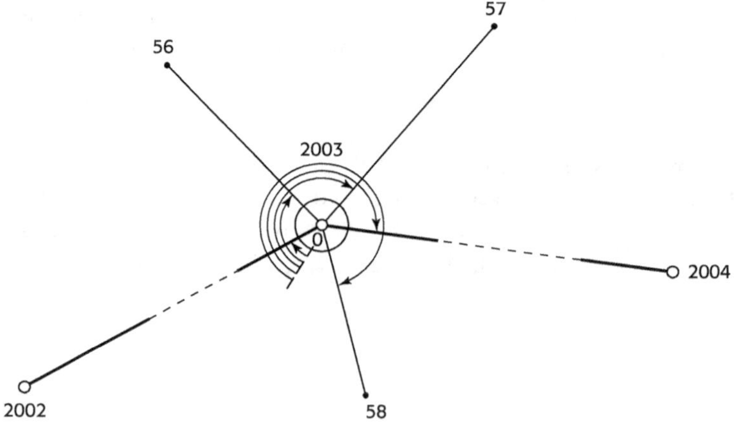

Figure 7.13. Rayonnement.

Si le rayonnement peut compléter un levé par abscisses et ordonnées ou par multilatération, en levant des détails proches au théodolite et à la roulette par exemple, il est d'abord la *technique de levé planimétrique privilégiée du topographe*, du fait notamment des performances des tachéomètres électroniques (§ 7.3.1).

Saisie manuelle simultanée sur carnet et croquis ou saisie automatique codifiée sans croquis, éventuellement avec un croquis sommaire. En tachéométrie automatique, le rayonnement bénéficie des avantages cumulés de la mesure électronique, de la codification et des traitements informatiques numériques et graphiques, qui compensent largement la réduction du sens géométrique du terrain chez l'opérateur, due au caractère routinier des observations.

Le rayonnement est susceptible de contrôles : distances entre points proches, intersections, *point double* qui est un point unique du terrain levé 2 fois depuis 2 stations différentes, etc.

7.1.4. Saisie des données

Croquis

Lorsqu'il constitue le seul moyen de saisie des données, le croquis doit permettre à un dessinateur qui n'est pas allé sur le terrain de dessiner le plan (figure 7.14) ; c'est un document difficile à réaliser qui suppose une grande expérience de terrain.

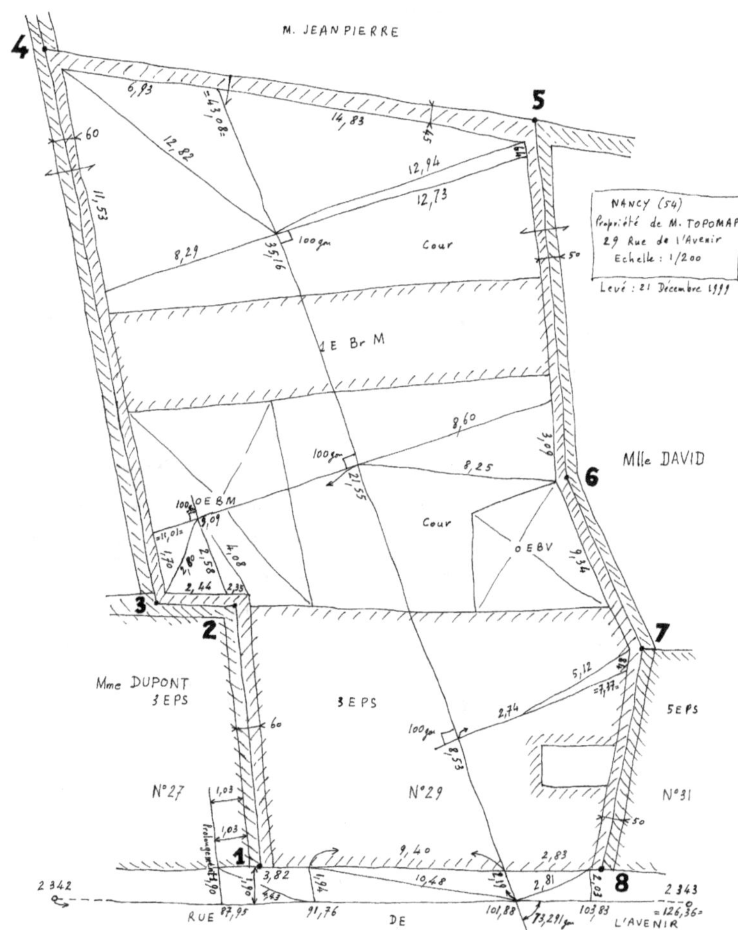

Figure 7.14.
Croquis d'un levé
par multilatération.

Il est dressé avec une mine de crayon B ou HB finement épointée, sur une feuille de papier dessin ou de film polyester fixée à une planchette. Dans la mesure où le levé n'est pas trop important, le croquis est d'un seul tenant ; en revanche, pour un chantier d'envergure avec un canevas polygonal étoffé, il peut être établi un croquis par station ou groupes de stations, plus maniable mais ne donnant pas une vue d'ensemble.

Le croquiseur établit un plan visuel, à main levée ou à la règle, en respectant au mieux les angles et les distances évaluées comme lors de la reconnaissance (§ 7.1.2) ; utiliser les signes conventionnels et les symboles du futur plan, soigner le tracé, en particulier la disposition des cotes, parallèles au bas et au bord droit de la feuille dans la mesure du possible.

Dans son ensemble le croquis est à l'échelle du plan, les petits détails invisibles à l'échelle, coudes ou décrochements par exemple, étant facilement précisés par un symbole (figure 7.15).

Figure 7.15. Symboles des coudes.

De même, les zones chargées en détails font l'objet d'agrandissements partiels, reliés à l'ensemble par des « bulles » type bande dessinée.

En levé tachéométrique électro-optique, les mesures sont notées manuellement dans un carnet ou tapées au clavier d'un carnet électronique ; le croquis joint les points levés en planimétrie et précise les points cotés, lignes de crête, thalwegs, croupes et changements de pente en altimétrie (figure 7.16).

Carnets

Le *carnet-papier* a comme caractéristiques essentielles :

– la souplesse d'emploi, par la faculté d'enregistrer des observations de natures différentes : mesures numériques, informations diverses, toponymie, état des bâtiments par exemple ;
– la facilité de consultation ;
– la compatibilité pour des travaux dont la nature et le volume ne justifient pas un recours à l'informatique ;
– le manque de sécurité, dû en particulier aux erreurs de transcription.

En levé tachéométrique, la concordance de numérotation des points entre le croquis et le carnet est assurée, tous les 10 points par exemple, par liaison à la voix, au sifflet ou par postes émetteur-récepteur entre l'opérateur et le croquiseur.

Les *carnets électroniques* divers ont très vite évolué de blocs-mémoires indépendants de l'instrument avec entrée manuelle au clavier, à des terminaux de terrain connectés à l'appareil avec saisie automatique des mesures, pour être enfin intégrés aux tachéomètres électroniques, avec une bibliothèque de programmes de calculs topométriques (§ 9) et la possibilité pour le topographe d'une programmation personnalisée.

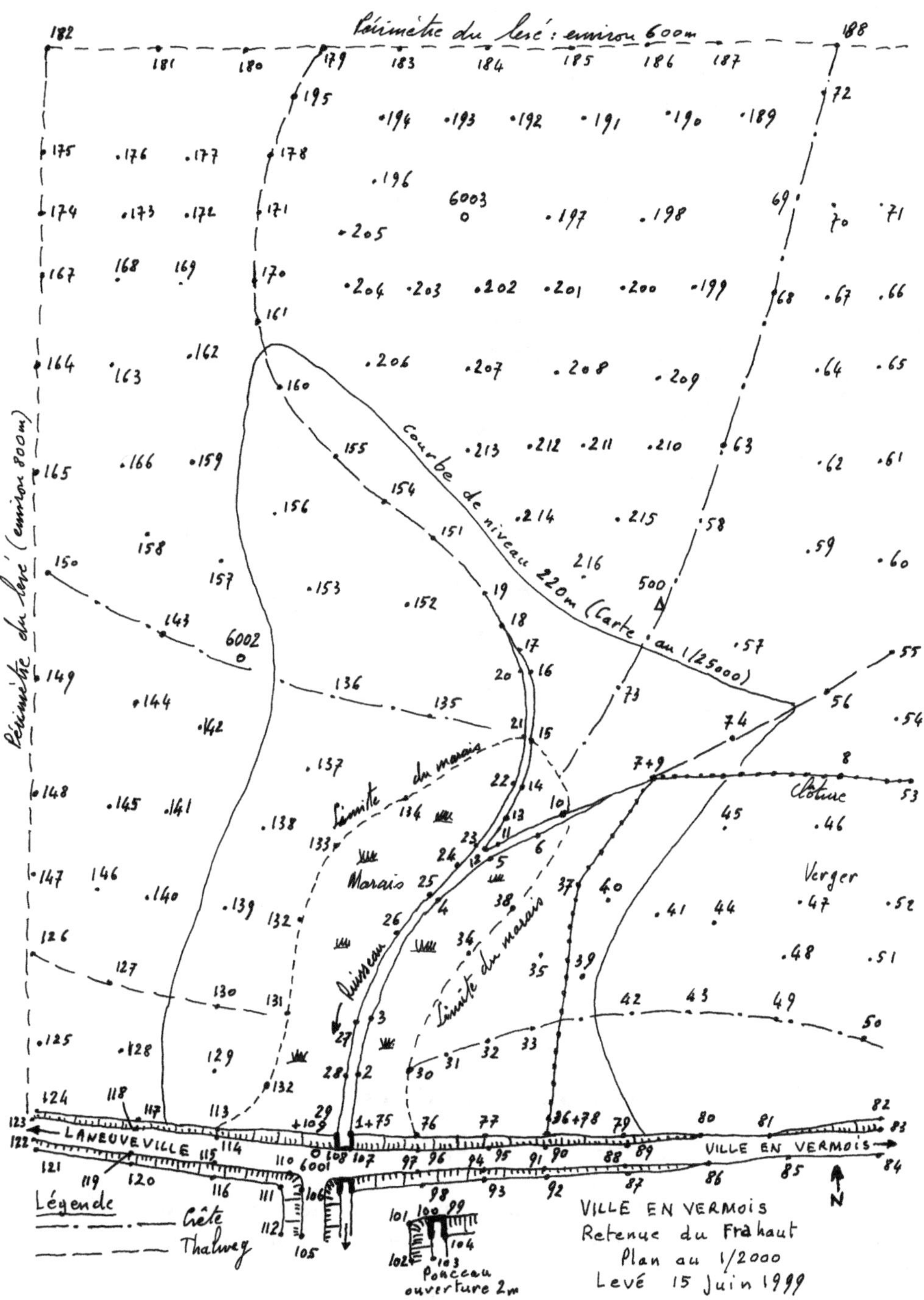

Figure 7.16. Croquis de levé tachéométrique.

Ordinateur de terrain à écran graphique tactile – Tachéométrie (§ 7.3) assistée par imagerie

De nombreux tachéomètres permettent le dessin sur le terrain en même temps que la prise de mesures, supprime le croquis et simplifie la codification (§ 7.3.5). Les caméras embarquées des appareils modernes permettent de voir à l'écran en temps réel ce que voit la station, d'automatiser le pointé, ou encore de faire des photos (figure 7.17).

Ces nouvelles fonctionnalités sont très avantageuses : minimum de points saisis, fidélité du levé, vérification sur le site en temps réel, *par un seul technicien,* s'il utilise un GPS ou un tachéomètre motorisé.

Document Trimble

Document Leica

Figure 7.17. Croquis assisté par ordinateur.

Renseignements techniques et juridiques

La géométrie du plan, saisie à l'aide du croquis et du carnet, est complétée par une série de renseignements récoltés auprès des propriétaires, services techniques et administratifs, etc. :

– nom du propriétaire et adresse de l'immeuble ;

– références cadastrales ;

– servitudes foncières et d'urbanisme ;

– nature des sols et sous-sols ;

– VRD ;

– environnement, etc.

7.1.5   Nuage de points 3D par scanner

Le laser scanner est une méthode de mesure 3D sans contact qui consiste à balayer l'objet à mesurer.

Les mouvements nécessaires aux déplacements du rayon laser sont mesurés avec précision, ce qui permet d'acquérir un positionnement précis dans l'espace de tous les points d'impact du laser.

Le faisceau est de fréquence élevée, ce qui permet l'acquisition de plusieurs milliers de points en un laps de temps très court. Deux méthodes de mesure existent actuellement ; mesure à laser pulsé ou mesure du temps de vol qui permet l'acquisition jusqu'à 50 000 points/s et mesure par décalage de phase entre l'onde émise et l'onde reçue, qui permet l'acquisition jusqu'à 1 000 000 points/s.

Il en résulte un nuage de points tridimensionnel représentant l'objet avec précision et exhaustivité.

Les nuages de points sont ensuite traités au moyen de logiciels (figure 7.18) permettant des mesures, la génération de documents techniques (DAO), la modélisation (CAO), des rendus 3D, l'animation via une interface web, etc.Les avantages de cette méthode sont l'acquisition rapide des données (30 minutes pour une façade), la confiance dans l'information fournie, la facilité de compréhension de la scène levée, des données riches, le tout avec une précision de l'ordre de 1 cm à 100 m et de manière déportée, sécurisée et sans contact.

Les applications sont multiples : archéologie, bâtiment, architecture, topographie urbaine, milieu industriel, mines, carrières, médico-légal (accidents, scènes de crime, etc.).

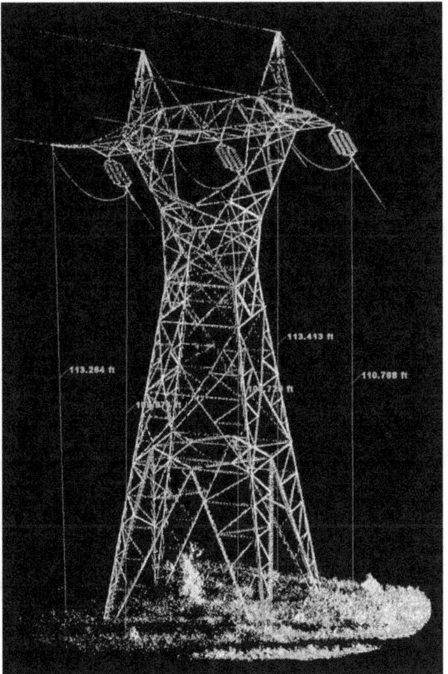

Figure 7.18. Scanner 3D.

Documents Leica

7.2   Levé du relief

7.2.1   Lignes caractéristiques et semis de points

Sur un plan, le relief est figuré par des points cotés et des courbes de niveau.

Les points cotés, obtenus par nivellement direct, indirect ou GPS selon la précision recherchée, précisent notamment les lignes caractéristiques naturelles : crêtes, thalwegs, changements de pente par exemple, et artificielles : axes des voies, hauts et bas de talus, etc., ainsi que les détails qui présentent un intérêt particulier comme le fil d'eau d'un aqueduc ou l'axe d'un passage à niveau.

Le dessin manuel des courbes de niveau (§ 10.1.4) tient compte des lois de la géomorphologie ;
en conséquence, lever le chevelu de manière qu'entre deux points de crête C ou de thalweg T
consécutifs (figure 7.19), la pente constante autorise l'interpolation.

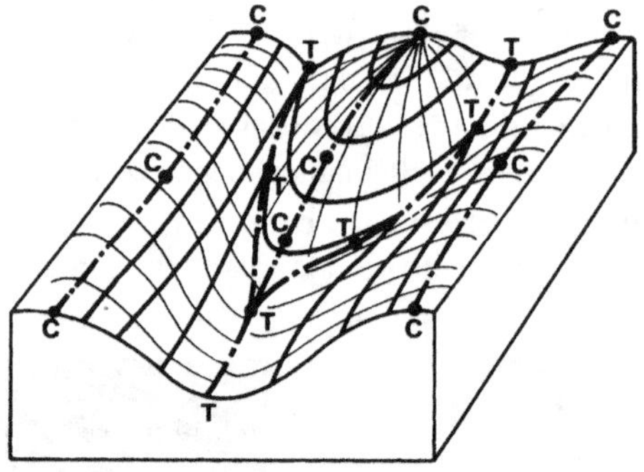

Figure 7.19. Lignes caractéristiques.

Entre les lignes caractéristiques, réaliser un semis de points de manière à pouvoir ensuite
interpoler les courbes entre des couples de points situés sur la ligne de plus grande pente
(figure 7.20).

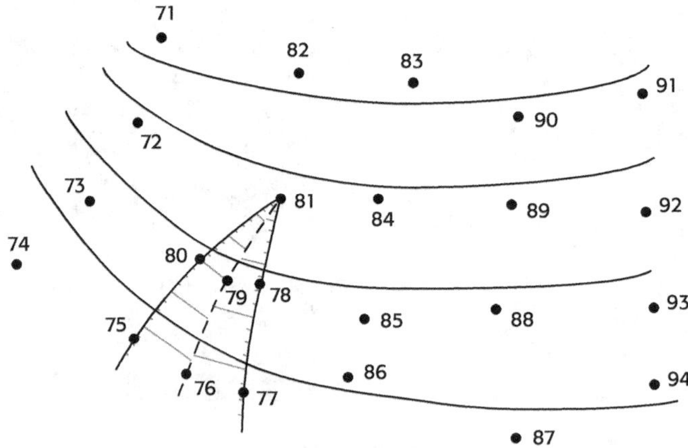

Figure 7.20. Semis de points.

Compléter le semis par des points cotés destinés à préciser les modifications, généralement
artificielles, du modelé géomorphologique, pour lesquelles les courbes de niveau perdent leur
signification. Le nombre de points semés à l'hectare varie sensiblement suivant la fidélité de
représentation désirée, l'échelle du plan et le relief, entre les ordres de grandeur ci-après :

Échelles	1/200	1/500	1/1 000	1/2 000	1/5 000
Très accidenté	400	200	50	20	5
Peu accidenté	40	20	10	5	1

Le dessin automatique des courbes de niveau à partir du *Modèle numérique de terrain* (MNT) est obtenu par la mise en œuvre de progiciels, la qualité du résultat étant essentiellement fonction de la finesse du modèle, autrement dit de la *surdensité des points semés* par rapport à un tracé manuel.

7.2.2 Balayage et quadrillage

Si le relief est à peine marqué, la surface réduite, la vue dégagée comme il arrive en région de plaine, lever le semis en balayant le terrain par bandes plus ou moins larges *orientées dans le sens de la ligne de plus grande pente*.

Le topographe peut aussi établir, à l'aide de jalonnettes, un quadrillage rectangulaire dont un côté, là encore, coïncide à peu près avec la ligne de plus grande pente et le rattacher à la planimétrie environnante par les procédés habituels (figure 7.21) ; suivant la nature des travaux, matérialiser tous les sommets du quadrillage ou uniquement 2 rangées sur 2 côtés perpendiculaires, les autres sommets étant situés à vue au moment du levé, à l'intersection de 2 prolongements, la longueur d'un côté de quadrillage étant le plus souvent égale à 10 m ou 20 m selon l'échelle du plan et l'équidistance.

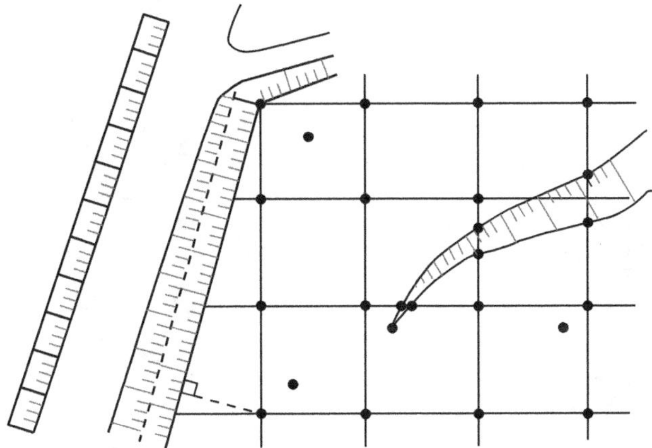

Figure 7.21. Quadrillage.

Lever à part les points hauts, talus, fossés, etc., qui peuvent être positionnés en planimétrie par rapport au quadrillage.

7.2.3 Profils

Coupes verticales du terrain, ils sont particulièrement adaptés aux chantiers étirés en longueur : routes, canaux, etc. (§ 10.1.5), ainsi qu'aux travaux débouchant sur l'évaluation des volumes : cubatures de terrassements, tas de concassés, etc.

Les profils sont levés directement ou dessinés, à partir d'un semis de points surdensifié, par des progiciels spécialisés.

Les réfections des chaussées et trottoirs en ville par exemple conduisent au levé de profils, complété par celui des plaques d'égout, seuils d'habitation, etc.

7.3   Tachéométrie

La tachéométrie est la technique qui consiste à lever simultanément le canevas polygonal et les détails, en planimétrie et en altimétrie, avec un même instrument appelé *tachéomètre* (du grec *tackos*, vitesse, et *métron*, mesure), nom donné au premier appareil mis au point par Porro (*Annales des Ponts et Chaussées*, novembre 1852).

La tachéométrie généralise le rayonnement en planimétrie (§ 7.1.3.4) et le nivellement indirect en altimétrie (§ 4.4) ; c'est une technique complète, rationnelle, sûre, souple, économique, adaptée à toutes les précisions, le plus souvent mise en œuvre par équipe de deux : le chef d'équipe et l'opérateur.

7.3.1   Instruments

Un tachéomètre électro-optique est la combinaison d'un théodolite optique et d'un distance-mètre.

Le tachéomètre est *modulaire* quand le distancemètre peut être solidarisé librement au théodolite par un verrou mécanique (figure 7.22) ; l'axe optique et l'axe d'émission-réception sont soit parallèles et décalés en hauteur, soit coaxiaux, suivant les instruments.

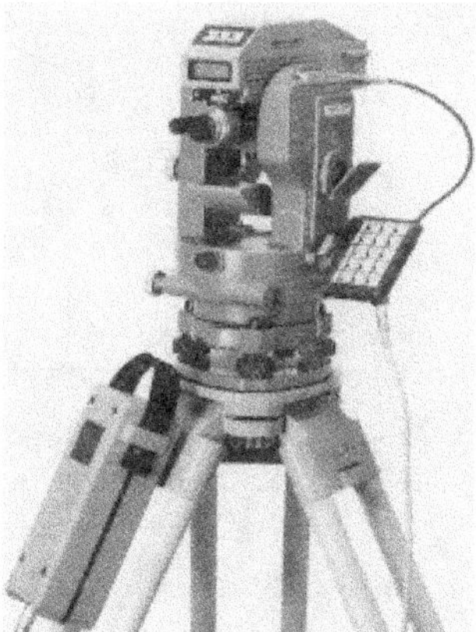

Figure 7.22. Tachéomètre électro-optique modulaire.

Document Leica

Les tachéomètres électro-optiques ont remplacé les tachéomètres optiques autoréducteurs au début des années 1970 du fait de leurs performances :

– allongement de la portée à plusieurs centaines de mètres ;

– précision centimétrique ;

– réduction des temps d'observation et de calcul ;

– investissement réduit au distancemètre pour tout possesseur de théodolite.

Ils sont désormais supplantés par les tachéomètres électroniques.

Un tachéomètre électronique est la combinaison d'un théodolite électronique et d'un distancemètre intégré coaxial, géré par microprocesseurs, éventuellement motorisé voire robotisé, manipulé par l'opérateur ou piloté à distance par radio (figure 7.23) ; le distancemètre infrarouge des instruments les plus récents est doublé par un distancemètre coaxial à laser pulsé visible, dont la portée varie de 80 m à plus de 5 000 m suivant que l'on travaille sans ou avec réflecteur.

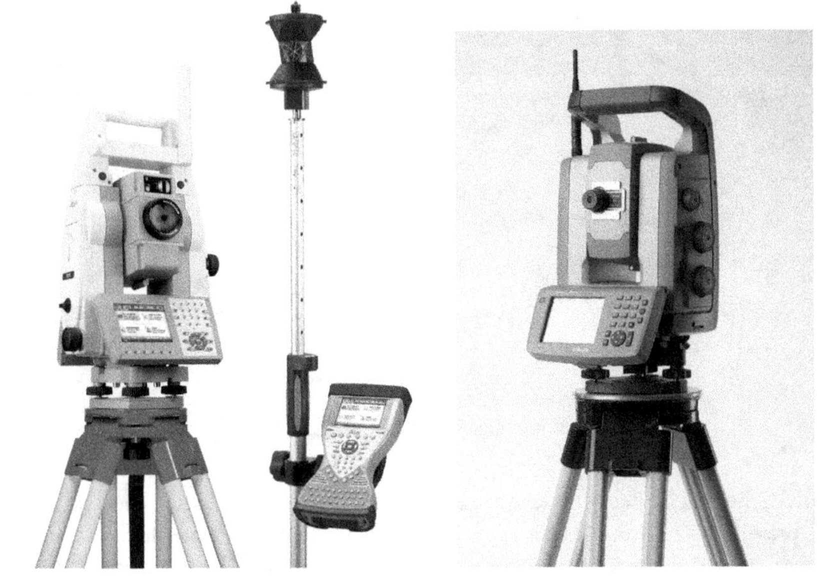

Figure 7.23. Tachéomètres électroniques.

Le tachéomètre électronique permet le stockage préalable des données alphanumériques, l'enregistrement et la géocodification des mesures, les calculs et le dessin en temps réel sur écran d'un ordinateur embarqué.

L'évolution rapide des microprocesseurs et des mémoires améliore constamment la précision et la fiabilité des instruments, ainsi que l'ergonomie des observations ; le stockage informatique miniaturisé confère une grande autonomie sur le terrain.

Mesures corrigées automatiquement, après introduction de la constante additionnelle et de la somme algébrique des ppm atmosphérique, de réduction à l'ellipsoïde et au Lambert.

La correction automatique des erreurs systématiques instrumentales, du niveau apparent pour une réfraction moyenne, de l'erreur entre la ligne de visée et le centre d'une caméra CCD de suivi et pointé automatique, réduit les observations à une seule séquence ; il en résulte une absence de contrôle et une moindre précision.

Mesures des distances sur prismes, cibles réfléchissantes, voire sans réflecteur suivant la portée ; précision pouvant atteindre $(1 \text{ mm} + 1 \text{ ppm} \cdot 10^{-6})$ et 0,5 mgon en angle.

Enregistrement automatique supprimant toute erreur parasite de transcription.

Géocodification en vue du dessin automatique différé ou en temps réel sur écran tactile d'un ordinateur embarqué.

Levé sommaire des points cachés par leurs décalages orthogonaux à gauche ou à droite de la visée et leur décalage vertical (figure 7.24).

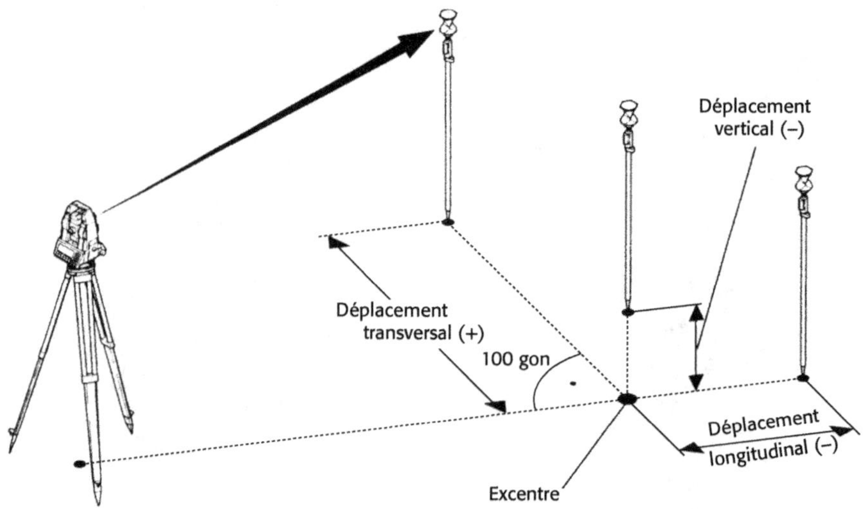

Figure 7.24. Décalages.

Document Leica

Un point caché proche peut être levé avec précision à l'aide d'une canne spéciale portant deux ou trois prismes prépositionnés par rapport à la pointe en contact avec le point (figure 7.25) ; l'opérateur vise les prismes dans l'ordre prévu, le progiciel calcule leur position 3D quelle que soit l'inclinaison de la canne et en déduit les coordonnées ENH du point.

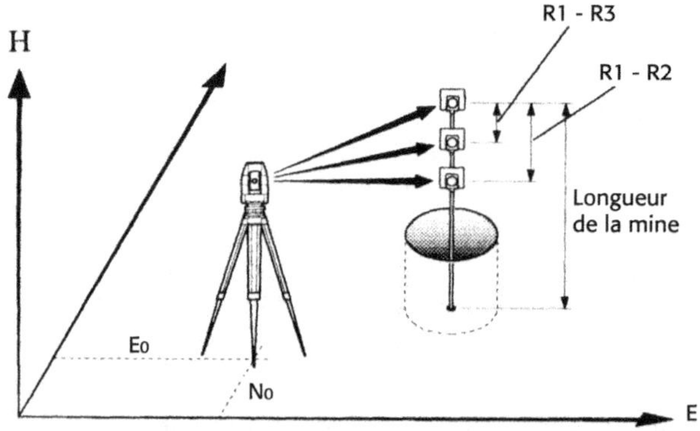

Figure 7.25. Levé d'un point caché.

Document Leica

Depuis le début des années 1990, la *servo-motorisation* permet au *topographe travaillant seul* de commander l'instrument à distance par radio depuis les points levés ou implantés sur lesquels le réflecteur est placé ; solution séduisante, le technicien ayant toute facilité pour coder la saisie des observations et gérer les données non géométriques.

Toutefois, cette conception trouve rapidement ses limites dans le fait de laisser un appareil très onéreux seul sur son trépied dans un environnement à risques comme le milieu urbain par exemple, ainsi que dans la solitude du technicien ; noter l'intérêt des claviers interchangeables entre la canne de prisme et l'instrument.

Pointé automatique à grande distance par faisceau infrarouge ou caméra vidéo CCD coaxiale à la lunette distancemètre, qui améliore la précision et augmente la productivité.

Recherche, suivi, pointé automatique d'un réflecteur mobile à faible vitesse pour des portées de plusieurs hectomètres ; ce mode opératoire implique l'emploi d'un prisme omnidirectionnel 6 faces (figure 7.26) ou similaire, qui ne demande pas une orientation vers le distancemètre et permet la mesure quelle que soit la direction de visée sur 360°.

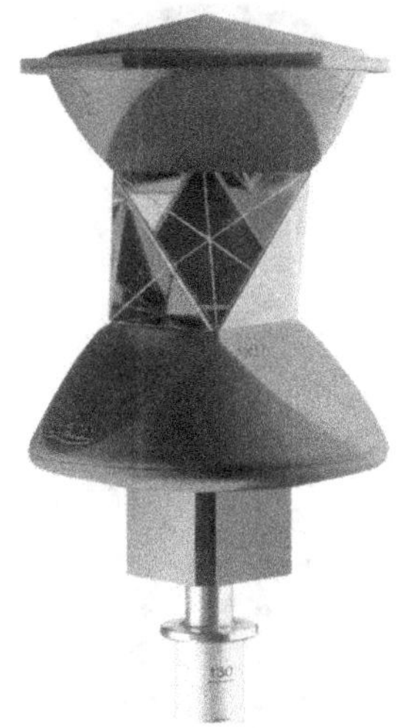

Figure 7.26. Prisme omnidirectionnel.
Document Leica

Robotisation débouchant sur la mesure continue programmée sur cibles mémorisées, particulièrement intéressante en métrologie ; la motorisation, comme le laser pulsé, demandent une surconsommation d'énergie qui peut impliquer l'emploi de batteries externes.

La rapidité et la fiabilité des mesures conduisent à la *surdensité* des points levés, le traitement automatique des données compensant le temps consacré à la saisie ; toutefois, si le MNT est d'autant meilleur que le nombre de points levés est plus important, une surdensité excessive complique et alourdit les traitements numériques et graphiques.

Traitement numérique des observations en temps réel, avec exploitation des données préalablement introduites en mémoire, par progiciels intégrés ou logiciels développés par l'utilisateur ; les diverses fonctions de calcul topométrique intégrées accroissent notablement la productivité, en particulier en implantation.

Le croquis peut être entièrement supprimé par l'exploitation, sur portable embarqué, de progiciels qui génèrent directement le plan sur le terrain.

Les constructeurs proposent désormais des systèmes intégrés tachéomètre électronique-GPS, (figure 7.27), particulièrement performants en levé comme en implantation en temps réel.

Les tachéomètres et niveaux électroniques vidéo-asservis effectuent la visée et le mesurage sans intervention du topographe, dont le rôle est désormais davantage celui d'un gestionnaire d'instruments de mesures que celui d'un opérateur. Il peut se consacrer à la saisie et au traitement de données thématiques, les opérations de mesurages complexes, répétitives, précises, étant entièrement automatisées.

C'est au point levé ou implanté et non à la station d'instrument que les données complémentaires sont mesurées, enregistrées, traitées et transmises, notamment les corrections différentielles du GPS, grâce au carnet électronique ; depuis le point levé ou implanté, le topographe, travaillant seul, pilote à distance le système de mesurage, déclenche les mesures, code et enregistre les résultats et données complémentaires, contrôle numériquement et graphiquement en temps réel.

Figure 7.27. Système intégré tachéomètre-GPS.

Document Leica

7.3.2 Méthodologie

Le chef d'équipe établit le canevas polygonal après une reconnaissance approfondie.

Dans le choix des sommets, il est guidé par :

- les impératifs propres à tout cheminement polygonal, notamment la tension et l'homogénéité ;
- la proximité et la densité des détails ; en terrain couvert, une station proche d'une zone à forte densité facilite le travail ;
- l'éloignement des obstacles et masques divers, qui créent des « angles morts » horizontaux ou verticaux ;
- les surfaces ensoleillées, horizontales ou verticales, qui gênent et dégradent les mesures ;
- la nécessité d'établir des points alignés ou lancés, destinés le plus souvent au levé des points cachés depuis la station.

Dans le choix des détails, le chef d'équipe doit avoir le coup d'œil et la rapidité de décision voulus, fruits d'une longue pratique ; il tient la canne porte-prisme sur chaque point levé et dessine le croquis à l'avancement.

Les points importants, encore appelés *points durs*, c'est-à-dire bien définis, correctement matérialisés, susceptibles de durer, sont contrôlés : distance entre points proches, *point double* c'est-à-dire point levé depuis deux stations différentes dont la confusion graphique ultérieure vérifie la qualité, triple intersection, etc.

Lorsqu'un point est inaccessible ou caché, s'inspirer des exemples de la figure 7.28.

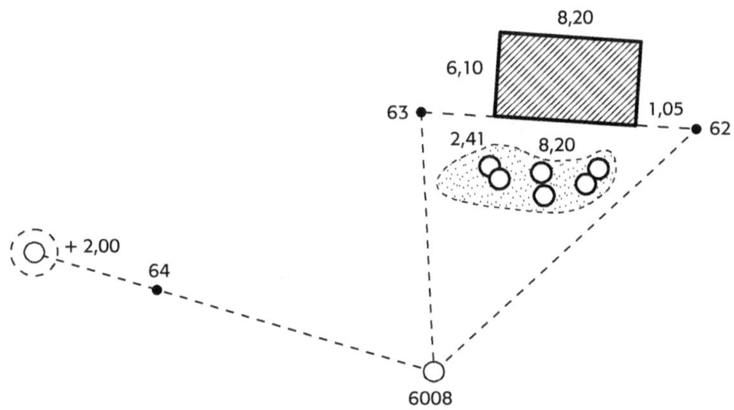

Figure 7.28. Points cachés.

Si les points cachés sont nombreux et groupés, les lever depuis une station lancée. Déterminer :

– une ligne droite, par 3 points si on veut s'assurer d'un contrôle ;

– un arc de cercle, par au moins 3 points : points de tangence et milieu de l'arc ;

– une ligne courbe, par des points qui seront distants de 1 à 2 cm sur le report à l'échelle, les points étant d'autant plus rapprochés que la courbure est plus forte.

En altimétrie, la nature même du levé tachéométrique ainsi que le tracé différé des courbes de niveau par interpolation entre points cotés conduisent au levé des lignes caractéristiques et au semis de points, complétés par les détails particuliers, comme un changement de pente d'axe de chemin par exemple.

7.3.3   Observations

Le canevas polygonal est mis en œuvre avec des cheminements à longs côtés : 300 à 500 m.

La résection (§ 5.1.5) remplace avantageusement les stations lancées ; quand le terrain s'y prête, deux prismes omnidirectionnels (§ 7.3.2), disposés sur des points hauts naturels ou des mâts haubanés préalablement déterminés en coordonnées, résolvent aisément le levé, souvent délicat, des points cachés.

L'insertion facilite le franchissement d'un obstacle, notamment d'une ligne de crête ; depuis les stations S_1 et S_2 (figure 7.29) invisibles l'une de l'autre, rayonner quatre ou cinq points de rattachement M, N, P, Q. Un calcul d'adaptation, traité par les moindres carrés à l'aide de la méthode de Helmert par exemple, fournit la distance et le gisement de $\overrightarrow{S_1S_2}$ dans le système de coordonnées.

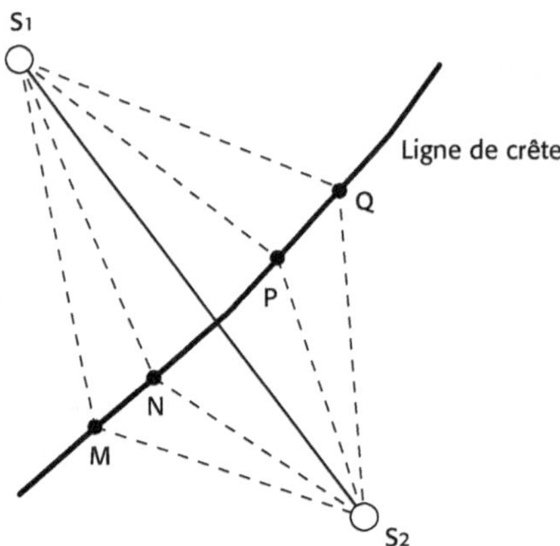

Figure 7.29. Franchissement d'une crête.

Le tachéomètre électro-optique libère de l'obligation de placer l'instrument au centre de la zone à lever ; en effet, les longues portées et les possibilités instrumentales de visées très inclinées permettent l'insertion judicieuse des stations :

— sur des points de vue naturels ou artificiels : mamelons, châteaux d'eau, échafaudages, etc., situés en limite et même à l'extérieur du chantier ;

— au fond des thalwegs et cuvettes en terrain vallonné, emplacement qui présente l'avantage d'éviter les effets gênants de *crête militaire*, laquelle cache le pied du versant quand on se trouve sur la crête topographique ;

— en milieu urbain : au bord des terrasses, sur une console spéciale fixée à une entretoise horizontale à vérins arc-boutée dans l'embrasure d'une fenêtre, au fond des cours, etc.

L'élargissement du rayon d'action des stations réduit leur nombre mais augmente la durée des déplacements du réflecteur ; la demi-journée est sans doute la durée optimale d'une station, la superficie levée primant le nombre de points.

L'*équipe*, encore appelée brigade, est composée d'un élément mobile : le chef d'équipe – porte-prisme – croquiseur, accompagné parfois d'un aide porte-prisme, et d'un élément statique : l'opérateur, lequel peut être supprimé si le tachéomètre est motorisé. L'éloignement relatif de ces deux éléments conduit à équiper le personnel de dossards de couleur vive, jaune ou orange, visibles de loin ; chacun est muni d'un émetteur-récepteur radio de qualité, avec casque et micro devant la bouche de manière à conserver les mains libres.

Chaque fois que possible, établir un croquis simplifié avant le levé, manuellement ou par agrandissements de photos-mosaïques ou mieux d'orthophotoplans (§ 8.5).

Collationner les numéros de points, tous les 10 par exemple, entre le croquis et le carnet ou la mémoire de l'enregistreur.

Le chef d'équipe communique à l'opérateur les informations additionnelles à mémoriser sur terminal de terrain, ou les introduit lui-même dans le contrôleur de terrain par exemple.

La canne télescopique, qui élève le prisme jusqu'à 5 m de hauteur, autorise les franchissements d'obstacles ou de masques, permet le levé même avec un relief un peu accentué, rend plus aisé l'établissement des profils en rivière ; elle a toutefois l'inconvénient de peser lourd quand elle est rigide.

Les points inaccessibles proches : parois rocheuses, façades, etc. sont rayonnés directement si le distancemètre est suffisamment performant, mesurés avec la fonction laser du tachéomètre ou intersectés depuis deux stations, leur marquage étant réalisé avec un oculaire laser par exemple quand les conditions d'éclairage le permettent.

Contrôle des points durs : distance entre points proches, points doubles, etc.

L'*opérateur* en station au sommet i du cheminement :

— mesure la hauteur de l'axe de basculement ;

— détermine sur 2 points différents la correction d'index si elle n'est pas connue ;

— relève la température et la pression atmosphérique avec un baromètre-thermomètre électronique de poche ou seulement la température si l'altitude de la station est connue à quelques mètres près ; l'introduction dans le distancemètre des ppm atmosphériques correspondants débouche sur l'affichage des distances directes ;

— pointe un signal éloigné avec une lecture du cercle horizontal proche de zéro par exemple, qui servira au *contrôle régulier de la dérive*. Ce contrôle est particulièrement important dans le cas où l'on utilise des trépieds hauts, intéressants pour les possibilités qu'ils offrent de viser au-dessus d'obstacles et de masques de plus de 2 mètres : cultures comme le maïs par exemple, haies, murs en milieu semi-urbain, etc. ; l'opérateur travaille alors sur une estrade légère facilement démontable ;

— vise le réflecteur placé sur le sommet arrière i-1, lit la distance, le cercle horizontal et le cercle vertical ; si la saisie manuscrite sur carnet papier reste possible pour un levé de superficie réduite comportant un nombre limité de points, la saisie opérationnelle est faite en enregistrant les observations et les informations additionnelles : hauteurs d'instruments, hauteurs de pointé, etc., qui seront transférées à l'ordinateur pour les traitements ultérieurs ;

— lève les détails, sans viser au préalable le sommet de cheminement avant i + 1, compte tenu de l'éloignement des stations ; ce sommet sera visé quand le porte-prisme en sera proche ;

— contrôle la dérive à intervalles réguliers, ainsi qu'après le dernier point de détail ;

— bascule la lunette pour observer une séquence CD sur le signal et les sommets arrière i − 1 et avant i + 1.

Cette seconde mesure de l'angle polygonal n'occasionne pratiquement pas de perte de temps quand les observations sont faites en centrage forcé par la méthode des trois trépieds ; en l'absence de centrage forcé, le souci du contrôle et de la précision doit primer sur la perte de temps occasionnée par les déplacements du porte-prisme pour stationner à nouveau les sommets arrière et avant ; au chef d'équipe d'organiser le travail et de gérer les moyens en conséquence.

Aux stations de départ et d'arrivée du cheminement, où généralement plusieurs points connus en coordonnées doivent être visés pour déterminer les G_0 d'orientation, commencer les observations par un tour d'horizon sur ces directions et sur le côté de cheminement ; en fin de station, seconde séquence du tour après basculement de la lunette.

Traitement et dessin numérique (CAO + DAO).

7.3.4   Enregistrement

L'information constitue la manifestation perceptible d'un fait ; pour être comprise et interprétée par l'homme ou la machine, elle doit être codée.

L'enregistrement, ou saisie de l'information, est l'opération qui consiste à la reporter sur un support ; l'exploitation, ou traitement, peut être effectuée directement sur le support ou par d'autres moyens après transmission des données.

La saisie automatique des données topométriques, qui a commencé au début des années 1960 sur film documentaire 35 mm utilisé avec un théodolite Fennel à cercles codés et un tachéomètre Kern, a connu ces dernières années un développement accéléré, lié à celui des techniques de mémorisation et à l'informatisation des tachéomètres électroniques.

Un *enregistreur* connecté à un tachéomètre électronique est essentiellement constitué d'un complexe de mémoires commandé par un microprocesseur, programmé de manière à n'exiger qu'un minimum d'impulsions manuelles, et d'un clavier permettant l'introduction des informations additionnelles.

Il est destiné :

— à diminuer le travail de l'opérateur, ce qui suppose des valeurs à enregistrer livrées sous forme numérique ;
— à permettre le codage directement sur le terrain en vue du traitement et du dessin automatique, de façon à augmenter la qualité et la rapidité de production tout en diminuant le coût ;
— à transmettre automatiquement les données à l'ordinateur de manière à supprimer les erreurs parasites ;
— à intégrer les données dans un SIG en vue de leur gestion ultérieure.

Dans le cas le plus simple, une fois la lunette pointée sur le signal, une seule pression sur une touche du clavier de l'instrument, ou de la canne du réflecteur, déclenche les mesures d'angles et de distances et les enregistre, supprimant ainsi toute erreur parasite d'observation ou de saisie ; le numéro du point est incrémenté automatiquement.

Les données sont mémorisées sous forme de *blocs*, composés de mots généralement limités à 12, susceptibles de comporter 24 caractères.

On distingue :

— les *blocs mesures*, qui contiennent les informations liées à la définition géométrique du point ;

Exemple

Format standard

Mot 1	Mot 2	Mot 3	Mot 4	Mot 5
N° du point	cercle horizontal	cercle vertical	distance directe	ppm/mm
6008	0,002	100,596	92,586	−12

— les *blocs codes*, qui contiennent les informations additionnelles numériques, ou alphanumériques pour les enregistreurs les plus performants, relatives aux conditions de levé : hauteur d'instrument, G_0 de station, etc., ainsi que la codification destinée au dessin automatique ;

Exemple

Mot 1	Mot 2	Mot 3	Mot 4	Mot 5
N° code	Info 1	Info 2	Info 3	Info 4
Code de station	N° station	ST	H	N° point visé
1	6009	1630	1300	6008

— les *blocs textes*.

Tout bloc enregistré peut être visualisé et édité à tout moment.

7.3.5 Géocodification

La géocodification distingue les codes de levé et les codes de dessin ; elle dépend directement des progiciels de traitements numériques et graphiques mis en œuvre, car il n'existe pas de géocodification universelle.

Les *codes de levé* comportent les informations nécessaires au calcul des points en ENH : hauteur de station, de pointé, excentrements, etc. ; consécutifs à la mesure, ils sont enregistrés par l'opérateur pendant le déplacement du porte-prisme.

Les tachéomètres « grand écran » les plus récents proposent de nombreux menus qui facilitent beaucoup la codification par la mise en œuvre d'une symbolisation adaptée, supprimant la consultation d'un listing.

Les bibliothèques de programmes, *modifiables et adaptables par l'utilisateur*, sont chargées dans la mémoire du tachéomètre après mise au point sur l'ordinateur.

Les *codes de dessin*, dont la finalité est le dessin automatique, peuvent être appliqués au bureau, en temps différé, à l'aide du croquis, ou sur le terrain au moment du levé, sans croquis, en « dessinant dans sa tête » ; le dessin en temps réel peut d'ailleurs être exécuté sur l'écran tactile d'un ordinateur embarqué (figure 7.17), à l'aide d'un progiciel qui produit directement le plan sur le terrain. La géocodification-dessin implique la classification et l'identification des objets, mais surtout une stricte organisation du levé, dirigé par un chef d'équipe de valeur connaissant bien les étapes des traitements informatiques ultérieurs.

La *codification-symbole* identifie les objets ponctuels : arbre, bouche à clé, etc. pour lesquels un numéro d'affectation suffit au report automatique du symbole adéquat ; c'est plus une codification de levé qu'une codification de dessin, laquelle consiste en fait à « tracer des traits ».

La *codification-tracé* distingue généralement :

— les éléments carrés, définis par 2 points, dessinés à gauche des points levés dans l'ordre de leur succession, plaque d'égout par exemple ;

— les éléments rectangulaires, définis par 3 points dont l'ordre de saisie définit un repère orthonormé local : 1 et 2 en x, 3 en y ; plaques, emplacements de bancs publics, mobilier urbain, par exemple ;

— les éléments linéaires, définis par une série de points : bord de trottoir, haut et bas de talus, etc.

Les éléments peuvent être levés *en continu*, c'est-à-dire dans leur totalité avant de prendre d'autres points ; la codification est simplifiée mais les déplacements du réflecteur sont nombreux et l'organisation du levé délicate, notamment en raison du risque d'oubli de certains détails. Par contre, en *levé discontinu*, chaque objet est saisi partiellement, à l'avancement ; la codification est nettement plus complexe mais les déplacements sont optimisés, raison pour laquelle ce mode de levé est le plus utilisé.

En dehors du dessin en temps réel sur écran tactile d'un ordinateur embarqué, une géocodification supprimant totalement le croquis est difficilement compatible avec la diversité et la complexité des levés topographiques ; certains travaux permettent une codification intégrale, d'autres nécessitent des croquis sommaires et partiels.

Sur les tachéomètres les plus récents, les excentrements transversaux et longitudinaux dus *uniquement* à l'encombrement du prisme sont automatiques.

L'enregistrement automatique et la géocodification expliquent le développement accéléré de la tachéométrie automatique à travers ses multiples avantages :

- rapidité, le faible temps de mesure-enregistrement conduisant à la surdensité et dans certains cas à l'utilisation simultanée de plusieurs réflecteurs ;
- fiabilité, par la suppression des erreurs d'observation, de saisie et de transmission ;
- capacité, certaines mémoires acceptant 10 000 points ;
- transmissibilité, par courrier, modem ou radio ;
- automaticité du dessin, différé ou en temps réel.

7.4 Implantations

7.4.1 Caractères généraux

L'implantation consiste à matérialiser sur le terrain les éléments d'un projet, c'est-à-dire d'un « produit intellectuel » numérique et graphique.

Le *piquetage* est la mise en place de piquets, avec ou sans clous de centrage, sur les points quand ils doivent être rapidement remplacés par des repères pérennes comme des bornes, déportés lorsqu'il s'agit de permettre l'action des engins de terrassement.

Alors que le levé consiste à déterminer les coordonnées ENH des points existants à partir d'observations suivies de calculs, l'implantation a pour finalité la matérialisation à partir de calculs suivis d'observations de points préalablement déterminés en ENH ; c'est en quelque sorte un *levé à l'envers* qui obéit aux mêmes règles : nécessité d'un canevas pour maîtriser l'accumulation des erreurs, respect des tolérances, contrôles.

À noter que les distances à implanter sont les distances horizontales Dh à l'altitude de travail, calculées à partir des distances correspondantes déduites des coordonnées et corrigées des opposés des corrections à la projection et à l'ellipsoïde (§ 3.2.6).

7.4.2 Alignements

7.4.2.1 Points alignés

Au cordeau, avec des jalons, une équerre optique, un théodolite muni ou non d'un oculaire laser.

Les tachéomètres électroniques peuvent être équipés d'un aide à l'alignement constitué de deux faisceaux clignotants, rouge et jaune par exemple, symétriques par rapport au plan vertical de visée (figure 7.30), offrant une précision d'environ 6 cm à 200 m.

Figure 7.30. Aide à l'alignement.

Document Leica

7.4.2.2 Parallèle à un mur

Triangle rectangle « trois-quatre-cinq »

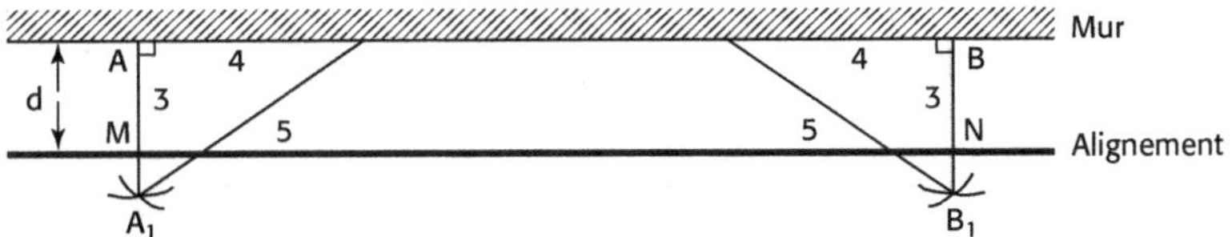

Figure 7.31. Parallèle au ruban.

En deux points A et B du mur (figure 7.31), élever 2 perpendiculaires AA_1 = BB_1 par 2 coups de ruban se coupant de manière à exploiter le théorème de Pythagore : $3^2 + 4^2 = 5^2$, puis reporter la distance voulue d = AM = BN ; pour une meilleure précision, prendre AA_1 > AM avec $(n\cdot3)^2 + (n\cdot4)^2 = (n\cdot5)^2$, triangle 6,8,10 par exemple.

Équerre d'alignement et ruban

Abaisser des 2 points A et B les perpendiculaires AA_1 et BB_1 sur un alignement quelconque mais proche de la parallèle cherchée (figure 7.32).

Mesurer BB_1 et reporter AA_2 = BB_1 qui donne A_2B_1 parallèle à AB ; décaler légèrement pour obtenir la parallèle MN à la distance d.

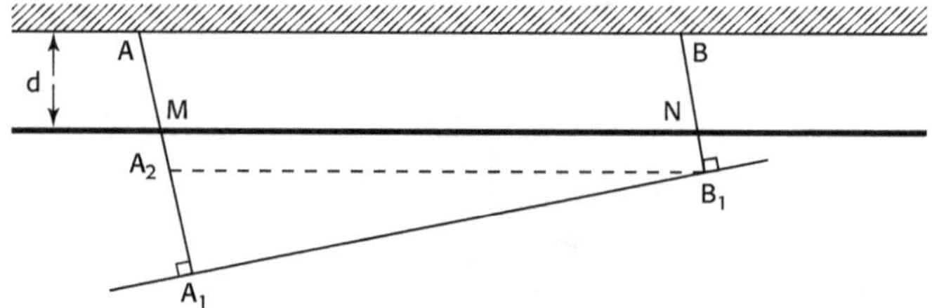

Figure 7.32. Parallèle à l'équerre et au ruban.

Mesures d'angles

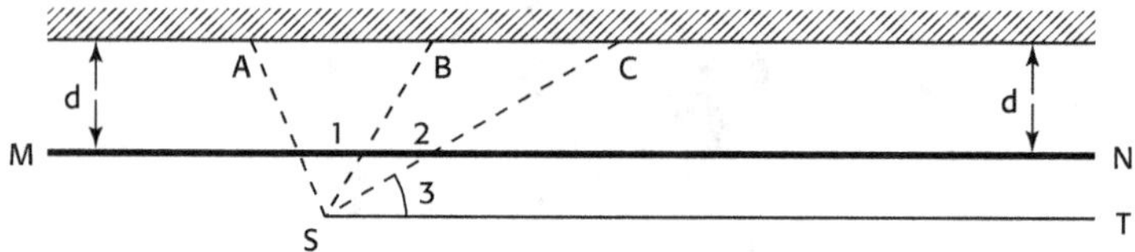

Figure 7.33. Parallèle au théodolite.

Mettre le théodolite en station au point S situé approximativement sur la parallèle cherchée, marquer 3 points sur le mur tels que AB = BC et mesurer les angles $\hat{S}_1$ et $\hat{S}_2$ (figure 7.33). ST étant la parallèle à AC, il vient $\hat{S}_3 = \hat{C}$.

Les triangles donnent :

$$\left.\begin{array}{c} \dfrac{AB}{\sin \hat{S}_1} = \dfrac{SB}{\sin \hat{A}} \\[2mm] \dfrac{BC}{\sin \hat{S}_2} = \dfrac{SB}{\sin \hat{C}} \end{array}\right\} \quad \frac{\sin \hat{S}_2}{\sin \hat{S}_1} = \frac{\sin \hat{C}}{\sin \hat{A}}$$

$$\frac{\sin \hat{C}}{\sin \hat{A}} = \frac{\sin \hat{S}_3}{\sin (\hat{S}_1 + \hat{S}_2 + \hat{S}_3)} \Rightarrow \sin \hat{S}_1 \cdot \sin \hat{S}_3 - \sin \hat{S}_2 \cdot \sin (\hat{S}_1 + \hat{S}_2 + \hat{S}_3) = 0$$

Calculs itératifs de l'angle $\hat{S}_3$ (§ 9.6), ouverture de l'angle $\hat{S}_3$ d'où la direction ST, léger décalage qui fournit la parallèle MN à la distance d.

Laser rotatif vertical

Se reporter au paragraphe 8.1.2.

7.4.3 Arcs de cercle tangents à des alignements droits

Cette géométrie ne s'applique pas aux routes mais à des dessertes annexes de faible trafic et petite vitesse.

7.4.3.1 Points de tangence

Les points de tangence d'un raccordement circulaire, c'est-à-dire d'un arc de cercle de rayon R connu tangent à 2 alignements A_1 et A_2 donnés, d'angle $\hat{P}$ (figure 7.34), sont souvent implantés en premier lieu et servent de points de départ pour le piquetage des autres points de l'arc.

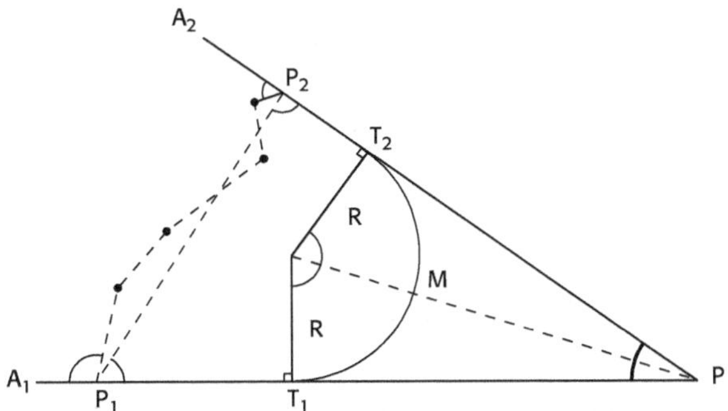

Figure 7.34. Points de tangence.

On a immédiatement : $PT_1 = PT_2 = R \cdot \cotan \dfrac{\hat{P}}{2}$, d'où la mise en place de T_1 et T_2 depuis P.

Si le point P est inaccessible ou trop éloigné, choisir 2 points P_1 et P_2 sur chaque alignement, mesurer la longueur P_1P_2 ainsi que les angles $\hat{P}_1$ et $\hat{P}_2$, puis calculer les distances d'implantation P_1T_1 et P_2T_2.

$$P_1T_1 = P_1P - PT_1 \;\Rightarrow\; P_1T_1 = \frac{P_1P_2 \cdot \sin \hat{P}_2}{\sin \hat{P}} - R \cdot \cotan \frac{\hat{P}}{2}$$

De même :
$$P_2T_2 = \frac{P_1P_2 \cdot \sin \hat{P}_1}{\sin \hat{P}} - R \cdot \cotan \frac{\hat{P}}{2}$$

Si P_1 et P_2 sont invisibles l'un de l'autre, les relier par une ligne polygonale, calculer les coordonnées de P_1 et P_2 dans un repère orthonormé local puis, par conversions de coordonnées et mesurages des angles en P_1 et P_2 entre les côtés de la ligne polygonale et les alignements, calculer les angles $\hat{P}_1$ et $\hat{P}_2$ ainsi que la distance P_1P_2 qui ramènent aux formules précédentes.

Les points de l'axe sont généralement implantés à partir des points de tangence T_1 et T_2, à l'aide des *intervalles angulaires d'implantation* qui sont les angles au centre interceptant des arcs appelés *intervalles linéaires curvilignes d'implantation*, distincts des *intervalles linéaires rectilignes d'implantation* que sont les cordes correspondantes.

7.4.3.2 Abscisses et ordonnées

Sur la tangente

L'intervalle linéaire curviligne d'implantation $\widehat{TM_1}$ et le rayon R étant donnés (figure 7.35), le calcul de l'intervalle angulaire d'implantation $\hat{O}_1$ est immédiat.

$$\hat{O}_1 = \frac{200 \cdot \widehat{TM_1}}{\pi \cdot R}, \quad \text{avec } \hat{O}_1 \text{ en gon.}$$

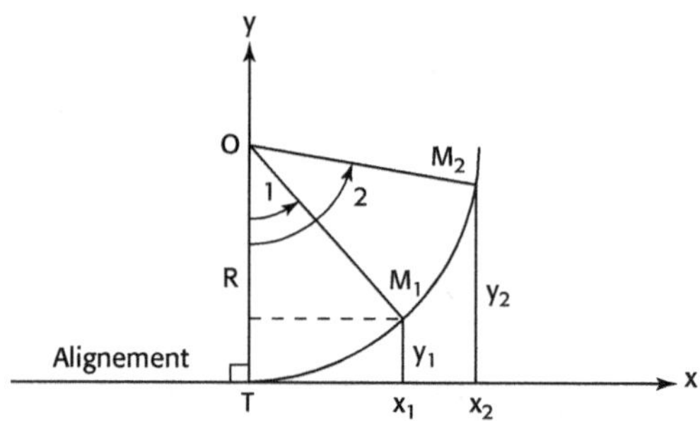

Figure 7.35. Abscisses et ordonnées sur la tangente.

En prenant T comme origine d'un repère orthonormé dont la tangente est le demi-axe des abscisses positives, il vient : $x_1 = R \cdot \sin \hat{O}_1$, $y_1 = R - R \cdot \cos \hat{O}_1$.

Le plus souvent, les intervalles d'implantation successifs sont égaux et par conséquent : $\hat{O}_2 = 2\,\hat{O}_1$; d'où les formules générales :

$$x_i = R \cdot \sin (i \cdot \hat{O}_1)$$

$$y_i = R - R \cdot \cos (i \cdot \hat{O}_1)$$

Sur la corde

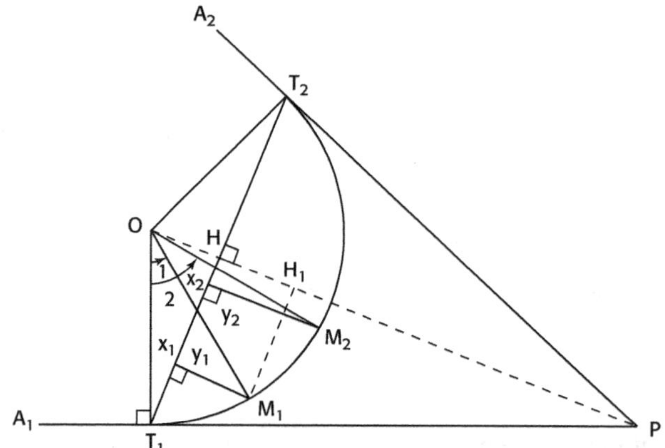

Figure 7.36. Abscisses et ordonnées sur la corde.

Les différences des côtés des triangles rectangles donnent (figure 7.36) :

$$x_1 = T_1H - M_1H_1 = R \cdot \sin \frac{\hat{O}}{2} - R \cdot \sin \left(\frac{\hat{O}}{2} - \hat{O}_1\right) = 2R \cdot \sin \frac{\hat{O}_1}{2} \cdot \cos \left(\frac{\hat{O}}{2} - \frac{\hat{O}_1}{2}\right)$$

$$y_1 = OH_1 - OH = R \cdot \cos \left(\frac{\hat{O}}{2} - \hat{O}_1\right) - R \cdot \cos \frac{\hat{O}}{2} = 2R \cdot \sin \frac{\hat{O}_1}{2} \cdot \sin \left(\frac{\hat{O}}{2} - \frac{\hat{O}_1}{2}\right)$$

Soit, pour i intervalles d'implantation égaux :

$$x_i = 2R \cdot \sin\left(i\frac{\hat{O}_1}{2}\right) \cdot \cos\left(\frac{\hat{O}}{2} - i\frac{\hat{O}_1}{2}\right)$$

$$y_i = 2R \cdot \sin\left(i\frac{\hat{O}_1}{2}\right) \cdot \sin\left(\frac{\hat{O}}{2} - i\frac{\hat{O}_1}{2}\right)$$

7.4.3.3 Implantation polaire

Rayonnement

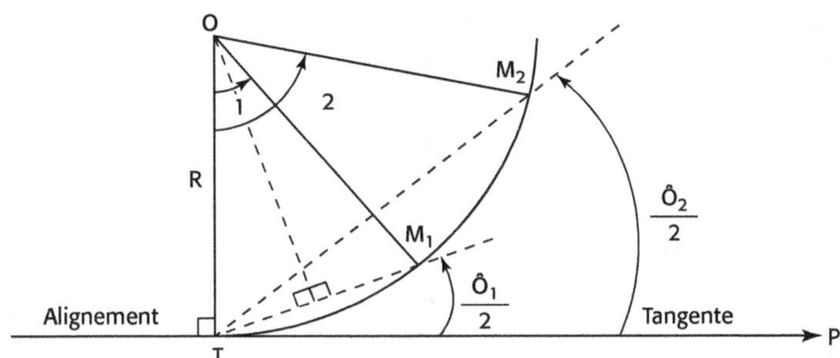

Figure 7.37. Rayonnement.

Stationner en T (figure 7.37), « ouvrir » l'angle $\dfrac{\hat{O}_1}{2}$, la direction de P servant de référence, porter la distance : $TM_1 = 2R \cdot \sin\dfrac{\hat{O}_1}{2}$, d'où le point M_1.

De même pour M_2, ouvrir $\dfrac{\hat{O}_2}{2} = 2\dfrac{\hat{O}_1}{2}$, porter la distance : $TM_2 = 2R \cdot \sin\dfrac{\hat{O}_2}{2} = 2R \cdot \sin 2\dfrac{\hat{O}_1}{2}$

Pour i intervalles d'implantation égaux, ouvrir : $i\dfrac{\hat{O}_1}{2}$ et porter $TM_i = 2R \cdot \sin\left(i\dfrac{\hat{O}_1}{2}\right)$.

Tangentes égales successives

Piqueter m_1 tel que : $Tm_1 = R \cdot \tan\dfrac{\hat{O}_1}{2}$ (figure 7.38).

Ouvrir l'angle $\hat{O}_1$ à partir de la tangente prolongement de l'alignement, reporter : $m_1M_1 = Tm_1$, puis : $M_1m_2 = Tm_1$.

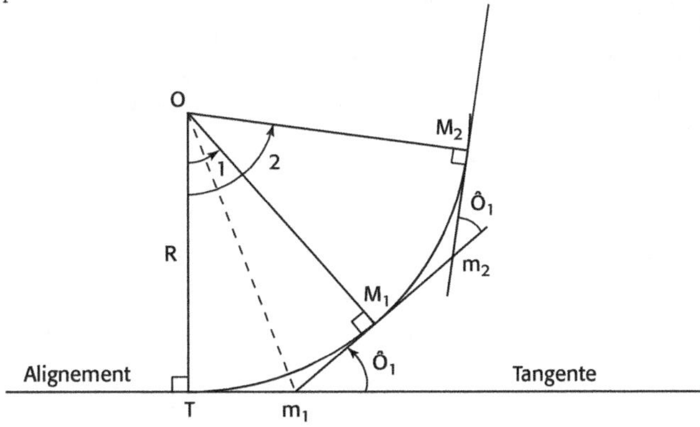

Figure 7.38. Tangentes égales successives.

Continuer ainsi par tangentes égales successives pour implanter les points M_2, M_3, ..., M_i à intervalles égaux ; cette méthode, à l'encontre de la précédente, *permet de rester constamment au voisinage de l'arc* et par conséquent de travailler dans des espaces étroits : galeries, tranchées, couverts denses, etc.

7.4.3.4   Intersection

Deux opérateurs, à partir de 2 stations différentes, procèdent simultanément à l'ouverture d'un angle azimutal et définissent chacun un plan vertical de visée. À l'intersection des deux plans de visée, procéder au piquetage en déplaçant un signal vertical par approximations successives jusqu'au moment où il se trouve dans les 2 plans.

Plusieurs cas sont envisageables, exploitant les propriétés de l'arc capable (figure 7.39) :

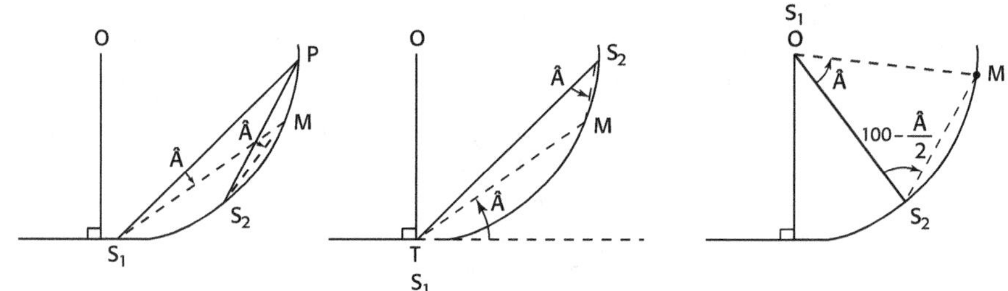

Figure 7.39. Implantation d'un arc de cercle par intersection.

— *S1 et S2 sur le cercle :*
- visée de référence sur un point P quelconque du cercle ;
- ouverture du même angle $\hat{A}$.

— *Station S1 au point de tangence T, S2 sur le cercle :*
- référence sur tangente, ouverture d'un angle $\hat{A}$ quelconque ;
- de S_2 référence sur S_1, ouverture de $\hat{A}$.

— *Station S1 au centre, S2 sur le cercle :*
- de S_1 référence sur S_2, ouverture de $\hat{A}$;
- de S_2 référence sur S_1, ouverture de : $100 - \dfrac{\hat{A}}{2}$.

Mise en œuvre délicate, résultat d'autant meilleur que les visées d'intersection forment un angle proche de l'angle droit.

7.4.3.5 Raccordement circulaire double

Publication de M. d'Ocagne, ingénieur des ponts et chaussées, chef du service des cartes (1908).

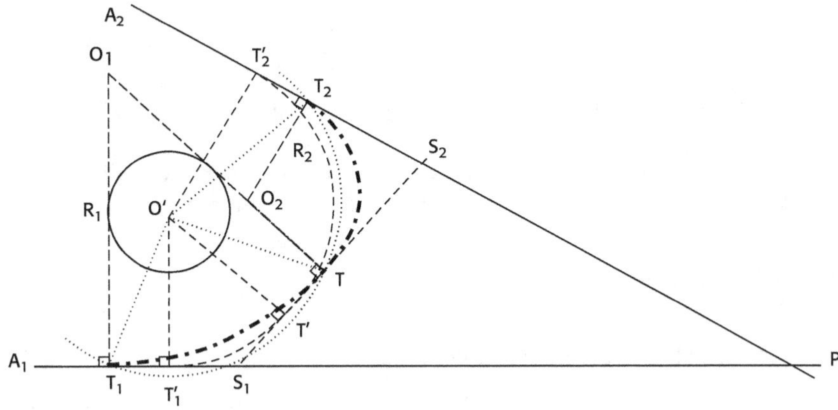

Figure 7.40. Cercles-lieux géométriques du raccordement circulaire double.

Si les 2 alignements A_1P et A_2P doivent être raccordés de telle manière que *les tangentes PT1 et PT2 soient inégales*, points T_1 et T_2 imposés par exemple, le raccordement circulaire est évidemment impossible.

Le raccordement circulaire double se compose de 2 cercles : (O_1 , R_1) tangent en T_1 à A_1P et (O_2 , R_2) tangent en T_2 à A_2P, tangents entre eux au point T, les centres O_1, O_2 et le point de tangence T des 2 cercles étant naturellement alignés.

La tangente commune aux 2 cercles en T coupe A_1P en S_1 et A_2P en S_2.

Le cercle de centre O', exinscrit dans l'angle $\hat{P}$ du triangle PS_1S_2, est tangent aux 3 côtés en T', T'_1, T'_2 et l'on peut écrire :

$$S_1T_1 = S_1T \qquad\qquad S_2T_2 = S_2T$$
$$S_1T'_1 = S_1T' \qquad\qquad S_2T'_2 = S_2T'$$

$$S_1T_1 - S_1T'_1 = S_1T - S_1T'$$
$$T_1T'_1 = TT' \qquad\qquad T_2T'_2 = TT'$$

Or :
$$PT_1 = PT'_1 + T_1T'_1 = PT'_1 + TT'$$
$$PT_2 = PT'_2 - T_2T'_2 = PT'_2 - TT'$$

$$PT_1 - PT_2 = 2TT' \qquad\qquad \Rightarrow TT' = T_1T'_1 = T_2T'_2 = \frac{PT_1 - PT_2}{2} = \text{Constante}$$

Par conséquent :

— les triangles rectangles $O'T'_1T_1$, $O'T'T$, $O'T'_2T_2$ étant égaux, *le cercle-lieu géométrique du point de tangence T des deux arcs de raccordement* est le cercle de centre O' défini par

$$PT'_1 = PT'_2 = \frac{PT_1 + PT_2}{2}, \text{ de rayon } O'T_1 = O'T = O'T_2 \text{ ;}$$

- le *cercle-enveloppe de la ligne des centres* O_1O_2T est le cercle de centre O' et de rayon
$$TT' = T_1T_1' = T_2T_2' = \frac{PT_1 - PT_2}{2} \; ;$$
- le *cercle-enveloppe de la tangente commune aux deux cercles en T* est le cercle de centre O' et de rayon $O'T_1' = O'T' = O'T_2''$.

Dans le cas fréquent où les points de tangence T_1 et T_2 sur les alignements sont imposés, le choix d'une solution, parmi une infinité, peut être fait en déterminant sur un graphique un paramètre qui définit entièrement la géométrie de la figure, par exemple la position du point de tangence T dans le cas d'un passage obligé.

Une fois implantés les points T_1 et T_2, piqueter les points de chaque arc $\overarc{T_1T}$ et $\overarc{T_2T}$ comme des raccordements circulaires, la double détermination de T offrant un contrôle.

7.4.4 Clothoïde

7.4.4.1 Caractéristiques géométriques et formules

Le tracé en plan d'une route devant permettre d'assurer de bonnes conditions de sécurité et de confort à l'usager, l'entrée d'un virage ne peut être instantanée car la force centrifuge apparaîtrait brusquement au moment où le véhicule passerait de l'alignement à l'arc de cercle ; de même, le profil en travers « en toit » de l'alignement ne peut se transformer brutalement en profil déversé de virage. Pour ces raisons, l'alignement et le cercle, ou deux cercles de concentricités opposées, sont raccordés par une *courbe à courbure progressive* (figure 7.41), le plus souvent une clothoïde, dont le rayon R_V décroît régulièrement de l'∞ au point de tangence O avec l'alignement, à la valeur R au point de tangence P avec le cercle.

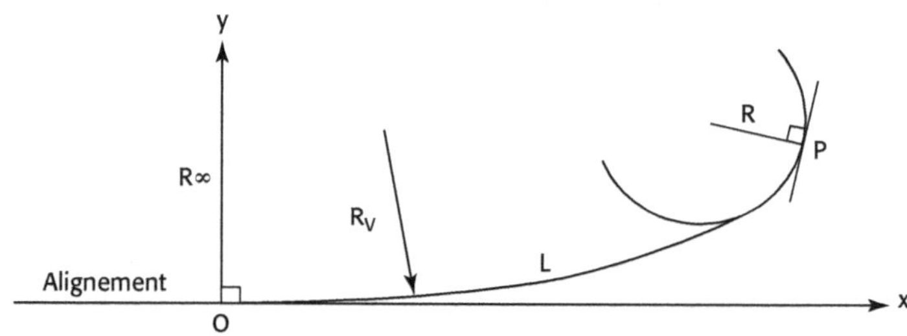

Figure 7.41. Arc de raccordement à courbure progressive.

La clothoïde est une courbe telle que la longueur de l'arc parcouru est proportionnelle à la courbure : $L = \dfrac{1}{R} \cdot$ Cte ; elle est constituée de 2 spirales (figure 7.42) qui s'enroulent autour des points asymptotiques J_1 et J_2 de la première bissectrice.

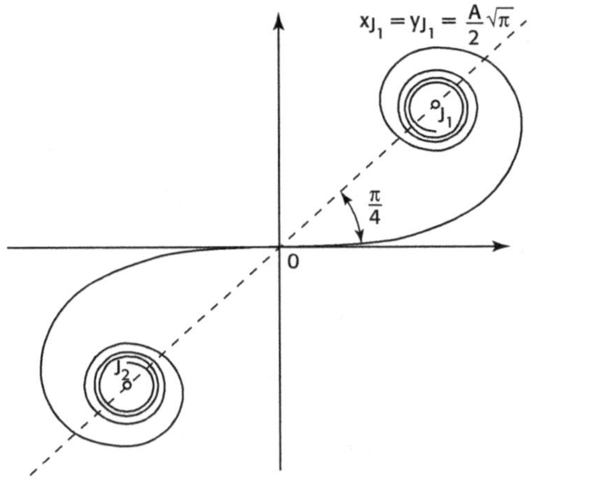
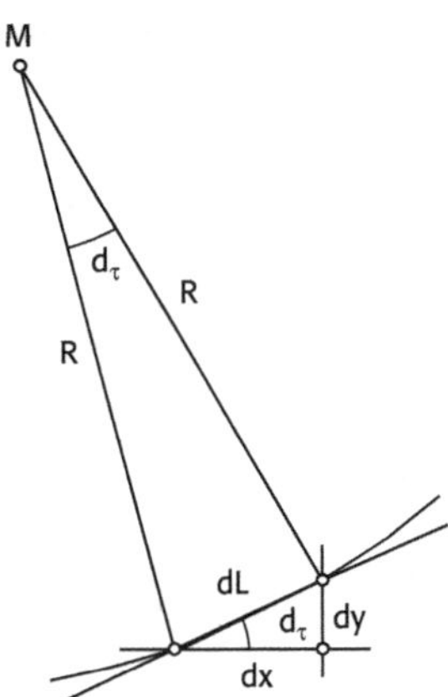

Figure 7.42. Clothoïde.

D'où l'équation de la clothoïde pour une constante positive : $R \cdot L = A^2$, A étant le *paramètre* de la clothoïde.

Avec : $Cte = \dfrac{1}{R} = \dfrac{d\tau}{dL}$, il vient : $L \cdot DL = A^2 \cdot d\tau$, équation différentielle de la clothoïde qui donne en intégrant : $\dfrac{L^2}{2} = A^2 \tau + Cte$.

Comme : $Cte = 0$ du fait que pour $L = 0$ on a $\tau = 0$, il vient : $L = A\sqrt{2\tau} \Rightarrow dL = \dfrac{A}{\sqrt{2\tau}} \cdot d\tau$

Dès lors : $dx = dL \cdot \cos \tau = \dfrac{A}{\sqrt{2\tau}} \cdot \cos \tau \cdot d\tau$ et $dy = dL \cdot \sin \tau = \dfrac{A}{\sqrt{2\tau}} \times \sin \tau \times d\tau$

D'où les intégrales de Fresnel : $x = \dfrac{A}{\sqrt{2}} \displaystyle\int_0^\tau \dfrac{\cos \tau}{\sqrt{\tau}} \times d\tau$, $\quad y = \dfrac{A}{\sqrt{2}} \displaystyle\int_0^\tau \dfrac{\sin \tau}{\sqrt{\tau}} \times d\tau$

7.4.4.2 Calculs des éléments d'implantation

Les instructions techniques privilégient la longueur par rapport au paramètre A ou au décalage e de l'arc de cercle (figure 7.43), car elle est fonction du type de routes : $L = 6R^{0,4}$, $L = 9R^{0,4}$, $L = 12R^{0,4}$ pour 2 voies, 3 voies et 2×2 voies respectivement.

En traitement informatique, après saisie de L et de R, le progiciel donne les éléments d'implantation : coordonnées rectangulaires ou polaires dans le repère local.

Exemple

Route à deux voies, $R = 200$ m $\Rightarrow L = 49,953$ m ; le progiciel Autopiste donne :
- pour $L = 49,953$ m, $x = 49,875$ m, $y = 2,077$ m, $\omega = 2,6497$ gon, $S = 49,918$ m ;
- pour $L = 20$ m, $x = 19,999$ m, $y = 0,134$ m, $\omega = 0,4250$ gon, $S = 20,000$ m.

On démontre qu'en faisant varier le paramètre A on obtient une famille de clothoïdes homothétiques, dont le centre d'homothétie est l'origine 0 du repère orthonormé local et le rapport d'homothétie le paramètre A. Cette propriété a permis l'établissement d'une *table de clothoïde unitaire* de paramètre $A = 1$, qui fournit par simple interpolation les éléments nécessaires à l'implantation ; les éléments de la clothoïde utilisée sont obtenus en multipliant les éléments correspondants de la clothoïde unitaire par le paramètre A, exception faite bien entendu des invariants : rapports et angles.

Exemple

Clothoïde précédente, table de Klaus de la clothoïde unitaire (figure 7.43), interpolations linéaires faites à partir des numéros de lignes N.

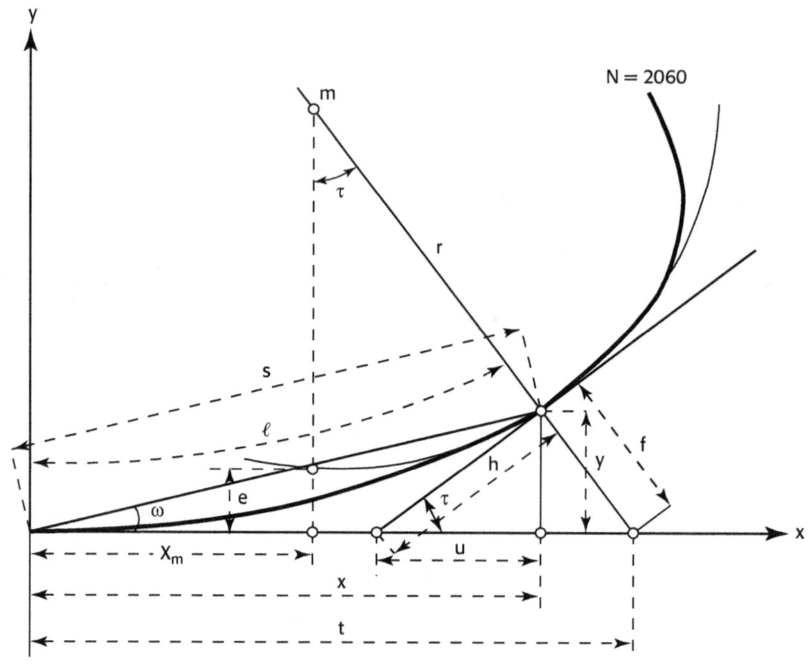

Figure 7.43. Éléments de la clothoïde.

$$N = 1000 \cdot \ell = \frac{1000 \cdot L}{\sqrt{R-L}} \qquad A = \sqrt{R \cdot L} \qquad \lambda = \frac{E}{R} \text{ , invariant indépendant de A.}$$

N	λ	ξ	τ^g	$\tau^{\circ\ '\ ''}$	ℓ	x	y	x_m	t	f	r	e	s	ω^g	$\omega^{\circ\ '\ ''}$
499	0,002582	0,249001	7,9259	07 08 00	0,499000	0,498227	0,020686	0,249371	0,500816	0,020847	2,004008	0,005174	0,498656	2,6416	02 22 39
	21	999	318	1 43	1000	992	124	499	1018	127	4008	31	997	106	34
500	0,002603	0,250000	7,9577	07 09 43	0,500000	0,499219	0,020810	0,249870	0,501834	0,020974	2,000000	0,005205	0,499653	2,6522	02 23 13
	20	1001	319	1 43	1000	992	125	499	1019	127	3992	31	996	106	35

N = 499,764945	x = 0,498986 m	y = 0,020781 m	s = 0,499419 m	ω = 2,6497 gon
A = 99,952989	X = A · x = 49,875 m	Y = 2,077 m	S = 49,918 m	

Éléments d'implantation d'un point situé à L = 20 m de l'origine

N	λ	ξ	τ^g	$\tau^{\circ\ '\ ''}$	ℓ	x	y	x_m	T	f	r	e	s	ω^g	$\omega^{\circ\ '\ ''}$
200	0,000067	0,040000	1,2732	01 08 45	0,200000	0,199992	0,001333	0,099999	0,200019	0,001333	5,000000	0,000333	0,199996	0,4244	00 22 55
	1	401	128	42	1000	1000	20	500	1000	20	24876	5	1000	43	14

N = 200,094066	x = 0,200086 m	y = 0,001335 m	s = 0,200090 m	ω = 0,4248 gon
	X = 19,999 m	Y = 0,133 m	S = 20,000 m	

7.4.5   Piquetage planimétrique

Des *points alignés entre deux points connus* sont implantés par distances partielles successives, contrôlées et ajustées par rapport à la distance totale.

L'*implantation par abscisses et ordonnées*, ou par alignements et prolongements, peut être mise en œuvre pour des distances courtes, sous réserve d'éviter un enchaînement des mesures important qui conduirait à une accumulation des erreurs ; en conséquence, prévoir un canevas, même limité à un simple segment de droite, et se borner à des travaux de faible précision comme des terrassements par exemple.

L'*intersection de deux visées ou la bilatération* sont mises en œuvre par tracé des visées ou des tangentes aux arcs de cercle sur une planchette ou, plus fréquemment, par approximations successives ; le résultat peut être précis, mais la pratique des mesures implique un bon caractère et un sang-froid certain chez les opérateurs !

Le *rayonnement* nécessite le calcul préalable des coordonnées polaires du point :

– angle horizontal par rapport à une direction connue ou observable, qui peut d'ailleurs être le G0 du cercle horizontal ;

– distance horizontale à l'altitude de l'instrument.

Une fois le plan vertical de visée positionné, le piquetage est réalisé en exploitant la mesure cyclique du distancemètre, le réflecteur s'éloignant ou se rapprochant jusqu'au moment où la distance horizontale mesurée est celle à implanter ; l'aide de l'alignement lumineux facilite beaucoup le maintien dans le plan vertical de visée.

Les *tachéomètres électroniques vidéo asservis avec leurs ordinateurs embarqués, tout comme le GPS temps réel,* autorisent le topographe travaillant seul à implanter aisément les points de projets, préalablement mémorisés en ENH, à partir d'une position approchée. L'écran du tachéomètre ou du contrôleur donne en temps réel les orientations et décalages, planimétriques et altimétriques, qui conduisent par déplacements successifs sur le point à implanter ; les décalages sont alors tous annulés (figure 7.44).

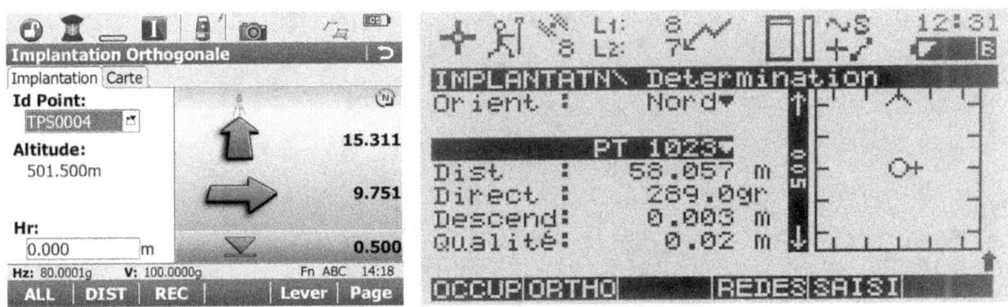

Figure 7.44. Implantation d'un point mémorisé.

7.4.6 Repères altimétriques

La mise en place d'un repère d'altitude prédéterminée consiste à niveler d'abord un point proche situé sur la même verticale de préférence, pour ensuite calculer et tracer la dénivelée entre le point et le repère.

Avec un niveau

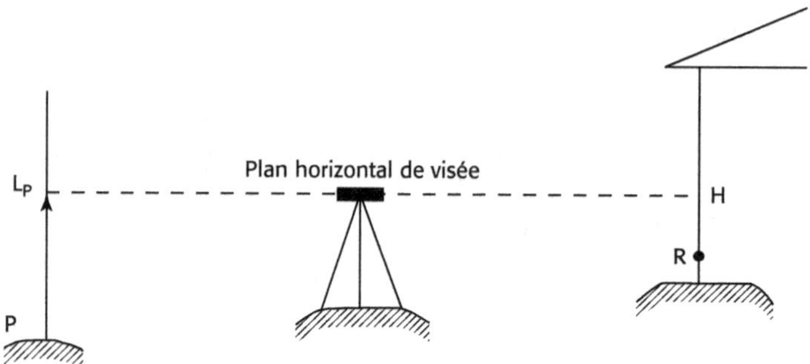

Figure 7.45. Marque de hauteur.

Lire L_P sur la mire placée sur le point P connu en altitude et marquer H sur le mur au trait niveleur (figure 7.45) ; reporter HR = $(H_P + L_P) - H_R$. Supprimer l'influence de l'erreur de collimation en respectant l'égalité des portées.

Procédé identique avec un niveau laser rotatif et une cellule photoélectrique montée ou non sur canne télescopique ; précision inférieure à celle d'un niveau optique ou électronique.

Avec un tachéomètre

Une fois connue l'altitude de l'axe de basculement de la lunette à partir de celle du point de station ou d'autres points, placer le réflecteur sur un point de la verticale, ou du moins très proche de la verticale, du repère et déterminer son altitude par nivellement trigonométrique. Il suffit alors de reporter la dénivelée point-repère.

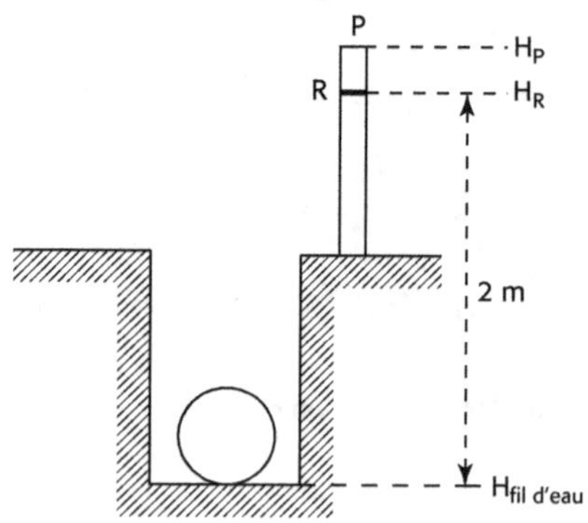

Figure 7.46. Réglage à la pige.

Ainsi, pour régler l'altitude H, fixée par le projet, du fil d'eau d'un collecteur au fond d'une tranchée (figure 7.46), déterminer l'altitude H_P de la tête d'un fort piquet P planté au bord de la tranchée, puis matérialiser sur ce piquet, par un trait horizontal ou une planchette, un point R situé à une hauteur de pige donnée, 2 mètres par exemple.

On a immédiatement : $H_P - H_R = H_P - (H + 2)$.

7.4.7 Chronologie des travaux d'implantation

Préparation

1. Pièces diverses : cahier des charges, cartes et plans, repères planimétriques et altimétriques.

2. Personnels et matériels de terrain et de bureau, adaptés et disponibles.

3. Organisation, choix du canevas et de la méthode, calcul des éléments de l'implantation et mémorisation dans l'instrument, *schéma d'implantation* visualisant en couleur les observations successives, ce qui permet d'éviter sur le chantier une gesticulation désordonnée, contemplée avec un scepticisme amusé par les conducteurs d'engins, chauffeurs de camions et autres ; calculs et schématisation des éléments de contrôle.

4. Planification.

Piquetage

1. Repérage des points de référence.

2. Mise en place du canevas.

3. Observations et calcul en temps réel des E, N, H, G0 des stations.

4. Calcul des éléments d'implantation à l'aide des données préalablement mémorisées.

5. Matérialisation des points : piquets, bornes, etc.

Contrôles

L'implantation ne donne jamais droit à l'erreur, les conséquences financières étant vite désastreuses ; comme personne n'est à l'abri d'une erreur parasite d'observation ou d'une faute de calcul, *une implantation doit toujours être soigneusement contrôlée.*

Vérifier d'abord les instruments utilisés, en particulier l'élimination des erreurs systématiques instrumentales compte tenu des matériels et des méthodes mis en œuvre. S'assurer de l'exactitude et chaque fois que possible de la qualité des références planimétriques et altimétriques sur lesquelles s'appuient les travaux.

Collationner avec minutie les données, mémorisées ou non, et contrôler soigneusement les calculs des éléments d'implantation

Mettre en œuvre sur le terrain des contrôles efficaces, indépendants et redondants, même si cela coûte du temps.

Le meilleur contrôle d'une implantation est le levé a posteriori des points piquetés, à partir de références différentes, et la comparaison des écarts entre la prévision et la réalisation.

Exemple

Implantation en planimétrie d'une station d'épuration (figure 7.47) ; points 1 à 4 du périmètre et 5 à 8 des lits de séchage à 3 cm près, centres 9 du concentrateur et 10 du décanteur secondaire au centimètre.

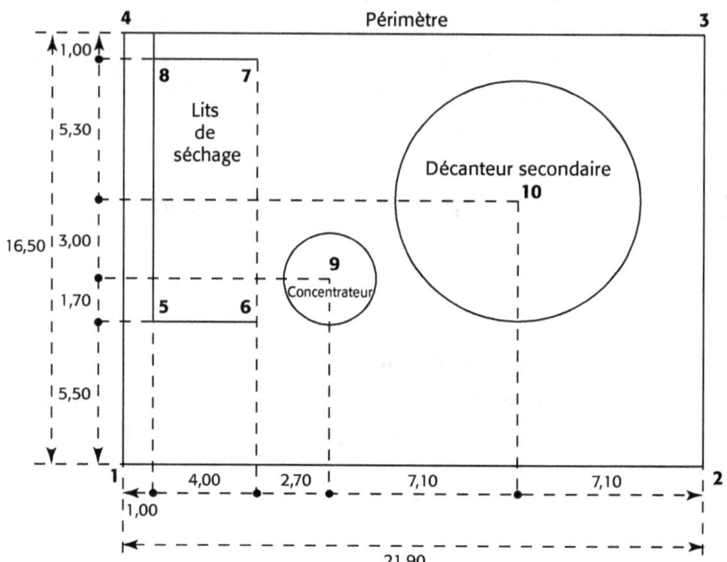

Figure 7.47. Station d'épuration.

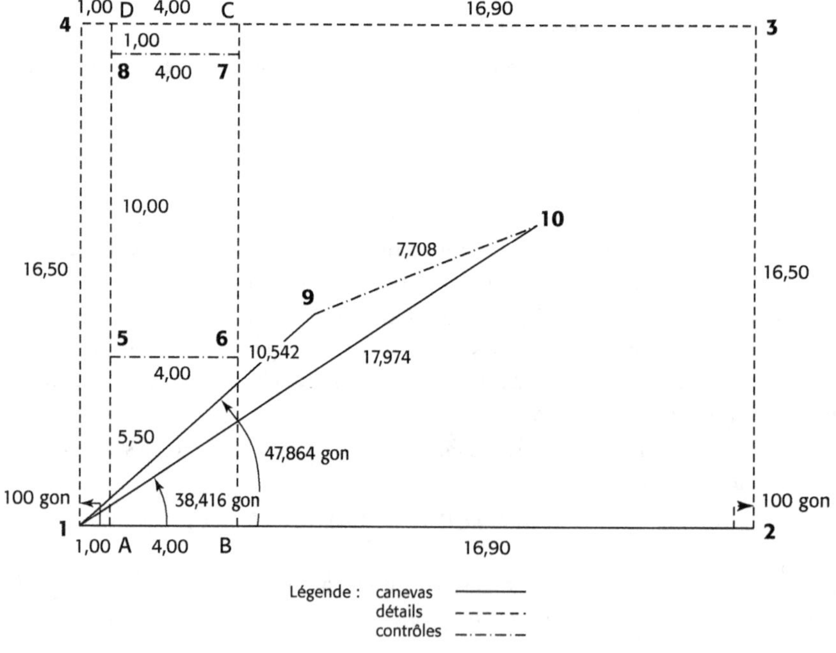

Figure 7.48. Schéma d'implantation.

Commentaires du schéma d'implantation (figure 7.48) :
- point 1 et direction 1 → 2 donnés ;
- théodolite en station en 1, pointé en direction de 2 ;
- distances partielles successives 1A, AB, B2 au ruban ou au tachéomètre, points alignés au tachéomètre ;
- ouverture des angles en 1, rayonnement au ruban ou au tachéomètre des points 4, 9, 10, l'angle droit $\widehat{412}$ appartenant au canevas ;
- contrôle : distance 9-10 ou plus généreusement station au point 2 et angles de 1 sur 9 et 10 ;
- point 3 à l'équerre optique et au ruban depuis 2 ;
- distances partielles successives 3C, CD, D4 au ruban ou au tachéomètre, alignement à vue, contrôle inhérent ;
- piquetage des points 8 et 5 alignés à vue sur DA par distances partielles successives : D8, 85, 5A au ruban ou au tachéomètre ; contrôle ;
- de même pour 7 et 6 sur CB ;
- contrôle : distances 8,7 et 5,6.

Procès-verbal d'implantation

Constat contradictoire qui entérine la conformité du piquetage et dégage la responsabilité du topographe en cas de déplacement ultérieur des points, en particulier lors des terrassements.

Plan de récolement

Plan de vérification sur lequel sont répertoriés tous les éléments de l'ouvrage réalisé, qui peuvent d'ailleurs être un peu différents du projet initial du fait d'imprévus à l'exécution, comme la découverte de réseaux pré-existants mais ignorés.

Chapitre 8

Travaux topographiques spécifiques

8.1 Bâtiment

8.1.1 Levé d'intérieur

8.1.1.1 Saisie manuelle

Le plan d'intérieur est une coupe de la construction par un plan horizontal, destiné à représenter les détails : murs, cloisons, portes, fenêtres, etc.

En principe, le plan de coupe est à 1 mètre au-dessus du plancher, mais au droit des fenêtres par exemple. on admet qu'il est situé au-dessus de l'appui. quelle que soit la hauteur de ce dernier.

Les mesures sont prises par multilatération avec un lasermètre, qui a désormais supplanté le ruban, par diagonales, c'est-à-dire en mesurant outre les détails : portes, fenêtres, etc. les cotes périmétriques de chaque pièce et les diagonales qui joignent deux angles opposés de façon à fixer la direction des murs.

Lever les coudes, décrochements, pans coupés en multipliant les diagonales et en mesurant les *cotes en face*, c'est-à-dire la distance des saillants ou des rentrants au mur situé en face ; considérer les couloirs, cages d'escaliers, etc. comme des « pièces ».

Si le bâtiment couvre une grande superficie ou est de forme irrégulière, lever d'abord un canevas, le périmètre extérieur et les ouvertures à l'aide d'un cheminement fermé par exemple, pour ensuite ajuster les détails de la distribution intérieure ; quand l'immeuble ne nécessite pas, ou ne permet pas, un levé de masse extérieur, choisir comme canevas une *base de levé* qui peut être une ligne d'opération tracée avec une ficelle ou un théodolite, ou plus simplement un mur intérieur rectiligne sur la plus grande longueur possible.

Pour un levé sûr, précis, rentable, opérer de manière systématique :

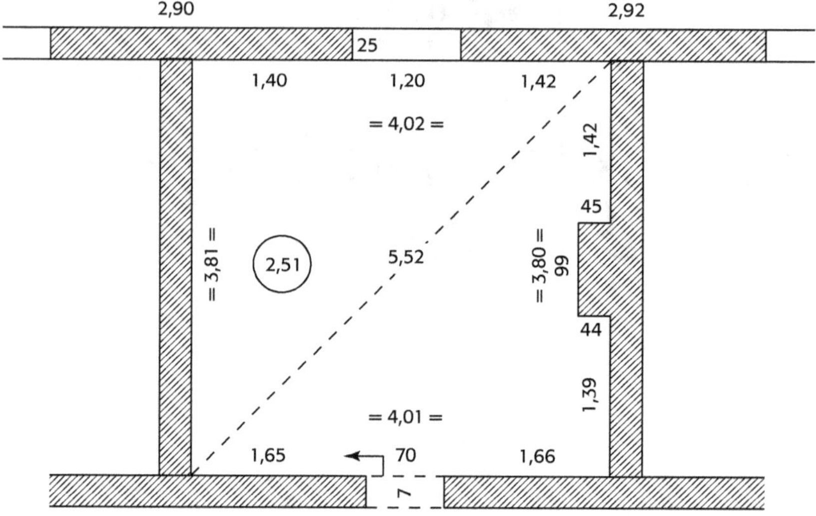

Figure 8.1. Levé d'intérieur.

- en entrant dans la pièce, noter l'épaisseur du mur ou de la cloison (figure 8.1) ;
- en tournant de la gauche vers la droite par exemple, mesurer toutes les cotes des détails : fenêtres, poteaux, etc. *dans l'ordre où on les rencontre*, en les inscrivant sur le croquis au milieu et parallèlement aux détails correspondants ; dès que l'on a mesuré les cotes partielles d'une face de la pièce, prendre la longueur totale de cette face, l'inscrire entre deux traits doubles et compenser immédiatement les cotes partielles, arrondies au centimètre, de manière que leur somme redonne exactement la cote totale. Les cotes supérieures au mètre se notent en mètres et centimètres, inférieures au mètre en centimètres uniquement, sans indication d'unité. Dans la mesure du possible, essayer d'inscrire toutes les cotes suivant deux directions perpendiculaires, bas de la feuille de croquis et côté droit par exemple, de manière à ne pas devoir tourner le croquis dans tous les sens au moment du dessin ;
- mesurer au moins une diagonale de façon à pouvoir fixer la direction des murs au report, le choix de cette diagonale dépendant de la progression suivie à partir de la base ou du périmètre initial ; mieux, mesurer plusieurs diagonales ;
- enfin, relever l'épaisseur du mur de façade par la fenêtre, la largeur du tableau et, si possible, les distances entre la fenêtre et celles des pièces situées à gauche et à droite ;
- avant de sortir, inscrire dans un cercle la hauteur sous plafond.

Calculs trigonométriques, report et dessin contrôlé, par approximations successives.

8.1.1.2 Chaîne numérique

Le lasermètre, relié par interface à un ordinateur portable à écran graphique chargé d'un progiciel d'application développé, forme un système complet qui prend en charge toutes les étapes du travail, de la mesure au plan terminé.

Le technicien traite les données mesurées par voie électronique sous forme de chaîne numérique complète, en post-traitement ou en temps réel, ce qui lui permet de cheminer à travers les pièces et les étages d'un bâtiment.

Le lasermètre autorise le levé par rayonnement en 3D et le traitement automatique différé ou en temps réel avec le progiciel adapté (figure 8.2). Le topographe peut dès lors se concentrer sur l'identification et la codification des points à lever, quitter le site sans crainte d'avoir à y revenir du fait d'oublis ou d'omissions, compléter les documents établis par exploitation de bases de données existantes : circuits électriques, canalisations, etc.

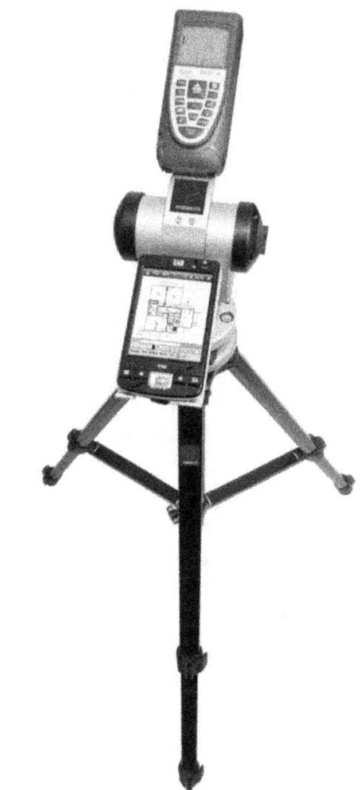

Figure 8.2. Tripod GE.

Document Measurix

8.1.2 Levé des façades

Un nombre limité de points parfaitement identifiés, notamment à l'aide d'un détecteur laser autorisant le travail diurne, est aisément rayonné sans réflecteur à courte distance, en 3D, surtout si la précision recherchée n'est pas très grande.

Lorsque les distances ou la précision augmentent, l'intersection spatiale (figure 8.3) de 2 visées issues de 2 tachéomètres repérés l'un par rapport à l'autre fournit les coordonnées xyz du point ; c'est, réduite au minimum, la technique d'acquisition à distance sans contact, de données tridimensionnelles développées en métrologie géodésique (§ 8.4.1).

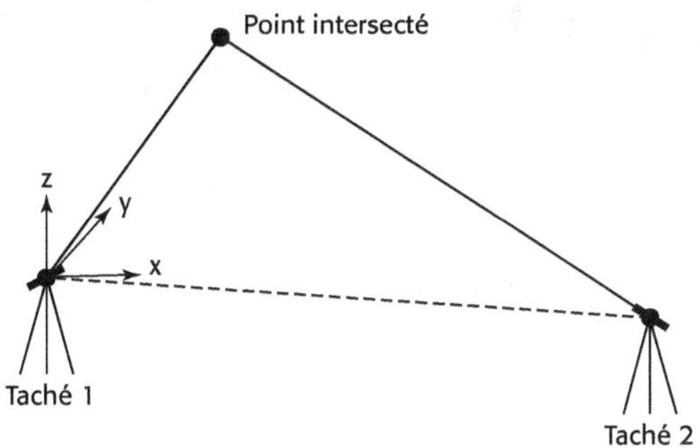

Figure 8.3. Intersection spatiale.

Dans le cas d'une façade verticale définie par les points P_1 et P_2 connus en xyz (figure 8.4), un point M, levé simplement par l'angle horizontal $\hat{A}$ et l'angle zénithal V, est aisé à déterminer : intersection de SH et P_1P_2 en planimétrie, hauteur HM = ST + SH × cotan V en altimétrie.

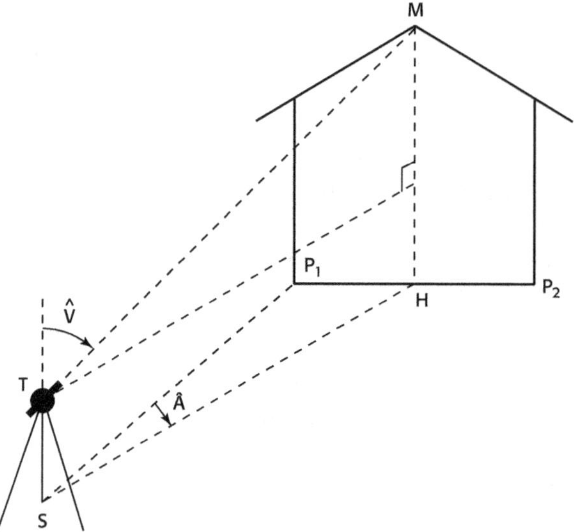

Figure 8.4. Façade verticale.

Le procédé est étendu aisément à une façade, des piliers, etc. inclinés, sous réserve de mesurer leur fruit, c'est-à-dire leur inclinaison par rapport à la verticale, à partir des écarts à un plan parallèle déterminé avec un laser rotatif vertical par exemple (figure 8.5).

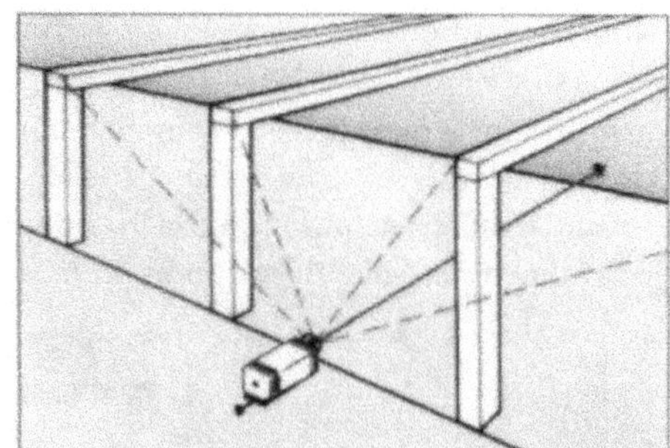

Figure 8.5. Laser rotatif vertical.

Document Leica

8.1.3 Contrôles de verticalité

8.1.3.1 Piliers et poteaux

La verticale étant l'intersection de 2 plans de visée verticaux, 2 théodolites placés dans 2 plans perpendiculaires contrôlent aisément la verticalité d'un pilier ainsi que son positionnement planimétrique.

Les mesures des décalages aux axes optiques ou lasers de 2 viseurs zénithaux à nivelle ou automatique (figure 8.6) placés à proximité du poteau dans 2 plans perpendiculaires, vérifient la verticalité de l'axe avec une précision pouvant atteindre 0,5 mm pour 100 m de hauteur.

Figure 8.6. Viseur zénith-nadir automatique.

Document Leica

Enfin, l'intersection spatiale de 2 points situés sur une même génératrice débouche facilement sur le calcul d'une inclinaison éventuelle.

8.1.3.2   Façades planes

Observations et calculs 3D de points suffisamment nombreux et bien répartis, par rayonnement sans réflecteur ou intersection spatiale à 2 visées.

Mesure des écarts, à différentes hauteurs, à un plan vertical laser parallèle au bas de la façade ; le laser tournant, vertical et horizontal, de portée supérieure à 100 m, permet les réglages de chapes, implantations altimétriques, etc.

8.1.4   Chaises

Les piquets qui matérialisent les coins des bâtiments, ou les axes des poteaux, doivent être déportés sur des *chaises* décalées à quelques mètres des fouilles de terrassement ; les chaises, lattes de bois fixées horizontalement à la même altitude sur des poteaux, reçoivent les clous permettant de tendre les cordeaux délimitant les façades.

Si les longueurs sont trop grandes pour pouvoir prolonger correctement sur les chaises les façades piquetées, utiliser un tachéomètre électronique dans lequel sont mémorisées les coordonnées. Après rayonnement du prisme sur un point approché de la chaise, le progiciel calcule et affiche la distance du prisme au point cherché ; en toute rigueur, la distance du prisme à la droite prolongement de la façade concernée. Le prisme est au point cherché quand la distance affichée est nulle ; précision nettement supérieure à celle du cordeau.

8.1.5   Le GPS dans le monde de la construction

Le GPS centimétrique temps réel améliore sensiblement la précision des méthodes traditionnelles de contrôle de verticalité des structures de grande taille – plus de 60 m –, car la précision ne se dégrade pas avec la hauteur.

Les systèmes GPS de haute précision permettent de placer très précisément les piliers : l'ordinateur de bord guide l'opérateur par l'intermédiaire d'un écran graphique convivial, des inclinomètres et contrôleurs de profondeur interfacés vérifient le positionnement en temps réel.

La mise en place de grandes structures préfabriquées de béton ou d'acier est réalisée par GPS avec précision, rapidité et sécurité.

8.2   Travaux publics

Dans le cadre des études d'exécution, le topographe, au cours du levé du MNT, doit porter une attention particulière aux réseaux d'assainissement existants, en particulier veiller à la détermination précise des fils d'eau ou radiers, à ne pas confondre avec les fonds de regards (figure 8.7).

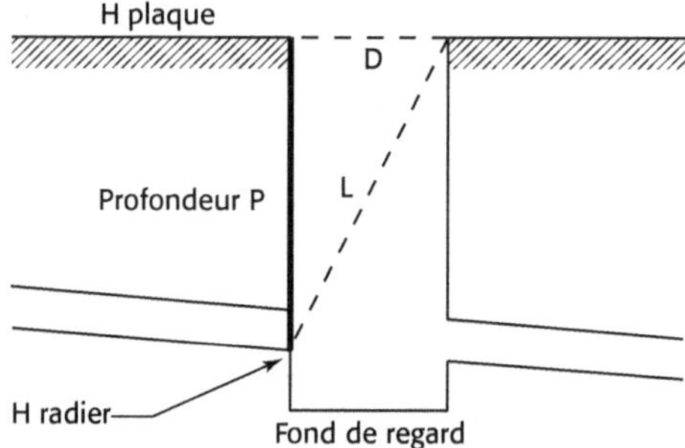

Figure 8.7. Détermination de l'altitude d'un radier.

Mesures L et P

$$\text{H radier} = \text{H plaque nivelée} - \text{P} = \text{H plaque} - \sqrt{L^2 - D^2}$$

8.2.1   Entrées en terre et gabarits de talutage

Les gabarits de talutage guident les engins de terrassement en matérialisant, à chaque profil en travers (§ 10.1.5.3), le bas ou le haut de talus et son inclinaison.

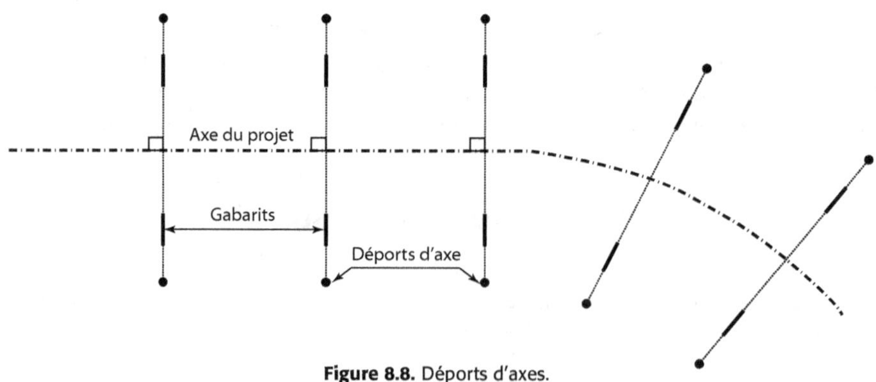

Figure 8.8. Déports d'axes.

Afin de pouvoir exécuter les terrassements, les axes des profils sont déportés de chaque côté, à angle droit (figure 8.8), sur des piquets de déport d'axe, situés à des distances connues de l'axe, et calculés en ENH ; ils permettent les réimplantations successives des points détruits par les travaux.

Une entrée en terre de profil en travers est le point de rencontre du TN et du projet (figure 8.9).

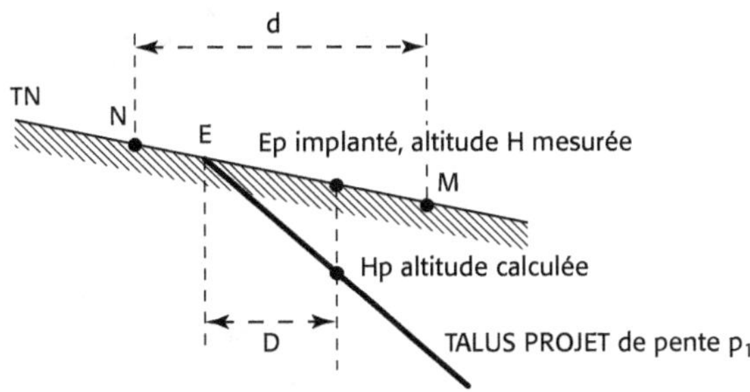

Figure 8.9. Entrée en terre.

Le piquet d'entrée en terre Ep est enfoncé au ras du sol à la distance horizontale de l'axe fournie par le profil en travers calculé du projet ; le topographe détermine alors son altitude H, qui est celle du TN en ce point.

Si l'altitude H mesurée est la même que l'altitude Hp du projet, la position de l'entrée en terre est correcte.

En pratique toutefois, ces deux altitudes diffèrent légèrement car le TN dessiné du profil en travers n'est pas parfait, ce qui conduit à implanter l'entrée en terre *réelle* E à la distance horizontale D de Ep à l'aide des pentes du projet et du TN ; la pente réelle du TN est obtenue en mesurant la dénivelée ΔH_{MN} entre 2 points M et N choisis de part et d'autre de Ep et distants d'une longueur d connue (figure 8.9).

$$\text{Pente TN :} \quad p_2 = \frac{\Delta H_{MN}}{d} \quad \Rightarrow \quad D = \frac{H - Hp}{P_1 - P_2} \quad (\S\ 10.1.5.3)$$

Le point E est plus proche ou plus éloigné de l'axe par rapport à Ep selon que H est plus grand ou plus petit que Hp, que les pentes sont de même sens ou de sens contraires, enfin que le demi-profil est en déblai ou en remblai.

Avec un tachéomètre électronique vidéo-asservi, les points d'entrée en terre calculés en ENH sur le terrain sont implantés par déplacements successifs du réflecteur, les calculs en temps réels étant traduits sous forme de schémas et d'ordres d'exécution simples sur l'écran tactile de l'ordinateur embarqué.

Un gabarit est implanté à partir de l'entrée en terre réelle E ; il matérialise la pente du talus après terrassements (figure 8.10).

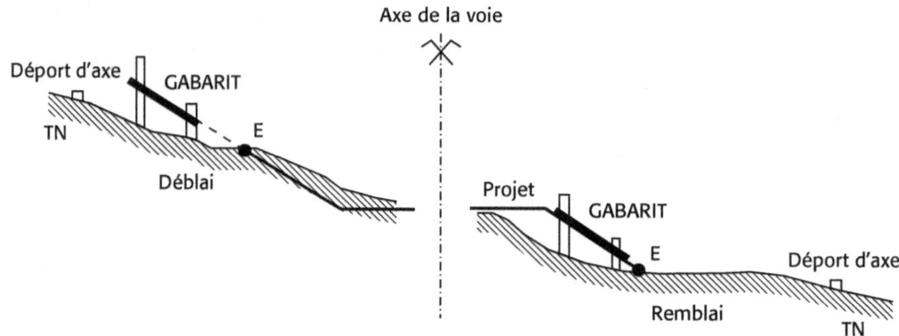

Figure 8.10. Gabarits.

Un premier piquet est planté à 10 ou 20 cm de l'entrée en terre, au-delà de E par rapport à l'axe pour un déblai, vers l'axe pour un remblai ; un second piquet est positionné à 50 cm environ du premier *dans le même sens par rapport à l'axe.*

À l'aide d'une règle posée sur le point d'entrée en terre E et inclinée de la pente du talus avec un niveau de déclivité, clouer sur les piquets le gabarit placé sur ou sous la règle.

8.2.2 Localisation et guidage des engins de chantier

La *localisation*, ou positionnement, est la mesure prise en temps réel des paramètres de position d'un engin, alors que le *guidage* est l'exploitation des données de la localisation dans le but de commander la machine par rapport à des instructions référencées.

Les 6 paramètres de position sont les 3 coordonnées ENH et les 3 angles d'attitude : lacet, roulis, tangage.

La localisation se doit d'utiliser un référentiel commun à tous les intervenants, depuis le bureau d'étude jusqu'au bureau de contrôle, en passant par tous les acteurs du chantier ; le conducteur d'engin peut à tout moment se référer à une consigne de travail établie dans ce référentiel commun. C'est à partir de cette consigne et de la position réelle de l'outil qu'ont été développés différents systèmes, classés ici selon les paramètres de position qu'ils fournissent :

– *lasers fixes ou tournants* guidant une niveleuse en cours de réglage d'arase de terrassement ou de couche de forme, un scraper pour du décapage ou encore un autograde pour une couche de fondation ;

– *niveaux électroniques et mâts électriques,* couplés à un laser plan, qui constituent des capteurs dynamiques de hauteurs ;

– *balises hyper-fréquences actives* fournissant la position à quelques décimètres près sur une surface de 100 km² ;

– *balises passives codes-barres,* ossature d'un système de triangulation pouvant donner la position d'un mobile à quelques millimètres pour des portées limitées à 50 m ;

– *GPS et tachéomètres électroniques vidéo-asservis,* capables de positionner « au vol » une cible installée sur une machine mobile ; la position, calculée en temps réel, doit être transmise par radio au système de guidage de l'engin ;

– *les systèmes de positionnement complets* qui fournissent les 6 paramètres.

Les outils de localisation, possédant cohérence spatiale et temporelle, marient génie civil et robotique en *construction intégrée par ordinateur*, applicable notamment aux infrastructures routières. Le conducteur d'engin : bulldozer, niveleuse, finisseur, machine à coffrage glissant, etc. maîtrise sa trajectoire en suivant les instructions numériques et graphiques sur un ordinateur embarqué (figure 8.11).

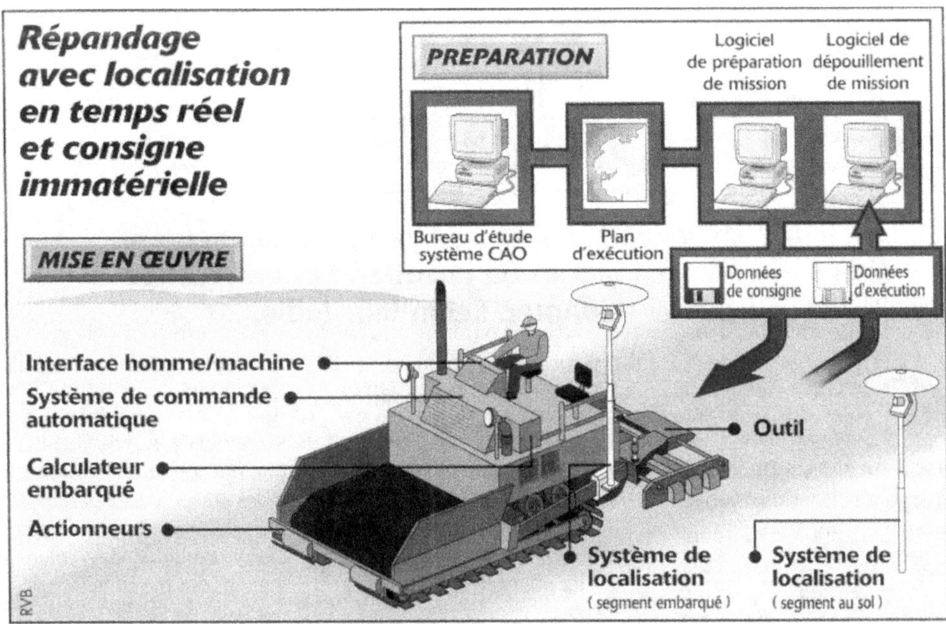

Figure 8.11. Construction intégrée par ordinateur.

Travailler sur une route circulée implique des *mesures de sécurité* : signalisations diverses, baudriers, chasubles, gilets, gants, chaussures, casques, etc.

8.3 Topographie souterraine

Le *fond* est un milieu hostile – obscurité, humidité, poussière, courants d'air de l'aérage, grisou, etc. – qui implique une adaptation des matériels et des méthodes topographiques du *jour*.

8.3.1 Transfert au fond des canevas du jour

Dans le creusement d'un puits, ou fonçage d'une bure, le topographe a un triple rôle : donner les éléments du creusement, dresser à l'avancement les coupes géologiques, faire placer les guides et rails des cages ou skips d'évacuation.

Le guidage est fait par 4 fils à plomb suspendus aux 4 coins d'un carré « parfait » centré sur l'axe du puits ; ces coins sont matérialisés par des platines scellées au parement bétonné des 3 premiers mètres. Le carré parfait est rétabli tous les 100 m de profondeur environ afin de tenir compte de la convergence des verticales et du vrillage dû à la rotation terrestre.

Jusqu'à 200 m de profondeur environ, la descente de l'orientation peut être optique (figure 8.12).

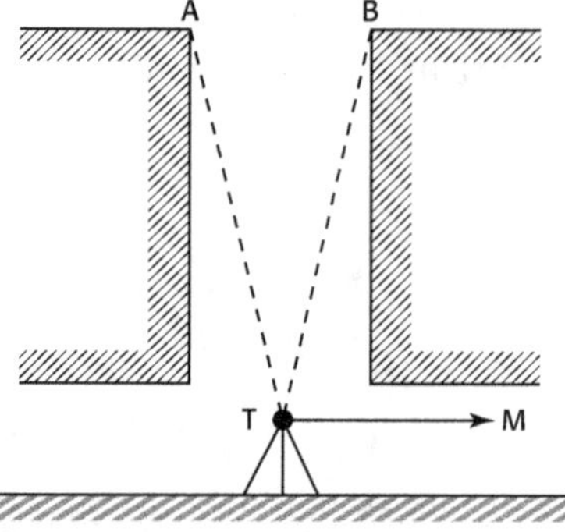

Figure 8.12. Descente optique d'une orientation.

Avec un théodolite T, équipé d'un oculaire coudé à angle droit autorisant des visées au zénith, mis en station au fond, viser une direction TM dont on reporte le plan vertical de visée en A et B sur la margelle extérieure du puits par plusieurs paires CG-CD ; observations et calculs de l'orientation $\overrightarrow{AB}$, qui sera celle de $\overrightarrow{TM}$, dans le système géodésique du jour.

À faible profondeur, la direction $\overrightarrow{AB}$ *connue* du jour peut être descendue par 2 points A et B placés sur des poutrelles au-dessus du puits et « plombés » au viseur nadiral ou à l'aide d'un prisme tournant d'objectif.

Au delà de 200 m, mais en fait quelle que soit la profondeur, les points A et B connus du jour sont descendus au fond à l'aide de fils à plomb lourdement lestés, 10 à 70 kg selon la profondeur, dont le balancement est neutralisé en immergeant les lests dans un liquide figeant, eau + gélatine par exemple, ou en déterminant l'axe des oscillations sur des règles horizontales orthogonales.

Depuis les 2 stations S_1 et S_2 du fond visibles entre elles (figure 8.13), l'opérateur mesure la distance S_1S_2 ainsi que les angles en S_1 et S_2 ; de simples calculs de trigonométrie dans les triangles (§ 9.1.1.1) donnent l'angle α entre AB et S_1S_2, autrement dit l'orientation de S_1S_2 dans le système géodésique du jour.

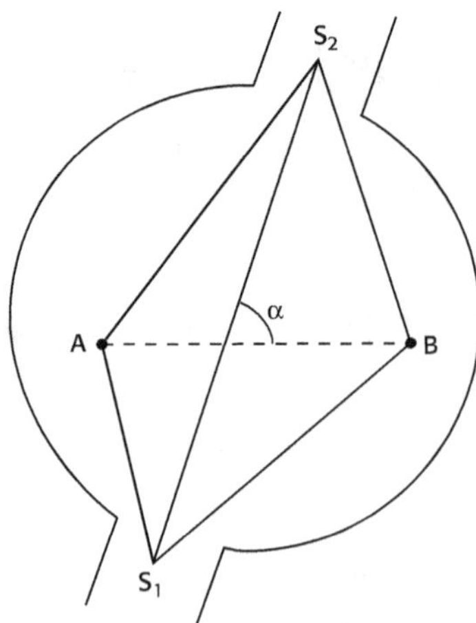

Figure 8.13. Descente optico-mécanique d'une orientation.

Avec trois fils à plomb alignés de manière que AC = CB (figure 8.14) et mesure des angles $\hat{S}_1$ et $\hat{S}_2$, il vient :

$$\tan \alpha = \frac{AH_A}{CH_A} = \frac{BH_B}{CH_B} = \frac{2\,AH_A}{H_A H_B} = \frac{2\,AH_A}{SH_B - SH_A} = \frac{2\,AH_A}{BH_B \cdot \cotan \hat{S}_2 - AH_A \cdot \cotan \hat{S}_1}$$

Soit :

$$\alpha = \arctan \frac{2}{\cotan \hat{S}_2 - \cotan \hat{S}_1}$$

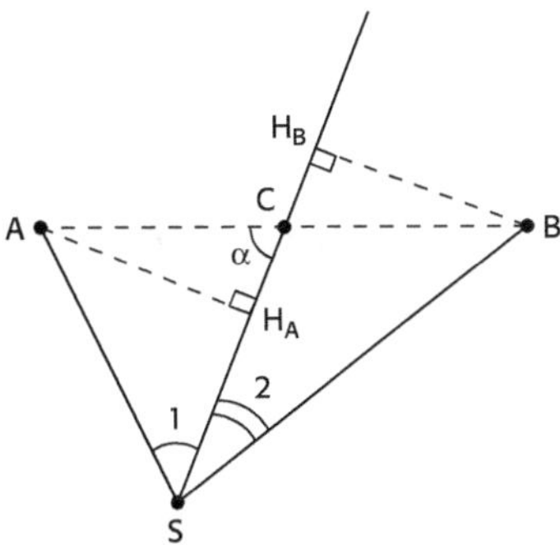

Figure 8.14. Descente d'orientation avec 3 fils à plomb équidistants.

La mesure directe de la profondeur est effectuée avec un ruban de 20 m, 50 m ou davantage, lesté à 10 ou 20 kg, le long du cuvelage ou du guidage du puits, les opérateurs se déplaçant sur des échelles ou sur le toit de la cage ; tenir compte impérativement de la température et surtout de l'allongement du ruban causé par le lest.

L'altitude de l'axe de basculement d'une lunette de tachéomètre électronique équipée d'un oculaire coudé à angle droit, en station à la recette c'est-à-dire au fond du puits, est égale à la moyenne des altitudes obtenues par mesures des dénivelées sur plusieurs réflecteurs connus en altitude placés à l'entrée du puits.

L'orientation, la mesure de la profondeur et le transfert des coordonnées au fond sont faits par une insertion en 3D d'une ou plusieurs stations de tachéomètres électroniques situées à la recette, ajustées en bloc sur plusieurs réflecteurs connus en ENH de la margelle.

8.3.2 Creusement d'une galerie

Le souci topographique du Porion chargé du creusement est de suivre simultanément la *direction* et la pente matérialisées par le Géomètre. Ce dernier développe en 3D un cheminement polygonal ouvert, qui sera transformé en cheminement encadré à centrage forcé après le *percement*.

Les sommets des cheminements, encore appelés « points théodolite », sont matérialisés par des broches diverses à l'axe du toit de la galerie, ce qui implique un centrage au fil à plomb, ou par des consoles à centrage forcé fixées aux parements ; ces dernières évitent la gêne des engins, mais ont l'inconvénient de rapprocher les visées des parois au point d'engendrer une réfraction latérale pouvant atteindre plusieurs milligrades.

La désignation des sommets la plus pratique consiste à affecter à la lettre T, comme point théo, la distance en mètres du point à l'entrée de la galerie.

Pour les longues galeries exigeant une précision plus grande, le cheminement ouvert est remplacé par des modules successifs de mini-chaînes de triangles : tunnel sous la Manche par exemple.

Les distances sont réduites à l'ellipsoïde, ce qui revient à augmenter les distances du fond lorsque les altitudes sont négatives.

À partir du gisement du dernier côté du cheminement ouvert et du gisement défini par le plan général de creusement, le topographe matérialise la direction par différents procédés : 3 fils à plomb alignés suspendus au toit, 2 tiges lumineuses, un tendeur élastique pour les chantiers à avancement rapide ou un laser d'alignement notamment pour les tunneliers.

La pente peut être visualisée de 3 manières : un plan matérialisé par 2 fils horizontaux transversaux placés suffisamment haut pour ne pas gêner le travail, des tiges réfléchissantes sur lesquelles sont fixées des réglettes ou le laser.

Les observations de nivellement direct ou trigonométrique sont semblables à celles du jour, sous réserve de porter une attention particulière à l'influence des cadres métalliques sur certains compensateurs de niveaux automatiques et de rappeler que la lecture sur mire est négative pour un point situé au-dessus du plan de visée.

8.3.3 Contrôle des profils en travers

Le contrôle régulier de la géométrie des profils en travers des tunnels routiers et ferroviaires répond aux impératifs de sécurité, en permettant de déceler les mouvements de terrain, de rectifier les courbes, de retailler les parois, de déplacer les voies, etc.

Les principaux procédés mis en œuvre à l'heure actuelle sont :

– les mesures au fil invar des écartements entre embouts spéciaux répartis sur une section ;
– le cabinet de géomètres-experts Veillard-Olivier (Rillieux-le-Pape – Rhône) a breveté une méthode d'auscultation des revêtements provisoires, plus rapide et moins chère que le fil invar, basée sur des repères réfléchissants disposés en triangle ou en quinconce autour de la voûte, visés avec un théodolite, donc sans contact ; le progiciel calcule les variations des distances entre repères au 1/10 mm ;
– les appareils palpeurs électro-mécaniques montés sur draisine ;
– les photoprofils, qui permettent la conversion des images raster en données numériques (§ 10.3) ;
– le profilomètre, constitué essentiellement d'un distancemètre sans réflecteur basculant autour d'un axe horizontal, qui mesure en continu les distances aux points de la section transversale ; gestion automatique des mesures et des traitements numériques et graphiques.

8.4 Métrologie

La métrologie est la science des mesures des dimensions, de la géométrie et de manière générale de la forme des objets.

8.4.1 Métrologie géodésique

Les matériels et méthodes de mesures géodésiques et topographiques peuvent être adaptés aux objets de grandes dimensions nécessitant des résultats de mesurage très précis.

8.4.1.1 Autocollimation

L'autocollimation (figure 8.15) consiste à diriger un faisceau de rayons parallèles sur un miroir perpendiculaire à la ligne de visée, la croix du réticule se superposant alors à sa propre image.

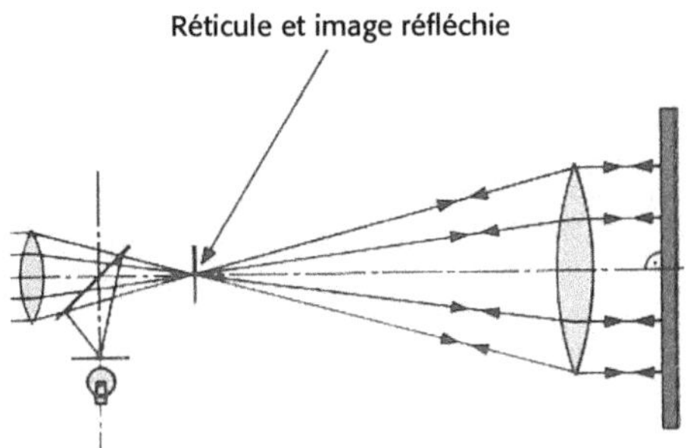

Figure 8.15. Autocollimation.

Document Leica

Une inclinaison i du miroir, dans le sens vertical ou dans le sens horizontal, génère une inclinaison 2i de la ligne de visée réfléchie, mesurable avec un théodolite muni d'un oculaire d'autocollimation, lequel ajoute un oculaire « négatif » lumineux à l'oculaire habituel. L'autocollimation, autorisant des pointés de référence et des mesures d'inclinaisons très précis, permet les contrôles d'alignement, de parallélisme, de planéité et de rectitude, en calculant l'écart correspondant à la distance D mesurée : e = D · i, avec i en radians.

Si le théodolite doit être placé à des stations d'altitudes différentes, le miroir est remplacé par un *prisme d'autocollimation* (figure 8.16), synthèse d'un miroir plan et d'un rétroréflecteur, qui définit un plan de référence perpendiculaire à l'arête du prisme ; son avantage déterminant est de toujours fournir l'autocollimation avec le trait vertical du théodolite, autorisant ainsi la mesure d'angles horizontaux par rapport au plan vertical de référence (figure 8.17).

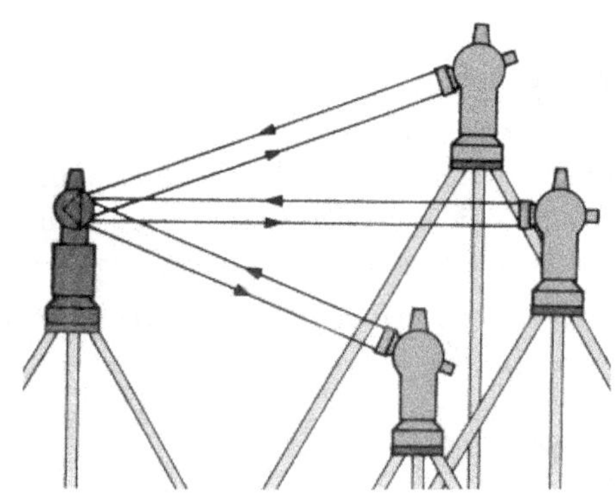

Figure 8.16. Prisme d'autocollimation.

Document Leica

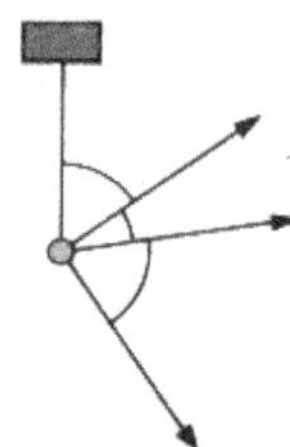

Référence parfaite en espace limité
pour la mesure d'angles horizontaux.

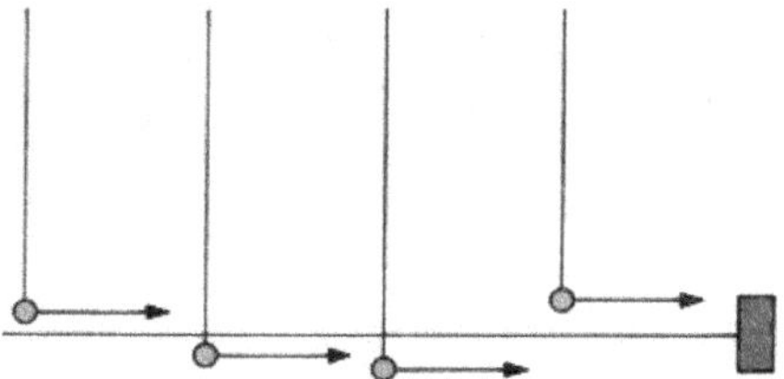

Contrôle du parallélisme et de l'alignement d'axes à différents niveaux.

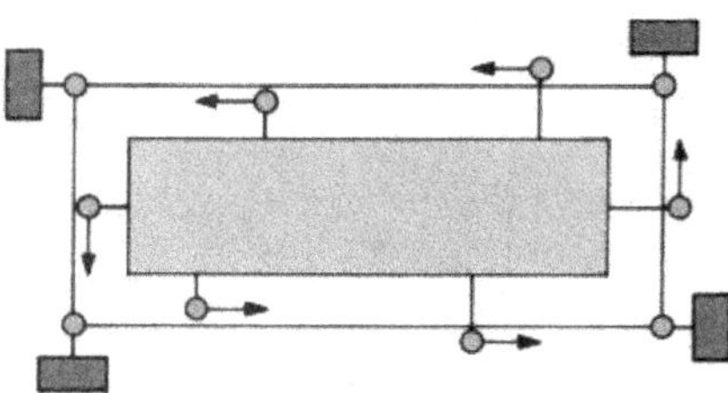

Etablissement d'un cadre optique autour
d'une aire de travail pour le montage,
l'ajustage, le réglage et le contrôle des
différents éléments d'une structure
complexe.

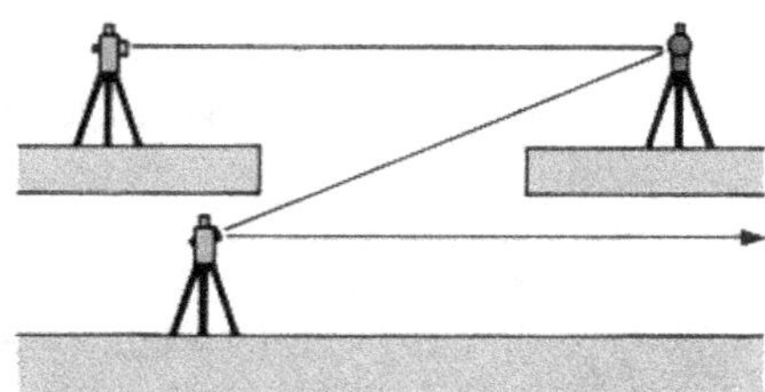

Transfert de directions à différents
niveaux en construction, pour l'assemblage de chaînes de production, de
transport, de montage.

 GAP 1   ⬤ Théodolite

Figure 8.17. Mise en œuvre du prisme d'autocollimation.

Document Leica

8.4.1.2   Rayonnement spatial

Mise en œuvre du rayonnement en planimétrie et du nivellement trigonométrique en altimétrie, sur des cibles réfléchissantes permanentes ou des impacts laser visibles pour un distancemètre laser pulsé travaillant sans réflecteur.

Le tachéomètre électronique vidéo-asservi et l'ordinateur chargé du progiciel adéquat fournissent, en temps réel, les coordonnées tridimensionnelles xyz du point visé dans un repère lié au théodolite ou à l'objet, avec une précision tributaire de l'instrument ; l'acquisition est plus rapide, mais de précision moindre, si le faisceau laser est motorisé de manière à balayer l'objet.

Le progiciel calcule les éléments géométriques, compare les mesures avec les valeurs théoriques, définit les tolérances, gère les données, etc.

8.4.1.3   Intersection spatiale

Comme le rayonnement spatial, c'est une méthode de mesure à distance sans contact de données tridimensionnelles, débouchant sur le calcul des coordonnées xyz des points accessibles ou non, à partir d'observations angulaires exclusivement ; ici encore, le marquage des points est fait par des cibles adaptées (figure 8.18) ou par des impacts laser visibles.

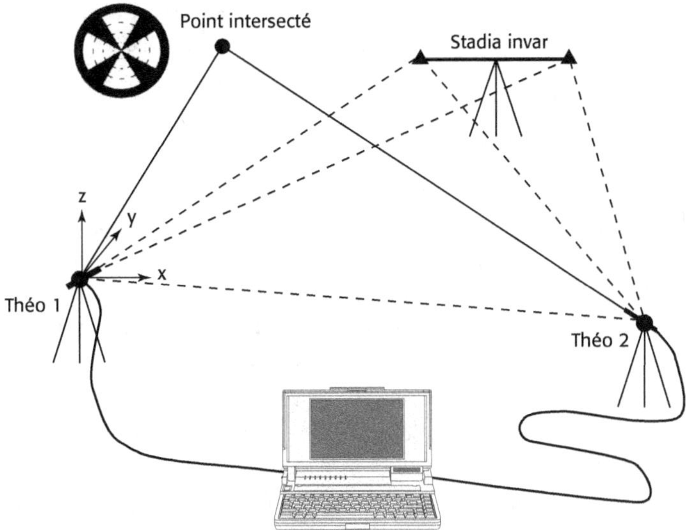

Figure 8.18. Principe de l'intersection spatiale.

Le dispositif élémentaire se compose de 2 théodolites électroniques de précision reliés à un commutateur connecté à un ordinateur portable et autonome ; le point à déterminer est intersecté à partir des 2 théodolites, les erreurs instrumentales étant corrigées et une cible de dérive visée périodiquement.

Le repère de calcul est un trièdre trirectangle dont l'origine 0 est l'intersection du pivot et de l'axe de basculement du théodolite 1, l'axe 0z le pivot vertical, et l'axe 0x l'axe perpendiculaire coupant la verticale du théodolite 2.

L'orientation de l'axe 0x est faite par collimation réciproque ou de préférence par visées réciproques sur des cibles fixées aux théodolites.

La mise à l'échelle, c'est-à-dire la détermination précise de la distance entre les 2 théodolites, est obtenue le plus souvent par visées sur les extrémités d'une stadia invar horizontale de 2 m.

Le point définitif est calculé en 3D en minimisant les écarts en distance aux visées ; les calculs étant effectués en temps réel, les observations défectueuses sont reprises immédiatement, ce qui permet d'atteindre une précision de l'ordre de 0,1 mm à 10 m.

La saisie des données conduit à des fichiers qui pourront ensuite être traités pour tous contrôles de formes, tolérances, orientations ou déplacements.

L'intersection spatiale se généralise jusqu'à 8 théodolites cernant l'objet.

8.4.1.4   Nivellement géométrique de très haute précision

Positionnement d'un objet à quelques centièmes de millimètre près, avec un niveau de très haute précision *vérifié régulièrement* et des mires ou mirettes invar spéciales.

8.4.2   Métrologie photogrammétrique

Si le nombre de points à déterminer excède la centaine, ou si la stabilité de l'environnement est précaire, le relevé d'un objet fixe ou en mouvement est fait à partir de plusieurs photographies prises et exploitées avec les matériels et méthodes de la photogrammétrie (§ 8.5).

À noter que, si la photogrammétrie acquiert très vite un grand nombre de données sur des objets fixes ou en mouvement, elle ne fournit généralement pas de résultats en temps réel, sauf en *vidéogrammétrie*.

8.4.3 Auscultation d'ouvrage

L'auscultation est le suivi dans le temps d'un ouvrage ou d'un phénomène naturel ou artificiel : glissement de terrain ou désordres géologiques d'origine anthropique par exemple.

Les techniques de métrologie géodésique et photogrammétrique de grande précision, et depuis peu le GPS pour un nombre limité de points, sont mises en œuvre par des équipes pluridisciplinaires, notamment pour les auscultations qui exigent d'emblée une considération globale et instantanée d'un ensemble de mesures diverses :

– auscultation dynamique d'une structure sous contrainte : barrage ou pont par exemple ;
– suivi dynamique d'objets mobiles et déformables : glissements de terrain en montagne ou dans les mines à ciel ouvert ;
– mesures des déformations périodiques ou occasionnelles, éventuellement corrélées à celles des sources de perturbation : silos de stockage notamment ;
– maintien permanent d'une géométrie fonctionnelle dans les tolérances, commandé par une logique réactive d'asservissement : bandes et tapis roulants de transport de matériaux par exemple.

L'auscultation dimensionnelle dynamique, qui traite automatiquement en temps réel les mesures appuyées sur un canevas spécifique 3D, conduit à donner au point ausculté non seulement un jeu de coordonnées mais également des courbes de mouvements périodiques.

L'analyse des résultats d'une auscultation est toujours délicate du fait de son caractère différentiel ; en effet, c'est l'écart entre 2 mesures successives, ou plutôt les variations des écarts entre des séries de mesures successives, qui conduisent à des conclusions et à des décisions pouvant avoir de lourdes conséquences.

8.5 Photogrammétrie

La photogrammétrie est la technique qui a pour but de déterminer les dimensions, les positions et les formes d'objets à partir de clichés photogrammétriques. La photogrammétrie aérienne, apparue au cours de la Première Guerre mondiale, a précédé la photogrammétrie terrestre, toutes deux s'étant développées depuis 1925 environ, pour atteindre à la fin du XXe siècle des performances qui la rendent irremplaçable dans de nombreux domaines, en particulier la topographie.

8.5.1 Prise de vue et clichés

La *prise de vue aérienne*, faite avec une chambre métrique qui conserve correctement le faisceau perspectif, regroupe l'ensemble des techniques optiques, photographiques et aéronautiques.

La couverture photographique de la France à l'échelle approximative de 1/30 000 est assurée par l'IGN, avec des avions spéciaux, par bandes de vol (figure 8.19) dans lesquelles deux clichés consécutifs ont un recouvrement de 60 % environ afin de permettre leur exploitation stéréoscopique ; par sécurité, les bandes ont un recouvrement latéral de l'ordre de 15 %.

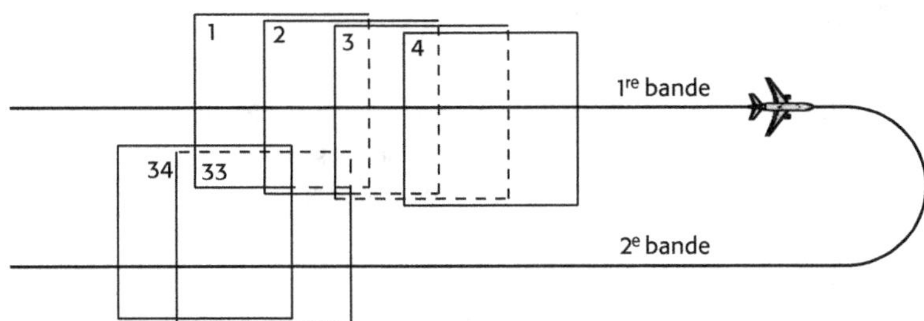

Figure 8.19. Bandes de vol.

Les clichés qui couvrent la zone concernée peuvent être obtenus à l'IGN en tirages divers, agrandissements, etc., à partir des tableaux d'assemblage diffusés généralement par feuille de la carte au 1/50 000.

L'échelle d'un cliché est le quotient de la distance principale de la chambre par la hauteur de vol au-dessus du sol ; elle est donc approximative, d'autant que l'axe de prise de vue n'est pas parfaitement vertical ; elle est souvent voisine de 1/10 000 pour les missions à caractère topographique.

La navigation est facilitée par le GPS ; les clichés obtenus sont argentiques sur film ou numériques.

La détermination de l'échelle et de l'orientation du modèle au moment de l'exploitation des clichés implique la connaissance des coordonnées ENH de *points de calage* identifiables sur les photos, opération connue sous le nom de *stéréopréparation* ; lourde pour la restitution classique par couples de clichés, elle est réduite par l'*aérotriangulation* et pratiquement supprimée avec un GPS embarqué.

La *prise de vue terrestre* est faite depuis 2 points de vue au sol, avec des chambres adaptées, positionnées et orientées l'une par rapport à l'autre. La *photogrammétrie numérique multi-image* détermine les positions relatives de la chambre a posteriori, au moment du traitement des clichés quadrillés (figure 8.20).

Figure 8.20. Photogrammétrie numérique multi-image, clichés quadrillés.

Document Leica

8.5.2   Photo-interprétation

La simple observation d'une photographie aérienne, surtout une photo couleur, montre la multiplicité des informations qu'elle contient : constructions, végétations, voies de communication, etc. ; les photographies et leurs agrandissements sont des outils performants pour la saisie de l'environnement, les études d'impact et de nombreux travaux de planification.

La zone de recouvrement de 2 photographies prises depuis 2 points différents est observée en vision binoculaire, laquelle permet de voir le relief avec un stéréoscope de poche (figure 8.21) ou de table, muni d'un comparateur qui autorise les mesures des dénivelées.

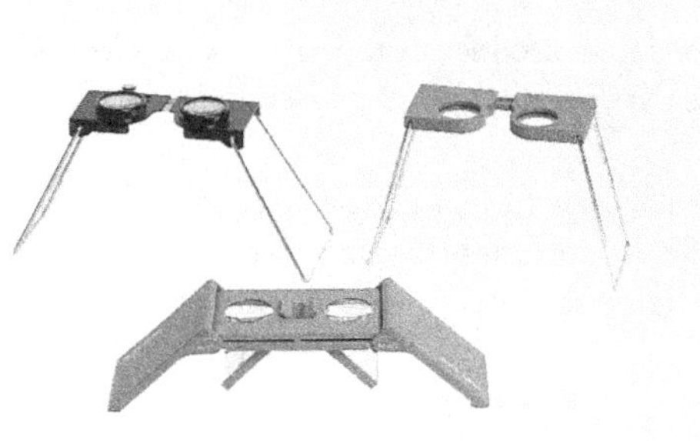

Figure 8.21. Stéréoscope de poche.

Document Leica.

Le relief est amplifié par l'écartement des 2 points de prise de vue, de manière à faciliter l'interprétation.

Un *cliché redressé* est une photographie obtenue en laboratoire à partir de la photographie prise en vol, qui correspond à ce que l'on aurait obtenu avec un axe de prise de vue parfaitement vertical ; son exploitation en *métrophotographie* est économique, mais limitée raisonnablement à la planimétrie.

8.5.3   Stéréophotogrammétrie

Technique qui utilise la perception stéréoscopique d'un couple de clichés pris de 2 points différents, pour restituer la planimétrie et l'altimétrie ; elle peut être aérienne (figure 8.22), terrestre ou spatiale : spatiocartes obtenues par télédétection avec le satellite Spot par exemple.

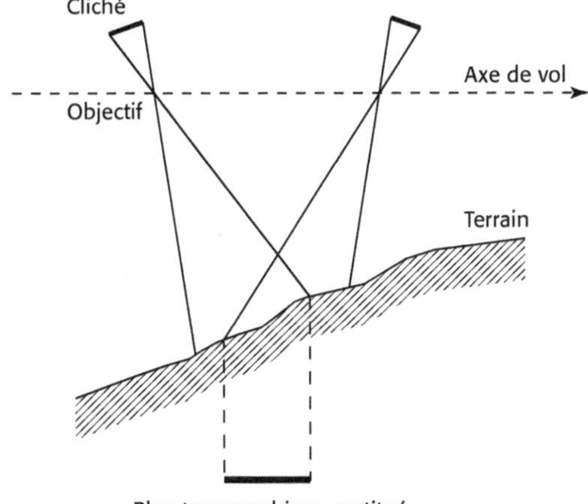

Figure 8.22. Stéréophotogrammétrie.

Une photographie est une perspective conique inclinée de la surface du sol, depuis le centre de l'objectif de la chambre de prise de vue, sur le plan du cliché ; le plan topographique, lui, est une projection cylindrique verticale. Par conséquent, une *photographie ne doit jamais être assimilée à un plan*, en particulier quand le terrain est accidenté.

La *restitution* est la détermination et la représentation en 3D d'un objet à partir de photographies stéréoscopiques, par un appareil de restitution, appelé couramment *restituteur*, qui fournit une *stéréominute* graphique ou numérique par l'observation binoculaire.

On distingue par ordre d'évolution :

- les *restituteurs analogiques* qui reconstituent le stéréomodèle par des chambres orientables dont les rayons homologues sont matérialisés mécaniquement ou observés optiquement ; merveilles de mécanique et d'optique, ils sont condamnés par l'évolution technologique ;
- les *restituteurs analytiques* dans lesquels, à partir des coordonnées tridimensionnelles d'un point mobile dans l'espace-image, un ordinateur assure en temps réel l'asservissement des positions des porte-clichés d'un stéréocomparateur ;
- les *restituteurs numériques*, qui affichent sur un écran d'ordinateur 2 photos argentiques numérisées par scannérisation ou 2 photos numériques prises en *vidéogrammétrie* par des caméras numériques CCD à haute résolution.

Figure 8.23. Restituteur numérique.

L. Polidori, ESGT.

Le relief est obtenu par un système d'observation plus ou moins sophistiqué placé devant l'écran (figure 8.23) ; le ballonnet, autrement dit l'index de pointé, est déplacé par l'opérateur dans l'espace-image à l'aide du curseur.

La photogrammétrie numérique permet par exemple la saisie des données d'un flux de circulation, géométriques et sémantiques, à partir d'un véhicule équipé d'un GPS et de 2 systèmes vidéo.

La restitution des photographies aériennes produit, outre les plans topographiques, des *orthophotoplans* qui sont des photographies de laboratoire sur lesquelles peuvent être prises les mêmes mesures que sur un plan, avec la même précision, riches de tous les détails de la photographie, complétées par le quadrillage, les courbes de niveau, etc. ; l'*orthophotoplan numérique* connaît actuellement un essor considérable qui l'amène à remplacer le plan, car il est bon marché par rapport à la restitution et limite les opérations de terrain, en particulier les enquêtes parcellaires.

La chaîne de la photogrammétrie numérique est illustrée sur le synoptique de la figure 8.24.

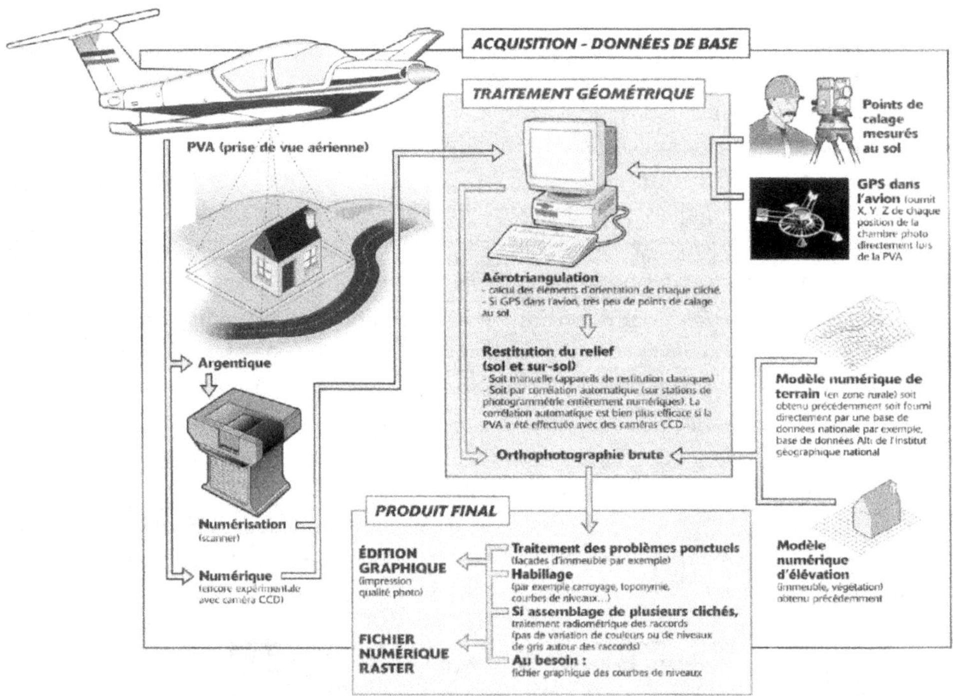

Figure 8.24. Synoptique de la photogrammétrie numérique.

Le *complètement* consiste à corriger la stéréominute, sur le terrain, des manques et erreurs dus en particulier aux parties cachées : zones boisées et débords de toits par exemple. Les inconvénients dus essentiellement aux conditions météorologiques ainsi qu'aux couverts denses, qui limitent les possibilités de la photographie aérienne, sont sensiblement réduits avec les systèmes de mesure laser scanner aéroportés, particulièrement adaptés à la production des MNT en zone boisée ; cette technique topographique combine un système GPS, un système de navigation inertielle, ainsi qu'un distancemètre laser embarqués dans un avion.

8.6 Bathymétrie

La bathymétrie est le domaine des études hydrographiques qui s'attache à la mesure des profondeurs des rivières, canaux, lacs, etc. pour déterminer leur topographie ; elle associe un *positionnement en surface avec la mesure d'une profondeur* par *sondeur électro-acoustique* monofaisceau ou multifaisceaux à partir d'une embarcation qui peut être télécommandée. La profondeur est calculée à partir du temps de trajet d'un signal acoustique réfléchi au fond (figure 8.25).

Figure 8.25. Embarcation bathymétrique avec GPS embarqué.

Document INGEO

Le positionnement peut être acquis par un tachéomètre électronique vidéo-asservi, ou mieux par un GPS temps réel embarqué, lequel est moins gêné par la végétation des rives et offre la liberté de déplacement sur l'eau.

L'ensemble des données GPS et sondeur alimentent un logiciel de bathymétrie : Hypack/Hysweep, OLEX, etc. chargé sur un ordinateur embarqué, qui permet la planification des travaux, notamment des profils, avant intervention sur le site, ainsi que la navigation.

Les données du sondeur ne pouvant être contrôlées en temps réel, les acquisitions sont toujours des valeurs brutes traitées en temps différé au bureau ; elles fournissent les coordonnées du fond et de la surface, sous réserve de référer les profondeurs en mer au zéro hydrographique donné par le SHOM (Service hydrographique et océanographique de la marine) et de les dater.

Après filtrage des données et tests de plausibilité des mesures du sondeur, on obtient une modélisation numérique du fond sous forme de MNT, base des traitements ultérieurs (figure 8.26).

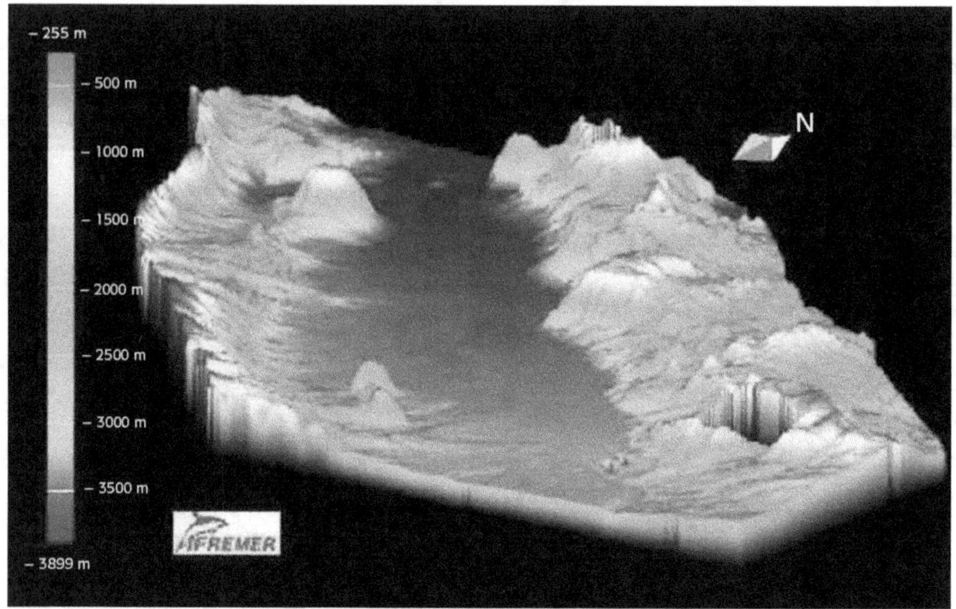

Figure 8.26. Vue 3D de la bathymétrie de l'EM12D.

Document IFREMER

8.7   SIG

L'information géographique désigne toute information portant sur des objets ou des phénomènes localisables géographiquement. La *géomatique* (*géo*graphie + infor*matique*) est l'intégration sur un support informatique de l'information géographique.

Un système d'information géographique est un ensemble de fonctions, de composants matériels (hardware) et logiciels (software) gérant des données géographiques et sémantiques.

8.7.1   Les données d'un SIG

C'est la partie la plus importante d'un SIG.

– les données *géographiques* ou *géométriques* peuvent être de trois types : les symboles ou ponctuels (un arbre par exemple), les linéaires (une route) et les polygones ou surfaciques (une parcelle cadastrale) ; les métadonnées sont des données sur les données, par exemple le fournisseur des données, le système de coordonnées, la date et la méthode d'acquisition…

– les données *attributaires* ou *sémantiques*, rattachées aux précédentes, peuvent prendre divers formats : caractère, nombre, date, image, lien hypertexte, etc. Elles servent à décrire l'objet géographique.

8.7.2   Les utilisations d'un SIG

Les domaines d'application d'un SIG sont très variés : réseaux, aménagement du territoire, urbanisme, agriculture, environnement, risques naturels et anthropiques, géologie ;

Les principales utilisations sont :

- la planification urbaine (PLU, gestion du cadastre, de la voirie, des réseaux, transports urbains, etc.) ;
- l'édition de plans et graphiques ;
- l'inventaire des biens et des installations : gestion des eaux, déchets, espaces naturels, etc. ;
- l'allocation des ressources, analyses démographiques, cartes de votes politiques, etc. ;
- l'optimisation des flux de circulation ;
- le géomarketing : localisation des clients, tourisme, etc. ;
- l'évaluation des ressources du sol et du sous sol : gisements, nappes souterraines, etc. ;
- la surveillance et les contrôles d'événements : accidents de la route, glissements de terrain, risques incendies, inondations, etc.

Pour tous ces usages, les SIG offrent des avantages certains : croisement et continuité de l'information, archivage des plans, gain de temps.

Le SIG est donc un outil qui permet de rassembler des informations d'origines et de supports divers, de les superposer, de les croiser, de les sélectionner, pour étayer et optimiser les décisions ou améliorer le projet et enfin pour les afficher sous une forme homogène facile à actualiser.

8.7.3   Architecture et fonctionnalités

Les différentes fonctionnalités d'un SIG peuvent être résumées par les *6 A* :

- **acquisition** : divers outils de saisie des données sont possibles : levés terrestres, GPS, photogrammétrie, télédétection pour des données nouvelles ; l'utilisation des récepteurs GPS dédiés SIG (figure 8.27) , avec saisie des informations sémantiques sur le terrain, permet un gain de temps considérable ; digitalisation, scannérisation, vectorisation pour des données existantes sur support papier ;

Figure 8.27. Récepteur GPS dédié SIG.

Document Trimble

– **archivage** : la plupart des logiciels du marché fonctionnent sur le principe de couches d'objets géographiques superposables ;

– **analyse** : c'est la fonction la plus importante : elle permet des manipulations, croisements et transformations de données spatiales ainsi que des requêtes et analyses de données thématiques. Le système doit pouvoir répondre aux questions : où ? (localiser un objet ou un phénomène), quoi ? (mettre en évidence un objet ou un phénomène), quand ? (évolution d'un objet ou d'un phénomène), comment ? (relations entre objets et phénomènes), si ? (conséquences d'un objet ou phénomène) ;

– **affichage** : l'expression d'une analyse ou d'une requête se traduit généralement par des cartes, graphiques ou tableaux ;

– **abstraction** : un SIG suppose une modélisation de la réalité et par conséquent comprend des outils qui permettent d'en rendre compte ;

– **anticipation** : c'est la prospective, le SIG étant avant tout un outil d'aide à la décision.

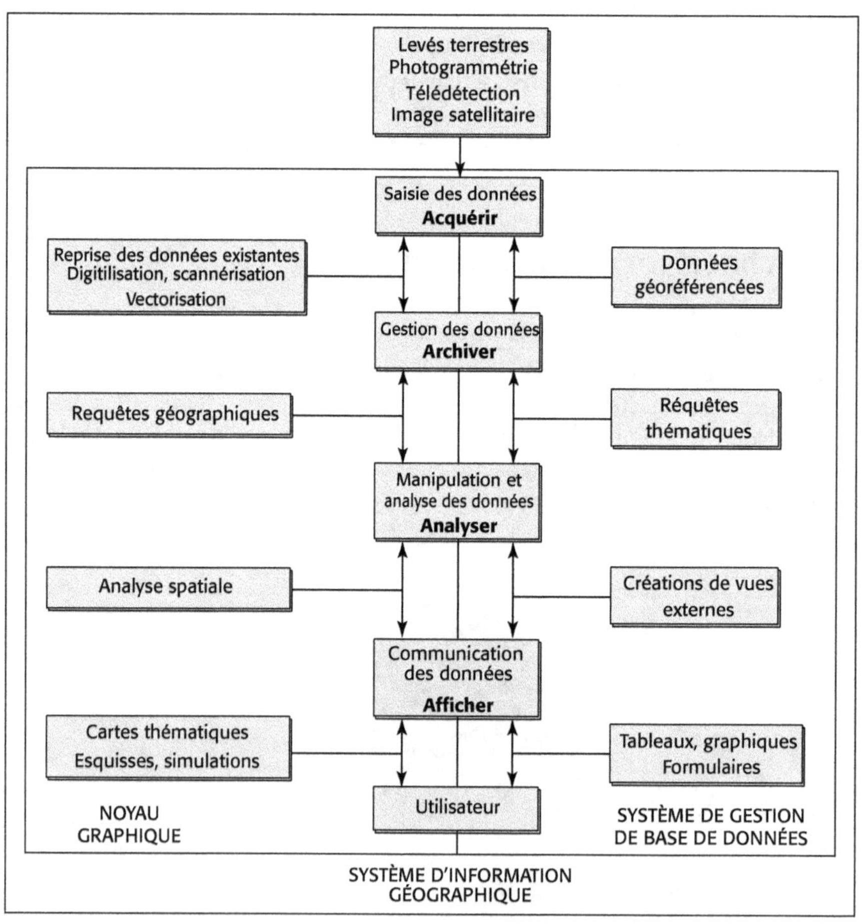

Les SIG du marché sont essentiellement classés par leurs fonctions d'analyse. Citons par exemple ArcGis, Mapinfo, Geoconcept. Il est à noter depuis quelques années le fort développement des logiciels libres, potentiellement gratuits sous licence publique générale, tels que Quantum Gis ou Grass dont l'avantage, outre un coût de licence nul, réside dans une conception modulaire : on ne prend que les fonctions dont l'utilisateur a besoin.

8.7.4 Modélisation et articulation des données

La *modélisation des données géographiques* est faite sous deux formes :
- le *mode raster*, ou tramé, ou matriciel, qui divise le plan en une série de points ayant chacun une densité de gris ou de couleur qui, une fois juxtaposés, donne l'apparence visuelle d'un plan. Les exemples les plus courants dans le domaine des SIG sont les *ortho-photos* (images aériennes ou satellites traitées géométriquement de sorte que chaque point soit superposable à un plan) ou les cartes scannées type *scan25*, issues de la numérisation de la carte IGN à l'échelle 1/25000 ;
- le *mode vecteur*, utilisé pour identifier et localiser les éléments du territoire dont il est nécessaire de connaître les caractéristiques géométriques. La représentation des données se fait sous les 3 formes : ponctuel, linéaire ou polygone.

Les logiciels sont capables de gérer les modes raster et vecteur dans une même base.

La *modélisation des données thématiques* est assurée par un SGBD (Système de gestion de base de données), très souvent relationnel, où les données sont organisées sous forme de tables à deux dimensions. Les lignes correspondent aux enregistrements et les colonnes aux champs attributaires.

Les systèmes peuvent gérer les données graphiques et sémantiques simultanément, la géométrie et les attributs étant stockés dans une même base ou séparément, solution qui offre plus de sécurité en cas de perte de données. Lorsque les utilisateurs sont nombreux et les données importantes, elles sont partagées entre plusieurs ordinateurs. Il s'agit alors d'une architecture *client-serveur*.

8.7.5 Les sources de données

Pour qu'une donnée puisse être introduite dans un SIG elle doit être utile, de fiabilité connue et pouvoir être mise à jour, triple condition qui conditionne les sources :
- l'IGN, principal fournisseur de données : BD Ortho, BD Topo, BD Parcellaire et BD Adresse faisant partie du RGE, BD Alti, BD Carto, Scan25, etc. ;
- la DGI-Cadastre avec le PCI ;
- l'INSEE par la diffusion du recensement général de la population ;
- les photographies aériennes ;
- les orthophotoplans ;
- les images satellitaires de télédétection spatiale, laquelle enregistre directement à l'aide d'un capteur approprié le rayonnement électromagnétique réfléchi et émis par la surface terrestre (Landsat - SPOT).

Chapitre 9

Calculs topométriques

9.1 Modes de calcul

9.1.1 Rappels mathématiques

9.1.1.1 Trigonométrie circulaire

Les résultats des observations topographiques étant essentiellement constitués d'angles et de distances situées dans un même plan, horizontal ou vertical, leurs traitements numériques sont le plus souvent des calculs trigonométriques, d'où l'importance des relations correspondantes.

Un angle x, ou arc, borné à 0 gon et 400 gon possède 4 « fonctions circulaires » :

$$\sin x \qquad \cos x \qquad \tan x \qquad \cotan x = \frac{1}{\tan x}$$

Les variations de ces fonctions, en grandeur et en signe, apparaissent sur le cercle trigonométrique (figure 9.1).

Les calculatrices à fonctions circulaires préprogrammées donnent directement les *valeurs naturelles* des fonctions circulaires ; inversement, elles fournissent, à partir de la valeur naturelle, celle de l'arc :

$$x = \text{arc sin } a \quad \Rightarrow \quad -100 \leq x \leq 100, \text{ avec x en gon}$$
$$x = \text{arc cos } a \quad \Rightarrow \quad 0 \leq x \leq 200$$
$$x = \text{arc tan } a \quad \Rightarrow \quad -100 < x < 100$$
$$x = \text{arc cotan } a \quad \Rightarrow \quad \text{arc tan } x = \text{arc } \frac{1}{\cotan x}$$

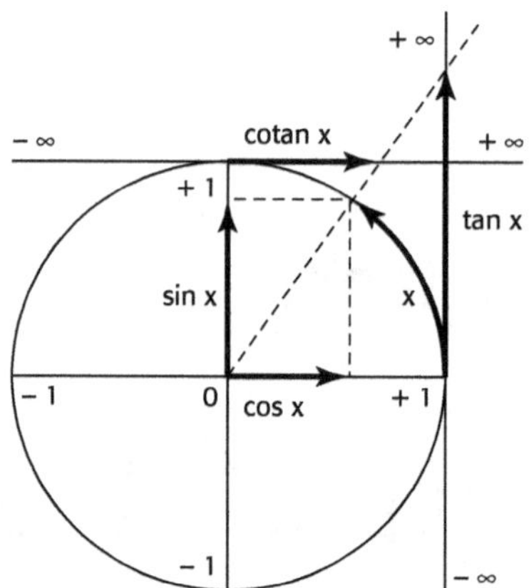

Figure 9.1. Cercle trigonométrique.

x	0 gon		100		200		300		400
sin x	0	↗	+ 1	↘	0	↘	− 1	↗	0
cos x	+ 1	↘	0	↘	− 1	↗	0	↗	+1
tan x	0	↗	$\dfrac{+\infty}{-\infty}$	↗	0	↗	$\dfrac{+\infty}{-\infty}$	↗	0
cotan x	+∞	↘	0	↘	$\dfrac{+\infty}{-\infty}$	↘	0	↘	−∞

Valeurs remarquables :

	0	$\dfrac{\pi}{6}$	$\dfrac{\pi}{4}$	$\dfrac{\pi}{3}$	$\dfrac{\pi}{2}$	π
sin	0	$\dfrac{1}{2}$	$\dfrac{\sqrt{2}}{2}$	$\dfrac{\sqrt{3}}{2}$	1	0
cos	1	$\dfrac{\sqrt{3}}{2}$	$\dfrac{\sqrt{2}}{2}$	$\dfrac{1}{2}$	0	− 1
tan	0	$\dfrac{\sqrt{3}}{3}$	1	$\sqrt{3}$	+∞	0
cotan	+∞	$\sqrt{3}$	1	$\dfrac{\sqrt{3}}{3}$	0	+∞

Principales relations entre les lignes trigonométriques

$$\sin a = \cos\left(\frac{\pi}{2} - a\right) = -\cos\left(\frac{\pi}{2} + a\right) = \sin(\pi - a) = -\sin(\pi + a) = -\cos\left(\frac{3\pi}{2} - a\right) = \cos\left(\frac{3\pi}{2} + a\right)$$

$$\cos a = \sin\left(\frac{\pi}{2} - a\right) = \sin\left(\frac{\pi}{2} + a\right) = -\cos(\pi - a) = -\cos(\pi + a) = -\sin\left(\frac{3\pi}{2} - a\right) = -\sin\left(\frac{3\pi}{2} + a\right)$$

$$\tan a = \cotan\left(\frac{\pi}{2} - a\right) = -\cotan\left(\frac{\pi}{2} + a\right) = -\tan(\pi - a) = \tan(\pi + a)$$
$$= \cotan\left(\frac{3\pi}{2} - a\right) = -\cotan\left(\frac{3\pi}{2} + a\right)$$

$$\cotan a = \tan\left(\frac{\pi}{2} - a\right) = -\tan\left(\frac{\pi}{2} + a\right) = -\cotan(\pi - a) = \cotan(\pi + a)$$
$$= \tan\left(\frac{3\pi}{2} - a\right) = -\tan\left(\frac{3\pi}{2} + a\right)$$

$$\sin(a + b) = \sin a \cdot \cos b + \sin b \cdot \cos a$$
$$\sin(a - b) = \sin a \cdot \cos b - \sin b \cdot \cos a$$
$$\cos(a + b) = \cos a \cdot \cos b - \sin a \cdot \sin b$$
$$\cos(a - b) = \cos a \cdot \cos b + \sin a \cdot \sin b$$

$$\tan(a + b) = \frac{\tan a + \tan b}{1 - \tan a \cdot \tan b}$$

$$\tan(a - b) = \frac{\tan a - \tan b}{1 + \tan a \cdot \tan b}$$

$$\cos a = \frac{1}{\sqrt{1 + \tan^2 a}}$$

$$\sin 2a = 2 \sin a \cdot \cos a$$
$$\cos 2a = \cos^2 a - \sin^2 a = 1 - 2 \sin^2 a$$

$$\tan 2a = \frac{2 \tan a}{1 - \tan^2 a}$$

$$\sin(a + b) + \sin(a - b) = 2 \sin a \cdot \cos b$$
$$\cos(a + b) + \cos(a - b) = 2 \cos a \cdot \cos b$$
$$\cos(a - b) - \cos(a + b) = 2 \sin a \cdot \sin b$$

$$\sin p + \sin q = 2 \sin\left(\frac{p + q}{2}\right) \cdot \cos\left(\frac{p - q}{2}\right)$$

$$\sin p - \sin q = 2 \sin\left(\frac{p - q}{2}\right) \cdot \cos\left(\frac{p + q}{2}\right)$$

$$\cos p + \cos q = 2 \cos\left(\frac{p + q}{2}\right) \cdot \cos\left(\frac{p - q}{2}\right)$$

$$\cos p - \cos q = -2 \sin\left(\frac{p + q}{2}\right) \cdot \sin\left(\frac{p - q}{2}\right)$$

$$\tan p \pm \tan q = \frac{\sin(p \pm q)}{\cos p \cdot \cos q}$$

Le cercle trigonométrique ayant un rayon unité, et les valeurs naturelles étant des nombres sans dimension, les fonctions circulaires se définissent immédiatement dans le triangle rectangle (figure 9.2).

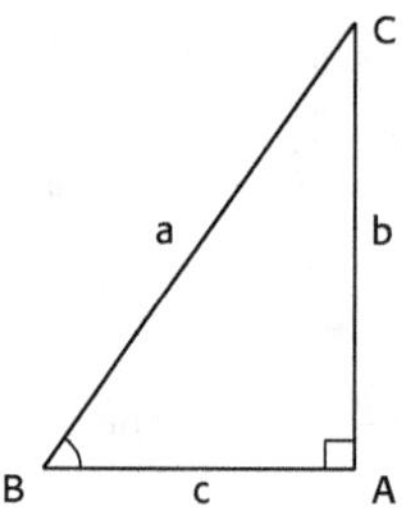

Figure 9.2. Triangle rectangle.

$$\sin \hat{B} = \frac{b}{a}, \quad \cos \hat{B} = \frac{c}{a}, \quad \tan \hat{B} = \frac{b}{c}, \quad \text{cotan } \hat{B} = \frac{c}{b}$$

Une *proportion* est l'égalité de deux rapports.

$$\frac{a}{b} = \frac{c}{d} \Leftrightarrow a = \frac{b \cdot c}{d} \Leftrightarrow b = \frac{a \cdot d}{c} \Leftrightarrow c = \frac{a \cdot d}{b} \Leftrightarrow d = \frac{b \cdot c}{a}$$

D'où :
$$b = a \cdot \sin \hat{B}, \; c = a \cdot \cos \hat{B}, \; b = c \cdot \tan \hat{B}, \; c = b \cdot \text{cotan } \hat{B}$$

$$S = \frac{1}{2} b \cdot c = \frac{1}{2} a \cdot \sin \hat{B} \cdot a \cdot \cos \hat{B} = \frac{1}{4} a^2 \cdot \sin 2\hat{B} = \frac{1}{4} a^2 \cdot \sin 2\hat{C}$$

Par suite :
$$\tan = \tan \hat{B} = \frac{\sin \hat{B}}{\cos \hat{B}}$$

Si
$$\hat{B} + \hat{C} = 100 \text{ gon} \Rightarrow \sin \hat{B} = \frac{b}{a} = \cos \hat{C} \text{ et } \tan \hat{B} = \frac{b}{c} = \text{cotan } \hat{C}$$

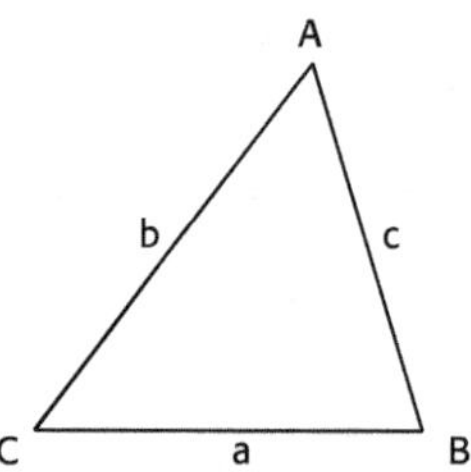

Figure 9.3. Triangle quelconque.

En calcul topométrique, les relations trigonométriques utilisées dans le triangle quelconque (figure 9.3) se limitent généralement à :

$$\frac{a}{\sin \hat{A}} = \frac{b}{\sin \hat{B}} = \frac{c}{\sin \hat{C}} = 2R \qquad \text{(R rayon du cercle circonscrit)}$$

$$\cos \hat{A} = \frac{b^2 + c^2 - a^2}{2 \cdot b \cdot c}, \quad \cos \hat{B} = \frac{c^2 + a^2 - b^2}{2 \cdot c \cdot a}, \quad \cos \hat{C} = \frac{a^2 + b^2 - c^2}{2 \cdot a \cdot b}$$

$$S = \frac{1}{2}\, a \cdot b \cdot \sin \hat{C} = \frac{1}{2}\, b \cdot c \cdot \sin \hat{A} = \frac{1}{2}\, c \cdot a \cdot \sin \hat{B}$$

La formule de Al Kashi : $a = \sqrt{b^2 + c^2 - 2b \cdot c \cdot \cos \hat{A}}$ est intégrée à certains tachéomètres, autorisant le calcul immédiat sur le terrain de la distance horizontale entre les 2 derniers points levés.

9.1.1.2   Équation du second degré

Soient a, b, c des nombres réels, $a \neq 0$ et $\Delta = b^2 - 4 \cdot a \cdot c$

L'équation : $a \cdot x^2 + b \cdot x + c = 0$, si $\Delta > 0$, admet deux solutions réelles :

$$x_1 = \frac{-b - \sqrt{\Delta}}{2 \cdot a} \quad \text{et} \quad x_2 = \frac{-b + \sqrt{\Delta}}{2 \cdot a} \;\Rightarrow\; x_1 + x_2 = -\frac{b}{a}, \;\; x_1 \cdot x_2 = \frac{c}{a} \; ;$$

si $\Delta = 0$, une solution réelle double : $x_1 = x_2 = -\dfrac{b}{2 \cdot a}$.

9.1.1.3   Développements limités

$$e = 1 + \frac{1}{1!} + \frac{1}{2!} + \dots$$

$$(1 + x)^m = 1 + \frac{m}{1!}\, x + \frac{m \cdot (m - 1)}{2!}\, x^2 + \dots$$

Taylor :
$$f(x + h) = f(x) + \frac{h}{1!}\, f'(x) + \frac{h^2}{2!}\, f''(x) + \dots$$

Mac Laurin :
$$f(x) = f(0) + \frac{x}{1!}\, f'(0) + \frac{x^2}{2!}\, f''(0) + \dots$$

$$\sin x = x - \frac{x^3}{3!} + \frac{x^5}{5!} - \dots$$

$$\cos x = 1 - \frac{x^2}{2!} + \frac{x^4}{4!} - \dots$$

$$\tan x = x + \frac{x^3}{3!} + \frac{2x^5}{15} + \dots$$

$$\arcsin x = x + \frac{x^3}{6} + \frac{3x^5}{40} + \dots$$

$$\arctan x = x - \frac{x^3}{3} + \frac{x^5}{5} - \dots$$

9.1.1.4   Dérivées et différentielles

Fonctions	**Dérivées**
$y = x^m$	$y' = m \cdot x^{m-1}$
$y = \dfrac{1}{x}$	$y' = -\dfrac{1}{x^2}$
$y = \dfrac{1}{x^m}$	$y' = -\dfrac{m}{x^{m+1}}$

$$y = \sqrt{x} \qquad\qquad y' = \frac{1}{2 \cdot \sqrt{x}}$$

$$y = \sqrt[m]{x} \qquad\qquad y' = \frac{1}{m \sqrt[m]{x^{m-1}}}$$

$$y = \sin x \qquad\qquad y' = \cos x$$

$$y = \cos x \qquad\qquad y' = -\sin x$$

$$y = \tan x \qquad\qquad y' = \frac{1}{\cos^2 x} = 1 + \tan^2 x$$

$$y = \cotan x \qquad\qquad y' = -\frac{1}{\sin^2 x}$$

$$y = \arcsin x \qquad\qquad y' = \frac{1}{\sqrt{1-x^2}}$$

$$y = \arccos x \qquad\qquad y' = -\frac{1}{\sqrt{1-x^2}}$$

$$y = \arctan x \qquad\qquad y' = \frac{1}{1 + x^2}$$

$$y = \arccotan x \qquad\qquad y' = -\frac{1}{1 + x^2}$$

$$y = a \cdot u \quad (u = f(x)) \qquad\qquad y' = a \cdot u'$$

$$y = u + v + w \qquad\qquad y' = u' + v' + w'$$

$$y = u \cdot v \qquad\qquad y' = v \cdot u' + u \cdot v'$$

$$y = \frac{u}{v} \qquad\qquad y' = \frac{v \cdot u' - u \cdot v'}{v^2}$$

$$y = u^m \qquad\qquad y' = m \cdot u^{m-1} \cdot u'$$

$$y = \frac{1}{u} \qquad\qquad y' = -\frac{u'}{u^2}$$

$$y = \sqrt{u} \qquad\qquad y' = \frac{u'}{2 \cdot \sqrt{u}}$$

$$y = \sqrt[m]{u} \qquad\qquad y' = -\frac{u'}{m \sqrt[m]{u^{m-1}}}$$

Fonctions	**Différentielles**
$y = f(x)$	$dy = f'(x) \cdot dx$
$y = f(x,z)$	$dy = f'(x) \cdot dx + f'(z) \cdot dz,$
	$(f'(x) \cdot dx$ et $f'(z) \cdot dz$
	sont les différentielles partielles).

9.1.1.5 Géométrie

Projections orthogonales de vecteurs sur un axe

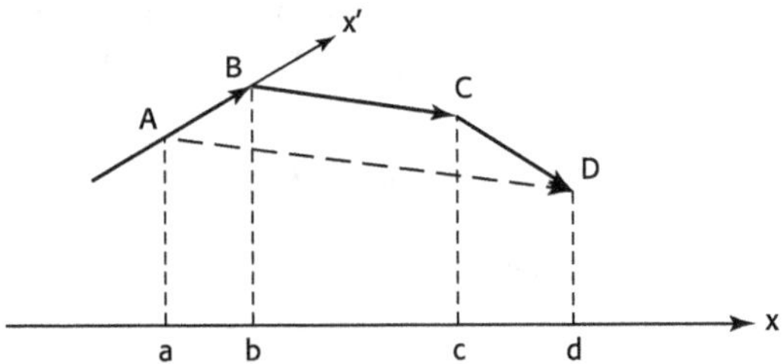

Figure 9.4. Projections de vecteurs.

$$\overline{ab} = \overline{AB} \cdot \cos(\vec{x}, \vec{x'}) \qquad \overline{ad} = \overline{ab} + \overline{bc} + \overline{cd}$$

Distance d'un point à une droite

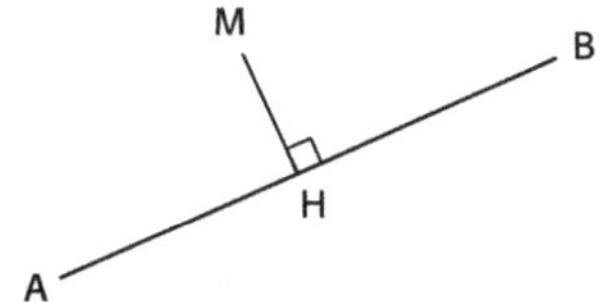

Figure 9.5. Distance d'un point à une droite.

$$MH = \frac{\left| (y_B - y_A) \cdot x_M + (x_A - x_B) \cdot y_M - x_A \cdot y_B + x_B \cdot y_A \right|}{\sqrt{(x_A - x_B)^2 + (y_A - y_B)^2}}$$

Arc de cercle ; puissance d'un point

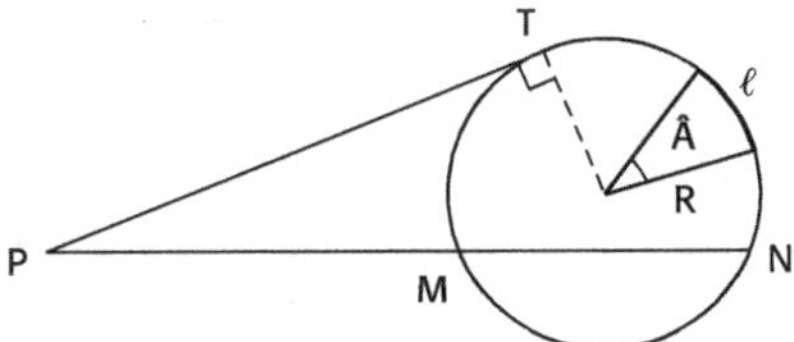

Figure 9.6. Arc et puissance

$$\ell = \frac{\pi \cdot R \cdot \hat{A}}{200} \quad \text{avec } \hat{A} \text{ en gon} \qquad C(P) = PT^2 = PM \cdot PN$$

Isométrie des triangles

Deux triangles sont isométriques, autrement dit égaux ou superposables, dans 3 cas :

- lorsqu'ils ont 1 côté et les 2 angles adjacents respectivement égaux ;
- ou 1 angle égal compris entre 2 côtés respectivement égaux ;
- ou enfin 3 côtés égaux.

Similitude des triangles

Deux triangles sont semblables dans 3 cas :

– lorsqu'ils ont 2 angles égaux ;
– ou 1 angle égal compris entre 2 côtés respectivement proportionnels ; si les côtés sont portés par les mêmes demi-droites, les triangles sont alors homothétiques : (figure 9.7) ;

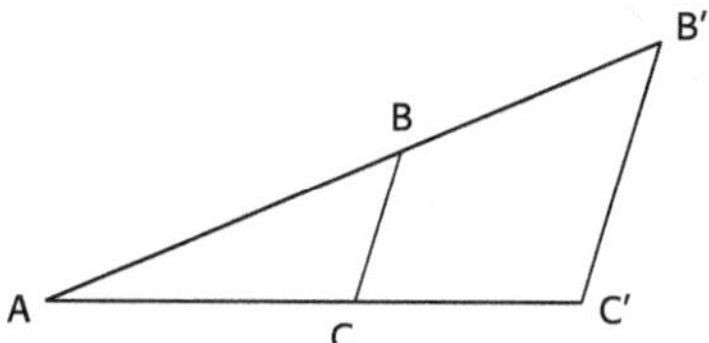

Figure 9.7. Triangles homothétiques.

– ou enfin 3 côtés respectivement proportionnels.

Triangle rectangle

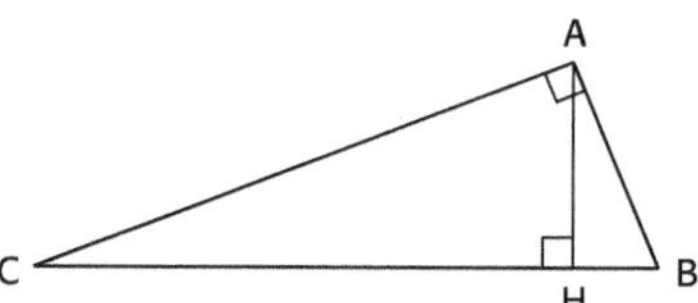

Figure 9.8. Relations dans le triangle rectangle.

$$AB^2 + AC^2 = BC^2 \text{ (Pythagore)}, \quad AH^2 = HB \cdot HC, \quad AB^2 = BH \cdot BC, \quad AC^2 = CH \cdot CB$$

Inversion dans le plan

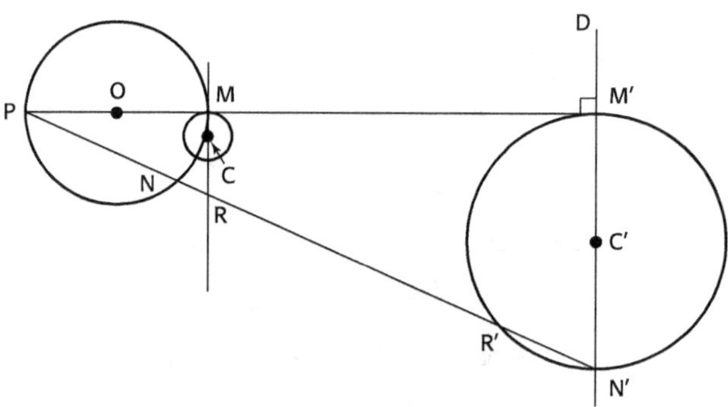

Figure 9.9. Inversion dans le plan.

Dans l'inversion $I_{(P,\ PM.PM')}$ (figure 9.9), l'inverse du cercle (O) passant par le pôle d'inversion P est la droite D perpendiculaire au diamètre PO et réciproquement, l'inversion étant involutive ; l'inverse du cercle (C) ne passant pas par le pôle est le cercle (C') : $PM \cdot PM' = PN \cdot PN' = PR \cdot PR'$.

L'inversion, comme l'homothétie et la similitude, conserve la tangence d'une droite et d'un cercle, ou de deux cercles, au point image de la transformation.

Division harmonique

Les points C et D sont dits « conjugués harmoniques » des 2 points A et B s'ils sont situés sur la droite AB et tels que l'on ait : $\dfrac{\overline{CA}}{\overline{CB}} = -\dfrac{\overline{DA}}{\overline{DB}}$.

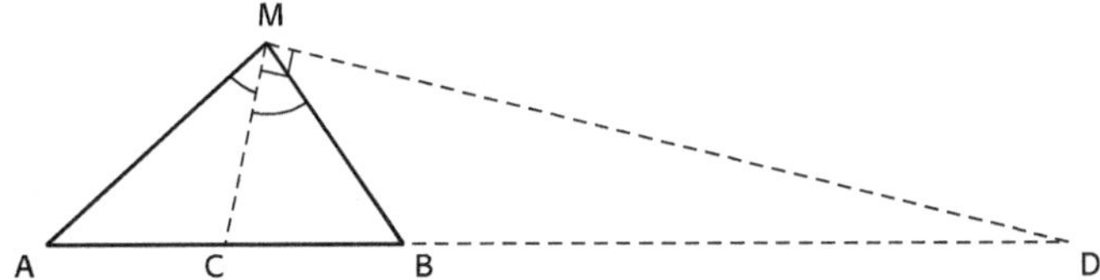

Figure 9.10. Bissectrices en division harmonique.

Dans un triangle MAB (figure 9.10), les pieds C et D des bissectrices intérieure et extérieure issues du sommet M par exemple sont les conjugués harmoniques des sommets A et B.

9.1.2 Calcul séquentiel

Le calcul topométrique traite essentiellement les angles et les distances mesurés sur le terrain ou déduits des coordonnées rectangulaires, ainsi que les superficies.

Il est composé de calculs mathématiques traditionnels complétant les résolutions numériques de procédés fréquemment utilisés en topographie, appelés *fonctions de calcul topométrique* ; le *calcul séquentiel* enchaîne les uns et les autres en une suite de séquences ordonnées qui conduit des données initiales au résultat final, en passant par un certain nombre de résultats intermédiaires.

SÉQUENCES	FIGURES – FORMULES – FONCTIONS	RÉSULTATS

Figure 9.11. Tableau d'algorithme de calcul topométrique.

L'analyse et l'organisation des séquences se présentent sous la forme d'un algorithme en tableau (figure 9.11) rempli en 2 phases :

1°- *Établissement de l'algorithme*

Enchaînements de formules, courtes démonstrations mathématiques, fonctions de calculs topométriques, etc. appliqués le plus souvent à des figures géométriques simples : triangles, polygones, cercles, etc.

Lorsque le *dessin géométrique*, c'est-à-dire l'analyse de la géométrie de la figure suivie du dessin à l'échelle réalisé sans calcul à l'aide de la règle et du compas par une suite de tracés successifs, est fait initialement, les séquences de l'algorithme ne sont plus que la traduction chiffrée des différents tracés.

En tout état de cause, avec ou sans dessin géométrique, un algorithme de calcul topométrique est établi dans la quasi-totalité des cas à partir de la géométrie de la figure.

2°- *Exécution numérique*

Elle est faite en conservant à chaque séquence tous les chiffres significatifs de la calculatrice utilisée, de manière à ne pas perdre de précision dans les enchaînements successifs.

Les résultats expressément demandés sont *en plus* arrondis au mieux (0 si inférieur à 0,5 et 1 si égal ou supérieur à 0,5) au chiffre de rang inférieur des données ; tous les résultats doivent comporter les symboles d'unités.

En tout état de cause, toujours arrondir les résultats d'angles et de distances pour qu'ils soient compatibles, en se rappelant que 1 mgon correspond à un arc de 1 mm à 64 m environ, c'est-à-dire 0,5 cm à un peu plus de 300 m.

Les fonctions de calcul topométrique à résultats stricts se prêtent bien à la programmation sur calculatrice de poche ; dans l'algorithme, leur intitulé suffit.

Chaque fois que des contrôles partiels ou globaux *efficaces*, numériques ou graphiques, sont possibles, le calculateur doit les effectuer en privilégiant les contrôles indirects et en se rappelant qu'un contrôle est fait pour déceler une faute de calcul et non une imprécision d'arrondi ; le *calcul en retour*, qui d'une manière générale consiste à recalculer les données à partir des *résultats arrondis*, est souvent un contrôle efficace.

Le calcul séquentiel s'applique à la totalité des calculs topométriques, aussi bien aux problèmes à résultats stricts qu'aux procédés impliquant un choix entre plusieurs résultats possibles.

Exemple

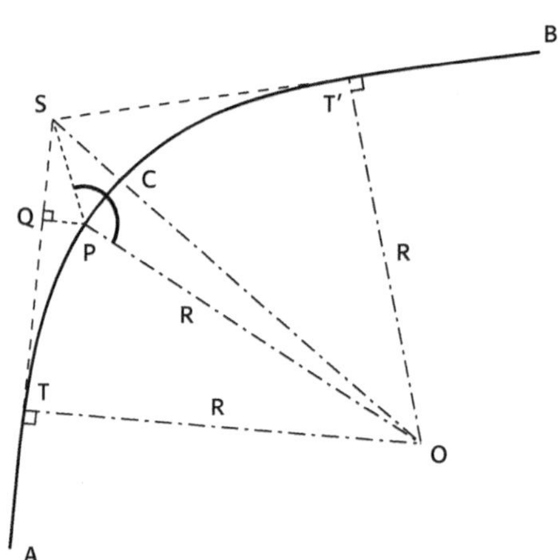

Figure 9.12. Implantation d'un arc de cercle.

Deux alignements sécants en S sont raccordés par un arc de cercle qui passe par le point P (figure 9.12). Un topographe a mesuré l'angle azimutal $\widehat{BSA}$, l'abscisse SQ et l'ordonnée QP.
Calculer :

1°- l'angle azimutal $\widehat{PSQ}$ et la distance SP ;

2°- l'angle azimutal $\widehat{SPO}$;

3°- le rayon du cercle de raccordement ;

4°- la distance d'implantation ST, le point T étant le point de tangence de l'alignement et du cercle ;

5°- la distance d'implantation SC, le point C étant le point d'intersection du segment SO avec le cercle.

Application numérique : $\widehat{BSA}$ = 115,082 gon, SQ = 150,01 m, QP = 72,03 m.

SÉQUENCES	FIGURES – FORMULES – FONCTIONS	RÉSULTATS
1 – $\widehat{PSQ}$, SP		
1.1 – $\widehat{PSQ}$	$\hat{S}_3 = \arctan \dfrac{PQ}{SQ}$	$\hat{S}_3 = 28{,}49869779$ gon $\widehat{PSQ} = \underline{28{,}499 \text{ gon}}$
1.2 – SP	$SP = \sqrt{PQ^2 + SQ^2}$	$SP = 166{,}4070942$ m $SP = \underline{166{,}41 \text{ m}}$
1.3 – Contrôle	$PQ = SP \cdot \sin \hat{S}_3$	$PQ = 72{,}03$ m
2 – $\widehat{SPO}$		
2.1 – $\hat{S}_1$	$\hat{S}_1 = \dfrac{\widehat{BSA}}{2}$	$\hat{S}_1 = 57{,}541$ gon
2.2 – $\hat{S}_2$	$\hat{S}_2 = \hat{S}_1 - \hat{S}_3$	$\hat{S}_2 = 29{,}04230221$ gon
2.3 – $\widehat{SPO}$	Triangle SPO : $\dfrac{SO}{\sin \hat{P}} = \dfrac{OP}{\sin \hat{S}_2}$ Triangle OTS : $\dfrac{OT}{SO} = \sin(\hat{S}_2 + \hat{S}_3) = \sin \hat{S}_1$ $\Bigg\}$ $100 < \hat{P} = \arcsin\left(\dfrac{\sin \hat{S}_2}{\sin \hat{S}_1}\right) < 200$ Contrôle de $\hat{S}_2$ et $\hat{P}$ par double calcul	$\hat{P} = 162{,}1078764$ gon $\widehat{SPO} = \underline{162{,}108 \text{ gon}}$
3 – Rayon R		
3.1 – $\hat{O}$	$\hat{O} = 200 - (\hat{S}_2 + \hat{P})$	$\hat{O} = 8{,}84982139$ gon
3.2 – R = OP	$OP = \dfrac{SP}{\sin \hat{O}} \sin \hat{S}_2$	$OP = 529{,}0519439$ m $R = \underline{529{,}05 \text{ m}}$
4 – ST	$ST = ST' = \dfrac{R}{\tan \hat{S}_1}$	$ST = 416{,}5187291$ m $ST = \underline{416{,}52 \text{ m}}$
5 – SC		
5.1 – SO	$SO = \dfrac{R}{\sin \hat{S}_1}$	$SO = 673{,}3378135$ m
5.2 – SC	$SC = SO - R$	$SC = 144{,}2858696$ m $SC = \underline{144{,}29 \text{ m}}$
6 – Contrôle R, ST, SC	$\widehat{BSA} = 2 \arccos\left(\dfrac{ST}{SC + R}\right)$	$\widehat{BSA} = 115{,}082$ gon

9.1.3 Traitement informatique

Dans la vie professionnelle, les topographes effectuent leurs calculs sur micro-ordinateurs à l'aide de progiciels et de logiciels qui automatisent au maximum les traitements numériques et graphiques des observations topographiques, depuis le levé jusqu'au plan, par codification directe sur le terrain et sont capables de détecter certaines erreurs parasites d'observation, que des éditeurs permettent de corriger ; les données peuvent d'ailleurs être introduites ou corrigées à différents niveaux.

Deux grandes formes de traitement sont possibles :

— *Calcul pas à pas* : l'opérateur sélectionne luimême les opérations à effectuer : réductions des observations, calculs des coordonnées du canevas d'ensemble par calcul point par point ou en bloc, canevas polygonal, traitement des données relatives aux points de détail par exemple. Les données peuvent être introduites, consultées, corrigées ou gelées à tous les stades : carnet de terrain manuel ou électronique, observations brutes ou réduites, etc. Certaines erreurs parasites d'observation ou de codification peuvent être localisées et corrigées.

— *Méthode opérationnelle* : l'ordinateur effectue automatiquement toutes les opérations depuis la lecture du carnet de terrain jusqu'au plan : réductions des observations, calcul en bloc, compensation par moindres carrés le plus souvent, calculs des points de détail en E, N, H, superficies, dessin automatique selon la codification mise en œuvre.

9.2 Coordonnées

9.2.1 Conversions

9.2.1.1 Conversion des coordonnées polaires en coordonnées rectangulaires (P → R)

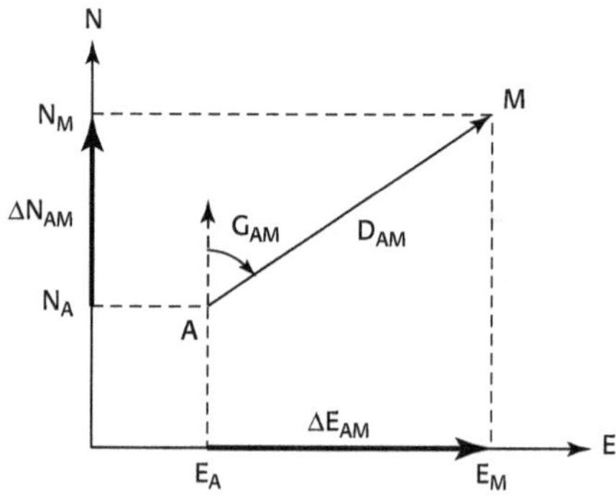

Figure 9.13. Conversion P → R.

Dans le plan horizontal du système de représentation plane, calculer les coordonnées rectangulaires – abscisse et ordonnée – de l'extrémité M du vecteur $\overrightarrow{AM}$ connaissant celles de l'origine A ainsi que les coordonnées polaires : gisement G_{AM} et distance D_{AM} (figure 9.13).

Le théorème de la projection d'un vecteur sur un axe donne, quel que soit le cas de figure :

$$E_M - E_A = \Delta E_{AM} = D_{AM} \cdot \cos(\overrightarrow{E}, \overrightarrow{AM})$$

Soit, d'après le théorème de Chasles :

$$(\overrightarrow{E}, \overrightarrow{AM}) = (\overrightarrow{E}, \overrightarrow{N}) + (\overrightarrow{N}, \overrightarrow{AM}) = 300 + G_{AM}, \quad \text{avec } (\overrightarrow{E}, \overrightarrow{AM}) \text{ en gon}$$

D'où : $\qquad \cos(\overrightarrow{E}, \overrightarrow{AM}) = \cos(300 + G_{AM}) = \sin G_{AM} \Rightarrow \Delta E_{AM} = D_{AM} \cdot \sin G_{AM}$

On démontre de même : $\qquad \Delta N_{AM} = D_{AM} \cdot \cos G_{AM}$

Dès lors : $\qquad\qquad E_M = E_A + \Delta E_{AM} = E_A + D_{AM} \cdot \sin G_{AM}$

$\qquad\qquad\qquad\qquad\quad N_M = N_A + \Delta N_{AM} = N_A + D_{AM} \cdot \cos G_{AM}$

Cette fonction de calcul topométrique est intégrée à certains terminaux de terrain et tachéomètres électroniques, autorisant un traitement en temps réel.

9.2.1.2 Conversion des coordonnées rectangulaires en coordonnées polaires (R → P)

Deux points connus en coordonnées définissent *un segment que le calculateur transforme préalablement en vecteur* en choisissant un des points comme origine A et l'autre comme extrémité B.

À l'aide des coordonnées rectangulaires de A et B, calculer les coordonnées polaires du vecteur $\overrightarrow{AB}$: G_{AB} et D_{AB}.

Les formules précédentes donnent :

$$\frac{E_B - E_A}{N_B - N_A} = \frac{\Delta E_{AB}}{\Delta N_{AB}} = \frac{D_{AB} \cdot \sin G_{AB}}{D_{AB} \cdot \cos G_{AB}} = \tan G_{AB}.$$

Les différences d'abscisses ΔE et ΔN étant positives ou négatives suivant le quadrant dans lequel se trouve l'extrémité B du vecteur par rapport à son origine A, la valeur naturelle de tan G est une valeur algébrique qui correspond à un angle aigu positif ou négatif, autrement dit, en langage topographique, à une paire de gisements.

Exemple

tan G = + 1 $\Rightarrow$ G = 50 gon ou G = 250 gon

tan G = – 1 $\Rightarrow$ G = –50 gon, soit G = 350 gon ou G = 150 gon

Pour lever l'ambiguïté, calculer l'angle aigu auxiliaire g, positif ou négatif, par la formule :

$g = \text{arc tan } \dfrac{\Delta E_{AB}}{\Delta N_{AB}}$, puis en déduire le gisement G selon le couple des signes des ΔE et ΔN (figure 9.14).

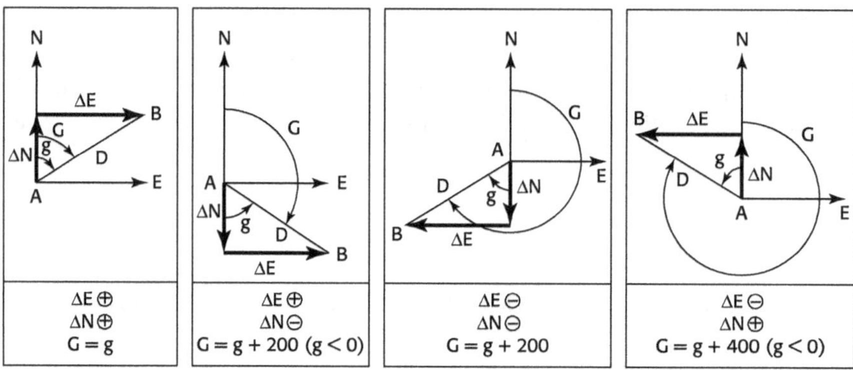

Figure 9.14. Conversion R → P.

La distance est calculée par le théorème de Pythagore : $D = \sqrt{\Delta E^2 + \Delta N^2}$, privilégié par les fonctions préprogrammées x^2 et $\sqrt{\ }$ des calculatrices.

Si une différence de coordonnées, ΔE ou ΔN, est nulle, les coordonnées polaires G et D sont immédiates.

Cette fonction de calcul topométrique est intégrée à certains terminaux de terrain et tachéomètres électroniques, autorisant notamment le calcul immédiat sur le terrain de la distance horizontale entre 2 points quelconques dont les coordonnées ont été enregistrées antérieurement.

9.2.1.3   Application

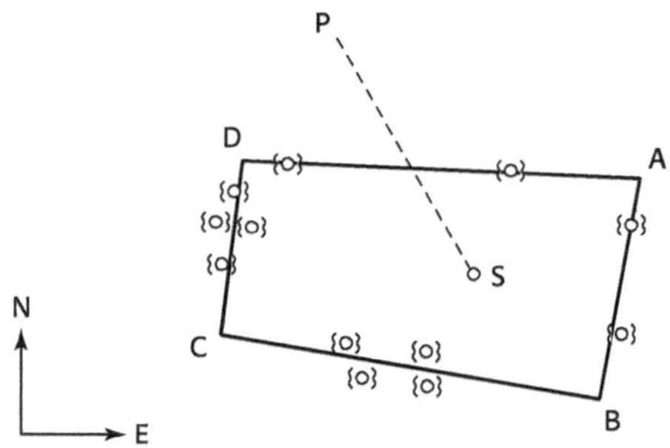

Figure 9.15. Parcelle levée par rayonnement.

Afin d'établir le plan d'un terrain boisé ABCD (figure 9.15), un topographe a stationné un point intérieur S connu en coordonnées Lambert I et levé par rayonnement les 4 sommets, en s'orientant sur un point géodésique P.

Calculer les coordonnées rectangulaires des sommets, puis les longueurs des côtés et les angles intérieurs du terrain.

Application numérique

$$E_S = 887\ 633,21\ \text{m} \qquad E_P = 885\ 775,08\ \text{m}$$
$$N_S = 1\ 121\ 425,88\ \text{m} \qquad N_P = 1\ 123\ 192,49\ \text{m}$$

STATION	POINTS VISÉS	TOUR D'HORIZON	DISTANCES RÉDUITES
S	P	0 gon	
	A	115,993	75,34 m
	B	219,419	81,67
	C	326,496	95,03
	D	388,258	100,05

SÉQUENCES	FIGURES – FORMULES – FONCTIONS	RÉSULTATS
1 – Gisements	Conversion R $\rightarrow$ P $\quad\overrightarrow{SP}$ $G_{Si} = G_{SP} + L_i$ $G_{SA} = 64,3859588$ gon $\quad G_{SB} = 167,8119588$ gon $G_{SC} = 274,8889588$ gon $\quad G_{SD} = 336,6509588$ gon	$G_{SP} = 348,3929588$ gon
2 – Coordonnées sommets	Conversions P $\rightarrow$ R $\quad\overrightarrow{Si}$ $\|\begin{matrix}E_A = 887\ 697,0652\ \text{m}\\ N_A = 121\ 465,8628\ \text{m}\end{matrix}$ $\quad$ $\|\begin{matrix}E_B = 887\ 672,766\ \text{m}\\ N_B = 121\ 354,4286\ \text{m}\end{matrix}$ $\|\begin{matrix}E_C = 887\ 545,4773\ \text{m}\\ N_C = 121\ 389,3605\ \text{m}\end{matrix}$ $\quad$ $\|\begin{matrix}E_D = 887\ 549,2876\ \text{m}\\ N_D = 121\ 480,3504\ \text{m}\end{matrix}$	$\|\begin{matrix}E_A = \underline{887\ 697,07}\ \text{m}\\ N_A = \underline{1\ 221\ 465,86}\ \text{m}\end{matrix}$ $\|\begin{matrix}E_B = \underline{887\ 672,77}\ \text{m}\\ N_B = \underline{1\ 221\ 354,43}\ \text{m}\end{matrix}$ $\|\begin{matrix}E_C = \underline{887\ 545,48}\ \text{m}\\ N_C = \underline{1\ 221\ 389,36}\ \text{m}\end{matrix}$ $\|\begin{matrix}E_D = \underline{887\ 549,29}\ \text{m}\\ N_D = \underline{1\ 221\ 480,35}\ \text{m}\end{matrix}$
3 – Gisements, distances	Conversions R $\rightarrow$ P $\quad\overrightarrow{i,\ i+1}$ $G_{AB} = 213,6680929$ gon $\ G_{BC} = 317,0510115$ gon $\ G_{CD} = 2,664357137$ gon $AB = 114,0527599$ m $\quad BC = 131,9948892$ m $\quad CD = 91,06964526$ m	$G_{DA} = 106,2213175$ gon $DA = 148,4860587$ m
4 – Côtés, angles	 $\hat{A} = G_{AD} - G_{AB} = 92,5532246$ gon $\hat{B} = G_{BA} - G_{BC} = 96,6170814$ gon $\hat{C} = G_{CB} - G_{CD} = 114,3866544$ gon $\hat{D} = G_{DC} - G_{DA} = 96,4430396$ gon $\hat{A} + \hat{B} + \hat{C} + \hat{D} = 400$ gon	$AB = \underline{114,05}$ m $BC = \underline{131,99}$ m $CD = \underline{91,07}$ m $DA = \underline{148,49}$ m $\hat{A} = \underline{92,553}$ gon $\hat{B} = \underline{96,617}$ gon $\hat{C} = \underline{114,387}$ gon $\hat{D} = \underline{96,443}$ gon $\hat{A} + \hat{B} + \hat{C} + \hat{D} = 400,000$ gon

9.2.1.4 Distance d'un point à une droite

SÉQUENCES	FIGURES – FORMULES – FONCTIONS	RÉSULTATS
1 – Gisements, distances	Conversion R → P $\overrightarrow{AB}$, $\overrightarrow{AP}$	G_{AB} G_{AP} AP
2 – PH	PH = AP · sin $(G_{AB} - G_{AP})$	PH

9.2.2 G0 de station

Le G0 de station est le gisement du zéro du cercle horizontal du théodolite.

Si les lectures d'angles horizontaux sont réduites sur la direction de référence SA par exemple (figure 9.16), et si L_M est la lecture réduite sur le M, il vient immédiatement : $G_{SM} = G_0 + L_M$. Le G0 est donc le gisement du zéro fictif origine de chiffraison du cercle horizontal après réductions ; ajouté aux lectures réduites d'un tour d'horizon, il donne les gisements des directions visées depuis la station, suivant la formule générale : G = G0 + L.

En principe, une seule direction de gisement connu suffit pour le calculer : G0 = G − L. En pratique, chaque fois que possible, viser depuis la station S plusieurs directions SA, SB, SC, etc. de gisements connus, déterminer le G0 à partir de chaque direction : G_{0_A}, G_{0_B}, G_{0_C}, puis calculer la moyenne arithmétique ou pondérée qui représente le G0 de station ; de cette façon, les observations et les calculs sont contrôlés et la précision des résultats améliorée.

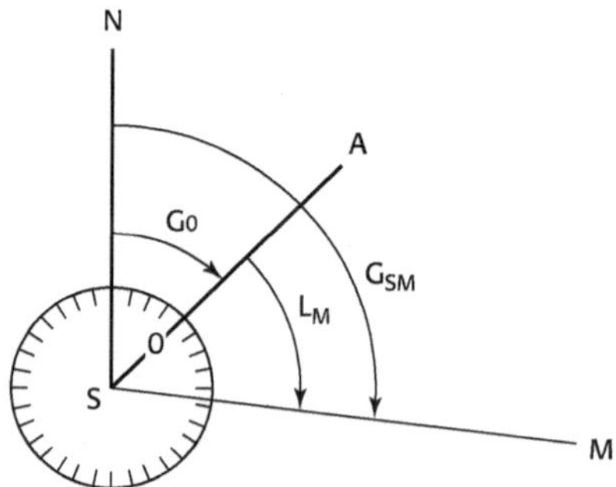

Figure 9.16. G0 de station.

Exemple

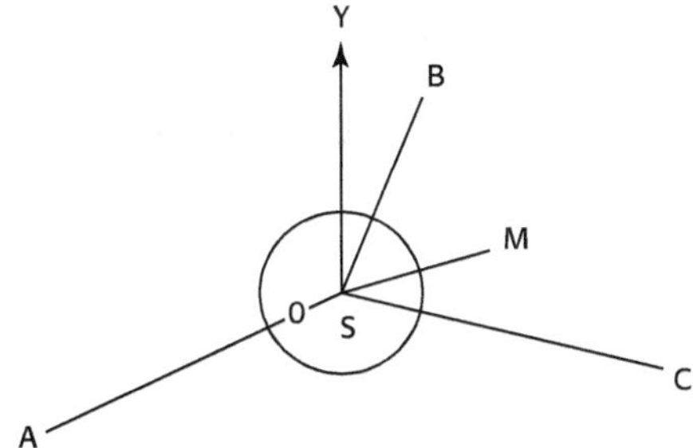

Figure 9.17. $G_{SM} = G0_S + L_M$.

À la station S, un topographe a observé un tour d'horizon sur quatre points A, B, C, M (fig. 9.17).

STATION	POINTS VISÉS	TOUR D'HORIZON	E	N
S			451 288,87 m	3 191 348,71 m
	A	0 gon	448 590,94	3 189 521,51
	B	146,4060	451 598,63	3 193 652,14
	M	230,0919		
	C	277,6731	453 562,20	3 189 709,08

À l'aide du tour réduit et des coordonnées Lambert III des points, calculer le gisement de la direction SM.

SÉQUENCES	FIGURES – FORMULES – FONCTIONS	RÉSULTATS
1 – Gisements	Conversions R → P $\vec{SA}$ $\vec{SB}$ $\vec{SC}$	$G_{SA} = 262{,}1019855$ gon $G_{SB} = 8{,}51006285$ gon $G_{SC} = 139{,}7787485$ gon
2 – $G0_S$	$G0_A = G_{SA} - L_A$ $G0_B = G_{SB} - L_B$ $G0_C = G_{SC} - L_C$ $G0_S = \dfrac{G0_A + G0_B + G0_C}{3}$	$G0_A = 262{,}1019855$ gon $G0_B = 262{,}1040628$ gon $G0_C = 262{,}1056485$ gon $G0_S = 262{,}1038989$ gon
3 – G_{SM}	$G_{SM} = G0_S + L_M$	$G_{SM} = 92{,}1957989$ gon $G_{SM} = \underline{92{,}1958 \text{ gon}}$

9.2.3   Stations excentrées

Lorsque les conditions d'observation n'autorisent pas le centrage du théodolite sur le repère R, l'opérateur se place en S à une station dite « excentrée » ; la réduction des observations consiste à calculer les lectures du cercle horizontal du théodolite qui auraient été faites si l'instrument avait été mis en station, donc centré, sur le repère.

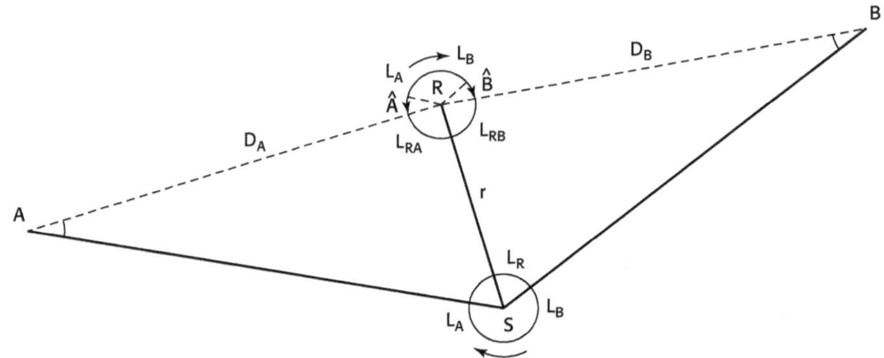

Figure 9.18. Station excentrée.

Les lectures L_A et L_R du cercle horizontal faites en S sur un point A et sur le repère R (figure 9.18) donnent $(\overrightarrow{SA}, \overrightarrow{SR}) = L_R - L_A$, en supposant que le chiffrage croît dans le sens des aiguilles d'une montre.

Si : SR = r et RA = D_A désignent les *distances réduites au système de projection* entre la station et le repère d'une part, le repère et le point A d'autre part, le triangle RSA donne :

$$\frac{r}{\sin \hat{A}} = \frac{D_A}{\sin (L_R - L_A)} \Rightarrow \hat{A} = \arcsin \left(\frac{r}{D_A} \cdot \sin (L_R - L_A) \right)$$

De même pour le point visé B : $\hat{B} = \arcsin \left(\frac{r}{D_B} \cdot \sin (L_B - L_R) \right)$.

En admettant que le cercle horizontal ait été translaté en R, autrement dit centré sur R après avoir été déplacé parallèlement à lui-même, les lectures faites auraient été :

$$L_{RA} = L_A - \hat{A} \quad \text{et} \quad L_{RB} = L_B + \hat{B}.$$

Pour que les angles correctifs $\hat{A}$ et $\hat{B}$ aient le signe voulu, quel que soit le cas de figure, les formules précédentes s'écrivent :

$$\hat{A} = \arcsin \left(\frac{r}{D_A} \cdot \sin (L_A - L_R) \right), \quad \hat{B} = \arcsin \left(\frac{r}{D_B} \cdot \sin (L_B - L_R) \right),$$

soit de manière générale pour un point i d'un tour d'horizon effectué sur n points :

$$\hat{i} = \arcsin \left(\frac{r}{D_i} \cdot \sin (L_i - L_R) \right) \Rightarrow L_{Ri} = L_i + \hat{i}.$$

Après correction individuelle de chaque lecture du tour d'horizon, réduire celui-ci à zéro sur la référence.

Exemple

SCHÉMA	POINTS	LECTURE L_i	DISTANCES D_i	LECTURES RÉDUITES L_{Ri}	TOUR D'HORIZON
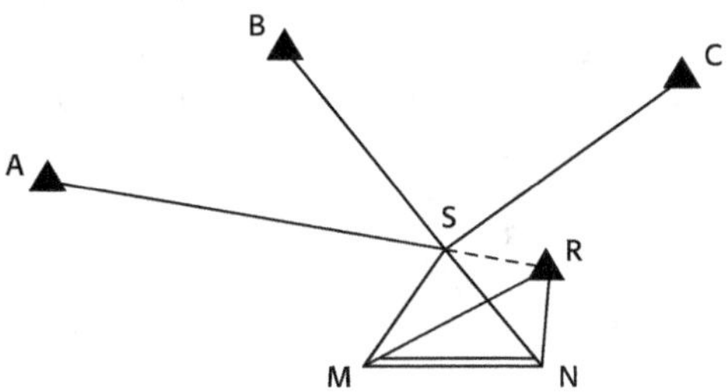	A	0 gon	1 649,01 m	− 0,110915882 gon	0 gon
	B	108,6779	1 262,87	108,7649597	108,8758756
	C	186,4524	997,35	186,6498386	186,7607545
	D	293,3156	1 428,16	293,2692150	293,3801309
	R	72,0512	3,174		
					L_A = 0 gon
					L_B = 108,8759
					L_C = 186,7608
					L_D = 293,3801

La réduction de plusieurs stations excentrées à un repère unique impose de viser un même point pour un couple de stations, et ce pour tous les couples, de manière à pouvoir réunir les différentes observations dans un tour d'horizon unique sur l'ensemble des points visés.

La réduction des observations d'une station excentrée nécessite la connaissance de 3 paramètres :

— la distance d'excentrement : $r = SR$;

— la distance repère-point visé : $D_i = R_i$, déterminée avec une précision d'autant plus grande qu'elle est plus courte ;

— les lectures azimutales Li faites en S sur les différents points visés et sur le repère.

Lorsque ces paramètres ne sont pas mesurables, ils doivent être calculés préalablement par l'intermédiaire d'observations complémentaires appliquées à des figures géométriques simples : triangles et quadrilatères le plus souvent.

Exemple

Station S sur une terrasse d'immeuble, repère R sur le trottoir, absence d'intervisibilité (figure 9.19).

Figure 9.19. Repère non visible depuis la station excentrée.

Implanter dans la rue les points M et N formant avec S et R 2 triangles les plus équilatéraux possible et tels que l'intervisibilité soit assurée entre eux d'une part, avec S et R d'autre part.

Dans le tour d'horizon effectué en S sur A, B, C, inclure au moins un de ces points, M par exemple ; mesurer la distance MN ainsi que tous les angles en M et N.

Les triangles SMN et RMN étant géométriquement définis, il en est de même du triangle SMR ; la distance d'excentrement SR et l'angle $(\overrightarrow{SR}, \overrightarrow{SM})$, dont on déduit la lecture L_R du tour d'horizon en S, sont calculés par résolutions trigonométriques.

Si la figure géométrique auxiliaire est plus compliquée, calculer les coordonnées des points S, R, M, N, etc. dans un repère orthonormé local, pour en déduire ensuite les paramètres de l'excentrement.

9.2.4 Rattachement – rabattement

De manière générale, le rattachement est l'établissement de liens géométriques entre 2 réseaux de points dont l'un sert de référence, afin d'exprimer l'autre dans la même référence géométrique que le premier ; il consiste, notamment, à déterminer les coordonnées d'un point proche du repère connu, qui présente de plus grandes facilités d'utilisation ou de meilleures chances de conservation.

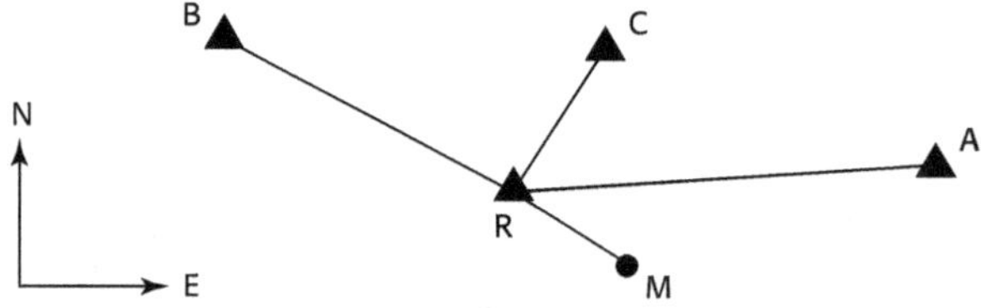

Figure 9.20. Rattachement.

Les coordonnées du point rattaché M sont calculées à partir de celles du repère R (figure 9.20) par conversion P → R du vecteur $\overrightarrow{RM}$, après détermination des 2 paramètres du rattachement : le gisement G_{RM} et la distance RM réduite au système de projection.

Si le repère R est stationnable, terrasse ou château d'eau par exemple, effectuer un tour d'horizon sur un ou plusieurs points connus en coordonnées, A, B, etc. ainsi que sur le point rattaché M et mesurer la distance RM.

Le G0 de la station donne G_{RM}, d'où les coordonnées de M.

Si R est inaccessible, flèche de clocher à rabattre au sol par exemple (figure 9.21), implanter M de manière à pouvoir viser, outre R, au moins un point connu A et déterminer 2 triangles RMN et RMP les plus équilatéraux possibles ; mesurer les distances MN et MP ainsi que tous les angles en M, N, P.

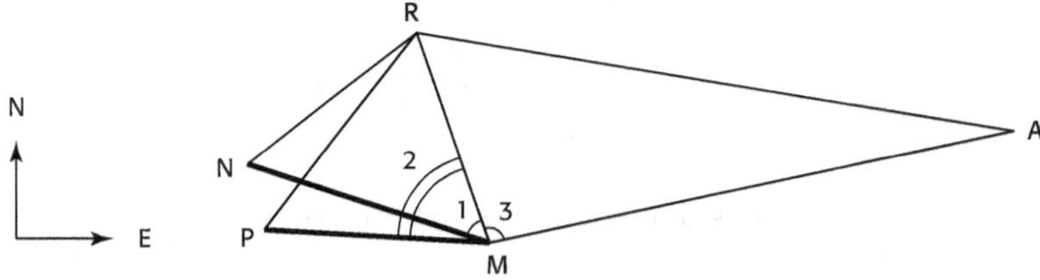

Figure 9.21. Rabattement.

D'où l'algorithme de calcul des paramètres du rabattement :

$$\left.\begin{array}{l} - \quad RM_N = \dfrac{MN \cdot \sin \hat{N}}{\sin (\hat{M}_1 + \hat{N})} \\[3ex] RM_P = \dfrac{MP \cdot \sin \hat{P}}{\sin (\hat{M}_2 + \hat{P})} \end{array}\right\} \Rightarrow RM = \dfrac{RM_N + R M_P}{2} \; ;$$

$$- \quad \text{conversion } R \to P \qquad \overrightarrow{RA} \Rightarrow G_{RA}, \; RA \; ;$$

$$- \quad \hat{A} = \arcsin \left(\dfrac{RM \cdot \sin \hat{M}_3}{RA} \right) \Rightarrow \hat{R} = 200 - (\hat{A} + \hat{M}_3) \; ;$$

$$- \quad G_{RM} = G_{RA} + \hat{R}.$$

Une visée faite de M sur un autre point B connu en coordonnées fournit une seconde détermination de G_{RM}.

9.2.5   Changement de repère orthonormé

9.2.5.1   Angle des repères

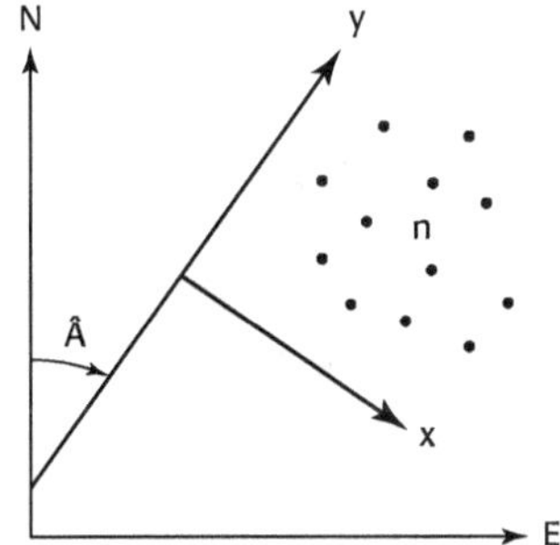

Figure 9.22. Ancien et nouveau repère orthonormé.

Le changement de repère orthonormé, composition d'un changement de base et d'une translation de l'origine, consiste à calculer dans un *nouveau repère*, appelé *système général* ou *système national*, les coordonnées de n points connus dans un *ancien repère*, appelé *système local*.

Dans tout ce qui suit, le nouveau repère est désigné par les lettres majuscules E, N, l'ancien repère par les lettres minuscules x, y (figure 9.22).

Les 2 applications topographiques potentielles du changement de repère orthonormé sont :

- le calcul dans le système de représentation plane Lambert par exemple, sans changement d'échelle, des sommets d'un canevas d'ensemble calculé dans un système local orthonormé, sommairement orienté, à origine arbitraire ;

- le calcul des coordonnées, dans le système Lambert, de points de détail levés par abscisses et ordonnées sur un côté de cheminement polygonal dont les sommets sont connus en coordonnées (figure 9.23).

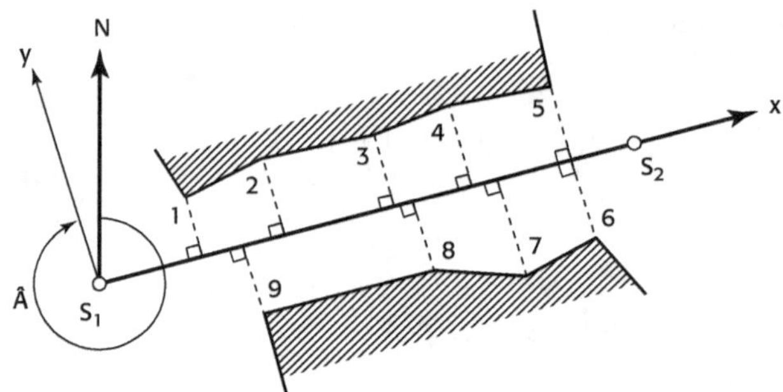

Figure 9.23. Changement de repère d'un levé par abscisses et ordonnées.

Les points étant levés sur le côté S_1S_2 à partir de S_1 par exemple, l'ancien repère aura S_1 pour origine et $\overrightarrow{S_1S_2}$ pour axe des x positifs.

L'angle des repères $\hat{A}$ est le gisement de l'axe des y positifs de l'ancien repère dans le nouveau : $\hat{A} = G_y = (\overrightarrow{N}, \overrightarrow{y})$; il est compris entre 0 gon et 400 gon.

9.2.5.2   Formules

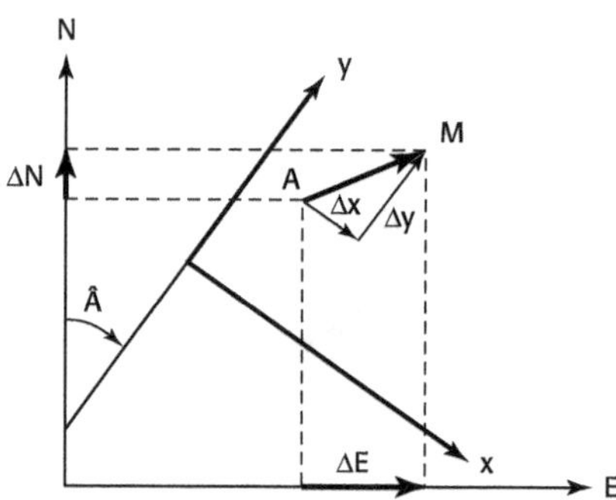

Figure 9.24. Changement de repère d'un vecteur.

Le vecteur $\overrightarrow{AM}$ (figure 9.24) se projette suivant les valeurs algébriques :

Δx et Δy sur les axes de l'ancien repère,

ΔE et ΔN sur ceux du nouveau.

La projection sur les axes du nouveau repère de la somme de vecteurs : $\overrightarrow{AM} = \overrightarrow{\Delta x} + \overrightarrow{\Delta y}$ donne :

$$\Delta E = \Delta x \cdot \cos (\overrightarrow{E}, \overrightarrow{x}) + \Delta y \cdot \cos (\overrightarrow{E}, \overrightarrow{y})$$

$$\Delta N = \Delta x \cdot \cos (\overrightarrow{N}, \overrightarrow{x}) + \Delta y \cdot \cos (\overrightarrow{N}, \overrightarrow{y})$$

Or :
$$(\overrightarrow{E}, \overrightarrow{x}) = (\overrightarrow{N}, \overrightarrow{y}) = \hat{A} \implies \cos (\overrightarrow{E}, \overrightarrow{x}) = \cos \hat{A}$$

$$(\overrightarrow{E}, \overrightarrow{y}) = (\overrightarrow{E}, \overrightarrow{N}) + (\overrightarrow{N}, \overrightarrow{y}) = 300 + \hat{A} \implies \cos (\overrightarrow{E}, \overrightarrow{x}) = \sin \hat{A}$$

$$(\overrightarrow{N}, \overrightarrow{x}) = (\overrightarrow{N}, \overrightarrow{y}) + (\overrightarrow{y}, \overrightarrow{x}) = \hat{A} + 100 \implies \cos (\overrightarrow{N}, \overrightarrow{x}) = -\sin \hat{A}$$

Donc :

$$\Delta E = \Delta x \cdot \cos \hat{A} + \Delta y \cdot \sin \hat{A} \implies E_M = E_A + \Delta E$$
$$\Delta N = \Delta y \cdot \cos \hat{A} - \Delta x \cdot \sin \hat{A} \implies N_M = N_A + \Delta N$$

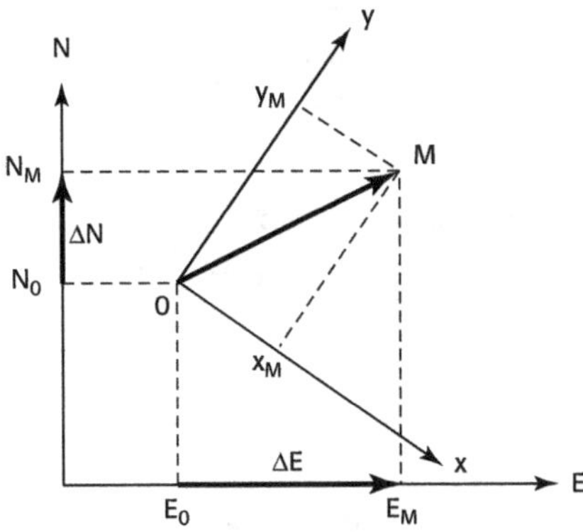

Figure 9.25. Changement de repère d'un point.

Si le système local est positionné dans le système général par les coordonnées E_0, N_0 de son origine 0 et par l'angle des repères $\hat{A}$ (figure 9.25), on obtient directement les coordonnées de M dans le système général :

$$E_M = E_0 + x_M \cdot \cos \hat{A} + y_M \cdot \sin \hat{A}$$
$$N_M = N_0 + y_M \cdot \cos \hat{A} - x_M \cdot \sin \hat{A}$$

9.2.5.3 Algorithme

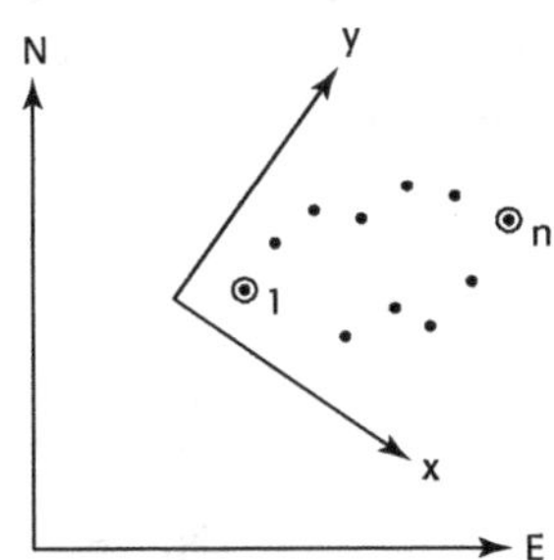

Figure 9.26. Changement de repère de n points.

Soient n points connus en coordonnées dans l'ancien repère, deux d'entre eux, 1 et n, étant également connus dans le nouveau (figure 9.26).

Les données sont donc :

$$
\begin{array}{cccc}
E_1 & E_n & x_1 & x_n \\
N_1 & N_n & y_1 & y_n
\end{array}
$$

Les conversions de coordonnées fournissent les gisements et distances :

$$G_{1n_N} \quad D_{1n_N} \quad \text{dans le nouveau repère}$$
$$G_{1n_y} \quad D_{1n_y} \quad \text{dans l'ancien}$$

La différence des longueurs : $D_{1n_N} - D_{1n_y}$, ne doit pas faire apparaître une différence d'échelle entre les deux réseaux sous peine de rendre le calcul de changement de repère *impossible*.

L'angle des repères vaut : $\hat{A} = (\vec{N}, \vec{y}) = (\vec{N}, \vec{1.n}) + (\vec{1.n}, \vec{y}) = G_{1n_N} - (\vec{y}, \vec{1.n})$.

Soit : $\hat{A} = G_{1n_N} - G_{1n_y}$.

Dans le cas de points de détail levés par abscisses et ordonnées sur une ligne d'opération 1n dont le gisement est connu dans le nouveau repère, l'angle des repères, en grades, vaut :

$\hat{A} = G_{1n_N} - G_{1n_y} = -100$ (figure 9.27).

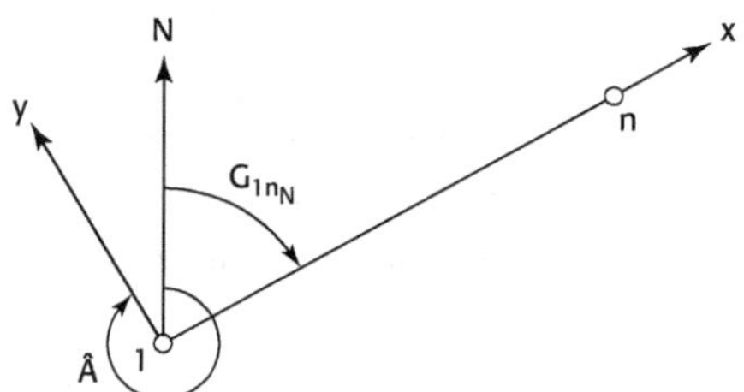

Figure 9.27. Angle des repères déduit du gisement d'un côté.

D'une manière générale, l'angle des repères s'obtient par comparaison des gisements d'un même vecteur calculés dans l'ancien et le nouveau repère d'axes orthonormés.

Calculer dans le système local les différences d'abscisses et d'ordonnées entre les points pris successivement depuis le point origine 1 jusqu'au point extrémité n ; bien que l'ordre de succession importe peu, il est cependant préférable de déterminer des vecteurs successifs qui soient les plus petits et les plus homogènes possible ; à l'aide de ces différences et de l'angle des repères, déterminer par les formules précédentes les ΔE et ΔN correspondants dans le système général.

Il vient alors :

$$
\begin{aligned}
E_2 &= E_1 + \Delta E_1 & N_2 &= N_1 + \Delta N_1 \\
E_3 &= E_2 + \Delta E_2 & N_3 &= N_2 + \Delta N_2 \\
&\;\;\vdots & &\;\;\vdots \\
E_{i+1} &= E_i + \Delta E_i & N_{i+1} &= N_i + \Delta N_i \\
&\;\;\vdots & &\;\;\vdots \\
E_n &= E_{n-1} + \Delta E_{n-1} & N_n &= N_{n-1} + \Delta N_{n-1} \\
\hline
E_n &= E_1 + \sum_{i=1}^{n-1} \Delta E_i & N_n &= N_1 + \sum_{i=1}^{n-1} \Delta N_i
\end{aligned}
$$

Du fait de l'imprécision des coordonnées de 1 et n dans chaque système, *bien qu'il n'y ait pas de différence d'échelle entre ceux-ci*, les coordonnées de l'extrémité n, ainsi calculées directement à partir de celles de l'origine 1 et de la somme algébrique des Δ, correspondent à un point approché n_a voisin du point connu n ; les formules opérationnelles s'écrivent donc :

$$En_a = E_1 + \sum_{i=1}^{n-1} \Delta E_i \, , \qquad Nn_a = N_1 + \sum_{i=1}^{n-1} \Delta N_i$$

D'où les écarts de fermeture : $e_E = En_a - En$, $e_N = Nn_a - Nn$, en tout état de cause petits en valeurs absolues puisque dus uniquement à l'imprécision des coordonnées.

Le point extrémité n étant unique, ses coordonnées En et Nn connues dans le système général le sont aussi, ce qui contraint le calculateur à résorber les écarts de fermeture en appliquant des corrections en abscisse c_E et en ordonnée c_N.

$$En = En_a + c_E \quad \Rightarrow \quad c_E = En - En_a = -e_E$$
$$Nn = Nn_a + c_N \quad \Rightarrow \quad c_N = Nn - Nn_a = -e_N$$

Les coordonnées de l'extrémité approchée n_a provenant de celles de l'origine qui ne peuvent être modifiées, ainsi que des Δ, l'ajustement consiste à répartir les corrections c_E et c_N sur les différences de coordonnées des vecteurs successifs, proportionnellement à leurs valeurs absolues par rapport à la somme de celles-ci ; pour le vecteur i les corrections partielles à appliquer à ΔE_i et ΔN_i valent donc :

$$c_{Ei} = \frac{c_E \cdot |\Delta E_i|}{\sum_{i=1}^{n-1} |\Delta E_i|} \qquad c_{Ni} = \frac{c_N \cdot |\Delta N_i|}{\sum_{i=1}^{n-1} |\Delta N_i|}$$

L'ajustement proportionnel, mal nécessaire qui n'est guère qu'une satisfaction de l'esprit, n'a aucun rapport avec une compensation telle que l'adaptation d'un canevas d'ensemble d'un système local à un système général, traitée par les moindres carrés par exemple.

Les différences de coordonnées corrigées fournissent les coordonnées des points, calculées de proche en proche de 1 à n : $E_{i+1} = E_i + (\Delta E_i + c_{E_i})$, $N_{i+1} = N_i + (\Delta N_i + c_{N_i})$

Contrôle, en vérifiant qu'en fin de sommation, on retrouve exactement les coordonnées connues de l'extrémité n.

9.2.5.4   Application

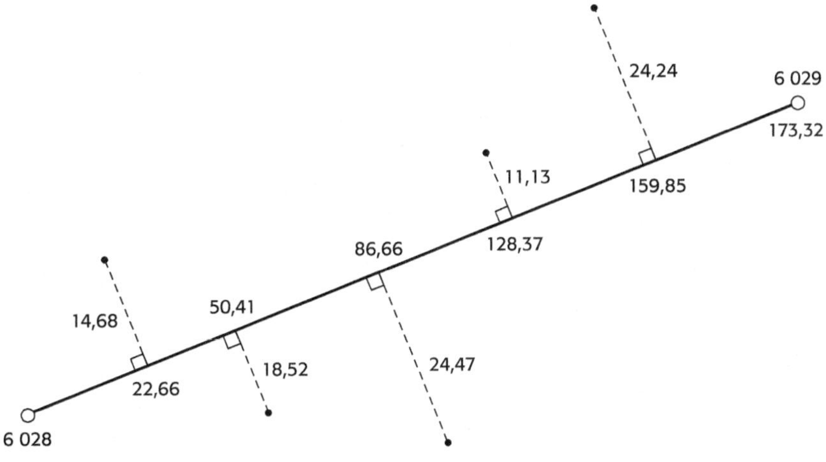

Figure 9.28. Abscisses et ordonnées sur un côté de cheminement polygonal.

Sur le côté de cheminement 60286029 (figure 9.28), des points de détail ont été levés par abscisses et ordonnées ; calculer leurs coordonnées, connaissant les coordonnées CC49 des sommets du cheminement.

$$\left| \begin{aligned} E_{6028} &= 1\,842\,480,39 \text{ m} \\ N_{6028} &= 8\,216\,000,50 \text{ m} \end{aligned} \right. \qquad \left| \begin{aligned} E_{6029} &= 1\,842\,637,61 \text{ m} \\ N_{6029} &= 8\,216\,073,38 \text{ m} \end{aligned} \right.$$

Conversion $R \rightarrow P$ $\quad \overrightarrow{6028,6029} \Rightarrow G_N = 72,3663537$ gon, $D_N = 173,29$ m.

$D_y - D_N = 173,32 - 173,29 = 0,03$ m, écart accidentel excluant une différence d'échelle et autorisant le changement de repère orthonormé.

$$\hat{A} = G_N - 100 = 372,3664 \text{ gon}$$

Dans les calculs effectués en tableau, conserver aux valeurs intermédiaires D_E, Δ_N, c_E, c_N un ou deux chiffres significatifs supplémentaires par rapport aux données, de manière à ne pas perdre de précision au cours de l'ajustement sans pour autant trop alourdir la transcription ; bien entendu, en calcul programmé, tous les chiffres significatifs des valeurs intermédiaires sont conservés.

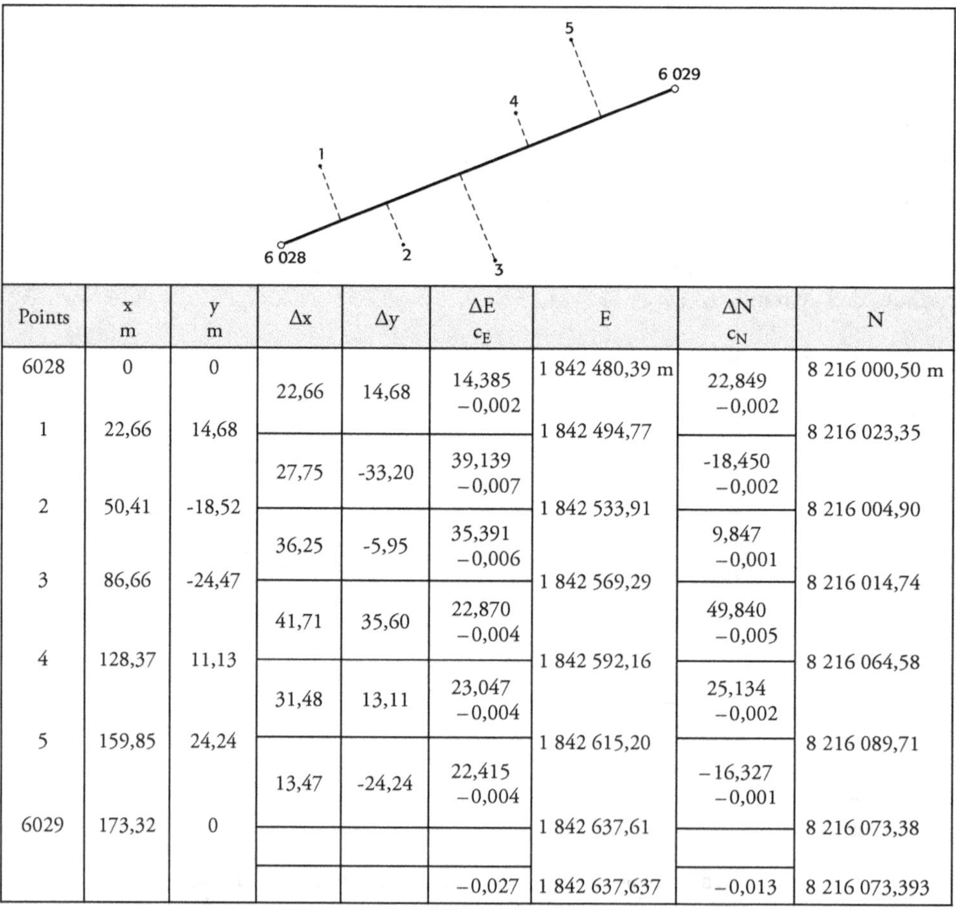

Points	x m	y m	Δx	Δy	ΔE c_E	E	ΔN c_N	N
6028	0	0				1 842 480,39 m		8 216 000,50 m
			22,66	14,68	14,385 −0,002		22,849 −0,002	
1	22,66	14,68				1 842 494,77		8 216 023,35
			27,75	-33,20	39,139 −0,007		-18,450 −0,002	
2	50,41	-18,52				1 842 533,91		8 216 004,90
			36,25	-5,95	35,391 −0,006		9,847 −0,001	
3	86,66	-24,47				1 842 569,29		8 216 014,74
			41,71	35,60	22,870 −0,004		49,840 −0,005	
4	128,37	11,13				1 842 592,16		8 216 064,58
			31,48	13,11	23,047 −0,004		25,134 −0,002	
5	159,85	24,24				1 842 615,20		8 216 089,71
			13,47	-24,24	22,415 −0,004		−16,327 −0,001	
6029	173,32	0				1 842 637,61		8 216 073,38
					−0,027	1 842 637,637	−0,013	8 216 073,393

Contrôle graphique :

1°- Reporter à l'échelle 1/1 000 les sommets 6028 et 6029, sur papier dessin, dans le nouveau repère orthonormé EN.

2°- Reporter à la même échelle tous les points, sur papier calque, dans l'ancien repère xy.

3°- Superposer les deux et tracer sur le calque le nouveau repère d'axes.

4°- Contrôler l'angle des repères et les coordonnées Lambert.

9.3 Intersections de droites et de cercles

9.3.1 Intersection de deux visées

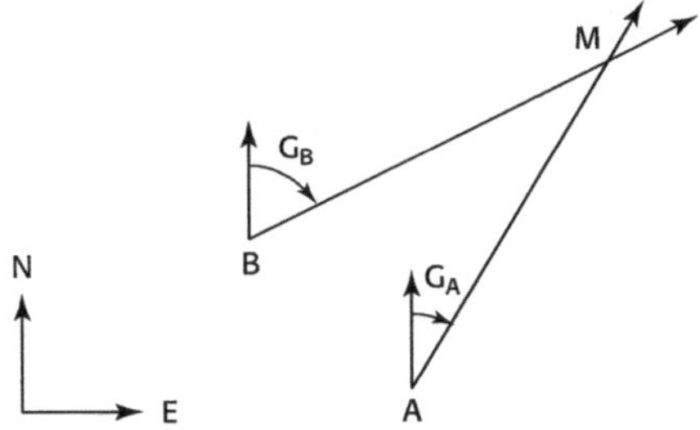

Figure 9.29. Intersection de deux visées.

Deux visées, issues des points A et B connus en coordonnées, sont positionnées par leurs gisements respectifs et se coupent au point d'intersection M strictement défini du point de vue géométrique (figure 9.29).

La notation du gisement est simplifiée $G_{AM} = G_A$; elle signifie : gisement de la visée venant du point connu A vers le point inconnu M.

La conversion de coordonnées $R \rightarrow P$ permet d'écrire :

$$E_M - E_A = (N_M - N_A) \cdot \tan G_A$$

$$-$$

$$E_M - E_B = (N_M - N_B) \cdot \tan G_B$$

$$E_B - E_A = (N_M - N_A) \cdot \tan G_A - (N_M - N_B) \cdot \tan G_B$$

$$E_B - E_A = (N_M - N_A) \cdot \tan G_A - [(N_M - N_A) - (N_B - N_A)] \cdot \tan G_B$$

$$= (N_M - N_A) \cdot (\tan G_A - \tan G_B) + (N_B - N_A) \cdot \tan G_B$$

Soit, tous calculs faits :
$$N_M - N_A = \frac{(E_A - E_B) - (N_A - N_B) \cdot \tan G_B}{\tan G_B - \tan G_A}$$

Comme :

$$E_M = E_A + (E_M - E_A) = E_A + (N_M - N_A) \cdot \tan G_A$$
$$N_M = N_A + (N_M - N_A)$$

Il vient :

$$E_M = E_A + \frac{(E_A - E_B) - (N_A - N_B) \cdot \tan G_B}{\tan G_B - \tan G_A} \cdot \tan G_A$$

$$N_M = N_A + \frac{(E_A - E_B) - (N_A - N_B) \cdot \tan G_B}{\tan G_B - \tan G_A}$$

Exemple

Coordonnées Lambert 93

E_A = 933 305,17 m	E_B = 931 613,69 m	E_M = <u>934 050,63</u> m
N_A = 6 843 848,59 m	N_B = 6 845 758,47 m ⇒	N_M = <u>6 846 520,43</u> m
G_A = 17,3216 gon	G_B = 80,7078 gon	

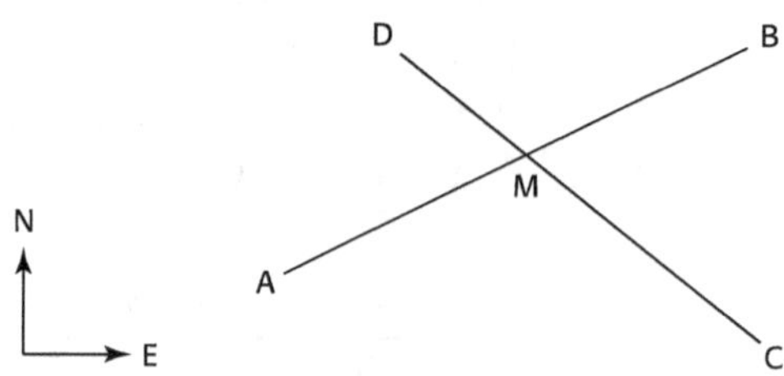

Figure 9.30. Intersection d'une visée avec la droite support d'une autre visée.

Comme : tan G = tan (G + 200), les formules précédentes fournissent les coordonnées du point M intersection des droites qui portent les visées, quelles que soient les orientations de ces dernières (figure 9.30).

Contrôle par conversions R → P : $\overrightarrow{AM}$ et $\overrightarrow{BM}$ ⇒ G_A et G_B

Cette fonction de calcul est intégrée à certains terminaux de terrain et tachéomètres électroniques, sous réserve d'introduire les angles azimutaux $(\overrightarrow{AB}, \overrightarrow{AM})$ et $(\overrightarrow{BA}, \overrightarrow{BM})$ à la place des gisements.

9.3.2 Intersection de deux droites

Figure 9.31. Intersection de deux droites.

Un premier segment, ou son prolongement, défini par les coordonnées de 2 points A et B, coupe un second segment, ou son prolongement, défini par les coordonnées de 2 points C et D, en un point unique M (figure 9.31).

Les conversions R → P des vecteurs $\overrightarrow{AB}$ et $\overrightarrow{CD}$ donnent G_{AB} et G_{CD}, d'où les coordonnées du point M par intersection de 2 « visées fictives » issues de A et C.

Contrôle par conversions R → P : $\overrightarrow{AM}$, $\overrightarrow{MB}$, $\overrightarrow{CM}$, $\overrightarrow{MD}$ ⇒ $G_{AM} = G_{MB}$ et $G_{CM} = G_{MD}$.

Cette fonction est intégrée à certains terminaux de terrain et tachéomètres électroniques, autorisant un traitement en temps réel.

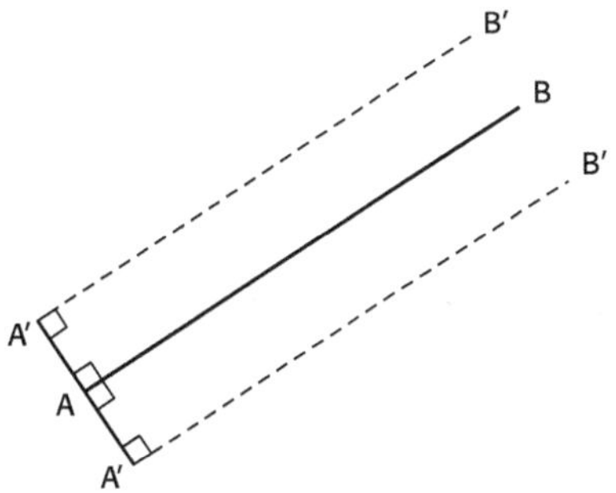

Figure 9.32. Décalages.

Le décalage d'une demidroite AB est la distance AA' entre AB et sa parallèle A'B' (figure 9.32). La demidroite décalée est définie par :

– les coordonnées de A' obtenues par conversion P → R du vecteur $\overrightarrow{AA'}$, avec : $G_{AA'} = G_{AB} + 100$ (décalage à droite ou +) ou bien $G_{AA'} = G_{AB} - 100$ (décalage à gauche ou –) ;

– son gisement : $G_{A'B'} = G_{AB}$.

Exemple

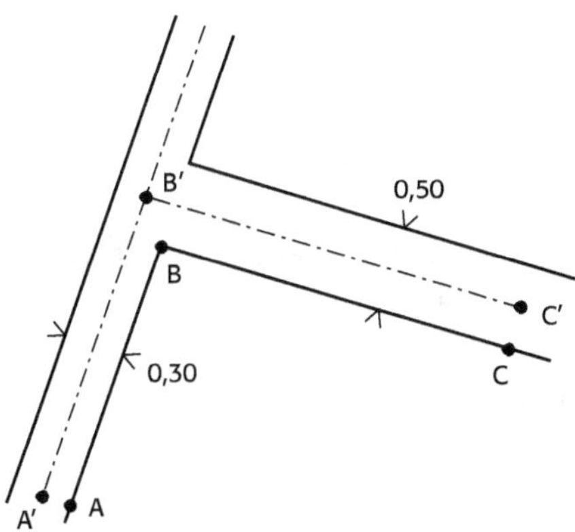

Figure 9.33. Intersection d'axes de murs.

Calculer les coordonnées du point B', intersection des axes des murs (figure 9.33), connaissant les coordonnées des points A, B, C (système local) ainsi que les épaisseurs des murs.

x_A = 4,36 m	x_B = 10,42 m	x_C = 28,91 m
y_A = 2,87 m	y_B = 34,53 m	y_C = 32,04 m

SÉQUENCES	FIGURES – FORMULES – FONCTIONS	RÉSULTATS
1 – <u>Gisements</u>	Conversions R → P $\quad\overrightarrow{AB}\quad\overrightarrow{CB}$	G_{AB} = 12,03983136 gon G_{CB} = 308,5219231 gon
2 – <u>Coordonnées A' et C'</u>	Conversions P → R $\quad\overrightarrow{AA'}\quad\overrightarrow{CC'}$ avec $\begin{cases} G_{AA'} = G_{AB} - 100 & AA' = \dfrac{0,30\ m}{2} = 0,15\ m \\[2mm] G_{CC'} = G_{CB} + 100 & CC' = \dfrac{0,50\ m}{2} = 0,25\ m \end{cases}$	$\left\|\begin{array}{l} x_{A'} = 4,212674527\ m \\ y_{A'} = 2,89819938\ m \end{array}\right.$ $\left\|\begin{array}{l} x_{C'} = 28,94336566\ m \\ y_{C'} = 32,28776346\ m \end{array}\right.$
3 – <u>Coordonnées B'</u>	Intersection depuis A' et C'	$\left\|\begin{array}{l} x_{B'} = 10,31818546\ m \\ y_{B'} = 34,79596783\ m \end{array}\right.$ $\left\|\begin{array}{l} x_{B'} = \underline{10,32\ m} \\ y_{B'} = \underline{34,80\ m} \end{array}\right.$

Les décalages peuvent être entrés au clavier sur certains terminaux de terrain et tachéomètres électroniques ; dans l'exemple précédent : décalage de AB = – 0,15 m, décalage de CB = + 0,25 m.

9.3.3 Intersection de deux cercles

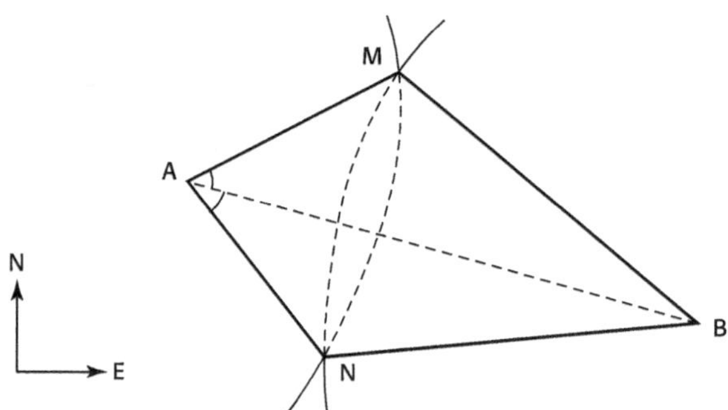

Figure 9.34. Bilatération.

Deux cercles, de centres A et B connus en coordonnées et de rayons respectifs AM et BM donnés, se coupent en 2 points M et N (figure 9.34).

L'algorithme de calcul du point M s'écrit :

— conversion R → P $\quad\overrightarrow{AB}\quad\Rightarrow\quad G_{AB}$, AB

— $\hat{A} = \arccos\left(\dfrac{AM^2 + AB^2 - BM^2}{2\cdot AM\cdot AB}\right)$;

— $G_{AM} = G_{AB} - \hat{A}$ (cas de figure) ;

— conversion P → R $\quad\overrightarrow{AM}\quad\Rightarrow\quad E_M, N_M$;

— contrôle par conversions R → P $\quad\overrightarrow{AM}$ et $\overrightarrow{BM}\Rightarrow AM$ et BM.

Algorithme similaire pour le second point d'intersection N, avec $G_{AN} = G_{AB} + \hat{A}$.

L'intersection de 2 cercles, encore appelée *bilatération* en levé de détail, ayant 2 solutions, la connaissance de la géométrie de la figure, c'est-à-dire de la position du point cherché par rapport au segment AB, est nécessaire pour choisir M ou N.

Cette fonction est intégrée à certains terminaux de terrain et tachéomètres électroniques, autorisant un traitement en temps réel.

9.3.4 Centre et rayon d'un cercle défini par les coordonnées de trois de ses points

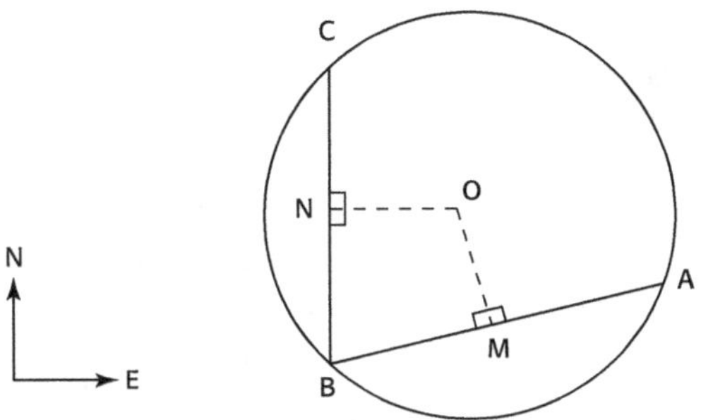

Figure 9.35. Centre et rayon d'un cercle défini par trois de ses points.

Le centre O étant à l'intersection des médiatrices MO de AB et NO de BC (figure 9.35), il vient :

- conversions $R \rightarrow P$ $\overrightarrow{AB}, \overrightarrow{BC} \Rightarrow G_{AB}, \ G_{BC}$;
- $E_M = \dfrac{E_A + E_B}{2}, \quad N_M = \dfrac{N_A + N_B}{2}, \quad E_N = \dfrac{E_B + E_C}{2}, \quad N_N = \dfrac{N_B + N_C}{2}$;
- intersection de O depuis M et N avec : $G_{MO} = G_{AB} + 100, \ G_{NO} = G_{BC} + 100$ (cas de figure) ;
- contrôle par conversions $R \rightarrow P$ $\overrightarrow{AO}, \overrightarrow{BO}, \overrightarrow{CO} \ \Rightarrow \ AO = BO = CO = $ Rayon.

Cette fonction est intégrée à certains terminaux de terrain et tachéomètres électroniques, autorisant un traitement en temps réel.

9.3.5 Relèvement sur trois points

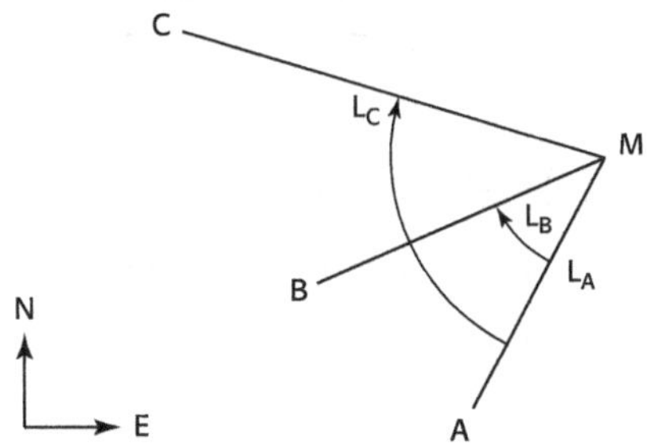

Figure 9.36. Relèvement sur trois points.

C'est le procédé topographique qui consiste à stationner un point M inconnu en coordonnées, à observer un tour d'horizon sur 3 points connus A, B, C (figure 9.36), pour ensuite calculer les coordonnées de M.

Trois méthodes de calcul sont explicitées ici, parmi de nombreuses autres ; cette fonction de calcul topométrique est intégrée à certains tachéomètres électroniques.

Le calcul d'un relèvement sur 3 points, encore appelé « problème de la carte », est généralement attribué à Pothenot qui le publia en 1692 alors qu'il était chargé de continuer la méridienne de Paris au nord ; toutefois, le problème avait déjà été traité par Snellius, géomètre hollandais, dans son *Erasthothenes Batavus* publié en 1624.

9.3.5.1 Intersection des arcs capables

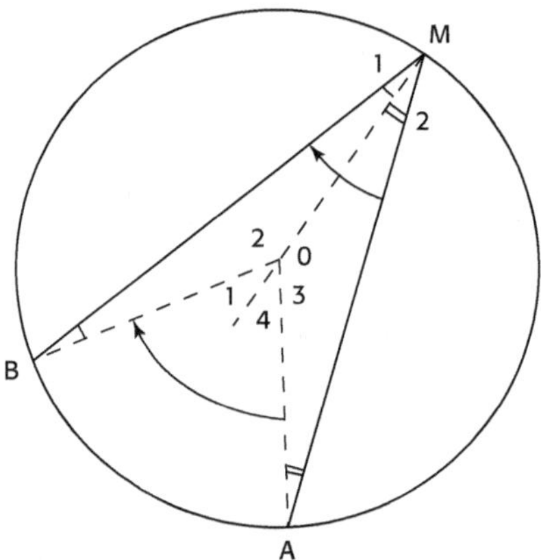

Figure 9.37. Angle inscrit et angle au centre.

Soit O le centre du cercle passant par les points A, B, M (figure 9.37).

L'angle $\hat{M} = (\overrightarrow{MA}, \overrightarrow{MB}) = L_B - L_A$ est l'angle *inscrit* sur l'arc $\overset{\frown}{BA}$ qui intercepte l'arc $\overset{\frown}{AB}$, tous deux parcourus dans le sens des aiguilles d'une montre.

Les triangles isocèles donnent :

$$\hat{O}_1 = 200 - \hat{O}_2 = \hat{M}_1 + \hat{B} = 2\,\hat{M}_1$$

$$\hat{O}_4 = 200 - \hat{O}_3 = \hat{M}_2 + \hat{A} = 2\,\hat{M}_2$$

$$\overline{\hat{O}_1 + \hat{O}_4 = 2\,(\hat{M}_1 + \hat{M}_2) \;\Rightarrow\; \hat{O} = 2\,\hat{M}}$$

L'angle au centre ayant toujours la même valeur quelle que soit la position du point M sur l'arc $\overset{\frown}{BA}$, l'arc $\overset{\frown}{AB}$ est vu sous le même angle $\hat{M} = \dfrac{\hat{O}}{2}$ depuis tous les points de l'arc $\overset{\frown}{BA}$.

L'arc capable est l'arc de cercle lieu géométrique des points depuis lesquels un angle donné $\hat{M}$ intercepte une corde donnée AB.

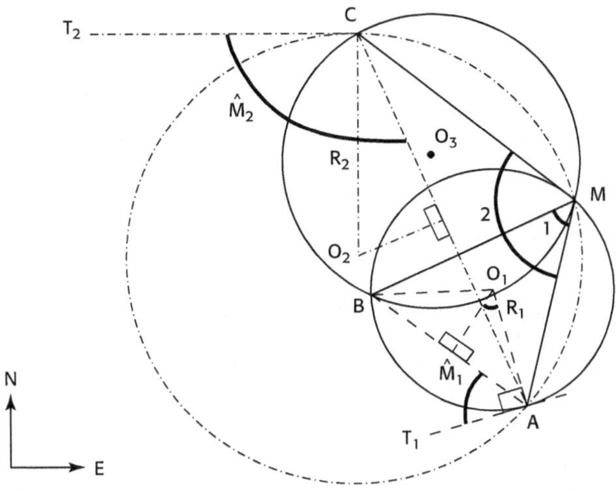

Figure 9.38. Intersection des arcs capables.

Les angles formés par la corde AB et la tangente au cercle AT_1 d'une part (figure 9.38), le rayon $O_1A = R_1$ et la médiatrice de AB d'autre part, ont leurs côtés perpendiculaires et par conséquent sont égaux :

$$\widehat{BAT_1} = \hat{O}_1 = \frac{\widehat{AO_1B}}{2} = \hat{M}_1$$

D'où l'algorithme de calcul du rayon R_1 et des coordonnées du centre O_1 :

– conversion $R \rightarrow P \quad \overrightarrow{AB} \quad \Rightarrow \quad G_{AB}, AB$

– $R_1 = \dfrac{AB}{2 \sin \hat{M}_1}$;

– $G_{AO_1} = G_{AB} + (100 - \hat{M}_1)$ (cas de figure) ;

– conversion $P \rightarrow R \quad \overrightarrow{AO_1} \quad \Rightarrow \quad E_{O_1}, N_{O_1}$

Algorithme similaire pour le rayon R_2 et le centre O_2 de l'arc capable d'angle $\hat{M}_2 = L_C - L_A$ qui intercepte la corde AC.

Coordonnées de M par bilatération depuis O_1 et O_2.

L'arc capable de centre O_3 et d'angle $L_C - L_B$ qui intercepte la corde BC passe également par le point M.

Exemple

$x_A = 261{,}27$ m	$x_B = 214{,}66$ m	$x_C = 195{,}40$ m	$L_A = 37{,}988$ gon
$y_A = 636{,}83$ m	$y_B = 663{,}35$ m	$y_C = 748{,}09$ m	$L_B = 89{,}015$ gon
			$L_C = 161{,}124$ gon

SÉQUENCES	FIGURES – FORMULES – FONCTIONS	RÉSULTATS
1 – Dessin géométrique 1.1 – Analyse 1.2 – Tracé	Échelle 1/2 000 (figure précédente) Le point M est à l'intersection de trois arcs capables : – centre O_1, angle $\hat{M}_1 = L_B - L_A$ interceptant la corde AB – centre O_2, angle $\hat{M}_2 = L_C - L_A$ interceptant la corde AC – centre O_3, angle $\hat{M}_3 = L_C - L_B$ interceptant la corde BC Reporter $\overrightarrow{AT_1}$ faisant l'angle $\hat{M}_1$ avec AB, puis élever la perpendiculaire en A qui coupe la médiatrice de AB au centre O_1. Tracés similaires pour O_2 et O_3. Contrôle graphique : les trois arcs capables sont sécants au même point M.	
2 – Cercle O_1 2.1 – $\hat{M}_1$ 2.2 – $\left\|\begin{array}{l}G_{AB}\\ AB\end{array}\right.$ 2.3 – R_1 2.4 – G_{AO_1} 2.5 – $\left\|\begin{array}{l}x_{O_1}\\ y_{O_1}\end{array}\right.$	$\hat{M}_1 = L_B - L_A$ Conversion R → P $\qquad \overrightarrow{AB}$ $R_1 = \dfrac{AB}{2 \sin \hat{M}_1}$ $G_{AO_1} = G_{AB} + (100 - \hat{M}_1)$ Conversion P → R $\qquad \overrightarrow{AO_1}$	$\hat{M}_1 = 51{,}027$ gon $\left\|\begin{array}{l}G_{AB} = 332{,}9320711 \text{ gon}\\ AB = 53{,}6265093 \text{ m}\end{array}\right.$ $R_1 = 37{,}32246198$ m $G_{AO_1} = 381{,}9050711$ gon $\left\|\begin{array}{l}x_{O_1} = 250{,}8039334 \text{ m}\\ y_{O_1} = 672{,}654958 \text{ m}\end{array}\right.$
3 – Cercle O_2 3.1 – $\hat{M}_2$ 3.2 – $\left\|\begin{array}{l}G_{AC}\\ AC\end{array}\right.$ 3.3 – R_2 3.4 – G_{CO_2} 3.5 – $\left\|\begin{array}{l}x_{O_2}\\ y_{O_2}\end{array}\right.$	$\hat{M}_2 = L_C - L_A$ Conversion R → P $\qquad \overrightarrow{AC}$ $R_2 = \dfrac{AC}{2 \sin \hat{M}_2}$ $G_{CO_2} = G_{CA} + (\hat{M}_2 - 100)$ Conversion P → R $\qquad \overrightarrow{CO_2}$	$M_2 = 123{,}136$ gon $\left\|\begin{array}{l}G_{AC} = 365{,}9699017 \text{ gon}\\ AC = 129{,}2967304 \text{ m}\end{array}\right.$ $R_2 = 69{,}16580716$ m $G_{CO_2} = 189{,}1059017$ gon $\left\|\begin{array}{l}x_{O_2} = 207{,}1782546 \text{ m}\\ y_{O_2} = 679{,}9344309 \text{ m}\end{array}\right.$
4 – Coordonnées de M	Bilatération depuis O_1 et O_2	$\left\|\begin{array}{l}x_M = 272{,}3347677 \text{ m}\\ y_M = 703{,}1408456 \text{ m}\end{array}\right.$ $\left\|\begin{array}{l}\underline{x_M = 272{,}33 \text{ m}}\\ \underline{y_M = 703{,}14 \text{ m}}\end{array}\right.$
5 – Contrôle 5.1 – G_{Mi} 5.2 – Angles de relèvement	Conversions R → P $\qquad \overrightarrow{MA}, \overrightarrow{MB}, \overrightarrow{MC}$ $\hat{M}_1 = G_{MB} - G_{MA}$ $\hat{M}_2 = G_{MC} - G_{MA}$	$G_{MA} = 210{,}5214755$ gon $G_{MB} = 261{,}5509695$ gon $G_{MC} = 333{,}6640372$ gon $\hat{M}_1 = 51{,}029$ gon $\hat{M}_2 = 123{,}143$ gon

Remarque

Si les 4 points A, B, C, M sont presque cocycliques, les trois arcs capables se rapprochent d'un même « cercle dangereux » qui correspond à une solution indéterminée.

9.3.5.2   Relèvement italien

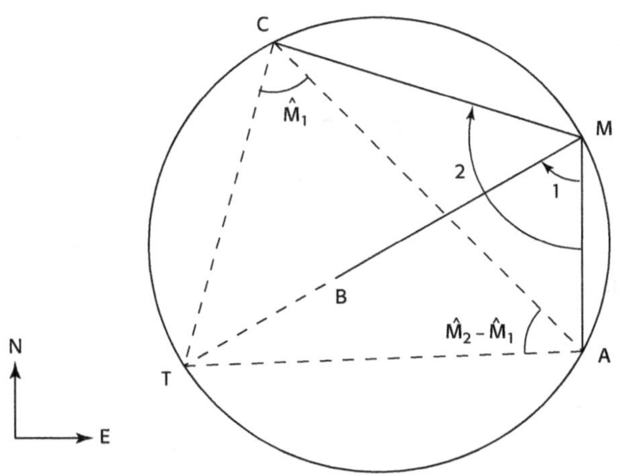

Figure 9.39. Relèvement italien.

Le cercle passant par le point M et les points connus « extérieurs » A et C est coupé en T par le prolongement de MB (figure 9.39).

Les propriétés de l'arc capable donnent : $\hat{A} = \hat{M}_2 - \hat{M}_1$, $\hat{C} = \hat{M}_1$.

À partir du gisement de AC, on déduit les gisements G_{AT} et G_{CT}, puis les coordonnées de T par intersection depuis A et C.

Après quoi, les coordonnées de T et B donnent $G_{TB} = G_B$.

Dès lors : $G_A = G_B - \hat{M}_1$, d'où les coordonnées de M par intersection depuis A et B ; on peut également calculer : $G_C = G_B + (\hat{M}_2 - \hat{M}_1)$ et les coordonnées de M par intersection depuis B et C ou A et C, selon que les directions se coupent sous un angle plus proche de l'angle droit.

Exemple

Données précédentes

SÉQUENCES	FIGURES – FORMULES – FONCTIONS	RÉSULTATS
1 – Angles de relèvement	$\hat{M}_1 = L_B - L_A$ $\hat{M}_2 = L_C - L_A$	$\hat{M}_1 = 51{,}027$ gon $\hat{M}_2 = 123{,}136$ gon
2 – Gisements	Conversion R → P $\quad \overrightarrow{AC}$ $G_{AT} = G_{AC} - (\hat{M}_2 - \hat{M}_1)$ $\quad$ (cas de figure) $G_{CT} = G_{CA} + \hat{M}_1$	$G_{AC} = 365{,}9699017$ gon $G_{AT} = 293{,}8609017$ gon $G_{CT} = 216{,}9969017$ gon
3 – Coordonnées de T	Intersection de T depuis A et C	$x_T = 162{,}3513355$ m $y_T = 627{,}2613241$ m
4 – Gisements	Conversion R → P $\quad \overrightarrow{TB}$ $G_A = G_B - \hat{M}_1$	$G_B = 61{,}55279702$ gon $G_A = 10{,}52579702$ gon
5 – Coordonnées de M	Intersection de M depuis A et B	$x_M = 272{,}3347677$ m $y_M = 703{,}1408457$ m $x_M = 272{,}33$ m $y_M = \underline{703{,}14}$ m

9.3.5.3   Formule de Delambre

Elle fournit directement le gisement : $G_{AM} = G_A$ à partir des données : coordonnées des 3 points d'appui, angles de relèvement $\hat{M}_1$ et $\hat{M}_2$.

L'intersection de 2 visées permet d'écrire : $N_M - N_A = \dfrac{(E_A - E_B) - (N_A - N_B) \cdot \tan G_B}{\tan G_B - \tan G_A}$.

Or : $\qquad \tan G_B - \tan G_A = \dfrac{\sin G_B}{\cos G_B} - \dfrac{\sin G_A}{\cos G_A} = \dfrac{\sin G_B \cdot \cos G_A - \sin G_A \cdot \cos G_B}{\cos G_A \cdot \cos G_B}$

$$= \dfrac{\sin (G_B - G_A)}{\cos G_A \cdot \cos G_B} = \dfrac{\sin \hat{M}_1}{\cos G_A \cdot \cos G_B}$$

En reportant cette valeur dans la formule précédente, il vient :

$$N_M - N_A = [(E_A - E_B) - (N_A - N_B) \cdot \tan G_B] \cdot \dfrac{\cos G_A \cdot \cos G_B}{\sin \hat{M}_1}$$

On démontre de même :

$$N_M - N_A = [(E_A - E_C) - (N_A - N_C) \cdot \tan G_C] \cdot \dfrac{\cos G_A \cdot \cos G_C}{\sin \hat{M}_2}.$$

En exprimant G_B et G_C en fonction de G_A il vient : $G_B = G_A + \hat{M}_1$, $\; G_C = G_A + \hat{M}_2$.

Dès lors, en égalant les 2 valeurs de $N_M - N_A$, on obtient la proportion :

$$\dfrac{(E_A - E_B) \cdot \cos (G_A + \hat{M}_1) - (N_A - N_B) \cdot \sin (G_A + \hat{M}_1)}{\sin \hat{M}_1} = \dfrac{(E_A - E_C) \cdot \cos (G_A + \hat{M}_2) - (N_A - N_C) \cdot \sin (G_A + \hat{M}_2)}{\sin \hat{M}_2}.$$

Après produit des extrêmes et des moyens, développement des sinus et cosinus par les formules d'addition, division des 2 membres par le facteur : $\sin G_A \cdot \sin \hat{M}_1 \cdot \sin \hat{M}_2$, il vient tous calculs faits :

$$G_A = \text{arc tan} \left(\frac{(E_A - E_B) \cdot \cotan \hat{M}_1 - (E_A - E_C) \cdot \cotan \hat{M}_2 + (N_B - N_C)}{(N_A - N_B) \cdot \cotan \hat{M}_1 - (N_A - N_C) \cdot \cotan \hat{M}_2 - (E_B - E_C)} \right)$$

La formule de Delambre est particulièrement adaptée au calcul programmé.

Exemple

Données précédentes

SÉQUENCES	FIGURES – FORMULES – FONCTIONS	RÉSULTATS
1 – Angles de relèvement	$\hat{M}_1 = L_B - L_A$ $\hat{M}_2 = L_C - L_A$	$\hat{M}_1 = 51{,}027$ gon $\hat{M}_2 = 123{,}136$ gon
2 – Gisements	G_A par la formule de Delambre $G_B = G_A + \hat{M}_1$	$G_A = 10{,}52579703$ gon $G_B = 61{,}55279703$ gon
3 – Coordonnées de M	Intersection depuis A et B	$x_M = 272{,}3347677$ m $y_M = 703{,}1408457$ m $x_M = 272{,}33$ m $y_M = 703{,}14$ m

9.3.6   Relèvement double

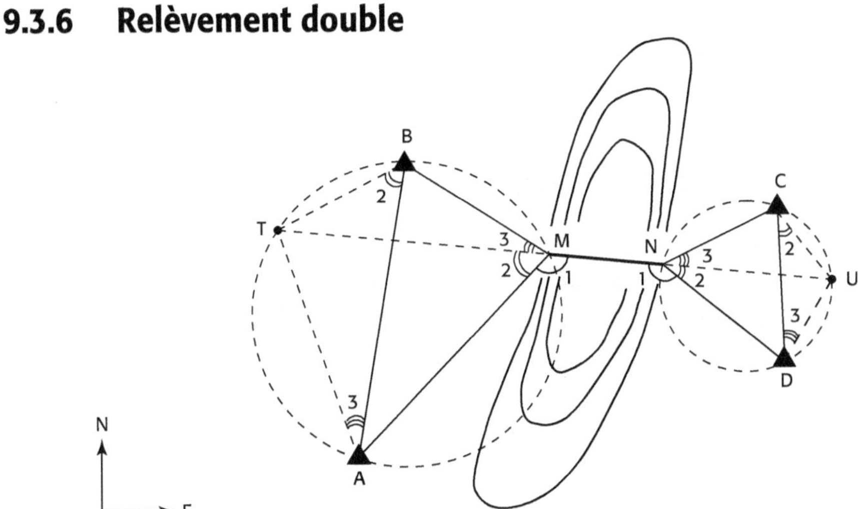

Figure 9.40. Relèvement double franchissant une crête.

Sur une crête, un topographe peut avoir des difficultés à apercevoir les points A, B, C, D connus en coordonnées et situés dans les thalwegs ; souvent, ces points ne sont visibles que depuis les « crêtes militaires », c'est-à-dire les lignes en aval de la ligne de crête depuis lesquelles les pieds des versants sont observables.

Le relèvement double (figure 9.40) consiste à effectuer aux points M et N, situés sur chaque crête militaire et visibles entre eux, 2 tours d'horizon sur A, B, N et C, D, M respectivement. L'algorithme de calcul découle directement de la méthode italienne ; les points T et U, encore appelés points de Collins, intersections du prolongement de MN avec les cercles passant respectivement par A, B, M et C, D, N, donnent :

- $\hat{M}_1 = L_A - L_N$ (cas de figure) ;
- $\hat{M}_2 = (L_N + 200) - L_A$;
- $\hat{M}_3 = L_B - (L_N + 200)$;
- conversion $R \rightarrow P$ $\overrightarrow{AB} \Rightarrow G_{AB} \Rightarrow G_{AT},\ \ G_{BT} \Rightarrow E_T, N_T.$

Même algorithme pour U.

Conversion $R \rightarrow P$ $\overrightarrow{TU} \Rightarrow G_{MN} \Rightarrow G_A, G_B, G_C, G_D \Rightarrow E_M, N_M \quad E_N, N_N.$

Contrôle par calcul en retour des angles observés, déduits des gisements, eux-mêmes obtenus par conversions $R \rightarrow P$.

Observations et algorithme à solution unique, sans rapport avec le *relèvement combiné*, compensé par les moindres carrés dans un calcul en bloc.

9.3.7   Intersection d'une droite et d'un cercle

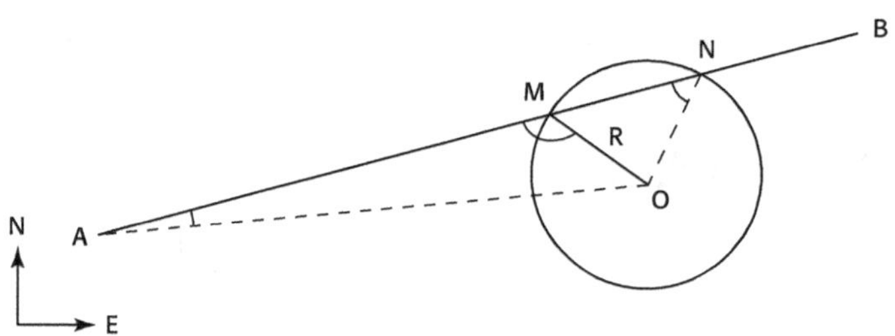

Figure 9.41. Intersection d'une droite et d'un cercle.

Le segment AB défini par les coordonnées des points A et B, ou la demi-droite par un point et le gisement, coupe en M et N le cercle de centre O et de rayon R (figure 9.41).

Algorithme de calcul du point M :

- conversion $R \rightarrow P$ $\overrightarrow{AB}, \overrightarrow{AO} \Rightarrow G_{AB}, G_{AO}, AO$;
- $\hat{A} = G_{AO} - G_{AB}$ (cas de figure) ;
- $100 \text{ gon} < \hat{M} = \text{arc sin } \dfrac{AO \cdot \sin \hat{A}}{R} < 200 \text{ gon}$;
- $G_{OM} = G_{OA} + (200 - (\hat{A} + \hat{M}))$;
- conversion $P \rightarrow R$ $\overrightarrow{OM} \Rightarrow E_M, N_M$;
- contrôle par conversion $R \rightarrow P$ $\overrightarrow{AM}, \overrightarrow{OM} \Rightarrow G_{AB}, R.$

Algorithme similaire pour le second point N, avec : $0 \text{ gon} < \hat{N} < 100 \text{ gon}$.

Fonction de calcul intégrée à certains terminaux de terrain et tachéomètres électroniques.

9.3.8 Intersection d'une visée et d'un arc capable

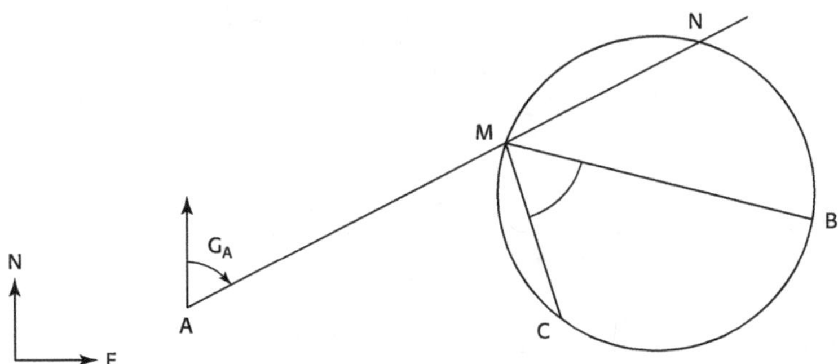

Figure 9.42. Recoupement élémentaire.

C'est un *recoupement élémentaire*, combinaison d'une visée d'intersection $E_A\,N_A$, G_A et d'un angle $\hat{M}$ de relèvement sur 2 points connus $E_B\,N_B$, $E_C\,N_C$ (figure 9.42).

Appliquer successivement l'algorithme qui donne le rayon et les coordonnées du centre d'un arc capable (§ 9.3.5.1) puis celui de l'intersection d'une visée avec un cercle défini par son centre et son rayon.

Deux solutions.

Contrôle en recalculant les données à partir du résultat :

$$\text{conversion } R \rightarrow P \quad \overrightarrow{AM},\ \overrightarrow{MB},\ \overrightarrow{MC} \Rightarrow G_A,\ G_{MB},\ G_{MC} \Rightarrow \hat{M} = G_{MC} - G_{MB}.$$

9.4 Superficies

9.4.1 Superficies graphiques

9.4.1.1 Décomposition d'un polygone en triangles et en trapèzes

Le polygone reporté à l'échelle est décomposé graphiquement en triangles et trapèzes les plus proches possible du triangle équilatéral et du rectangle.

À partir des mesures graphiques des bases et des hauteurs (figure 9.43), les superficies sont calculées par les formules élémentaires :

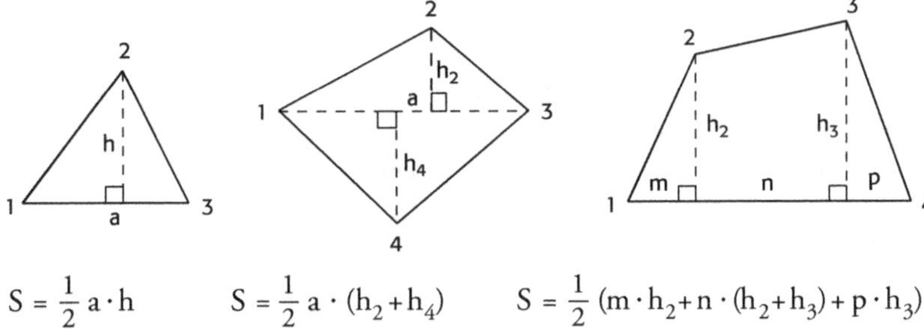

$$S = \frac{1}{2}\,a \cdot h \qquad S = \frac{1}{2}\,a \cdot (h_2 + h_4) \qquad S = \frac{1}{2}\,(m \cdot h_2 + n \cdot (h_2 + h_3) + p \cdot h_3)$$

Figure 9.43. Mesures des bases et des hauteurs.

9.4.1.2   Surfaces à limites sinueuses

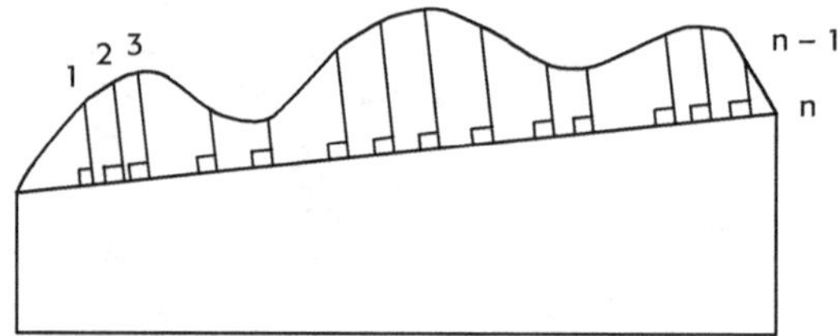

Figure 9.44. Limite sinueuse.

Quand une limite de parcelle est une courbe sans fonction mathématique, ruisseau par exemple (figure 9.44), choisir les points 1, 2, 3, … , n−1, n du périmètre, tels que les cordes et les arcs correspondants puissent être graphiquement confondus :

$$\overline{1.2} \approx \overset{\frown}{1.2}, ..., \overline{n-1.n} \approx \overset{\frown}{n-1.n}\,.$$

Les perpendiculaires abaissées de ces points sur une ligne d'opération rectiligne conduisent aux superficies des trapèzes rectangles correspondants.

9.4.1.3   Planimètres

Le *planimètre* est un appareil mesureur intégrateur qui fournit mécaniquement la superficie d'un contour fermé dessiné à une échelle déterminée.

Planimètre polaire à pôle fixe

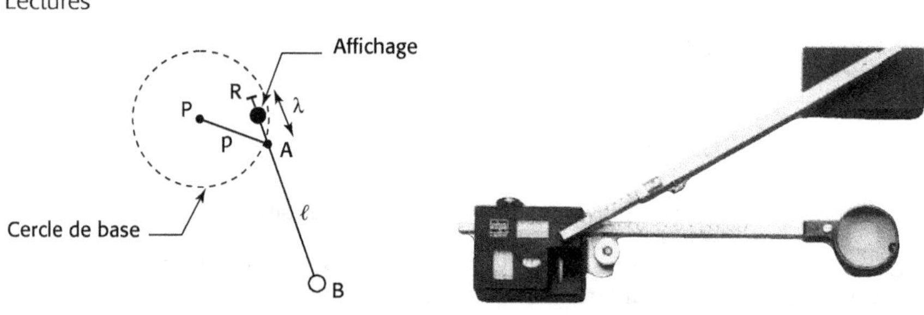

Figure 9.45. Planimètre polaire à pôle fixe.

Document Leica

Il est constitué de 4 parties :

— un bras polaire de longueur fixe PA = p, tournant autour d'un pôle P fixe (figure 9.45) ; le cercle (P,p) est appelé cercle de base ;

— un bras moteur de longueur AB = ℓ réglable, articulé en A à l'extrémité du bras polaire et portant une loupe B ;

— une roulette intégrante R perpendiculaire à AB, située à la distance fixe λ de A ;

— un dispositif indicateur à affichage LCD qui enregistre les déplacements de la roulette ; cet « affichage digital » remplace désormais les anciens compteurs à échelle à traits et verniers (figure 9.45).

Mesurage

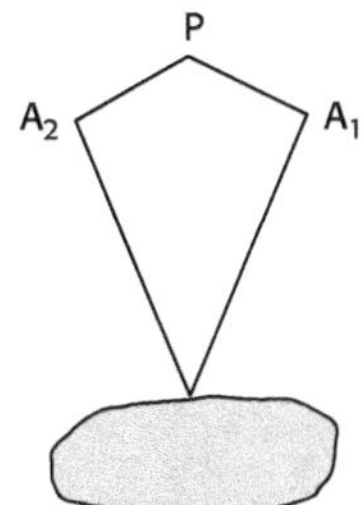

Figure 9.46. Pôle à l'extérieur de la surface.

Deux mesures, faites en inversant le sens de parcours ainsi que les positions relatives des 2 bras, fournissent un résultat contrôlé, expurgé des erreurs systématiques.

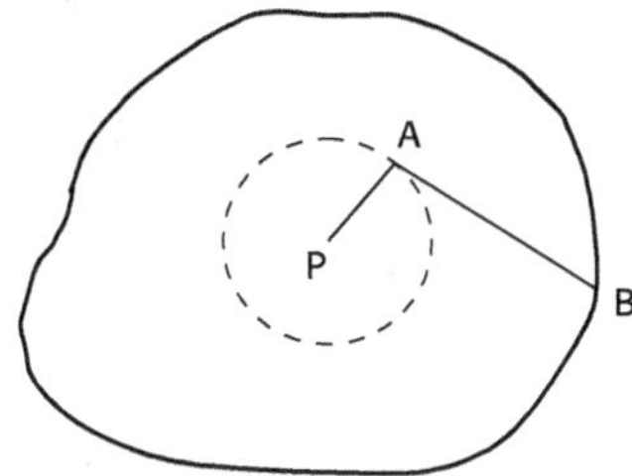

Figure 9.47. Pôle à l'intérieur de la surface.

Une grande superficie se mesure pôle à l'intérieur ; elle est égale à la somme de la superficie fournie par le dispositif indicateur et de la superficie du cercle de base donnée par le constructeur.

Les planimètres sont souvent munis d'une réglette d'étalonnage qui permet de mesurer l'aire connue d'un cercle ; en pratique, il est préférable de mesurer la superficie de quelques carreaux décimétriques du quadrillage du plan, puis de déterminer le coefficient de correction tenant compte du jeu du papier.

Les instruments actuels à affichage digital possèdent des fonctions préprogrammées parmi lesquelles :

— mise à zéro et étalonnage électronique ;

— sélection de l'unité : cm^2, m^2, km^2, unités anglaises diverses ;

— échelles courantes, avec la possibilité d'introduire 2 échelles différentes, en x ou « à l'horizontale » et en y ou « à la verticale », intéressante pour les profils en long par exemple ;

— mémorisation, sommes, différences, moyennes de superficies répétées ou non.

La précision d'un planimètre dépend beaucoup de la forme de la figure, les meilleurs résultats étant obtenus pour des contours proches du carré ou du cercle ; erreur relative de l'ordre de 0,2 % soit 2 m^2 pour 1 000 m^2.

Planimètre polaire à disque

La caractéristique essentielle de cet instrument est d'avoir une roulette intégrante qui se déplace sur un disque tournant de coefficient de glissement adapté et homogène, au lieu d'être en contact avec le plan (figure 9.48).

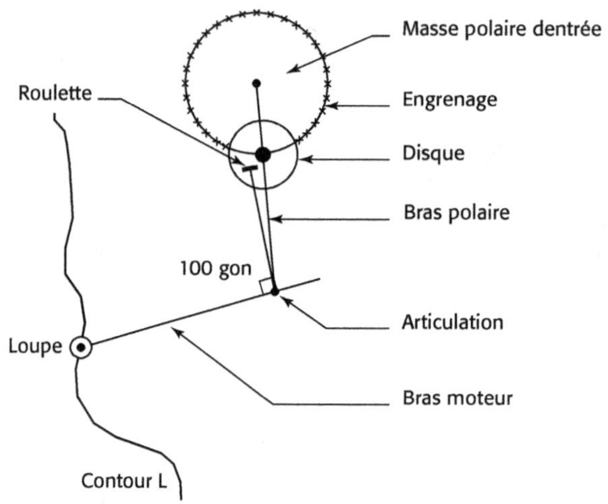

Figure 9.48. Planimètre polaire à disque.

Lors du parcours, le disque fait tourner la roulette, les positions et mouvements relatifs des 2 organes étant les mêmes que pour le planimètre polaire.

Le pôle est remplacé par une masse polaire qui confère une grande stabilité à l'instrument ; le rayon de contournement est important. Le planimètre à disque est environ 2 à 3 fois plus précis que le planimètre à pôle fixe.

Surface-chiffre ou unité du vernier

Soit : $S_1 = a_1^2$ la superficie de papier d'un carré de côté a_1, égale à la surface-chiffre ou unité du vernier d'un planimètre.

À l'échelle $\dfrac{1}{E}$, ce côté a_1 du papier correspond à une longueur a telle que : $a_1 = a\,\dfrac{1}{E} \Rightarrow a_1^2 = \dfrac{a^2}{E^2}$.

Si S désigne la surface-chiffre du planimètre à l'échelle $\dfrac{1}{E}$, il vient :

$$S_1 = \frac{S}{E^2} \Rightarrow S = S_1 \cdot E^2$$

Exemple

$S_1 = a_1^2 = 0{,}1\,\mathrm{cm}^2, \quad \dfrac{1}{E} = \dfrac{1}{1000} \Rightarrow S = 0{,}1 \times 1000^2 = 10\ \mathrm{m}^2$

Règle pratique

La surface-chiffre à l'échelle $\dfrac{1}{E}$ s'obtient en multipliant la surface-chiffre de base, ou surface-papier à l'échelle $\dfrac{1}{E_1} = \dfrac{1}{1}$, par le carré du dénominateur de l'échelle.

À l'échelle $\dfrac{1}{E_i}$ la surface-chiffre S_i vaut : $S_i = S_1 \cdot E_i^2$.

Soit :
$$\frac{S_i}{S} = \frac{E_i^2}{E^2} \Rightarrow S_i = \left(\frac{E_i}{E}\right)^2 \cdot S$$

Exemple

$$\frac{1}{E_i} = \frac{1}{500} \Rightarrow S_{500} = \left(\frac{500}{1000}\right)^2 . 10 = 2{,}5 \text{ m}^2$$

Planimètre polaire à chariot

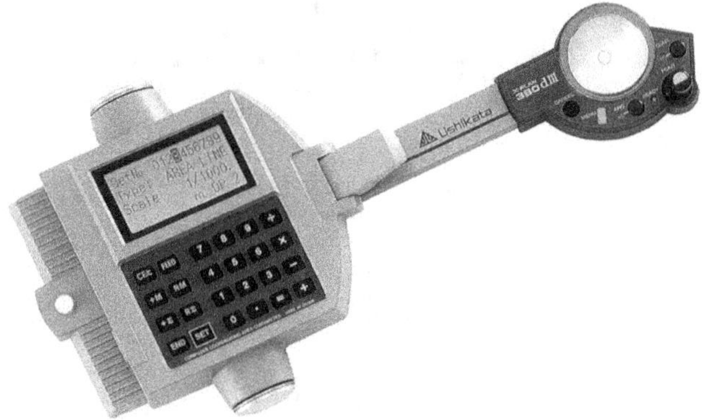

Figure 9.49. Planimètre polaire à chariot.

Le pôle est porté par un chariot qui se déplace en ligne droite (figure 9.49), la roulette intégrante, parallèle à l'axe de ce chariot lorsque le bras moteur est sur l'axe de translation n'enregistrant alors aucune impulsion.

Cet instrument, actuellement le plus diffusé, est donc particulièrement adapté au mesurage de superficies « allongées », la batterie interne autorisant une grande liberté de mouvement ; la distinction pôle à l'extérieur ou pôle à l'intérieur n'a plus de signification.

Mêmes fonctions préprogrammées que le planimètre à pôle fixe ; précision comparable.

9.4.1.4 Surfaces digitalisées

La transformation d'une représentation graphique en données numériques est faite à l'aide d'un système informatique, appelé couramment *digitaliseur*, qui repère la position d'un point sur un plan et saisit ses coordonnées rectangulaires dans un repère d'axes orthonormé.

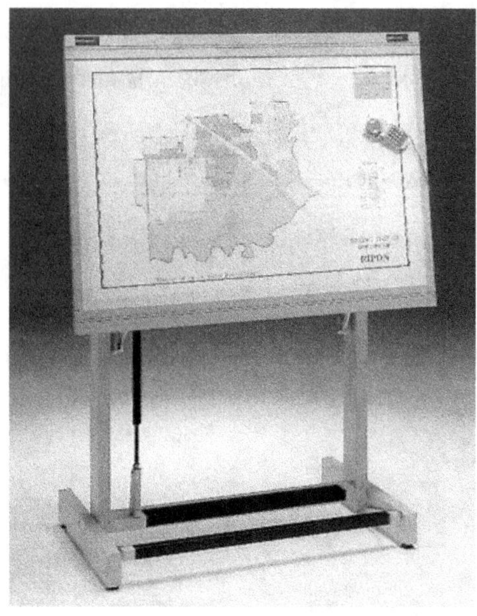

Figure 9.50. Digitaliseur.
Document OCE

Il se compose essentiellement de 3 unités, mobiles les unes par rapport aux autres (figure 9.50) :
– une table à numériser, table magnétique sur laquelle est fixé le plan, activée par un curseur ou un stylet ;
– un curseur à réticule, ou un stylet, pour le pointé ;
– une unité électronique à clavier et affichage numérique, connectée à un ordinateur par interface.

Le digitaliseur saisit les *coordonnées-table* des points, l'origine du repère d'axes orthonormé étant le plus souvent le coin inférieur gauche, avec une précision, c'est-à-dire un écart-type sur le résultat, pouvant atteindre ± 0,1 mm. Une surface de pourtour quelconque est donc saisie par les coordonnées rectangulaires des sommets d'un polygone inscrit et circonscrit, dont les côtés ont la longueur de l'incrément choisi et peuvent être en très grand nombre.

Le logiciel transforme les coordonnées-table en coordonnées Lambert par exemple, puis calcule la superficie par la formule analytique, en tenant éventuellement compte du jeu du papier.

9.4.1.5　Jeu du papier

L'instabilité dimensionnelle du support, ou « jeu du papier », due aux variations hygrométriques de l'air et au vieillissement, est différente dans le sens du laminage et dans le sens perpendiculaire.

Avant variations, établir un quadrillage décimétrique, en plaçant par exemple l'axe des x dans le sens du laminage.

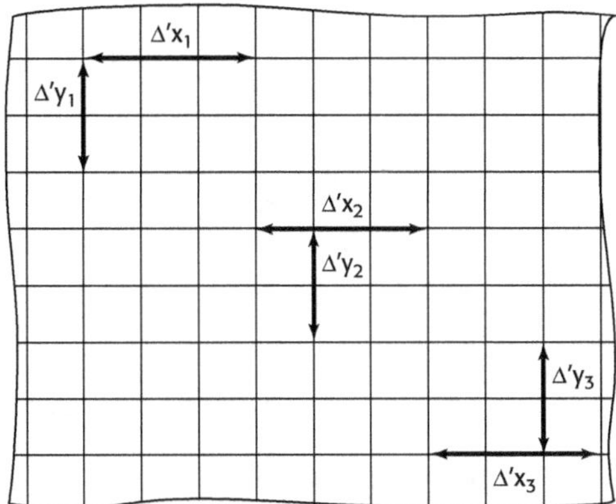

Figure 9.51. Mesurage des côtés de carreaux.

En quelques endroits de la feuille judicieusement répartis (figure 9.51), mesurer après variations les côtés de carreaux Δ'x et Δ'y.

Pour des modules de jeu m_x en abscisses et m_y en ordonnées, on peut écrire :

$$\Delta x = m_x \cdot \Delta'x, \qquad \Delta y = m_y \cdot \Delta'y$$

D'où les modules de variation :

$$m_x = \frac{\dfrac{\Delta x_1}{\Delta'x_1} + \dfrac{\Delta x_2}{\Delta'x_2} + \dfrac{\Delta x_3}{\Delta'x_3}}{3}, \qquad m_y = \frac{\dfrac{\Delta y_1}{\Delta'y_1} + \dfrac{\Delta y_2}{\Delta'y_2} + \dfrac{\Delta y_3}{\Delta'y_3}}{3}.$$

Tenir compte de ces modules pour certaines mesures d'exploitation :

Coordonnées d'un point

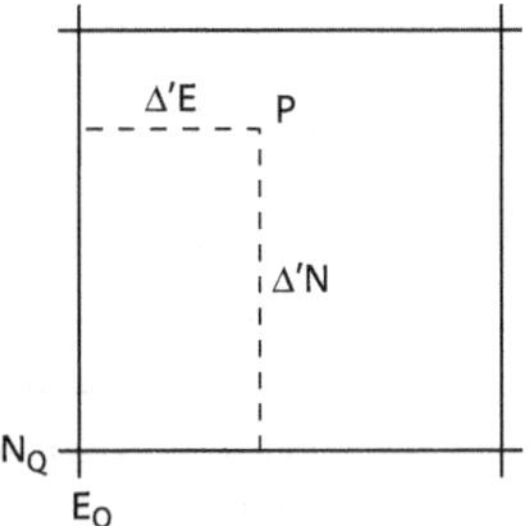

Figure 9.52. Appoints mesurés.

Mesure des appoints Δ'E et Δ'N (figure 9.52) ; $E_P = E_Q + m_E \cdot \Delta'E, \;\; N_P = N_Q + m_N \cdot \Delta'N$

Distance rectiligne

Coordonnées des extrémités, puis conversion $R \rightarrow P$

Distance sinueuse

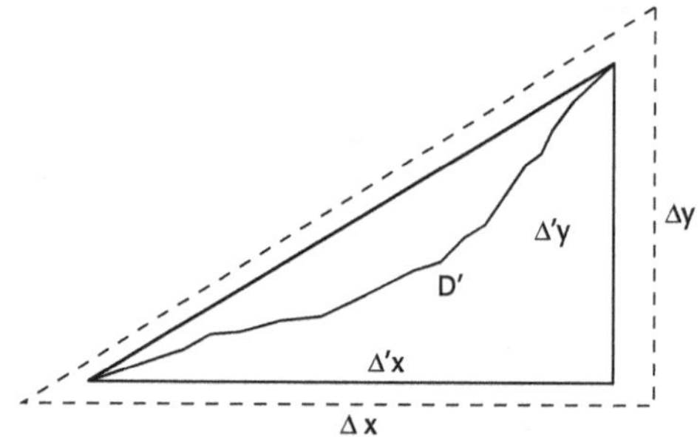

Figure 9.53. Distance sinueuse.

En admettant que la distance sinueuse D' ne s'écarte pas trop de la ligne droite joignant l'origine à l'extrémité, soit Δ'x et Δ'y les composantes en abscisse et ordonnée de la longueur mesurée D' (figure 9.53), D étant la longueur cherchée avant jeu du papier : D = m · D'.

$$\text{Soit :} \quad m = \frac{D}{D'} = \frac{|\Delta x|}{|\Delta'x|} = \frac{|\Delta y|}{|\Delta'y|} = \frac{m_x \cdot |\Delta'x|}{|\Delta'x|} = \frac{m_y \cdot |\Delta'y|}{|\Delta'y|} \Rightarrow m = \frac{m_x \cdot |\Delta'x| + m_y \cdot |\Delta'y|}{|\Delta'x| + |\Delta'y|}$$

Superficie

S' étant la superficie mesurée après jeu du papier, il vient immédiatement : $S = (m_x \cdot m_y) \cdot S'$.

La *précision d'une superficie graphique* est fonction :

– de la précision du report ;
– de la qualité de l'instrument de mesure des bases et des hauteurs ;
– des erreurs accidentelles de mesures ;
– du jeu du papier.

9.4.2   Superficies numériques élémentaires

Décomposer le polygone donné en triangles, trapèzes et quadrilatères en utilisant au maximum les mesures du terrain.

Cette *méthode des arpenteurs* s'applique bien aux levés par abscisses et ordonnées ou par multilatération de détail. En général, les superficies numériques élémentaires n'offrent pas de contrôle ; chaque fois que c'est possible, s'astreindre à une vérification graphique, voire à un double calcul.

9.4.2.1   Triangles

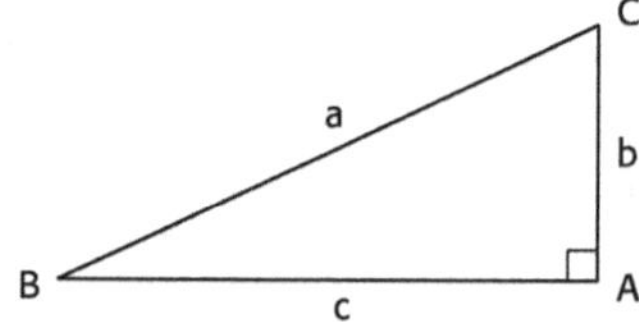

Figure 9.54. Superficie du triangle rectangle.

$$S = \tfrac{1}{2}\, b \cdot c$$

$$\left.\begin{array}{l} b = a \cdot \sin \hat{B} \\[4pt] c = a \cdot \cos \hat{B} \end{array}\right\} \quad S = \tfrac{1}{2}\, a^2 \cdot \sin \hat{B} \cdot \cos \hat{B}$$

Soit :
$$S = \tfrac{1}{4}\, a^2 \cdot \sin 2\hat{B} = \tfrac{1}{4}\, a^2 \cdot \sin 2\hat{C}$$

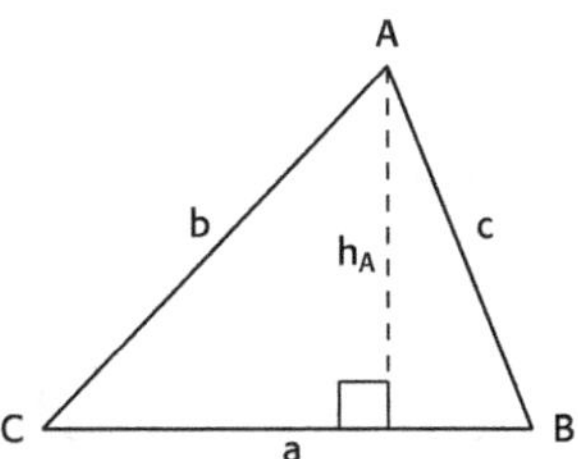

Figure 9.55. Superficie du triangle quelconque.

$$S = \tfrac{1}{2}\, a \cdot h_A = \tfrac{1}{2}\, b \cdot h_B = \tfrac{1}{2}\, c \cdot h_C$$

$$S = \tfrac{1}{2}\, a \cdot b \cdot \sin \hat{C} = \tfrac{1}{2}\, b \cdot c \cdot \sin \hat{A} = \tfrac{1}{2}\, c \cdot a \cdot \sin \hat{B}$$

En remplaçant b par sa valeur tirée du rapport des sinus : $b = \dfrac{a \cdot \sin \hat{B}}{\sin \hat{A}}$, il vient :
$$S = \frac{1}{2}\, \frac{a^2 \cdot \sin \hat{B} \cdot \sin \hat{C}}{\sin \hat{A}},$$

soit par permutation circulaire :

$$S = \frac{1}{2}\, \frac{a^2 \cdot \sin \hat{B} \cdot \sin \hat{C}}{\sin \hat{A}} = \frac{1}{2}\, \frac{b^2 \cdot \sin \hat{C} \cdot \sin \hat{A}}{\sin \hat{B}} = \frac{1}{2}\, \frac{c^2 \cdot \sin \hat{A} \cdot \sin \hat{B}}{\sin \hat{C}}$$

Par ailleurs : $S = \dfrac{1}{2}\, \dfrac{a^2 \cdot \sin \hat{B} \cdot \sin \hat{C}}{\sin \hat{A}} = \dfrac{1}{2}\, \dfrac{a^2 \cdot \sin \hat{B} \cdot \sin \hat{C}}{\sin (\hat{B} + \hat{C})} = \dfrac{1}{2}\, \dfrac{a^2 \cdot \sin \hat{B} \cdot \sin \hat{C}}{\sin \hat{B} \cdot \cos \hat{C} + \sin \hat{C} \cdot \cos \hat{B}}$

$$S = \frac{1}{2}\, \frac{a^2}{\cotan \hat{B} + \cotan \hat{C}}$$

Soit par permutation circulaire :

$$S = \frac{1}{2}\, \frac{a^2}{\cotan \hat{B} + \cotan \hat{C}} = \frac{1}{2}\, \frac{b^2}{\cotan \hat{C} + \cotan \hat{A}} = \frac{1}{2}\, \frac{c^2}{\cotan \hat{A} + \cotan \hat{B}}$$

La hauteur vaut : $h_A = \dfrac{2S}{a} = \dfrac{2}{a}\, \dfrac{1}{2}\, \dfrac{a^2 \cdot \sin \hat{B} \cdot \sin \hat{C}}{\sin \hat{A}} = \dfrac{a \cdot \sin \hat{B} \cdot \sin \hat{C}}{\sin \hat{A}}$

Soit : $h_A = \dfrac{a \cdot \sin \hat{B} \cdot \sin \hat{C}}{\sin \hat{A}}$, $h_B = \dfrac{b \cdot \sin \hat{C} \cdot \sin \hat{A}}{\sin \hat{B}}$, $h_C = \dfrac{c \cdot \sin \hat{A} \cdot \sin \hat{B}}{\sin \hat{C}}$

Connaissant les 3 côtés, murs et diagonales en levé d'intérieur par exemple, la superficie est calculée avec le demi-périmètre : $p = \dfrac{a + b + c}{2}$, par la formule de *Héron d'Alexandrie* :

$$S = \frac{1}{2} b \cdot c \cdot \sin \hat{A} = \frac{1}{2} b \cdot c \cdot \sqrt{1 - \cos^2 \hat{A}} = \frac{1}{2} b \cdot c \cdot \sqrt{1 - \left(\frac{b^2 + c^2 - a^2}{2bc}\right)^2}$$

$$S = \sqrt{p \cdot (p - a) \cdot (p - b) \cdot (p - c)}$$

9.4.2.2 Trapèzes

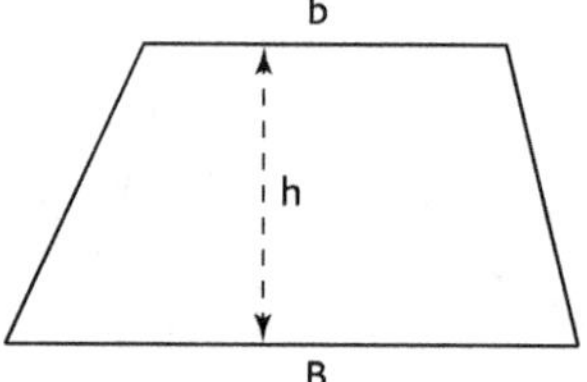

Figure 9.56. Trapèze.

$$S = \frac{1}{2} (B + b) \cdot h$$

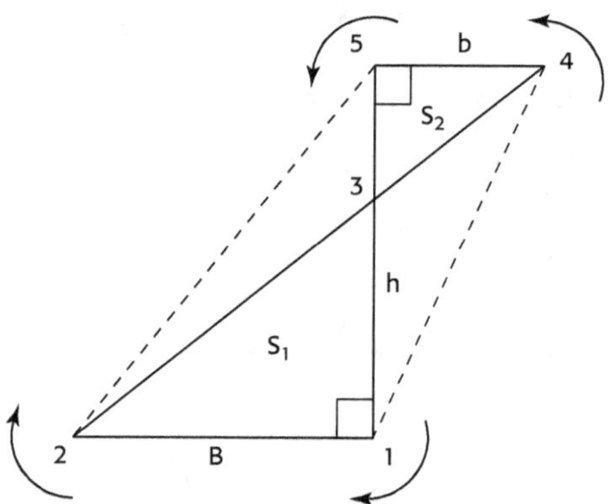

Figure 9.57. Trapèze croisé rectangle.

Un trapèze croisé rectangle (figure 9.57) est un polygone formé par 2 triangles rectangles dont les sommets de l'angle droit sont situés de part et d'autre d'une droite commune qui porte les 2 hypoténuses placées bout à bout, les 2 angles au sommet de contact étant égaux.

Par définition, la superficie du trapèze croisé rectangle est égale à la différence des superficies des 2 triangles qui le composent.

$$S = \left|S_1\right| - \left|S_2\right| = \left|S_{1254}\right| - \left|S_{542}\right| - \left|S_{541}\right| = \frac{1}{2}(B + b) \cdot h - \frac{1}{2} b \cdot h - \frac{1}{2} b \cdot h = \frac{1}{2}(B - b) \cdot h$$

Cette formule donne une superficie positive si B > b et négative dans le cas contraire ; autrement dit, si le polygone croisé est parcouru dans le sens 123451, le triangle 123 parcouru dans le sens des aiguilles d'une montre a une superficie S_1 positive, alors que le triangle 345 parcouru dans le sens contraire a une superficie S_2 négative.

Dès lors : $$S = \big|S_1\big| - \big|S_2\big| = S_1 + S_2 = \frac{1}{2}(B - b) \cdot h$$

Le trapèze croisé rectangle permet notamment l'évaluation de certaines superficies en évitant le calcul de l'intersection d'une limite avec une ligne d'opération.

Exemple

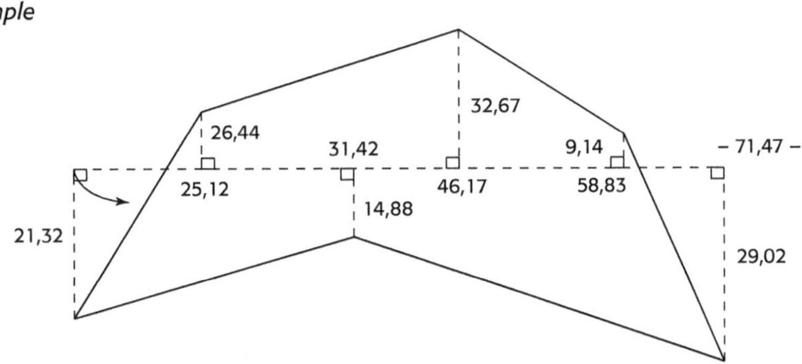

Figure 9.58. Arpentage d'une parcelle.

$S = \frac{1}{2}(B \pm b) \cdot h$

BASES		HAUTEURS	SUPERFICIES
26,44 + 32,67	= 59,11 m	46,17 – 25,12 = 21,05 m	622,1328 m^2
32,67 + 9,14	= 41,81	58,83 – 46,17 = 12,66	264,6573
9,14 – 29,02	= – 19,88	71,47 – 58,83 = 12,64	– 125,6416
29,02 + 14,88	= 43,90	71,47 – 31,42 = 40,05	879,0975
14,88 + 21,32	= 36,20	31,42	568,7020
26,44 – 21,32	= 5,12	25,12	64,3072
			2 273,2552

Trapèze croisé quelconque

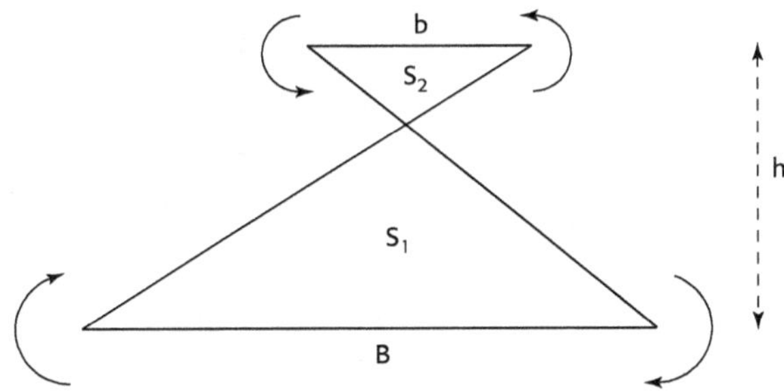

Figure 9.59. Trapèze croisé quelconque.

On démontre comme précédemment que la superficie du trapèze croisé quelconque (figure 9.59) vaut :

$$S = S_1 + S_2 = \frac{1}{2}(B - b) \cdot h$$

9.4.2.3 Quadrilatères

Outre la décomposition en triangles et trapèzes rectangles, la superficie d'un quadrilatère peut aussi être calculée à partir des diagonales et de l'angle qu'elles forment (figure 9.60).

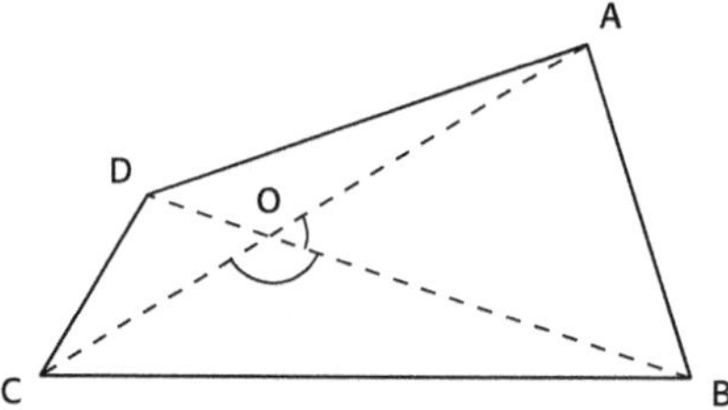

Figure 9.60. Longueurs et angles des diagonales.

$$S_{ABCD} = S_{ABO} + S_{BCO} + S_{CDO} + S_{DAO}$$

$$S_{ABCD} = \frac{1}{2} OA \cdot OB \cdot \sin \hat{O} + \frac{1}{2} OB \cdot OC \cdot \sin \hat{O} + \frac{1}{2} OC \cdot OD \cdot \sin \hat{O} + \frac{1}{2} OD \cdot OA \cdot \sin \hat{O}$$

$$S = \frac{1}{2} [OA \cdot (OB + OD) + OC \cdot (OB + OD)] \cdot \sin \hat{O} \Rightarrow S = \frac{1}{2} AC \cdot BD \cdot \sin \hat{O}$$

Quadrilatère croisé

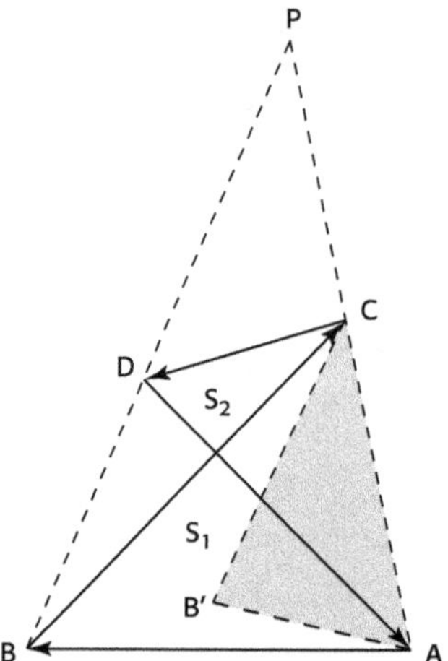

Figure 9.61. Triangle de convergence.

Un quadrilatère croisé (figure 9.61) est un polygone formé par 2 triangles quelconques situés de part et d'autre d'une droite commune qui porte 2 côtés mis bout à bout, les 2 angles au sommet de contact étant égaux.

Le triangle parcouru dans le sens des aiguilles d'une montre ayant une superficie S_1 positive, celui parcouru dans le sens contraire une superficie S_2 négative, la superficie du quadrilatère croisé vaut :

$$S = S_1 + S_2 = |S_1| - |S_2|$$

Le point P étant l'intersection des prolongements de AC et BD, il vient :

$$S = |S_1| - |S_2| = S_{ABP} - S_{BPC} - S_{ADP} + S_{PCD}$$

$$S = \frac{1}{2}\, PA \cdot PB \cdot \sin \hat{P} - \frac{1}{2}\, PB \cdot PC \cdot \sin \hat{P} - \frac{1}{2}\, PA \cdot PD \cdot \sin \hat{P} + \frac{1}{2}\, PC \cdot PD \cdot \sin \hat{P}$$

$$S = \frac{1}{2}\, [PA \cdot (PB - PD) - PC \cdot (PB - PD)] \cdot \sin \hat{P} \;\Rightarrow\; S = \frac{1}{2}\, AC \cdot BD \cdot \sin \hat{P}$$

La superficie calculée par cette formule est celle du triangle ACB', appelé *triangle de convergence*, obtenu en traçant depuis le sommet C le vecteur $\overrightarrow{CB'}$ équipollent au vecteur DB.

9.4.2.4 Secteur et segment circulaires

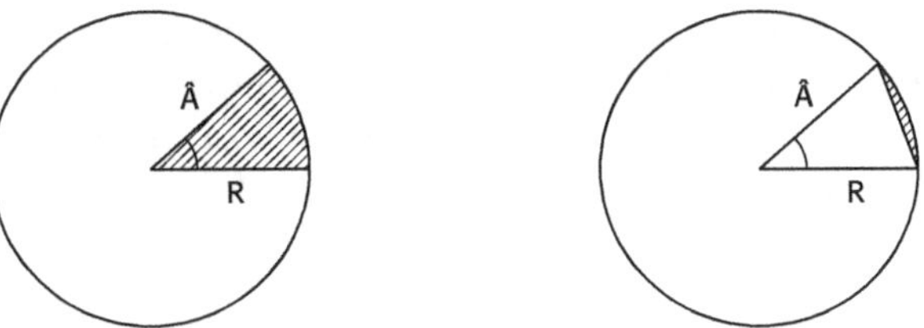

Figure 9.62. Secteur et segment circulaires.

La superficie d'un cercle valant : $\pi \cdot R^2$, l'angle au centre 400 gon, un angle au centre $\hat{A}$ en grades donne (figure 9.62) :

$$\text{Secteur} = \frac{\pi \cdot R^2 \cdot \hat{A}}{400}, \qquad \text{Segment} = \text{Secteur} - \text{Triangle} = \frac{\pi \cdot R^2 \cdot \hat{A}}{400} - \frac{R^2 \cdot \sin \hat{A}}{2}$$

9.4.3 Superficie d'un polygone défini en coordonnées polaires

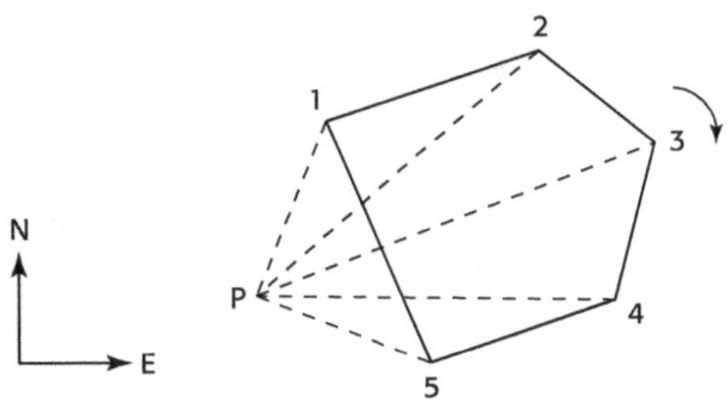

Figure 9.63. Polygone défini en coordonnées polaires.

Soit un polygone levé par rayonnement depuis un point P (figure 9.63), dont les sommets sont numérotés à partir de l'unité en respectant la suite naturelle des nombres sans solution de continuité et parcouru dans le sens des aiguilles d'une montre.

Les coordonnées polaires : gisements $G_{P1} = G_1$, etc. et distances réduites : $D_{P1} = D_1$, etc. donnent :

$$S = S_{P12} + S_{P23} + S_{P34} + S_{P45} - S_{P15}$$

$$S = \frac{1}{2}\,[D_1 \cdot D_2 \cdot \sin(G_2 - G_1) + D_2 \cdot D_3 \cdot \sin(G_3 - G_2) + D_3 \cdot D_4 \cdot \sin(G_4 - G_3)$$
$$+ D_4 \cdot D_5 \cdot \sin(G_5 - G_4) - D_1 \cdot D_5 \cdot \sin(G_5 - G_1)]$$

Mais : $-\sin(G_5 - G_1) = \sin(G_1 - G_5)$, d'où la formule générale pour un polygone de n sommets :

$$S = \frac{1}{2}\sum_{i=1}^{n} D_i \cdot D_{i+1} \cdot \sin(G_{i+1} - G_i)$$

La position du point P par rapport au polygone étant quelconque et les différences de gisements étant seules à intervenir, la formule se généralise immédiatement au cas où les directions $\overrightarrow{P.1}$, ..., $\overrightarrow{P.n}$, ne sont plus orientées par leurs gisements mais par les lectures azimutales faites sur un cercle horizontal de théodolite, comme c'est le cas par exemple pour un levé par rayonnement effectué depuis un sommet de cheminement S (figure 9.64) :

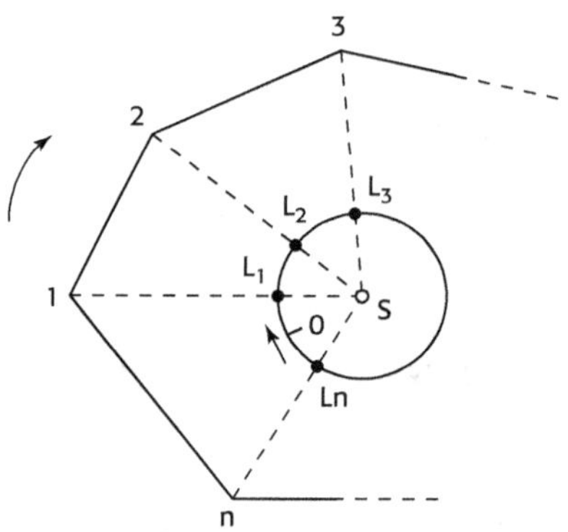

Figure 9.64. Polygone levé par rayonnement.

$$S = \frac{1}{2}\sum_{i=1}^{n} D_i \cdot D_{i+1} \cdot \sin(L_{i+1} - L_i)$$

Comme : $\sin -x = -\sin x$, la formule donne une superficie négative si le polygone est parcouru dans le sens contraire de celui des aiguilles d'une montre.

Exemple

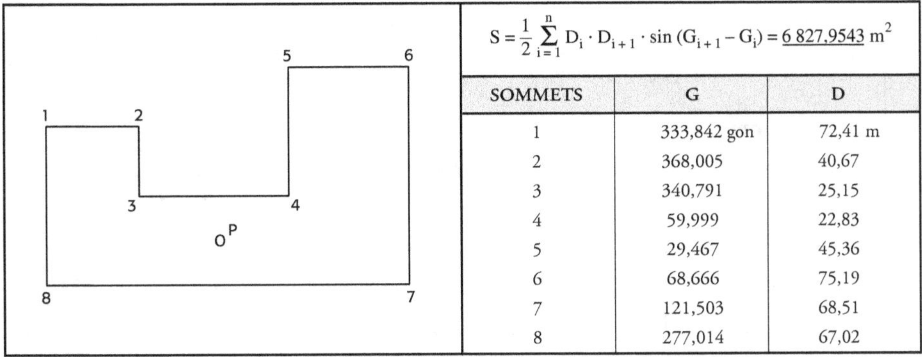

$$S = \frac{1}{2} \sum_{i=1}^{n} D_i \cdot D_{i+1} \cdot \sin (G_{i+1} - G_i) = \underline{6\,827{,}9543}\ \text{m}^2$$

SOMMETS	G	D
1	333,842 gon	72,41 m
2	368,005	40,67
3	340,791	25,15
4	59,999	22,83
5	29,467	45,36
6	68,666	75,19
7	121,503	68,51
8	277,014	67,02

9.4.4   Superficie d'un polygone défini en coordonnées rectangulaires

9.4.4.1   Superficie positive

La formule : $S = \dfrac{1}{2} \sum\limits_{i=1}^{n} D_i \cdot D_{i+1} \cdot \sin (G_{i+1} - G_i)$ n'est liée au point P

que par les distances D ; elle reste donc valable si P est confondu

avec l'origine du repère orthonormé.

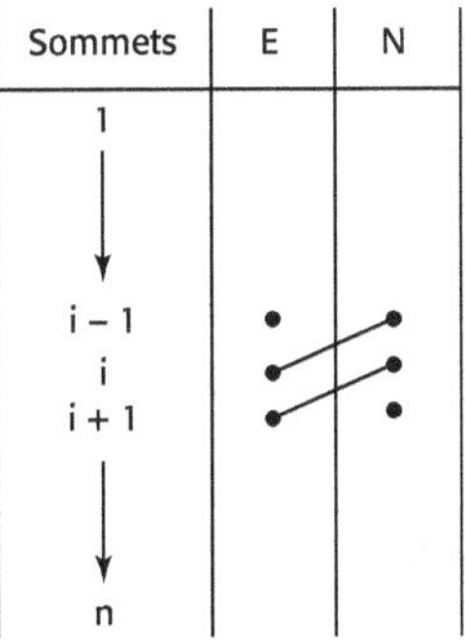

$$S = \frac{1}{2} \sum_{i=1}^{n} (D_i \cdot D_{i+1} \cdot \sin G_{i+1} \cdot \cos G_i - D_i \cdot D_{i+1} \cdot \sin G_i \cdot \cos G_{i+1})$$

$$S = \frac{1}{2} \sum_{i=1}^{n} (E_{i+1} \cdot N_i - E_i \cdot N_{i+1})$$

$$\text{Or :} \ \sum_{i=1}^{n} (E_i \cdot N_{i-1} - E_{i+1} \cdot N_i) = 0 \quad \text{(schéma)}$$

$$\text{Donc :} \quad S = \frac{1}{2} \sum_{i=1}^{n} (\cancel{E_{i+1} \cdot N_i} - E_i \cdot N_{i+1} + E_i \cdot N_{i-1} - \cancel{E_{i+1} \cdot N_i}) = \frac{1}{2} \sum_{i=1}^{n} E_i (N_{i-1} - N_{i+1})$$

$$\text{Avec :} \ \sum_{i=1}^{n} (E_i \cdot N_{i+1} - E_{i-1} \cdot N_i) = 0 \text{, on démontre de même :} \ S = \frac{1}{2} \sum_{i=1}^{n} N_i (E_{i+1} - E_{i-1})$$

D'où les *formules analytiques* : $S = \dfrac{1}{2} \sum\limits_{i=1}^{n} E_i (N_{i-1} - N_{i+1}) = \dfrac{1}{2} \sum\limits_{i=1}^{n} N_i (E_{i+1} - E_{i-1})$

En pratique, ces formules sont employées avec des coordonnées positives exprimées par des nombres faibles, de manière à éviter des produits partiels inutilement grands ; pour ce faire, transformer les données par une translation du repère orthonormé, c'est-à-dire retrancher mentalement un nombre simple aux abscisses et ordonnées.

Exemple

Coordonnées UTM31, calculs effectués en retranchant mentalement les kilomètres.

$$S = \frac{1}{2}\sum_{i=1}^{n} E_i (N_{i-1} - N_{i+1}) = \frac{1}{2}\sum_{i=1}^{n} E_i (N_{i+1} - N_{i-1}) = \underline{52\,661{,}1995}\ \text{m}^2$$

SOMMETS	E	N
1	671 342,48 m	5 401 183,17 m
2	671 207,19	5 401 381,03
3	671 314,91	5 401 428,66
4	671 356,95	5 401 334,15
5	671 492,22	5 401 389,99
6	671 587,77	5 401 186,48

9.4.4.2 Superficie négative

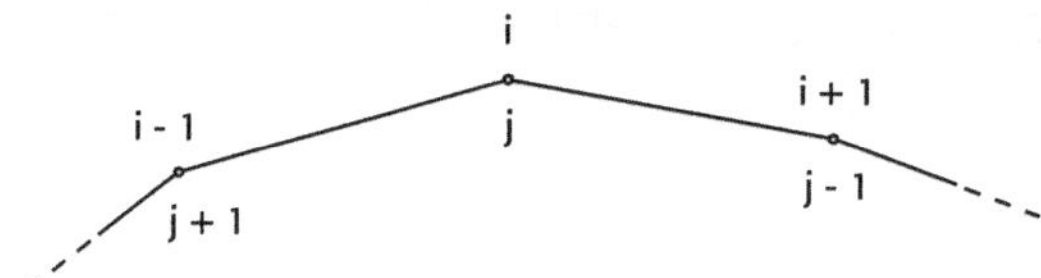

Figure 9.65. Superficie négative.

Si les sommets sont numérotés en parcourant le polygone dans le sens contraire de celui des aiguilles d'une montre (figure 9.65), il vient :

$$\frac{1}{2}\sum_{i=1}^{n} E_i (N_{i+1} - N_{i-1}) = -S = \frac{1}{2}\sum_{i=1}^{n} E_i (N_{i-1} - N_{i+1})$$

Par conséquent, les formules analytiques donnent une superficie négative lorsque le sens général de parcours du polygone est contraire à celui des aiguilles d'une montre.

9.4.4.3 Polygone quelconque

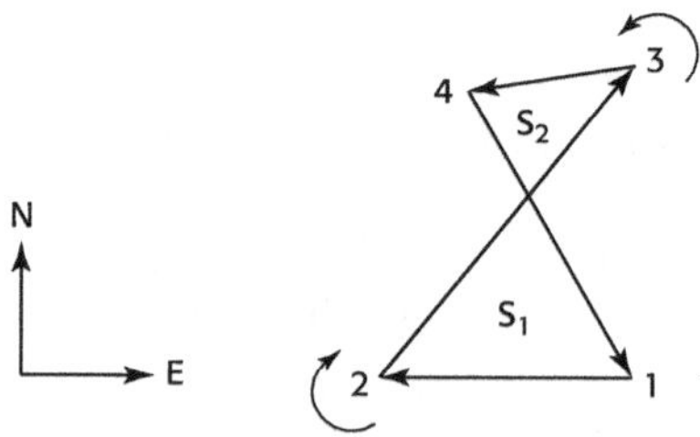

Figure 9.66. Quadrilatère croisé.

La superficie du *quadrilatère croisé* (figure 9.66) étant équivalente à celle du triangle de convergence, il vient :

$$S = S_1 + S_2 = \frac{1}{2}\, D_{3.1} \cdot D_{4.2} \cdot \sin(\overrightarrow{3.1},\,\overrightarrow{4.2}) = \frac{1}{2}\, D_{3.1} \cdot D_{4.2} \cdot \sin(G_{4.2} - G_{3.1})$$

$$S = \frac{1}{2}\,(D_{3.1} \cdot D_{4.2} \cdot \sin G_{4.2} \cdot \cos G_{3.1} - D_{3.1} \cdot D_{4.2} \cdot \sin G_{3.1} \cdot \cos G_{4.2})$$

$$S = \frac{1}{2}\,[(N_1 - N_3) \cdot (E_2 - E_4) - (E_1 - E_3) \cdot (N_2 - N_4)]$$

En développant et en ordonnant par rapport à E :

$$S = \frac{1}{2}\,[E_1(N_4 - N_2) + E_2(N_1 - N_3) + E_3(N_2 - N_4) + E_4(N_3 - N_1)] = \frac{1}{2}\sum_{i=1}^{4} E_i\,(N_{i-1} - N_{i+1})$$

On démontre de la même manière : $S = S_1 + S_2 = \dfrac{1}{2}\sum_{i=1}^{4} N_i\,(E_{i+1} - E_{i-1})$

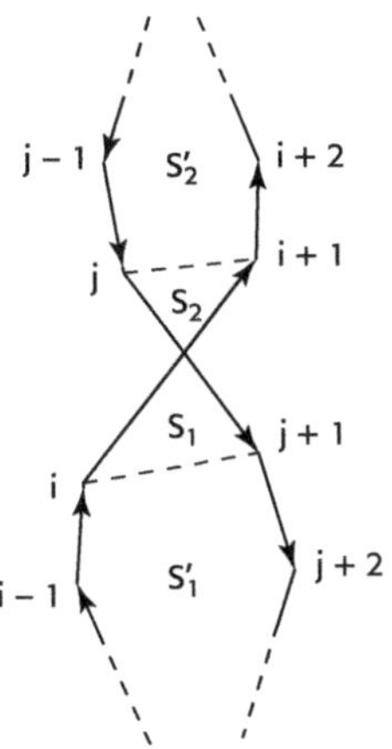

Figure 9.67. Polygone croisé.

Dans un polygone croisé (figure 9.67) où les côtés sécants $\overrightarrow{i,\,i+1}$ et $\overrightarrow{j,\,j+1}$ séparent la superficie positive $S_1 + S'_1$ de la superficie négative $S_2 + S'_2$, la superficie S vaut :

$$S = (S_1 + S'_1) + (S_2 + S'_2) = S'_1 + S'_2 + (S_1 + S_2)$$

$$S'_1 = \frac{1}{2}\,[\ldots + E_i(N_{i-1} - N_{j+1}) + E_{j+1}(N_i - N_{j+2}) + \ldots]$$

$$S'_2 = \frac{1}{2}\,[\ldots + E_j(N_{j-1} - N_{i+1}) + E_{i+1}(N_j - N_{i+2}) + \ldots]$$

$$S_1 + S_2 = \frac{1}{2}\,[E_i(N_{j+1} - N_{i+1}) + E_{i+1}(N_i - N_j) + E_j(N_{i+1} - N_{j+1}) + E_{j+1}(N_j - N_i)]$$

$$S = \frac{1}{2}\,[\ldots + E_i(N_{i-1} - N_{i+1}) + E_{i+1}(N_i - N_{i+2}) + \ldots + E_j(N_{j-1} - N_{j+1}) + E_{j+1}(N_j - N_{j+2}) + \ldots]$$

Les formules analytiques donnent la superficie d'un polygone quelconque.

9.4.5 Formule polygonale ou formule de Sarron

9.4.5.1 Notations

Il s'agit de calculer la superficie d'un polygone de n côtés connaissant les longueurs de $n-1$ côtés et $n-2$ angles.

Le polygone étant parcouru dans le sens des aiguilles d'une montre, le premier côté connu est désigné par a, le deuxième par b, etc., n étant le côté inconnu (figure 9.68).

La rotation étant toujours positive dans le sens des aiguilles d'une montre et négative dans le sens contraire, les *angles orientés* des côtés successifs $(\vec{a}, \vec{b})$, $(\vec{b}, \vec{c})$..., $(\overrightarrow{i-1}, \vec{i})$, sont notés simplement $\widehat{ab}$, $\widehat{bc}$, ..., $\widehat{i-1,i}$.

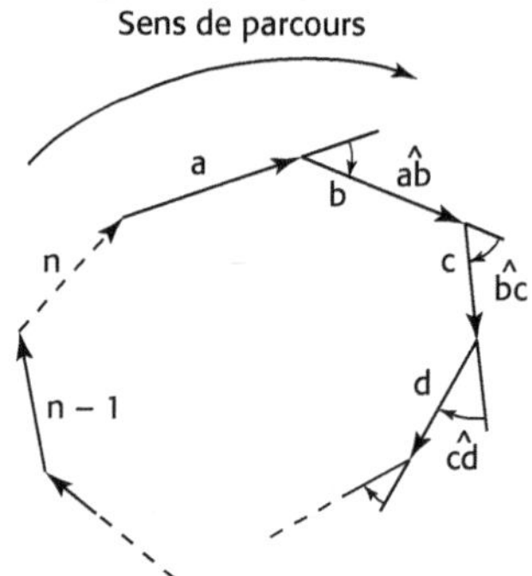

Figure 9.68. Notations et angles orientés de la formule polygonale.

On a bien entendu : $\widehat{ai} = \widehat{ab} + \widehat{bc} + ... + \widehat{i-1,i}$.

Les 2 angles inconnus sont les angles $\widehat{n-1,n}$ et $\widehat{na}$ adjacents au côté n inconnu.

9.4.5.2 Formule

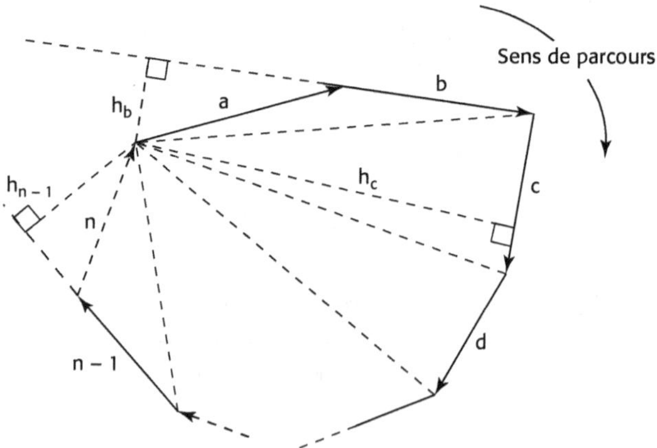

Figure 9.69. Décomposition en triangles accolés.

Le polygone étant décomposé en triangles accolés à partir de l'origine du premier côté a (figure 9.69), si $h_b, h_c, \ldots, h_{n-1}$ désignent les hauteurs abaissées de l'origine du premier côté sur chacun des suivants, on a :

$$S = \frac{1}{2}\left(b \cdot h_b + c \cdot h_c + d \cdot h_d + \ldots + (n-1) \cdot h_{n-1}\right)$$

Le théorème de la projection d'un vecteur sur un axe donne, quel que soit le cas de figure :

$$h_b = a \cdot \cos\left(\overrightarrow{h_b}, \vec{a}\right) = a \cdot \cos\left[\left(\overrightarrow{h_b}, \vec{b}\right) + \left(\vec{b}, \vec{a}\right)\right] = -a \cdot \sin\left(\vec{b}, \vec{a}\right) = a \cdot \sin \widehat{ab}$$

En considérant h_c comme la projection sur un axe perpendiculaire au côté c de la somme géométrique : $\vec{a} + \vec{b}$, il vient :

$$h_c = a \cdot \cos\left(\overrightarrow{h_c}, \vec{a}\right) + b \cdot \cos\left(\overrightarrow{h_c}, \vec{b}\right)$$
$$h_c = a \cdot \cos\left[\left(\overrightarrow{h_c}, \vec{c}\right) + \left(\vec{c}, \vec{a}\right)\right] + b \cdot \cos\left[\left(\overrightarrow{h_c}, \vec{c}\right) + \left(\vec{c}, \vec{b}\right)\right]$$
$$h_c = a \cdot \sin \widehat{ac} + b \cdot \sin \widehat{bc}$$

On démontre de même :

$$h_d = a \cdot \sin \widehat{ad} + b \cdot \sin \widehat{bd} + c \cdot \sin \widehat{cd}$$
$$\vdots$$
$$h_{n-1} = a \cdot \sin \widehat{a, n-1} + b \cdot \sin \widehat{b, n-1} + \ldots + (n-2) \cdot \sin \widehat{n-2, n-1}$$

Soit en remplaçant les hauteurs dans la formule qui donne la superficie :

$$S = \frac{1}{2}\Big[a \cdot b \cdot \sin \widehat{ab} + a \cdot c \cdot \sin \widehat{ac} + b \cdot c \cdot \sin \widehat{bc} + a \cdot d \cdot \sin \widehat{ad} + b \cdot d \cdot \sin \widehat{bd} + c \cdot d \cdot \sin \widehat{cd}$$
$$+ \ldots + a \cdot (n-1) \cdot \sin \widehat{a, n-1} + b \cdot (n-1) \cdot \sin \widehat{b, n-1} + \ldots + (n-2) \cdot (n-1) \cdot \sin \widehat{n-2, n-1}\Big]$$

Le polygone étant de manière générale parcouru dans le sens des aiguilles d'une montre, les superficies des triangles sont positives, à quelques exceptions près, angle « rentrant » par exemple ; par conséquent, leur somme, donc la superficie donnée par la formule, est positive.

En pratique, cette formule s'écrit sous la forme mnémotechnique :

$$S = \frac{1}{2}\left|\begin{array}{ll} a \cdot b \cdot \sin \widehat{ab} + a \cdot c \cdot \sin \widehat{ac} + \ldots + a \cdot (n-1) \cdot \sin \widehat{a, n-1} & (n-2) \text{ termes} \\ + b \cdot c \cdot \sin \widehat{bc} + b \cdot d \cdot \sin \widehat{bd} + \ldots + b \cdot (n-1) \cdot \sin \widehat{b, n-1} & (n-3) \text{ termes} \\ \vdots & \\ + (n-2) \cdot (n-1) \cdot \sin \widehat{n-2, n-1} & n-(n-1) = 1 \text{ terme} \end{array}\right.$$

En désignant les côtés par a = 1, b = 2, etc. la formule devient :

$$S = \frac{1}{2} \sum_{i=1}^{n-2} \sum_{j=i+1}^{n-1} i \cdot j \cdot \sin \widehat{ij}$$

Le premier côté, multiplié par tous les suivants sauf le côté n inconnu, génère $n-2$ termes, le deuxième côté $n-3$ termes, etc., le $(n-2)^e$ un terme, noté : $n-(n-1)$.

La double superficie étant fournie par la somme de tous les termes, le nombre total de termes est égal à la somme des termes d'une progression arithmétique de $n-2$ termes dont le premier vaut $n-2$ et le dernier $n-(n-1)$.

Soit :

$$\frac{(n-2) + (n-(n-1))}{2} \cdot (n-2) = \frac{(n-1) \cdot (n-2)}{2}.$$

Exemple

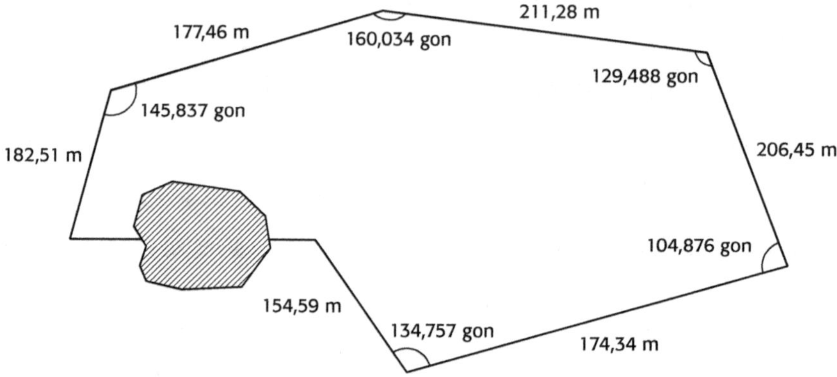

Figure 9.70. Un côté et deux angles adjacents non mesurables

Le calcul manuel, autrement dit le calcul non programmé, de la superficie de cette parcelle (figure 9.70) comportant des risques d'erreur, procéder dans l'ordre chronologique :

1°- placer dans l'entête du tableau des calculs le schéma du polygone et désigner les côtés suivant les conventions ;

2°- écrire tous les termes de la formule mnémotechnique, puis vérifier leur nombre :

$$\frac{(n-1)\cdot(n-2)}{2} = \frac{(7-1)\cdot(7-2)}{2} = 15 \; ;$$

3°- inscrire les côtés dans l'ordre chronologique ainsi que les distances ;

4°- calculer et transcrire tous les angles orientés avant d'appliquer la formule.

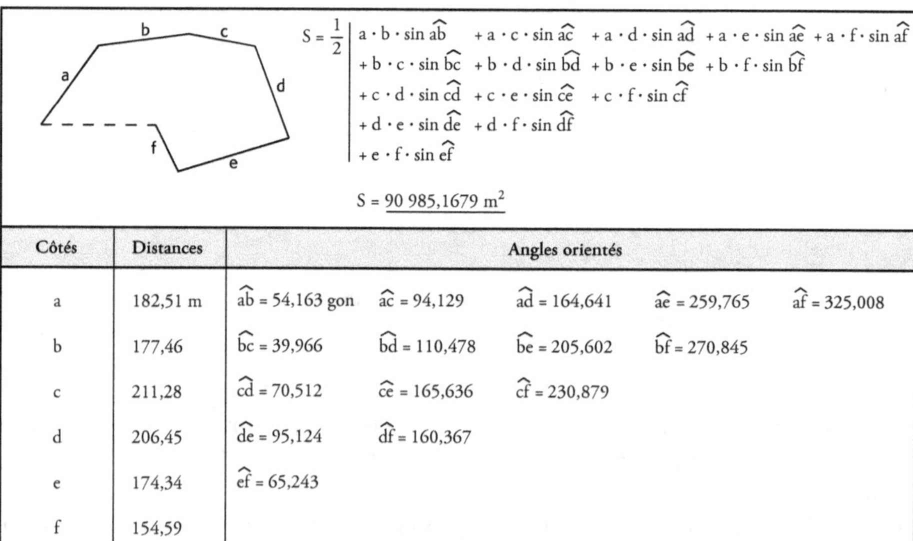

$$S = \frac{1}{2} \left| \begin{array}{l} a\cdot b\cdot\sin\widehat{ab} \quad +a\cdot c\cdot\sin\widehat{ac} \quad +a\cdot d\cdot\sin\widehat{ad} \quad +a\cdot e\cdot\sin\widehat{ae} \quad +a\cdot f\cdot\sin\widehat{af} \\ +b\cdot c\cdot\sin\widehat{bc} \quad +b\cdot d\cdot\sin\widehat{bd} \quad +b\cdot e\cdot\sin\widehat{be} \quad +b\cdot f\cdot\sin\widehat{bf} \\ +c\cdot d\cdot\sin\widehat{cd} \quad +c\cdot e\cdot\sin\widehat{ce} \quad +c\cdot f\cdot\sin\widehat{cf} \\ +d\cdot e\cdot\sin\widehat{de} \quad +d\cdot f\cdot\sin\widehat{df} \\ +e\cdot f\cdot\sin\widehat{ef} \end{array} \right.$$

$$S = \underline{90\,985,1679 \text{ m}^2}$$

Côtés	Distances	Angles orientés				
a	182,51 m	$\widehat{ab}$ = 54,163 gon	$\widehat{ac}$ = 94,129	$\widehat{ad}$ = 164,641	$\widehat{ae}$ = 259,765	$\widehat{af}$ = 325,008
b	177,46	$\widehat{bc}$ = 39,966	$\widehat{bd}$ = 110,478	$\widehat{be}$ = 205,602	$\widehat{bf}$ = 270,845	
c	211,28	$\widehat{cd}$ = 70,512	$\widehat{ce}$ = 165,636	$\widehat{cf}$ = 230,879		
d	206,45	$\widehat{de}$ = 95,124	$\widehat{df}$ = 160,367			
e	174,34	$\widehat{ef}$ = 65,243				
f	154,59					

On peut écrire :

$$-S = \frac{1}{2}\left[a \cdot b \cdot \sin \widehat{ba} + ... + a \cdot (n-1) \cdot \sin \widehat{n-1,a} + ... + (n-3) \cdot (n-2) \cdot \sin \widehat{n-2,n-3}\right.$$

$$\left. + (n-3) \cdot (n-1) \cdot \sin \widehat{n-1,n-3} + (n-2) \cdot (n-1) \cdot \sin \widehat{n-1,n-2}\right]$$

C'est-à-dire :

$$-S = \frac{1}{2}\left[(n-1) \cdot (n-2) \sin \widehat{n-1,n-2} + (n-1) \cdot (n-3) \cdot \sin \widehat{n-1,n-3} + ...\right.$$

$$\left. + (n-2) \cdot (n-3) \cdot \sin \widehat{n-2,n-3} + ... + b \cdot a \cdot \sin \widehat{ba}\right],$$

écriture mnémotechnique de la formule pour un polygone parcouru dans le sens contraire de celui des aiguilles d'une montre, le premier côté connu étant alors $n-1$ et le dernier a ; par conséquent, la superficie obtenue est négative lorsque le polygone est parcouru, d'une manière générale, dans le sens contraire de celui des aiguilles d'une montre.

La formule polygonale est établie à partir des côtés et des hauteurs, sans hypothèse particulière sur la forme du polygone ; par ailleurs, la superficie calculée est positive pour un polygone parcouru de manière générale dans le sens des aiguilles d'une montre et négative dans le cas contraire.

Par conséquent, la formule polygonale appliquée à un polygone croisé fournit une superficie positive ou négative égale à la somme algébrique des superficies partielles alternativement positives et négatives qui le composent.

9.4.5.3   Calcul direct du côté inconnu

Quel que soit le polygone, convexe ou croisé, on peut écrire : $\vec{a} = -(\vec{b} + \vec{c} + ... + \overrightarrow{n-1} + \vec{n})$. Chaque côté étant égal à la somme des projections de tous les autres sur lui, il vient :

$$a = -\left(b \cdot \cos \widehat{ab} + c \cdot \cos \widehat{ac} + ... + (n-1) \cdot \cos \widehat{a,n-1} + n \cdot \cos \widehat{an}\right)$$

$$b = -\left(c \cdot \cos \widehat{bc} + d \cdot \cos \widehat{bd} + ... + n \cdot \cos \widehat{bn} + a \cdot \cos \widehat{ba}\right)$$

$$\vdots$$

$$n-1 = -\left(n \cdot \cos \widehat{n-1,n} + a \cdot \cos \widehat{n-1,a} + ... + (n-3) \cdot \cos \widehat{n-1,n-3} + (n-2) \cdot \cos \widehat{n-1,n-2}\right)$$

$$n = -\left(a \cdot \cos \widehat{na} + b \cdot \cos \widehat{nb} + ... + (n-2) \cdot \cos \widehat{n,n-2} + (n-1) \cdot \cos \widehat{n,n-1}\right)$$

Soit, en multipliant les deux membres de chaque égalité par celui de gauche :

$$a^2 = -\left(a \cdot b \cdot \cos \widehat{ab} + a \cdot c \cdot \cos \widehat{ac} + ... + a \cdot (n-1) \cdot \cos \widehat{a,n-1} + a \cdot n \cdot \cos \widehat{an}\right)$$

$$b^2 = -\left(b \cdot c \cdot \cos \widehat{bc} + b \cdot d \cdot \cos \widehat{bd} + ... + b \cdot n \cdot \cos \widehat{bn} + b \cdot a \cdot \cos \widehat{ba}\right)$$

$$\vdots$$

$$(n-1)^2 = -\left[(n-1) \cdot n \cdot \cos \widehat{n-1,n} + (n-1) \cdot a \cdot \cos \widehat{n-1,a} + ... + (n-1) \cdot (n-3) \cdot \cos \widehat{n-1,n-3}\right.$$

$$\left. + (n-1) \cdot (n-2) \cdot \cos \widehat{n-1,n-2}\right]$$

$$n^2 = -\left[n \cdot a \cdot \cos \widehat{na} + n \cdot b \cdot \cos \widehat{nb} + ... + n \cdot (n-2) \cdot \cos \widehat{n,n-2} + n \cdot (n-1) \cdot \cos \widehat{n,n-1}\right]$$

Soit, en retranchant au carré d'un côté la somme de tous les autres :

$$n^2 - [a^2 + b^2 + ... + (n-1)^2] = -[\cancel{n \cdot a \cdot \cos \widehat{na}} + \cancel{n \cdot b \cdot \cos \widehat{nb}} + ... + \cancel{n \cdot (n-2) \cdot \cos \widehat{n, n-2}}$$

$$+ \cancel{n \cdot (n-1) \cdot \cos \widehat{n, n-1}}] - [-(a \cdot b \cdot \cos \widehat{ab} + a \cdot c \cdot \cos \widehat{ac} + ... + a \cdot (n-1) \cdot \cos \widehat{a, n-1}$$

$$+ \cancel{a \cdot n \cdot \cos \widehat{an}}) - (b \cdot c \cdot \cos \widehat{bc} + b \cdot d \cdot \cos \widehat{bd} + ... + \cancel{b \cdot n \cdot \cos \widehat{bn}} + b \cdot a \cdot \cos \widehat{ba}) - ...$$

$$- (\cancel{(n-1) \cdot n \cdot \cos \widehat{n-1, n}} + (n-1) \cdot a \cdot \cos \widehat{n-1, a} + ... + (n-1) \cdot (n-3) \cdot \cos \widehat{n-1, n-3}$$

$$+ (n-1) \cdot (n-2) \cdot \cos \widehat{n-1, n-2})]$$

Dans le second membre de cette égalité tous les doubles produits ayant n en facteur s'éliminent, les autres s'additionnant deux par deux ; dès lors :

$$n^2 = [a^2 + b^2 + ... + (n-1)^2] + 2[a \cdot b \cdot \cos \widehat{ab} + ... + a \cdot (n-1) \cdot \cos \widehat{a, n-1} + ...$$

$$+ (n-2) \cdot (n-1) \cdot \cos \widehat{n-2, n-1}]$$

Ou encore, en désignant les côtés par : a = 1, b = 2, etc. :

$$n = \sqrt{\sum_{i=1}^{n-1} i^2 + 2 \sum_{i=1}^{n-2} \sum_{j=i+1}^{n-1} i \cdot j \cdot \cos \widehat{ij}}$$

9.4.5.4   Calcul des angles inconnus

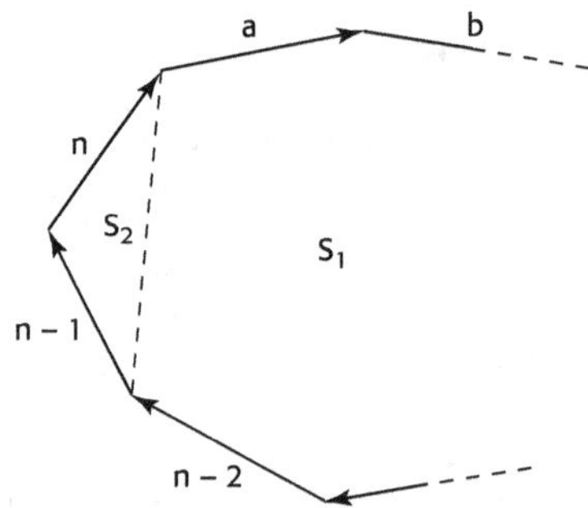

Figure 9.71. Calcul des angles inconnus

$$2S = 2S_1 + 2S_2 \quad \text{(figure 9.71)}$$

$$\cancel{a \cdot b \cdot \sin \widehat{ab}} + ... + a \cdot (n-1) \cdot \sin \widehat{a, n-1} + \cancel{b \cdot c \cdot \sin \widehat{bc}} + ... + b \cdot (n-1) \cdot \sin \widehat{b, n-1} + ...$$

$$+ (n-2) \cdot (n-1) \cdot \sin \widehat{n-2, n-1} = [\cancel{a \cdot b \cdot \sin \widehat{ab}} + ... + \cancel{a \cdot (n-2) \cdot \sin \widehat{a, n-2}} + \cancel{b \cdot c \cdot \sin \widehat{bc}}$$

$$+ ... + \cancel{b \cdot (n-2) \cdot \sin \widehat{b, n-2}} + ... + \cancel{(n-3) \cdot (n-2) \cdot \sin \widehat{n-3, n-2}}] + [(n-1) \cdot n \cdot \sin \widehat{n-1, n}]$$

Soit :

$$a \cdot (n-1) \cdot \sin \widehat{a, n-1} + b \cdot (n-1) \cdot \sin \widehat{b, n-1} + ... + (n-2) \cdot (n-1) \cdot \sin \widehat{n-2, n-1}$$

$$= (n-1) \cdot n \cdot \sin \widehat{n-1, n}$$

D'où :

$$\widehat{n-1,\,n} = \text{arc sin}\left(\frac{a}{n}\sin \widehat{a,\,n-1} + \frac{b}{n}\sin \widehat{b,\,n-1} + \dots + \frac{n-2}{n}\sin \widehat{n-2,\,n-1}\right)$$

$$\widehat{n-1,\,n} = \text{arc sin} \sum_{i=a}^{n-2} \frac{i}{n}\sin \widehat{i,\,n-1}$$

L'angle orienté $\widehat{n-1,\,n}$ étant borné à 0 gon et 400 gon, tenir compte des données générales du problème, notamment de la figure, la calculatrice n'étant susceptible de fournir qu'un angle compris entre – 100 gon et + 100 gon ; cette formule implique évidemment le calcul préalable du coté n.

Après avoir déterminé l'angle orienté $\widehat{n-1,n}$ calculer le deuxième angle inconnu $\widehat{na}$; la formule se déduit de la précédente par permutation circulaire :

$$\widehat{na} = \text{arc sin} \sum_{i=b}^{n-1} \frac{i}{a}\sin \widehat{i,n}$$

9.4.5.5   Arrondis et troncatures

Les trois formules précédentes étant mises en œuvre successivement, le résultat intermédiaire que constitue le côté n est une donnée pour le calcul suivant, celui de l'angle orienté $\widehat{n-1,\,n}$, lui-même donné pour le dernier calcul de l'angle $\widehat{na}$. Les valeurs naturelles calculées étant celles des sinus, par définition plus petites que l'unité, les arrondis et troncatures éventuels de ces petits nombres peuvent influer sensiblement sur la précision des résultats, en particulier du dernier, l'angle $\widehat{na}$. C'est pourquoi ces formules sont opérationnelles sous réserve de conserver le maximum de chiffres significatifs aux résultats intermédiaires, ce qui est le cas en calcul programmé.

9.4.6   Redressement des limites

9.4.6.1   Segment de redressement

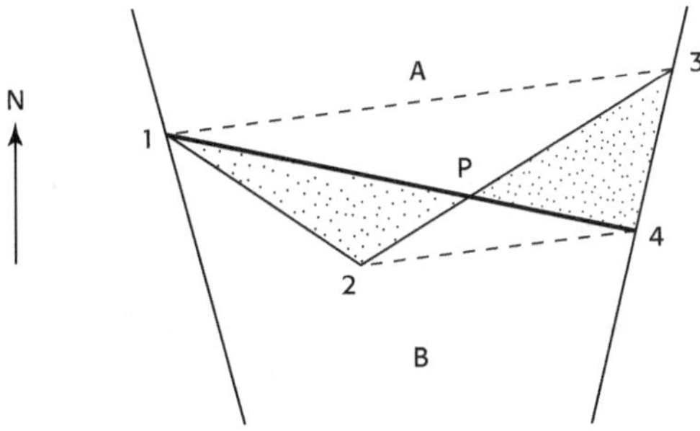

Figure 9.72. Segment de redressement.

La ligne brisée formée par les 2 côtés 1-2 et 2-3 sépare les parcelles A et B (figure 9.72).

Le segment de redressement 1-4 remplace la ligne brisée de 2 côtés 1-2-3 en laissant inchangées les surfaces de A et B, les deux triangles P-1-2 et P-3-4 étant par conséquent équivalents ; cette équivalence entraîne celle des triangles 1-3-2 et 1-3-4 qui, ayant la même base 1-3, ont donc la même hauteur ; autrement dit, 2-4 est parallèle à 1-3.

Si le gisement de la limite 3-4 est connu, ainsi que les coordonnées des points 1, 2, 3, l'algorithme de calcul est immédiat :

- $R \rightarrow P \quad \overrightarrow{1\text{-}3} \Rightarrow G_{1\text{-}3} = G_{2\text{-}4}$;
- intersection de 4 depuis 2 et 3 $\Rightarrow E_4, N_4$;
- contrôle : $S_{1.2.3.4} = 0$ par la formule analytique.

Une limite comprenant plus de 2 côtés peut être redressée par segments successifs (figure 9.73) :

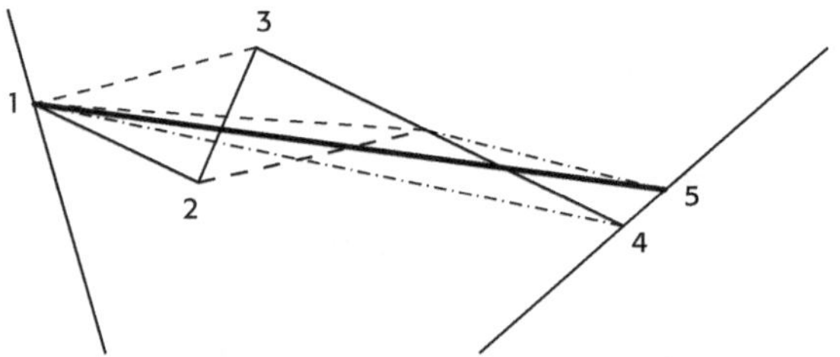

Figure 9.73. Segments de redressement successifs.

9.4.6.2   Ligne brisée

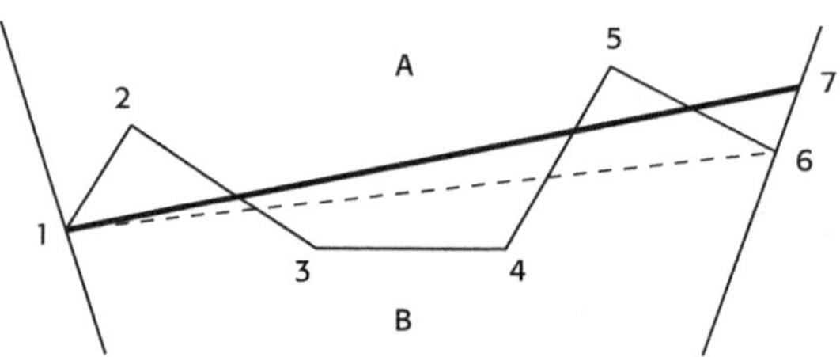

Figure 9.74. Redressement d'une ligne brisée.

Soit à redresser la ligne brisée 1.2.3.4.5.6 (figure 9.74) par une ligne droite 1-7, de telle manière que la superficie de la parcelle A soit modifiée par rapport à celle de B d'une quantité convenue.

Remplacer d'abord la ligne brisée par le côté 1-6, ce qui autorise le calcul de la superficie du polygone croisé 1.2.3.4.5.6 ; comparer ensuite cette superficie avec la modification convenue et en déduire la superficie du triangle 1-6-7.

Calculs trigonométriques débouchant sur la *cote d'implantation* : 6-7, puis superficie du polygone croisé 1.2.3.4.5.6.7 qui doit répondre à la convention, contrôlant ainsi les calculs.

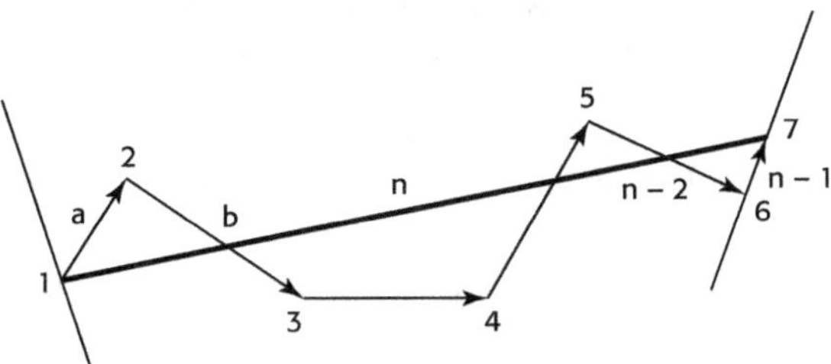

Figure 9.75. Calcul direct de la cote d'implantation.

La formule polygonale permet le calcul direct de la cote d'implantation : 6-7 = $n-1$ (figure 9.75), du fait que la superficie du polygone croisé 1.2.3.4.5.6.7 est connue puisque représentant la convention du redressement.

$$2S = \left|\begin{array}{l} a \cdot b \cdot \sin \widehat{ab} + \ldots\ldots + a \cdot (n-2) \cdot \sin \widehat{a, n-2} + a \cdot (n-1) \cdot \sin \widehat{a, n-1} \\[2ex] + \; b \cdot c \cdot \sin \widehat{bc} + \ldots + b \cdot (n-2) \cdot \sin \widehat{b, n-2} + b \cdot (n-1) \cdot \sin \widehat{b, n-1} \\[1ex] \vdots \\[1ex] + \; (n-3) \cdot (n-2) \cdot \sin \widehat{n-3, n-2} + (n-3) \cdot (n-1) \cdot \sin \widehat{n-3, n-1} \\[2ex] + \; (n-2) \cdot (n-1) \cdot \sin \widehat{n-2, n-1} \end{array}\right.$$

Soit :
$$n = \frac{2S - [a \cdot b \cdot \sin \widehat{ab} + \ldots + (n-3) \cdot (n-2) \cdot \sin \widehat{n-3, n-2}]}{a \cdot \sin \widehat{a, n-1} + \ldots + (n-2) \cdot \sin \widehat{n-2, n-1}}$$

Exemple

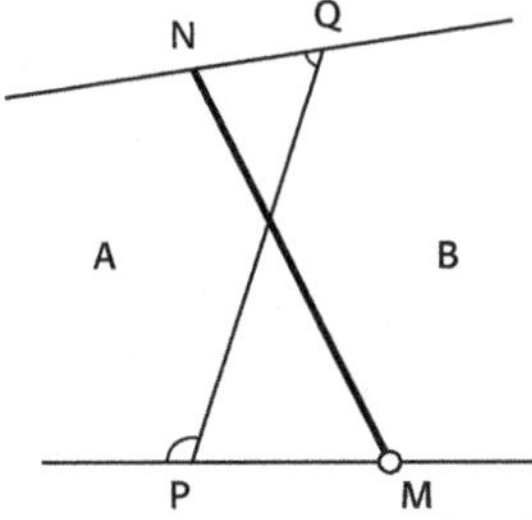

Figure 9.76. Redressement de limite.

Remplacer la limite PQ (figure 9.76) par une nouvelle limite MN, issue de la borne existante M, telle que la superficie de la parcelle A soit augmentée de 11 ares ; les éléments mesurés valent :

$$PM = 21{,}33 \text{ m} \qquad PQ = 186{,}57 \text{ m} \qquad Q = 77{,}329 \text{ gon} \qquad P = 110{,}012 \text{ gon}$$

<table>
<tr><td colspan="3">

$$S = |S_1| - |S_2| = +1\ 100 \text{ m}^2$$

$$c = \frac{2S - a \cdot b \cdot \sin \widehat{ab}}{a \cdot \sin \widehat{ac} + b \cdot \sin \widehat{bc}}$$

</td></tr>
</table>

CÔTÉS	DISTANCES	ANGLES ORIENTÉS	
a	21,33 m	$\widehat{ab} = 110{,}012$ gon	$\widehat{ac} = 387{,}341$
b	186,57	$\widehat{bc} = 277{,}329$	
c	9,66		

9.5   Divisions des surfaces

Diviser une surface consiste à la fractionner en surfaces partielles suivant une formule ou une convention prédéterminée ; les calculs débouchent sur les *cotes d'implantation* des nouvelles limites.

L'implantation d'une superficie donnée, dans une figure géométrique connue, selon une formule ou une convention prédéterminée, se traite de la même manière, le rapport superficie implantée à superficie de la figure étant sans intérêt.

La saisie digitale et les logiciels spécialisés permettent de détacher d'une surface connue une superficie donnée suivant une polyligne préalablement définie ; en conséquence, ils autorisent les redressements de limites les plus complexes.

9.5.1   Triangles

Diviser un triangle en superficies successives S_1, S_2, S_3, etc., respectivement proportionnelles aux nombres m, n, p, etc., par des droites issues d'un sommet

AM et AN étant les droites cherchées, il vient (fig. 9.77) :

$$\frac{S_1}{m} = \frac{S_2}{n} = \frac{S_3}{p} = \frac{S_1 + S_2 + S_3}{m + n + p} = \frac{S}{m + n + p}$$

$$S_1 = \frac{m}{m + n + p}\, S, \qquad S_2 = \frac{n}{m + n + p}\, S, \qquad S_3 = \frac{p}{m + n + p}\, S$$

$$\frac{BM \cdot h}{2m} = \frac{MN \cdot h}{2n} = \frac{NC \cdot h}{2p} = \frac{a \cdot h}{2\,(m + n + p)}$$

$$BM = \frac{m}{m + n + p}\,a, \qquad MN = \frac{n}{m + n + p}\,a, \qquad NC = \frac{p}{m + n + p}\,a$$

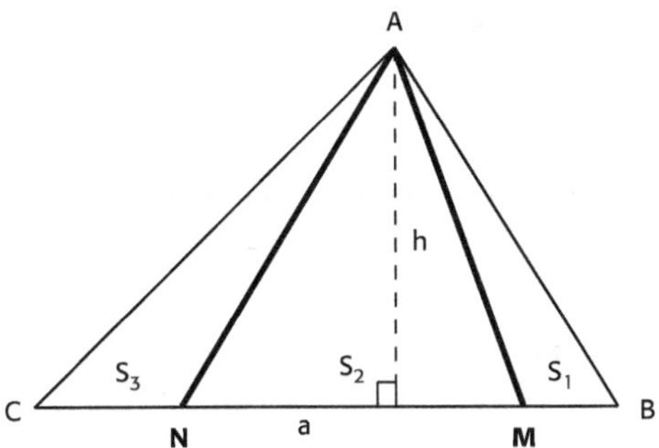

Figure 9.77. Droites de division issues d'un sommet du triangle.

Diviser un triangle en superficies successives S_1, S_2, S_3, etc., respectivement proportionnelles aux nombres m, n, p, etc., par des droites issues d'un point connu sur un côté

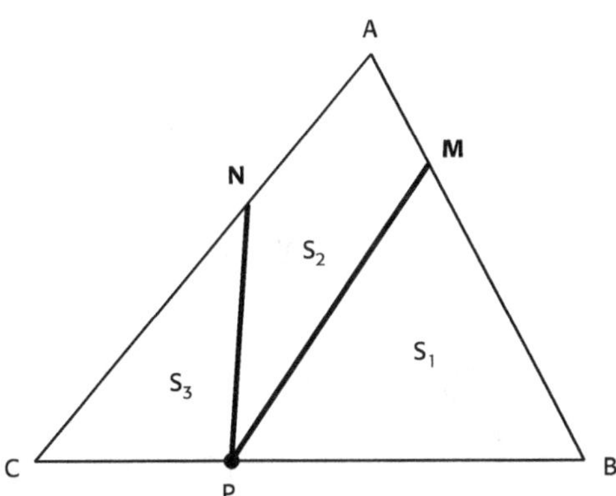

Figure 9.78. Droites de division issues d'un point du côté du triangle.

$$\frac{S_1}{m} = \frac{S_2}{n} = \frac{S_3}{p} = \frac{S_1 + S_2 + S_3}{m + n + p} = \frac{S}{m + n + p}$$

$$S_1 = \frac{m}{m + n + p}\,S, \qquad S_2 = \frac{n}{m + n + p}\,S, \qquad S_3 = \frac{p}{m + n + p}\,S$$

$$BM = \frac{2S_1}{BP \cdot \sin \hat{B}}, \qquad CN = \frac{2S_3}{CP \cdot \sin \hat{C}} \qquad \text{(fig. 9.78)}$$

Diviser un triangle en superficies successives S_1, S_2, S_3, etc., respectivement proportionnelles aux nombres m, n, p, etc., par des parallèles à un côté

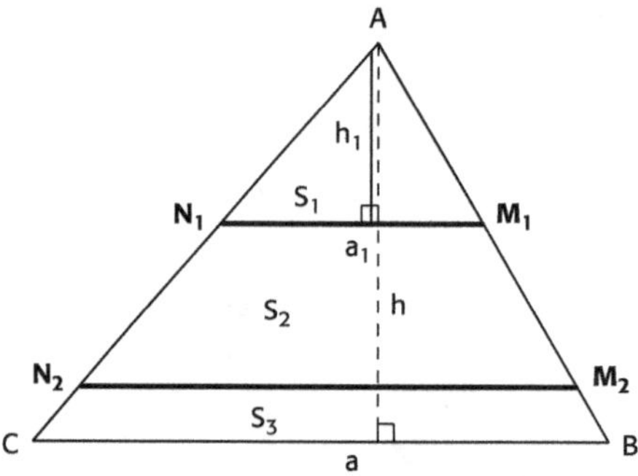

Figure 9.79. Droites de parallèles à un côté du triangle.

$$\frac{S_1}{m} = \frac{S_2}{n} = \frac{S_3}{p} = \frac{S_1 + S_2 + S_3}{m + n + p} = \frac{S}{m + n + p}$$

$$S_1 = \frac{m}{m + n + p}\, S, \qquad S_2 = \frac{n}{m + n + p}\, S, \qquad S_3 = \frac{p}{m + n + p}\, S$$

$$\frac{a_1}{a} = \frac{h_1}{h} \Rightarrow \frac{S_1}{S} = \frac{\frac{1}{2}\, a_1 \cdot h_1}{\frac{1}{2}\, a \cdot h} = \frac{a_1^2}{a^2} \quad \text{(fig. 9.79)}$$

Deux triangles semblables ont des superficies proportionnelles aux carrés de leurs côtés homologues.

Dès lors :

$$\frac{S_1}{S} = \frac{AM_1^2}{AB^2}$$

$$AM_1^2 = \frac{m}{m + n + p}\, AB^2 \qquad AN_1^2 = \frac{m}{m + n + p}\, AC^2$$

$$AM_2^2 = \frac{m + n}{m + n + p}\, AB^2 \qquad AN_2^2 = \frac{m + n}{m + n + p}\, AC^2$$

Transformer un triangle ABC donné en un triangle AMN équivalent par une parallèle à une direction D connue

Les deux triangles ABC et AMN étant équivalents (fig. 9.80), on a :

$$2S = AB \cdot AC \cdot \sin \hat{A} = AM \cdot AN \cdot \sin \hat{A} \Rightarrow AM = \frac{AB \cdot AC}{AN}$$

La parallèle à la direction D menée depuis B coupe en E le prolongement de AC, le triangle BCE étant géométriquement défini par trois de ses éléments : longueur BC, angle $\hat{C}$, angle $\hat{B}$

entre le côté BC et la direction D repérée par rapport aux côtés du triangle. CE est donc aisément calculable, d'où l'on tire : AE = AC + CE.

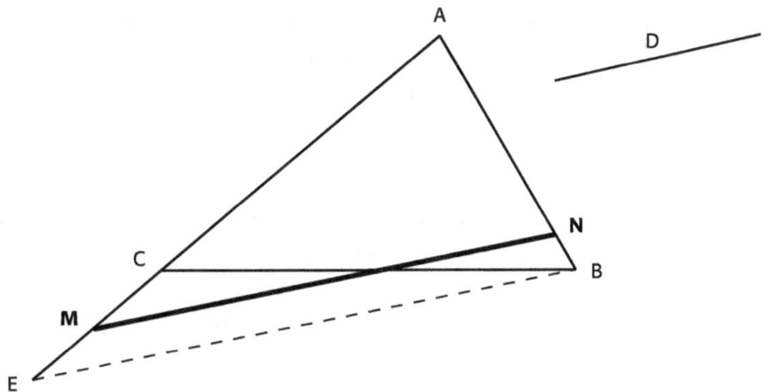

Figure 9.80. Triangle équivalent par une parallèle à une direction.

Mais :
$$\frac{AM}{AE} = \frac{AN}{AB} \Rightarrow AM = \frac{AE \cdot AN}{AB}$$

Soit, en multipliant membre à membre les deux expressions de AM : $AM^2 = AE \cdot AC$. AM une fois calculé, la deuxième cote d'implantation AN est immédiate.

Diviser un triangle en superficies successives S_1, S_2, S_3, etc., respectivement proportionnelles aux nombres m, n, p, etc., par des parallèles à une direction connue

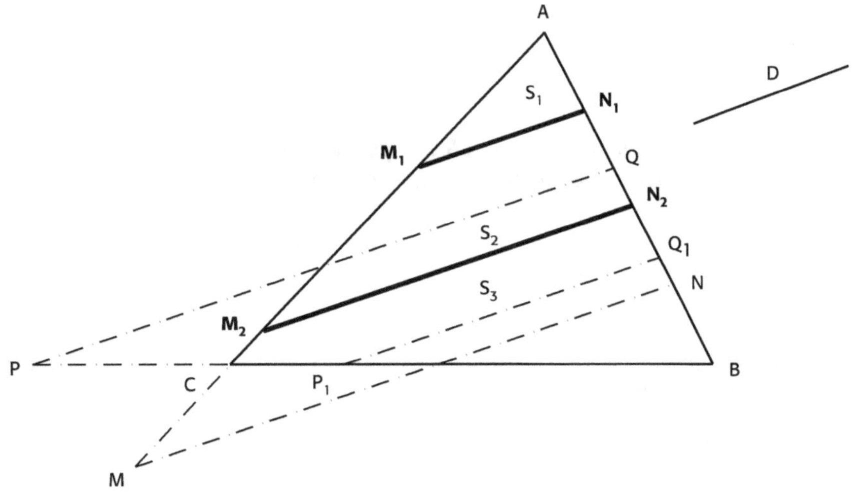

Figure 9.81. Droites de division parallèles à une direction inconnue.

Transformer le triangle ABC en triangle AMN équivalent par une parallèle à la direction D, puis diviser ce triangle AMN par des parallèles au côté MN de manière que les superficies partielles S_1, S_2, S_3 soient respectivement proportionnelles aux nombres m, n, p (fig. 9.81). Si une ligne de division coupe BC en donnant un point M_i sur le segment CM, reprendre le calcul en implantant la superficie correspondante $S_{BP_1Q_1}$ à partir de B, dans un triangle BPQ équivalent du triangle donné ABC, les points P et Q étant respectivement sur les côtés BC et BA ou sur leurs prolongements.

Diviser un triangle en superficies successives S_1, S_2, S_3, etc., respectivement proportionnelles aux nombres m, n, p, etc., par des perpendiculaires à un côté

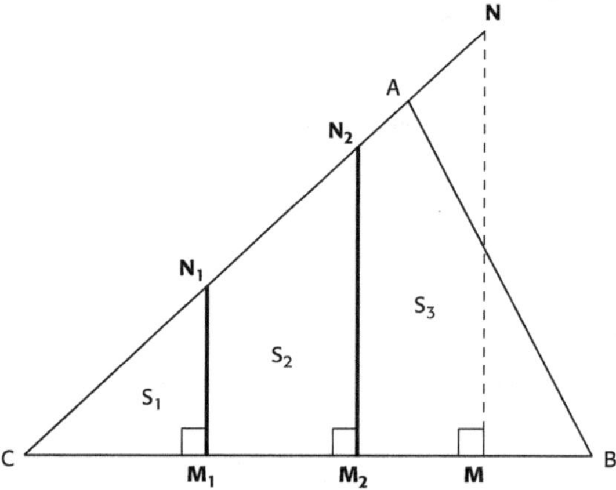

Figure 9.82. Droites de division perpendiculaires à un côté du triangle.

Cas particulier du précédent.

Diviser un triangle en deux superficies S_1 et S_2, respectivement proportionnelles aux nombres m et n, par une droite passant par un point donné à l'intérieur du triangle

$$\frac{S_1}{m} = \frac{S_2}{n} = \frac{S_1 + S_2}{m + n} = \frac{S}{m + n} \Rightarrow S_1 = \frac{m}{m + n}\,S, \qquad S_2 = \frac{n}{m + n}\,S$$

La parallèle à AB menée de P coupe AC en Q tel que AQ = ℓ (fig. 9.83) ; la perpendiculaire à AC menée de P donne PH = h.

Le point P étant positionné à l'intérieur du triangle, ces deux longueurs h et ℓ sont aisément calculables.

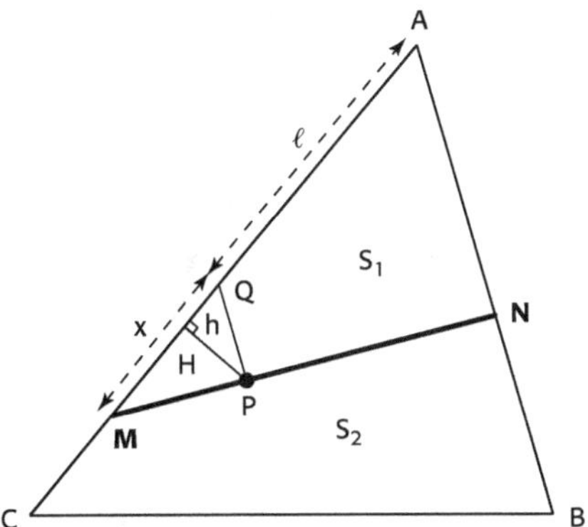

Figure 9.83. Droite de division passant par un point donné.

Soit : QM = x ; les triangles homothétiques MQP et MAN donnent :

$$\frac{S_{MAN}}{S_{MQP}} = \frac{MA^2}{x^2} \;\Rightarrow\; \frac{S_1}{\frac{x \cdot h}{2}} = \frac{(x + \ell)^2}{x^2} \;\Rightarrow\; \frac{2S_1 \cdot x}{h} = x^2 + 2\ell \cdot x + \ell^2$$

Soit :
$$x \cdot \left[2\left(\frac{S_1}{h} - \ell\right) - x \right] = \ell^2$$

Le problème revient donc à trouver deux longueurs, x et $\left[2\left(\dfrac{S_1}{h} - \ell\right) - x \right]$, connaissant leur somme : $2\left(\dfrac{S_1}{h} - \ell\right)$ et leur produit ℓ^2.

L'équation du second degré : $x^2 - 2\left(\dfrac{S_1}{h} - \ell\right) \cdot x + \ell^2 = 0$ fournit les deux solutions possibles :

$$AM_1 = \ell + x_1 \quad \text{et} \quad AM_2 = \ell + x_2.$$

Connaissant AM, le calcul de la deuxième cote d'implantation AN est immédiat.

9.5.2   Trapèzes

Diviser un trapèze en deux superficies S_1 et S_2, respectivement proportionnelles aux nombres m et n, par une droite passant par un point donné à l'intérieur du trapèze et coupant les deux bases

La droite MN, passant par le point donné P (fig. 9.84), définit les deux trapèzes AMND et MBCN de superficies respectives S_1 et S_2 telles que :

$$\frac{S_1}{m} = \frac{S_2}{n} = \frac{S}{m + n} \;\Rightarrow\; S_1 = \frac{m}{m + n} S, \qquad S_2 = \frac{n}{m + n} S.$$

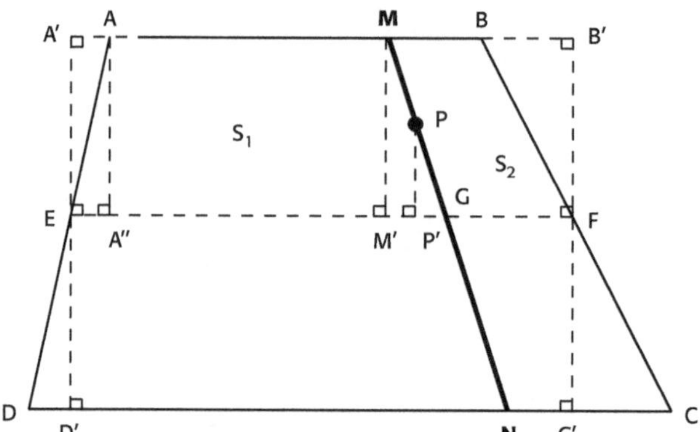

Figure 9.84. Droite de division passant par un point donné et coupant les bases.

Les perpendiculaires aux bases menées depuis les milieux E et F des côtés non parallèles AD et BC, c'est-à-dire depuis les extrémités de la *base moyenne* EF, donnent le rectangle A'B'C'D' équivalent au trapèze ABCD.

Le point G étant l'intersection de EF et MN, il vient :

$$\frac{S_1}{m} = \frac{EG \cdot A'D'}{m} = \frac{S_2}{n} = \frac{GF \cdot B'C'}{n} \implies \frac{EG}{m} = \frac{GF}{n}.$$

Par ailleurs, le trapèze étant géométriquement défini et le point P situé par rapport aux côtés, si A", M', P' sont les projections respectives de A, M, P sur EF, les longueurs EA", A"P', PP', MM' sont connues ou aisément calculables.

La cote d'implantation AM vaut : AM = A"M' = EG − EA" − GM'.

Or : $\dfrac{EG}{m} = \dfrac{GF}{n} = \dfrac{EF}{m+n} = \dfrac{AB+CD}{2\,(m+n)} \implies EG = \dfrac{m \cdot (AB+CD)}{2\,(m+n)} \implies GP' = EG - EA" - A"P'$

En outre : $$GM' = \frac{GP' \cdot MM'}{PP'}$$

Enfin : $$S_1 = \frac{AM+DN}{2}\,A'D' \implies DN = \frac{2\,S_1}{A'D'} - AM$$

Diviser un trapèze en superficies successives S_1, S_2, S_3, etc., respectivement proportionnelles aux nombres m, n, p, etc., par des parallèles aux bases

Le point d'intersection P des côtés non parallèles DA et CB définit un triangle PAB de superficie S' (fig. 9.85).

Si S désigne la superficie du trapèze ABCD, il vient :

$$\frac{S_1}{m} = \frac{S_2}{n} = \frac{S_3}{p} = \frac{S}{m+n+p} = \frac{S'}{x} = \frac{S+S'}{m+n+p+x}.$$

Soit :
$$\frac{S'}{S + S'} = \frac{x}{x + m + n + p} = \frac{AB^2}{CD^2} \Rightarrow x = \frac{(m + n + p) \cdot AB^2}{CD^2 - AB^2}$$

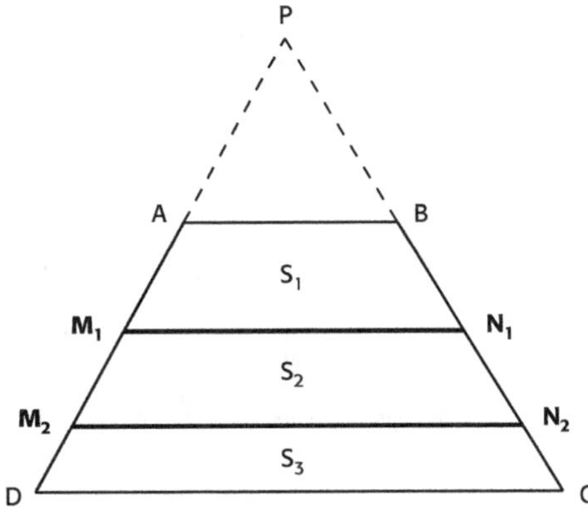

Figure 9.85. Droites de division parallèles aux bases.

La droite M_1N_1 délimitant le trapèze ABN_1M_1 de superficie S_1 donne :

$$\frac{S' + S_1}{S' + S} = \frac{x + m}{x + m + n + p} = \frac{M_1 N_1^2}{CD^2} \Rightarrow M_1N_1 = CD \cdot \sqrt{\frac{x + m}{x + m + n + p}}$$

De la même manière :
$$M_2N_2 = CD \cdot \sqrt{\frac{x + m + n}{x + m + n + p}}$$

Les trapèzes à implanter sont alors définis par leurs bases et leurs superficies.

Les cotes d'implantation AM_1, M_1M_2, M_2D, BN_1, N_1N_2, N_2C se calculent aisément.

9.5.3   Quadrilatères

Diviser un quadrilatère en superficies successives S_1, S_2, S_3, etc., respectivement proportionnelles aux nombres m, n, p, etc., par des droites issues d'un sommet

Le quadrilatère $ABCD$ étant donné (fig. 9.86), tous ses éléments : longueurs, angles, superficie sont connus ou aisément calculables.

Dès lors :
$$S_1 = \frac{m}{m + n + p}\, S, \qquad S_2 = \frac{n}{m + n + p}\, S, \qquad S_3 = \frac{p}{m + n + p}\, S$$

Les cotes d'implantation valent :
$$BN = \frac{2\,S_3}{AB \cdot \sin \hat{B}}, \qquad DM = \frac{2\,S_1}{DA \cdot \sin \hat{D}}$$

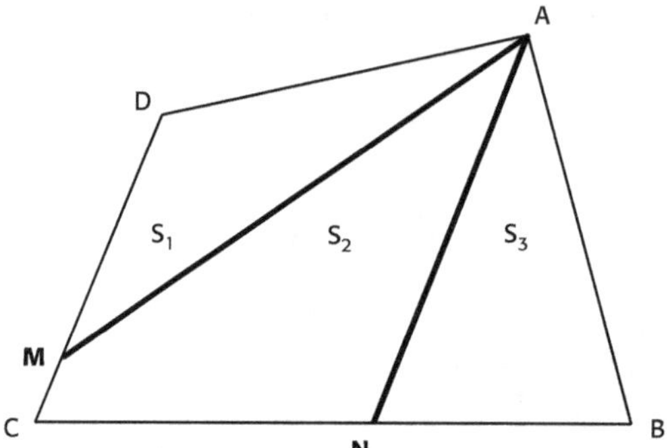

Figure 9.86. Droites de division issues d'un sommet du quadrilatère

Diviser un quadrilatère en superficies successives S_1, S_2, S_3, etc., respectivement proportionnelles aux nombres m, n, p, etc., par des droites issues d'un point connu sur un côté

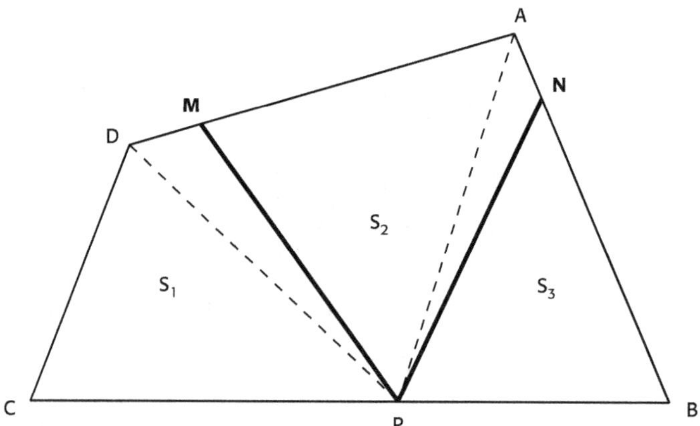

Figure 9.87. Droites de division issues d'un point sur un côté du quadrilatère.

Calculs similaires à ceux du paragraphe précédent, en utilisant la décomposition du quadrilatère en triangles (fig. 9.87).

Implanter dans un quadrilatère une superficie connue, par une parallèle à un côté

La superficie à implanter dans une surface connue peut résulter de la division préalable de cette surface ou être définie autrement.

Solution nomographique

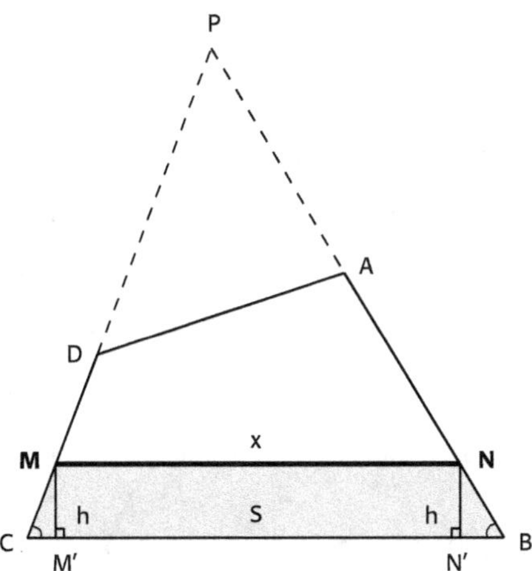

Figure 9.88. Droite de division parallèle à un côté du quadrilatère.

La solution nomographique est ainsi appelée du fait que la longueur de la ligne de division peut être lue sur un nomogramme, ou abaque, en fonction du côté BC et des angles intérieurs $\hat{B}$ et $\hat{C}$ du quadrilatère (fig. 9.88).

Les perpendiculaires : MM' = NN' = h, donnent :

$$BC - x = BN' + M'C = h \cdot \text{cotan}\,\hat{B} + h \cdot \text{cotan}\,\hat{C} = h\,(\text{cotan}\,\hat{B} + \text{cotan}\,\hat{C})$$

$$BC + x = \frac{2\,S}{h}$$

La multiplication membre à membre de ces deux égalités donne en définitive :

$$x = \sqrt{BC^2 - 2\,S \cdot (\text{cotan}\,\hat{B} + \text{cotan}\,\hat{C})}$$

Si les angles intérieurs $\hat{B}$ ou $\hat{C}$ sont compris entre 100 et 200 gon, leurs cotangentes sont évidemment négatives.

Après avoir calculé x, déterminer les cotes d'implantation :

$$BN = \frac{h}{\sin\hat{B}} = \frac{2\,S}{(BC + x) \cdot \sin\hat{B}}\,, \qquad CM = \frac{2\,S}{(BC + x) \cdot \sin\hat{C}}$$

À noter que l'implantation d'une superficie donnée S dans un triangle PCB, le point P étant l'intersection des prolongements des côtés BA et CD du quadrilatère, se traite de la même manière.

Calcul direct d'une cote d'implantation

La parallèle NN' à DC (fig. 9.89) donne avec les angles orientés $\widehat{ab}$ et $\widehat{bc}$:

$$CM = N'N = BN \cdot \frac{\sin\widehat{ab}}{\sin\widehat{bc}}$$

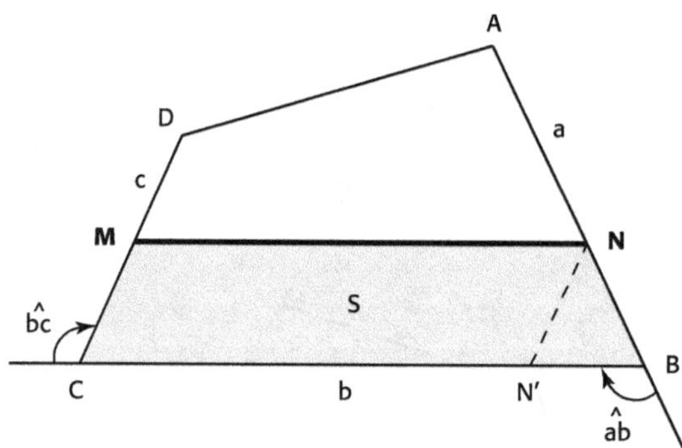

Figure 9.89. Calcul direct d'une cote d'implantation.

Par ailleurs, la formule polygonale appliquée au trapèze NBCM permet d'écrire :

$$S = \frac{1}{2}\,(BN \cdot BC \cdot \sin \widehat{ab} + BN \cdot CM \cdot \sin \widehat{ac} + BC \cdot CM \cdot \sin \widehat{bc})$$

Soit, en remplaçant CM par sa valeur et en ordonnant par valeurs décroissantes de BN :

$$\frac{\sin \widehat{ac} \cdot \sin \widehat{ab}}{\sin \widehat{bc}}\, BN^2 + 2\,BC \cdot \sin \widehat{ab} \cdot BN - 2\,S = 0$$

Une fois BN calculé, il vient immédiatement :

$$CM = BN \cdot \frac{\sin \widehat{ab}}{\sin \widehat{bc}}$$

Implantation graphique

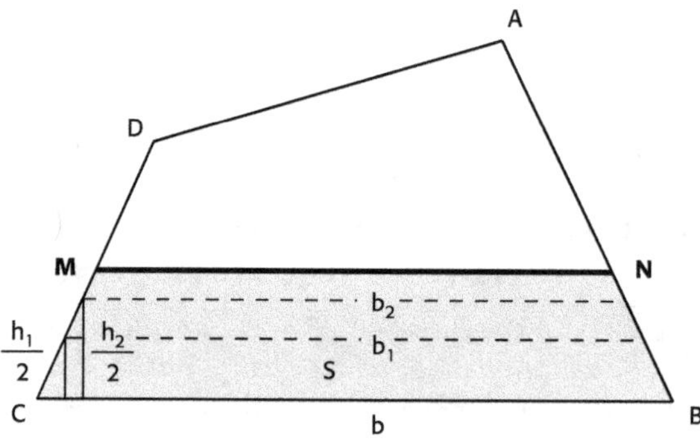

Figure 9.90. Implantation graphique.

Calculer : $h_1 = \dfrac{S}{b}$ puis, sur un report à l'échelle, tracer la base moyenne parallèle à BC à la distance $\dfrac{h_1}{2}$ et mesurer sa longueur b_1 (fig. 9.90) ; la seconde approximation : $h_2 = \dfrac{S}{b_1}$ donne b_2.

Très rapidement les approximations successives s'arrêtent lorsque, compte tenu de la précision graphique, on obtient : $b_{i+1} = b_i$.

Dans un quadrilatère, implanter une superficie par une parallèle à une direction connue

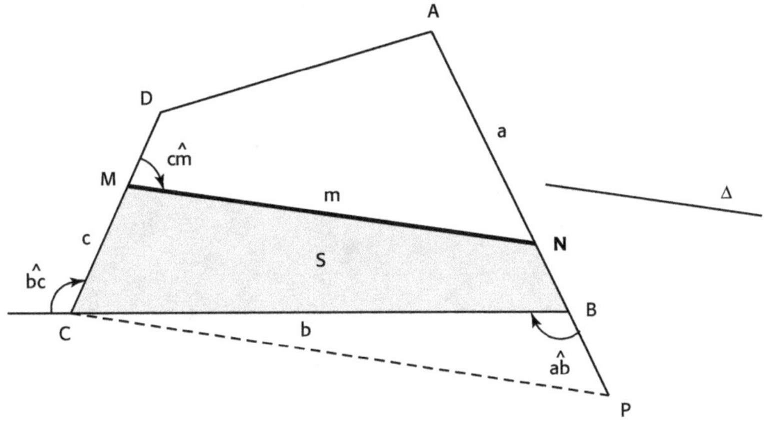

Figure 9.91. Droite de division parallèle à une direction donnée.

La parallèle à Δ menée de C coupe le prolongement du côté AB en P, définissant le triangle CBP dont tous les éléments sont aisément calculables (fig. 9.91).

Le problème revient alors à implanter une superficie $S_{MNPC} = S + S_{CBP}$ dans le quadrilatère : APCD, par une parallèle à un côté ; c'est la solution préférentielle.

Pour calculer directement les cotes d'implantation, projeter l'égalité : $\overrightarrow{NB} + \overrightarrow{BC} + \overrightarrow{CM} = \overrightarrow{NM}$ sur un axe perpendiculaire à la direction Δ :

$$BN \cdot \sin \widehat{am} + BC \cdot \sin \widehat{bm} + CM \cdot \sin \widehat{cm} = 0$$

Soit :
$$CM = \frac{BN \cdot \sin \widehat{am} + BC \cdot \sin \widehat{bm}}{- \sin \widehat{cm}}$$

Reporter cette valeur de CM dans la formule polygonale exprimant la superficie S du quadrilatère à implanter MNBC, qui donne une équation du second degré fournissant BN.

L'autre cote d'implantation CM est alors immédiate.

Dans un quadrilatère, implanter une superficie par une perpendiculaire à un côté

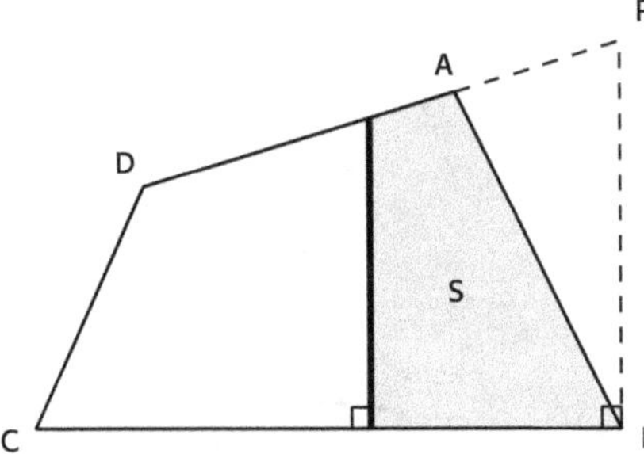

Figure 9.92. Droite de division perpendiculaire à un côté du quadrilatère.

Cas particulier du précédent.

Dans un quadrilatère, implanter une superficie par une droite délimitant des façades opposées dans un rapport donné

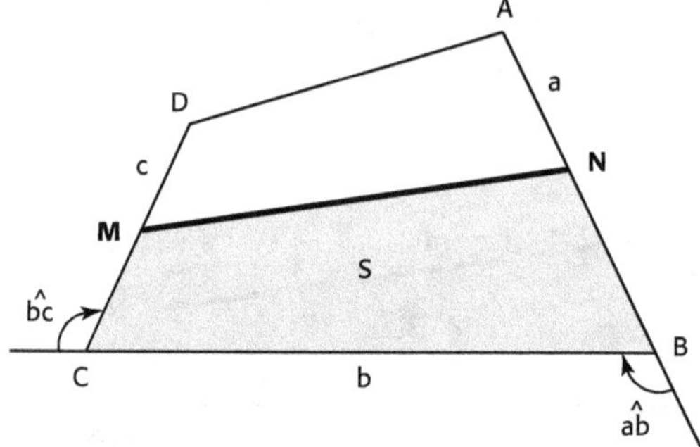

Figure 9.93. Façades opposées dans un rapport donné.

$$\frac{CM}{BN} = m \implies CM = m \cdot BN \qquad (\text{fig. } 9.93)$$

La formule polygonale, appliquée à la superficie S à implanter, donne :

$$BN \cdot BC \cdot \sin \widehat{ab} + BN \cdot CM \cdot \sin \widehat{ac} + BC \cdot CM \cdot \sin \widehat{bc} = 2S$$

En remplaçant CM par la valeur précédente, il vient :

$$m \cdot \sin \widehat{ac} \cdot BN^2 + BC \cdot (\sin \widehat{ab} + m \cdot \sin \widehat{bc}) \cdot BN - 2S = 0.$$

Une fois BN calculé, l'autre façade CM est immédiate.

Dans un quadrilatère, implanter une superficie par une droite délimitant des façades opposées égales

Cas particulier du précédent avec : $\dfrac{CM}{BN} = m = 1$.

Par un point donné à l'intérieur d'un quadrilatère, implanter une superficie S connue

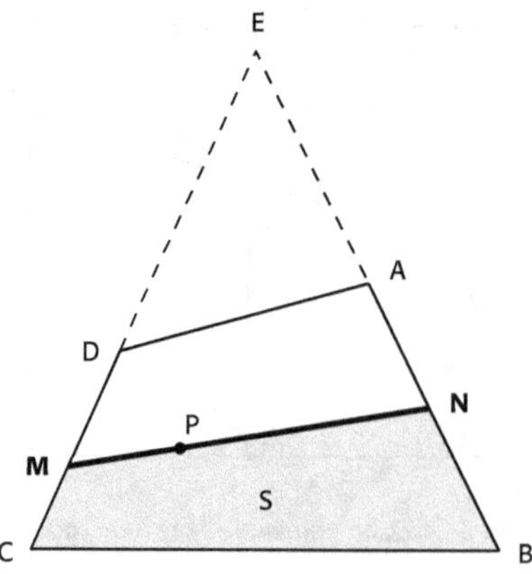

Figure 9.94. Droite de division passant par un point connu.

Le point E étant l'intersection des prolongements de BA et CD, le triangle EAD est géométriquement défini, les superficies S_{EAD} et S_{ABCD} sont aisément calculables (fig. 9.94).

Dès lors, la superficie du triangle EMN vaut : $S_{EMN} = S_{EAD} + (S_{ABCD} - S)$.

Le problème revient donc à implanter cette superficie dans le triangle EBC par une droite MN passant par un point intérieur P donné.

Partage des pointes

Le partage des pointes (fig. 9.95) consiste à diviser un quadrilatère ABCD par des lignes droites MN, etc., dont les prolongements passent à la « pointe » P, point d'intersection des côtés opposés BC et AD, les différents quadrilatères à implanter : BCMN, etc. ayant des superficies connues.

Soit le quadrilatère ABCD défini par ses côtés a, b, c et par les angles orientés $\widehat{ab}$, $\widehat{bc}$; calculer les cotes d'implantation : BN = x, CM = y du quadrilatère BCMN de superficie S connue, sachant que les points P, M et N doivent être alignés.

Il vient : $2S_{ABCD} = 2S_{ABP} - 2S_{DCP}$

Soit : $\qquad a \cdot b \cdot \sin \widehat{ab} + a \cdot c \cdot \sin \widehat{ac} + b \cdot c \cdot \sin \widehat{bc} = a \cdot (b + m) \cdot \sin \widehat{ab} - c \cdot m \cdot \sin \widehat{bc}$

D'où l'on tire : $\qquad m = \dfrac{a \cdot c \cdot \sin \widehat{ac} + b \cdot c \cdot \sin \widehat{bc}}{a \cdot \sin \widehat{ab} - c \cdot \sin \widehat{bc}}$

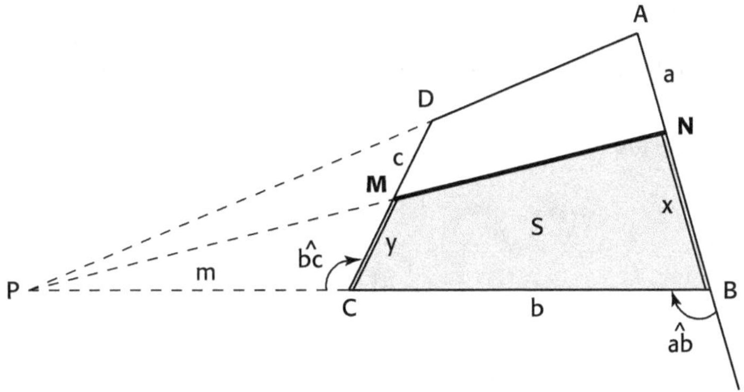

Figure 9.95. Partage des pointes.

Mais : $2S_{NBCM} = 2S_{NBP} - 2S_{MCP}$

Soit : $\qquad x \cdot b \cdot \sin \widehat{ab} + x \cdot y \cdot \sin \widehat{ac} + b \cdot y \cdot \sin \widehat{bc} = x \cdot (b + m) \cdot \sin \widehat{ab} - y \cdot m \cdot \sin \widehat{bc}$

C'est-à-dire : $\qquad y = \dfrac{x \cdot m \cdot \sin \widehat{ab}}{(m + b) \cdot \sin \widehat{bc} + x \cdot \sin \widehat{ac}}$

En reportant cette valeur dans la formule polygonale qui donne la superficie à implanter :

$S = \dfrac{1}{2} (x \cdot b \cdot \sin \widehat{ab} + x \cdot y \cdot \sin \widehat{ac} + b \cdot y \cdot \sin \widehat{bc})$, il vient tous calculs faits :

$$x^2 + \left[\left(\frac{m}{m+b} + 1 \right) \cdot \frac{b \cdot \sin \widehat{bc}}{\sin \widehat{ac}} - \frac{2\,S}{(m+b) \cdot \sin \widehat{ab}} \right] \cdot x - \frac{2\,S \cdot \sin \widehat{bc}}{\sin \widehat{ab} \cdot \sin \widehat{ac}} = 0$$

Une fois x calculé la deuxième cote d'implantation, y, est immédiate.

9.6   Calculs itératifs

9.6.1   Racines d'une équation à une inconnue

9.6.1.1   Approximations successives

La résolution d'une équation à une inconnue par approximations successives consiste à déterminer la racine par une suite de calculs répétitifs, ou itératifs, qui sont arrêtés lorsque la n^e valeur calculée a atteint l'approximation voulue.

Soit $f(x) = 0$ mise sous la forme : $x = g(x)$, où g est une fonction continue, et la suite :

$$x_1 = g(x_0)$$
$$x_2 = g(x_1)$$
$$\vdots$$
$$x_n = g(x_{n-1})$$

où x_0 est une valeur initiale arbitraire.

Si la suite : $x_0 \, x_1 \, ... \, x_n$ converge vers une limite x lorsque $n \rightarrow +\infty$, $x_n \rightarrow x$ et $g(x_{n-1}) \rightarrow g(x)$ par suite de la continuité de g ; la relation : $x_n = g(x_{n-1})$ entraîne à la limite : $x = g(x)$.

Donc, si la suite (x_n) est convergente, la limite x de cette suite est racine de l'équation : $x = g(x)$; la validité de la méthode est donc liée à la convergence de la suite (x_n).

Dans certains cas simples, on peut trouver des conditions suffisantes de convergence ; dans les problèmes plus complexes, il faudra se contenter de vérifier expérimentalement la convergence.

Soit l'inconnue auxiliaire u_n définie par :

$$
\begin{aligned}
u_0 &= x_0 \\
u_1 &= x_1 - x_0 \\
u_2 &= x_2 - x_1 \\
&\vdots \\
u_{n-1} &= x_{n-1} - x_{n-2} \\
u_n &= x_n - x_{n-1} \\
\hline
u_0 + u_1 + \ldots\ldots + u_n &= x_n
\end{aligned}
$$

Le théorème des accroissements finis donne :

$$u_n = x_n - x_{n-1} = g(x_{n-1}) - g(x_{n-2}) = (x_{n-1} - x_{n-2}) \cdot g'(\varepsilon_n),$$

avec : $x_{n-2} < \varepsilon_n < x_{n-1}$, si (x_n) est une suite croissante.

Soit :
$$\frac{u_n}{u_{n-1}} = g'(\varepsilon_n)$$

Si : $\left| g'(\varepsilon_n) \right| < 1$, alors $\dfrac{|u_n|}{|u_{n-1}|} < 1$, la série de terme général u_n est convergente (théorème de d'Alembert), la somme de la série est x.

Si g possède « au voisinage » de la valeur x une dérivée majorée par un nombre M strictement inférieur à 1, alors la suite (x_n) est convergente et a pour limite la racine x.

$$|g(x_n) - g(x_{n-1})| \leq M \cdot |x_n - x_{n-1}|$$

En calcul manuel, on utilise habituellement pour x_0 une valeur approchée de la racine obtenue par exemple par méthode graphique ; la suite (x_n) converge ou diverge donc immédiatement. En calcul automatique, x_0 est souvent choisi arbitrairement ; le calcul comporte alors 2 phases :

– d'abord x_0 est « loin » de la racine, les itérés successifs x_1, x_2, etc. « sautent » dans un comportement apparemment aléatoire jusqu'au moment où x_i arrive dans la zone de convergence ;

– ensuite, à partir de cette valeur, le rapport : $\left| \dfrac{x_n - x_{n-1}}{x_{n-1} - x_{n-2}} \right| \approx |M|$ reste inférieur à 1 et la suite (x_n) converge.

Sachant que : $u_n \approx M \cdot u_{n-1}$, u_n se comporte comme le terme général d'une série géométrique de raison M et par conséquent :

– si M < 0, la série u est alternée, les sommes partielles encadrent la somme de la série ;

– si M > 0, les sommes partielles forment une suite monotone.

9.6.1.2 Linéarisation ou méthode de Newton

Si x_0 est une valeur approchée de la racine x telle que : $x = x_0 + h$, l'équation : $f(x) = 0$ s'écrit : $f(x_0 + h) = 0$.

Si cette équation possède des dérivées première et seconde, la formule de Taylor donne :

$$f(x_0 + h) = f(x_0) + \frac{h}{1!} \cdot f'(x_0) + \frac{h^2}{2!} \cdot f''(x_0 + \theta h) = 0 , \quad \text{avec } 0 < \theta < 1$$

La linéarisation consiste à négliger les termes du second ordre en h, hypothèse valable uniquement si h est suffisamment petit.

L'*équation linéarisée* est donc l'équation approchée mais simplifiée :

$$f(x_0 + h) = f(x_0) + h \cdot f'(x_0) = 0 \Rightarrow h = - \frac{f(x_0)}{f'(x_0)}$$

Dès lors : $x_1 = x_0 + h = x_0 - \dfrac{f(x_0)}{f'(x_0)}$, d'où la relation linéarisée : $x_{n+1} = x_n - \dfrac{f(x_n)}{f'(x_n)}$

Exemple

$f(x) = 7{,}51 \sin x + 9{,}35 \cos x - 11{,}96 = 0$ 0 gon < x < 100 gon

La résolution trigonométrique rigoureuse donne : $\sin x + \dfrac{9{,}35}{7{,}51} \cdot \cos x = \dfrac{11{,}96}{7{,}51}$

En posant : $\tan \alpha = \dfrac{9{,}35}{7{,}51}$, on trouve $\alpha = 56{,}92030167$ gon ; l'équation devient :

$\sin (x + \alpha) = \dfrac{11{,}96}{7{,}51} \cdot \cos \alpha$, d'où les racines : $x_1 \approx 38{,}384$ gon et $x_2 \approx 47{,}775$ gon

La mise en œuvre de la méthode de Newton, préprogrammée sur la calculatrice, consiste à introduire, outre la fonction, la valeur initiale x_0, l'intervalle h, la condition de convergence ε pour que le calcul cesse lorsque : $|x_{n+1} - x_n| \leq \varepsilon$, ainsi que le nombre maximal d'itérations souhaité.

Soit, pour $x_0 = 0{,}6$ rad, h = 0,00001, ε = 0,000001, loop limit = 30, le résultat affiché : x = 38,384 gon, alors que pour $x_0 = 0{,}7$ rad la calculatrice donne $x_i = 47{,}775$ gon car elle fournit la racine la plus proche de la valeur initiale introduite.

9.6.1.3 Dichotomie

Encore appelée méthode de bipartition ou de substitution, c'est une méthode qui correspond à un « tâtonnement rationalisé » ne nécessitant pas une certaine régularité de la dérivée $g'(x)$ ou $f'(x)$.

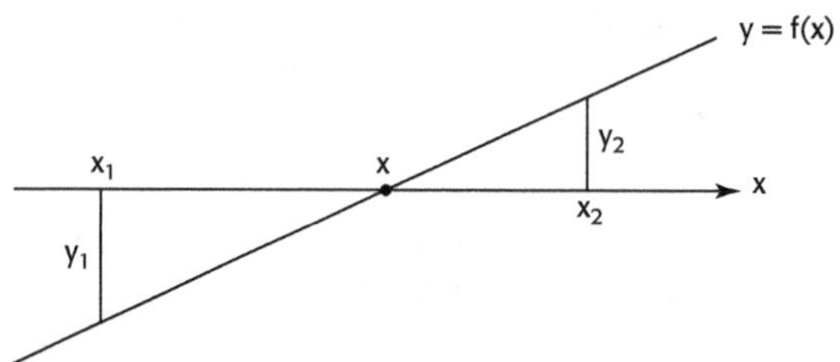

Figure 9.96. Courbe montante $y_1 < 0$, $y_2 > 0$.

Choisir 2 valeurs x_1 et x_2 telles que $x_2 > x_1$ et $|x_1 - x_2| > A$, où A est l'approximation souhaitée, la fonction étant continue sur l'intervalle $[x_1, x_2]$ et contenant une valeur approchée de la racine obtenue par une mesure graphique par exemple (figure 9.96).

Calculer : $y_1 = f(x_1)$, $y_2 = f(x_2)$ et tester la « courbe montante » : $y_1 < 0$, $y_2 > 0$.

Calculer le produit : $y_1 \cdot y_2$.

Si : $y_1 \cdot y_2 > 0$, changer x_1 ou x_2 jusqu'à obtenir : $y_1 \cdot y_2 < 0$; diviser alors l'intervalle $[x_1, x_2]$ en deux, avec $x = \dfrac{x_1 + x_2}{2}$, qui donne y.

Si $y < 0$ (figure 9.97), nouvelle itération avec $x_1 = x$, intervalle $[x, x_2]$

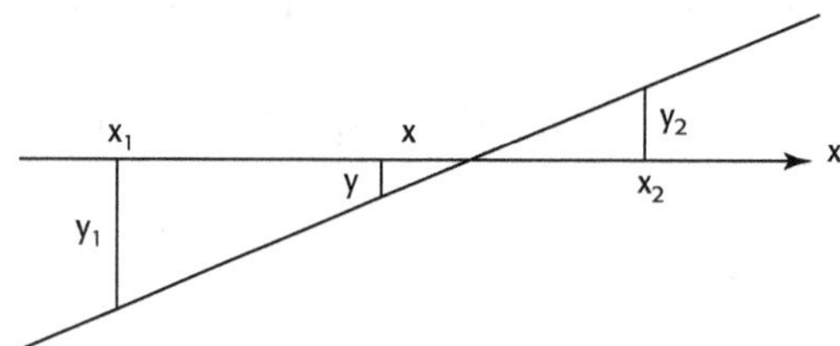

Figure 9.97. Nouvelle itération, intervalle [x, x₂].

Si $y > 0$ (figure 9.98) nouvelle itération avec $x_2 = x$, intervalle $[x_1, x]$

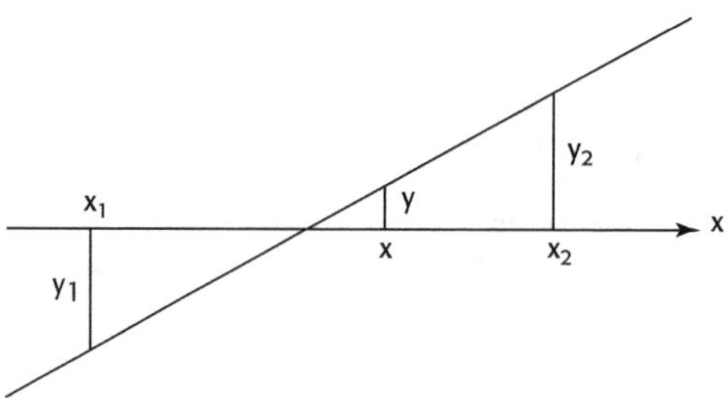

Figure 9.98. Nouvelle itération, intervalle [x₁, x].

Fin du calcul lorsque : $|x_1 - x_2| < A$.

Même algorithme de calcul avec une courbe « descendante ».

Sur calculatrice préprogrammée, introduire la fonction f(x), les valeurs initiales x_1 et x_2, la condition de convergence ε et le nombre maximal d'itérations.

Avec l'exemple précédent et la même calculatrice préprogrammée :

– pour x_1 = 0,6 rad et x_2 = 0,7 rad, on obtient x = 38,384 gon ;

– pour x_1 = 0,7 rad et x_2 = 0,8 rad, on obtient x = 47,775 gon.

La dichotomie présente des risques lorsque x_1 et x_2 ne sont pas suffisamment proches de la racine ; la calculatrice trouvera x mais ignorera x_i (figure 9.99).

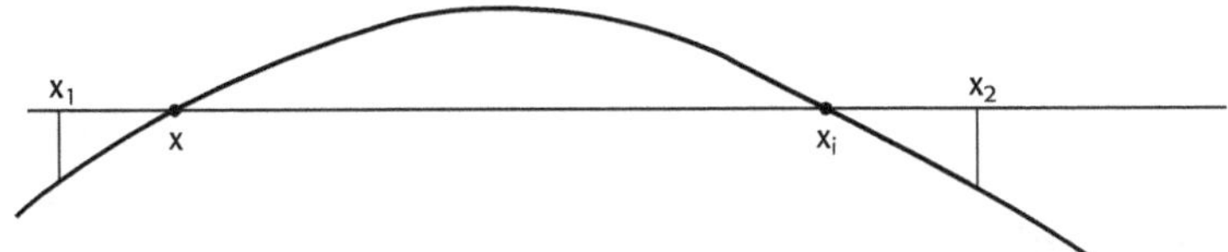

Figure 9.99. Risque de la dichotomie.

Pour x_1 = 0,6 rad et x_2 = 0,8 rad, la seule racine obtenue est x = 38,384 gon.

9.6.1.4 Incrémentation

« Incrémenter » consiste à faire progresser une variable en lui ajoutant une valeur constante appelée incrément. La méthode par incrémentation consiste donc à calculer la fonction y = f(x) en partant d'une valeur initiale x_0 inférieure à la racine x, détermination graphique ou valeur supposée, pour des valeurs incrémentées successives : $x_1 = x_0 + I$, $x_2 = x_1 + I$, etc., le calcul étant limité à un intervalle de recherche $[x_0, x_L]$ prédéterminé, avec un incrément I > 0 (figure 9.100).

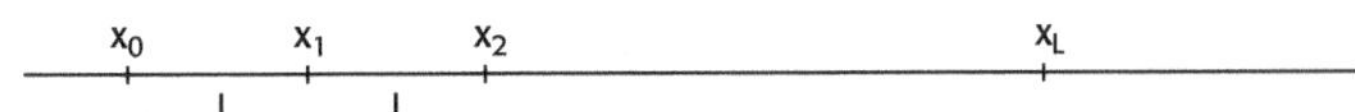

Figure 9.100. Incrémentation.

Si la racine x, pour laquelle : y = f(x) = 0, est hors intervalle, la courbe ne coupe pas l'axe des x dans l'intervalle $[x_0, x_L]$.

Pour y_0 < 0 avec une courbe montante par exemple (figure 9.101), lorsque les itérés successifs donnent y > 0, reprendre le calcul à la valeur incrémentée précédente : x – I, avec un nouvel incrément généralement égal au dixième du précédent.

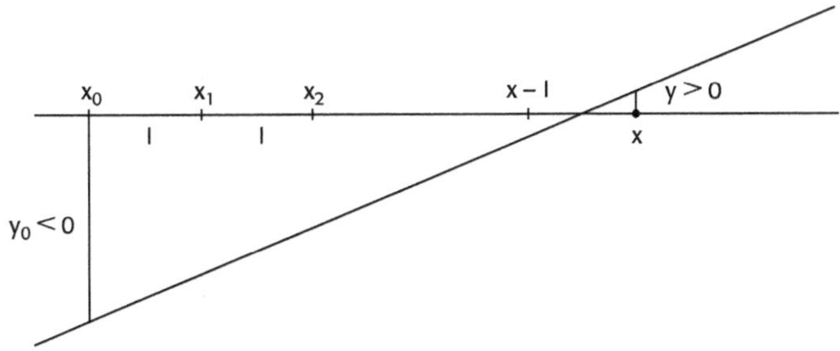

Figure 9.101. Réduction de l'incrément.

Afficher le résultat lorsque l'incrément est inférieur à l'approximation recherchée.

L'incrémentation peut sauter des racines, notamment si la valeur de l'incrément est trop grande : l'ordinateur trouvera x mais pas x_i, ni x_j (figure 9.102).

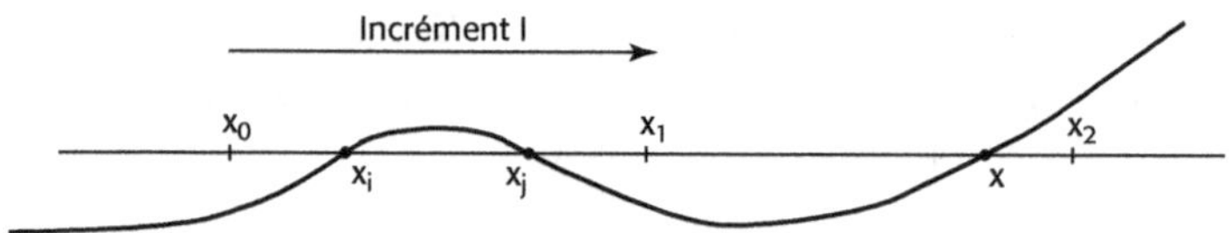

Figure 9.102. Saut de racines.

9.6.2 Algorithmes itératifs

Établir l'algorithme des calculs en supposant connue une grandeur non donnée : angle, distance, superficie, etc.

Choisir une valeur numérique pour cette grandeur, sur un graphique dessiné à l'estime par exemple.

Enchaîner l'exécution numérique des séquences de l'algorithme jusqu'à obtenir le résultat.

Comparer ce résultat avec celui souhaité, faire varier en conséquence la valeur initiale, réitérer l'exécution numérique.

Cesser les itérations lorsque le résultat souhaité est obtenu.

Exemple

Le nouveau propriétaire de la parcelle ABCDE, demande le plan et la détermination précise de la superficie (figure 9.103).

Le terrain étant couvert d'un taillis dense, les observations se révèlent difficiles.

Le géomètre ne peut stationner qu'un point S connu en E, N, Go, viser les 3 coins A, D, E, un piquet K situé sur le côté CD, un point J sur le prolongement de AB, ainsi qu'un jeune arbuste P droit et vertical ; sur chacun de ces points, il effectue la lecture L du cercle horizontal, mesure la distance directe Dd et l'angle zénithal $\hat{V}$, tous ces résultats n'ayant à subir aucune correction.

Pour compléter le levé, le géomètre détermine au ruban les distances horizontales entre l'arbuste P et 2 points M et N alignés sur BC, ainsi qu'entre ces 2 points.

Le propriétaire précise en outre que le vendeur lui a signalé une caractéristique géométrique : le côté CD est égal au double du côté AB au centimètre près.

Enfin, le propriétaire demande la matérialisation du chemin rural qui borde le sud de son terrain, large de 4 m le long du côté AE, 3 m le long de DE, par les 3 points T, R, U, ces 2 derniers situés au droit de A et D respectivement.

$E_S = 1\ 018,94$ m	$Dh_{PM} = 6,736$ m
$N_S = 5\ 021,56$ m	$Dh_{PN} = 15,430$ m
$Go = 387,932$ gon	$Dh_{MN} = 10,910$ m

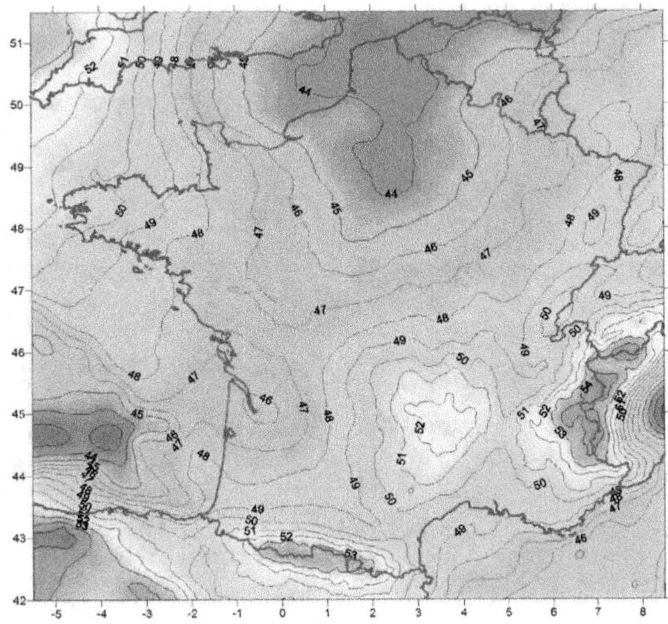

Figure 1.17. Grille RAF09.

Document IGN

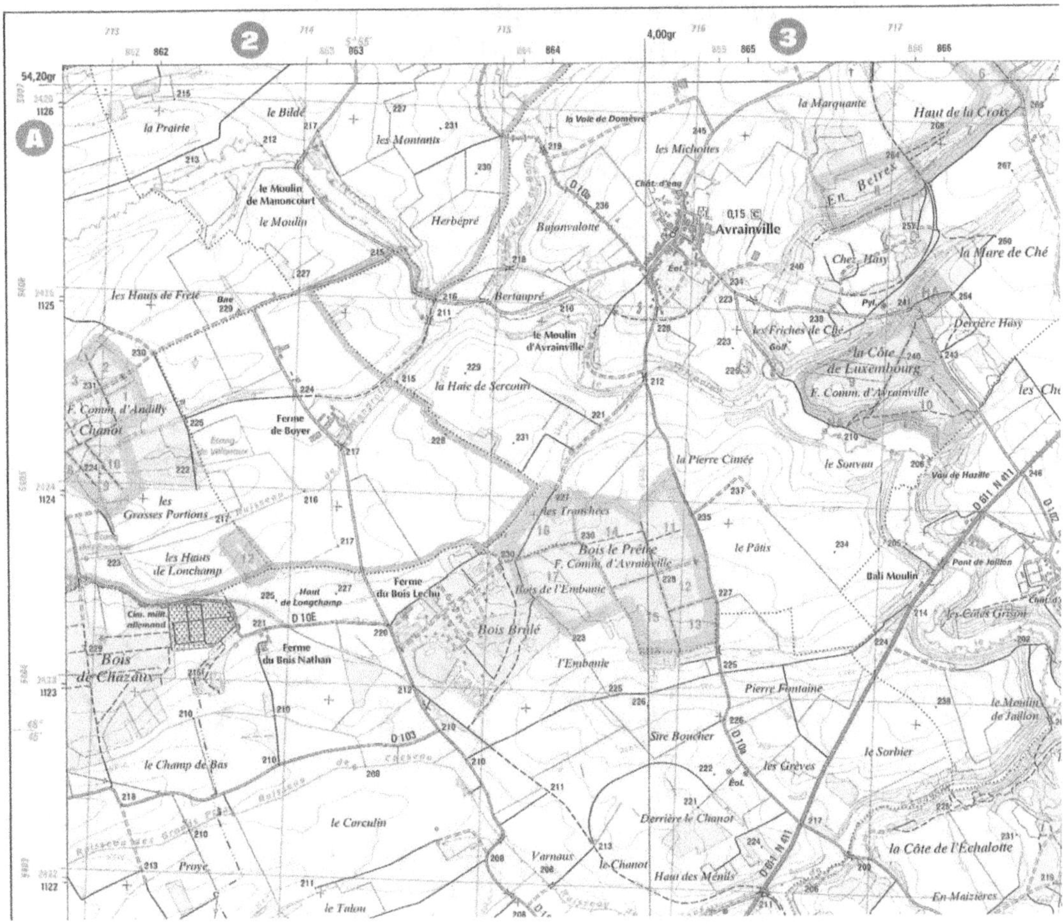

Figure 1.31. TOP 25 – 3315 ET Nancy-Toul forêt de Haye (réduction).

Document IGN

Figure 1.40. Parcelles cadastrales.

Documents Géoportail

Figure 1.41. Sites géodésiques.

Documents Géoportail

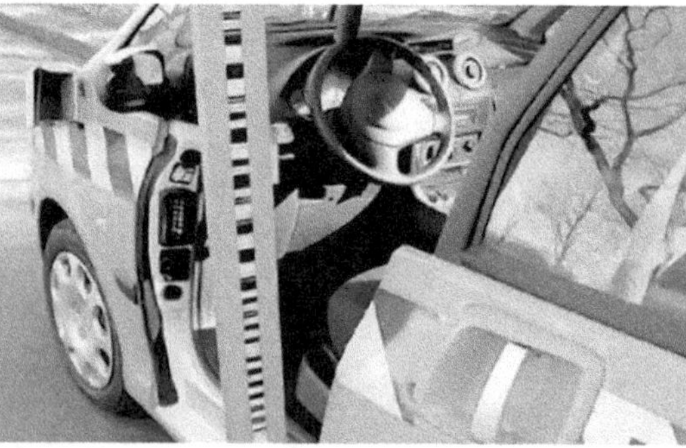

Figure 4.27. Nivellement géométrique motorisé.

Document IGN

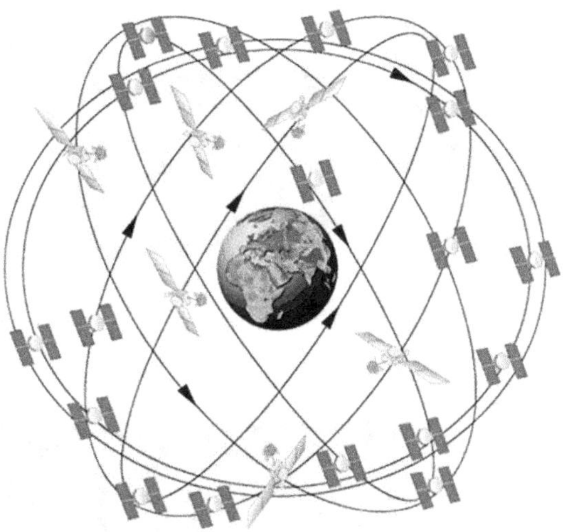

Figure 6.1. Satellite et constellation NAVSTAR.

Documents GPS.GOV

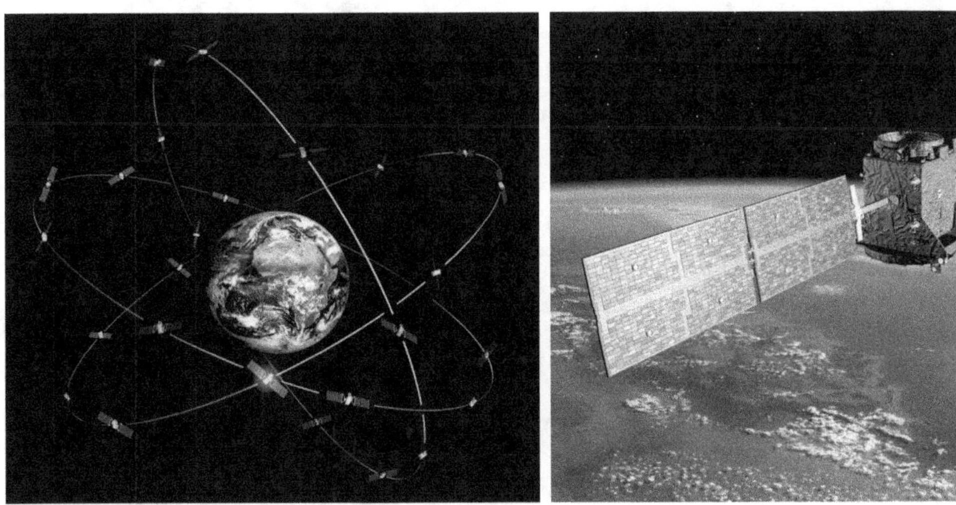

Figure 6.2. Satellite et constellation GALILEO.

Document Agence spatiale européenne

Figure 6.3. Récepteurs GNSS.

Documents Garmin et Trimble

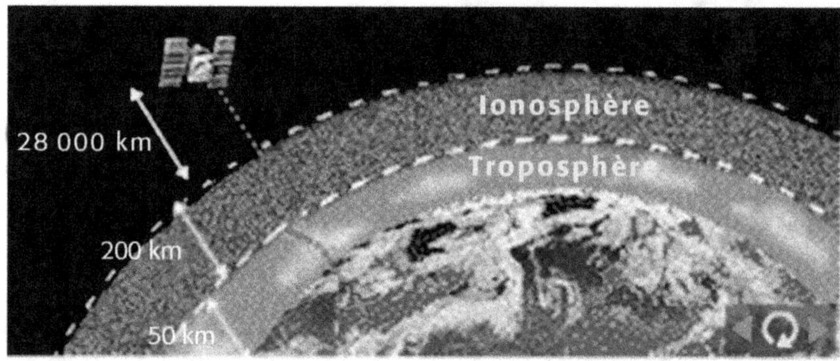

Figure 6.9. Erreurs troposphériques et ionosphériques.

Document Trimble

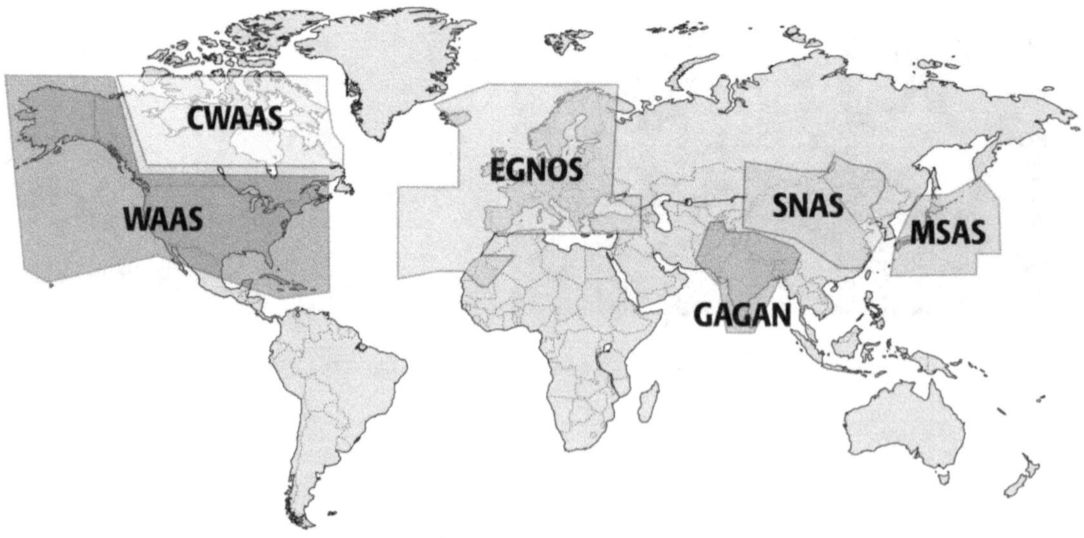

Figure 6.22. EGNOS.

D'après Francis Fustier

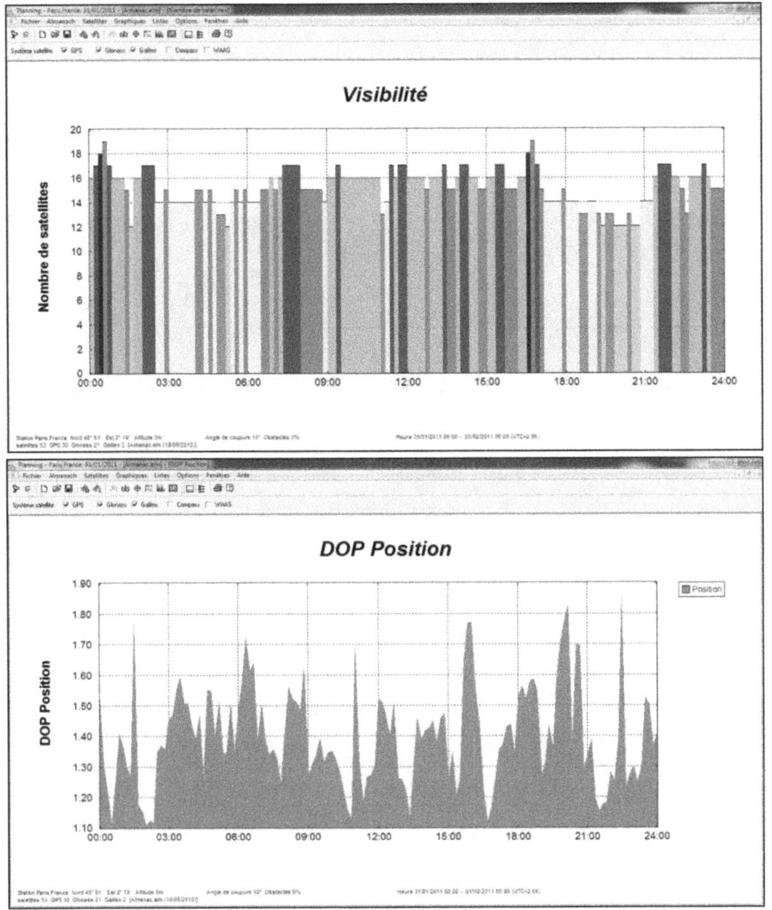

Figure 6.28. Prévisions GNSS.

Documents Trimble

Document Trimble

Figure 7.17. Croquis assisté par ordinateur.

Document Leica

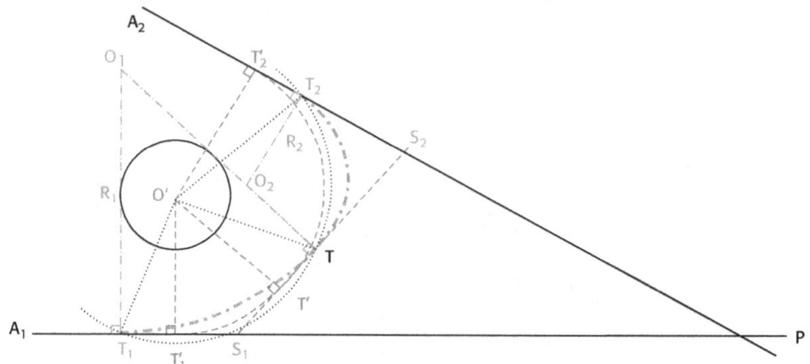

Figure 7.40. Cercles-lieux géométriques du raccordement circulaire double.

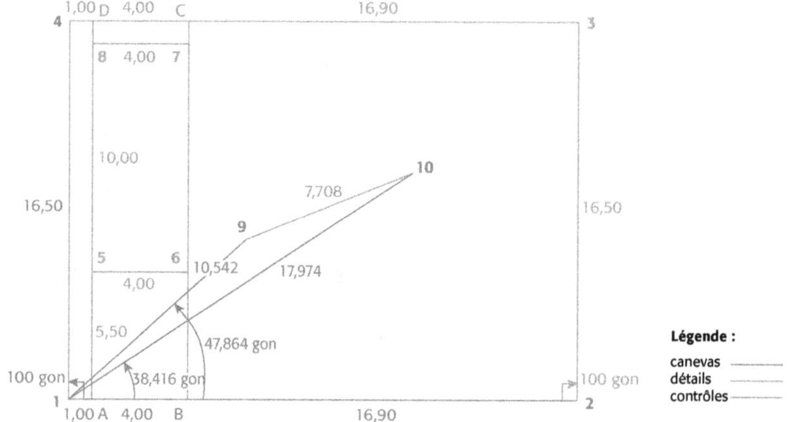

Figure 7.48. Schéma d'implantation.

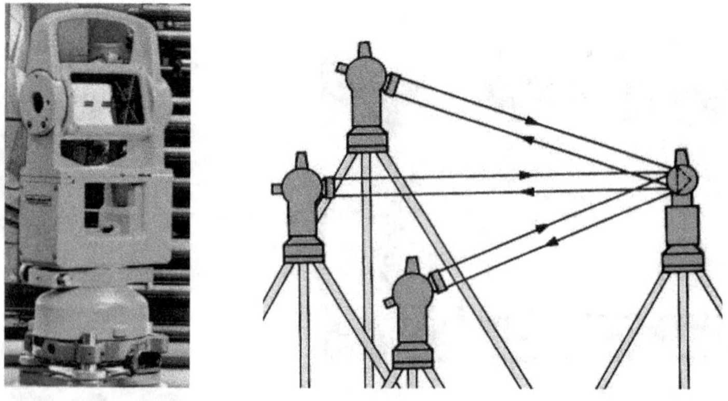

Figure 8.16. Prisme d'autocollimation.

Document Leica

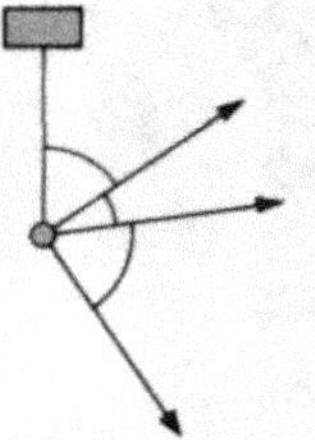

Référence parfaite en espace limité pour la mesure d'angles horizontaux.

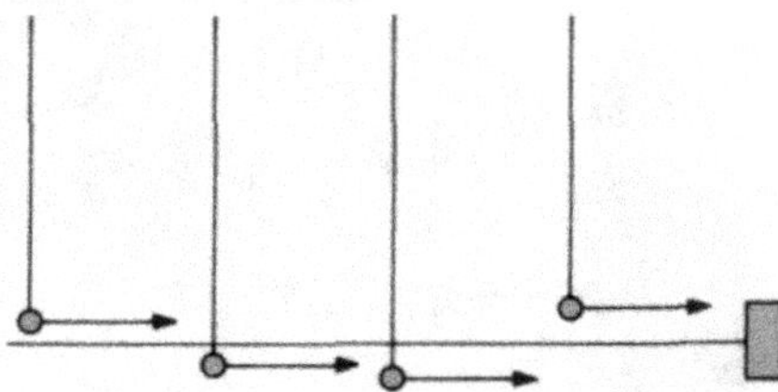

Contrôle du parallélisme et de l'alignement d'axes à différents niveaux.

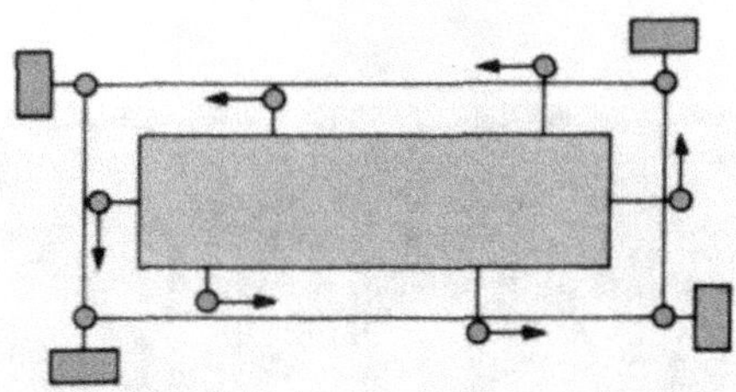

Etablissement d'un cadre optique autour d'une aire de travail pour le montage, l'ajustage, le réglage et le contrôle des différents éléments d'une structure complexe.

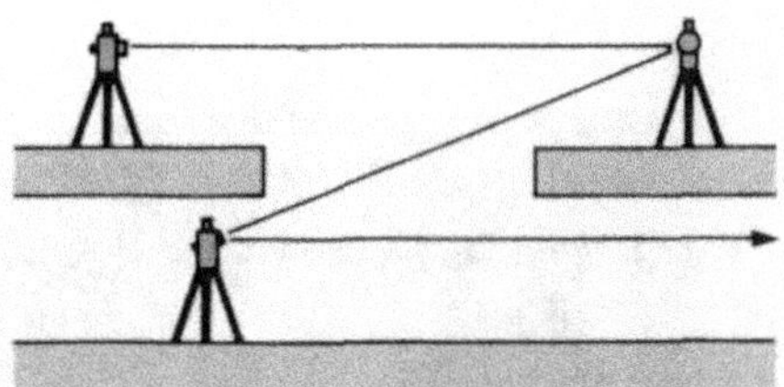

Transfert de directions à différents niveaux en construction, pour l'assemblage de chaînes de production, de transport, de montage.

Figure 8.17. Mise en œuvre du prisme d'autocollimation.

Document Leica

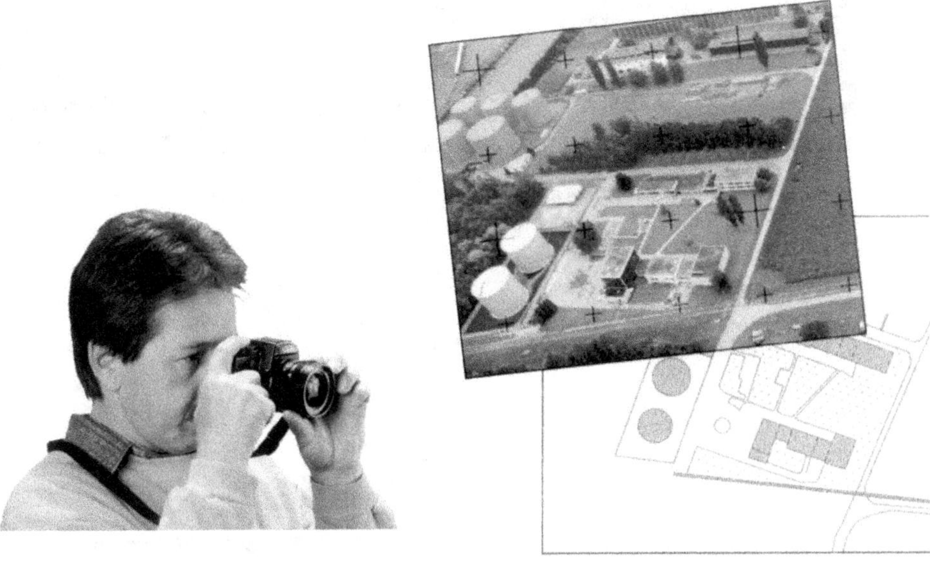

Figure 8.20. Photogrammétrie numérique multi-image, clichés quadrillés.

Document Leica

Figure 8.23. Restituteur numérique.

L. Polidori, ESGT.

Figure 8.25. Embarcation bathymétrique avec GPS embarqué.

Document INC

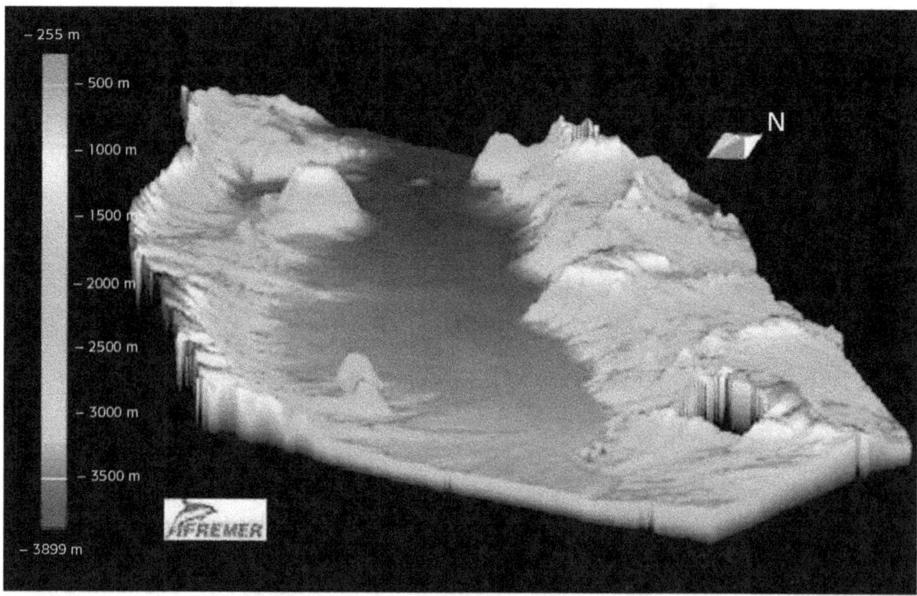

Figure 8.26. Vue 3D de la bathymétrie de l'EM12D.

Document IFREMER

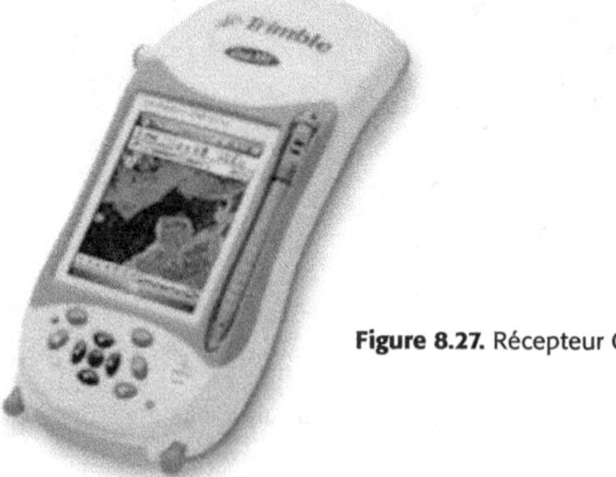

Figure 8.27. Récepteur GPS dédié SIG.

Document Trimble

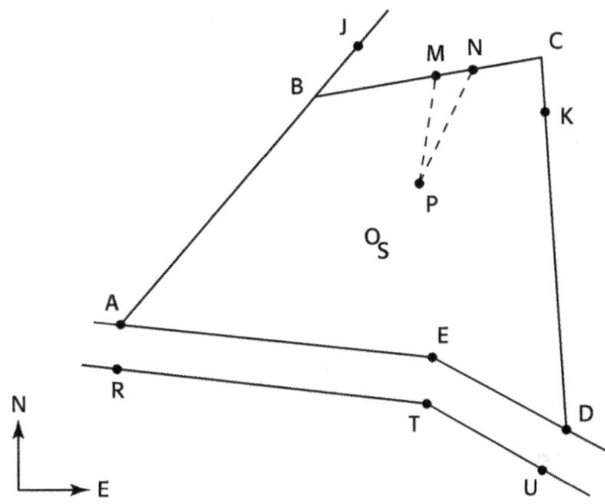

Figure 9.103. Parcelle et chemin.

STATION	POINTS	L	$\hat{V}$	Dd
S	A	289,870 gon	98,852 gon	18,443 m
	J	371,898	101,126	19,175
	P	15,680	100,834	11,641
	K	72,781	100,226	18,196
	D	170,156	98,068	19,541
	E	196,814	99,075	9,482

Calculer :

1°- les coordonnées des points rayonnés, ainsi que les éléments géométriques de la figure ;

2°- le côté AB = x, à l'aide d'une équation à une inconnue résolue par itérations, à partir d'une valeur initiale x_0 mesurée sur un graphique établi à l'estime ;

3°- le même côté x par algorithmes itératifs, comme contrôle ;

4°- les coordonnées des points B et C, les cotes périmétriques et la superficie de la parcelle ;

5°- les éléments d'implantation par rayonnement des points R, T, U depuis la station S, avec le G0 du levé initial.

SÉQUENCES	FIGURES – FORMULES – FONCTIONS	RÉSULTATS
1 – <u>Coordonnées</u> A J P K E D		
1.1 – Gisements	$G_{Si} = G_0 + L_i$ $G_{SA} = 277{,}802$ gon $\quad G_{SJ} = 359{,}830$ gon $\quad G_{SP} = 3{,}612$ gon $G_{SK} = 60{,}713$ gon $\quad G_{SD} = 158{,}088$ gon $\quad G_{SE} = 184{,}746$ gon	
1.2 – Dh	$Dh = Dd \cdot \sin \hat{V} - \left(\dfrac{1 - \frac{k}{2}}{2R} \cdot D^2 d \cdot \sin 2\hat{V} \right) \quad$ avec $\quad k = 0{,}13$ $SA = 18{,}44000054$ m $\quad SJ = 19{,}17200172$ m $\quad SP = 11{,}64000135$ m $SK = 18{,}19588552$ m $\quad SD = 19{,}53200048$ m $\quad SK = 9{,}480998921$ m	
1.3 – $\left| \begin{matrix} E \\ N \end{matrix} \right.$	Conversions $P \rightarrow R \quad \vec{Si}$ $\left\| \begin{matrix} E_A = 1\,001{,}609669 \text{ m} \\ N_A = 5\,015{,}259742 \text{ m} \end{matrix} \right. \left\| \begin{matrix} E_J = 1\,007{,}629602 \text{ m} \\ N_J = 5\,037{,}040328 \text{ m} \end{matrix} \right. \left\| \begin{matrix} E_P = 1\,019{,}600066 \text{ m} \\ N_P = 5\,033{,}181271 \text{ m} \end{matrix} \right.$ $\left\| \begin{matrix} E_K = 1\,033{,}77964 \text{ m} \\ N_K = 5\,032{,}089736 \text{ m} \end{matrix} \right. \left\| \begin{matrix} E_D = 1\,030{,}889956 \text{ m} \\ N_D = 5\,006{,}110159 \text{ m} \end{matrix} \right. \left\| \begin{matrix} E_E = 1\,021{,}19006 \text{ m} \\ N_E = 5\,012{,}349866 \text{ m} \end{matrix} \right.$	$\left\| \begin{matrix} E_A = 1\,001{,}61 \text{ m} \\ N_A = 5\,015{,}26 \text{ m} \end{matrix} \right.$ $\left\| \begin{matrix} E_D = 1\,030{,}89 \text{ m} \\ N_D = 5\,006{,}11 \text{ m} \end{matrix} \right.$ $\left\| \begin{matrix} E_E = 1\,021{,}19 \text{ m} \\ N_E = 5\,012{,}35 \text{ m} \end{matrix} \right.$
2 – <u>AB = x</u>	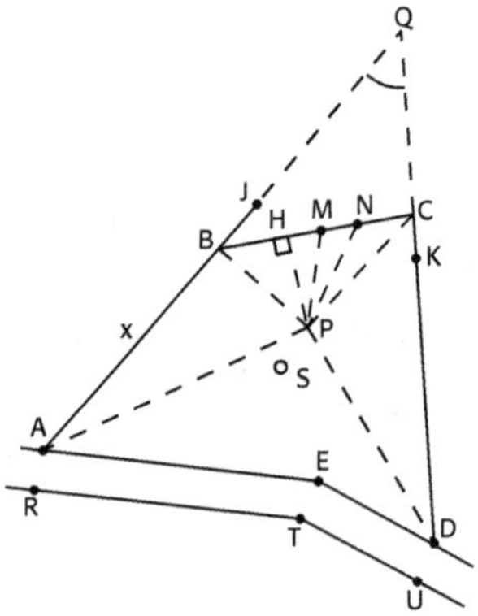	
2.1 – Équation	$AB = x \qquad \Rightarrow \qquad CD = 2\,AB = 2x$ Triangle ABP : $BP^2 = x^2 + AP^2 - 2\,AP \cdot x \cdot \cos \hat{A}$ Triangle CPD : $PC^2 = 4\,x^2 + PD^2 - 4\,PD \cdot x \cdot \cos \hat{D}$ $BC = BH + HC$ $HN = \dfrac{MN}{2} + \dfrac{(PN + PM) \cdot (PN - PM)}{2\,MN} \Rightarrow PH = \sqrt{PN^2 - HN^2}$ $BC = \sqrt{BP^2 - PH^2} + \sqrt{PC^2 - PH^2} \qquad\qquad (1)$ Triangle QBC : $BC^2 = (QA - x)^2 + (QD - 2x)^2 - 2\,(QA - x) \cdot (QD - 2x) \cdot \cos \hat{Q} \quad (2)$ En élevant (1) au carré, puis en remplaçant BP^2 et PC^2 par les valeurs précédentes et enfin en égalant avec (2), il vient tous calculs faits : $5\,x^2 - (2\,AP \cdot \cos \hat{A} + 4\,PD \cdot \cos \hat{D}) \cdot x + (AP^2 + PD^2 - 2\,PH^2) +$ $2\sqrt{x^2 - 2\,AP \cdot \cos \hat{A} \cdot x + AP^2 - PH^2} \cdot \sqrt{4x^2 - 4\,PD \cdot \cos \hat{D} \cdot x + PD^2 - PH^2}$ $- (QA - x)^2 - (QD - 2x)^2 + 2\,(QA - x) \cdot (QD - 2x) \cdot \cos \hat{Q} = 0$	$PH = 5{,}828422323$ m

SÉQUENCES	FIGURES – FORMULES – FONCTIONS	RÉSULTATS
2.2 – $\begin{vmatrix} G \\ D \end{vmatrix}$	Conversions R $\rightarrow$ P $\begin{vmatrix} G_{AB} = G_{AJ} = 17,1669543 \text{ gon} & \quad G_{AP} = 50,12208388 \text{ gon} \\ G_{DC} = G_{DK} = 7,05207496 \text{ gon} & \quad AP = 25,39361309 \text{ m} \end{vmatrix}$	$\begin{vmatrix} G_{DP} = 374,8462607 \text{ gon} \\ DP = 29,33098568 \text{ m} \end{vmatrix}$
2.3 – Angles	$\hat{A} = G_{AP} - G_{AB} = 32,95512958 \text{ gon} \qquad \hat{D} = 32,2058142 \text{ gon}$	$\hat{Q} = 10,1148794 \text{ gon}$
2.4 – $\begin{vmatrix} E_Q \\ N_Q \end{vmatrix}$	Intersection depuis A et D	$\begin{vmatrix} E_Q = 1\,052,312115 \text{ m} \\ N_Q = 5\,198,705138 \text{ m} \end{vmatrix}$
2.5 – $\begin{matrix} QA \\ QD \end{matrix}$	Conversions R $\rightarrow$ P	$\begin{matrix} QA = 190,3232811 \text{ m} \\ QD = 193,7826997 \text{ m} \end{matrix}$
2.6 – AB	Principaux param ètres de l'é quation : $2\,AP \cdot \cos \hat{A} = 44,13310967$ $4\,PD \cdot \cos \hat{D} = 102,628489$ $AP^2 + PD^2 - 2\,PH^2 = 1437,201293$ $AP^2 - PH^2 = 610,865079$ $PD^2 - PH^2 = 826,3362142$ $\hat{Q}_{rad} = 0,158884154$ Méthode de Newton Valeur approch ée x_0 mesur ée sur graphique au 1/500 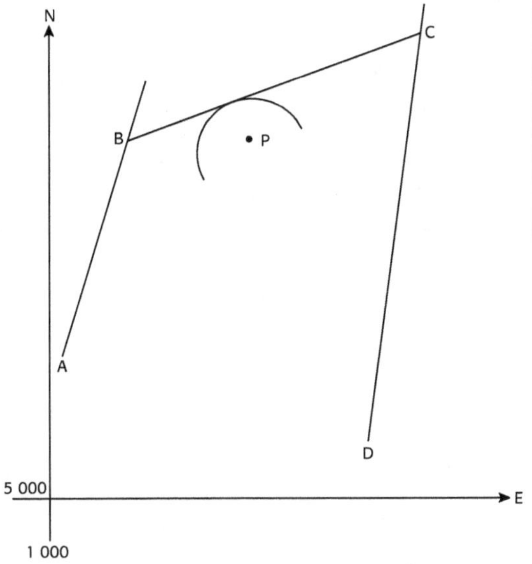	$x_0 = 20,1 \text{ m}$ $h = 0,00001$ $\varepsilon = 0,000001$ 30 itérations $x = 19,891325 \text{ m}$ $\underline{AB = 19,891 \text{ m}}$
3 – <u>Itérations</u>		
3.1 – AB_1	$AB_1 = 20,1 \text{ m} \qquad \Rightarrow \qquad DC_1 = 2\,AB_1 = 40,2 \text{ m}$	
3.1.1. – Coordonnées de B_1 et C_1	Conversions P $\rightarrow$ R $\quad \overrightarrow{AB_1} \quad \overrightarrow{DC_1}$ $\begin{vmatrix} E_{B_1} = 1\,006,964343 \text{ m} & \quad E_{C_1} = 1\,035,333959 \text{ m} \\ N_{B_1} = 5\,034,63337 \text{ m} & \quad N_{C_1} = 5\,046,063768 \text{ m} \end{vmatrix}$	
3.1.2 – PH_1	Distance du point P à la droite B_1C_1	$PH_1 = 6,069059414 \text{ m}$

SÉQUENCES	FIGURES – FORMULES – FONCTIONS	RÉSULTATS
3.2 – AB_2	$AB_2 = AB_1 + (PH - PH_1) = 19,85936291$ m $DC_2 = 39,71872582$ m $E_{B_2} = 1\,006,900237$ m $E_{C_2} = 1\,035,280755$ m $N_{B_2} = 5\,034,401429$ m $N_{C_2} = 5\,045,585443$ m	$PH_2 = 5,791365026$ m
3.3 – AB_3	$AB_3 = AB_2 + (PH - PH_2) = 19,89642021$ m $DC_3 = 39,79284042$ m $E_{B_3} = 1\,006,910109$ m $E_{C_3} = 1\,035,288948$ m $N_{B_3} = 5\,034,437147$ m $N_{C_3} = 5\,045,659104$ m	$PH_3 = 5,834325684$ m
3.4 – AB_4	$AB_4 = AB_3 + (PH - PH_3) = 19,89051685$ m $DC_4 = 39,7810337$ m $E_{B_4} = 1\,006,908537$ m $E_{C_4} = 1\,035,287643$ m $N_{B_4} = 5\,034,431457$ m $N_{C_4} = 5\,045,647369$ m	$PH_4 = 5,827486321$ m
3.5 – AB_5	$AB_5 = AB_4 + (PH - PH_4) = 19,89145285$ m	x = AB = <u>19,891 m</u>
4 – <u>Coordonnées de B et C</u>	Conversions P $\rightarrow$ R $\overrightarrow{AB}$ $\overrightarrow{DC}$ $E_B = 1\,006,908752$ m $E_C = 1\,035,287822$ m $N_B = 5\,034,432236$ m $N_C = 5\,045,648976$ m	$E_B = $ <u>1 006,91 m</u> $N_B = $ <u>5 034,43 m</u> $E_C = $ <u>1 035,29 m</u> $N_C = $ <u>5 045,65 m</u>
5 – <u>Cotes périmétriques</u>	Conversions R $\rightarrow$ P AB = 19,89132491 m BC = 30,51535466 m CD = 39,78265043 m $G_{DE} = 336,3913226$ gon $G_{EA} = 309,3921764$ gon DE = 11,53351316 m EA = 19,79543104 m	AB = <u>19,89 m</u> BC = <u>30,52 m</u> CD = <u>39,78 m</u> DE = <u>11,53 m</u> EA = <u>19,80 m</u>
6 – <u>Superficies</u>	$S = \dfrac{1}{2} \sum_{i-1}^{n} E_i\,(N_{i-1} - N_{i+1}) = 794,3276235$ m^2	S = <u>794,3276 m^2</u>
7 – <u>Implantation R T U</u>		
7.1 – Coordonnées de R et U	Conversions P $\rightarrow$ R $\overrightarrow{AR}$ $\overrightarrow{DU}$	$E_R = 1\,001,02168$ m $N_R = 5\,011,303194$ m $E_U = 1\,029,266936$ m $N_U = 5\,003,587104$ m
7.2 – Coordonnées de T	Intersection depuis R et U	$E_T = 1\,022,154001$ m $N_T = 5\,008,162683$ m
7.3 – $\begin{cases} G \\ D \end{cases}$	Conversions R $\rightarrow$ P $\overrightarrow{Si}$ $G_{SR} = 266,9025688$ gon $G_{ST} = 185,0108293$ gon SR = 20,64626506 m ST = 13,7774419 m	$G_{SU} = 166,7989111$ gon SU = 20,72849724 m
7.4 – Lectures et distances horizontales d'implantation	$L = G - G_0$ $L_R = 278,9705688$ gon $L_T = 197,0788293$ gon $L_U = 178,8669111$ gon	$L_R = $ <u>278,971 gon</u> SR = <u>20,646 m</u> $L_T = $ <u>197,079 gon</u> ST = <u>13,777 m</u> $L_U = $ <u>178,867 gon</u> SU = <u>20,728 m</u>

Chapitre 10

Dessins et plans

10.1 Dessins

10.1.1 Minutes et calques

En topographie, on appelle *plan graphique* le document dessiné manuellement à partir du croquis et du carnet de terrain, appuyé parfois sur les résultats de quelques calculs simples ; selon l'échelle, un même objet est représenté par son pourtour, un symbole ou une icône (fig. 10.1).

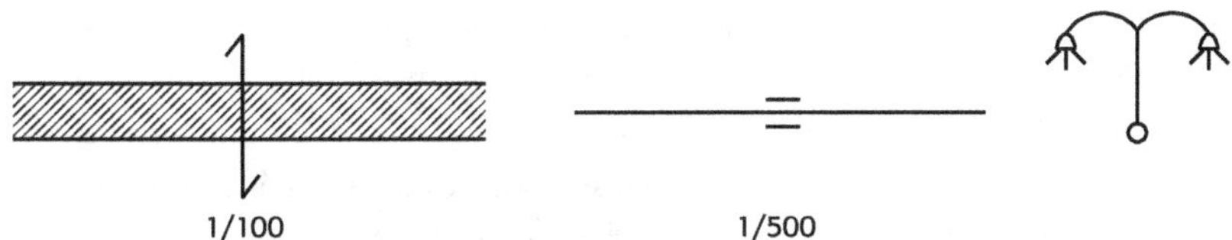

Figure 10.1. Pourtour, symbole, icône

Les mesures d'exploitation sont essentiellement des mesures de longueur, dont la précision maximale espérée est égale à 0,1 mm. Cette servitude de la précision graphique, dont la conséquence est fonction de l'échelle du plan, conduit à réaliser :

– d'abord, le *report de la minute* c'est-à-dire de l'original destiné à être conservé, établi sur un support aussi insensible que possible aux variations hygrométriques : papier dessin opaque de force 160 ou 200 g/m^2 ou mieux film polyester, en feuilles ou rouleau ; dessin généralement limité au tracé à l'encre, sans écritures ni habillages ;

— ensuite, le *calque* de cette minute sur papier translucide de force 90 ou 120 en feuilles ou rouleau, très instable dans le temps, plus pratique pour l'exécution du tracé que le film polyester et beaucoup moins onéreux ; calque et film permettent tous deux une reproduction économique par tirage héliographique. Le trait est complété par quelques cotes, les écritures, l'habillage, les hachures, la flèche nord, etc., le tout exécuté avec le soin qui caractérise la facture des plans topographiques.

Le report à l'échelle, avec un piquoir et une mine de crayon très dure 6H ou 7H soigneusement épointée, nécessite un minimum de matériel :

— une grande règle plate et des équerres à 45° et 60° ;

— des échelles de réduction, souvent appelées kutschs, échelles à traits 1/1 ou triple décimètre, 1/200 et 1/500 le plus souvent. Une échelle est d'ailleurs utilisable pour toute échelle 1/E dont le dénominateur est multiplié ou divisé par une puissance entière de 10 ; il suffit de la « lire » en multipliant ou divisant mentalement la valeur d'échelon par la puissance de 10 adéquate (fig. 10.2) ;

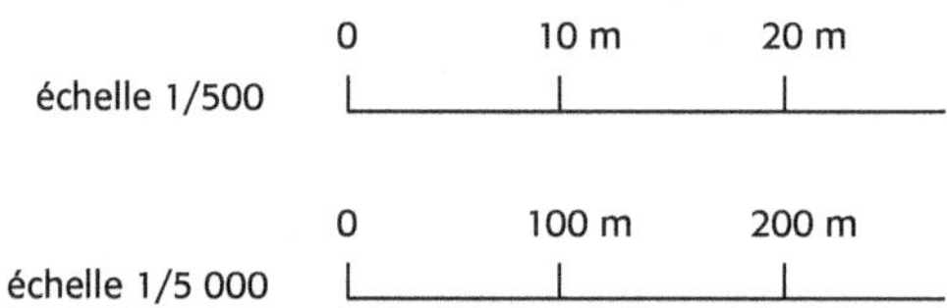

Figure 10.2. Échelles à trait

— un rapporteur circulaire en grades ;

— compas divers et, pour les courbes non circulaires, gabarits, pistolets, règles souples ;

— petit matériel : gomme douce blanche, affûtoir, etc.

Le tracé à l'encre de chine noire, rarement de couleur, est fait le plus souvent avec des plumes tubulaires, les jeunes dessinateurs considérant le tire-ligne comme obsolète ; balustre à pompe pour les petits cercles : bornes ou repères par exemple.

Les écritures, en caractères plus ou moins normalisés, sont exécutées généralement à l'aide d'instruments mécaniques programmables de type Scriber, de plaques trace-lettres ou planches transferts ; hachurateurs et trames diverses pour l'habillage.

10.1.2 Reports par multilatération

Plans d'intérieurs ; échelles 1/50 et 1/100

Lorsque la construction a plusieurs étages, dessiner en premier lieu le plan du rez-de-chaussée en ne se fiant qu'aux cotes mesurées et non à des impressions ou des suppositions sur ce qui « devrait être » ; pratiquement, dans un bâtiment, il n'y a pas de lignes droites, pas de parallèles, pas d'angles droits et pas d'axes qui se superposent exactement.

Si le levé s'appuie sur un levé de masse, dessiner d'abord celui-ci, puis reporter les ouvertures dans les murs des façades : portes, fenêtres, etc. ; à partir de celles-ci mettre en place les murs de refend. Il est rare, surtout dans les constructions irrégulières, que le report établi de proche en proche cadre immédiatement avec le périmètre relevé de l'extérieur, les petits écarts dus aux erreurs graphiques s'accumulant et amenant des déformations visibles que le levé de masse a précisément pour but de corriger ; le dessinateur doit alors revenir sur l'ensemble du report des détails, parfois à plusieurs reprises, en établissant les ajustements nécessaires dans le cadre du périmètre extérieur.

Les grandes lignes du report étant fixées, mettre en place les détails secondaires : cheminées, cloisons, etc. n'ayant pas contribué à la mise en place de l'ensemble.

S'il n'y a pas de levé de masse, reporter d'abord la ligne de base ou le mur rectiligne qui tient lieu de canevas, puis procéder de proche en proche comme indiqué précédemment, en allant toujours de l'ensemble au détail.

Il peut arriver qu'un mur n'ait pas la même épaisseur sur toute sa longueur, soit par suite de décrochements, soit, ce qui est plus difficile à déceler, par suite du non-parallélisme de ses faces. Ces anomalies dans la construction se rencontrent le plus souvent dans les vieux bâtiments qui ont subi des transformations successives, mais peuvent se rencontrer également dans des édifices neufs, lorsque le constructeur a voulu masquer le coude d'un mur de limite au milieu d'une pièce ou équarrir une pièce située le long d'un mur oblique par exemple. Ces anomalies ou ces artifices de construction passent le plus souvent inaperçus au cours du levé et ne sont révélés qu'au moment de la mise à l'échelle ; toutefois, le dessinateur, en présence d'un cas semblable, ne doit pas se hâter de conclure à une anomalie de la construction avant de s'être assuré qu'elle ne provient pas d'une cote fausse ou mal interprétée. En dehors de ces anomalies importantes, il est fréquent, et pour ainsi dire normal, de trouver en différents points d'un même mur des différences d'épaisseurs de plusieurs centimètres.

Les points levés par deux distances sont reportés sans compas, avec une échelle de réduction, en deux ou trois approximations successives, en assimilant les arcs de cercle à leurs tangentes (fig. 10.3).

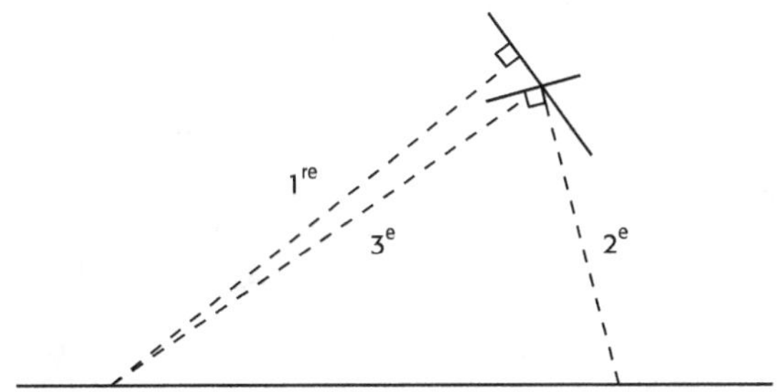

Figure 10.3. Report par approximations successives

Dessiner les plans des étages successifs à partir du plan des gros murs et des points fixes du rez-de-chaussée, reproduit sur calque ou sur papier à dessin à la table lumineuse, ainsi que des aplombs faits sur les murs des façades.

Plans de propriétés, corps de rue, etc. ; échelles 1/100, 1/200, 1/500

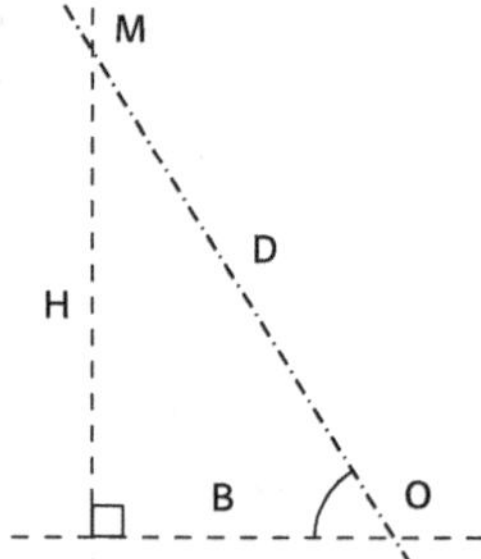

Figure 10.4. Tracé précis d'une grande longueur

Si les lignes d'opération forment un angle $\hat{O}$ quelconque (fig. 10.4), la projection B d'une longueur D la plus grande possible donne : $B = D \cdot \cos \hat{O}$ et $H = D \cdot \sin \hat{O}$, le point M étant reporté avec précision par abscisse et ordonnée, cette dernière tracée au compas par exemple, puis contrôlée par la distance D ; le rapporteur ne sert qu'à un éventuel contrôle supplémentaire a posteriori.

Les points levés par abscisses et ordonnées sur une ligne d'opération sont mis en place à l'aide d'une équerre coulissant le long d'une règle.

Les points de détail multilatérés sont reportés avec l'échelle de réduction, par approximations successives.

Les cotes et ordonnées des points inaccessibles, tels les axes des murs mitoyens, proviennent de l'évaluation des appoints par agrandissements graphiques.

Un agrandissement graphique est une homothétie, à une échelle comprise entre 1/5 et 1/50, établie à l'aide de parallèles et perpendiculaires, à partir d'un point levé (fig. 10.5) ; son efficacité dépend directement de la précision du report.

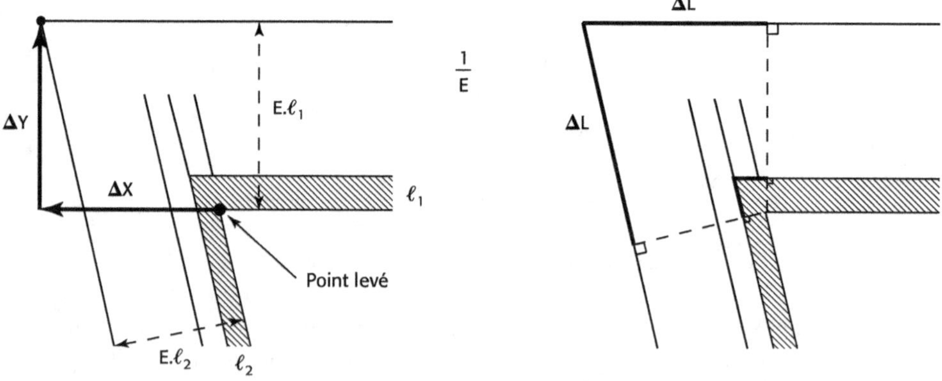

Figure 10.5. Appoints, en coordonnées et en longueurs

10.1.3 Quadrillage et points connus en coordonnées ; échelles 1/100 à 1/5 000

Établissement d'un quadrillage rectangulaire

Les points connus en coordonnées rectangulaires sont reportés par rapport à un quadrillage, le plus souvent décimétrique, établi de différentes manières.

Diagonales égales

En fonction du report, du format et de la disposition d'ensemble, tracer sommairement à la règle et à l'équerre un rectangle ABCD (fig. 10.6) englobant tous les points levés et tel que AB soit parallèle à l'axe des abscisses.

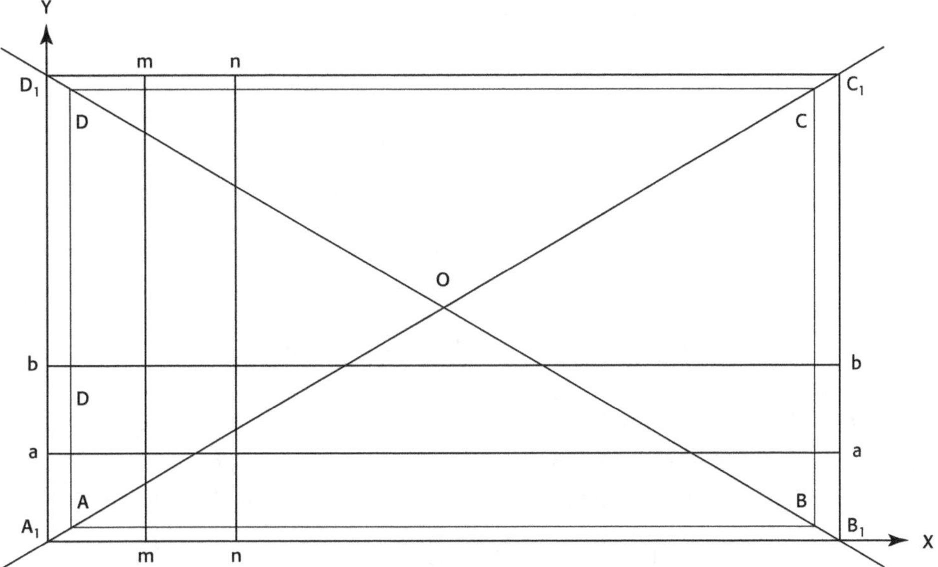

Figure 10.6. Tracé d'un rectangle par diagonales égales

Par le point de concours O des diagonales, reporter avec précision quatre longueurs égales $OA_1 = OB_1 = OC_1 = OD_1$ qui donnent un rectangle parfait $A_1B_1C_1D_1$, intérieur ou extérieur mais très voisin de ABCD.

Le quadrillage décimétrique s'obtient à partir du rectangle parfait $A_1B_1C_1D_1$ en reportant :

$A_1a = ab = \ldots = B_1a = ab = \ldots = A_1m = mn = \ldots = D_1m = mn = \ldots = 10$ cm, puis en joignant à la règle les points correspondants : aa, bb, …, mm, nn, etc.

Plaque à quadriller

En alliage pratiquement insensible aux variations de température, elle permet, à l'aide d'un piquoir spécial, de matérialiser les sommets du quadrillage avec une précision de 0,05 mm, sur un format « Grand Aigle » 105 × 75 cm.

Coordinatographes rectangulaires

Le piquoir coulisse sur le bras des ordonnées, lequel se déplace le long de la règle des abscisses ancrée à la feuille de plan ; surface couverte 70 × 30 cm environ. Les coordinatographes de table, avec pont et chariot, sont désormais mis en œuvre en infographie (§ 10.2.2).

Le tracé du quadrillage à l'encre est généralement limité à des croix de 1 cm placées à chaque coin, complétées par des amorces de 0,5 cm sur les bords du cadre.

Points connus en coordonnées rectangulaires

Avec une règle et une échelle de réduction, reporter deux fois les appoints ΔX et ΔY qui séparent le point des axes encadrants du quadrillage (fig. 10.7), puis tracer l'intersection des droites perpendiculaires.

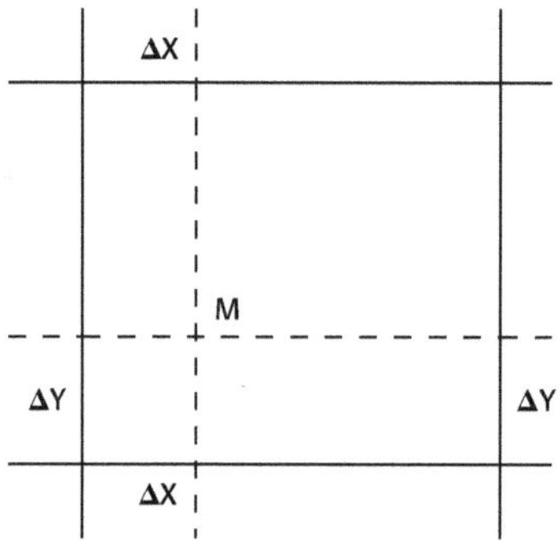

Figure 10.7. Report d'un point en coordonnées rectangulaires

Points connus en coordonnées polaires

Les points levés par rayonnement depuis une station reportée par ses coordonnées rectangulaires, sommet de cheminement polygonal par exemple, sont mis en place de deux manières.

Rapporteur circulaire et échelle de réduction (fig. 10.8)

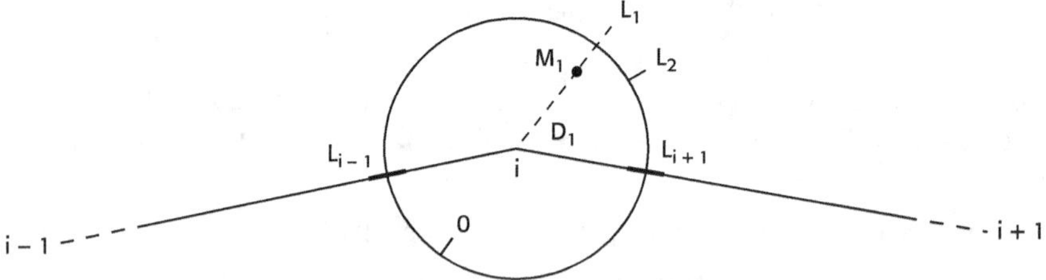

Figure 10.8. Rapporteur circulaire et échelle de réduction

Centrer le rapporteur sur le sommet i et l'orienter de manière à lire les lectures faites sur les sommets encadrants i − 1 et i + 1, autrement dit comme était le cercle horizontal du théodolite ou du tachéomètre sur le terrain. Marquer sur le pourtour les lectures L_1, L_2, etc. faites sur les points de détail, puis reporter les distances D_1, D_2, etc. à partir de i avec une échelle de réduction.

Tracé limité à un petit nombre de points et à des distances à l'échelle de préférence inférieures au rayon du rapporteur, lequel atteint rarement 15 cm.

Rapporteurs tachéométriques et coordinatographes polaires

Report plus rapide, résultat de qualité variable ; ils ne sont plus fabriqués.

10.1.4 Dessin des courbes de niveau

En premier lieu reporter les points cotés et tracer les lignes caractéristiques : crêtes, thalwegs, changements de pente, croupes.

La détermination des courbes de niveau est faite ensuite par couples de points cotés, *un couple étant situé sensiblement sur la même ligne de plus grande pente.*

Les couples sont repérés selon le chevelu sur les versants, les directions des lignes de plus grande pente de ceux-ci étant déterminées approximativement par tracé préalable à l'estime de quelques courbes judicieusement choisies.

Pour interpoler les *points de passage* des courbes entre deux points cotés, utiliser au choix :

– le calcul (fig. 10.9) :

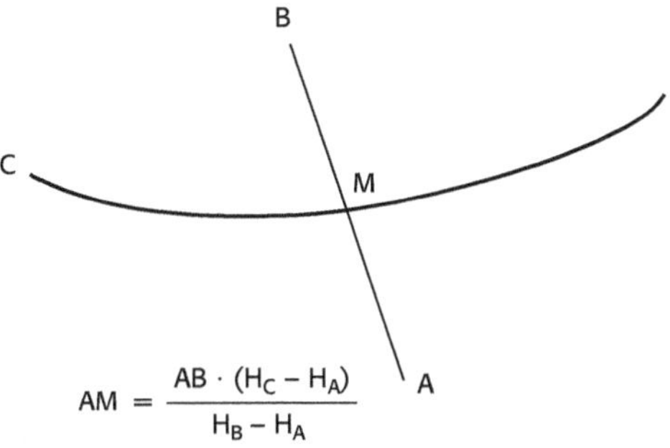

$$AM = \frac{AB \cdot (H_C - H_A)}{H_B - H_A}$$

Figure 10.9. Point de passage interpolé

– l'isographe (fig. 10.10) :

Papier calque sur lequel sont tracées des lignes parallèles à écartement arbitraire mais constant, que l'on cote à la demande ou par la pensée avec un peu d'habitude.

A et B étant placés à vue entre les lignes adéquates, piquer les points de passage M, N, P, Q, justifiés immédiatement par les propriétés des triangles semblables ;

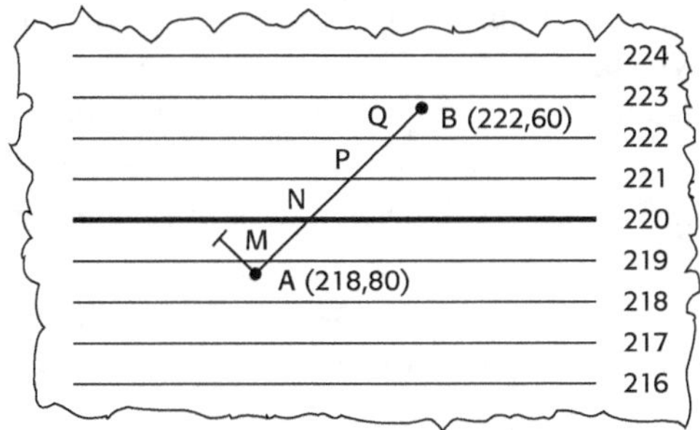

Figure 10.10. Isographe

– un interpolateur : petit appareil constitué d'une règle et d'une réglette articulée indépendante, qui s'utilise un peu comme l'isographe.

Pour chaque courbe, n'interpoler que les points strictement nécessaires, leur multiplication inconsidérée conduisant au dessin de courbes très sinueuses sans signification géomorphologique.

Après interpolation *lisser l'ensemble des courbes,* autrement dit les ajuster globalement de manière à donner une représentation cohérente du modelé naturel ; au cours de cette phase, privilégier le passage des lignes caractéristiques (fig. 10.11).

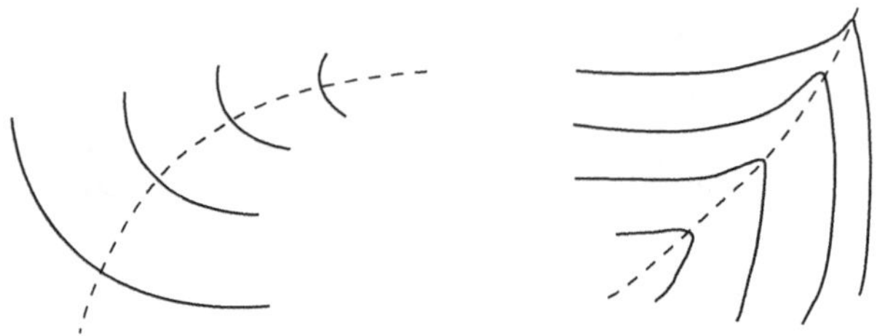

Figure 10.11. Crête et thalweg en courbes de niveau

Si l'écart entre deux courbes excède deux centimètres environ sur le plan, dessiner une courbe intermédiaire.

10.1.5 Profils

Qu'il s'agisse d'aménager un itinéraire existant, ou de créer un tracé nouveau, le projeteur conduit une étude globale en établissant trois catégories de dessins interdépendants : le tracé en plan, le profil en long et les profils en travers.

10.1.5.1 Tracé en plan

Tracé de l'axe

Le tracé de l'axe consiste à relier les points de passage obligé par des sections rectilignes, appelées fréquemment « alignements droits », et des arcs de cercle ou « alignements circulaires », raccordés par des courbes à courbure progressive qui sont le plus souvent des arcs de clothoïdes ; les rayons des virages, qui traduisent principalement des objectifs de confort et de sécurité, varient suivant la catégorie de route et la présence ou non de dévers.

La *distance de visibilité* est celle qui permet à deux véhicules venant l'un vers l'autre de freiner et de s'arrêter sans se heurter. Elle est donc égale à la somme des distances de freinage de chaque véhicule.

La *distance de freinage* d'un véhicule roulant à une certaine vitesse est celle qui lui est nécessaire pour s'arrêter ; elle est variable suivant l'état du véhicule, de la chaussée et la valeur des réflexes du conducteur.

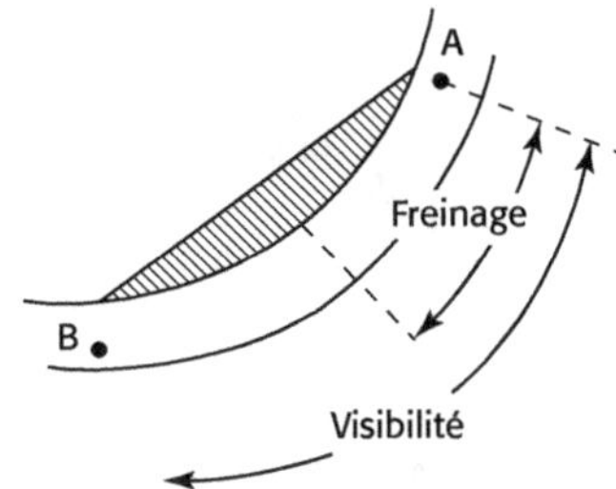

Figure 10.12. Distances de freinage et de visibilité

Le véhicule circulant à l'intérieur d'un virage doit apercevoir toute la largeur de la chaussée sur une distance égale au double de la distance de freinage (fig. 10.12), ce qui conduit à supprimer tous les masques éventuels : végétations, talus, etc.

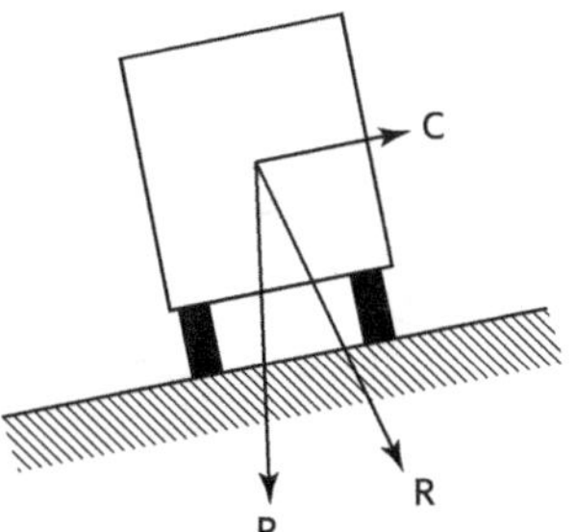

Figure 10.13. Dévers

Dans un virage, un véhicule est soumis à une force résultante R composée par son poids P et par la force centrifuge C (fig. 10.13). La résultante doit passer à l'intérieur du polygone formé par les roues et on cherche dans toute la mesure du possible à la rendre perpendiculaire à la chaussée, ce qui amène à incliner transversalement celle-ci, autrement dit à créer un certain *dévers* ; le dévers s'exprime le plus souvent en « pour cent » ; on le limite à 7 % maximum à cause du verglas notamment.

Selon le rayon on est parfois amené à donner une *surlargeur dans les virages,* qui peut être appliquée entièrement à l'intérieur ou à l'extérieur du virage ou encore répartie sur les deux côtés ; le raccordement entre la partie normale et la partie élargie est soit une droite, soit une courbe à courbure progressive.

Talus

Pour adapter le tracé en plan au relief il faut modifier celui-ci par des *terrassements* constitués de *remblais* et de *déblais*.

Le remblai consiste à rapporter des terres ou des matériaux, le déblai à en enlever. On appelle *terrain naturel* (TN) le relief existant et *forme* le sol après terrassements.

La forme est raccordée au TN par des talus, plans inclinés dont l'inclinaison varie avec la cohésion du sol ; les talus très hauts sont habituellement fractionnés par des plates-formes horizontales appelées *bermes*.

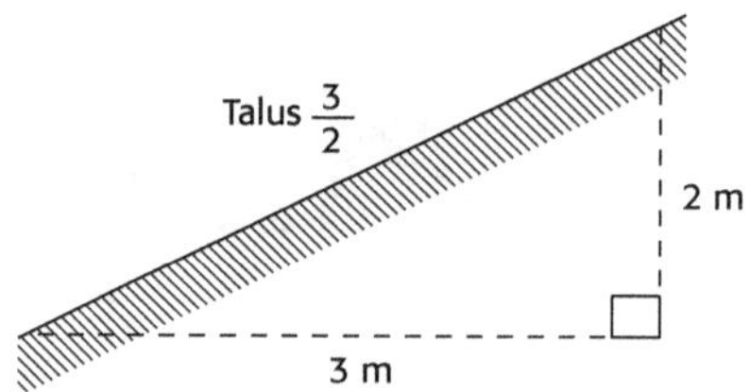

Figure 10.14. Inclinaison d'un talus

L'inclinaison d'un talus s'exprime généralement par une fraction ayant pour numérateur la base horizontale et pour dénominateur la hauteur (fig. 10.14) ; c'est l'inverse de la pente. Les inclinaisons usuelles valent 3/2 en remblai, 1/4 dans le déblai de rocher et 5/4 dans les bonnes terres.

La ligne suivant laquelle un talus se raccorde au TN est appelée *pied* en remblai et *crête* en déblai.

Fossés

Les fossés, creusés dans le TN, évacuent les eaux, ce qui implique qu'ils ont toujours une pente ; en déblai, un fossé est indispensable (fig. 10.15).

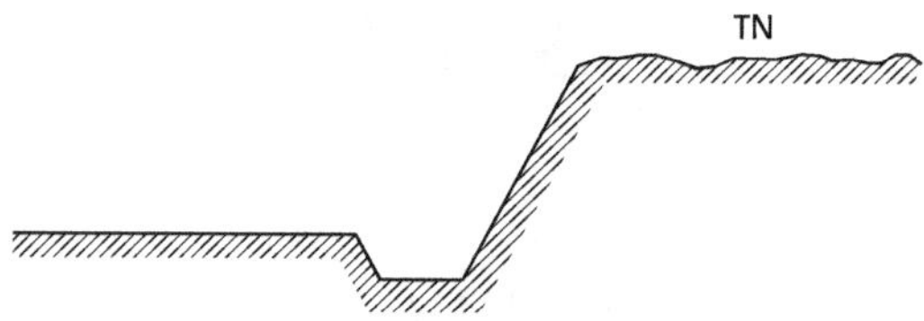

Figure 10.15. Fossé de déblai

En remblai, un fossé n'est nécessaire que si l'eau du TN ruisselle sur l'ouvrage (fig. 10.16)

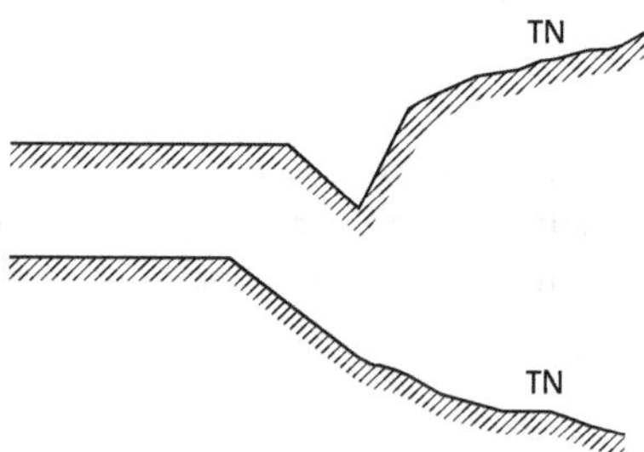

Figure 10.16. Fossé ou non

Un fossé placé en haut d'un talus de déblai pour éviter le ravinement est appelé fossé de crête ou fossé de garde.

Le *profil en travers*, coupe verticale perpendiculaire à l'axe du tracé (fig. 10.17), comprend les éléments suivants :

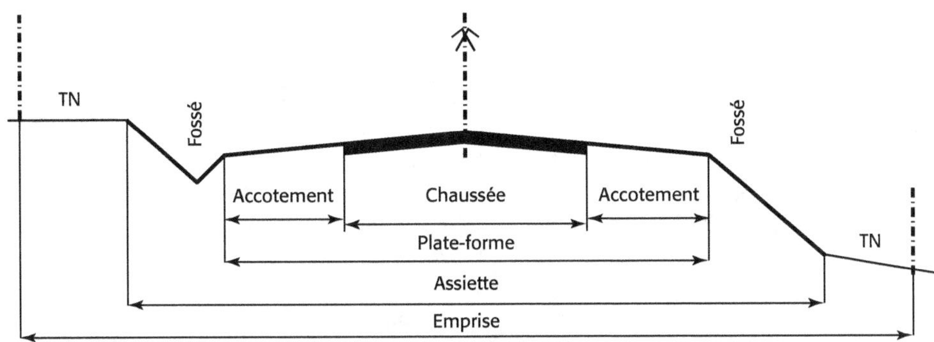

Figure 10.17. Éléments d'un profil en travers

- la *chaussée* est la partie de la route où circulent les véhicules sur une ou plusieurs *voies* ;
- les *accotements* bordent la chaussée, reçoivent la signalisation, les matériaux d'entretien et permettent un stationnement occasionnel ; les accotements dérasés ne présentent aucune différence de niveau avec la chaussée ;
- la *plate-forme* est la largeur totale de la chaussée et des accotements ;
- l'*assiette* est la largeur de la plate-forme augmentée des fossés et talus ; c'est la largeur minimale de terrain nécessaire à la réalisation du projet ;
- l'*emprise* est la largeur totale du terrain sur lequel est construite la route, donc au moins égale à l'assiette ; elle permet de calculer les superficies à acquérir.

Présentation

Sur un fond de plan topographique à l'échelle 1/500, 1/1 000 ou 1/2 000 le plus souvent, reporter à partir de l'axe du tracé les éléments de superstructure : plate-forme, fossés, talus, etc., à l'aide des profils en travers ; préciser l'emprise lorsqu'elle diffère de l'assiette.

Noter les éléments géométriques de l'axe : rayons et développements des courbes, angles et longueurs des tangentes, etc. nécessaires à son implantation.

Repérer les distances de l'axe par rapport à l'origine du tracé et aux Points Kilométriques (PK).

Indiquer les points caractéristiques du profil en long ainsi que les profils en travers.

Les ouvrages d'art, ponceaux, aqueducs, etc. sont représentés sous une forme simplifiée, leur axe portant la désignation sommaire de l'ouvrage que l'on retrouve sur le profil en long.

Indiquer par des flèches le sens d'écoulement de l'eau dans les fossés, ainsi que le chemin de ruissellement théorique de l'eau débouchant des fossés.

Enfin, reporter de manière schématique les remblais et déblais avec leurs lignes de passage, réalisant ainsi un véritable plan des terrassements (fig. 10.18), ceux-ci pouvant d'ailleurs être visualisés davantage en teintant les remblais en rose et les déblais en jaune ; le projet est tracé en rouge.

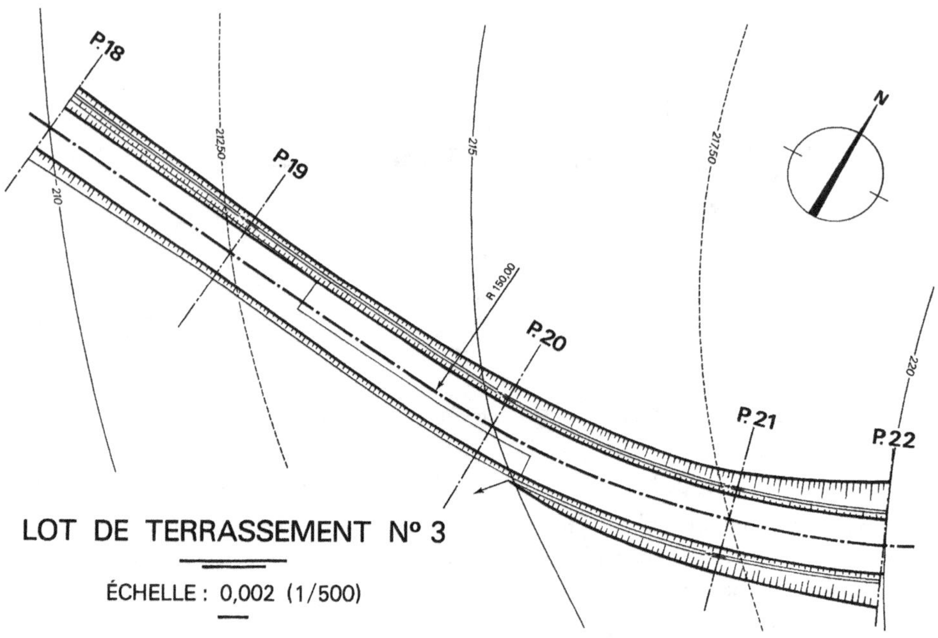

Figure 10.18. Tracé en plan

10.1.5.2 Profil en long

C'est une *coupe verticale du TN et du projet* faite suivant l'axe du tracé, avec lequel il est établi conjointement (fig. 10.19) ; il autorise le dessin ultérieur des profils en travers et la cubature des terrassements.

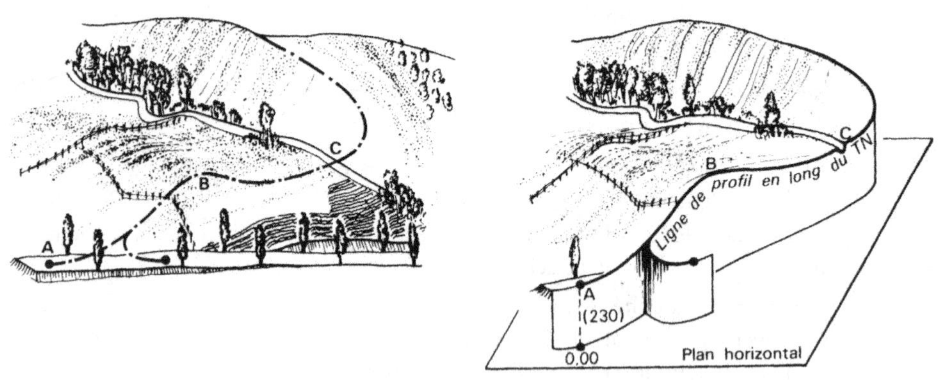

Figure 10.19. Profil en long

Dans un premier temps, dessiner d'abord le profil en long du TN ; pour l'avant-projet les distances sont mesurées sur le plan et les altitudes calculées à l'aide des courbes de niveau.

Dans un deuxième temps, sur le profil en long du TN, à partir des mêmes éléments de référence en planimétrie et altimétrie, dessiner et calculer le profil en long du projet conditionné par le TN et par les obligations techniques : déclivités maximales, gabarits, etc.

En pratique, on reporte les dénivelées, ou hauteurs, à une échelle plus grande que celle utilisée pour les longueurs de manière à faire apparaître au mieux le relief en l'exagérant.

En définitive, un profil en long est un graphique sur lequel les points de TN et de projet de l'axe du tracé sont reportés :

— en abscisses par leurs distances horizontales ;

— en ordonnées par leurs dénivelées depuis une horizontale de référence.

Les points successifs du TN d'une part, ceux du projet d'autre part, sont reliés par des droites puisque la pente entre deux points consécutifs est supposée constante, tous les points d'inflexion devant être figurés.

Ces deux lignes constituent respectivement :

— la ligne de profil en long du TN, dessinée en trait noir moyen ;

— la ligne de profil en long du projet, dessinée en trait rouge épais (fig. 10.20).

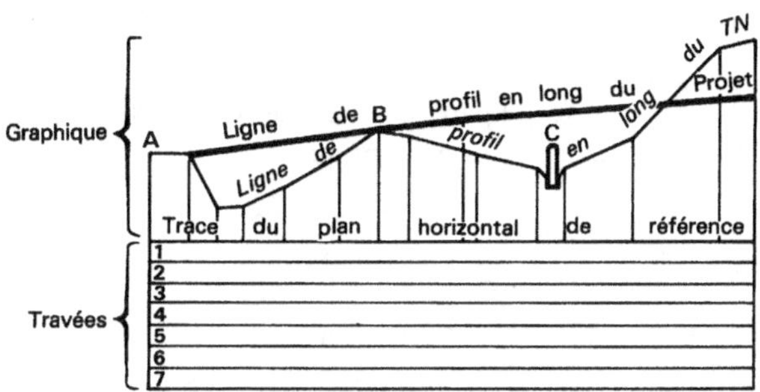

Figure 10.20. Graphique et travées du profil en long

D'ailleurs, d'une manière générale en travaux publics, pour tous les documents dessinés sur papier dessin :

— ce qui se rapporte à la situation existante (TN) se dessine en noir, cotes et écritures penchées ;

— ce qui se rapporte au projet se dessine en rouge, cotes et écritures droites.

Pour les dessins sur papier calque destinés au tirage héliographique, tout en noir, respecter les caractères penchés et droits.

Le graphique est complété par des renseignements numériques, portés pour l'essentiel en dessous de l'horizontale de référence dans des travées, dont le nombre et le contenu varient suivant les besoins.

Le profil en long s'oriente de la gauche vers la droite, son origine et son extrémité étant les mêmes que celles du plan.

En parcourant le profil en long de la gauche vers la droite, autrement dit de l'origine vers l'extrémité, les déclivités se classent en trois catégories : rampes, pentes, paliers.

Une *rampe* est une déclivité que l'on parcourt en montant.

Une *pente* est une déclivité que l'on parcourt en descendant, bien que le mot pente s'utilise d'une manière très générale pour toutes les déclivités ; pentes et rampes n'excèdent pas 7 %, sauf exception.

Un *palier* correspond à un parcours horizontal.

Par suite on appelle :

– *point haut*, le sommet situé à la fin d'une rampe et au début de la pente suivante ;
– *point bas*, le creux situé à la fin d'une pente et au début de la rampe suivante ; c'est le point où se rassemblent les eaux de ruissellement qu'il faut évacuer.

Au sommet d'une côte le conducteur doit apercevoir une voiture venant à sa rencontre et pouvoir s'arrêter devant un obstacle de hauteur négligeable (fig. 10.21) ; on admet que l'œil du conducteur est à 1 m au-dessus de la chaussée.

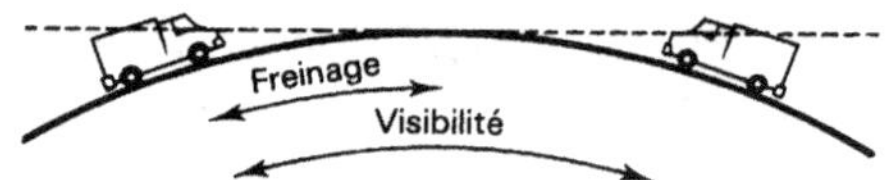

Figure 10.21. Distances de freinage et de visibilité du profil en long

En pratique, pour accroître le confort du parcours, les montées et les descentes sont reliées par des courbes de raccordement circulaires ou paraboliques.

Échelles

Un profil en long a toujours deux échelles :

– l'échelle des distances, c'est-à-dire des abscisses, qui est systématiquement celle du plan ;
– l'échelle des hauteurs, c'est-à-dire des ordonnées, qui est cinq ou dix fois plus grande que la précédente.

La déformation est fonction de l'échelle des longueurs mais également de la hauteur totale du profil, que l'on s'efforce de faire tenir en entier sur une bande papier de 297 mm de haut, pliée ensuite au format A4 : 210 × 297 mm.

Indiquer toujours les deux échelles d'un profil en long.

Horizontale de référence

Affecter à l'horizontale supérieure des travées une altitude ronde, multiple de cinq ou dix mètres, choisie de telle manière que le graphique TN et projet tienne entièrement dans la hauteur comprise entre l'horizontale de référence et le cadre supérieur de la feuille.

Si, entre les points les plus bas et les plus hauts du TN ou du projet, la dénivelée est trop importante, changer l'altitude de l'horizontale de référence en décalant le graphique en hauteur (fig. 10.22).

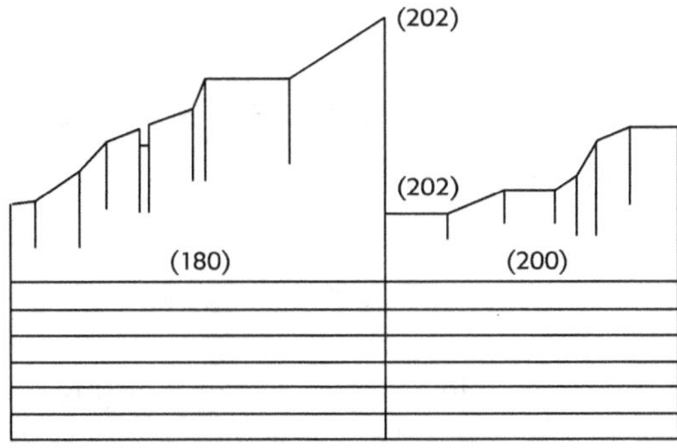

Figure 10.22. Changement d'horizontale de référence

Présentation

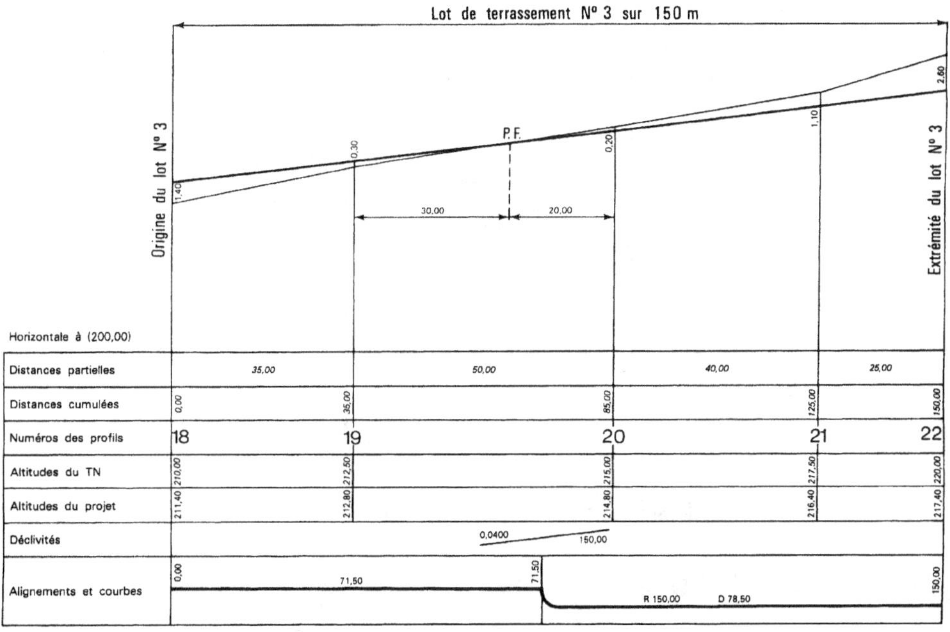

Figure 10.23. Présentation du profil en long

Le profil en long de la figure 10.23, qui est celui de l'axe du tracé en plan du paragraphe 10.1.5.1 (fig. 10.18), amène les remarques suivantes :

- la troisième travée peut également comporter les sondages, points particuliers, etc. ;
- les déclivités du projet figurent en représentation conventionnelle, laquelle indique la pente, la distance à laquelle elle s'applique et le sens de la déclivité : rampe ou pente suivant que le trait monte ou descend de la gauche vers la droite ;
- la septième travée schématise le tracé de l'axe (fig. 10.24).

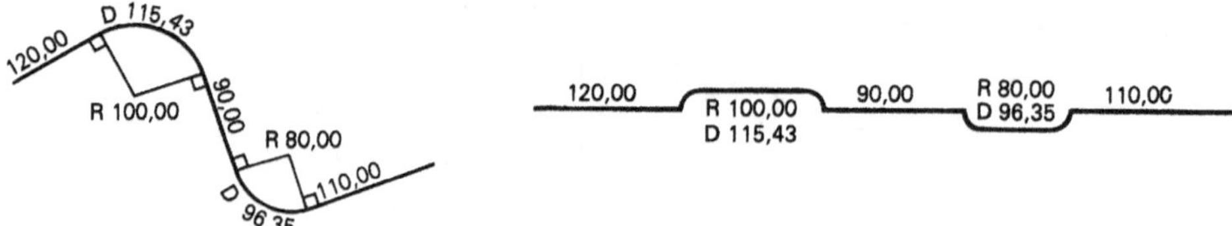

Figure 10.24. Schématisation du tracé de l'axe

Un point de passage étant le point d'intersection des lignes de projet et de TN, on suppose qu'à ce point correspond un profil en travers de surface nulle appelé profil fictif (PF). Si l'altitude du profil fictif n'a pas lieu d'être déterminée, par contre sa position planimétrique par rapport aux deux profils en travers encadrants est utile pour la cubature des terrassements ; elle se détermine aisément.

Exemple

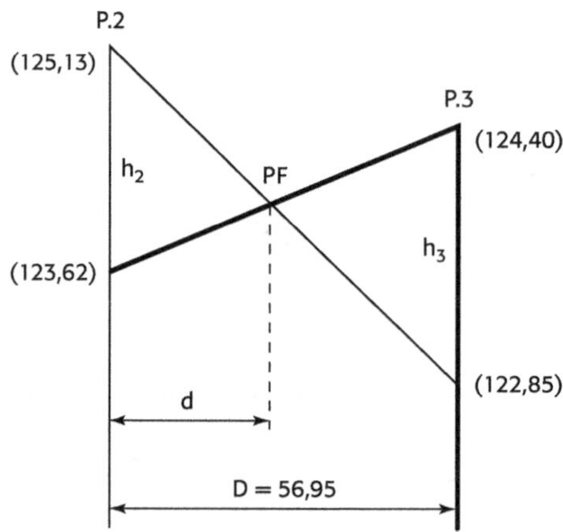

Figure 10.25. Position planimétrique du profil fictif

$$\frac{d}{h_2} = \frac{D-d}{h_3} = \frac{D}{h_2+h_3} \;\Rightarrow\; d = \frac{h_2 \cdot D}{h_2+h_3} \quad (\text{fig. } 10.25)$$

$$h_2 = 125,13 - 123,62 = 1,51$$

$$h_3 = 124,40 - 122,85 = 1,55$$

$$d = \frac{1,51 \times 56,95}{1,51 + 1,55} = 28,10 \text{ m}$$

Schématiser les ouvrages d'art à leurs emplacements et inscrire leurs définitions sommaires, que l'on doit retrouver sur le plan.

Teinter les remblais en rose et les déblais en jaune.

10.1.5.3   Profils en travers

Alors que le profil en long est une section longitudinale continue plus ou moins sinueuse du tracé, les profils en travers sont des sections transversales, séparées, rectilignes, du TN et du projet par des plans verticaux perpendiculaires à l'axe (fig. 10.26).

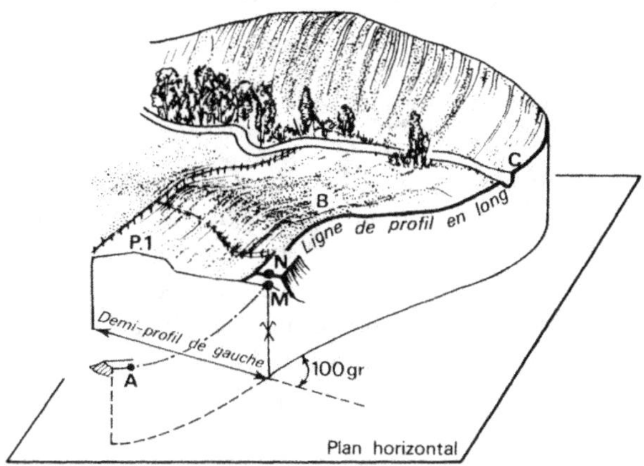

Figure 10.26. Profil en travers

Les profils en travers sont la base indispensable de toute étude de tracé car ils débouchent sur l'établissement du plan, la cubature des terrassements, la fixation de l'assiette et de l'emprise, la détermination des terrains à acquérir.

Reproduits d'abord pour le TN, ensuite pour le projet, d'une manière analogue au profil en long, ils ont l'aspect général de la figure 10.27. Le plan vertical du tracé, qui est l'axe des profils en travers, est dessiné en trait mixte rouge et porte le signe conventionnel de l'axe en élévation : 𝒜 .

Les abscisses sont les distances mesurées horizontalement de part et d'autre de l'axe du tracé et les ordonnées les altitudes comptées à partir d'une horizontale de référence.

Les profils en travers sont en relation étroite avec le profil en long :

– d'une part, à cause de la distance horizontale qui les sépare, appelée *entre-profils*, comptée sur l'axe du tracé et figurant par conséquent au profil en long ;

– d'autre part à cause du *point de TN à l'axe*, M sur la figure 10.26, et du *point de projet à l'axe* N, tous deux cotés en altitude sur le profil en long.

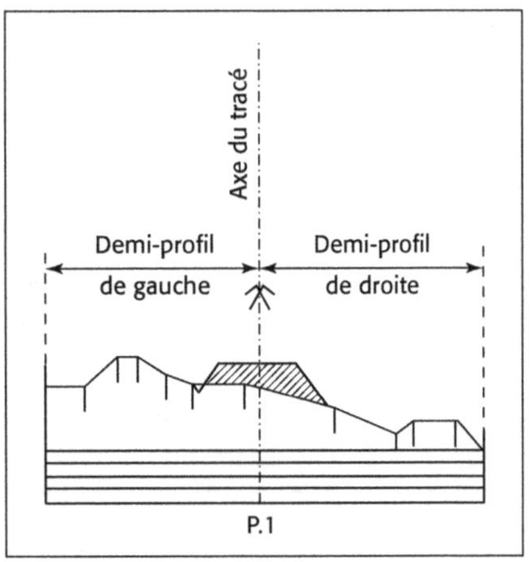

Figure 10.27. Graphique et travées du profil en travers

On distingue trois types de profils en travers suivant les positions respectives du projet et du TN (fig. 10.28).

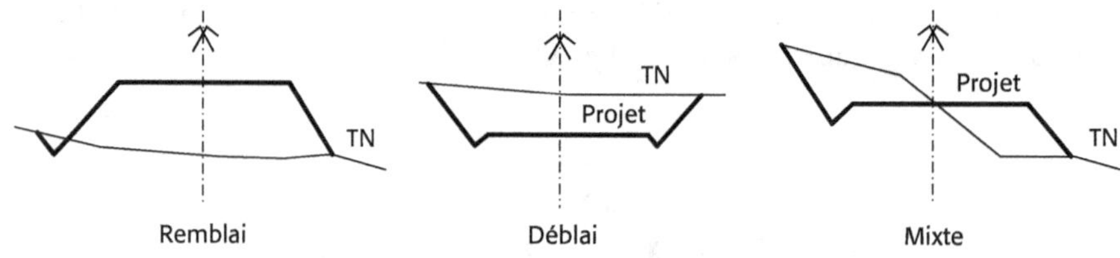

Figure 10.28. Types de profils

Sur le profil en travers de TN, dessiner le profil en travers du projet par application d'un *profil type*. Le ou les profils types d'un même projet figurent en tête du cahier des profils en travers ; ils donnent une coupe transversale théorique de la voie à réaliser.

Les profils en travers sont rabattus vers l'extrémité du tracé, de sorte que la partie gauche ou droite se situe respectivement à gauche ou à droite d'un observateur allant de l'origine vers l'extrémité.

Échelles

Les échelles les plus utilisées sont le 1/100 et le 1/200 ; les profils d'étendue réduite et figurant les maçonneries, égouts, mur de soutènement, etc. peuvent être dressés à l'échelle du 1/50.

Quelle que soit l'échelle utilisée, *les profils en travers ne sont jamais déformés*, c'est-à-dire que l'échelle des hauteurs est la même que celle des longueurs, de façon à permettre :

– le calcul ou la mesure de toute longueur dans toute direction et la conservation des pentes réelles des talus ;
– l'évaluation directe des superficies de déblai et de remblai au planimètre.

Chaque profil en travers étant indépendant, l'altitude de son horizontale de référence est choisie de manière à réduire l'encombrement en hauteur.

Présentation

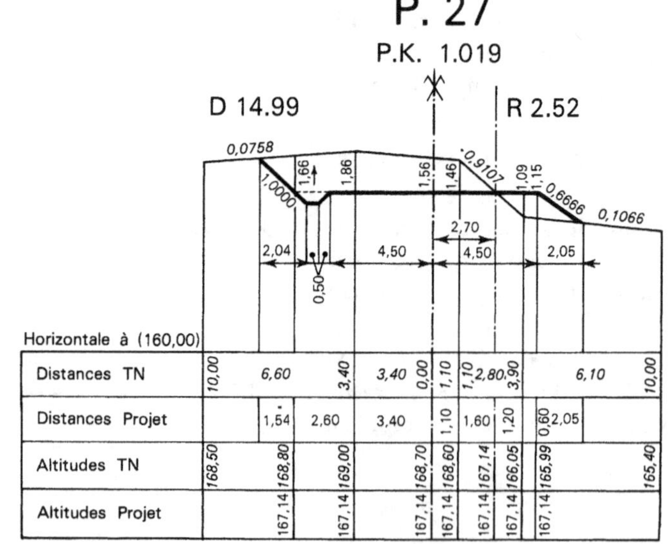

Horizontale à (160,00)										
Distances TN	10,00	6,60	3,40	3,40	0,00	1,10	1,10 2,80 3,90		6,10	10,00
Distances Projet		1,54	2,60	3,40		1,10 1,60	1,20	0,60 2,05		
Altitudes TN	168,50	168,80	169,00	168,70	168,60	167,14	166,05	165,99		165,40
Altitudes Projet		167,14	167,14	167,14	167,14	167,14	167,14	167,14		

Figure 10.29. Présentation du profil en travers

La figure 10.29 fournit un modèle de présentation qui amène les remarques suivantes :

– les conventions de caractères et de teintes sont celles du profil en long ;

– la seconde travée : distances projet, ne comporte que des distances partielles, hauteurs des triangles ou trapèzes des superficies élémentaires de remblai ou de déblai générées par les verticales des points d'inflexion ;

– les fossés, calculés séparément, n'entrent pas dans la décomposition en triangles et trapèzes ;

– les distances entre points d'inflexion du projet figurent à part, sur le graphique, car elles permettent le report sur le plan de la plate-forme, des fossés, des crêtes et pieds de talus.

Dessin

Dessiner d'abord le profil de TN, en reportant en abscisse de part et d'autre de l'axe les distances horizontales, puis en ordonnée, sur les verticales adéquates, les altitudes des points levés.

Sur le profil du TN plaquer ensuite le projet, en reportant d'abord le point de projet à l'axe dont l'altitude est donnée au profil en long.

Le projet étant conditionné par le profil en travers type, dessiner ce dernier sur calque à l'échelle des profils en travers en prolongeant très loin les talus (fig. 10.30), puis appliquer le calque sur le profil en travers considéré en faisant coïncider les points de projet à l'axe et les axes verticaux.

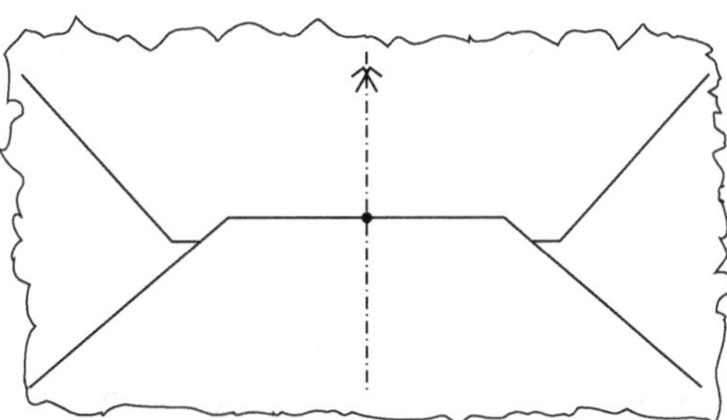

Figure 10.30. Calque de piquetage du profil type de terrassement

Il suffit ensuite de piquer les points d'inflexion du projet ainsi que les intersections des talus et du TN, puis de joindre, pour avoir la ligne de projet.

L'ensemble des profils en travers d'un avant-projet est dessiné sur une bande de papier, pliée en accordéon au format A4 pour former le *cahier des profils en travers*.

Profil type	P.1	P.2
		P.3

Figure 10.31. Cahier des profils en travers

Comme l'indique la figure 10.31 dessiner :

– sur le premier pli, le ou les profils types ;

– sur le second, le premier profil comportant les indications qui définissent le contenu de chaque travée ; si la largeur totale, profil et indications des travées, excède les 210 mm de largeur du pli, disposer le profil transversalement, le bas tourné vers la droite ;

– sur les plis suivants, les profils dans l'ordre de leur succession du haut vers le bas, sans répéter les désignations des travées, mais en indiquant obligatoirement pour chacun l'altitude de son horizontale de référence (fig. 10.32).

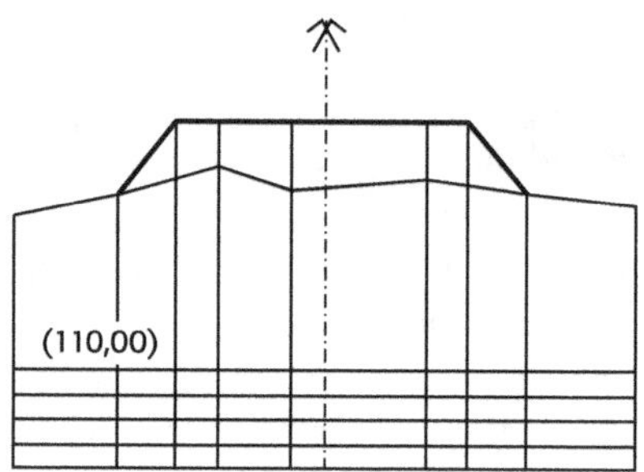

Figure 10.32. Profil en travers sans désignation de travées

Enfin, dessiner au droit de l'axe de chaque fossé une petite flèche, orientée vers le haut ou le bas de la feuille suivant que l'eau coule respectivement vers le profil précédent ou le profil suivant du cahier.

Calculs

– *Décomposition en superficies élémentaires*

Bien que l'application sur le profil en travers de TN d'un calque portant le profil type permette le dessin, il est malgré tout nécessaire de calculer chaque profil en travers dans ses dimensions, afin de pouvoir en déduire les valeurs des superficies de remblai ou de déblai qu'il comporte.

Le profil en travers est destiné, entre autres choses, à permettre le calcul de la superficie comprise entre la ligne rouge du projet et la ligne noire du terrain naturel, afin d'évaluer le cube des terrassements.

Pour cela, décomposer la superficie à calculer en superficies élémentaires : triangles et trapèzes, par des verticales menées de tous les points d'inflexion du TN et du projet, sans tenir compte des fossés dont la section est constante (fig. 10.33).

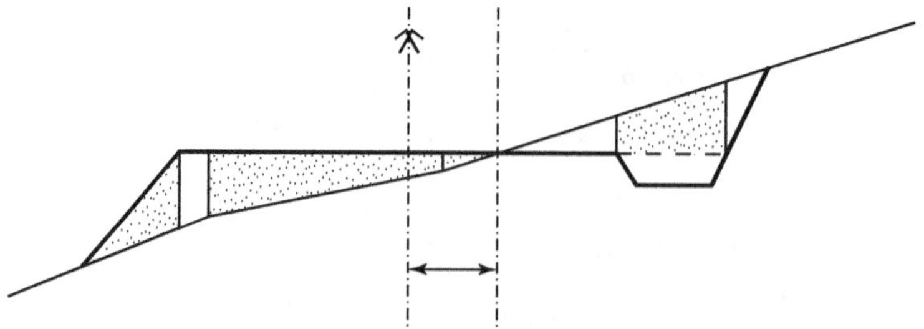

Figure 10.33. Surfaces élémentaires de terrassement

Lorsqu'il existe un ou plusieurs points de passage, intersections du terrain naturel et du projet dans les profils mixtes, les calculer en altitudes et les repérer par leurs distances à l'axe du profil en prévision de la cubature des terrassements.

Les calculs des dimensions se ramènent le plus souvent à trois cas, selon les inclinaisons relatives du TN et du projet :

- TN ou projet horizontal (fig. 10.34) :

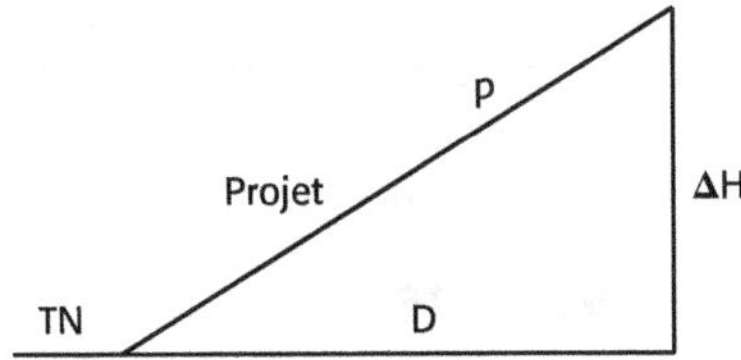

Figure 10.34. TN horizontal

$$D = \frac{|\Delta H|}{p} \; ;$$

- pentes de TN et de projet de même sens (fig. 10.35) :

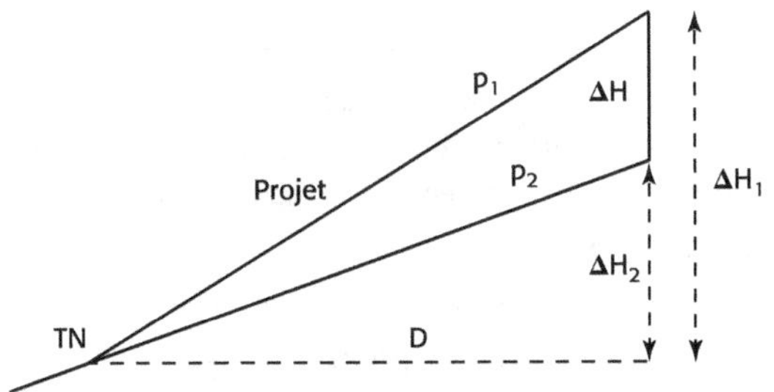

Figure 10.35. Pentes de même sens

$$\left|\Delta H\right| = \left|\Delta H_1\right| - \left|\Delta H_2\right| = p_1 \cdot D - p_2 \cdot D = (p_1 - p_2) \cdot D \Rightarrow D = \frac{|\Delta H|}{p_1 - p_2} \; ;$$

- pentes de TN et de projet de sens contraires (fig. 10.36) :

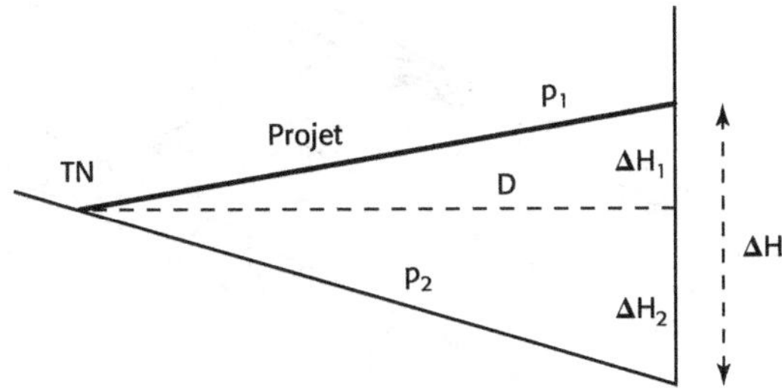

Figure 10.36. Pentes de sens contraires

$$\left|\Delta H\right| = \left|\Delta H_1\right| + \left|\Delta H_2\right| = p_1 \cdot D + p_2 \cdot D = (p_1 + p_2) \cdot D \Rightarrow D = \frac{|\Delta H|}{p_1 + p_2} \; .$$

À l'aide des distances et hauteurs ainsi déterminées, calculer séparément les superficies de remblai et de déblai du profil, par sommation des superficies élémentaires, sans oublier les sections constantes des fossés ; ces superficies totales, arrondies au décimètre carré, sont indiquées sur le profil.

— *Utilisation du planimètre*

Les profils en travers étant reportés avec précision à l'échelle, sans déformation, il suffit de décrire le contour fermé constitué par un déblai par exemple pour avoir directement la superficie ; cette technique rapide est particulièrement intéressante pour un nombre de profils important.

10.1.6 Cubature des terrassements

10.1.6.1 Principe

La cubature des terrassements est l'évaluation du volume des terres à enlever ou à mettre en remblai pour l'exécution d'un projet.

Cette évaluation se fait de l'origine du projet vers l'extrémité, ce qui amène depuis un profil en travers quelconque à dénommer le profil précédent « profil arrière » et le suivant « profil avant ».

Nous n'étudierons que les volumes couchés qui se rapportent aux projets dont la largeur est faible par rapport à la longueur : routes, chemins de fer, etc. ; la cubature des volumes debout, utilisée pour les projets de grandes surfaces tels qu'aérodromes, terrains de sport, etc., s'effectue suivant d'autres procédés basés essentiellement sur la recherche de l'équilibre des terrassements.

Les volumes couchés sont calculés à l'aide :

— des superficies de remblai et de déblai fournies par les profils en travers ;

— des distances entre profils indiquées sur le profil en long.

Ces éléments sont respectivement les bases et les hauteurs de volumes allongés voisins de l'horizontale et pour cette raison appelés « volumes couchés ».

Soit à cuber un lot de terrassement limité aux profils P.1 à P.3 (fig. 10.37).

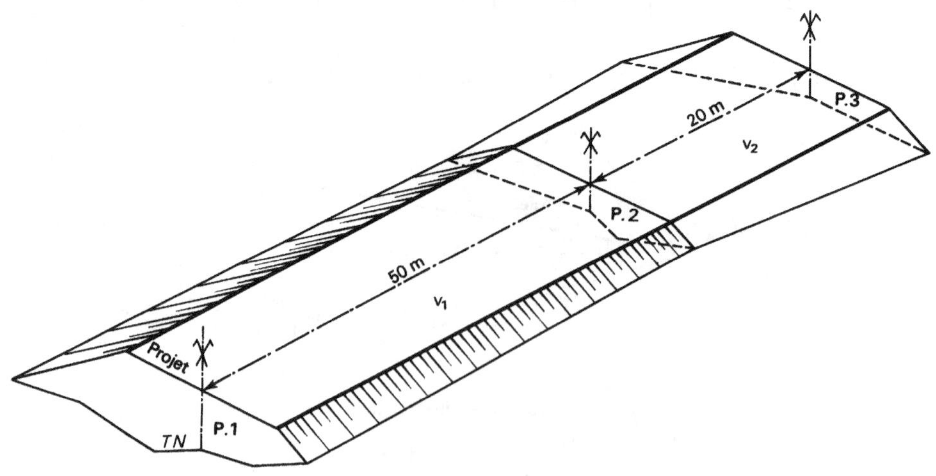

Figure 10.37. Volume de remblai

Les profils P.1 et P.2 (fig. 10.38) comportent toutes les cotes nécessaires pour calculer les superficies élémentaires : a, b, c, etc. qui les composent, dont la somme fournit la superficie totale de terrassement à réaliser au profil considéré.

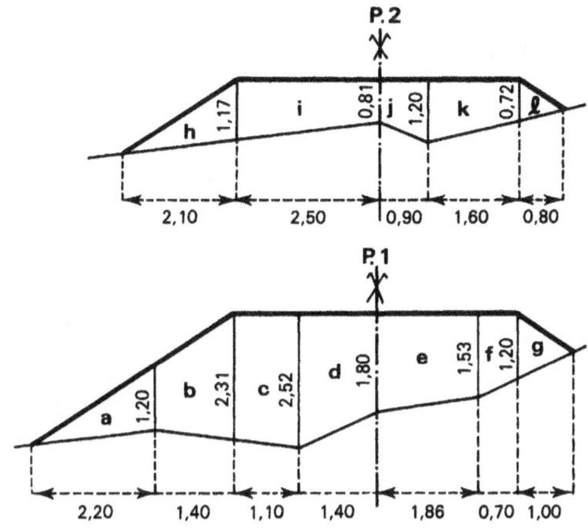

Figure 10.38. Superficies élémentaires a, b, ..., k, l

Ces deux profils constituent les bases parallèles d'un volume v_1 plus ou moins régulier, dont la hauteur est la distance entre profils, ici 50 m (fig. 10.39). Le volume v_2 aurait pour bases les profils P.2 et P.3 et pour hauteur l'entre profils 2-3 valant 20 m.

La somme des volumes partiels : $v_1 + v_2$ représente la cubature de remblai cherchée.

On étend ce principe de proche en proche à un nombre quelconque de profils, les différentes façons d'envisager les volumes élémentaires amenant des méthodes de cubature distinctes.

10.1.6.2   Moyenne des aires

Principe

Le volume v_1 est un polyèdre limité d'une part par les facettes du terrain naturel et du projet, d'autre part par les surfaces verticales et parallèles des profils en travers P.1 et P.2, désignées respectivement par r_1 et r_2.

On peut appliquer à cette figure la formule du prismatoïde ou formule des trois niveaux :

$v = \dfrac{h}{6}\,(B + B' + 4B")$ dans laquelle :

– h est la distance entre profils D_1 ;

– B est la superficie totale de remblai r_1 du profil P.1 ;

– B' est la superficie totale de remblai r_2 de P.2 ;

– B" est la superficie totale de remblai d'un profil intermédiaire situé à mi-distance de P.1 et P.2.

Le TN étant en réalité une surface gauche, on admet : $B" = \dfrac{B+B'}{2}$.

La formule précédente s'écrit alors :

$$v = \frac{h}{2}\,(B+B'+4B'') = \frac{h}{6}\,[(B+B') + 2\,(B+B')] = \frac{h}{6}\,3\,(B+B') = h\left(\frac{B+B'}{2}\right)$$

Soit, avec les notations utilisées : $v_1 = D_1\,\dfrac{(r_1 + r_2)}{2}$.

Le volume compris entre deux profils consécutifs est donc égal au produit de la moyenne des aires par la largeur de l'entre-profils.

Exemple

D1 = 50,00 m, r_1 = 14,12 m^2, r_2 = 6,43 m^2

$$v_1 = 50,00\left(\frac{14,12 + 6,43}{2}\right) = 513,750 \text{ m}^3$$

Généralisation

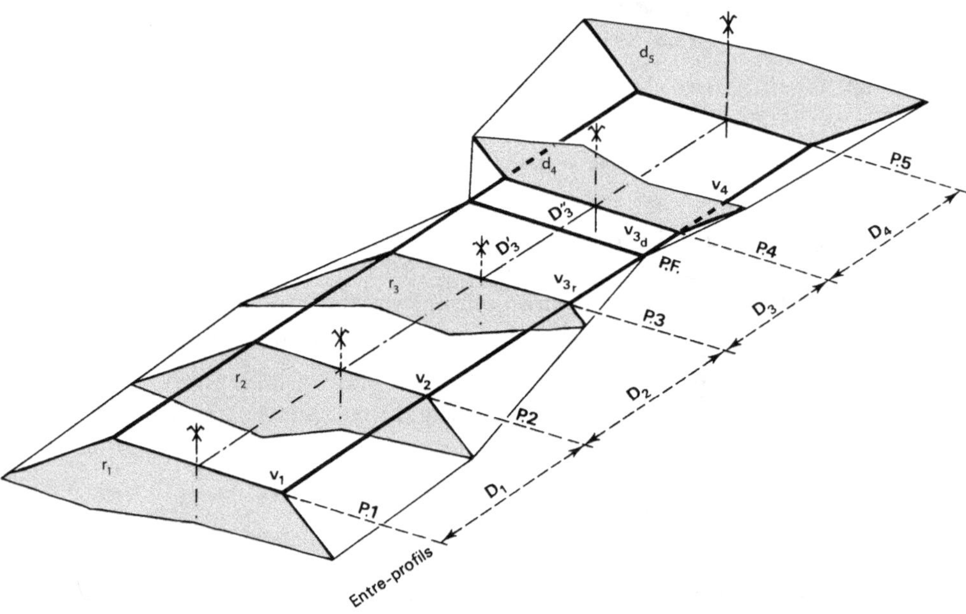

Figure 10.39. Profils remblai et déblai

Pour une suite de profils P.1, P.2, P.3, P.4, P.5 (fig. 10.39), le volume des terrassements vaut :

— entre P.1 et P.2, remblai : $v_1 = D_1\,\dfrac{(r_1 + r_2)}{2}$;

— entre P.2 et P.3, remblai : $v_2 = D_2\,\dfrac{(r_2 + r_3)}{2}$;

— entre le profil de remblai P.3 et le profil de déblai P.4 il existe une *ligne de passage*, c'est-à-dire une ligne de croisement du sol et du projet, que l'on considère, pour simplifier, comme perpendiculaire à l'axe ; après avoir calculé la distance horizontale partielle D'_3 entre le profil P.3 et cette ligne de passage (§ 10.1.6.3), appliquer la méthode de la moyenne des aires en considérant qu'à cette ligne de passage se trouve un profil fictif P.F. de superficie nulle.

Soit :

- entre P.3 et P.F., remblai : $v_3 = D_3' \dfrac{(r_3 + 0)}{2} = D_3' \dfrac{r_3}{2}$;
- entre la ligne de passage et P.4, après avoir calculé la distance horizontale partielle D_3'', on a, en désignant par d_4 la superficie de déblai de P.4 :

  déblai : $v_{3d} = D_3'' \dfrac{(0 + d_4)}{2} = D_3'' \dfrac{d_4}{2}$;

- entre P.4 et P.5, déblai : $v_4 = D_4 \dfrac{(d_4 + d_5)}{2}$.

Le volume total de remblai vaut : $v_r = v_1 + v_2 + v_{3r}$ et celui de déblai : $v_d = v_{3d} + v_4$.

Ainsi, la méthode s'applique sans interruption à tout le projet, sous réserve de faire intervenir les distances partielles à la ligne de passage quand on passe d'un profil en remblai au suivant en déblai ou inversement.

En cas de profil mixte :

- projeter le ou les points de passage sur les deux profils encadrants ;
- calculer les superficies partielles qui en résultent sur les trois profils, puis cuber par volumes partiels.

10.1.6.3   Distances des profils encadrants à la ligne de passage

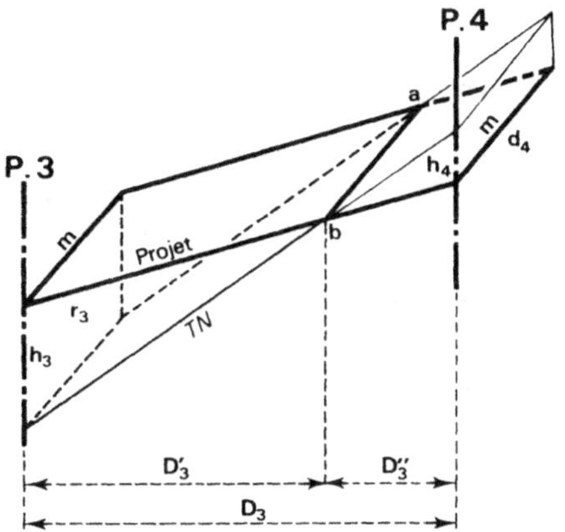

Figure 10.40. Distances à la ligne de passage

Supposons un profil de remblai P.3 limité à un rectangle : $r_3 = h_3 \cdot m$ (fig. 10.40) et un profil de déblai P.4 également réduit à un rectangle de même largeur m que le précédent : $d_4 = h_4 \cdot m$; distants de la valeur de l'entre profils D_3, ils encadrent la ligne de passage ab située à la distance D_3' de P.3 et D_3'' de P.4.

Dans le plan vertical perpendiculaire aux profils, c'est-à-dire le plan du profil en long, les triangles semblables donnent :

$$\frac{D_3'}{h_3} = \frac{D_3''}{h_4} = \frac{D_3' + D_3''}{h_3 + h_4} = \frac{D_3}{h_3 + h_4} \Rightarrow D_3' = D_3 \frac{h_3}{h_3 + h_4} = D_3 \frac{m \cdot h_3}{m \cdot h_3 + m \cdot h_4}$$

Soit :
$$D'_3 = D_3 \frac{r_3}{r_3 + d_4}$$

De la même manière :
$$D''_3 = D_3 \frac{d_4}{d_4 + r_3}$$

En pratique, compte tenu des approximations admises dans les calculs de cubature, on assimile les superficies de remblai et de déblai de chaque profil à des rectangles de même largeur, d'où la règle : *la distance entre un profil et la ligne de passage est égale au produit de sa superficie par l'entre-profils, le tout divisé par la somme des superficies en opposition de part et d'autre de la ligne.*

Exemple

$r_3 = 9{,}65 \ \text{m}^2$, $d_4 = 5{,}29 \ \text{m}^2$, $D_3 = 40{,}00 \ \text{m}$

$$D'_3 = D_3 \frac{r_3}{r_3 + d_4} = 40{,}00 \times \frac{9{,}65}{9{,}65 + 5{,}29} = 25{,}84 \ \text{m}$$

$$D''_3 = D_3 \frac{d_4}{d_4 + r_3} = 14{,}16 \ \text{m}$$

Contrôle : $D'_3 + D''_3 = 40{,}00 \ \text{m} = D_3$

10.1.6.4   Moyenne des entre-profils

Principe

La méthode de la moyenne des aires appliquée à la suite de profils de la figure 10.39 fournit les volumes totaux :

$$v_r = v_1 + v_2 + v_{3r} = D_1 \left(\frac{r_1 + r_2}{2} \right) + D_2 \left(\frac{r_2 + r_3}{2} \right) + D'_3 \frac{r_3}{2}$$

$$v_d = v_{3d} + v_4 = D''_3 \frac{d_4}{2} + D_4 \left(\frac{d_4 + d_5}{2} \right)$$

Après développement et mise en facteur des superficies communes, on obtient :

$$v_r = r_1 \frac{D_1}{2} + r_2 \left(\frac{D_1 + D_2}{2} \right) + r_3 \left(\frac{D_2 + D'_3}{2} \right)$$

$$v_d = d_4 \left(\frac{D''_3 + D_4}{2} \right) + d_5 \frac{D_4}{2}$$

Chaque terme de ces sommes représente le volume d'un prisme, qui a pour section droite la superficie du profil et pour hauteur la demi-somme des deux entre-profils voisins, étant entendu qu'à chaque ligne de passage on considère qu'il existe un profil fictif de superficie nulle ; la distance entre un profil et la ligne de passage, calculée comme précédemment, joue dans ce cas le rôle d'entre-profils.

D'où la règle : *le volume engendré par un profil est égal au produit de sa superficie par la moyenne des entre-profils qui l'encadrent.*

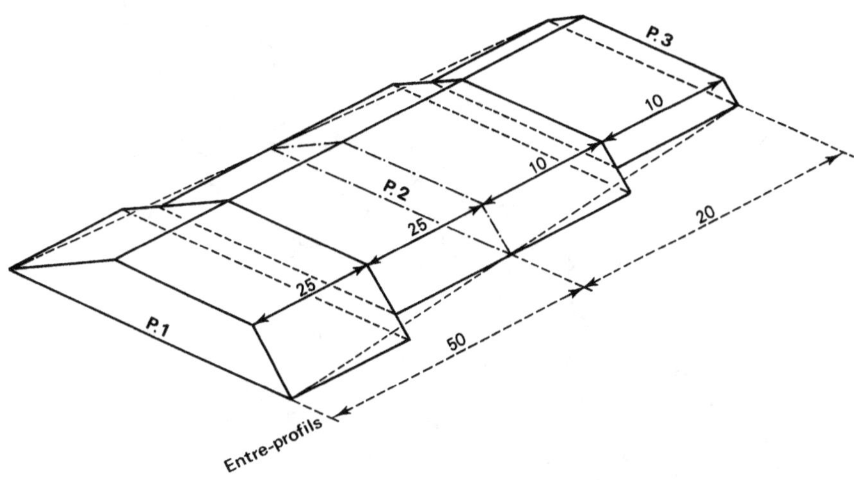

Figure 10.41. Volumes générés par la moyenne des entre-profils

Exemple

Volume généré par P.2 (fig. 10.41)

$$r_2 = 6,43 \text{ m}^2$$

Moyenne des entre-profils ou distance d'application :

$$\frac{D_1 + D_2}{2} = \frac{50 + 20}{2} = 35 \text{ m}$$

Par suite :
$$v_2 = r_2 \frac{D_1 + D_2}{2} = 6,43 \times 35 = 225,050 \text{ m}^3$$

Généralisation

Pour une suite de profils P.1, P.2, P.3, P.4, P.5, P.6, P.7 (fig. 10.42), le volume des terrassements vaut :

– volume engendré par P.1, remblai : $\quad r_1 \dfrac{D_1}{2}$;

– volume engendré par P.2, remblai : $\quad r_2 \dfrac{D_1 + D_2}{2}$;

– volume engendré par P.3, remblai : $\quad r_3 \dfrac{D_2 + D_3'}{2}$;

– volume engendré par P.4, déblai : $\quad d_4 \dfrac{D_3'' + D_4}{2}$;

– volume engendré par P.5 :

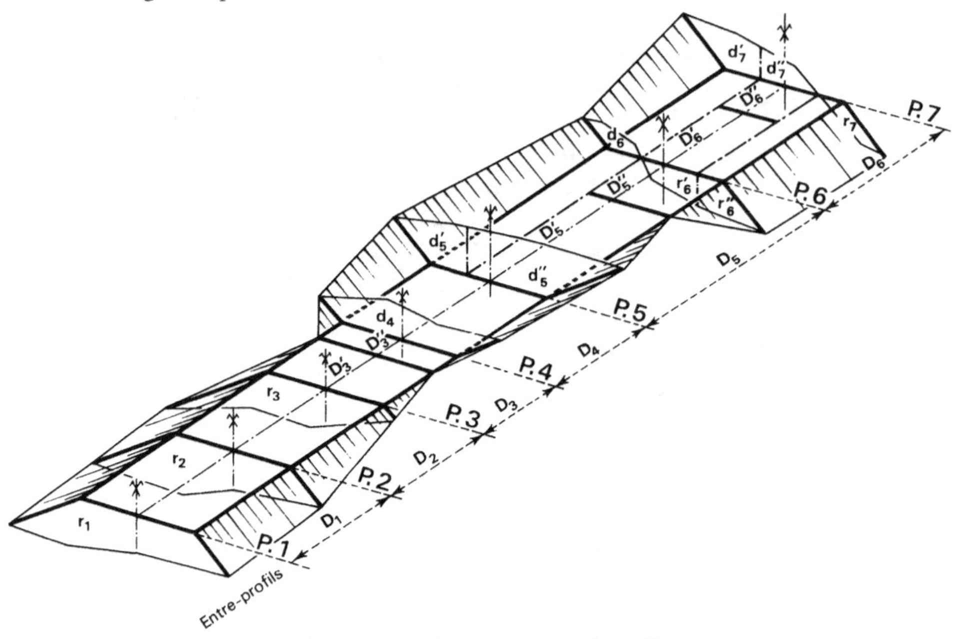

Figure 10.42. Cubature tous types de profils

Bien que le profil soit entièrement en déblai, on le décompose en deux superficies partielles d'_5 et d''_5, qui résultent de la projection sur P.5 du point de passage du profil 6 suivant, lequel est mixte. Les deux volumes partiels correspondants valent :

- déblai : $\qquad\qquad\qquad\qquad d'_5 \dfrac{D_4 + D_5}{2}$,

- déblai : $\qquad\qquad\qquad\qquad d''_5 \dfrac{D_4 + D'_5}{2}$.

La distance D'_5 à la ligne de passage est obtenue par la formule :

$$D'_5 = D_5 \frac{d''_5}{d''_5 + (r'_6 + r''_6)} \ ;$$

– volume engendré par P.6 :

Les trois superficies partielles de ce profil donnent trois cubes :

- déblai : $\qquad\qquad\qquad\qquad d_6 \dfrac{D_5 + D_6}{2}$,

- remblai : $\qquad\qquad\qquad\qquad r'_6 \dfrac{D''_5 + D'_6}{2}$,

- remblai : $\qquad\qquad\qquad\qquad r''_6 \dfrac{D''_5 + D_6}{2}$;

– volume engendré par P.7 :

- déblai : $\qquad\qquad\qquad\qquad d'_7 \dfrac{D_6}{2}$,

- déblai : $\qquad d''_7 \dfrac{D''_6}{2}$,

- remblai : $\qquad r_7 \dfrac{D_6}{2}$.

L'étude de cette suite fait ressortir que dans cette méthode, comme d'ailleurs dans celle de la moyenne des aires, il est indispensable :

– de projeter le ou les points de passage d'un profil mixte sur les deux profils encadrants ;

– de calculer séparément les superficies partielles ainsi déterminées, afin de pouvoir trouver les distances aux lignes de passage d'une part, de cuber par volumes partiels de même nature, remblai ou déblai, d'autre part.

Les volumes totaux de remblai et de déblai sont obtenus en additionnant les différents volumes partiels correspondants.

Remarque

Les superficies partielles et leurs distances d'application s'indiquent sur les profils en travers comme le montre la figure 10.43.

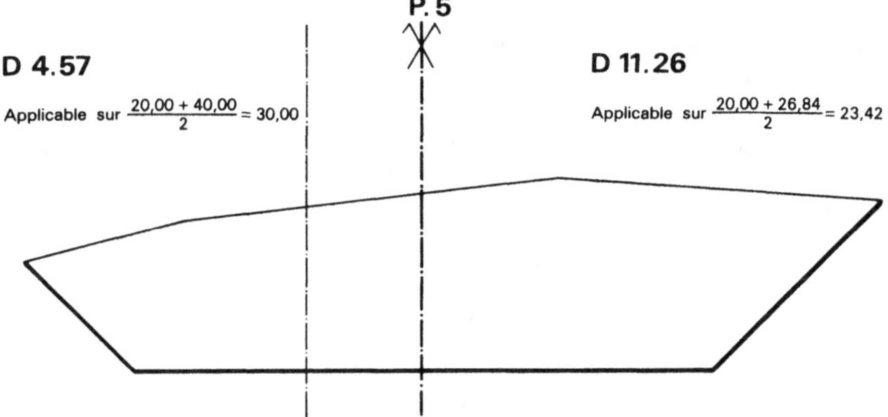

Figure 10.43. Superficies et distances d'application

Sur le plan, représenter les lignes de passage, éventuellement teinter les déblais en jaune et les remblais en rose, d'où une représentation «en escalier» visualisant les terrassements (fig. 10.44).

Aussi bien dans la méthode de la moyenne des aires que dans celle de la moyenne des entre-profils, utiliser les distances entre profils mesurées sur l'axe du projet, sans tenir compte des différences de développement d'un côté à l'autre des profils quand l'axe du tracé est courbe. Cela est justifié par l'importance des rayons utilisés en travaux publics ; l'erreur due aux différences de développement est minime et se trouve compensée en partie puisque, si on a du côté extérieur une erreur par défaut, on a, par contre, du côté intérieur une erreur par excès.

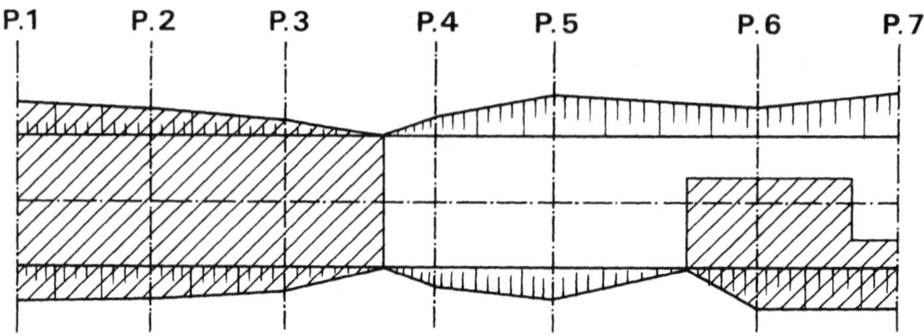

Figure 10.44. Plan des terrassements

10.1.6.5 Cubature simplifiée

Quand on n'a pas besoin de connaître le volume des terrassements avec une grande précision d'une part, que l'on veut étudier la façon dont doivent se faire les transports de terre pour qu'ils soient les plus économiques possible d'autre part, la méthode des entre-profils est simplifiée.

Quel que soit le type de profil : remblai, déblai ou mixte, déterminer la superficie de remblai et de déblai à gauche et à droite de l'axe sans repérer particulièrement les éventuels points de passage.

Calculer ensuite le volume des terrassements par la méthode de la moyenne des entre-profils en ne tenant compte que des points de passage à l'axe du tracé, c'est-à-dire des profils fictifs qui figurent sur le profil en long.

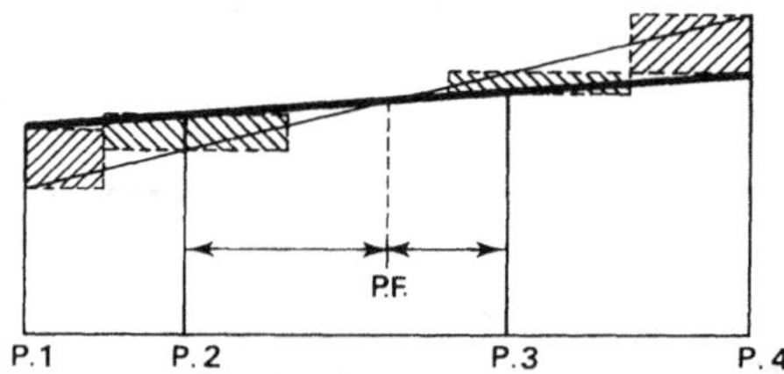

Figure 10.45. Cubature simplifiée

C'est ainsi que, pour une suite de profils P.1, P.2, P.F., P.3, P.4 (fig 10.45), le profil fictif sera utilisé avec une superficie nulle et des distances d'application égales à la moitié de celles qui le séparent des deux profils encadrants.

La méthode simplifiée est d'un usage courant ; notons que, si cette méthode est employée pour la cubature et que l'on veuille cependant représenter les terrassements sur le plan général, il faut calculer séparément les distances aux différentes lignes de passage partielles.

10.2 Plans numériques

La détermination géométrique d'un point étant désormais rapide et facile, les données complémentaires prennent de plus en plus d'importance : données sémantiques, photo voire vidéo.

Le topographe saisit sur le terrain toutes les données géométriques descriptives, les données thématiques et topologiques, tout en exploitant celles existantes qu'il a chargées préalablement dans l'instrument : fond de plan au format DXF par exemple. Sa tâche principale n'est donc plus la détermination de positions, mais la gestion et l'exploitation de données complexes dans différents domaines, comme par exemple celui de la surveillance automatique et continue d'ouvrages par tachéomètres et niveaux électroniques vidéo-asservis.

10.2.1 Infographie

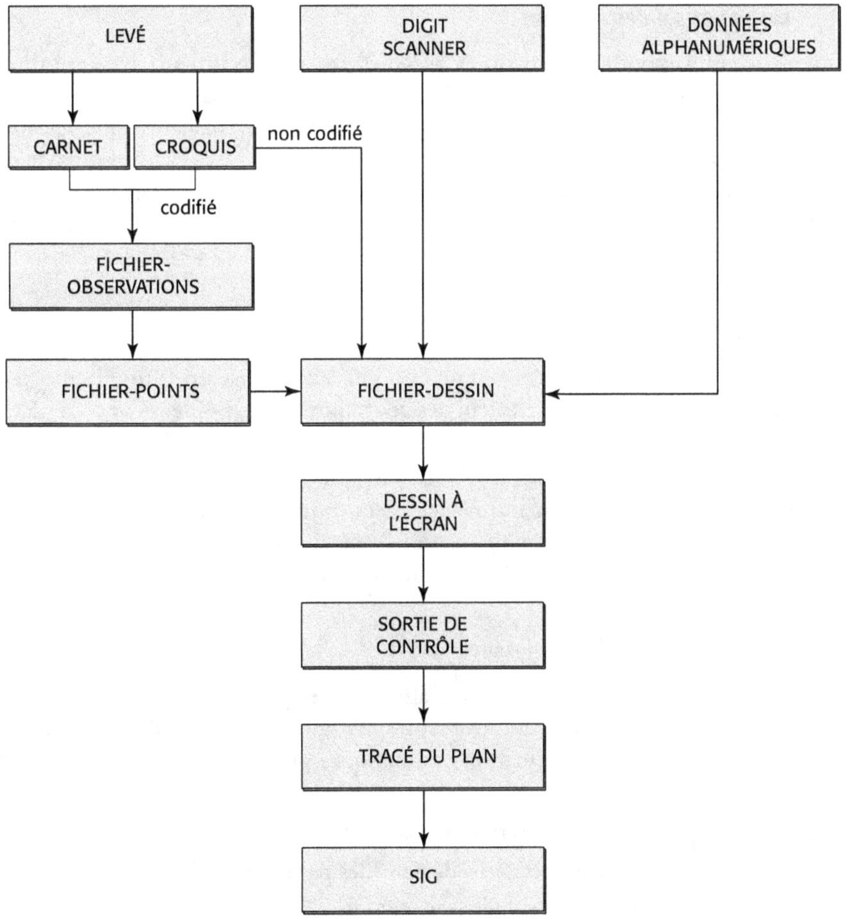

Figure 10.46. Synoptique d'établissement et d'exploitation d'un plan numérique.

C'est l'union de la Conception assistée par ordinateur (CAO) et du Dessin assisté par ordinateur (DAO) ; l'ordinateur calcule, le traceur dessine.

Tout dessin est un ensemble de points plus ou moins espacés, chacun de ceux-ci pouvant être stocké par ses coordonnées dans un fichier informatique. Le *dessin automatique* revient donc à considérer un dessin comme un ensemble de points à relier par des entités géométriques : les polylignes. Le plan résultant sera lui-même considéré comme un nouvel ensemble de points liés entre eux par des vecteurs à module variable, lesquels seront tracés par une plume commandée par des ordres élémentaires de l'ordinateur ; le logiciel donne les directives strictes de composition et d'exécution.

Le *dessin automatique* trace entièrement le plan en planimétrie et courbes de niveau, par codification préalable sur le terrain ou directement à l'écran ; il réalise l'habillage à l'aide de traceurs à jet d'encre ; le dessin automatique est rationnel, précis, rapide et authentique.

Le *plan numérique* est le document dont tous les éléments sont définis en coordonnées ; le synoptique de la figure 10.46 permet d'identifier 5 phases pour son établissement.

10.2.1.1 Levé et saisie des données

Enregistrement sur support informatique des mesures de terrain ou transfert direct de l'appareil vers l'ordinateur : numéros des points, angles, distances, des codes qui décrivent la configuration du plan à établir, les chronologies de jonction, etc., ainsi que les attributs propres aux éléments levés : épaisseur de mur, essence d'arbre, etc. ; si le croquis de terrain n'est pas codé, il sera appliqué à l'écran après report automatique. En complément des travaux de terrain, la saisie des données peut également être faite par digitalisation ou scannérisation et au clavier pour les données alphanumériques.

10.2.1.2 Constitution du fichier-points

Un traitement préalable des données terrain conduit à une mise en forme homogène : le fichier des observations ; il permet le calcul des coordonnées des points suivant la hiérarchie habituelle : canevas puis détails.

Les résultats des calculs forment le *fichier-points* ; chaque point possède 3 informations : son identification sous forme d'un numéro matricule, ses coordonnées et son code de dessin. Le fichier-points contient également des lignes, ainsi que la codification du levé qui décrit les éléments ponctuels et linéaires : bord de trottoir, bâtiment, etc.

10.2.1.3 Établissement du fichier-dessin

C'est un fichier obtenu en complétant si nécessaire le fichier-points, lequel n'est que le canevas géométrique du plan, par les informations graphiques non codifiées : habillage, quadrillage, hachures, titre, etc. et par les informations numériques provenant du croquis et de divers documents.

Il contient donc, en plus, des données non métriques :

– éléments identifiés, comme les numéros de parcelles par exemple ;

– éléments rattachés aux précédents, telle une mare ;

– toponymes.

10.2.1.4 Dessins

Les fichiers sont vérifiés et corrigés en deux temps :

– d'abord, par le dessin sélectif sur écran graphique interactif de tous les éléments constitutifs du plan, au cours duquel les erreurs sont rectifiées ;
– ensuite, par un tirage sans échelle sur imprimante, dessin de contrôle exploité pour la suppression des erreurs résiduelles.

Le plan enregistré ne rendant pas caduque l'affirmation de Napoléon « un bon croquis vaut mieux qu'un long discours », le dessin définitif est exécuté par un traceur sur papier dessin, calque ou film polyester.

10.2.1.5 Incorporation des résultats dans un SIG

Les fichiers de dessin s'incorporent facilement aux bases de données dans un SIG grâce au format d'échange standard.

10.2.2 Les logiciels

10.2.2.1 La modélisation

Le modèle 2D, proche du dessin manuel, décrit les objets par plusieurs vues dessinées chacune dans un espace à 2 dimensions ; le lien entre elles n'existe guère que dans l'esprit du dessinateur.

En topographie, la modélisation est généralement le 3D filaire qui crée l'objet sous la forme « fil de fer », comme s'il était transparent, et le représente par les coordonnées ENH des nœuds et les arêtes qui les relient. Concurremment à Microstation, le standard le plus utilisé est Autocad, outil de dessin dont découlent des applicatifs spécialisés parmi lesquels :

– Covadis Topo 2D, qui travaille dans le plan mais peut gérer le 3D en filaire (figure 10.47),

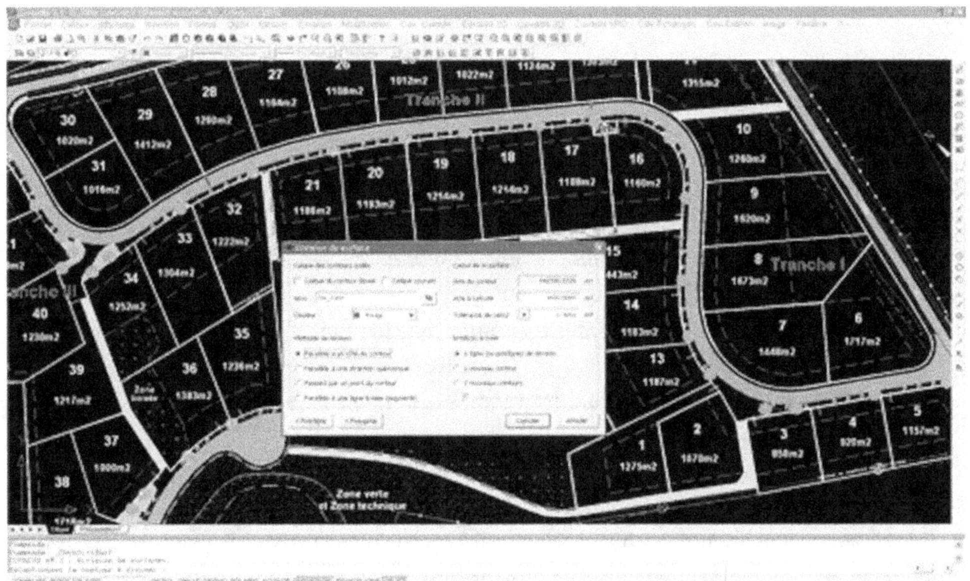

Figure 10.47. Logiciels de planimétrie et MNT.

Document Géomédia

– Covadis Topo 3D, qui utilise la modélisation surfacique, appuyée sur le modèle filaire d'un nuage de points et de lignes caractéristiques : haut de talus, bord de route, etc. ou encore un maillage (figure 10.48), particulièrement adapté aux MNT, qui représente le relief par différents moyens : courbes de niveau, maillage rectangulaire coloré selon l'altitude, etc. ;

Figure 10.48. Maillages.

Document Géomédia

– Covadis VRD, logiciel de VRD, plate-forme et tracé routier ;
Différentes sociétés proposent des logiciels diversifiés tels que Mensura Genius ou TopStation.

10.2.2.2 Les entités

L'entité est l'ensemble des propriétés constitutives d'un dessin attachées à une forme géométrique. On peut distinguer principalement :

– les entités géométriques dont les plus courantes sont le point, la ligne, la polyligne constituée de lignes multiples, la spline ou polyligne lissée, et le cercle ;

– les entités d'habillage : cotation, hachures qui impliquent la reconnaissance automatique des contours et des îlots, les écritures, etc. ;

– les symboles, entités groupées permettant de manipuler et de reproduire un ensemble d'entités représentant une géométrie complexe, comme par exemple un réverbère, ou tous les symboles associés aux points ;

– les couches, encore appelées calques ou plans, qui regroupent des entités ayant des caractéristiques communes : parcellaire, bâtiments, etc. ; elles facilitent le transfert en SIG et la gestion du dessin en rendant très rapidement visibles ou invisibles les différents types d'objets par exemple.

10.2.2.3   Les commandes utiles

Zoom et panoramique, accrochage aux objets, correction des polylignes, modification des propriétés des entités, épaisseur du trait, couleur, etc., quadrillage, mise en page, mesure des distances et des superficies, divisions des surfaces, etc.

Les échanges entre les différents logiciels de topographie se font le plus souvent par DXF, standard industriel de fait, et Édigéo, standard français d'échange de données numériques particulièrement intéressant pour les SIG ; le logiciel Édicad par exemple permet l'import-export de lots de données au format Édigéo sur Autocad.

10.2.3 Interactivité

L'interface machine-opérateur étant, en informatique, la clé de la performance, la communication entre eux implique un logiciel interactif mettant en œuvre :

- le langage de commande, tapé au clavier sous forme de mots à syntaxe rigide, peu convivial ;

- les menus à icônes, représentations symboliques d'opérations, pointées et cliquées avec la souris. Pour éviter l'encombrement de l'écran au détriment du dessin, la partie menu peut être reportée sur une tablette ou, mieux, le logiciel peut combiner la convivialité des icônes à la souplesse des menus déroulants ;

- les menus déroulants, qui présentent les fonctions disponibles à un niveau donné, desquelles on tire un nouvel ensemble de sous-fonctions existantes.

10.3 Plans numérisés

Le plan numérisé est un plan numérique issu en partie d'un plan graphique.

Dans la plupart des cas, les coordonnées sont obtenues en deux temps :

- d'abord, une *adaptation* des coordonnées saisies à la table à digitaliser, ou au scanner, de quelques points connus judicieusement choisis et levés avec précision, périphérie d'îlots bâtis par exemple. La matrice de passage entre les deux repères de saisie et de terrain est souvent calculée par la méthode de Helmert, qui compense les résidus par les moindres carrés ;

- suivie de sa *généralisation* aux coordonnées saisies de tous les points du plan, qui fournit leurs coordonnées terrain.

Le plan numérisé optimise l'exploitation des travaux anciens, notamment leur mise à jour.

Un *scanner* est un appareil réalisant un balayage électronique d'un plan existant. Au même titre qu'un photocopieur, il enregistre l'intensité de la réflexion d'un faisceau lumineux balayant ligne par ligne le plan en question.

Il permet d'obtenir un fichier raster, une trame, constitué de points noirs ou blancs, de densité de gris ou de couleurs. La quantité de ces points dépend de la résolution de l'appareil et s'exprime en dpi (*dots per inch*, ce qui signifie points par pouce) comme les imprimantes laser ; 300 dpi représente environ 12 points par millimètre.

Le fichier raster fourni par le scanner contient un nombre de valeurs 0 (blanc) ou 1 (noir) considérable, environ 9 millions pour une feuille A4 en 300 dpi. Ces fichiers se révèlent rapidement lourds à gérer et donnent du plan initial une image fidèle. Mais les éléments scannés se réduisent à un ensemble de points indépendants les uns des autres, c'est-à-dire ne constituant pas une entité comme une ligne ou un cercle, et ne peuvent donc pas être gérés avec les outils conventionnels d'Autocad ; il faut donc *vectoriser*, c'est-à-dire structurer les fichiers raster pour obtenir les objets graphiques individualisés. Des logiciels existent, qui différencient dans un premier temps les caractères formant les polices d'écriture, puis les éléments du dessin proprement dit, travail assez lourd qui requiert des essais préalables ; selon la qualité et la densité d'information du plan initial, le logiciel de vectorisation introduit nécessairement des erreurs qu'il y a lieu de détecter et de corriger, ce qui peut être très fastidieux dans certains cas.

Désormais la numérisation des plans peut être effectuée avec une caméra numérique à très haute définition ; le logiciel récupère et traite le document pour l'enregistrer compressé (Jumboscan – Lumière Technology).

10.4   Présentation

10.4.1   Formats

Dans la mesure du possible, utiliser les formats normalisés, norme Afnor NF Q 02 000, A0 = 1 m^2 et côtés dans le rapport $\sqrt{2}$ (figure 10.49).

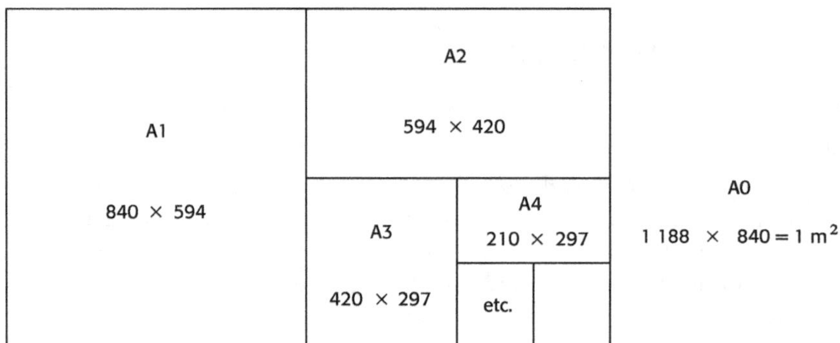

Figure 10.49. Formats normalisés

Toutefois, des formats différents, adaptés au travail considéré, sont utilisés :

– le format commercial Grand Aigle : 1,05 m × 0,75 m, pour les plans cadastraux ;

– les « bandes d'étude », en tracé routier par exemple, pour lesquelles le dessin se développe en longueur en restant limité en largeur, utilisent plusieurs formats A4 accolés suivant lesquels on plie le papier en accordéon, d'où l'appellation « format n plis » (figure 10.50).

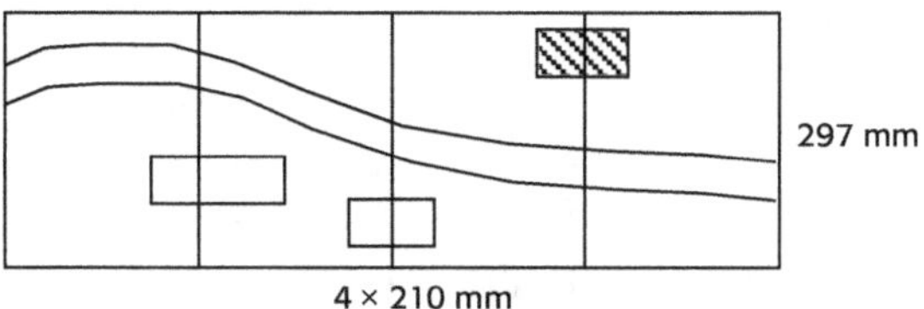

Figure 10.50. Format n plis.

Enfin, l'arrêté interministériel du 12 juillet 1976 prescrit les normes de découpage, d'immatriculation, de désignation et de présentation des plans topographiques établis aux échelles 1/5 000 à 1/200 exclusivement, en coupures ; la partie dessinée a une forme rectangulaire 70 × 50 cm, le petit côté du rectangle est parallèle à l'axe des ordonnées du système Lambert ; elle est établie sur un support matériel stable de format A1.

L'arrêté précité ne peut cependant être opposé à l'établissement de plans dont la nature même impose un découpage particulier, comme les plans d'alignement, profils en long, etc.

10.4.2 Habillage

Les écritures sont disposées au mieux de la présentation et de l'intelligence du plan, à l'endroit, c'est-à-dire leur base tournée vers le milieu du bord inférieur de la feuille (figure 10.51).

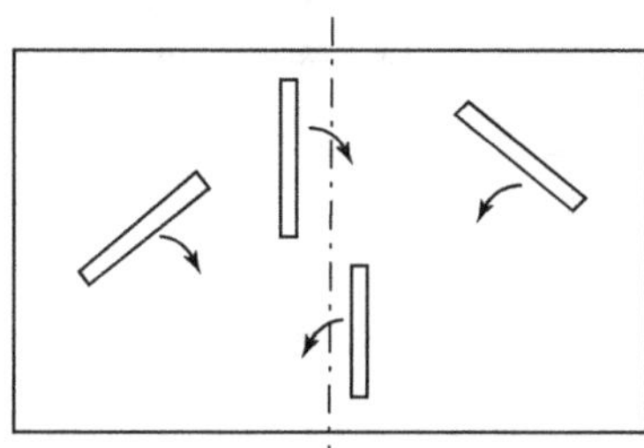

Figure 10.51. Disposition des écritures.

Les hachures concernent le plus souvent le bâti.

10.4.3 Indications

Les plans à grande échelle sont établis en respectant les signes conventionnels publiés épisodiquement depuis l'arrêté interministériel du 17 mai 1957.

Vérification selon les instructions du maître d'ouvrage, reproduction et archivage suivant les moyens du maître d'œuvre.

10.4.4 Exemples

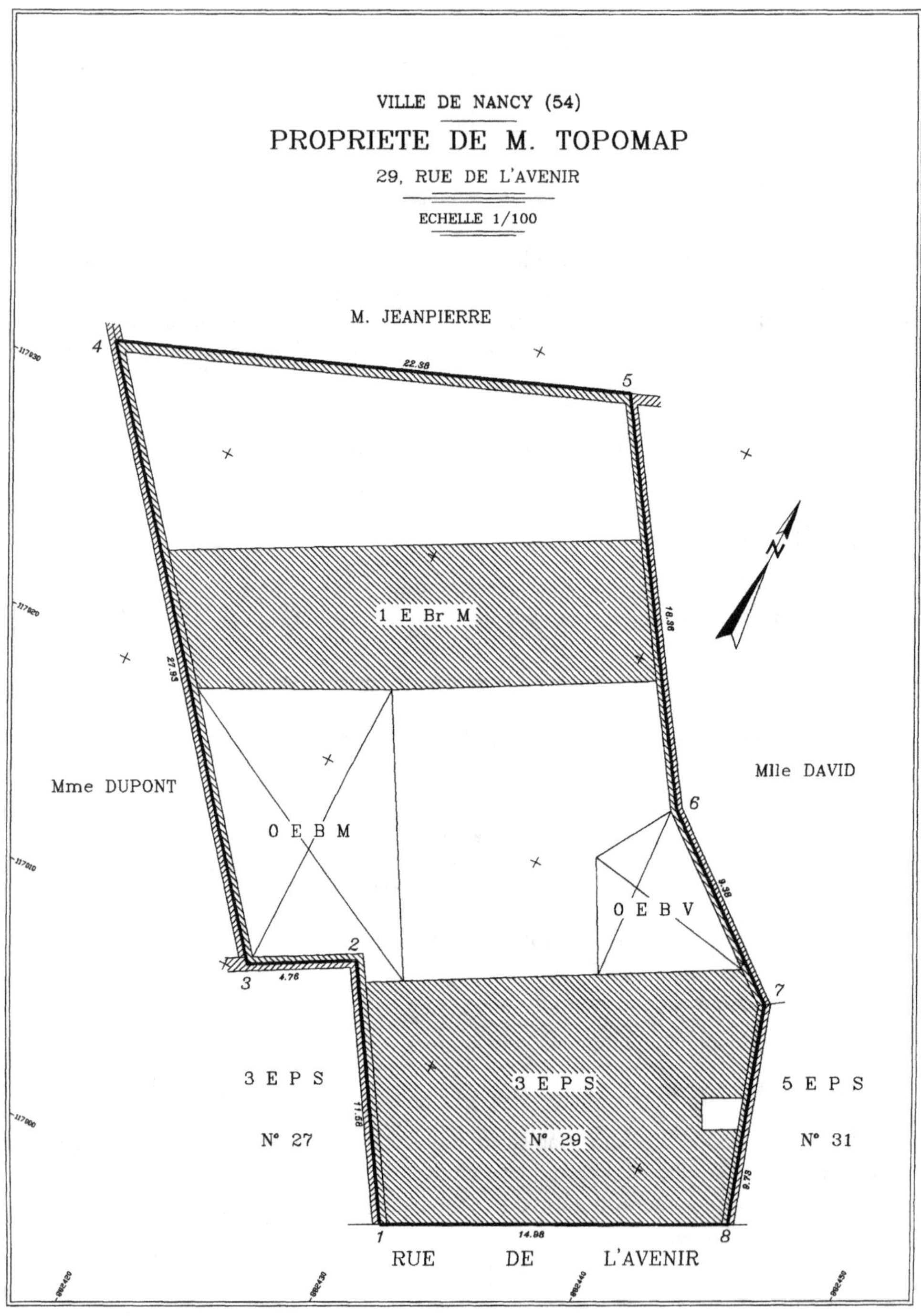

Figure 10.52. Plan de propriété dessiné à partir du croquis de levé de la figure 7.14, page 207.

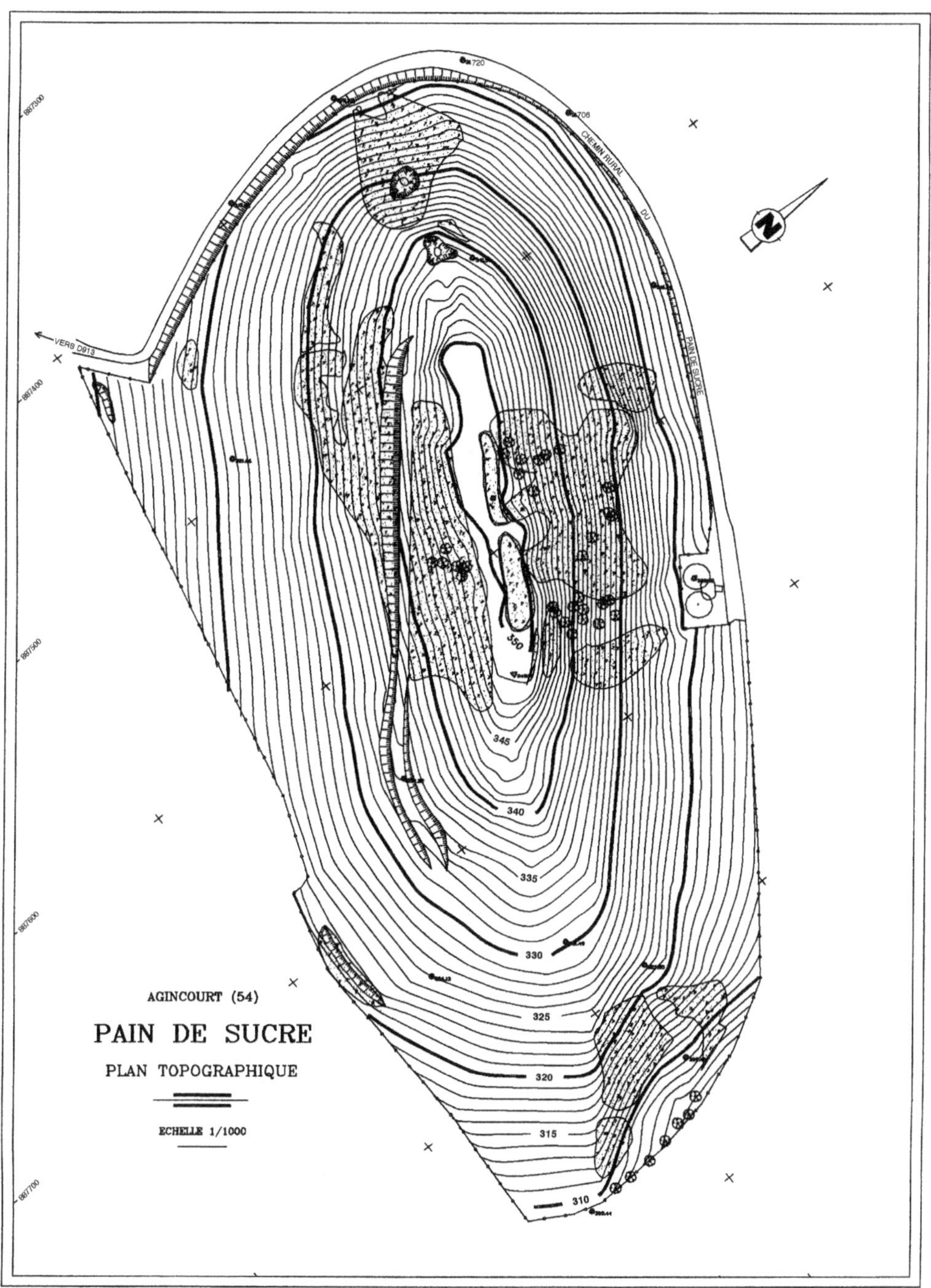

Figure 10.53. Plan topographique.

Index

BIM et maquette numérique chez le même éditeur

Olivier Celnik & Éric Lebègue (dir.), *BIM et maquette numérique pour l'architecture, le bâtiment et la construction*, préface de Bertrand Delcambre, 2ᵉ éd. 2016, 768 p., coédition Eyrolles/CSTB/MediaConstruct

Karen Kensek, *Manuel BIM. Théorie et applications*, préface de Bertrand Delcambre, 2015, 256 p.

Éric Lebègue & José Antonio Cuba Segura, *Conduire un projet de construction à l'aide du BIM*, 2015, 80 p., coédition Eyrolles/CSTB

Anne-Marie Bellenger & Amélie Blandin, *Le BIM sous l'angle du droit: pratiques contractuelles et responsabilités*, 2ᵉ éd. 2018, 160 p., coédition Eyrolles/CSTB

Serge K. Levan, *Management et collaboration BIM*, 2016, 208 p.

Annalisa De Maestri, *Premiers pas en BIM: l'essentiel en 100 pages*, 2017, 104 p., coédition Eyrolles/Afnor

Christophe Lheureux, *BIM pour le maître d'ouvrage. Comment passer à l'action*, 2017, 96 p.

Sylvain Riss, Aurélie Talon & Régine Teulier (dir.), *Le BIM éclairé par la recherche*, 2017, 192 p., coédition Eyrolles/CESI

Patrick Dupin, *Le LEAN appliqué à la construction. Comment optimiser la gestion de projet et réduire coûts et délais dans le bâtiment*, 2014, 160 p.

Brad Hardin & Dave McCool, *Le BIM appliqué au management du projet de construction. Méthode, flux de travaux et outils*, 2018, 380 p., coédition Eyrolles/Afnor

Jonathan Renou & Stevens Chemise, *Revit pour le BIM: Initiation générale et perfectionnement structure*, 4ᵉ éd. 2018, 552 p.

Julie Guézo & Pierre Navarra, *Revit Architecture: développement de projet et bonnes pratiques*, 2016, 448 p.

Vincent Bleyenheuft, *Les familles de Revit pour le BIM*, 2017, 360 p.

Olivier Lehmann, Sandro Varano & Jean-Paul Wetzel, *SketchUp pour les architectes*, 2014, 246 p.

Matthieu Dupont de Dinechin, *Blender pour l'architecture: conception, rendu, animation et impression 3D de scènes architecturales*, 2ᵉ éd., 2016, 336 p.

Droit de la construction et de l'immobilier chez le même éditeur

Patricia Grelier Wyckoff, *Pratique du droit de la construction. Marchés publics, marchés privés*, 8ᵉ éd. 2017, 596 p.

– *Le mémento des marchés publics de travaux*, 5ᵉ éd. 2012, 320 p.

– *Le mémento des marchés privés de travaux*, 3ᵉ éd. 2011, 304 p.

Anne-Marie Bellenger & Amélie Blandin, *Le BIM sous l'angle du droit. Pratiques contractuelles et responsabilités*, 2016, 128 p., coédition Eyrolles/CSTB

Vincent Borie, *La médiation à l'usage des professionnels de la construction*, 2017, 136 p.

Gérald Pinchera, *Passation et gestion des marchés privés de travaux. Guide pratique*, 2017, 104 p.

Jean-Louis Sablon, *Défauts de construction : que faire ? Guide juridique et pratique*, 2016, 144 p.

– *Le contentieux des dommages de construction : analyse et stratégie*, 2012, 400 p.

Bernard de Polignac, Jean-Pierre Monceau & Xavier de Cussac, *Expertise immobilière. Guide pratique*, 7ᵉ éd. 2018, 496 p.

Bertrand Couette, *Guide pratique de la loi MOP*, 3ᵉ éd. 2014, 600 p.

Marie Fondacci Guillarmé, *Maîtriser les techniques de l'immobilier. Transaction immobilière, gestion locative, gestion de copropriété*, 3ᵉ éd. 2017, 272 p.

– *Conseil en ingénierie de l'immobilier. Droit et veille juridique, économie et organisation de l'immobilier, droit de la construction, de l'urbanisme et de l'habitat*, 2017, 132 p.

**et des dizaines d'autres livres de construction, d'architecture, de BTP et de génie civil sur
www.editions-eyrolles.com**

www.ingramcontent.com/pod-product-compliance
Lightning Source LLC
LaVergne TN
LVHW060222060726
842527LV00009B/2938